“十二五”国家重点图书出版规划项目
化学化工精品系列图书

新型功能材料制备原理与工艺

李　垚　赵九蓬　编著
强亮生　主审

哈爾濱工業大學出版社

内容简介

本书主要介绍了纳米粉体、功能陶瓷、功能薄膜、新型碳材料、功能微球、多孔材料及光子晶体等新型功能材料的制备原理和工艺方法。本书还融入了作者多年从事功能材料科研的成果，能反映当代功能材料的制备工艺水平和发展现状。

本书可作为化学、化工、材料等相关学科的研究生教材，也可作为从事功能材料领域的科研人员的参考书。

图书在版编目(CIP)数据

新型功能材料制备原理与工艺/李垚，赵九蓬编著.—哈尔滨：哈尔滨工业大学出版社，2017.8(2023.1 重印)

ISBN 978-7-5603-6499-5

Ⅰ.①新… Ⅱ.①李… ②赵… Ⅲ.①功能材料-制备 Ⅳ.①TB34

中国版本图书馆 CIP 数据核字(2017)第 039935 号

策划编辑 黄菊英 王桂芝
责任编辑 何波玲
出版发行 哈尔滨工业大学出版社
社　　址 哈尔滨市南岗区复华四道街 10 号 邮编 150006
传　　真 0451-86414749
网　　址 http://hitpress.hit.edu.cn
印　　刷 哈尔滨圣铂印刷有限公司
开　　本 787mm×1092mm 1/16 印张 26.25 字数 600 千字
版　　次 2017 年 8 月第 1 版 2023 年 1 月第 2 次印刷
书　　号 ISBN 978-7-5603-6499-5
定　　价 62.00 元

前　　言

功能材料种类繁多,用途广泛,正在形成一个规模宏大的高技术产业群,有着十分广阔的市场前景和极为重要的战略意义,世界各国均十分重视功能材料的研发与应用。毫不夸张地说,新型功能材料既是世界范围内研究、开发的热点,也是世界各国高技术发展中战略竞争的重点。功能材料不仅对高新技术的发展起着重要的推动和支撑作用,还对我国相关传统产业的改造和升级,实现跨越式发展起着重要的促进作用。可以说,研究开发新型功能材料,并实现产业化,是"中国梦"中的"材料梦"。新型功能材料的制备工艺是新型功能材料研究的重要方面,亦是新型功能材料规模化生产必不可少的基础。

本书针对目前发展最快、应用最广的新型功能材料,包括纳米粉体、功能陶瓷、功能薄膜、新型碳材料、功能微球、多孔材料及光子晶体等热点新型功能材料的制备原理和工艺方法进行了较为全面系统的阐述,还融入了作者多年从事功能材料科研的成果,能反映当代功能材料的制备工艺水平和发展现状。本书内容全面,系统性强,融合新型功能材料制备工艺发展方向,并反映本领域的最新成果,具有交叉性、前沿性和科学性。本书可为从事功能材料领域的科研人员、生产和管理的科技人员提供最全面、最直接的第一手资料。

全书共包括9章,其中第1、2、3、4章由李垚、赵九蓬编写,第5章由李垚、李娜编写,第6章由马丽华、丁艳波、张鑫编写,第7章由刘旭松、赵九蓬编写,第8章由徐洪波、李垚编写,第9章由赵九蓬编写。参加编写的还有哈尔滨工业大学马晓轩、郝健、杨宇、王艺、侯雪梅、张翔、曲慧颖、迟彩霞、苏大鹏、杨昊崴和华春霞等。本书还承蒙哈尔滨工业大学强亮生教授审稿,并提出多条宝贵意见。全书最后由李垚、赵九蓬统编定稿。

本书介绍给读者的是目前功能材料领域比较成熟的内容,由于所涉及的范围广,而且材料科学的进展日新月异,难免忽略或遗漏了某些新生长点和新方向。由于水平有限,书中难免有疏漏和不妥之处,恳请读者批评指正。

作　者

2017 年 1 月

目　　录

第1章　绪　论

材料、能源、信息是当今社会的三大支柱，对社会的发展起着无可替代的作用，其中材料是这一切的基础。功能材料是材料的重点，而新型功能材料是功能材料的先导，其研究和制备直接影响和决定着国防、航天乃至信息技术、生物工程技术、能源技术、纳米技术、环保技术、空间技术、计算机技术、海洋工程技术等现代高新技术及其产业的发展和进步。近年来新型功能材料层出不穷，并取得了突破性进展，已成为材料科学和工程领域中最为活跃的部分，其发展每年以5%以上的速度增长，相当于每年有1.25万种新材料问世。未来世界还将需要更多的性能优异的功能材料，功能材料正在渗透到现代生活的各个领域。

1.1　新型功能材料概述

功能材料是指具有特殊物理性能、化学性能、生物性能的一类材料，能将光、声、磁、热、压力、位移、角度、质量、速度、加速度、化学能、生物能等转换为电信号，从而实现对能量和信号的转换、吸收、存储、发射、传送、传感、控制和处理等功能。有些功能材料还可以有选择地吸附某种物质，或者只允许某种物质通过，而且有分离、催化或传感某种物质的功能。功能材料主要用于制造各种电子器件、光敏元件、绝缘材料等，其应用面较广。

功能材料是目前材料领域发展最快的新领域，其产品产量小、利润高、制备过程复杂，主要原因是基于其特有的“功能性”。这类材料相对于通常的结构材料而言，一般除了具有机械特性外，还具有其他的功能特性。功能材料的结构与性能之间存在着密切的联系，材料的骨架、功能基团及分子组成直接影响着材料的宏观结构与材料的功能。特定的功能与材料的特定结构是相联系的，例如导电聚合物一般具有长链共轭双键；压电陶瓷晶体必须有极轴等。研究功能材料的结构与功能之间的关系，可以指导开发更为先进、新颖的功能材料。

功能材料既遵循材料的一般特性和变化规律，又具有其自身的特点，例如功能材料的功能特殊、性能优异、不可取代；功能材料的聚集态和形态多样化，除了晶态外，还有气态、液态、液晶态、非晶态、混合态和等离子态，除了三维体相材料外，还有二维、一维、零维材料，除了平衡态外，还有非平衡态材料；功能材料的制备技术不同于结构材料用的传统技术，而是采用许多先进的新工艺和新技术；功能材料品种规格多、形状差异大、精度高，单件用量少、生产规模小，产品价格贵，经济效益和社会效益好，发展迅速，更新换代比较快。

随着科学技术的发展和人类认识的深入，新型的功能材料不断被开发出来，对其也产生了许多不同的分类方法。常见的新型功能材料有功能陶瓷材料、功能薄膜、石墨烯、碳纳米管、功能微球、多孔材料、低维功能材料、光子晶体等有序功能材料，本书将重点介绍上述材料的制备原理和工艺方法。

1.2 新型功能材料的应用

目前以功能材料为主流的新材料产业,已被公认是全球最重要、发展最快的高新技术产业之一。新型功能材料对工业、农业、交通、信息、国防及其他高新技术产业的发展具有不可替代的支撑作用。从日常生活用具到高、精、尖的产品,从简单的手工用具到技术复杂的航天器、机器人,这些都利用了不同种类、不同性能的功能材料。表1.1列举了主要新型功能材料的特性及其应用实例。

表1.1 新型功能材料的特性及其应用实例

种类	功能	应用实例
导电材料	导电性	电池电极、防静电材料、屏蔽材料
超导材料	导电性	核磁共振成像技术、反应堆超导发电机
光电材料	光电效应	电子照相、光电池、传感器
压电材料	压电效应	开关材料、仪器仪表测量材料,机器人触感材料
热电材料	热电效应	显示、测量
声电材料	声电效应	音响设备、仪器
磁性材料	导磁作用、磁性转换	仪器仪表的磁性元器件、传感器、磁带、磁盘
电致变色材料	光电效应	显示、记录、智能窗、智能热控
光纤材料	光的传播	通信、医疗器械
液晶材料	偏光效应	显示、连接器
荧光材料	光化学作用	情报处理、荧光染料
光降解材料	光化学作用	减少化学污染
光能转换材料	光电、光化学作用	太阳能电池
分离膜与交换膜	传质作用	化工、制药、环保、冶金
能源材料	能源转换和存储	锂离子电池、超级电容器、储氢技术、固体氧化物燃料电池
功能微球	吸附、分离	液晶间隔物、药物载体、生物医药、化妆品
光子晶体	光子带隙	光学器件、光子晶体光纤、传感器、反射镜、发光二极管
石墨烯、碳纳米管	导电性、高传导性、高比表面积、高强度等特性	复合材料、触摸屏、电子器件、储能电池、显示器、传感器、半导体、航天、军工、生物医药
人工器官、骨骼材料	替代修补	人体脏器、人体骨骼

1.3　新型功能材料的发展前景

自20世纪60年代以来，各种现代技术如微电子、激光、红外、光电、空间、能源、计算机、机器人、信息、生物和医学的兴起强烈刺激了功能材料的发展。为满足现代技术对材料的需求，世界各国都非常重视功能材料的研究和开发。与此同时，固体物理、固体化学、量子理论、结构化学、生物物理和生物化学等学科的飞速发展以及各种制备功能材料的新技术和现代分析测试技术的应用，使许多新型功能材料在试验中被研制并且批量生产和得到应用，这些新型的功能材料在不同程度上推动或者加速了现代技术的进一步发展。

当前国际上功能材料及其应用技术正面临新的突破，诸如超导材料、微电子材料、光子材料、信息材料、能源转换及储能材料、生态环境材料、生物医用材料等正处于日新月异的发展之中，发展功能材料技术正在成为一些发达国家强化其经济及军事优势的重要手段。

我国也非常重视功能材料的发展，在国家"863""973"和国家自然科学基金等计划中，功能材料都占有很大的比例。这些科技行动的实施，使我国在功能材料领域取得了丰硕的成果，开辟了超导材料、新型能源材料、显示材料、稀土功能材料、生物医用材料、电致变色材料、红外隐身材料和超材料等功能材料新领域，取得了一批接近或达到国际先进水平的研究成果。功能材料不仅是发展我国信息技术、生物技术、能源技术等高技术领域和国防建设的重要基础材料，而且是改造与提升我国基础工业和传统产业的基础，直接关系到我国资源、环境及社会的可持续发展。

我国经济的快速增长和社会可持续发展，对发展新型能源及能源材料具有迫切的需求。能源材料是发展能源技术、提高能源生产和利用效率的关键因素，我国目前是世界上能源消费增长最快的国家，同时也是能源紧缺的国家。发展电动汽车、使用清洁能源、节约石油资源等政策措施使得新型能源转换及储能材料的需求不断增加。随着电子信息技术的迅猛发展，我国便携式电器如手提电话、笔记本计算机用户每年均以超过20%的速度增加，形成了一个对小型高能量密度电池的巨大社会需求。随着移动通信等新一代电子信息技术的迅速崛起，作为一大批基础电子元器件技术核心的信息功能陶瓷日益成为我国发展相关高技术的需求重点。我国是一个稀土大国，其工业储量占世界总储量的70%以上，发展稀土功能材料我国有着独特的资源优势。我国西部还拥有储量丰富的钨、钛、钼、钽、铌、钒、锂等，有的储量甚至占世界总储量的一半以上，这些资源均是特种功能材料的重要原材料。研究开发与上述元素相关的特种功能材料，拓宽其应用领域，取得自主知识产权，将大幅度地提高我国相关特种功能材料及制品的国际市场竞争力，这对实现西部资源的高附加值利用，将西部的资源优势转化为技术优势和经济优势具有重要意义，将有力地支持国家的西部大开发。

进入21世纪以来，富勒烯、碳纳米管、石墨烯等纳米新型碳材料的迅速发展引起了全世界的广泛关注，其与碳基复合材料、碳纤维等构成了新型碳材料的主要品种。而随着这几种新型碳材料的研究逐渐深入及其制备工艺的不断完善，目前逐步走向产业化阶段，相比于传统的碳材料产业化程度还有一定差距，但由于它们独有的优异性能，其在各个领域展现出了良好的应用前景。新型纳米碳材料科学的飞速发展,带动其相关应用及产业的发展,而在这些新型纳米碳材料中,目前有一定产业化规模的主要是碳纳米管及石墨烯等。超材料是21世纪物理学领域出现的一个新的学术词汇,近年来经常出现在各类科学文献中。

超材料是指一些具有天然材料所不具备的超常物理性质的人工复合结构或复合材料。从本质上讲,更是一种新颖的材料设计思想,这一思想是通过在材料的关键物理尺度上的结构有序设计来突破某些表观自然规律的限制,从而获得超常的材料功能。光子晶体是一类可能在未来信息技术中发挥重要作用的"超材料"系统,其具有特殊的周期结构、完全光子带隙,近年来在自发辐射的调制、提高光催化反应速率、光子晶体光纤、提高太阳能电池转化效率等领域成为研究热点,并且在光、电、催化、传感、显示、检测等领域有着巨大的应用价值。

展望各种类型材料的发展前景,功能材料已成为材料研究、开发与应用的重点,它与结构材料一样重要,今后将互相促进、共同发展。从国内外功能材料的研究动态看,功能材料的发展趋势可简单归纳如下:开发高技术所需的新型功能材料,特别是尖端领域(如航空航天、分子电子学、高速信息、新能源、海洋技术和生命科学)和在极端条件下工作的(如超高压、超高温、超低温、高烧蚀、高热冲击、强腐蚀、高真空、强激光、高辐射、粒子云、原子氧和核爆炸等)高性能功能材料;功能材料的功能从单功能向多功能和复合或者综合功能发展,从低级功能(如单一的物理功能)向高级功能(如人工智能、生物功能和生命功能等)发展;功能材料和器件一体化、高集成化、超微型化、高密集化和超分子化;完善和发展功能材料检测和评价的方法;功能材料和结构材料兼容。进一步加强功能材料的应用研究,扩展功能材料的应用领域,特别是尖端领域和民用高技术领域,把成熟的研究成果迅速推广,以形成生产力。

第 2 章　超细粉体制备原理与工艺

随着科学技术的发展,超细粉体的用途越来越广泛。超细粉体,国外定义为粒径小于 3 μm 的粉体。超细粉体通常又分为微米级(粒径>1 μm)、亚微米级(粒径为0.1~1 μm)和纳米级(粒径为 1~100 nm)粉体。超细粉体,特别是纳米粉体的合成制造技术是当前粉体科学的一个研究热门课题。

2.1　机械粉磨法

2.1.1　普通机械粉磨法及其原理

机械粉磨法即球磨法,是常用的粉体制备方法,也常被用来作为成形前粉体的准备工序。球磨就是在一个圆筒形容器(球磨罐)中,通过球磨介质进行的研磨。球磨罐可沿其轴线水平旋转,高度通常大于或近似等于其直径。当旋转高于临界转速 ω_c(r · min^{-1})时,将产生离心运动,使球磨效率大大降低,临界转速 ω_c 可由下式求得

$$\omega_c = (60/2\pi)(2g/D)^{1/2}$$

式中,D 为球磨罐直径;g 为重力加速度。

球磨罐在某一转速以下可能会发生滑落状态,这取决于球磨罐的大小、填充物的性质及数量。通常干法球磨的临界转速为(0.7~0.8)ω_c,湿法球磨的临界转速为(0.5~0.65)ω_c。用于球磨的球状研磨体通常填充球磨罐的一半,球体间的剩余空间用以填充粉体。在干法球磨中通常加入约 25%(质量分数)的粉体和大约 1%(质量分数)的润滑剂(如硬脂酸或油酸)。湿法球磨中一般填充 30%~40%(质量分数)粉体,并在球磨液体介质(如水、酒精)中同时加入 1%(质量分数)的分散剂,球磨时间一般较长,有时甚至长达 100 h。研磨介质通常用玛瑙(矿物 SiO_2),因为它具有良好的耐磨性,但其缺点是密度低(2.2 g · cm^{-3})。其他常使用的球磨介质包括瓷球(2.3 g · cm^{-3})、氧化铝球(3.8 g · cm^{-3})、氧化锆球(5.6 g · m^{-3})、钢球(7.7 g · cm^{-3})或硬质合金(WC-Co,15.6 g · cm^{-3}),后两种金属球磨介质会使粉体中引入大量的金属杂质,这些杂质可通过酸洗除去。

2.1.2　其他机械粉磨法

除了普通的球磨法之外,还有振动球磨法、搅动(高能)球磨法和气流粉碎法。

(1)振动球磨法。

振动球磨法是利用研磨体高频振动产生的球对球的冲击来粉碎粒子或混料,其机制以冲击粉碎为主,这对于粉碎脆性的粉体是特别有利的,其冲击频率可达 10^5次 · min^{-1} 以上。图 2.1 是振动球磨机的结构示意图。振动球磨机在上、下振动的同时,筒体还进行自旋运动,因此,效果远远高于普通滚动球磨。影响振动球磨效率的主要因素有振动频率、

填充率、球料比和研磨介质等。一般来说，振动频率越高，则粉碎效果越好。

(2)搅动球磨法。

搅动球磨法也称为高能机械球磨法，它是用内壁不带齿的搅动球磨机进行粒子粉碎和混料，如图2.2所示。球磨筒采用流动水冷却。与滚动球磨和振动球磨不同，它的球磨筒是固定的，芯轴上装有许多钢制转耙，当芯轴转动时，与轴相垂直的钢耙搅动物料，使研磨体(球)以相当大的加速度冲击物料，从而产生很强的研磨作用。

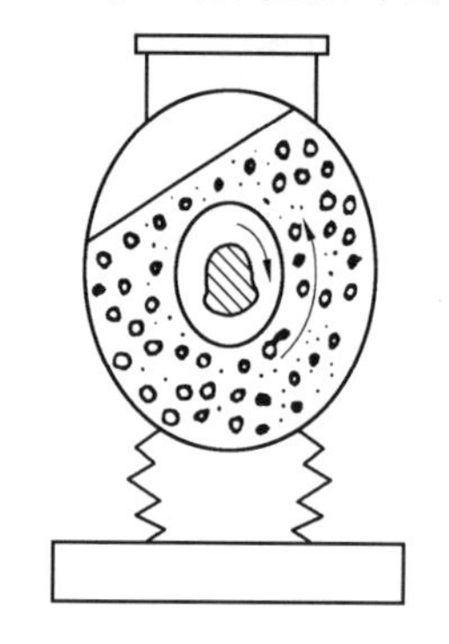

图2.1 振动球磨机的结构示意图

圆筒
轴
冷却套
冷却剂
入口
研磨体
水平搅
拌转子
水平搅
拌转子
冷却剂
出口

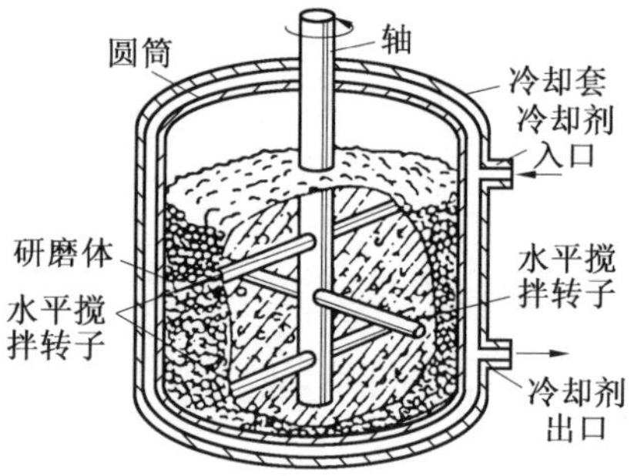

图2.2 搅动球磨机的结构示意图

(3)气流粉碎法。

气流粉碎法也称冷流粉碎法，能将物料粉碎到5 μm以下，如果用超音速气流来粉碎，粒度可达0.5～1 μm。图2.3是管道式气流粉碎机的结构示意图。气流粉碎的特点是利用高速气流的强烈冲击使物料互相撞击来粉碎和混合物料。高压气体(0.3～1 MPa)分两路进入粉碎机：一路通过成对、成排的喷嘴后，成为音速或超音速的射流喷射到粉碎区；另一路从加料器进入，将物料喷到粉碎区，物料粒子在由射流形成的涡流中相互撞击、摩擦以及受到气流的剪切作用而被粉碎和混合。气流粉碎的最大优点是可连续操作，由于没有研磨体，物料不会受到杂质污染。气流粉碎的缺点是由于物料与气流充分接触，粉碎后物理吸附的气体较多，增加了粉体使用前排除吸附气体的工序。

分级区
惯性
分离区
吸
出口
压缩空
气入口
加料器
粉碎区
喷嘴
压缩空
气入口

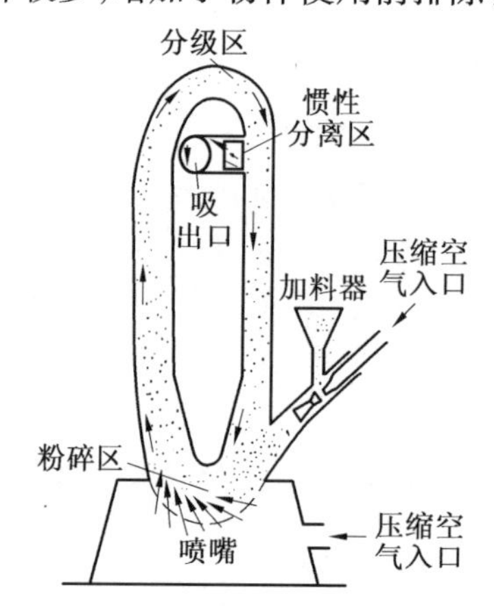

图2.3 管道式气流粉碎机的结构示意图

任何一种粉磨机械都存在其相应的极限，即用该机械不可能生产出颗粒全部小于该极限的粉体。一般来讲，机械粉磨的极限在0.5 μm左右，用机械方法不能制备更细粉体的原因主要有以下两点：

①颗粒越小，其中包含的裂纹尺寸越小，并且裂纹数量也越少，根据断裂力学理论，使这样的颗粒破坏的应力也越大，因此颗粒越难被粉碎。

②当粉体中颗粒小到一定程度后，用机械方法很难将足够的能量或力量传递到每个细小的颗粒上使它们破坏。

由于机械方法不能制备很细的粉体，因此有必要寻求其他的途径，化学合成法即是一个途径。化学合成制备超细粉体主要是通过化学反应，按照化学反应的状态，可分为固相法、气相法和液相法。

无论通过哪一种化学反应，新物相的形成必须经过成核与生长两个过程。利用化学反应热力学可推导出稳定核的生成速率为

$$I=k_0D\exp\left(-\frac{E_a}{kT}\right)$$

式中，k_0为常数；D 为从反应物到生成物的扩散系数；E_a 为反应活化能；k 为 Boltzman 常数；T 为绝对温度。

由此可见要形成一个新物相的稳定核，必须有适当的温度，能提供必要的能量克服成核活化能，同时通过调节反应温度可有效地控制成核速率。反应物的生长速率随反应机理不同而变，一般可表示为

$$I_g=k_g\left(\frac{VG_r}{kT}\right)\exp\left(-\frac{E_g}{kT}\right)$$

式中，k_g和 k 为常数；V 为生成物原子的体积；G_r为反应自由能；E_g为生长活化能。

从上式可知，通过控制合成温度及生长物的浓度，可有效地控制颗粒的生长速率。为了得到均匀而超细的生成物颗粒，需将成核与生长两个过程分开，先使成核速率尽可能大，生长速率尽可能接近零，以便尽可能多地同时形成核，然后使成核速率降至接近零而生长速率均匀增大，使核同时生长，从而得到大小一致的颗粒。由于物质守恒，成核量越大，最后均匀形成的颗粒就越小。在生长过程中还必须避免颗粒之间互相合并或烧结，以免形成大块固体。

由于超细粉体的颗粒细小，具有极大的比表面，因此从热力学原理可知，这种粉体具有降低其比表面的趋向，即细小颗粒容易互相粘连合并，形成团聚体。超细粉体中的颗粒一旦形成了团聚体，其超细的特点就会消失。因此用化学方法合成超细粉体时，应该注意避免形成团聚体。如果团聚体不可避免，则应设法控制团聚过程，以减轻团聚的程度或减小团聚体的强度，以便在其后的工艺处理中消除团聚。

虽然用途不同，对各种超细粉体的物理化学性能技术要求也各不相同，但是以下各点是在设计合成工艺时必须认真考虑的：

①化学成分的准确性。

②物相组成的正确性。

③粒度和粒度分布的均匀性。

④颗粒形状的规整性。

⑤颗粒间团聚的程度。

2.2 固相法

2.2.1 固相反应法

固相反应法(solid reaction process,SRP)是一种制备粉体的传统方法,具体是将金属盐或金属氧化物按一定比例充分混合、研磨后进行煅烧,通过发生固相反应直接制得粉体。直接化合的固相反应通式可表示为

$$Me+X \longrightarrow MeX$$

式中,Me 和 X 分别代表金属和非金属元素。

目前,用碳化物直接发生固相反应是制取碳化物粉体最主要的工业方法。在许多情况下,常常用金属氧化物代替金属,这时的反应通式变为

$$MeO+2X \longrightarrow MeX+XO\uparrow$$

或在温度较低时为

$$2MeO+3X \longrightarrow 2MeX+XO_2$$

用此法制备氮化物时,有时用 NH_3作为氮化气氛代替 N_2,反应式可变为

$$2Me+2NH_3 \longrightarrow 2MeN+3H_2\uparrow$$

在许多情况下,上式常有碳参加,可表示为

$$2MeO+N_2+2C \longrightarrow 2MeN+2CO$$

两种固态化合物粉体直接反应可以生成复杂化合物粉。例如,最常见的 $BaTiO_3$就是将 TiO_2和 $BaCO_3$等物质的量混合后在 1 000 ~ 1 200 ℃下煅烧,发生固相反应,即

$$BaCO_3+TiO_2 \longrightarrow BaTiO_3+CO_2\uparrow$$

合成的 $BaTiO_3$再进行粉碎。

再如:

$$Al_2O_3+MgO \longrightarrow MgAl_2O_4\text{(尖晶石)}$$

$$3Al_2O_3+2SiO_2 \longrightarrow 3Al_2O_3\cdot 2SiO_2\text{(莫来石)}$$

一般用此法可以生产多种碳化物、硅化物、氮化物和氧化物粉体,其反应和基本工艺见表 2.1、表 2.2 和表 2.3。此法具有成本低、产量高、制备工艺简单等优点。其缺点是合成的粉体不够细、杂质易于混入等,而且生成的粉体容易结团,通常需要二次粉碎。

表 2.1 固相反应法制备碳化物粉体

碳化物	组 分	炉内气氛	温度范围/℃
TiC	Ti(TiH_2)+炭黑,TiO_2+炭黑	H_2,CO,C_nH_m	2 200 ~ 2 300
	TiO_2+炭黑	真空	1 600 ~ 1 800
ZrC	Zr(ZrH_2)+炭黑,ZrO_2+炭黑	H_2,CO,C_nH_m	1 800 ~ 2 300
	ZrO_2+炭黑	真空	1 700 ~ 1 900
HfC	Hf+炭黑,HfO_2+炭黑	H_2,CO,C_nH_m	1 900 ~ 2 300
VC	V+炭黑,V_2O_5+炭黑	H_2,CO,C_nH_m	1 100 ~ 1 200

续表 2.1

碳化物	组　分	炉内气氛	温度范围/℃
NbC	Nb+炭黑	H_2,CO,C_nH_m	1 400~1 500
		真空	1 200~1 300
	Nb_2O_5+炭黑	H_2,CO,C_nH_m	1 900~2 000
		真空	1 600~1 700
TaC	Ta+炭黑	H_2,CO,C_nH_m	1 400~1 600
	Ta_2O_5+炭黑	真空	1 200~1 300
		H_2,CO,C_nH_m	2 000~2 100
		真空	1 600~1 700
Cr_3C_2	Cr+炭黑,Cr_2O_3+炭黑	H_2,CO,C_nH_m	1 400~1 600
Mo_2C	Mo+炭黑,MoO_3+炭黑	—	1 200~1 400
	Mo+炭黑	H_2,CO,C_nH_m	1 100~1 300
WC	W+炭黑,WO_3+炭黑		1 400~1 600
	W+炭黑	H_2,CO,C_nH_m	1 200~1 400
SiC	Si+C	—	
	SiO_2+C	—	1 500~1 700

表 2.2　固相反应法制备硅化物粉体

硅化物	组　分	炉内气氛	温度/℃
$TiSi_2$	Ti+Si	惰性气体(如氩)	1 000
$ZrSi_2$	Zr+Si	惰性气体(如氩)	1 100
VSi_2	V+Si	惰性气体(如氩)	1 200
$NbSi_2$	Nb+Si	惰性气体(如氩)	1 000
$TaSi_2$	Ta+Si	惰性气体(如氩)	1 100
$MoSi_2$	Mo+Si	惰性气体(或氢)	1 000
WSi_2	W+Si	惰性气体(或氢)	1 000
$TiSi_2$	TiO_2+Si	真空	1 350
VSi_2	V_2O_5+Si	真空	1 550
$NbSi_2$	Nb_2O_5+Si	真空	1 400
$TaSi_2$	Ta_2O_5+Si	真空	1 600

注:真空不适于制备硅化钨和硅化钼,因为钼和钨的氧化物具有挥发性

表 2.3 固相反应法制备氮化物粉体

氮化物	基本反应	温度/℃
TiN	$2Ti+N_2 = 2TiN$ $2TiH_2+N_2 = 2TiN+2H_2$ $2TiO_2+N_2+4C = 2TiN+4CO$	1 200 1 200 1 250～1 400
ZrN	$2Zr+2N_2 = 2ZrN$ $2ZrH_2+N_2 = 2ZrN+2H_2$ $2ZrO_2+N_2+4C = 2ZrN+4CO$	1 200 1 200 1 250～1 400
HfN	$2Hf+N_2 = 2HfN$	1 200
VN	$2V+N_2 = 2VN$	1 200
TaN	$2Ta+N_2 = 2TaN$	1 100～1 200
CrN	$2Cr+2NH_3 = 2CrN+3H_2$	800～1 000
NbN	$2Nb_2O_5+2N_2+10C = 4NbN+10CO$	1 200
Si_3N_4	$3SiO_2+6C+2N_2 = Si_3N_4+6CO$ $3Si+2N_2 = Si_3N_4$	1 400 1 350
AlN	$2Al+N_2 = 2AlN$ $Al_2O_3+N_2+3C = 2AlN+3CO$	1 600 1 700
BN	$2B+N_2 = 2BN$ $B_2O_3+3C+N_2 = 2BN+3CO$	1 500 1 700

2.2.2 固相热分解法

固相热分解(solid pyrolytic process,SPP)法是利用金属化合物的热分解制备陶瓷粉体,即

$$A(s) \longrightarrow B(s)+C(g)$$

例如,硫酸铝铵[$Al_2(NH_4)_2(SO_4)_4 \cdot 24H_2O$]在空气中加热分解生成 Al_2O_3,NH_3,SO_3,H_2O,可获得性能良好的 Al_2O_3粉体,主要反应为

$$Al_2(NH_4)_2(SO_4)_4 \cdot 24H_2O \xrightarrow{200\ ℃} Al_2(SO_4)_3 \cdot (NH_4)_2SO_4 \cdot H_2O+23H_2O\uparrow$$

$$Al_2(SO_4)_3 \cdot (NH_4)_2SO_4 \cdot H_2O \xrightarrow{500\sim600\ ℃} Al_2(SO_4)_3+2NH_3+SO_3\uparrow+2H_2O\uparrow$$

$$Al_2(SO_4)_3 \xrightarrow{800\sim900\ ℃} \gamma\text{-}Al_2O_3+3SO_3\uparrow$$

$$\gamma\text{-}Al_2O_3 \xrightarrow{1\ 300\ ℃} \alpha\text{-}Al_2O_3$$

2.2.3 固态置换法

固态置换(solid-state metathetic route,SSM)法,是由美国加利佛尼亚大学化学和生物化学系及固态化学中心 Lin Rao 和 Richard B Kam-mer 于 1994 年提出的一种制备先进陶瓷粉体的方法,它通过控制固态前驱体进行反应,即

$$MX+AY \longrightarrow MY+AX$$

通常,MX 是金属(M)的卤化物,AY 是碱性金属元素(A) 的氮化物。反应通常在氨气气氛下进行,反应生成物通过洗涤方法而与碱的卤化物副产品分离,反应是通过添加像盐一类的惰性添加物来控制产物结晶。如果反应的活化能较低,则可局部加热启动反应,然后按自燃烧方式进行,直至生成产物。例如,通过选择合适的前驱体,可以在几秒内很容易地生成结晶的 BN,AlN 以及 TiB_2-TiN-BN 超微粉体,从而证实这是一个合成非氧化物的有效途径,其反应方程式分别为

$$LiBF_4+0.8Li_3N+0.6NaN_3 \longrightarrow BN+3.4LiF+0.6NaF+0.8N_2$$

$$AlCl_3+3NaN_3 \longrightarrow AlN+3NaCl+4N_2$$

$$TiCl_3+MgB_2+NaN_3 \longrightarrow xTiN+(1-x)TiB_2+2xBN+0.5(3-2x)N_2+\text{盐}$$

2.2.4　自蔓延高温合成法

2.2.4.1 基本原理

自蔓延高温合成(self-propagating high-temperature synthesis,SHS)法也称燃烧合成(combustion synthesis,CS)法,是近三十年来发展起来的一种制备材料的新方法,属高新技术领域。此法是一种快速高温反应过程,主要是利用化合物生成时放出的反应热,使合成反应自行维持直至反应结束,从而在很短时间内合成出所需材料的一种方法。其特点是利用外部提供的必要的能量诱发高放热化学反应,而使体系局部发生化学反应(点燃),形成化学反应前沿(燃烧波),此后化学反应在自身放出热量的支持下继续进行,表现为燃烧波蔓延至整个体系,最后合成所需材料。图 2.4 为 SHS 法反应的模拟图。

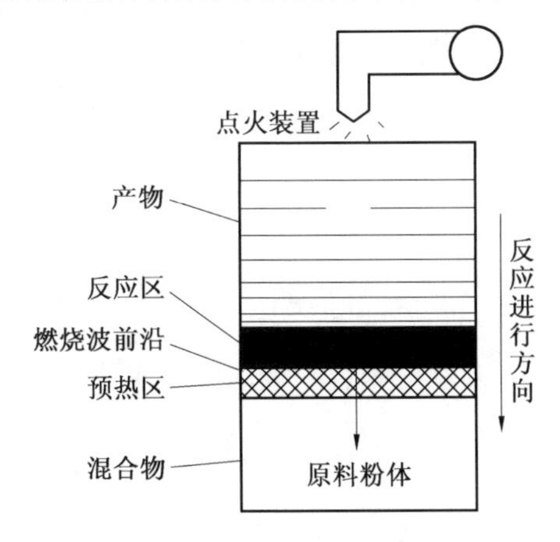

图 2.4　SHS 法反应的模拟图

SHS 法反应的过程一般具有以下优点:

①燃烧温度高。一般为 1 000 ~3 000 ℃,最高可达 4 500 ℃左右,所以化学转变完全,而且对杂质有自净化作用,产品纯度高。

②燃烧波传播速度快。一般为 0.1 ~20 $cm \cdot s^{-1}$,反应时间只在秒级,而不是常规生产的小时级,从而极大地缩短了合成时间。

③体系内部在燃烧过程中有大量的热释放,反应物一经引燃,燃烧反应即可自维持,

不需外界提供能量,因而可以节约能源。

④反应可在真空或控制气氛下进行,而得到高纯度的产品。

⑤材料合成和烧结可同时完成。

SHS 法的工艺过程极为简单,能耗低,生产效率高,其工艺流程如图 2.5 所示。

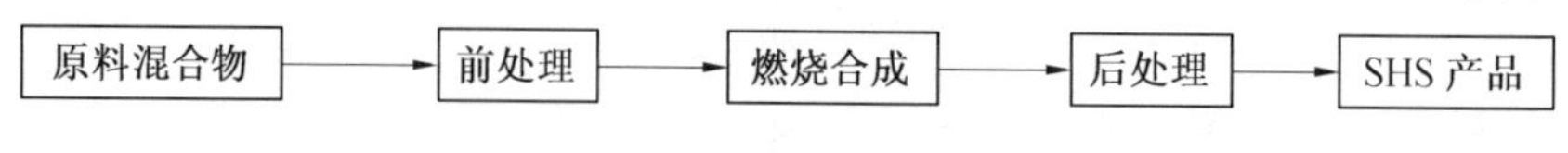

图 2.5 SHS 法的工艺流程图

前处理包括原料混合物的干燥、破碎、分级、混配和挤压。原料粉体颗粒的大小、形状及粉体的密度直接影响燃烧反应。燃烧合成装置包括点火装置、气体加压设备和燃烧合成反应釜。目前能用作燃烧容器的材料大都是石墨,但也有采用钼板的。图 2.6 为燃烧反应容器的示意图,图 2.7 为点火装置的示意图。

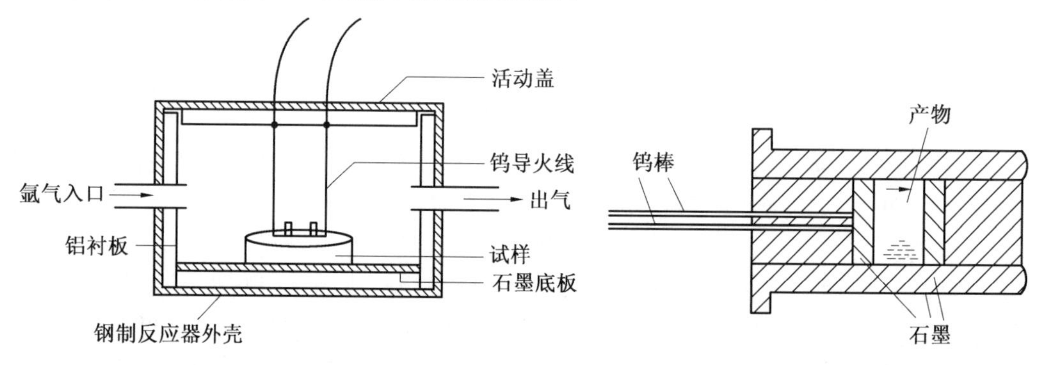

图 2.6 燃烧反应容器的示意图

图 2.7 点火装置的示意图

自蔓延燃烧合成法的点火方法大致可分为两类:一类是局部点火法,即利用电热、热辐射或激光等高能量点燃反应物(试样)的一端,使其达到着火的温度。一旦引燃,反应就以波的方式自持续传播。用钨丝线圈通电或电火花点火等方法局部点燃引燃剂(电火温度 1 500 ~3 000 ℃连续可调),依靠其反应产生的足够热量引燃反应物粉体。最典型的点火方法是利用普通电阻丝和钨丝线圈在反应物压实块的上方直接点火。对一些较难引燃的反应,还需要将点火线圈埋入试样中,用此法制备的材料有 Al_4C_3 和 TiC 等。另一类是整体加热法或称“热爆炸”法,它是将整个反应物以恒定的加热速度在炉内加热,直到燃烧反应自动发生。其特点是反应不以波的方式传播,而是在整个混合反应物内同时发生反应,用此法制备的材料有 Ti_5Si_3 及镍和铜的铝化物。

2.2.4.2 应用实例

(1)TiC 的合成。

将一般纯度的钛粉和碳粉等原料按比例混合均匀,然后置于燃烧反应釜中通电点火燃烧。整个过程只需数秒或最多不过几分钟,反应只需提供少许能量,且可以在空气中进行。传统的 TiC 合成方法周期长、能耗大、设备投资大,SHS 法与之形成鲜明的对照。用此法合成的 TiC 粉体收率高达 98%,而且因燃烧温度极高(Ti+C 为 3277 K,Ti+2B 为 2 999 K),原料中的许多杂质可挥发掉,因此产品纯度高于传统方法合成的粉体。

(2)铁氧体的合成。

SHS 法合成铁氧体的反应方程式为

$$2nk\text{Fe}+n(1-k)(\text{Fe}_2^{3+}\text{O}_3^{2-})+0.5m(\text{M}_2^{R+}\text{O}_R^{2-})+1.5nk\text{O}_2 \longrightarrow (\text{M}_2^{R+}\text{O}_R^{2-})_{0.5m}(\text{Fe}_2^{3+}\text{O}_3^{2-})_n$$

式中,M 为铁氧体特征金属;R 为该金属的化合价;m,n 为整数;k 为控制放热反应的系数,k 值可通过经验或经热力学计算得出。k 值越大,温度越高,反应速度越快。这样,对于分子式为 MFe_2O_4 的铁尖晶石系,各参数的数值为:$R=2,m=1,n=1$,则反应方程式为

$$2k\text{Fe}+(1-k)(\text{Fe}_2^{3+}\text{O}_3^{2-})+\text{MO}+1.5k\text{O}_2 \longrightarrow \text{M}^{2+}\text{O}^{2-}\cdot\text{Fe}_2^{3+}\text{O}_3^{2-}$$

对于 Ni-Zn 铁氧体($k=0.5$ 时),其反应方程式为

$$\text{Fe}+(\text{Zn}^{2+}\text{O}^{2-})_{1-x}+0.5\text{Fe}_2^{3+}\text{O}_3^{2-}+(\text{Ni}^{2+}\text{O}^{2-})x+0.75\text{O}_2 \longrightarrow (\text{Ni}^{2+}\text{O}^{2-})_x(\text{Zn}^{2+}\text{O}^{2-})_{1-x}\cdot\text{Fe}_2^{3+}\text{O}_3^{2-}$$

式中,$x=0\sim1$。

目前,已用 SHS 法合成出性能优良的 Mn-Zn,Ni-Zn,Mg-Mn 及 Ba,Sr 等铁氧体粉体。

SHS 法不仅可以用来制备陶瓷粉体,而且还可用来进行热致密化、冶金铸造和涂层制备等。

2.2.5　机械合金化法

机械合金化(mechanochemical synthesis,CMS)法自 20 世纪 70 年代由 J. S. Beinamin 引入合金的制备工作中,其应用范围日益广泛,目前此法已广泛应用于粉体冶金领域,以制备各种氧化物、非氧化物粉体。

此法的制备过程中,高能机械球磨起了非常重要的作用。高能机械球磨法是通过高能球磨的作用使不同的原料粉体相互作用形成化合物的方法。将原料粉体在高能球磨机中经机械力的反复作用,在球-粉-球和球-粉-容器的碰撞过程中,使不同粉体之间充分混合,粉体颗粒被强烈塑性变形,产生应力和应变,颗粒内产生大量的缺陷,显著降低了元素的扩散激活能,使得组元间在室温下可进行原子或离子扩散;颗粒不断冷焊、断裂、组织细化,形成了无数的扩散/反应偶,同时扩散距离也大大缩短,并建立起破裂与冷焊之间的平衡。球磨过程中由于球磨介质的相互碰撞而产生大量热,会激活邻近的粉体,促进某些化学反应的进行,最后产生一个具有超细结构的全新物相。

此法可以使材料远离平衡状态,从而获得其他技术难以得到的特殊组织、结构,扩大了材料的性能范围,且材料的组织、结构可控。此法是一个无外部热能供给的干式高能球磨过程,是一个由大晶粒变成小晶粒的过程。由此可见,此法是一种低成本、高效率、使用范围广的材料制备手段。

常用的球磨机有三种:搅拌式球磨机、行星式球磨机和振动式球磨机。有时为了防止球磨过程产生的新鲜表面被沾污或被氧化,需充入惰性保护气体,钢球与粉体之间的质量比一般控制在 10∶1 ~20∶1 之间。

目前,通过机械合金化法已经合成了一系列碳化物,如 VC,Mo_2C,Cr_2C_3,TiC,ZrC,NbC 等。典型的碳化物材料为 TiC 材料。将 Ti 粉和石墨粉共磨,在一定条件下,由于高能球磨中球磨介质的相互挤压、研磨、碰撞,使石墨粉体的温度不断上升,最后发生石墨与金属钛合成反应,而且这一反应为放热反应,放出的热量又反过来促进了碳与钛之间的进一步反应。

此外,机械合金化法制备纳米复相陶瓷材料的研究也成为新的发展方向。以 Ni-Zn

铁氧体为例,在球磨过程中,原料 α-Fe_2O_3,ZnO 及 NiO 粉体系统的活性达到足够高时,球与粉体颗粒相互碰撞的瞬间造成界面升温诱发了此处的化学反应(2.1),反应速度取决于反应物在产物层内的扩散速度。由于球磨过程中粉体颗粒不断发生断裂,产生大量的新鲜表面,反应产物被带走,从而维持反应的连续进行,直至整个过程结束。

$$\alpha\text{-}Fe_2O_3(s)+0.5ZnO(s)+0.5Ni(s)\xrightarrow{\text{球磨}}Ni_{0.5}Zn_{0.5}Fe_2O_4(s) \quad (2.1)$$

通过机械化学反应合成的 Ni-Zn 铁氧体晶粒尺寸可为纳米级,经 800 ℃热处理后,晶粒表现为亚铁磁性。

机械化学反应球磨技术的研究开始还不久,它作为一种新的技术,具有广阔的工业应用前景。

2.3　气 相 法

由气相制备超细粉体的方法主要有气相化学反应法和激光诱导化学气相沉积法两大类。

2.3.1　气相化学反应法

气相化学反应法也称化学气相沉积(chemical vapor deposition,CVD)法,是让一种或几种气体在高温下发生热分解或其他化学反应,从气相中析出超细粉体的方法。

从气相中析出的固相形态是随着反应体系的种类和析出条件而变化的,如图 2.8 所示。在固体表面上析出物的形态是薄膜、晶须和晶粒,在气体中析出物的形态是粒子。在气相中粒子的生成包括均匀成核和核长大两个过程,为了获得超微粒子,首先要在气相中生成很多中核,为此,必须达到高的过饱和度。而在固体表面上生长薄膜、晶须时,并不希望在气相中生成超微粒子,因而在较低的过饱和度条件下析出。

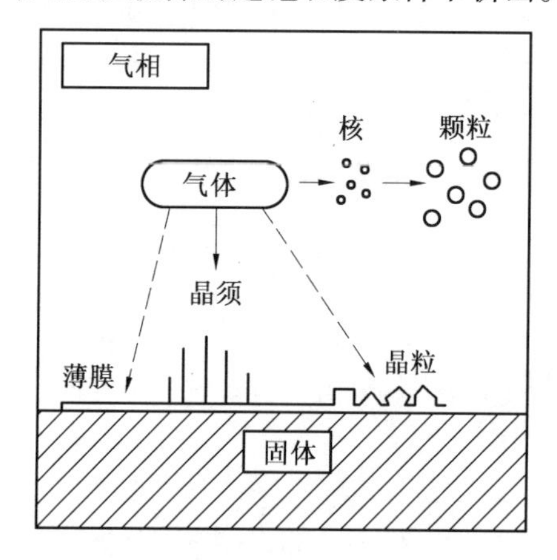

图 2.8　从气相中析出的固相形态

气相法生成超微粒子包括气相下的均匀成核和核长大。均匀成核必须有高的过饱和度,成分蒸发冷凝时的过饱和比是实际的蒸气压 p 和在此温度下的平衡蒸气压 p_0之比,即 p/p_0,而通过气体成分的化学反应析出固体时的过饱和比 RS 与析出反应的平衡常数 K 成

比例,对于如下反应,有

$$aA(g)+bB(g)\longrightarrow cC(s)+dD(g)$$

$$RS=K\cdot p_A^a\cdot p_B^b/p_D^d$$

这是该反应体系具有的总过饱和比,也是对均匀成核起作用的最大过饱和比。所以,通过气相反应生成超微粒子,必须是平衡常数大的反应体系。然而,由于涉及化学反应,因而还有反应速率问题,所以平衡常数大并不是充分条件。

用气相反应合成超微粒子是在平衡常数大的条件下进行的,原料金属化合物的反应率实质可接近100%。这时,在气相单位体积(cm^3)的粒子生成数N,生成粒子的直径D,气相的金属源浓度C_0($mol\cdot cm^{-3}$)之间有如下关系

$$D=\left(\frac{6}{\pi}\times\frac{C_0M}{N\rho}\right)^{\frac{1}{3}}$$

式中,M为生成物的相对分子质量(对1 mol金属源);ρ为生成物的密度。

这样,粒子的大小就由成核数与金属源浓度之比决定。而成核速度又与反应温度和反应气体浓度有关,所以粒子的大小可由反应温度和反应气体浓度得到控制。为此,气相化学沉积制备超细粉体的先决条件是反应体系中能均匀生成数量足够的晶核。这就需要反应物应有足够的过饱和度,反应物浓度必须相当高,且气体反应产物应能及时被移走;另外,如上所述,反应体系的平衡常数要高,在某些体系中,也可以引入少量促进晶核生成的物质。例如,引入百分之几的水蒸气可大大促进反应$TiCl_4+O_2\longrightarrow TiO_2+2Cl_2\uparrow$中$TiO_2$的成核速度。气相化学反应平衡常数与生成粉体的关系见表2.4。

超微粒子在均匀成核的同时也发生各阶段上的粒子长大。随着反应的进行,过饱和比急剧降低,成核速度的减慢比长大速度的减慢要大得多。而且,一旦在气相生成晶核或粒子,与均匀成核相比,对于这些晶粒上的析出反应,在热力学上是更有利的。由于这两方面的原因,在气相反应法中均匀成核主要是在初期发生,可以获得粒径分布窄的超微粒子。

气相化学反应法主要是基于气相化学反应中有单一化合物的热分解反应或者进行两种以上的单质或化合物的反应。此法的原料通常是容易制备、蒸气压高、反应性也比较好的金属氯化物、氧氯化物、金属醇盐、烷氧化物等。气相化学沉积法的优点是:

①原料金属化合物因具有挥发性、容易精制,而且生成物不需要粉碎、纯化,因此所得超微粉体纯度高。

②生成的微粒子的分散性好。

③控制反应条件,易获得粒径分布狭窄的纳米粒子。

④有利于在较低的温度下形成高熔点无机化合物超微粉体。

⑤除制备氧化物粉体外,只要改变介质气体,还适用于难以直接合成的金属、氮化物、碳化物和硼化物等非氧化物。

⑥根据不同反应条件,可制备不同形态的材料,例如粉体、薄膜、晶须等。

例如,TiC,SiC,B_4C的气相合成反应式为

$$TiCl_4+CH_4+H_2\xrightarrow{900\sim1\,000\ ℃}TiC+4HCl\uparrow+H_2\uparrow$$

$$SiCl_4+CH_4+H_2 \xrightarrow{1\,000\sim1\,400\ ℃} SiC+4HCl\uparrow + H_2\uparrow$$

$$4BCl_3+CH_4+4H_2 \xrightarrow{1\,200\sim1\,400\ ℃} B_4C+12HCl\uparrow$$

利用此法还可以制备 WC,Mo_2C,NbC 和其他碳化物粉体。

表 2.4 气相化学反应平衡常数与生成粉体的关系

物质	反应系统	生成物	平衡常数 lg K_p	
			1 000 ℃	1 400 ℃
氧化物	$SiCl_4-O_2$	SiO_2	10.7	7.0
	$TiCl_4-O_2$	TiO_2	4.6	2.5
	$TiCl_4-H_2O$	TiO_2	5.5	5.2
	$AlCl_3-O_2$	Al_2O_3	7.8	4.2
	$FeCl_3-O_2$	Fe_2O_3	2.5	0.3
	$FeCl_2-O_2$	Fe_2O_3	5.0	1.3
	$ZrCl_4-O_2$	ZrO_2	8.1	4.7
氮化物和碳化物	$SiCl_4-NH_3$	Si_3N_4	6.3	7.5
	SiH_4-NH_3	Si_3N_4	15.7	13.5
	SiH_4-CH_4	SiC	10.7	10.7
	$(CH_3)_4Si$	SiC	11.1	1.8
	$TiCl_4-NH_3-H_2$	TiN	4.5	5.8
	TiI_4-CH_4	TiC	0.8	4.2
	$TiI_4-C_2H_2-H_2$	TiC	1.6	3.8
	$ZrCl_4-NH_3-N_2$	ZrN	1.2	3.3
	$MoO_3-CH_4-H_2$	Mo_2C	11.0	8.0
	$WCl_6-CH_4-H_2$	WC	22.5	22.0

由挥发性金属化合物(如氯化物)与氧或水蒸气化合,在数百至一千几百摄氏度条件下发生气相反应,可合成氧化物超微粉体。

$$MX_n(g)+\frac{n}{4}O_2(g)\rightarrow MO_{n/2}(s)+\frac{n}{2}X_2(g)$$

$$MX_n(g)+\frac{n}{4}H_2(g)\rightarrow MO_{n/2}(s)+nHX(g)$$

式中的水可以直接引入,也可以利用 $CO_2+H_2\longrightarrow CO+H_2O$ 或 $H_2+O_2\longrightarrow H_2O$ 或 $C_xH_y+O\longrightarrow H_2O$等反应产生 H_2O 间接引入。例如,在氢氧焰中通入 $SiCl_4$,可以得到平均粒径为 15 ~20 nm 的 SiO_2纳米粒子。反应器的结构、反应气体的混合法、温度分布等反应条件均对微粒的性质有明显的影响。

在气相化学反应法中,对于一些固体原料,也可采用电弧、激光等方法加热使其挥发,再与活性气体反应生成化合物粉体。例如,利用电弧放电在 3×10^4 Pa 的氩气中混入1×10^3 Pa 氧气进行 Al 的蒸发,可生成 Al_2O_3粉体。选择适当的气体代替混合气体中的氧气,例如氮气,可以制备氮化物等。

表 2.5 列举了气相化学反应法制备化合物超细粉体的反应条件。

表 2.5　气相化学反应法制备化合物超细粉体的反应条件

化合物		反应体系	反应温度/℃
碳化物	TiC	$TiCl_4-CH_4-H_2$	900～1 000
	HfC	$HfCl_4-CH_4-H_2$	900～1 000
	ZrC	$ZrCl_4-CH_4-H_2$	900～1 000
		$ZrBr_4-CH_4-H_2$	>900
	SiC	$CH_3SiCl_3-H_2$	1 000～1 400
	B_4C	$BCl_3-CH_4-H_2$	1 200～1 400
	W_2C	$WF_6-CH_4-H_2$	1 000～1 200
	Cr_7C_3	$CrCl_2-CH_4-H_2$	1 000～1 200
	Cr_3C_2	$Cr(Co)_6-CH_4-H_2$	1 000～1 200
	TaC	$TaCl_5-CH_4-H_2$	1 000～1 200
	VC	$VCl_4-CH_4-H_2$	1 000～1 200
	NbC	$NbCl_5-CCl_4-H_2$	1 500～1 900
硼化物	TiB_2	$TiCl_4-BCl_3-H_2$	800～1000
	MoB	$MoCl_5-BBr_3$	1 400～1 600
	WB	$WCl_6-BBr_3-H_2$	1 400～1 600
	NbB_2	$NbCl_5-BCl_3-H_2$	900～1 200
	TaB_2	$TaBr_5-BBr_3$	1 200～1 600
	ZrB_2	$ZrCl_4-BCl_3-H_2$	1000～1500
	HfB_2	$HfCl_x-BCl_3-H_2$	1 000～1 600
氮化物	TiN	$TiCl_4-N_2-H_2$	900～1 000
	HfN	$HfCl_x-N_2-H_2$	900～1 000
	Si_3N_4	$SiCl_4-NH_3-H_2$	1 000～1 400
	BN	$BCl_3-NH_3-H_2$	1 000～1 400
		$B_3N_3H_6-Ar$	400～700
		$BF_3-NH_3-H_2$	1 000～1 300
	ZrN	$ZrCl_4-N_2-H_2$	1 100～1 200
	TaN	$TaCl_5-N_2-H_2$	800～1 500
	AlN	$AlCl_3-NH_3-H_2$	800～1 200
		$AlB_3-NH_3-H_2$	800～1 200
		$Al(CH_3)_3-NH_3-H_2$	900～1 100
	VN	$VCl_4-N_2-H_2$	900～1 200
	NbN	$NbCl_5-N_2-H_2$	900～1 300

2.3.2　激光诱导化学气相沉积法

激光诱导化学气相沉积(laser induced chemical vapor deposition, LICVD)法是利用反应气体分子对特定波长激光束的吸收而引起反应气体分子的激光光解、激光热解、激光诱导化学合成反应,在一定工艺条件下(激光功率密度、反应池压力、反应气体配比和流速、反应温度等）获得超微粒子成核和生长的方法。

例如，用连续输出的 CO_2 激光辐照硅烷分子（SiH_4）时，CO_2 激光最大的增益波长为 10.6 μm，而硅烷对此波长正好呈强吸收。因此，利用 CO_2 激光使硅烷分子热解，可制备小于 10 nm 的纳米硅粒子，即

$$SiH_4(g) \xrightarrow{h\nu(10.6\ \mu m)} Si(g) + 2H_2$$

热解生成的气相硅在一定温度和压力下开始成核和生长。粒子成核后的典型生长过程包括：

①反应体向粒子表面的运输过程。

②在粒子表面的沉积过程。

③化学反应（或凝聚）形成固体过程。

④其他气相反应产物的沉积过程。

⑤气相反应产物通过粒子表面的运输过程。

利用激光诱导化学气相沉积法还可以合成 Si_3N_4 和 SiC 纳米粒子，反应为

$$3SiH_4(g) + 4NH_3(g) \xrightarrow{h\nu} Si_3N_4(s) + 12H_2(g)$$

通过工艺参数的调整，可控制纳米粒子的尺寸，粒径可控为几纳米至 70 nm，反应为

$$SiH_4(g) + CH_4(g) \xrightarrow{h\nu} SiC(s) + 4H_2(g)$$

$$2SiH_4(g) + C_2H_4(g) \xrightarrow{h\nu} 2SiC(s) + 6H_2(g)$$

此法的优点是：

①LICVD 法通常采用 CO_2 激光器，加热速率快，高温驻留时间短，冷却迅速，因此可获得粒径比较均匀的纳米粉体。反应器不冷壁，为制粉过程带来一系列好处。

②LICVD 法制备的粒子大小可精确控制，无黏结，并容易制备出几纳米至几十纳米的颗粒。

③反应区比较均匀，梯度小，可控，使得几乎所有的反应物气体分子经历类似的加热时间-温度过程。

④粒子从成核、长大到终止能同步进行，且反应时间短，在 1 ~ 3 s 内，易于控制。

⑤气相反应是一个快凝过程，冷却速率可达 $10^5 \sim 10^6$ ℃ · s^{-1}，有可能获得新结构的纳米粒子。

由于 LICVD 法具有粒子大小可控、粒度分布窄、无硬团聚、分散性好、产物纯度高等优点，尽管 20 世纪 80 年代才兴起，但已建成年产几十吨的生产装置。

图 2.9 为 LICVD 法合成纳米粉体装置的示意图。激光对反应的加热方式分为两类：一类是气体中仅有一种气体需要通过吸收激光能量被加热，然后通过分子互相碰撞，将已被加热的气体的一部分能量转移到别的分子上，将其他气体加热；另一类是在分子发生互相碰撞之前，参加反应的每种气体都吸收能量，从而引起分解。其装置一般有正交装置和平行装置两种类型。其中，正交装置使用方便，易于控制，工程使用价值大，激光束和反应气体的流向正交。激光束照在反应气体上形成反应焰，经反应在火焰中形成微粒，由氩气携带进入上方微粒捕集装置。由于纳米粒子对氧有严重的吸附（1% ~3%），粉体的收集

和取拿要在惰性气体环境中进行。对吸附的氧可在高温下(>1 273 K)通过 HF 或 H_2处理。

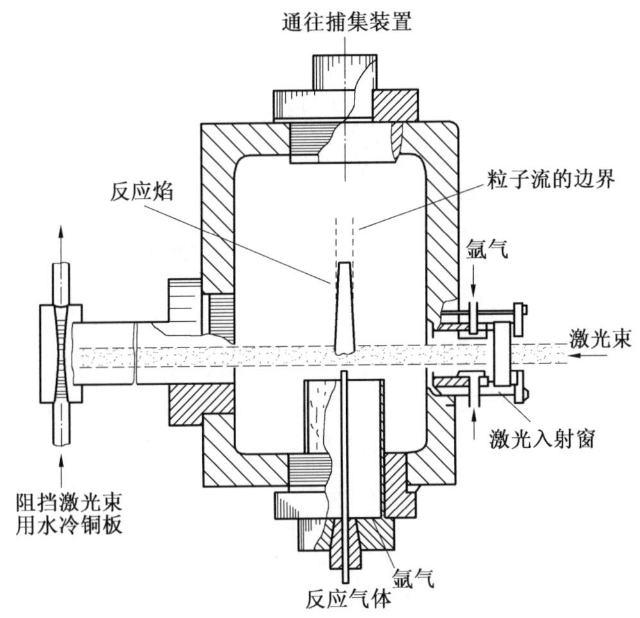

图 2.9　LICVD 法合成纳米粉体装置的示意图

所生成颗粒的形状和大小取决于反应区内温度和速度的分布。需要控制的工艺参数有:

①反应气体的种类。

②各反应气体的流量以及它们之间的比例。

③反应腔的压力。

④激光的波长、强度和功率。

⑤喷嘴和排气管的位置。表 2.6 列出由 LICVD 法制备的几种粉体的工艺参数和所得颗粒的特性。

表 2.6　由 LICVD 法制备的几种粉体的工艺参数和所得颗粒的特性

反应气体	导入方式	N 与 Si 流量比	粉体组成	颗粒尺寸/nm
SiH_4/N_2	预混合	2∶1	$w(Si)=100\%$	180
SiH_4/NH_3	预混合	10∶1	$w(Si_3N_4)=100\%$	7.8
SiH_4/CH_3NH_2	预混合	3.5∶1	$w(Si_3N_4)=66\%$ $w(SiC)=34\%$	13
SiH_4/NH_3	分别注入	15∶1	$w(Si_3N_4)=98\%$ $w(Si)=2\%$	142

2.3.3　等离子体法

等离子体法是将物质注入约 10 000 K 的超高温中,此时多数反应物和生成物成为离子或原子状态,然后使其急剧冷却,获得很高的过饱和度,这样就有可能制得与通常条件下形状完全不同的纳米粒子。

以等离子体作为连续反应器制备纳米粒子时，大致分为以下三种方法：

①等离子体蒸发法。此法是把一种或多种固体颗粒注入惰性气体的等离子体中，使之在通过等离子体之间时完全蒸发，通过火焰边界或骤冷装置使蒸气凝聚制得超微粉体的方法，常用于制备含有高熔点金属合金的超微粉体，如 Fe-Al，Nb-Si，V-Si，W-C 等。

②反应性等离子体蒸发法。此法是在等离子体蒸发得到超高温蒸气时的冷却过程中，引入化学反应的方法。通常在火焰尾部导入反应性气体，如制备氮化物超微粉体时引入 NH_3，常用于制备 ZrC，TaC，WC，SiC，TiN，ZrN，W_2N 等。

③等离子体 CVD 法（PCVD）。此法是将引入的气体在等离子体中完全分解，所得分解产物之一与另一气体反应制得超微粉体的方法。例如，将 $SiCl_4$ 注入等离子体中，在还原气体中进行热分解，在通过反应器尾部时与 NH_3 反应，并同时冷却制得超微粉体。为了不使副产品 NH_4Cl 混入，故在 250 ~ 300 ℃时捕集，这样可得到高纯度的 Si_3N_4。此法常用于制备 TiC，SiC，TiN，AlN，Al_2O_3-SiO_2，TiB_xN_y 等。

PCVD 法是纳米粉体制备的常用方法之一，它具有反应温度高、升温和冷却速度快等特点。PCVD 法是辉光放电的物理过程和化学气相沉积相结合，不但具有 PVD 法的低温性和 CVD 法的绕镀性，而且易于调整化学成分和结构的性能。PCVD 法要求的真空度比 PVD 法的低，设备成本也比 PVD 法和 CVD 法的低。

根据等离子体发生的机理，可将等离子体分为热等离子体和冷等离子体。各种电弧放电产生的等离子体是热等离子体，包括直流等离子体、交流等离子体、高频等离子体。低压状态下辉光放电属于冷等离子体，其中离子和电子的温度远远高于背景分子的温度。PCVD 法又可分为直流电弧等离子体法、高频等离子体法和复合等离子体法。直流电弧等离子体法是利用电极间的电弧产生高温，因而在反应气体等离子化的同时，易因电极熔化或蒸发而污染反应产物。高频等离子体法的主要缺点是能量利用率低，产物质量稳定性较差。复合等离子体法则是将前两种方法合为一体，在产生电弧时不需电极，避免了由于电极物质熔化或蒸发而在反应产物中引入杂质；同时，直流等离子体电弧束又能有效地防止高频等离子火焰受原料的进入造成干扰，从而在提高产物纯度、制备效率的同时，也提高了系统的稳定性。

图 2.10 是直流等离子发生装置示意图。以制备 SiC 为例，含 0.6% ~2.0%（体积分数）的硼氢化合物的硅烷从反应塔顶端中央喷入，其周围均匀安装 3 支直流等离子喷枪，产生氩弧等离子体。在第一反应室硅和硼的氢化物分解成金属，并熔化成为硅硼液滴，进入第二反应室。甲烷直接进入第二反应室，在那里与硅硼液滴反应，生成含硼的碳化硅微粒。

图 2.11 是高频等离子合成装置示意图。将电弧等离子体喷入石英管内，管外绕有水冷线圈与高频发生器相连，产生 4 MHz 高频。高频电磁波起到伸张等离子体的作用，这样可延长反应物在等离子体中停留的时间，以保证充分反应。用硫酸锆和硝酸钇的水溶液作为前驱体，雾化喷入等离子体中，反应后生成氧化钇稳定的氧化锆粉体。

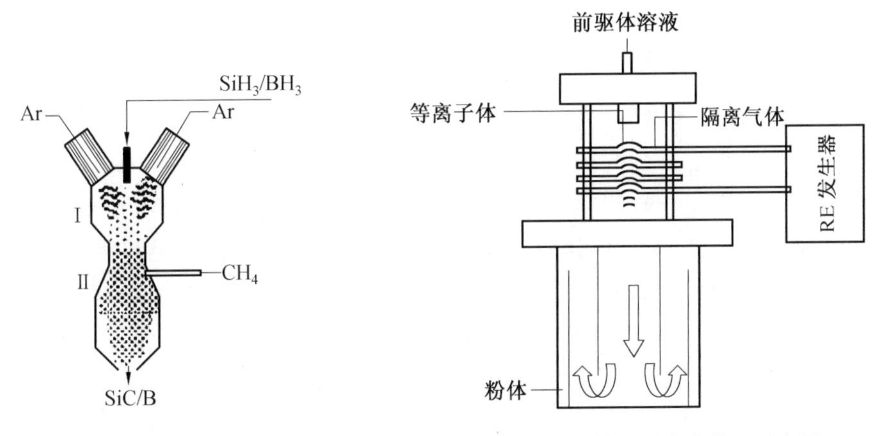

图2.10　直流等离子发生装置示意图　　图2.11　高频等离子合成装置示意图

2.3.4　化学蒸发凝聚法

化学蒸发凝聚(chemical vapor condensation,CVC)法一般可认为是通过有机高分子热解获得陶瓷超细粉体的方法。其原理是利用高纯惰性气体为载体,携带有机高分子原料在高温下进行热解。例如,六甲基二硅烷进入钼丝炉,温度为1 100～1400 ℃,气氛的压力保持在100～1 000 Pa的低气压状态,在此环境下原料热解形成团簇,进一步凝聚成纳米级颗粒,最后附着在一个内部充满液氮的转动的衬底上,经刮刀刮下进行超细粉体的收集,如图2.12所示。此法的优点是产量大、颗粒尺寸小(纳米级)、粒度分布窄。

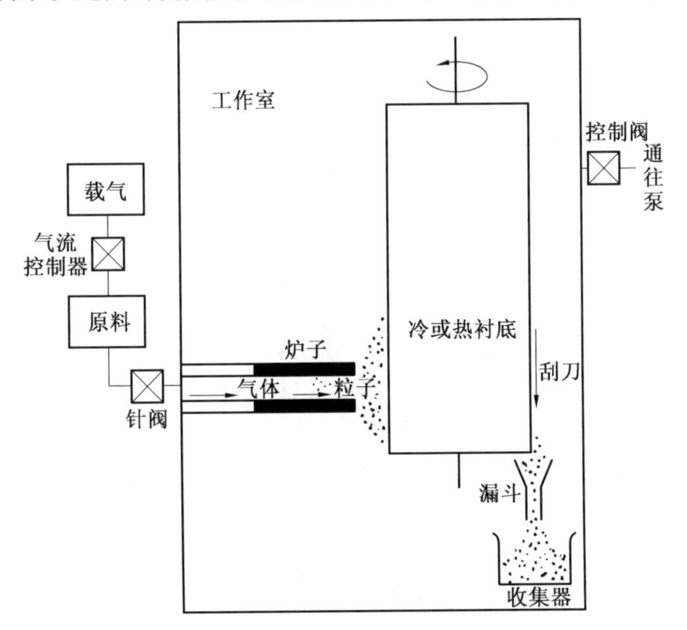

图2.12　化学蒸发凝聚法装置示意图

2.3.5 物理气相沉积法

2.3.5.1 低压气体蒸发法

低压气体蒸发法又称气体冷凝法,此法是用电弧、高频或等离子体将原料加热,使之汽化或形成等离子体,然后骤冷,凝结成超微粉体的方法。可采取通入惰性气体、改变压力的办法来控制微粒大小,粒径可达 1 ~ 100 nm。整个过程是在超高真空室内进行。通过分子涡轮泵使其达到0.1 Pa 以上的真空度,然后充入低压(约 2 kPa)的纯净惰性气体(如氦、氩等,纯度为99.999 6%)。欲蒸发的物质(如金属或化合物)置于坩埚内,通过钨电阻加热器和石墨加热器等加热装置逐渐加热蒸发,产生物质烟雾。由于惰性气体的对流,烟雾向上移动,并接近液氮的冷却棒(77 K)。在蒸发过程中,由蒸发物质发出的原子与惰性气体原子碰撞迅速损失能量而冷却,这种有效的冷却过程使蒸发的气体产生很高的局域过饱和,导致均匀的成核。因此,在接近冷却棒的过程中,物质蒸发首先形成原子簇,然后形成单个纳米微粒。在接近冷却棒的区域内,单个纳米微粒由于聚合而长大,最后在冷却棒表面上积聚起来,用聚四氟乙烯刮刀刮下并收集起来得到纳米粉体,如图 2.13 所示。1987 年美国用此法成功地制备了氧化钛纳米粉体,粒径为 5 ~ 20 nm。

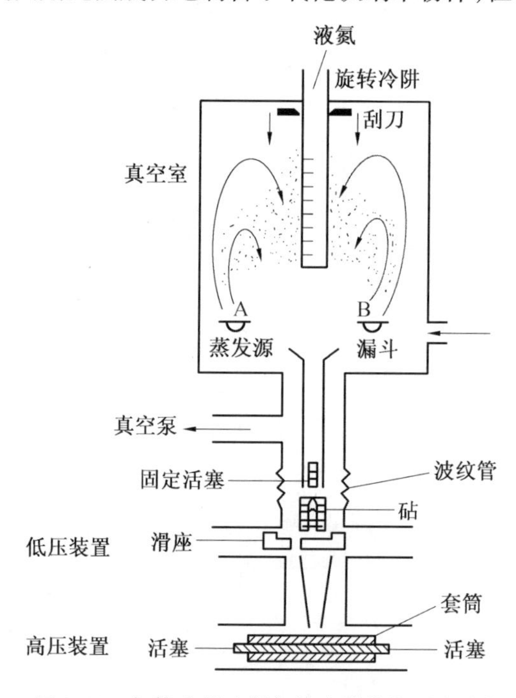

图 2.13 气体冷凝法制备纳米微粒的原理示意图

根据此法在体系中加置原位压实装置,即可直接得到纳米陶瓷材料。这个装置主要由三部分组成:第一部分为纳米粉体的获得;第二部分为纳米粉体的收集;第三部分为粉体的压制成形。纳米粉体由聚四氟乙烯刮刀刮下经漏斗直接落入低压压实装置,粉体在此装置经轻度压实后,由机械手将它们送到高压原位加压装置,压制成块状试样,压力为 1 ~5 GPa,温度为 300 ~800 K。但此法装备庞大,设备投资昂贵,不能制备高熔点的氮化物和碳化物粉体,所得到的粉体粒径分布范围较宽。

2.3.5.2　溅射法

溅射法制备超微粒子的原理示意图如图2.14所示,用两块金属板分别作为阳极和阴极(阴极为蒸发用的材料),在两极间充入氩气(40～250 Pa),施加0.3～1.5 kV的电压,形成氩离子。在电场的作用下,氩离子冲击阴极靶材表面,使靶材原子从其表面蒸发出来形成超微粒子,并在附着面上沉积下来。粒子的大小和分布主要取决于两电极间的电压、电流和气体压力。靶材的表面积越大,原子的蒸发速度越高,纳米微粒的获取量越多。

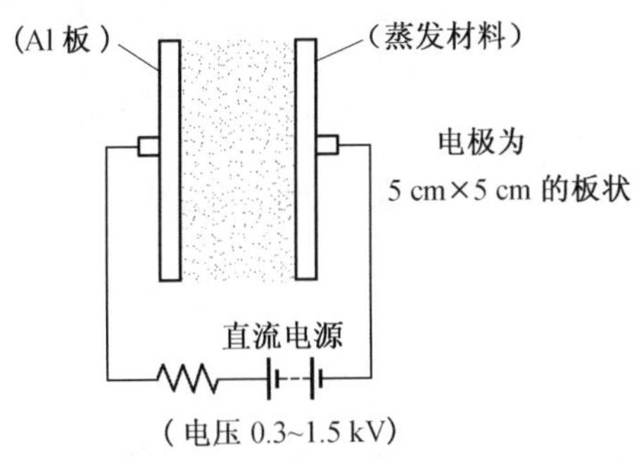

图2.14　溅射法制备超微粒子的原理示意图

用溅射法制备的纳米微粒具有以下优点:

①可制备多种纳米金属,包括高熔点金属和低熔点金属(而常规的热蒸发法只适用于制备低熔点的金属)。

②能制备多组元的化合物纳米微粒,例如ZrO_2等。

③通过加大被溅射的阴极表面,可提高纳米微粒的获得量。

2.3.5.3　通电加热蒸发法

通电加热蒸发法主要用于制备碳化物的纳米粒子。通过碳棒与金属相接触,通电加热使金属熔化,金属与高温碳素反应并蒸发形成碳化物超微粒子。图2.15为通电加热蒸发制备SiC超微粒子的装置示意图,碳棒与硅板(蒸发材料)相接触,在蒸发室内充有氩气和氦气,压力为1～10 kPa,在碳棒与硅板间通交流电,硅板被其下面的加热器加热,随硅板温度升高,电阻下降,电路接通。当碳棒温度达白热程度时,硅板与碳棒接触的部位熔化。当碳棒温度高于2 473 K时,在它的周围形成了SiC超微粒的"烟",然后将其收集起来。SiC超微粒的获得量随电流的增大而增多,例如在400 Pa的氩气中,当电流为400 A,SiC超微粒的收得率约为0.5 g·min^{-1}。惰性气体种类不同,超微粒的大小也不同,例如氦气中形成的SiC为小球形,氩气中为大颗粒。

用此法还可制备Cr,Ti,V,Zr,W等碳化物的超微粒子。

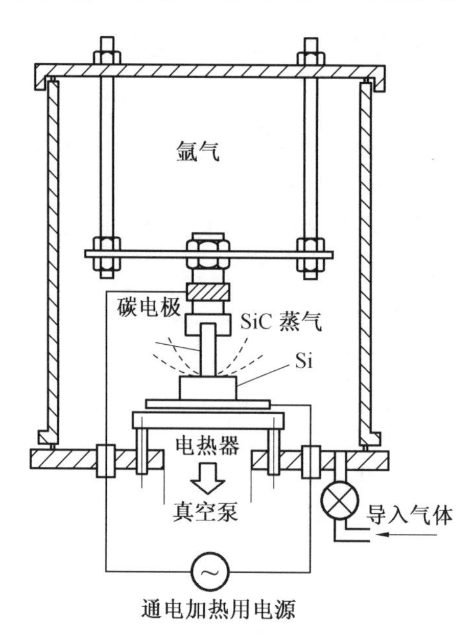

图 2.15 通电加热蒸发制备 SiC 超微粒子的装置示意图

2.4 液 相 法

2.4.1 沉淀法

沉淀法是在原料溶液中加入适当的沉淀剂，使得原料溶液中的阳离子形成各种形式的沉淀物。沉淀颗粒的大小和形状可通过反应条件来控制，然后再经过滤、洗涤、干燥，有时还需经过加热分解等工艺过程而得粉体。沉淀法又可分为直接沉淀法、均匀沉淀法和共沉淀法。

直接沉淀法是使溶液中的某一种金属阳离子发生化学反应而形成沉淀物，其优点是可以制备高纯度的氧化物粉体。

共沉淀法一般是把化学原料以溶液状态混合，并向溶液中加入适当的沉淀剂，使溶液中已经混合均匀的各个组分按化学式计量比共同沉淀出来，或者在溶液中先通过反应沉淀出一种中间产物，然后再将其煅烧分解。由于反应在液相中可以均匀进行，可获得在微观线度范围按化学式计量比混合的产物。共沉淀法是制备含有两种或两种以上金属元素的复合氧化物粉体的重要方法。采用共沉淀法制备粉体的方法很多，比较成熟的有草酸盐法和铵盐法。

2.4.1.1 草酸盐法的基本原理

草酸盐法是以草酸溶液作为沉淀剂，制得含有所需金属阳离子的复盐沉淀产物。下面以合成 $Ba_{0.6}Sr_{0.4}TiO_3$ 为例说明其基本原理。

前驱体合成反应为

$$0.6BaCl_2+0.4SrCl_2+TiCl_4+2H_2C_2O_4+5H_2O \xrightarrow{85\ ℃} Ba_{0.6}Sr_{0.4}TiO(C_2O_4)_2 \cdot 4H_2O+6HCl$$

沉淀产物经热处理获得粉体的反应为

$$Ba_{0.6}Sr_{0.4}TiO(C_2O_4)_2 \cdot 4H_2O \xrightarrow{250\ ℃} Ba_{0.6}Sr_{0.4}TiO(C_2O_4)_2 + 4H_2O\uparrow$$

$$Ba_{0.6}Sr_{0.4}TiO(C_2O_4)_2 \xrightarrow{475\ ℃} (Ba_{0.6}Sr_{0.4})CO_3 + TiO_2 + 2CO\uparrow + CO_2\uparrow$$

$$(Ba_{0.6}Sr_{0.4})CO_3 + TiO_3 \xrightarrow{750\ ℃} (Ba_{0.6}Sr_{0.4})TiO_3 + CO_2\uparrow$$

草酸盐共沉淀法的主要优点是：易于提纯；产物中金属阳离子组分确定；易于制成含两种以上金属的复盐产物，并可在不很高的温度下分解沉淀物。其主要缺点是：水中溶解度不大；成本比氨盐法高；碳易进入分解产物中形成非氧化气氛而使粉体呈灰色；高温烧结成瓷时，会因碳燃烧产生气孔。

铵盐法是采用氨水、碳酸氢铵或碳酸铵，使得原料溶液中的金属离子成为碳酸盐或氢氧化物沉淀出来的一种制备粉体的方法。下面以制备钛酸钡（$BaTiO_3$）粉体和钛酸铅（$PbTiO_3$）粉体为例来具体介绍。

采用碳酸氢铵制备钛酸钡的主要化学反应式为

$$TiCl_4 + BaCl_2 + NH_4HCO_3 + 5NH_3 \cdot H_2O \longrightarrow BaCO_3\downarrow + Ti(OH)_4 + 6NH_4Cl + H_2O\uparrow$$

$$BaCO_3 + Ti(OH)_4 \xrightarrow{1\,200\ ℃} BaTiO_3 + CO_2\uparrow + 2H_2O\uparrow$$

采用氨水制备钛酸钡的主要化学反应式为

$$TiCl_4 + BaCl_2 + 6NH_3 \cdot H_2O \longrightarrow BaTi(OH)_6\downarrow + 6NH_4Cl$$

$$BaTi(OH)_6 \xrightarrow{1\,200\ ℃} BaTiO_3 + 3H_2O\uparrow$$

采用 NH_4OH 与 $(NH_4)_2CO_3$ 制备 $PbTiO_3$ 的方法是：首先生成 $Ti(OH)_4$ 多孔型无定形物质，即

$$TiCl_4 + 4NH_4OH \longrightarrow Ti(OH)_4\downarrow + 4NH_4Cl$$

再加入 $(NH_4)_2CO_3$ 及 $Pb(NO_3)_2$ 生成 $PbCO_3$，化学反应式为

$$Pb(NO_3)_2 + (NH_4)_2CO_3 \longrightarrow PbCO_3\downarrow + 2NH_4NO_3$$

$PbCO_3$ 与 $Ti(OH)_4$ 成为吸附共沉淀产物，煅烧沉淀物，可获得 $PbTiO_3$ 活性粉体，即

$$PbCO_3 + Ti(OH)_4 \xrightarrow{700\ ℃} PbTiO_3 + 2H_2O\uparrow + CO_2\uparrow$$

铵盐法的主要优点是：纯度较高，粒度细小，组分均匀，工艺简单，能耗低，化学活性好，成本较草酸盐法低。氨盐法的主要缺点是：颗粒较硬，产品发黄，质量不够稳定，操作技术要求苛刻。

2.4.1.2　共沉淀法实例

【例 2.1】　氨水和 $(NH_4)_2CO_3$ 分步沉淀制备 $(Ba_{0.9}Pb_{0.1})TiO_3$。

(1)制备方法。

首先把 $NH_3 \cdot H_2O$ 与 $TiCl_4$ 溶液进行反应，定量沉淀出 $Ti(OH)_4$，即

$$TiCl_4 + 4NH_3 \cdot H_2O \longrightarrow Ti(OH)_4\downarrow + 4NH_4Cl$$

然后加入 $(NH_4)_2CO_3$ 溶液，滴加 $Pb(NO_3)_2$ 与 $BaCl_2$ 的混合液，生成的 $BaCO_3$ 和 $PbCO_3$ 吸附于 $Ti(OH)_4$ 的表面上，即

$$(NH_4)_2CO_3 + 0.1Pb(NO_3)_2 + 0.9BaCl_2 \longrightarrow 0.9\,BaCO_3 + 0.1\,PbCO_3 + 2NH_4^+ + 1.8Cl^- + 0.2NO_3^-$$

总反应式为

$$4NH_4OH+(NH_4)_2CO_3+0.9BaCl_2+0.1Pb(NO_3)_2+TiCl_4 \longrightarrow$$
$$[Ti(OH)_4 \cdot 0.9BaCO_3 \cdot 0.1\ PbCO_3]_{吸附共沉}+5.8NH_4Cl+0.2NH_4NO_3$$

其中,采用$(NH_4)_2CO_3$作为Pb^{2+}的沉淀剂可以防止$PbCl_2$的产生。由于$K_{SP}(PbCl_2)=2\times 10^{-5} \ll K_{SP}(PbCO_3)$,则$PbCl_2$会完全转化为更难溶的$PbCO_3$。

反应中的 pH 控制在 8 左右。当 pH<8 时,会残存金属离子,使沉淀不完全(因 $BaCO_3$,$Ti(OH)_4$,$PbCO_3$可溶于酸);而当 pH>8 时,则会形成氢氧基络合物,再度溶解。

开始时,生成的$Ti(OH)_4$不必加热,以后使之陈化,$PbCl_2$转化为$PbCO_3$时要加热,但温度不可太高,否则会发生如下副反应,即

$$(NH_4)_2CO_3 \xrightarrow{加热} 2NH_3\uparrow + CO_2\uparrow + H_2O$$

为了使反应各处均匀,必须进行强烈搅拌,以防止粘壁或结块。

将混合沉淀物分离、洗涤、烘干和煅烧,便可获得超细微粉体$Ba_{0.9}Pb_{0.1}TiO_3$,即

$$0.1PbCO_3+0.9BaCO_3+Ti(OH)_4 \xrightarrow{加热} Ba_{0.9}Pb_{0.1}TiO_3+CO_2\uparrow+2H_2O\uparrow$$

(2)制备流程。

$Ba_{0.9}Pb_{0.1}TiO_3$ 超细粉体制备流程图如图 2.16 所示。

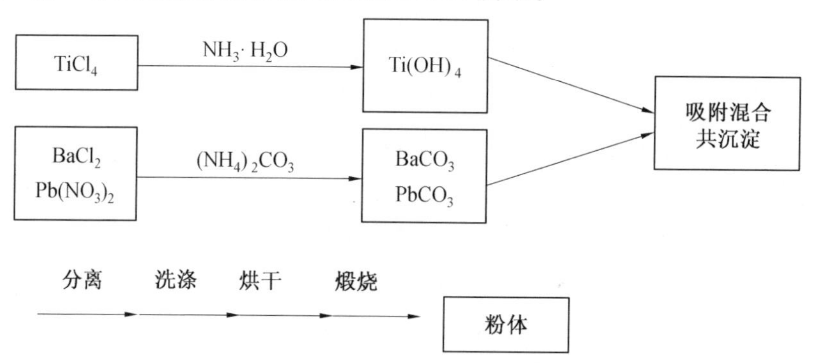

图 2.16 $Ba_{0.9}Pb_{0.1}TiO_3$超细粉体制备流程图

(3)实验装置图。

共沉淀法的实验装置示意图如图 2.17 所示。

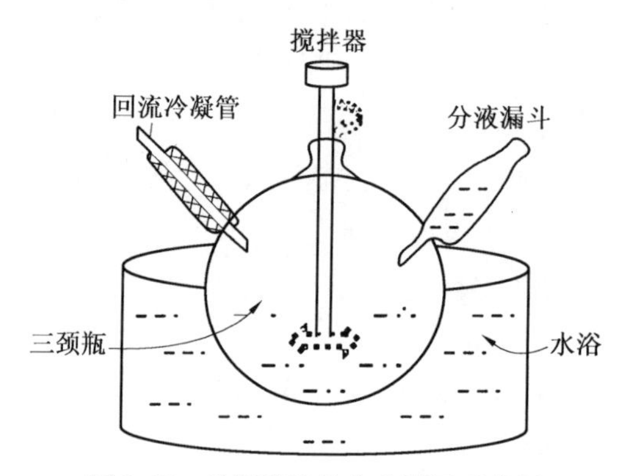

图 2.17 共沉淀法的实验装置示意图

(4)实验步骤及现象

实验步骤及现象见表 2.7。

表 2.7　实验步骤及现象

步　骤	现　象
①装好带搅拌器、分液漏斗、球形冷凝管的 500 mL三颈瓶,通冷凝水、冷水浴,用酸式滴定管装入 89.88 mL 的 $TiCl_4$溶液,用量筒取 119.5 mL 6 mol · L^{-1}氨水于 250 mL 分液漏斗中搅拌,常温下滴氨水于 $TiCl_4$中,加完测定 pH	开始时 $TiCl_4$冒白烟,后白烟消失,大量浆状白色沉淀产生,放热反应,pH=8
②通过分液漏斗加 66.79 mL 的$(NH_4)_2CO_3$溶液(用量筒取),搅拌下水浴加热至温度(45±2)℃	体系为白色小颗粒沉淀
③分别用酸式滴定管向分液漏斗中加入 133.32 mL 的 $BaCl_2$和 15.49 mL 的 $Pb(NO_3)_2$,混合均匀	有大量白色结晶粉体沉于底部,中层白色乳浊液,上层无色透明
④将③的物质滴入三颈瓶中,加完后回流 1.5 h,恒温 45 ℃	体系白色沉淀不断增多,呈浆状
⑤将三颈中瓶物质倒入 1 L 烧杯中,静置	沉淀下降为白色无定形粉体,上层清液有氨味
⑥倾析法倒出上层清液,沉淀用水洗,再抽滤	获得白色无定形沉淀物
⑦洗涤至流出液用 0.1 mol · L^{-1}的 $AgNO_3$检验无混浊	
⑧在 70 ℃恒温干燥箱内烘干沉淀物,若结块,则用玻璃棒捣碎	
⑨煅烧前驱体用电脑程序控温的箱式电阻炉,每分钟升温 60 ℃,在 1 200 ℃保温 1 h	

注意事项:

①氨水不可过量太多,否则 $Ti(OH)_4$初生 α 相显两性,可能部分水解。

②pH 为 8 ~9,温度最高不能超过 50 ℃,一般为 45 ℃。

③混合 Ba 和 Pb 盐加完后,用水冲洗漏斗并加入反应器中,保证严格配比。

【例 2.2】　草酸一步共沉淀法制备 $BaTiO_3$。

(1)合成。

合成反应式为

$$TiCl_4+BaCl_2+2H_2C_2O_4+5H_2O \longrightarrow BaTiO(C_2O_4)_2 \cdot 4H_2O+6HCl$$

在反应中,由于不断有 H^+产生,溶液 pH 不断下降,Ba^{2+}会残留于溶液中,不能进入复盐晶格。虽然以后可用氨水调 pH,但会造成沉淀不均匀。为此,可将草酸溶液中和至 pH 为 6 ~7,提供大量 $C_2O_4^{2-}$,先使大部分 Ba^{2+}沉淀,小部分 Ba^{2+}与 $TiCl_4$混合加入。由于酸性 $TiCl_4$溶液的加入,pH 最终达到 4 ~5。pH 过低,反应速度较慢,Ba^{2+}难以进入沉淀晶格;pH 过高,沉淀呈凝胶状,洗涤困难。温度适当提高,可以加快反应速度,但温度太高,会导致草酸分解和 $TiCl_4$水解。

其后对前驱体进行煅烧,总反应式为

$$BaTiO(C_2O_4)_2 \cdot 4H_2O+\frac{1}{2}O_2 \xrightarrow{900\ ℃} BaTiO_3+3CO_2+CO+4H_2O$$

实际上并不是一步就可得到 $BaTiO_3$，其过程大致为

$$BaTiO(C_2O_4)_2 \cdot 4H_2O \xrightarrow{250\ ℃} BaTiO(C_2O_4)_2 + 4H_2O\uparrow$$

$$BaTiO(C_2O_4)_2 + \frac{1}{2}O_2 \xrightarrow{450\ ℃} BaCO_3(\text{无定形}) + TiO_2(\text{无定形}) + CO + 2CO_2$$

$$BaCO_3(\text{无定形}) \xrightarrow{450\ ℃} BaCO_3(\text{新多型}) \xrightarrow{750\ ℃} BaCO_3(\text{斜方晶})$$

$$BaCO_3(\text{无定形、新多型、斜方晶}) + TiO_2 \xrightarrow{750\ ℃} BaTiO_3 + CO_2\uparrow$$

由于各中间产物热稳定性差别大，所以要适当提高温度。实验中要分别在 750 ℃和 900 ℃保温。

(2)工艺流程。

草酸一步共沉淀法合成 $BaTiO_3$ 工艺流程图如图 2.18 所示。

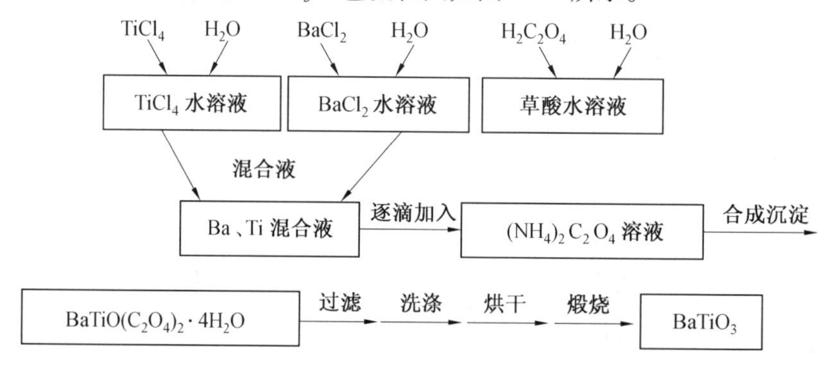

图 2.18　草酸一步共沉淀法合成 $BaTiO_3$ 工艺流程图

(3)实验步骤及现象。

实验步骤及现象见表 2.8。

实验的关键工艺参数是:pH、分子配比、温度及搅拌速度和时间。

目前，共沉淀法已被广泛用于制备钙钛矿型材料和尖晶石型材料的粉体。共沉淀法的优点是生产复合氧化物粉体的纯度较高、组分均匀，是一般的固相混合或球磨粉碎法难以达到的。共沉淀法的缺点是沉淀剂有可能作为杂质混入粉体中，而且凝胶状的沉淀很难水洗和过滤，水洗时，一部分沉淀物可能因溶解而损失等。

在沉淀法中，为了避免直接添加沉淀剂产生的局部浓度不均匀，可在溶液中加入某种物质，使之通过溶液中的化学反应缓慢地生成沉淀剂，在内部生成的沉淀剂会立即被消耗掉，所以沉淀剂的浓度可始终保持在很低的状态，因此沉淀的纯度高。这便是称为均匀沉淀法的原因。其代表性的试剂是尿素，它的水溶液在 70 ℃左右发生水解反应，即

$$(NH_2)_2CO + 3H_2O \longrightarrow 2NH_4OH + CO_2$$

生成的 NH_4OH 起到沉淀剂的作用，有利于得到金属氢氧化物或盐沉淀。

表 2.8　实验步骤及现象

步　骤	现　象
①用量筒取 211.63 mL 饱和草酸放入 500 mL 烧杯中,搅拌下滴入浓氨水至 pH=7(广泛试纸变绿)	烧杯微热,最后溶液中有无色针状结晶产生
②装好搅拌器、回流冷凝管、分液漏斗的 500 mL 三颈瓶及水浴装置,将草酸溶液加入三颈瓶中搅拌,保温 70 ℃	带沉淀的混浊液受热后,沉淀溶解,呈澄清透明溶液
③用酸式滴定管将 120.00 mL 的 $BaCl_2$ 液装入分液漏斗中,滴入三颈瓶中	有鱼鳞片状沉淀,搅拌下呈细小颗粒,沉淀更多
④加完后余下 21.79 mL 的 $BaCl_2$ 液与另一支滴定管取出的 36.57 mL $TiCl_4$ 液混合于分液漏斗中,滴入三颈瓶中,加水冲洗漏斗	漏斗中有少许白色针状结晶,混合液加入后白色沉淀更多
⑤用 1∶1(体积比)氨水调制 pH=4,保持 20 ℃	溶液呈白色浆状
⑥将容器内物质倒入三颈瓶中,静置	上层浊液,下层白色沉淀
⑦倾析法倒出母液,水洗沉淀 4 次,静置抽滤	有食盐般结晶性粉体产生
⑧用水洗涤沉淀物	洗出液用 0.1 mol·L^{-1}的 $AgNO_3$ 检查不发生混浊
⑨在 70 ℃恒温烘干沉淀	若有结块,用玻璃棒捣碎
⑩前驱体煅烧步骤为 室温 $\longrightarrow$ 300 ℃ $\xrightarrow{15\ \text{min}}$ 300 ℃ $\longrightarrow$ 500 ℃ $\xrightarrow{15\ \text{min}}$ 500 ℃ $\longrightarrow$ 750 ℃ $\xrightarrow{30\ \text{min}}$ 750 ℃ $\longrightarrow$ 900 ℃ $\xrightarrow{45\ \text{min}}$ 900 ℃	

2.4.2　溶胶-凝胶法

溶胶-凝胶(sol-gel)法是将金属氧化物或氢氧化物的浓溶液变为凝胶,再将凝胶干燥后进行煅烧,进而制得氧化物超微细粉体的方法。20 世纪 60 年代中期,此法是为合成核燃烧用的锕系元素氧化物的而进行研究开发的。这种方法适用于能形成溶胶且溶胶可以转化为凝胶的氧化物系。例如,用这种方法制得的 ThO 的烧结性良好,所得制品的密度为理论密度的 99%,致密度很高。

2.4.2.1　溶胶-凝胶法的工艺原理

溶胶-凝胶法主要包括如下过程:

(1)水解和聚合。

首先将低黏度的前驱体均匀混合。该前驱体一般是金属醇盐或金属盐(有机或无机),它们发生水解和聚合反应,可以提供最终所需要的金属离子,在某些情况下,前驱体的一个组分可能就是一种氧化物溶胶。

金属醇盐的水解反应一般可表示为

$$M(OR)_n+xH_2O \longrightarrow M(OH)_x(OR)_{n-x}+xROH$$

与此同时,两种聚合反应也几乎同时进行。

失水缩聚反应为

$$—M—OH+HO—M\longrightarrow—M—O—M—+H_2O$$

失醇缩聚反应为

$$—M—OH+RO—M\longrightarrow—M—O—M—+ROH$$

由醇盐形成氧化物的总反应可表示为

$$M(OR)_n+xH_2O\longrightarrow M(OH)_x(OR)_{n-x}+xROH$$

$$M(OH)_x(OR)_{n-x}\longrightarrow MO+\frac{x}{2}H_2O+(n-x)ROH$$

实际上金属醇盐的水解反应与如下一些因素有很大关系:有无催化剂和催化剂的种类、水与醇盐的物质的量比(添加的水量)、醇盐的种类、用于使相互不混合的金属醇盐和水混合在一起的共溶剂的种类及用量、水解温度等。因此,研究并掌握这些因素对水解作用的影响是控制水解过程的前提。

(2)凝胶的形成。

凝胶形成的三个主要步骤是单体聚合成初始粒子、初始粒子长大和粒子连接成键,然后形成三维网络。凝胶的形成标志着体系实现了溶胶-凝胶转变。溶胶-凝胶转变是指系统黏度急剧增加,一个黏性体变为一个弹性凝胶体的转折点。胶粒只有在无活化动力的情况下形成凝胶,这种活化动力能促使氧化物(如 SiO_2)形成比初始溶胶浓度高的聚集体。金属阳离子,特别是高价金属阳离子,可能引起沉淀,而不是凝胶。一旦溶胶转变为凝胶,凝胶的物理和化学性质就确定了,并影响最终的材料性能。

(3)凝胶的干燥。

控制凝胶的干燥过程是避免超细粉产生团聚的关键。干燥过程就是除去水分、有机基团和有机溶剂。在用溶胶-凝胶法制备超细粉体过程中,一般采用抽真空干燥,这样可以降低干燥温度,得到多孔分散的且透气性良好的超细粉体,称为气溶胶。凝胶干燥时,会有下列现象出现:逐步收缩和硬化,应力形成,破碎。

干凝胶的最终结构取决于溶液开始收缩形成湿凝胶的结构,干凝胶实质上是收缩了的或形状改变了的湿凝胶。有以下三种模型可以描述干凝胶的结构:

①块状的、基本尺寸相同的粒子聚集体模型。

②由原始粒子形成大气孔粒子聚集体模型。

③原始粒子的二次聚集。

(4)煅烧。

干凝胶中含有化学吸附的羟基和烷基团,还有物理吸附的有机溶剂和水,必须通过煅烧过程来除去。图 2.19 为典型的溶胶-凝胶工艺流程图。

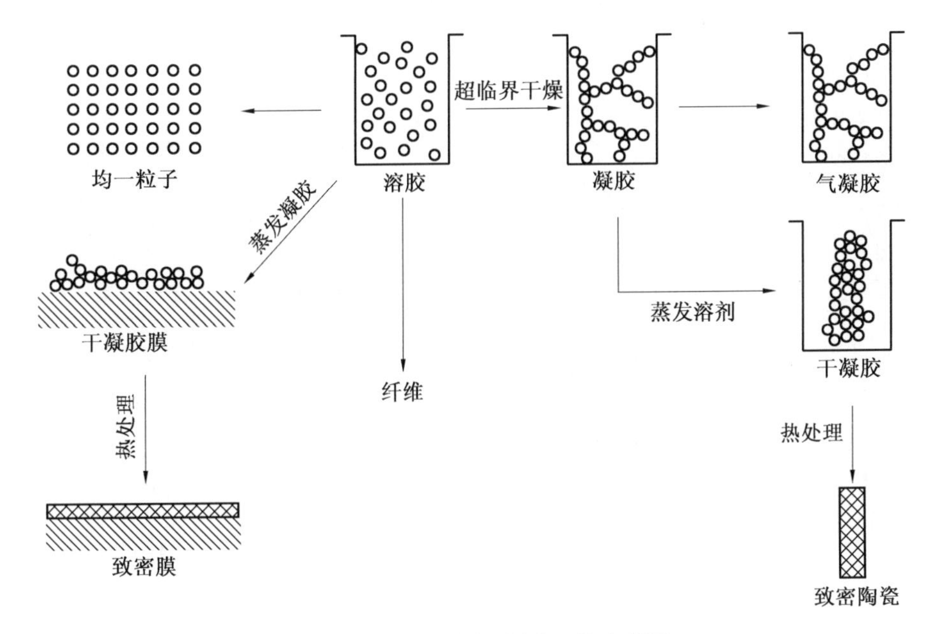

图2.19　典型的溶胶-凝胶工艺流程图

2.4.2.2　溶胶-凝胶法的原料制备

溶胶-凝胶法的原料主要有两类:一类是含有金属离子的醇盐,如 $Si(OC_2H_5)_4$(简称TEOS),$Ti(OC_4H_9)_4$,$Al(OC_3H_7)_3$等。这些醇盐不但易于水解,而且容易溶于多数有机溶剂。另一类是金属盐,包括金属无机盐和金属有机盐类。有些金属的醇盐难以合成,甚至无法合成。有些金属的醇盐虽然可以合成,但用于化学制备不方便或不合适。例如I-II族金属的醇盐一般都是非挥发性的固体,而且在有机溶剂中的溶解度很低,因此就失去了其易于通过蒸发或再结晶进行纯化的优点。当选择金属盐类作为前驱体时,需选择那些易于溶于有机溶剂、易分解且分解后的残留物尽量少的物质。在无机盐类中,一般优先选用硝酸盐,因为其他盐类(如硫酸盐和氯化物)的热稳定性一般比硝酸盐高,因此在最终产品中很难将对应的阴离子除去。在有机酸盐中,乙酸盐应用最广泛。此外,甲酸盐、草酸盐、鞣酸盐等也被用来提供相应的金属离子。溶胶-凝胶法常用的原料见表2.9和表2.10。

表2.9　溶胶-凝胶法常用的原料

金属无机盐		金属有机盐	
硝酸盐	$M(NO_3)_n$	金属醇盐	$M(OR)_n$,$M(C_3H_7O_2)_n$
氯化物	MCl_n	醋酸盐	$M(C_2H_3O_2)_n$
氧氯化物	$MOCl_{n-2}$	草酸盐	$M(C_2O_4)_{n-2}$

注:M代表金属;n代表原子价;R代表烃基

表 2.10 作为溶胶-凝胶法原料的金属醇盐

	族	金 属	醇 盐 实 例
单金属醇盐	ⅠA	Li,Na	$LiOCH_3(s)$,$NaOCH_3(s)$
	ⅠB	Cu	$Cu(OCH_3)_2(s)$
	ⅡA	Ca,Sr,Ba	$Ca(OCH_3)_2(s)$,$Sr(OC_2H_3)_2$,$Ba(OC_2H_5)_2(s)$
	ⅡB	Zn	$Zn(OC_2H_5)_2(s)$
	ⅢA	B,Al,Ga	$B(OCH_3)_3(s)$,$Al(I\text{-}OC_3H_7)_3(s)$,$Ga(OC_2H_5)_3(s)$
	ⅢB	Y	$Y(OC_4H_9)_3$
	ⅣA	Si,Ge	$Si(OC_2H_5)_4(l)$,$Ge(OC_2H_5)_4(l)$
	ⅣB	Pb	$Pb(OC_4H_9)_4(l)$
	ⅤA	P,Sb	$P(OCH_3)(l)$,$Sb(OC_2H_5)_3(l)$
	ⅤB	V,Ta	$VO(OC_2H_5)_3(l)$,$Ta(OC_2H_7)_3(l)$
	ⅥB	W	$W(OC_2H_5)_4(s)$
	稀土	La,Nd	$La(OC_3H_7)_3(s)$,$Nd(OC_2H_5)_3(s)$
双金属醇盐		La-Al	$La[Al(iso\text{-}OC_3H_7)_4]_3$
		Mg-Al	$Mg[Al(iso\text{-}OC_3H_7)_4]_2$,$Mg[Al(sec\text{-}OC_4H_9)_4]_2$
		Ni-Al	$Ni[Al(iso\text{-}OC_3H_7)_4]_2$
		Zr-Al	$(C_3H_7O)_2Zr[Al(OC_3H_7)_4]_2$
		Ba-Zr	$Ba[Zr_2(OC_2H_5)_9]_2$
多种醇盐基		Si	$Si(OCH_3)_4(l)$,$Si(OC_2H_5)_4(l)$,$Si(i\text{-}OC_3H_7)_4(l)$,$Si(i\text{-}OC_4H_9)_4$
		Ti	$Ti(OCH_3)_4(s)$,$Ti(OC_2H_5)_4(l)$,$Ti(i\text{-}OC_3H7)_4(l)$,$Ti(OC_4H_9)_4(l)$
		Zr	$Zr(OCH_3)_4(s)$,$Zr(OC_2H_5)_4(s)$,$Zr(i\text{-}OC_3H_7)_4(s)$,$Zr(OC_4H_9)_4(s)$
		Al	$Al(OCH_3)_3(s)$,$Al(OC_2H_5)_3(s)$,$Al(i\text{-}OC_3H_7)_3(s)$,$Al(OC_4H_9)_3(s)$

金属醇盐可用一般式 $M(OR)_x$ 表示,它具有 $M^{\delta+}$—O—$C^{\delta-}$结构。由于氧原子的电负性大,使 M—O 键强烈地极化为 $M^{\delta+}$—$O^{\delta-}$。极化程度和 M(金属)的电负性也有关。S,P,Si 和 Ge 的电负性较大,它们的醇盐具有强烈的共价键性质和很好的挥发性,几乎是以单分子状态存在。而碱土金属和碱金属的电负性小,具有较强的离子性,一般为多聚体状态。在醇盐中,如果金属 M 相同,烷氧基中 R 的电负性越小,M—O—R 共价性越大。例如,C_4烷氧基中以叔丁基的醇盐共价性最大。金属醇盐的这些特征决定了它们在陶瓷制备中的不同选择性。现在元素周期表中有 69 种元素已被制成各种醇盐,并已有 41 种元素的醇盐用于溶胶-凝胶法以制备陶瓷材料。金属醇盐的合成方法有下列几种:

(1)单金属醇盐的制备。

①金属和醇反应。

能用此法制备醇盐的金属有碱土金属。此外,Mg,Be 和 Al 也可以直接制备醇盐,反应开始前需要加少许碘和卤化汞作为催化剂。催化剂的作用机理目前尚不清楚,估计是形成活泼的金属表面。另外,La,Si 及 Ti 的醇盐也可用此法制备,反应式为

$$M+nROH \longrightarrow M(OR)_n+\frac{n}{2}H_2\uparrow$$

式中,M 为电负性较小的金属;R 为碳氢基团。

②金属氢氧化物或氧化物与醇盐反应。

对于电负性较大的元素醇盐可用下述平衡反应制备,生成的水不断被除去,致使反应平衡向右移动,相应的反应式为

$$M(OH)_n+nROH \longrightarrow M(OR)_n+nH_2O\uparrow$$

$$MO_{n/2}+nROH \longrightarrow M(OR)_n+\frac{n}{2}H_2O\uparrow$$

此法已被成功地用于 B,Pb,As,Se,V 和 Hg 的醇盐制备。反应完成的程度主要取决于醇的沸点、醇中烃基支键的多少和所用的溶剂。

③金属氯化物与醇盐反应。其反应式为

$$BCl_3+3ROH \longrightarrow B(OH)_3+3HCl\uparrow$$

$$SiCl_4+4ROH \longrightarrow Si(OH)_4+4HCl\uparrow$$

④金属氯化物与醇盐反应。

B,Si,Ti 和 Zr 等金属的氯化物被广泛用于醇盐的制备,为了使反应进行完全,反应体系中常加入一种碱性物质,例如氨或吡啶,或用醇盐取代反应,相应的反应式为

$$BCl_3+3C_2H_5OH+3NH_3 \longrightarrow B(OC_2H_5)_3+3NH_4Cl$$

$$SiCl_4+4C_2H_5OH+4NH_3 \longrightarrow Si(OC_2H_5)_4+4NH_4Cl$$

$$MCl_4+4NaOEt \longrightarrow M(OEt)_4+4NaCl \quad (M=Ti,Zr,Mn,V\text{ 等})$$

最近,用锂盐法还成功地制备了 Cr,Co,Ni 和 Cu 的醇盐,反应式为

$$MCl_n+nROLi \longrightarrow M(OR)_n+nLiCl$$

⑤金属胺盐与醇反应。

此法适用于亲氧性比亲氮性强的金属醇盐的制备,此法的优点是反应中所生成的二烷基胺副产物很容易被蒸发出去,相应的反应式为

$$M(NR_2)_n+nR'OH \longrightarrow M(OR')_n+nHNR_2\uparrow \ (M=U,V,Cr,Sn,Ti)$$

⑥醇交换法。其反应式为

$$Ti(OP^ir)_4+4Am^tOH \xrightarrow{C_6H_6} Ti(OAm^t)_4+4P^irOH$$

$$Zr(OP^nr)_4+4Am^tOH \xrightarrow{C_6H_6} Zr(OAm^t)_4+4P^nrOH$$

式中,P^ir 为异丙醇的碳氢基团;P^nr 为正丙醇的碳氢基团;Am^t 为叔戊醇的碳氢基团。

要特别指出的是,尽管大多数金属的乙醇盐是可溶的,但除了 Si,Ge,Nb,Ta 外,其他金属的甲醇盐在有机溶剂中是不溶或难溶的。

(2)双金属醇盐的制备。

用溶胶-凝胶法制备含有两个或两个以上金属离子的材料时,为了保证它们的高度均匀混合性,希望将它们制备成双金属或多金属醇盐,下面列举几种常见的合成方法。

①两种醇盐反应。

在类似于苯的有机非极性溶剂中,将两种醇盐按一定比例混合,可制备相应的双金属醇盐,即

$$M_1(OR)_x+M_2(OR)_n \longrightarrow M_1M_2(OR)_{x+n}$$

式中，M_1，M_2可为 U，Be，Zn，Al，Ti，Zr，Nb 和 Ta。

例如：
$$MOR+Ta(OR)_5 \longrightarrow M[Ta(OR)_6]$$

式中，M 为 Li，Na，K，Rb 和 Cs。

②一种醇盐和另一个金属反应。

目前此法适用于碱土金属和过渡金属醇盐反应，合成醇盐，反应为
$$M+2ROH+Al(OR)_3 \longrightarrow M[Al(OR)_4]+H_2$$

式中，$Al(OR)_3$也可为 $Nb(OR)_5$，$Ta(OR)_5$或 $Zr(OP^ir)_4P^irO_4$。

③醇盐之间反应。
$$Ln(OP^ir)_3+3M(OP^ir)_3 \longrightarrow LnM_3(OP^ir)_{12} \quad (M=Al 或 Ga)$$
$$Nb(OP^ir)_5+2Al(OP^ir)_3 \longrightarrow NbAl_2(OP^ir)_{11}$$

这样制备的二元醇盐一般在蒸发时不会产生分解，这在保证金属离子分布均匀性方面具有重要意义。

④钾醇盐与两种金属卤化物反应。

目前此法主要用于 Ln 和 Al 的异丙醇双金属盐的合成。
$$LnCl_3+3AlCl_3+12KOP^ir \xrightarrow{P^irOH,C_6H_6} LnAl_3(OP^ir)_{12}+12KCl \quad (Ln=Gd,Ho,Er)$$

⑤金属卤化物和两种醇盐反应。
$$MCl_n+nM'M''(OR)_x \longrightarrow M[M''(OR)_x]_n+nM'Cl\downarrow$$

在实际反应中，常用 $M'=K$，$M''=Al$，即 $K[Al(OP^ir)_4]$为原料，制备 M 为 In，La，Th，Sn(Ⅳ)，Sn(Ⅱ)，Be，Zn，Cd，Hg，Cr，Fe，Co，Ni 和 Cu 的双金属醇盐。

尽管上面列举了许多金属醇盐的合成方法，但实际工作中还可能难以合成或无法合成特定双金属醇盐或多金属醇盐，所以通常将金属醇盐和普通盐同时作为金属离子的来源进行制备。然而金属盐与金属醇盐的水解速度相差很大，金属醇盐要快很多，会造成产物中离子分布的不均匀。例如用硝酸盐作为原料时，在蒸发过程中，硝酸盐经常会产生结晶析出。如果在低 pH 下先蒸发掉大部分水，然后缓慢凝胶化，可以一定程度地解决这一问题，但无法彻底消除成分偏析。实际应用中，一般常用乙酸盐，这是因为乙酸盐通常可以和醇盐反应生成固定成分的化合物，从而避免水解速度不同导致均匀性差的问题。

此法所得多金属盐的另一个优点是分解的产物中残留碳少，而单独使用乙酸时经常会导致分解不完全而残留碳。

用金属醇盐和普通有机酸盐制备的双金属盐反应为
$$M(OR)_n+M(CH_3COO)_{n'} \longrightarrow (RO)_{n-1}M—O—M(CH_3COO)_{n'-1}+CH_3COOR\uparrow$$

实际制备中，常用的组合包括：乙酸钡+钛醇盐，乙酸镁+铝醇盐，乙酸铅+钛醇盐，乙酸铟+锡醇盐。

2.4.2.3 溶胶-凝胶法在合成陶瓷超微细粉中的应用

金属醇盐易进行水解，产生金属氧化物、氢氧化物和水合物的凝胶，经过滤区分，氧化物可通过干燥得陶瓷超微细粉，氢氧化物与水合物通过煅烧成为陶瓷超微细粉。与金属醇盐进行反应的对象仅是水，其他金属离子作为杂质被引入的可能性很小，故可以得到高纯度的陶瓷超细粉。表 2.11 列出依靠金属醇盐水解得到的凝胶形态。很多金属醇盐只

生成一种水解产物,而有些金属醇盐却因水解温度或空气介质的不同生成不同种类的湿凝胶。例如,铅的醇盐如果在室温下进行水解,就生成一氧化铅(PbO)。而在铁的醇盐中存在铁(Ⅱ)醇盐和铁(Ⅳ)醇盐,但铁(Ⅱ)醇盐由于存在微量的氧而能被简单地氧化成铁(Ⅲ)醇盐。铁(Ⅲ)醇盐通过水解产生氢氧化铁(Ⅳ)($Fe(OH)_3$)凝胶,它在大气中稳定存在,通过煅烧而成为氧化铁(Ⅲ)(Fe_2O_3)。另外,铁(Ⅱ)醇盐水解生成氢氧化亚铁($Fe(OH)_2$)(Ⅱ),这种凝胶如果在溶液中进行空气氧化,则变成四氧化三铁。

表2.11　依靠金属醇盐水解得到的凝胶形态

元素	凝　胶	元素	凝　胶	元素	凝　胶
Li	Li(OH)(s)	Fe	FeOOH(a)		
Na	NaOH(s)		$Fe(OH)_2$(c)	Sn	$Sn(OH)_4$(a)
K	KOH(s)		$Fe(OH)_3$(a)	Pb	$PbO\cdot 1/3H_2O$(c)
Be	$Be(OH)_2$(c)		Fe_3O_4(c)		PbO(c)
Mg	$Mg(OH)_2$(c)	Co	$Co(OH)_2$(a)	As	As_2O_3(c)
Ca	$Ca(OH)_2$(a)	Cu	CuO(c)	Sb	Sb_2O_5(c)
Sr	$Sr(OH)_2$(a)	Zn	ZnO(c)	Bi	Bi_2O_3(a)
Ba	$Ba(OH)_2$(a)	Cd	$Cd(OH)_2$(c)	Te	TeO_2(c)
Ti	TiO_2(a)	Al	AlOOH(c)	Y	YOOH(a)
Zr	ZrO_2(a)		$Al(OH)_3$(c)		$Y(OH)_3$(a)
Nb	$Nb(OH)_5$(a)	Ga	GaOOH(c)	La	$La(OH)_3$(c)
Ta	$Ta(OH)_5$(a)		$Ga(OH)_3$(a)	Nb	$Nb(OH)_3$(c)
Mn	MnOOH(c)	In	$In(OH)_3$(c)	Sm	$Sm(OH)_3$(c)
	$Mn(OH)_2$(a)	Si	$Si(OH)_4$(a)	Eu	$Eu(OH)_3$(c)
	Mn_3O_4(c)	Ge	GeO_2(c)	Gd	$Gd(OH)_3$(c)

注:a无定形;c结晶性;s溶于水

合成几种金属元素的陶瓷超细粉就用几种金属醇盐溶液,包括构成陶瓷成分的金属元素的醇盐混合溶液和利用几种金属醇盐进行化学性结合的烷氧盐溶液。由于氧的电负性大,按说金属醇盐的M—O键显示出相当的离子性,但实际上在有机溶剂中能充分溶解,显示共价键的性质。这是由于吸附在氧原子上的烷基具有诱导效应及通过共价键形成低聚体的产物。某种金属在溶液中形成低聚物,就妨碍溶液中金属醇盐的完全混合,产生凝胶的成分分离,但烷氧盐可以实现这种金属醇盐的完全混合。此外,烷氧盐的形成也可以用于使不溶的金属醇盐实现溶解。

2.4.2.4　溶胶-凝胶法制备陶瓷超微细粉评价

用溶胶-凝胶法制备的多组分复杂氧化物是反应物在溶液中经过均匀混合并反应而形成的,保证了材料在原子水平上的均匀性。溶胶-凝胶法所用原料大都为金属有机化合物,可以用蒸馏法或重结晶法提纯。同时,整个制备过程接触的只有有机溶剂,洗涤用的去离子水也不会引入别的物质,因而,制备的材料是高度纯净的。溶胶-凝胶法具有如下优点:

①可在较低的合成及烧结温度下得到所需产物,即溶胶-凝胶法合成粉体和烧结温度比其他方法的粉体低。

②高度的化学均匀性。将含有不同金属离子的溶液混合，可达到化学均匀，这比传统方法所得混合物的均匀度要高得多。

③高化学纯度。溶胶-凝胶法一般采用可溶性金属化合物作为原料，因此可以通过蒸发及再结晶等法纯化原料，从而保证产品纯度。借助对原料进行蒸馏和再结晶，可以大大提高纯度，从而制得纯度高的超微细粉。

④因合成温度较低，所得产物粒度分布均匀且细小。

⑤从溶液反应开始，易于加工成形，可以制备各种形状的材料，如薄膜、纤维等。

⑥操作简单，且无需昂贵设备。

溶胶-凝胶法迄今还未形成工业生产，是因为此法还存在如下缺点和不足，即原料成本高、处理过程中收缩量大、有机液对人的健康有害、处理时间长等。

2.4.2.5 溶胶-凝胶法应用实例

(1)制备 $BaTiO_3$ 粉体。

金属钡和醇首先要在回流下反应，待反应完全生成 $Ba(OR)_2$ 后，以 $n(Ba):n(Ti)=1:1$ 溶胶-凝胶加入四异丙氧基钛，两种醇盐反应数小时后，向反应体系中加入高纯水，回流分解，制得 $BaTiO_3$ 陶瓷粉体。如用 $Ba(OC_3H_7)_2$ 和 $Ti(OC_5H_{11})_4$ 混合液水解得到粒径小于 15 nm 的(平均 15 nm) $BaTiO_3$ 粒子，纯度达 99.98%，其制备流程如图 2.20 所示，反应方程式为

$$Ba(OR)_2+Ti(OC_3H_7^i)_4+3H_2O \longrightarrow BaTiO_3+2ROH+4C_3H_7^iOH$$

式中，R 为乙基、异丙基或正丁基。

用此法制备的 $BaTiO_3$ 粉体非常细，约 0.05 μm。

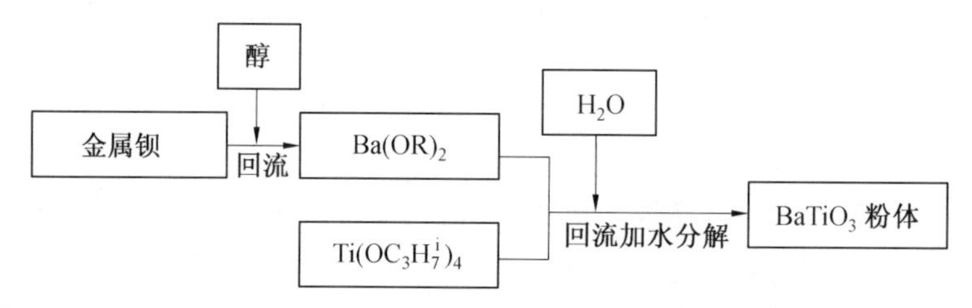

图 2.20 用溶胶-凝胶法制备 $BaTiO_3$ 粉体流程图

(2)制备 CeO_2 纳米粒子。

称取 10.6 g 草酸铈，用蒸馏水调成糊状并滴加浓 HNO_3 和 H_2O_2 溶液，加热至完全溶解，加入 18.6 g 柠檬酸，加水溶解成透明溶液，于 50～70 ℃下缓慢蒸发形成溶胶，继续干燥，有大量气泡产生，并形成白色凝胶，将凝胶于 120 ℃下干燥 12 h，得到淡黄色的干凝胶。将干凝胶在不同温度下进行处理，则得到不同粒径的 CeO_2 粉体，如图 2.21 所示。

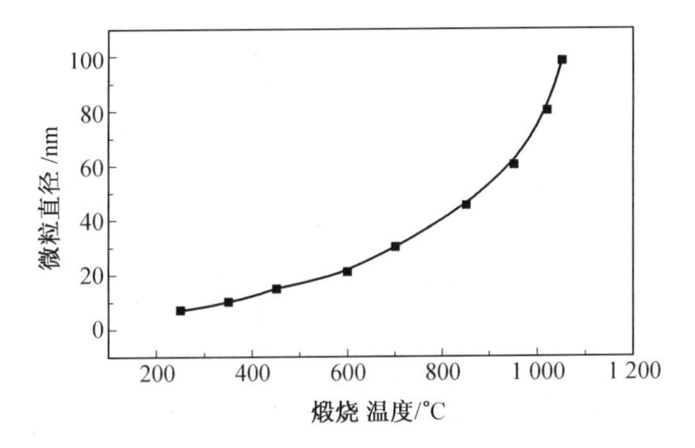

图 2.21　不同煅烧温度 CeO_2 粒径的变化

2.4.3　微乳液法

2.4.3.1　基本原理

微乳液是由油(通常为碳氢化合物)、水、表面活性剂(有时存在助表面活性剂)组成的透明、各向同性、低黏度的热力学稳定体系。微乳液法是指混合金属盐和一定的沉淀剂形成微乳状液,在较小的微区内控制胶粒的成核和生长,通过热处理得到超细粒子。由于反应是在微小的球形液滴中进行的,所生成的沉淀也被局限在液滴中,因而团聚成一个微小的球形体。为了使前驱体溶液分散在另一液相中,两个液相应该互不相容。通常前驱体液相为水溶液,而其周围是一种水不能溶入的油相。为使两相稳定存在,需要加入表面活性剂,其处在油/水的界面,使分散在油相中的水相液滴稳定,形成所谓油包水型乳化液。微乳液法的工艺流程图如图 2.22 所示。

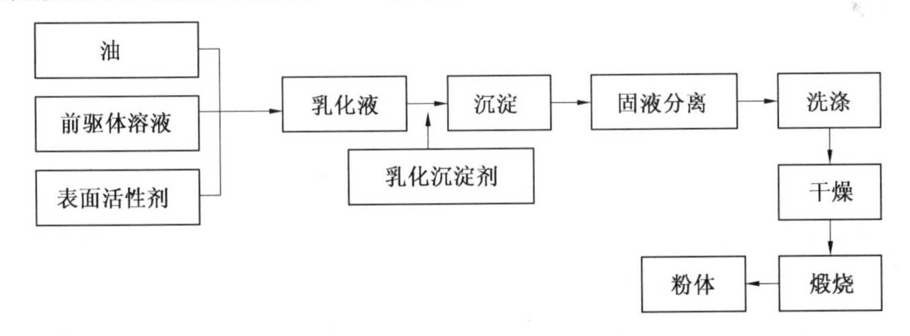

图 2.22　微乳液法的工艺流程图

(1)反胶团或 W/O 型微乳液的结构、组成及特征参数。

反胶团是指表面活性剂溶解在有机溶剂中,当其浓度超过 CMC(临界胶束浓度)后,形成亲水极性头朝内、疏水链朝外的液体颗粒结构(图 2.23)。反胶团内核可增溶水分子,形成水核。当颗粒直径小于 10 nm 时,称为反胶团,颗粒直径介于 10 ~ 200 nm 时,称为 W/O 型微乳液(以下简称微乳液)。

反胶团或微乳液有一个重要的参数,即水核半径 R,R 与体系中 H_2O 和表面活性剂的溶解度及表面活性剂的种类有关。令 $w=[H_2O]/[表面活性剂]$,则在一定范围内,R 随 w

增大而增大。另外,水核半径也随表面活性剂种类不同而不同。有人以 $w=10$ 作为反胶团和微乳液的分界线,$w<10$ 是反胶团,$w>10$ 是微乳液,其界限也不十分严格。

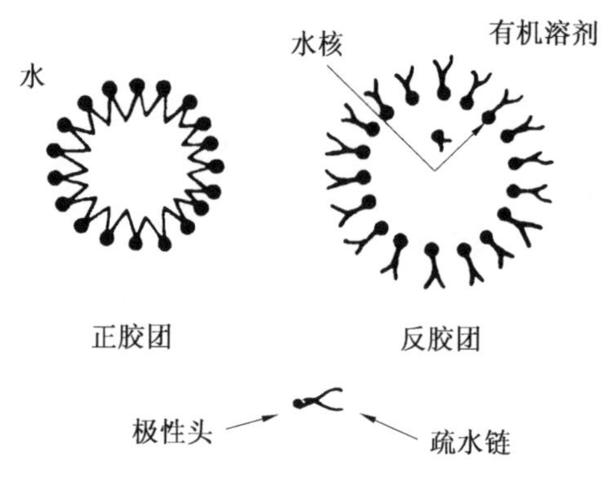

图 2.23 正胶团和反胶团的结构示意图

用于制备超细颗粒的反胶团或微乳液体系一般由 4 个组分组成:表面活性剂、助表面活性剂、有机溶剂和 H_2O。最常用的表面活性剂为 AOT[二(2-乙基己基)磺基琥珀酸钠],它不需借助表面活性剂存在即可形成反胶团或微乳液。阴离子表面活性剂如 SDS(十二烷基磺酸钠)、DBS(十二烷基苯磺酸钠),阳离子表面活性剂如 CTAB(十六烷基三甲基溴化铵),非离子表面活性剂如 Triton X 系列(聚氧乙烯醚类)等也可用来形成反胶团或微乳液,作为制备超细颗粒的反应介质。形成反胶团或微乳液常用非极性溶剂,例如烷烃或环烷烃。

(2)反胶团或微乳液中超细颗粒的形成机理。

反胶团或微乳液是热力学稳定体系,其水核是一个"微型反应器",这个"微型反应器"拥有很大的界面,在其中可以增溶各种不同的化合物,是非常好的化学反应介质。反胶团或微乳液的水核尺度由增溶水的量决定,随增溶水量的增加而增大。因此,在水核内进行化学反应制备超细颗粒时,由于反应物被限制在水核内,最终得到的颗粒粒径将受水核大小控制。

很多实验方法被用来研究水核内超细颗粒的形成机理,例如 X 射线衍射法(XRD)、紫外-可见光光度法(UV-VIS)、透射电子显微镜(TEM)、动态激光散射(DLS)等。水核内超细颗粒的形成机理大致可分为以下四种情况:

①超细颗粒的制备是通过混合两个分别增溶有反应物的反胶团或微乳液来实现的。在这种情况下,含有反应物 A、B 的反应胶团或微乳液混合后,由于胶团颗粒的碰撞,发生了水核内物质的相互交换或物质传递,引起化学反应。化学反应就在水核内进行(成核或生长)。由于水核半径是固定的,不同水核的晶核或粒子之间的物质交换受阻,在其中生成的粒子尺寸就得到控制。这样,水核的大小控制超细颗粒的最终粒径。

②将一种反应物增溶在水核内,另一种反应物以溶液的形式与前者混合,水相反应物穿过微乳界面进入水核内部,与另一反应物作用,产生晶核并长大。超细颗粒形成后,体系分为两相,反胶团或微乳液相中含有生成的粒子,进一步分离,可得到预期的超细颗粒。许多氧化物或氢氧化物胶体粒子的制备均基于这种反应机理。例如用 NaOH 与 DBS-甲苯-H_2O 微乳液中的 $FeCl_3$ 反应制备 Fe_2O_3 超微粉体,得到了球形、分散的超细 Fe_2O_3 胶体

粒子，其半径在1.5 nm左右。

③一种反应物增溶在反胶团或微乳液的水核内，另一种反应物为其他。将气体通入液相中充分混合，使二者发生反应，可以得到超细颗粒。

④另一种超细颗粒的制备机理为：一种反应物为固相，另一种反应物增溶于微乳液中，将二者混合且发生反应，也可以制备超细分散颗粒。

(3)影响反胶团或微乳液法制备超细颗粒的因素。

反胶团或微乳液作为合成超细颗粒的介质，是因为它能提供一个特定的水核，水溶性反应物在水核中发生反应可以得到所要制备的超细颗粒。影响超细颗粒制备的因素主要有以下几个方面：

①反胶团或微乳液组成的影响。

超细颗粒的粒径与反胶团或微乳液的水核半径密切相关，水核半径是由 $w=[H_2O]/$[表面活性剂]决定的。胶团组成的变化将导致水核的增大或减小，水核的大小将直接决定超细颗粒的尺寸。一般来说，超细颗粒的直径要比水核直径稍大，这可能是由于胶团间的快速物质交换导致不同水核内沉淀物的聚集所致。

②反应物浓度的影响。

适当调节反应物的浓度，可使制取的粒子大小受到控制。例如，在AOT-异辛烷-H_2O反胶团体系中制备CdS胶体颗粒时，发现超细粒子的粒径受 $x=[Cd^{2+}]/[S^{2-}]$ 的影响，当反应物之一过量时，将生成较小的CdS粒子。这是由于反应物之一过量时，结晶过程比等量反应要快，生成的超细颗粒粒径也就偏小。

③反胶团或微乳液滴界面膜的影响。

选择合适的表面活性剂是进行超细颗粒合成的第一步。为了保证形成的反胶团或微乳液颗粒在反应过程中不发生进一步聚集，选择的表面活性剂成膜性能要合适，否则在反胶团或微乳液颗粒碰撞时表面活性剂所形成的界面膜易被打开，导致不同水核内的固体核或超细颗粒之间进行物质交换，这样就难以控制超细颗粒的最终粒径。合适的表面活性剂应在超细颗粒形成时就吸附在粒子的表面，对生成的颗粒能够起稳定和保护作用，防止粒子的进一步生长。

2.4.3.2　微乳液法实例

(1)制备 Fe_2O_3 纳米粉体。

取一定量的金属盐溶液，如 Fe^{3+} 溶液，在表面活性剂(如十二烷基苯磺酸钠或硬脂酸钠)的存在下，加入有机溶剂，形成微乳液，再通过加入沉淀剂或其他反应试剂，生成微粒相，分散于有机相中，除去其中的水分，即得到 Fe_2O_3 微粒的有机溶胶，再加热到400 ℃以除去表面活性剂，就可得到 Fe_2O_3 纳米微粒，其工艺流程为

$$Fe^{3+}\text{盐溶液}\xrightarrow[\text{有机溶剂}]{\text{表面活性剂}}\text{水/油微乳液}\xrightarrow[\text{NaO}]{\text{沉淀剂}}\text{水/油微乳液及过量的混合液}\xrightarrow{\text{除去水相}}$$

$$\text{有机相}\xrightarrow{\text{回流}}Fe_2O_3\text{ 有机溶胶}\xrightarrow{\text{蒸干}}Fe_2O_3\text{ 纳米粉体}\xrightarrow[\text{除去表面活性剂}]{400\ ℃}\text{纯的 }Fe_2O_3\text{ 纳米粉体}$$

(2)制备 ZrO_2 纳米粉体。

以氧氯化锆和氯化钇的水溶液为水相，煤油为油相，Span-80为表面活性剂，通过超

声分散制成微乳液，再用同样的方法制成氨水的微乳液，二者混合，生成 $Zr(OH)_4$/$Y(OH)_3$球形团聚微粒，离心分离，再用丙酮充分洗涤，经干燥和煅烧，最后获得含钇的四方氧化锆纳米粉体。

2.4.4 水热法

水热(hydrothermal process)法，又称热液法，是指在密封的压力容器中，以水(或其他溶剂)作为溶媒(也可以是固相成分之一)，在高温(>100 ℃)、高压(>9.81 MPa)条件下进行材料加工的方法。水热法的水热过程是高温、高压下在水、水溶液或蒸汽等流体中进行有关化学反应的总称。水热条件能加速离子反应和促进水解反应。在常温、常压下一些从热力学分析看可以进行的反应，往往因反应速度极慢，以至于实际上没有价值，但水热条件下却可能使反应得以实现。水热条件下，水可作为一种化学组分起作用并参与反应，水既是溶剂又是膨化促进剂，同时还可以作为压力的传递介质。此法通过加速渗析反应和控制其过程的物理化学因素，实现无机化合的形成和改性，既可制备单组分微小单晶体，又可制备双组分或多组分的特殊化合物粉体，克服某些高温制备不可克服的晶形转变、分解、挥发等，其粉体具有粒度细(纳米级)、纯度高、分散性好、均匀、分布窄、无团聚、晶形好、形状可控、利于环境净化等优点。

2.4.4.1 水热法原理

水热法制备超细粉体的化学反应是在流体参与的高压容器中进行的。此法采用水溶液作为反应介质，通过对反应容器加热，使密封容器中一定填充度的溶媒膨胀而充满整个容器，从而产生很高的压力，外加压式高压釜则通过管道输入高压流体而产生高压，从而创造一个高温、高压的反应环境，使通常难溶或不溶的物质溶解并且重结晶。水热合成法的原理是在高温、高压下，一些氢氧化物在水中的溶解度大于其对应的氧化物在水中的溶解度，于是氢氧化物溶入水中的同时析出氧化物。作为反应物的氢氧化物，可以是预先制备好再施加高温高压，也可以是通过化学反应(如水解反应)在高温、高压下即时产生。为使反应较快和较充分进行，通常还需在高压釜中加入各种矿化剂。水热法一般以氧化物或氢氧化物作为前驱体，它们在加热过程中的溶解度随温度升高而增加，最终导致溶液过饱和并逐步形成更稳定的氧化物新相。反应过程的驱动力是最后可溶的前驱体或中间产物与稳定氧化物之间的溶解度差。水热法最大的特点在于反应是在高温高压流体中进行，因而对溶媒的性质和高压反应装置的研究非常重要。

相对于其他制粉方法，水热法具有如下特点：

①水热法可直接得到结晶良好的粉体，无需做高温灼烧处理和球磨。

②水热法制粉工艺具有能耗低、污染小、产量较高、投资较少等特点，而且制备出的粉体具有高纯、超细、自由流动、粒径分布窄、颗粒团聚程度轻、晶体发育完整并且烧结活性良好等许多优异性能。

2.4.4.2　水热反应热力学

(1)高温、高压下纯水的相分析。

水是水热法合成的主要溶剂。反应是在一个封闭的体系(高压釜)内进行的,因此温度、压力及装满度之间的关系对水热合成具有重要的意义。装满度是指液体的体积占整个容器有效体积的百分比。图 2.24 为纯水的相图。曲线 OA 称为水的饱和蒸气压曲线或称蒸发线,它表明水-气两相平衡时蒸气压与温度的关系。曲线 OB 称为冰的饱和蒸气压曲线或称升华线。曲线 OC 称为冰的熔化线,它表明压力与熔点的关系。由这三条曲线把相图分成三个区,I 区称为气相区,II 区为液相区,III 区为固相区。水热合成时,为提高反应速度,一般反应都在较高的温度区间进行,所以关心的主要是 I 区和 II 区。OA 线表明,随着温度的提高,水的饱和蒸气压也不断提高,但是蒸气压不能无限向上延伸,只能到温度为 374 ℃、压力为 21.7 MPa 的 A 点为止。这里 A 点为临界点,其含义是温度高于 374 ℃时,压力无论多大蒸汽也不会变为水,也就是说在温度高于 374 ℃时,液相完全消失,只有气相存在。在临界点处水的密度为 0.32 g · mL^{-1}。

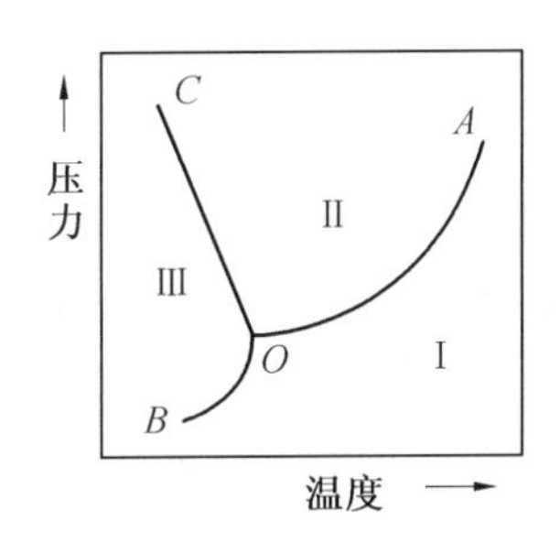

图 2.24　纯水的相图

水的比容随温度的升高而增加。当高压釜的装满度高于某一临界值时,随温度的升高,气相-液相的界面迅速提高,直至容器全部为液相所充满(在临界温度以下),但是当装满度小于这一临界值时,随着温度的提高,液面最初会缓慢上升,当温度继续提高到某一值时,由于水的汽化液面下降,直至到达临界温度,液相完全消失,这一临界值就称为临界装满度。对纯水而言,临界装满度为 32%。但是在实际水热体系中,由于系统中存在溶质以及溶剂不是纯水,这些关系会不同,只能作为参考。

(2)A-H_2O 及 A-B-H_2O 相分析。

在 A-H_2O 体系中,A 为室温下微溶或不溶于水的化合物,但是在高温高压下,A 能够被水溶解并产生再结晶,从而得到晶体材料。即使在临界温度和压力下,水单独也不是好的溶剂,A 的溶解度非常有限,因此晶体生长速度非常慢,甚至无法生长。为了增加 A 在水中的溶解度,提高结晶速度,往往要加入一定量的矿化剂 B,这种系统称为 A-B-H_2O 系统。例如,当 B 为 0.5 mol · L^{-1}的 NaOH 或 Na_2CO_3时,SiO_2的溶解度提高数十倍,因此它们一般被用来生长人工水晶或人工沸石等矿物。

当利用水热法进行陶瓷粉体合成时,A-B-H_2O 体系中的 A 在多数情况下是几种固体甚至液体的混合液,例如在制备 $BaTiO_3$时,A 可能是 TiO_2(固)+$Ba(OH)_2 \cdot 8H_2O$(溶液)。这时的 $Ba(OH)_2 \cdot 8H_2O$ 既是矿化剂 B,又参与化学反应形成新的物质,因此与传统的矿化剂有显著不同。一般说来,增加矿化剂的浓度能提高晶体的生长速率。

水热法合成超细粉体的主要驱动力是氧化物在各种不同状态下溶解度的不同,例如普通的氧化物粉体(有较高的晶体缺陷密度)、无定形氧化物粉体、氢氧化物粉体等在溶剂中的溶解度一般比高结晶度、低缺陷密度粉体的溶解度大。在水热反应的升温升压过程中,前者的溶解度不断增加,当达到一定浓度时,就会沉淀出后者。因此,水热法合成超细粉体的过程实质就是一个溶解/再结晶的过程。遗憾的是，目前各种不同的溶解度数据非常有限，因此一般都采用尝试法进行粉体的合成。

2.4.4.3 高压釜

水热法最大的特点在于反应发生在高温高压流体中，因而溶剂的性质和高压反应装置对水热法十分重要。水热法的必备装置是高压反应器——高压釜。除了应具有通用的耐高温性能外，必须不与水和系统介质发生化学作用。高压釜按压力来源可分为内加压式和外加压式。内加压式是靠釜内一定填充度的溶媒在高温时膨胀产生压力，而外加压式则靠高压泵将气体或液体打入高压釜产生压力。高压釜按操作方式可分间歇式和连续式。间歇式是在冷却减压后得到产物，而连续式可不必完全冷却减压，反应过程是连续循环的。间歇式高压釜和连续式水热反应装置示意图分别如图 2.25 和图 2.26 所示。

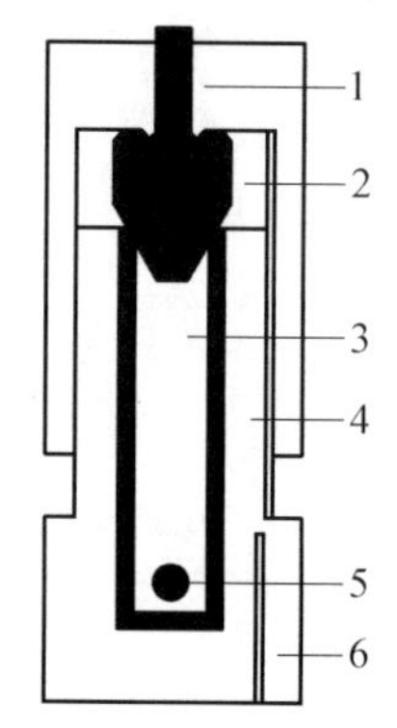

图 2.25　间歇式高压釜示意图

1—紧固螺帽；2—密封锥；3—釜腔；4—内衬；5—搅拌球；6—热电偶孔

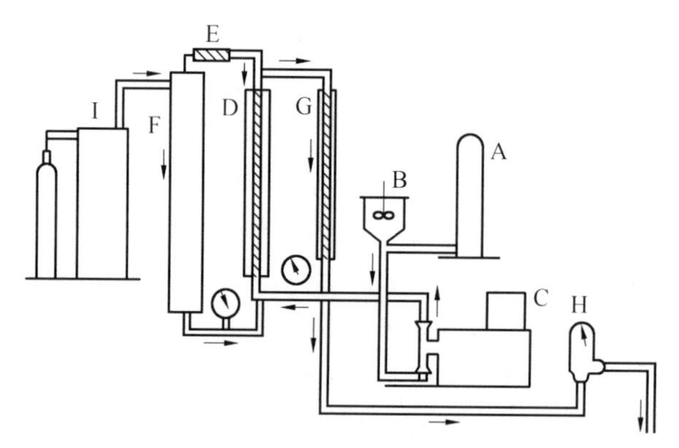

图 2.26　连续式水热反应装置示意图

A—水箱；B—蓄水器；C—加压泵；D—反应器；E—预热器；F—加热器；G—热交换器

H—压力控制阀；I—供气设备

粉体制备常用间歇式高压釜，高压釜材料的选用情况对温度、压力、耐腐蚀和水热反应时间的限制起决定作用。高压釜的寿命、可靠程度依赖于高压釜设计、选用材料成分和性质、使用温度和压力以及使用频率等，常用的材料是低碳钢、不锈钢和 Stellite 合金。为了防止内封流体对釜腔的污染，一般高压釜还对不同的溶媒加相应的防腐内衬，如 Al_2O_3

衬、Pt 衬、Teflon 衬等。常用高压釜的温度和压力限制见表 2.12。

表 2.12　常用高压釜的温度和压力限制

高压釜形式	压力/MPa	温度/℃
内径 5 mm 和外径 9 mm 派莱克斯玻璃	0～6	250
内径 5 mm 和外径 9 mm 石英玻璃	0～6	300
莫里式	40	400
焊接瓦克-勃勒式	200	480
德尔塔环式	230	400
布里奇曼式	370	500
改进布里奇曼式	370	500
冷封管式	400	200
耐热镍基合金 25	200	800
Rene 41	100	740
钽锆钼合金	300	1 100

2.4.4.4　不同途径的水热过程

水热过程制备纳米陶瓷粉体有许多不同的途径，主要有水热沉淀法、水热结晶法、水热合成法、水热分解法和水热机械-化学反应法。

(1)水热沉淀法。

水热沉淀(hydrothermal precipitation)法是水热法中最常用的方法，制粉过程通过在高压釜中的可溶性盐或化合物与加入的各种沉淀剂反应，形成不溶性氧化物和含氧盐的沉淀。用水热沉淀法已制出的粉体有简单氧化物，如 ZrO_2，SiO_2，Cr_2O_3，CrO_2，Fe_2O_3，MnO_2，MoO_3、TiO_2和 Al_2O_3等；混合氧化物，如 ZrO_2-SiO_2，UO_2-ThO_2及复合氧化物 $BaFe_{12}O_{19}$，$BaZrO_3$和 $CaSiO_3$等。操作方式可以是间歇的，也可以是连续的，制粉过程可以在氧化、还原或惰性气氛中进行。

例如，制备 3Y-PSZ 粉体。用 $ZrOCl_2 \cdot 8H_2O$，$YCl_3 \cdot 6H_2O$，$CO(NH_2)_2$作为前驱体，制备工艺流程图如图 2.27 所示。在 220 ℃，7 MPa 下处理 5 h，可以得到结晶完好、粒径为 11.6 nm 的 3Y-PSZ 粉体(Y_2O_3 摩尔分数为 3%)。将温度从 160 ℃ 升到 220 ℃，粒径从 15.0 nm 降到 11.6 nm，而表面积仍保持在 110 $m^2 \cdot g^{-1}$左右，与温度关系不大。这样得到的粉体含有亚稳立方相 ZrO_2和少量单斜 ZrO_2，水热条件下单斜相的含量随温度升高而降低。

(2)水热结晶。

水热结晶(hydrothermal crystallization)法是以非晶态氢氧化物、氧化物或水凝胶作为前驱体，在水热条件下结晶成新的氧化物晶粒的一种制备方法。此法不但可以避免沉淀-煅烧法和溶胶-凝胶法制得的无定形纳米粉体的团聚，而且也可作为水热沉淀法和水热结晶法或其他方法所得粉体解团聚后续处理的重要步骤。

以制备 ZrO_2粉体为例进行说明，用含有 3 $mol \cdot L^{-1}$ NH_4OH 的 $ZrCl_4$溶液制备的非晶态水合氧化锆，经处理后作为前驱体，8%(质量分数)KF 溶液，30%(质量分数)NaOH 和 LiCl，KBr 作为矿化剂，在 200～600 ℃，100 MPa 下处理 24 h。水热处理后的非晶体结晶

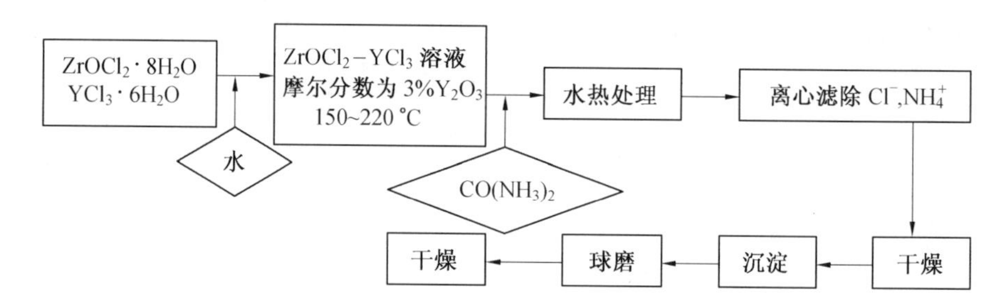

图 2.27 水热沉淀法制备 3Y-PSZ 粉体工艺流程图

成单斜 ZrO_2 和四方 ZrO_2。TEM 观察表明,形成的单斜 ZrO_2 颗粒均匀,为非团聚微晶,粒径为 20 nm。用水热结晶法制出的微粒是相互独立的单粒微晶,不同于空气中非晶态水合氧化锆沉淀的团聚颗粒。单斜 ZrO_2 粒径随处理温度从 200 ℃到 500 ℃变化而稍有增大,300 ℃时,单斜 ZrO_2 晶体在 NaOH 溶液中长到 40 nm。

(3)水热合成法。

水热合成(hydrothermal synthesis)法是将两种或两种以上成分的氧化物、氢氧化物、含氧盐或其他化合物在水热条件下处理,重新生成一种或多种氧化和含氧盐的方法。

以制备 3Y-ZrO_2 为例。将水热法制备的 ZrO_2(掺杂摩尔分数为 3% Y_2O_3)细粒单晶分散于 $(NH_4)_2HPO_4$ 水溶液中,使羟基磷酸钙($Ca_{10}(PO_4)_6(OH)_2$, HAP)与 3Y-ZrO_2 质量比为 80 : 20,再加入 $Ca(NO_3)_2$ 水溶液使 pH 为 10,得到白色沉淀物。在 200 ℃处理后得到的 HAP 和 3Y-ZrO_2 经 XRD 和 TEM 分析,均匀的混合物中,HAP 单晶体长 90 nm(长径比约 3.2),3Y-ZrO_2 单晶体长 10 nm。

(4)水热分解法。

水热分解(hydrothermal decomposition)法是将氢氧化物或含氧盐溶于酸或碱溶液中,水热条件下分解,形成氧化物粉体,或氧化物在酸或碱溶液中再分散为超细粉体的方法。

以制备二氧化锆粉体为例。将一定比例的 $Zr(NO_3)_4$ 溶液(0.25 mol)和浓硝酸混合,置于聚四氟乙烯高压容器内,在 150 ℃加热 12 h 后冷却至室温,即获得白色 ZrO_2 纳米级粉体。用水和丙酮洗涤后干燥,经 TEM 和 XRD 分析表明,粉体平均尺寸小于 5 nm,粒径分布范围窄,属单相单斜 ZrO_2。

(5)水热机械-化学反应法。

水热机械-化学反应(hydrothermal mechanochemical reaction)法是一种在水热条件下,通过安装在高压釜上的搅拌棒搅动放置于高压釜中的球体和溶媒,并同时实现化学反应生成微粒子的方法。借助机械搅拌可以防止生成的微晶过分长大。

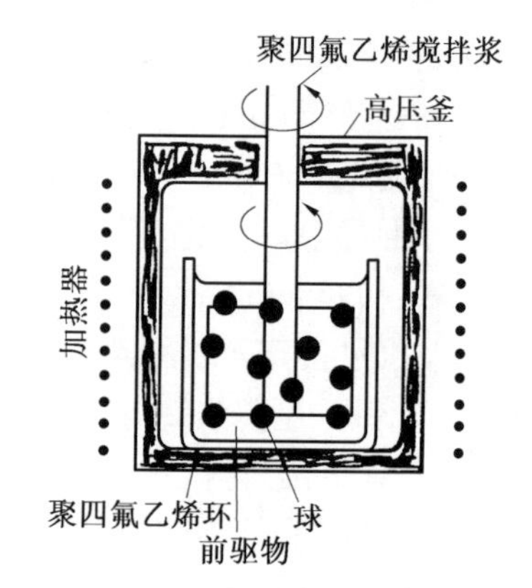

图 2.28 水热机械-化学反应装置示意图

以制备铁酸钡纳米粉体为例,其装置如图 2.28 所示。将 $Ba(OH)_2$ 和 $FeCl_3$ 按 1 : 8(质量比)的比例,在 NaOH 溶液中,于 200 ℃和 2 MPa 下处理 24 h。球的数量是 200 ~ 700 个,最大搅拌速度为

10^7 r/min。最后的产物是 $BaO \cdot 6Fe_2O_3$ 和 $BaO \cdot Fe_2O_3$。随着球的数量增加和搅拌速度加快，$BaO \cdot Fe_2O_3$ 可增加到 3%（质量分数）。形成的铁酸钡是六方板状的，平均粒径为 40 nm，厚度为 10 nm，所得微粒子比不经搅拌的铁酸钡微粒（粒径为 170 nm，厚度为 10 nm）小得多。

进一步研究溶媒、pH、$P-T$ 关系、生成物与机械搅拌效率和质量的关系，将使水热机械-化学反应成为很有潜力的超细粉体制备方法。

2.4.4.5　水热法与其他方法的对比

表 2.13 列举了几种主要超细粉体合成技术的比较。

表 2.13　几种主要超细粉体合成技术的比较

	固相反应法	sol-gel	共沉淀方法	水热法
价格	低	高	中	
目前发展状态	商业化	商业化，研究	商业化	研究/开发，小规模生产
成分控制	差	优	良	良
形态控制	差	一般	一般	良
粉体活性	差	良	良	良
纯度/%	<99.5	>99.9	>99.5	>99.5
煅烧	需要	需要	需要	不需要
研磨	需要	需要	需要	不需要

2.4.5　低温燃烧合成法

低温燃烧合成（low-temperature combustion synthesis，LCS）法是相对于自蔓延高温合成（SHS）法而提出的。SHS 法的缺点是工艺可控性较差，此外，由于燃烧温度较高，合成的粉体粒度较粗。LCS 法在一定程度上弥补了 SHS 法的不足，其特点是，点火温度低（300～500 ℃），燃烧火焰温度较低（1 000～1 600 ℃），能简便、快捷地得到氧化物或复合氧化物超细粉体。

2.4.5.1　基本原理

低温燃烧合成所用的氧化剂-燃料混合物具有放热特性，如果不加以控制，常会发生爆炸。硝酸盐-尿素或硝酸盐-肼类有机燃料（如四甲基三嗪 TFTA，$C_4H_{16}N_6O_2$；马来先肼 MH，$C_4H_4N_2O_2$；卡巴肼 CH，$CO(N_2H_3)_2$ 等）混合物的燃烧，通常是非爆炸式的氧化还原放热反应。这些燃料的共同特点是含有元素氮，可在较低的温度分解（如尿素在 198 ℃），产生可燃气体。另一方面，硝酸盐也含有氮，可溶于水（这样就可以通过溶液获得良好的组分均匀性），在摄氏几百度就可以熔化。因此 LCS 多采用硝酸盐-尿素或肼类燃料体系为原料。配料时使用硝酸盐的水合物更好些，可以降低混合物体系的可爆性，而结晶水的存在不影响体系化学计量比的计算。

氧化剂（金属盐）与燃料的配比：根据推进剂化学中的热化学理论进行计算，主要是计算原料的总还原价和氧化价，以这两个数据作为氧化剂和燃料的化学计量配比系数。化学计量平衡比为整数时，燃烧反应释放的能量最大。根据推进剂化学理论，燃烧产物一

般是 CO_2,H_2O,N_2,因此元素 C,H 的化合价是+4 价和+1 价,为还原剂;元素 O 的化合价是-2 价,为氧化剂;而 N 是零价的中性元素。当把这一概念推广到燃烧产物为氧化物的情况时(如燃烧产物 CaO,Al_2O_3,ZrO_2 等),则 Ca^{2+},Al^{3+},Zr^{4+} 等就可以认为是正 2,3 和 4 价的还原剂。

以合成 ZrO_2 为例,$ZrO(NO_3)_2 \cdot 2H_2O$ 和尿素 $CO(NH_2)_2$ 为原料,则 $ZrO(NO_3)_2 \cdot 2H_2O$ 的总化合价为+4+(-2)+0×2+(-2)×6=-10,属氧化剂,结晶水不影响硝酸盐总化学价的计算;$CO(NH_2)_2$ 的总化合价为+4+(-2)+0×2+(+1) ×4=+6,为还原剂。燃烧反应时,$ZrO(NO_3)_2 \cdot 2H_2O$ 和 $CO(NH_2)_2$ 的化学计量比为 6 : 10。多组分配料时亦然。以合成铝酸钙($CaO \cdot Al_2O_3$,简写为 CA)为例。合成 CA 时,$Al(NO_3)_3 \cdot 9H_2O$(简写为 AN)与 $Ca(NO_3)_2 \cdot 4H_2O$(简写为 CN)的物质的量比为 2 : 1,而 2 mol AN 和 1 mol CN 的总化合价分别为-30 和-10;如果以尿素为燃料(还原剂),则原料中总还原价为+6,总氧化价为 -30+(-10)= -40。所以氧化剂和尿素的物质的量比为 6 : 40,即 n(AN) : n(CN) : $n[CO(NH_2)_2]$=6(2 : 1) : 40=2 : 1 : 6.67。实际上,对于同化合价金属离子的硝酸盐,燃料与硝酸盐的化学计量比是一定的,例如,2 价金属离子(如 Mg^{2+},Ca^{2+},Ni^{2+} 等)硝酸盐与尿素的化学计量比为 1 : 1.67;3 价金属离子(如 Al^{3+},Y^{3+},Fe^{3+} 等)硝酸盐与尿素的化学计量比为 1 : 2.5。

当氧化还原混合燃料超过上述的化学计量比时,称为富燃料体系;当燃料低于化学计量比时,称为贫燃料体系。但不同混合物体系的实际化学计量比是很难确定的,因为准确的化学计量比取决于准确的反应产物信息,而反应产物很大程度上取决于 C,N,H,O 等的最终存在状态。例如,可以假设 N 最终为 N_2,而实际上还可能存在 NO_2,NO,或以一般形式 N_xO_y 存在。

一般燃烧总反应式均按生成 N_2,H_2O 和 CO_2 来表示,如

$$4ZrO(NO_3)_2(l)+5CH_6N_4O(l) \longrightarrow 4ZrO_2(s)+5CO_2(g)+15H_2O(g)+14N_2(g)$$

$$10Pb(NO_3)_2(l)+10TiO(NO_3)_2(l)+7C_4H_{16}N_6O_2(l) \longrightarrow$$
$$10PbTiO_3(s)+28CO_2(g)+56H_2O(g)+41N_2(g)$$

2.4.5.2 低温燃烧合成粉体的工艺影响因素

LCS 法的特点是点火温度低,一般在硝酸盐和燃料的分解温度附近,燃烧过程受控于加热速率、化学计量比以及燃烧物质量和容器的容积。例如,在合成 Al_2O_3 时,加热速率低于 100 ℃ · min^{-1} 时,只能得到无定形的 Al_2O_3;富燃料体系产物中会有夹杂碳;当硝酸铝低于 5 g 时,在 300 mL 容器中不能点火,而在 100 mL 容器中却能够点燃,质量/体积比是燃烧合成中气相化学反应放热的重要影响因素。

LCS 法中,燃烧火焰温度也是影响粉体合成的重要因素,火焰温度影响燃烧产物的化合形态和粒度等,燃烧火焰温度高,则合成的粉体粒度较粗。一般来说 LCS 法中燃烧反应最高温度取决于燃料特性,如硝酸盐与尿素的燃烧火焰温度在 1 600 ℃左右,而尿素衍生物卡巴肼(含 N,于较低的温度 300 ℃分解)与硝酸盐燃烧的火焰温度则在1 000 ℃左右;硝酸盐的种类也影响火焰温度,如硝酸锆与卡巴肼燃烧的火焰温度为 1 400 ℃左右,而硝酸氧锆与卡巴肼则仅在 1 100 ℃左右。此外,燃烧反应最高温度还与混合物的化学

计量比有关，富燃料体系温度要高些，贫燃料体系温度低，甚至产生燃烧不完全或硝酸盐分解不完全的现象。此外，点火温度也影响燃烧火焰温度，加热点火温度高时，燃烧温度也高，从而粉体粒度变粗。因此可通过控制原材料种类、燃料加入量及点火温度等来控制燃烧合成温度，进而控制粉体的粒度等。

由于LCS过程中燃烧释放大量的气体，如每摩尔尿素可释放4 mol气体，每摩尔四甲基吡嗪则可释放15 mol气体，气体的排出使燃烧产物呈蓬松的泡沫状，并带走体系中大量的热，因而保证了体系能够获得晶粒细小的粉体。因此控制反应释放的气体量也是调节粉体性能的方法之一。例如合成ZrO_2时，采用$Zr(NO_3)_4$放出的气体量是采用$ZrO(NO_3)_2$的2倍，前者合成的ZrO_2粉体的比表面积是后者的3倍多（分别为13.3 $m^2 \cdot g^{-1}$和3.9 $m^2 \cdot g^{-1}$）。但也正是由于燃料-氧化剂分解和燃烧时释放大量气体，使得合成过程中原料灼减量很大，因而合成粉体的产出率很低。例如，1 g $Al(NO_3)_3 \cdot 9H_2O$仅可得到0.15 g Al_2O_3。加之合成所用的硝酸盐和有机燃料的价钱较贵，所以目前由LCS法制备粉体的成本较高。

还可通过添加剂（称为燃烧助剂）改变粉体的性能，例如可在混合物中引入硝酸铵，它可以作为过量的氧化剂，提高燃烧放热量。更重要的是产生过量的燃烧气体，从而获得更加疏松的泡沫结构氧化物粉体，提高粉体的比表面积，同时硝酸铵在混合物内部点燃还可催化整个燃烧反应，有助于体系克服高的反应活化能势垒，特别是在合成多组分氧化物的化合物粉体时，这点尤其重要，为了获得合成化合物所需的高温，通常加入一定量的高氯酸铵和硝酸铵。例如，以硝酸铝和硅灰合成莫来石以及用硝酸锂、硝酸铝和硝酸锆等硝酸盐合成铝酸盐、有色氧化锆时，常常用高氯酸铵（NH_4Cl_4）作为燃烧助剂。

LCS法的出现是对SHS法的重要拓展，为超细粉体甚至在纳米粉体的制备方面开辟了新途径，但LCS法的研究时间不长，这一领域的很多问题，例如燃烧反应机理、粉体综合特性及燃烧参数与粉体性能之间的关系等尚待深入研究。

2.5　溶剂蒸发法

沉淀法制备超细粉体存在几个问题：生成物呈凝胶状，很难进行水洗和过滤；沉淀剂（NaOH，KOH等）易作为杂质混入粉体中；如果采用可以分解消除的NH_4OH和$(NH_4)_2CO_3$作为沉淀剂，但Ca^{2+}和Ni^{2+}会形成可溶性配离子；沉淀过程各组分可能分离；在水洗时，一部分沉淀物容易再度溶解。为解决这些问题，研究了不用沉淀剂的溶剂蒸发法。

在溶剂蒸发法中，为了在溶剂蒸发过程中保持溶液的均匀性，必须将溶液分散成小滴，使组分偏析的体积最小，而且应迅速进行蒸发，使液滴内部组分偏析最小。因此一般采用喷雾法。在喷雾法中，如果氧化物没有蒸发掉，那么颗粒内各组分的比例与原溶液相同，由于不需要进行沉淀操作，因而就能合成复杂的多成分氧化物粉体。此外，用喷雾法制得的氧化物颗粒一般为球形，流动性良好，便于在后续工序中进行加工处理。

根据物料的特性及过程不同，溶剂蒸发法又分为酒精干燥法、冷冻干燥法、喷雾干燥法、热煤油干燥法、喷雾热解法及最近正在研究的喷雾反应法，其过程和分类如图2.29所示。

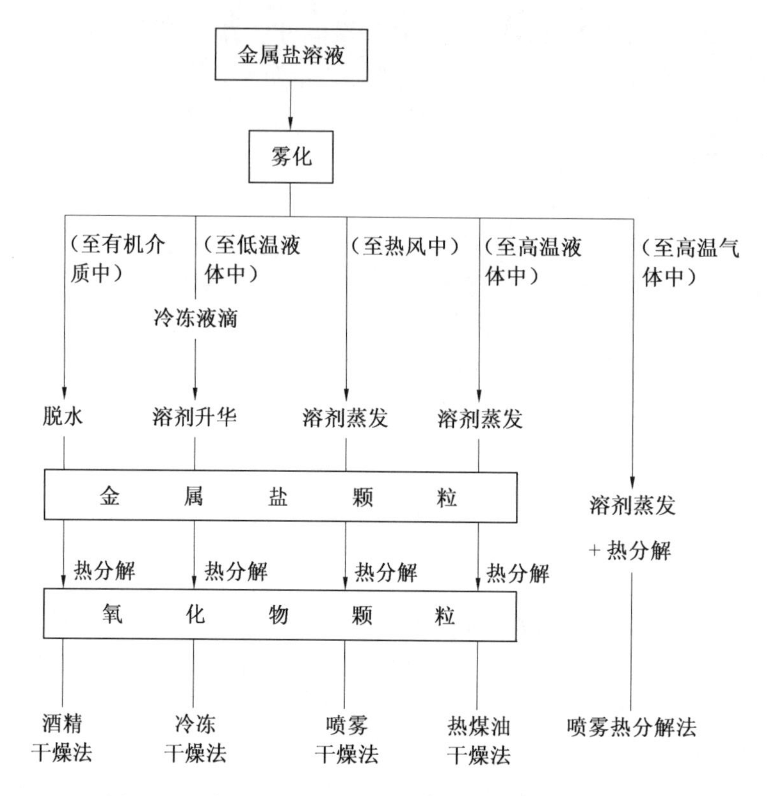

图 2.29 采用溶剂蒸发法以金属盐溶液制备氧化物粉体

2.5.1 酒精干燥法

酒精干燥(alcohol drying,AD)法的原理示意图如图 2.30 所示。酒精干燥法是将混合均匀的溶液喷入酒精中,利用酒精吸收溶液的水分而使之脱水的一种制备方法。由于酒精吸水有限,所以使用的酒精量应为被处理溶液量的 10~15 倍。在操作过程中,酒精要不断地进行搅拌,以便急速脱水。如果酒精中水分过高,则沉淀的粒子会聚集。粉体的性质取决于操作条件、脱水剂种类和溶液的 pH 等。

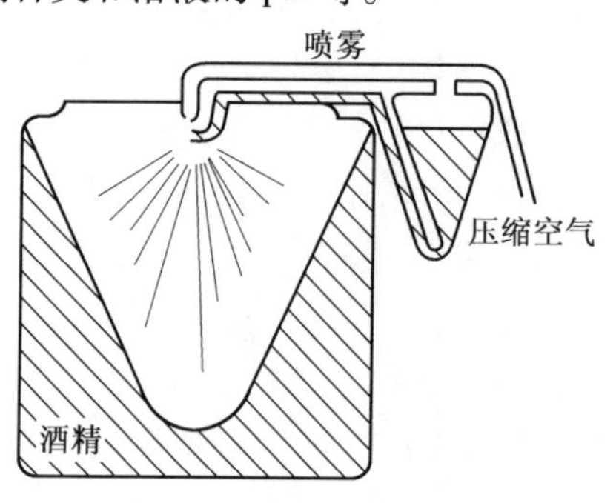

图 2.30 酒精干燥法的原理示意图

以 $BaTiO_3$为例。将 $BaTiO_3$溶于柠檬酸中,若溶液的 pH 高,会得到玻璃状粒子;若 pH 低,则得不到符合化学计量的化学组成;所以一般用氨水、乙酸来调节 pH,使 pH=5。如果用乙醚、丙酮作为脱水剂，则部分 Ba 离子和 Ti 离子会溶于其中，所以还是乙醇好些。将得到的柠檬酸和盐的共沉淀物进行煅烧即可得到粉体，用此法制得的 $BaTiO_3$ 粉成形性和烧结性均很好。

2.5.2　冷冻干燥法

冷冻干燥(freeze drying,FD)法是将金属盐的水溶液喷到低温有机液体中，由于快速热交换作用使溶液液滴瞬时冷冻成冰盐共存的固体小颗粒。然后在低温低压下使固体小颗粒中的溶剂升华、脱水，最后热分解制得陶瓷粉体。

冷冻干燥法的特点如下：

①能较好地消除在普通干燥过程中的颗粒团聚现象，合成的粉体粒度较细，均匀性较好。

②此法的成本较高，能源利用率低，因而未能大规模应用于工业生产中。

以 $Al_2(SO_4)_3$-H_2O 为例，其状态图如图 2.31 所示。当均匀溶液冷却时，其浓度沿液相线变化，在共晶温度(约-12 ℃)时，得到冰与 $Al_2(SO_4)_3 \cdot 17H_2O$ 结晶的混合物。图 2.32为盐-冰系温度-压力状态图。上述的均匀溶液①冷却至共晶温度以下得到冰盐混合物，即状态②，之后防止在低压下脱水干燥到达状态③，然后保持压力，徐徐加热、水分升华，到状态④，最后，温度和压力沿升华曲线 *SQ* 上升，脱水终了。如果是混合溶液，各组分的液相线和共晶温度不同，图中的状态①与状态③之间的溶液+冰区域变宽，所以要提高冷却速度。

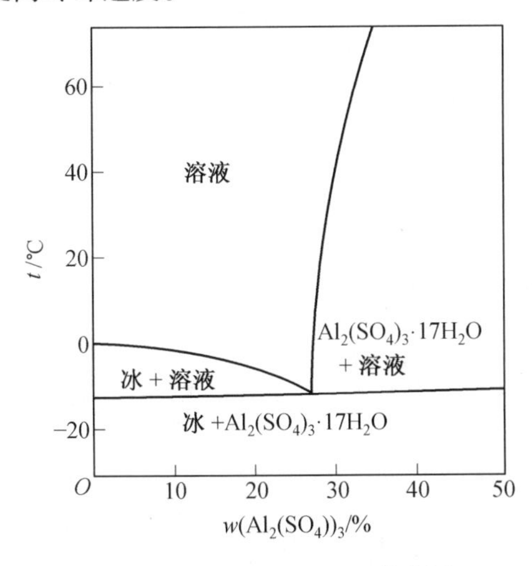

图 2.31　$Al_2(SO_4)_3$-H_2O 状态图

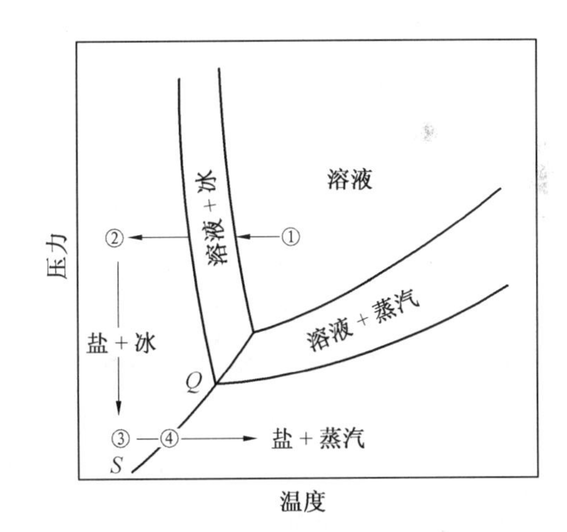

图 2.32　盐-冰系温度-压力状态图

图 2.33 为盐水分离冷冻槽的示意图。锥形瓶中置入预先配制好的盐水溶液，利用压力为 2～5 MPa 的压缩空气将水溶液喷入迅速搅拌的冷己烷中，冷源为干冰在丙酮中的过饱和溶液，温度约为-70 ℃。

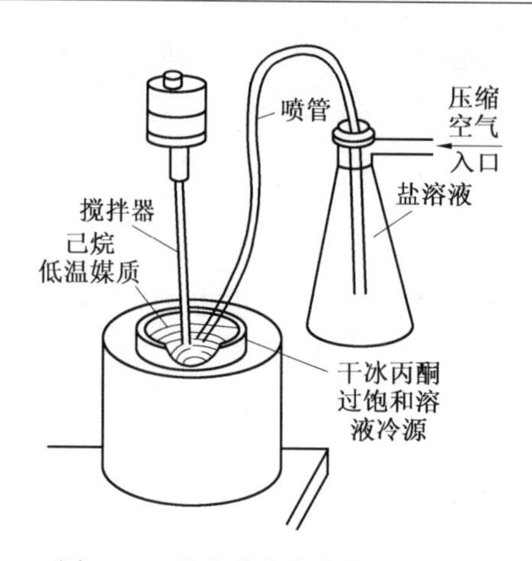

图 2.33 盐水分离冷冻槽的示意图

2.5.3 热煤油干燥法

热煤油干燥(hot-petrol drying,HPD)法是将盐或复盐水溶液用精制的煤油分散呈乳状。为使乳化液稳定,可加入少量的表面活性剂和进行必要的搅拌。图 2.34 为热煤油干燥法原理图。乳化液被加热到 170~180 ℃,用磁力搅拌。乳化液从喷嘴流下,遇到热煤油快速蒸发,粉体粒子下降,煤油和水的蒸汽上升,经冷凝后收集。

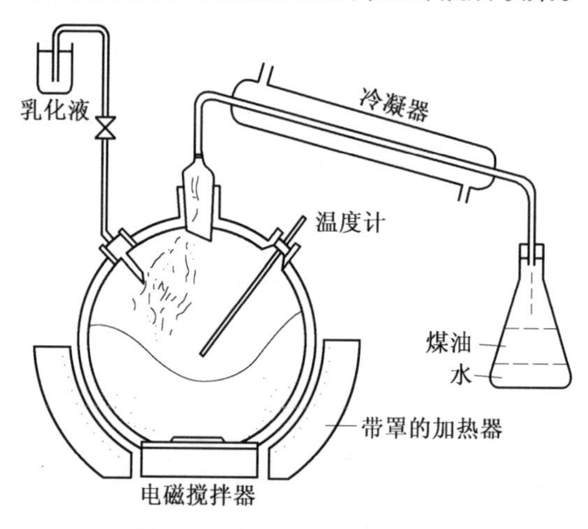

图 2.34 热煤油干燥法原理图

此法的优点是过程简单,处理时间短,粉体附着的煤油可作为成形剂。若不需要,用加热方法也很容易除去。例如制备 $CeO_2-Y_2O_3$ 系粉体,可用硫酸盐水溶液,也可用硝酸盐水溶液。硝酸盐水溶液干燥物在 1 000 ℃煅烧成氧化物。这种氧化物经 1 500 ℃烧结 4 h,可得 97.1% 的理论密度。硫酸盐水溶液干燥物在 1 200 ℃煅烧后,再在上述同样条件下烧结可得 96.4% 的理论密度;若在 1 500 ℃烧结 8 h,密度可达 98% 。

2.5.4 喷雾干燥法

喷雾干燥(spray drying,SD)法是将溶液分散成小液滴喷入热风中,使之迅速干燥的方法。溶液与热风可以顺流，即溶液由上往下喷雾与同方向的热风混合（图 2.35(a)），也可逆流，即溶液由下往上喷雾与逆向的热风相遇（图 2.35(b)）。溶液中的水分蒸发后，粉体下落，其中细粉可进行旋风分离，或用气体方法收尘（布袋收尘、淋洗等）。

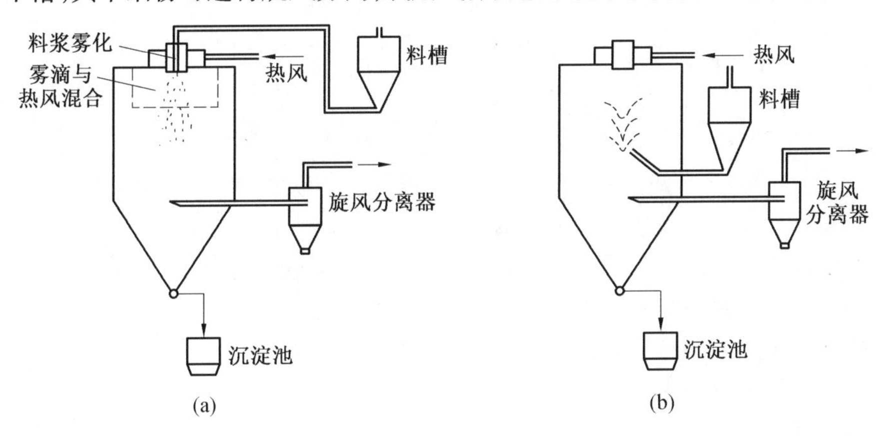

图 2.35　喷雾干燥系统示意图

与固相反应法相比，用这种方法制得的 β-Al_2O_3 和铁氧体粉体，经成形、烧结后所得烧结体的晶粒较细。

2.5.5　喷雾热分解法

喷雾热分解（spray pyrolysis，SP）法是一种将前驱体溶液（金属溶液）喷入高温气氛中，立即引起溶剂的蒸发和金属盐的热分解，从而直接获得氧化物粉体的一种制备方法。喷雾热分解法和喷雾干燥法适用于连续的生产操作，所以生产力很强。喷雾热分解法最显著的优点是采用液相物质前驱体通过气溶胶过程得到最终产物，所以兼具了气相法和液相法的诸多优点，不需要过滤、洗涤、干燥、烧结及再粉碎等过程，产品纯度高，分散性好，粒度均匀可控，而且可用于制备多组分复合超细粉体。图 2.36 为喷雾热分解装置示意图。

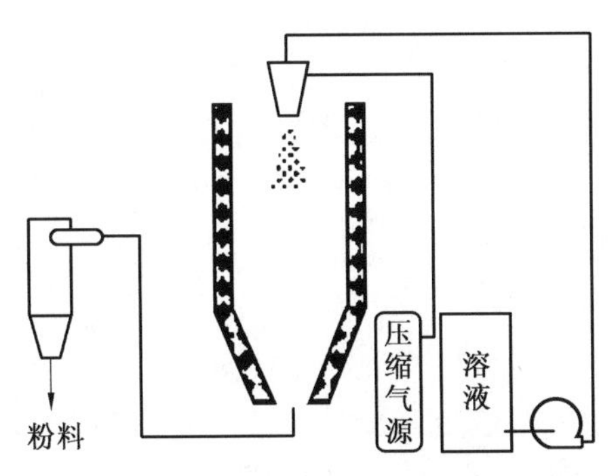

图 2.36　喷雾热分解装置示意图

喷雾热分解法有两种做法，一种做法是将溶液喷到加热的反应器上，另一种做法是将溶液喷到高温火焰中。多数场合使用可燃性溶剂（通常为乙醇），以利用其燃烧热。冷冻法和喷雾干燥法不适用于热分解产生的熔融金属盐，而喷雾热分解法却不受这个限制。

喷雾热分解法制备超细粉体的过程如图 2.37 所示。

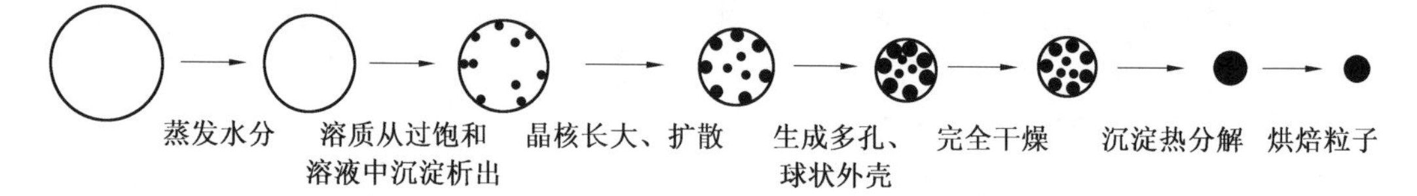

图 2.37 喷雾热分解法制备超细粉体的过程

在喷雾热分解法制备超细粉体过程中,雾化的气溶胶液滴进入干燥段反应器后,即发生如下的传热、传质过程:

①溶剂油液滴表面蒸发为蒸气,蒸气由液滴表面向气相主体扩散。

②溶剂挥发时的液滴体积收缩。

③溶质由液滴表面向中心扩散。

④由气相主体向液滴表面的传热过程。

⑤液滴内部的热量传递。

前驱体溶液雾化后,液滴将发生如下过程:溶剂蒸发,液滴直径变小,液滴表面溶质浓度不断增加,并在某一时刻达到临界过饱和浓度,液滴内将发生成核过程,成核的结果是液滴内部任何地方的浓度均小于溶质的平衡浓度。成核后,液滴内溶剂继续蒸发,液滴继续减小,液滴内溶质的质量分数继续增大,不考虑二次成核,液滴内超过其平衡浓度的那部分溶质将全部贡献于液滴表面晶核的生长;同时,晶核也会向液滴中心扩散。随着晶核进一步的扩散和液滴直径的进一步减小,液滴表面具有一定尺寸的晶核互相接触、凝固,并直至完全覆盖液滴表面,则液滴外壳生成,此后液滴的直径不再发生变化。外壳生成后,液滴内的溶剂继续蒸发,超过其平衡浓度的溶质在液滴外壳以内的晶核表面析出(不含外壳),促使这部分晶核长大。如果外壳生成时,液滴中心也有晶核,则生成的粒子为实心粒子;如果液滴中心没有晶核,则生成的粒子为空心粒子。颗粒外壳是由晶核互相接触、凝固而形成的。

2.5.6 喷雾反应法

喷雾热分解法存在的缺点是生成的超细颗粒中有许多空心颗粒,而且组分分布不均匀,这很早就引起了研究人员的注意,为了解决这一问题,人们提出了一些改进方法,喷雾反应(spray reaction,SR)法就是其中的一种改进方法。最典型的有 M. Visca 和 H. F. Yu 等人设计的方法,下面分别进行介绍。

2.5.6.1 M. Visca 法

通常在金属盐溶液雾化进入反应器的同时,通入各种反应气体,借助于它们之间的化学反应,会生成各种不同的无机物超细粉体。M. Visca 等人首先以醇化物和氯化物的混合液作为喷雾液,用氯化银作为成核剂,使喷雾液遇水蒸气后发生水解反应生成,例如 TiO_2 粒径在 0.06 ~ 0.6 μm 范围内的超细粉体,粒子呈球状,粒度比较均匀。M. Visca 喷雾反应法的过程如下:

(1)粒度均一的前驱体液滴的产生。

采用落膜的方式形成液滴,实验时落膜发生器(控温 30 ~ 90 ℃)被气相的前驱体(醇化物或氯化物)所充满。载气(氦气或氮气)由压力容器提供并经氯化镁、五氧化磷干燥和 0.22 μm 孔径的过滤器过滤后,导入晶核发生器中。晶核发生器由在其中间盛放着氯化银的石英管组成,并且在实验过程中加热到 590 ~ 650 ℃。随后,氯化银的晶核同载气经冷却后被导入落膜发生器。在落膜发生器中,气相的前驱体在氯化银晶核的表面冷凝形成液滴。实验中这些液滴重新蒸发再冷凝(-6 ~ -25 ℃),从而使液滴粒度均一。

(2)液滴的水解。

为了使液滴中前驱体水解,必须让液滴和水蒸气接触。实验中液滴和水蒸气的接触分两个阶段,两个阶段都由毛细管将一定流量的水蒸气导入水解室完成,第一阶段水解室温度控制为液滴冷凝温度,第二阶段水解室温度控制为室温,两个阶段水蒸气的导入量至少大于理论计算量的 2 倍。经过第二阶段水解的液滴随后再被加热至 150 ℃,以保证前驱体水解完全。实验中以四乙醇钛为前驱体获得了粒径小且分布狭窄的球形颗粒,以四乙醇钛为前驱体可以获得同样性质的颗粒,但夹杂着破壳。

从 M. Visca 等人的实验可以得到以下结论:

①实验装置复杂且工艺参数要求严格。

②氯化银的引入会影响产物的纯度。

③要获得粒径小的晶核,必须首先获得粒径小的液滴,所以落膜发生器中的气相前驱体浓度要求较低,最后使得落膜发生装置的温度要求较低,从而限制了产物的获得率。

另外,该法获得球形颗粒的原因,并不是因为在液滴内引入了水解反应,而是氯化银首先形成晶核。研究表明,要获得实心球形颗粒,必须保证在外壳生成之前液滴中心应有晶核生成。

2.5.6.2　H. F. Yu 法

H. F. Yu 等人用如图 2.38 所示的实验装置,以硝酸镍和硝酸铁为前驱体,以氨气为反应气,试验获得了实心的球形 $NiFe_2O_4$ 颗粒。

H. F. Yu 喷雾反应法的过程为:

①前驱体的雾化。实验采用超声波将前驱体雾化,载气为氩气。

②反应。液滴被载气引入高温炉的同时,与引入的氨气反应,反应温度为 373 K,在这一阶段将发生以下反应

$$NH_3(g) \xrightarrow{\text{溶解于溶液滴}} NH_4OH(aq)$$

$$Ni(NO_3)_2(aq) + 2NH_4OH(aq) + mH_2O \longrightarrow NiO \cdot (m+1)H_2O(s) + NH_4NO_3(aq)$$

$$Fe(NO_3)_3(aq) + 3NH_4OH(aq) + nH_2O \longrightarrow 1/2Fe_2O_3 \cdot (2n+3)H_2O(s) + 3NH_4NO_3(aq)$$

$$NiO \cdot (m+1)H_2O(s) + Fe_2O_3(2n+3)H_2O(s) \longrightarrow NiO(s) + Fe_2O_3(s) + (m+2n+4)H_2O$$

$$NiO(s) + NiFe_2O_3(s) \longrightarrow NiFe_2O_4(s)$$

H. F. Yu 喷雾反应法用于制备组分分布均匀的颗粒,其机理示意图如图 2.39 所示。

可见,在外壳生成前液滴中心不含有晶核,在溶剂蒸发后形成的是空心颗粒,这种喷雾反应法之所以获得实心颗粒是后续的高温煅烧所致。因为 Ni 和 Fe 的硝酸盐物理化学性质相似,所以颗粒破裂前其内部组分分布均匀,获得了晶型及组分均匀的超细粉体。

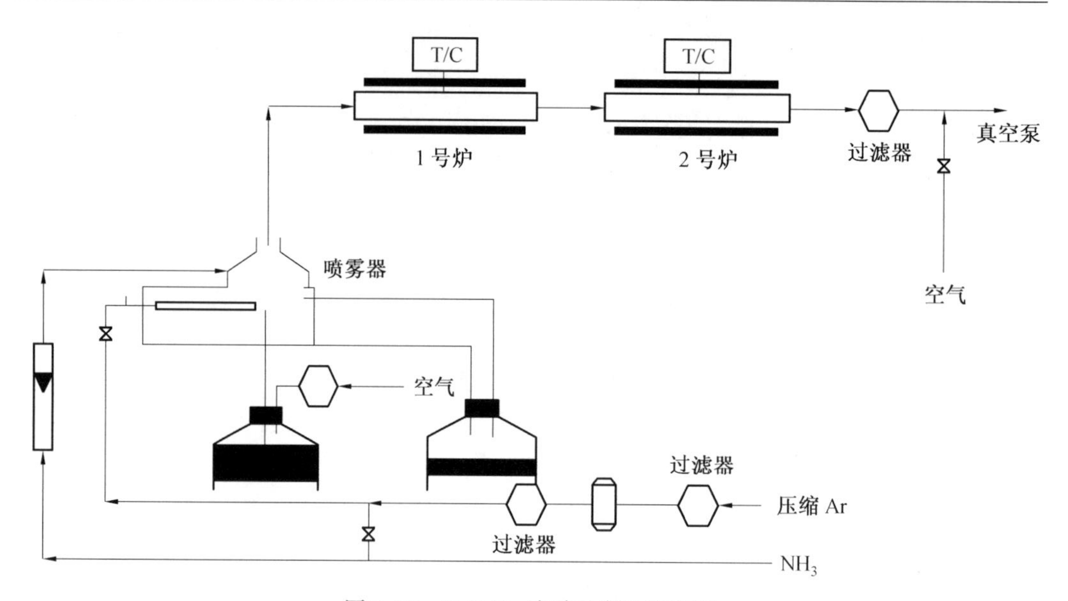

图 2.38 H. F. Yu 喷雾反应法装置图

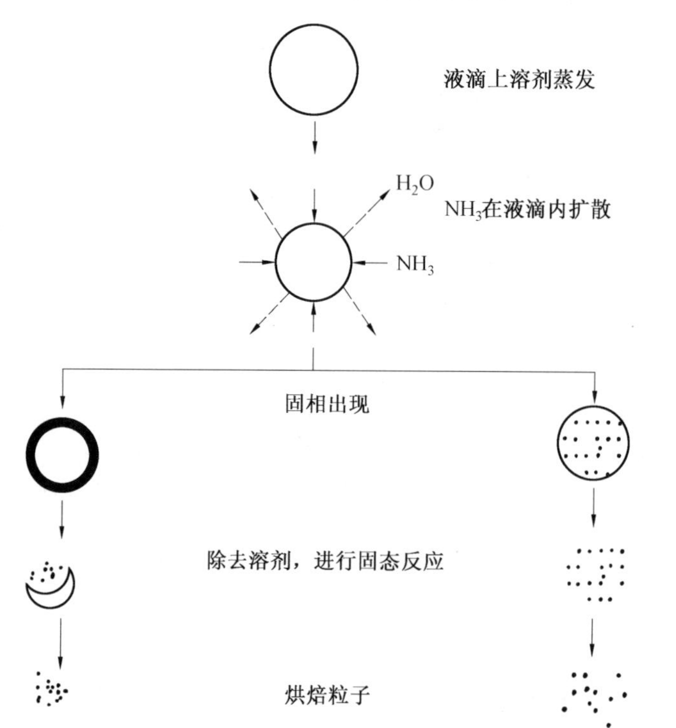

图 2.39 H. F. Yu 喷雾反应法用于制备组分分布均匀的颗粒机理示意图

2.6　凝胶固相反应法

凝胶固相反应法是传统的固相法与凝胶注模成形工艺(gelcasting)(详见第 3 章)相结合的一种粉体制备方法。凝胶固相反应法的工艺流程图如图 2.40 所示。

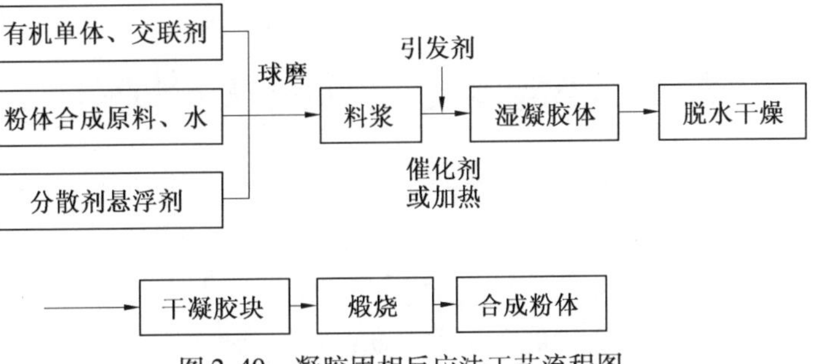

图 2.40　凝胶固相反应法工艺流程图

此法的基本过程为:以含有各组元的碳酸盐、草酸盐、氢氧化物或金属氧化物等为原料,按比例混合配制成水浆料,加入有机单体和交联剂,在一定条件下有机单体与交联剂发生聚合反应,形成水基高分子凝胶体。各种固相物都被固定在凝胶体中,湿凝胶体脱水干燥后先在一定温度下煅烧以去除有机物,再经煅烧即可获得需要的陶瓷粉体。

在此法中,原料料浆中有机单体的凝胶化反应属于游离基加聚反应,即在引发剂的作用下,丙烯酰胺单体和交联剂 N,N′-亚甲基双丙烯酰胺通过连锁加成作用生成高聚物,包括链引发、链增长、链转移和链终止等基元反应。链引发就是连锁反应中链的开始,即单体被引发转变为单体游离基,通常采用的引发方法为引发剂引发。引发剂在一定条件下生成游离基 R·。在游离基 R·作用下,丙烯酰胺单体与游离基反应生成单体游离基,生成的单体游离基继续与单体反应,直至发生链终止反应,得到的共聚物为链状高分子,整个反应过程可表示为

$$m\mathrm{CH_2{=}CH(CONH_2)} \xrightarrow{\text{引发剂}} \mathrm{-\!\!\left[CH_2-CH(CONH_2)\right]\!\!-}_m$$

交联剂 N,N′-亚甲基双丙烯酰胺在游离基 $M_n\cdot$ 的作用下,打开其中的两个碳碳双键,其形式为

$$\mathrm{CH_2{=}CH-C({=}O)-NH-CH_2-NH-C({=}O)-CH{=}CH_2}$$

$$\longrightarrow \mathrm{M_n\cdot-CH_2-CH(M_n)-C({=}O)-NH-CH_2-NH-C({=}O)-CH(M_n){=}CH_2-M_n}$$

式中,M_n 可以是初级游离基、单体游离基或链游离基。交联剂的作用是把聚丙烯酰胺高分子互相交联起来,形成三维网络结构,从而能够把原料粒子包裹在凝胶体中,使其位置保持相对固定。

凝胶固相反应法的最大特点是将胶体化学引入粉体制备工艺,使料浆中各原料粒子位置相对固定,避免了料浆在随后干燥过程中由于沉降导致的成分不均匀现象。

第3章 功能陶瓷制备原理与工艺

3.1 功能陶瓷设计的基本框架

陶瓷分为结构陶瓷和功能陶瓷。功能陶瓷是指具有电、磁、声、光等功能性质的陶瓷。图3.1给出了功能陶瓷材料设计的基本程序框图。在不考虑组分变更的情况下,首先必须判定生成相,然后根据生成相进行特性预测。当组分发生变化时,不仅要清楚所需目标晶相是什么,而且若出现其他结构时,还要能够判断其晶相构成。

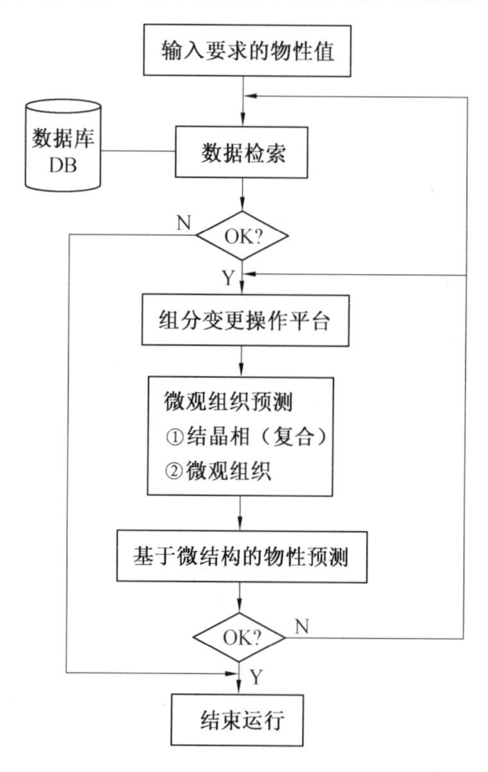

图3.1 功能陶瓷材料设计的基本程序框图

由于组成陶瓷的物质不同,种类繁多,制备工艺也多种多样,一般功能陶瓷制备工艺流程图如图3.2所示。在陶瓷制备过程中,由于实验摸索性的过错因素影响很大,因此,要对陶瓷的合成方法直接提出设计思想是困难的。在烧结过程中,驱动力是表面能,而且是每平方毫米几个10^{-7} J的极微小的驱动力,表面吸附能量的差异很大,这在理论模型中难以处理;同时,由于表面、界面科学尚未完善,故对上述过程进行设计计算是不可能的。另一方面,选定最佳微量添加剂,也是采用经验办法,系统化定量计算方法还远未确立。所以下面将重点介绍功能陶瓷的制备工艺。

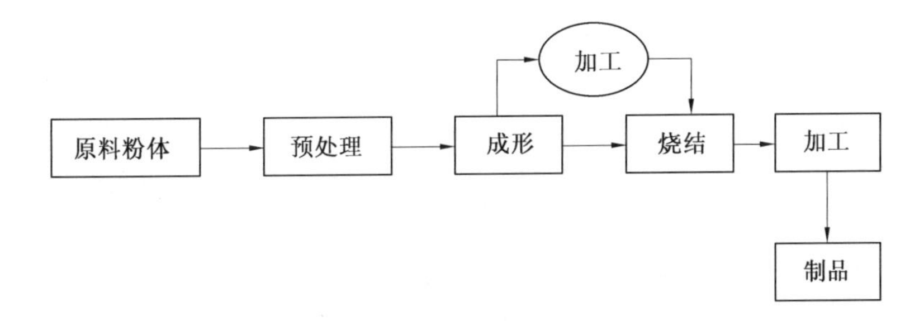

图3.2　一般功能陶瓷制备工艺流程图

3.2　原料粉体的处理

3.2.1　粉体颗粒尺寸和比表面测定

原料粉体通常分为两个颗粒尺寸级别，最大尺寸级别是团聚体，由较小单元的颗粒畴组成，而该颗粒畴则又由更小的单元（即初始颗粒）构成。在大多数情况下，颗粒尺寸是粉体最重要的参数，几乎影响到所有工艺环节。粉体颗粒尺寸可通过不同分析方法来确定，表3.1给出了粉体颗粒尺寸的分析方法及其特点。其中，沉降法和比表面法是两种最常用的方法。

表3.1　粉体颗粒尺寸的分析方法及其特点

测量方法	尺寸确定	测量范围	注释
筛分析	最小粒径	>1～5 μm	
显微镜分析	近于自由选择	>1 nm	
电泳分析	截面等效	0.5～100 μm	假定球形
光散射	统计定义	<2 μm	假定球形
比表面法	统计定义	<2 μm	初始颗粒
沉降法	斯托克直径	0.3～100 μm	团聚

在沉降分析中，可采用自然沉降或离心沉降，颗粒尺寸由斯托克斯定律来确定。自然沉降时，在重力作用下假定粉体颗粒为球形，其直径 D 可由下式求得，即

$$D=[18\eta v/(\Delta\rho g)]^{\frac{1}{2}} \tag{3.1}$$

式中，η 为黏度；v 是沉降速率；$\Delta\rho$ 为液体与固体颗粒之间的密度差；g 为重力加速度。

在离心沉降情况下，相应的计算分式为

$$D=\{[18\eta\ln(x/x_0)]/(\Delta\rho\omega^2 t)\}^{\frac{1}{2}} \tag{3.2}$$

式中，x 和 x_0分别为时间 $t=t$ 和 $t=t_0$时颗粒的半径；ω 为角频率。

通过记录不同时间下的沉降质量可得到累积尺寸分布。由于整个分析过程中颗粒团聚体发生沉降，所以沉降分析测得的是团聚尺寸，而不是初始颗粒，而对于较大尺寸颗粒的分析，可采用筛分析方法。

比表面通常用标准氮气吸附法来测定，即BET法。该法是首先在适当温度（150～

300 ℃)下对粉体表面进行脱气,然后于液氮的蒸发温度(77 K)下,粉体表面吸附氮气并测得吸附等温线。已知每个氮气分子覆盖的表面积为 0.162 nm^2(当其吸附在表面上时),这样根据单层吸附的氮气的总量,就可计算出总的表面积,根据吸附等温线及 BET 吸附理论可计算出单层分子的吸附量。通常测试过程只记录较低覆盖范围或一两个吸附点,而不是整个吸附等温线,其测量范围一般为 3 ~300 $m^2 \cdot g^{-1}$。对于更小的比表面积测量,可采用氩气吸附法。根据比表面与假设的颗粒形状关系,可计算出初始颗粒尺寸,通常将初始颗粒假设为球形,并忽略颗粒间接触面积,其计算关系式为

$$d=6/\rho s \tag{3.3}$$

式中,d 为初始颗粒的尺寸,μm;ρ 为密度,$g \cdot m^{-3}$;s 为比表面积,$m^2 \cdot g^{-1}$。

3.2.2 粉体混磨

实际生产中,粉体成形前还需经过一个附加的工艺环节,即混磨,以消除团聚和添加掺杂物。添加掺杂物通常是在混磨阶段进行。最常用的磨细方法是普通球磨。在陶瓷工艺中常用到的其他混磨方式还有碾磨、振动磨和气流磨,此部分内容可参见第 2 章。

3.3 成　形

3.3.1 粉体成形的添加剂

粉体成形中使用的溶剂通常为水或有机液体。除了注浆成形以外,溶剂都溶成液体并作为溶液与粉体结合在一起。在浇注成形中,该溶剂还为浆料提供流动性。有机溶液一般比水易挥发而且极性弱。实际工作中,水常用于轧膜成形和挤出成形,而有机溶剂常用于流延成形。但由于有机溶剂存在毒性和难处理的问题,目前正在转向采用水性溶剂。常用的有机溶剂有醇类(如甲醇、乙醇和异丙醇)、酮类(例如丙酮、丁酮)、氯化烃氮(例如三氯乙烯)、甲苯、二甲苯、环己酮,以及两种有机溶剂的混合物(例如乙醇与丁酮混合液、乙醇与三氯乙烯混合液)。

除溶剂以外,还要在用于成形的粉体中加入少量(质量分数约 1%)添加剂,能改善粉体成形特性,从而提高坯体的堆积均匀性。对于流延成形(tape-casting)和注射成形(injection molding),选择适当的添加剂至关重要。添加剂通常为有机高分子,具体可分为下列四大类。

(1)黏合剂(binder)。

黏合剂的用量很小时,主要是在粉体颗粒之间起桥链作用。此时,添加剂帮助粉体成粒,获得干压成形的造粒料,且会增加坯体的强度。而当用量很大时,添加剂在粉体中起增塑剂作用(例如在注浆成形中)。在大多数成形方法中,首要的添加物是黏合剂,许多有机物都能用作黏合剂,一部分能溶于水,另一部分可溶于有机溶剂中。黏合剂在水或有机溶剂中的溶解性非常重要。大多数可溶性黏合剂为长链分子的聚合物,分子主干为共价键结合的原子(如 C,O 和 N),而连接主干的侧链基团以一定间隔分布在主干周围。极性侧链基团有利于在水中溶解,非极性基团有利于溶解在非极性溶剂中,而中等极性基团

的黏合剂则可溶于极性有机溶液中。

合成的黏合剂包含聚乙烯(PVA)、聚丙烯(PAA)和聚环氧乙烷(PEO)等。而纤维素衍生物是一类天然的黏合剂,是由改性 α-葡萄糖结构的环状单元构成的聚合物分子。

当溶剂和黏合剂种类选定后,就需考虑黏合剂对溶剂的流变学影响。有机黏合剂会增大溶液的黏度,并改变其流动特征,甚至可能变为凝胶状态。因此,一些成形工艺中需要特别注重选择黏合剂。

黏合剂通常根据增加溶液黏度的程度来分类。聚合物分子在溶液中以线团状存在于溶剂中,该线团的平均尺寸大小取决于聚合物的相对分子质量,低相对分子质量形成小的线团,比较柔软的聚合物主链也会形成小线团,而小线团对液体的黏滞阻碍小。在相同聚合程度时,聚乙烯类黏合剂比葡萄糖类黏合剂的黏度低。

在流延成形和注射成形中黏合剂用量很大,而在流延成形中浆料还要求有足够低的黏度,以便具有流动性,因此,广泛采用低黏度等级的聚乙烯或聚丙烯黏合剂。对于注射成形,黏合剂并不是溶解在液体中,而是直接混入粉体中,在成形中主要起着控制混合物塑性流动的作用。

黏合剂与其他成形添加物一样,必须在陶瓷烧结之前能够排除(分解或挥发)。黏合剂的排除特性也是选用黏合剂时要考虑的重要因素。

(2)增塑剂(plasticizer)。

增塑剂可在固态或准固态下软化黏合剂,从而增加坯体的柔韧性(例如在流延成形中的坯带)。由于增塑剂的功能是软化干性状态的黏合剂,因此,增塑剂的选用应遵循黏合剂的选用原则,通常增塑剂都是低相对分子相对量的有机物。在黏合剂作为溶剂的成形工艺中(例如流延成形),增塑剂必须溶解于黏合剂的相同液体中。在干性状态中,黏合剂与增塑剂均匀混合成单一物质,增塑剂处于黏合剂的聚合链段之间,从而影响到链段的排列,并减弱相邻链段之间的范德瓦耳斯结合力,这就起到软化黏合剂的作用,并减弱结合强度。常用的增塑剂有水、亚乙基二醇、甘油、邻苯二甲酸二丁酯等。黏合剂与增塑剂的恰当组合对于流延成形特别重要。

(3)分散剂(dispersant)。

分散剂也称为抗絮凝剂(deflocculant),通过增加粉体颗粒之间的排斥力而稳定浆料,从而影响浆料的黏度。分散剂尽管用量很小(一般质量分数小于1%),但能起到很重要的作用,可稳定浆料使颗粒不至于凝聚,从而获得高固容量和低黏度的可流动浆料。一般认为分散剂是通过静电排斥或空间位阻排斥来稳定浆料。

分散剂可以是无机物,也可以是有机物。当水用作溶剂时,可选用无机分散剂(碳酸钠、硼酸纳、硅酸钠)和水溶性有机分散剂(聚丙烯酸钠、丁二酸钠、柠檬酸钠);对于水中静电稳定的陶瓷浆料,可通过改变 pH 或添加电解质作为分散剂。电解质产生的抗衡离子可以改善双层斥力,高价小半径抗衡离子容易导致凝聚;单价阳离子的凝聚作用顺序为 $La^{+}>Na^{+}>K^{+}>NH^{4+}$,而两价阳离子的作用顺序为 $Mg^{2+}>Ca^{2+}>Sr^{2+}>Ba^{2+}$。阴离子的作用顺序分别为 $SO_4^{2-}>C1^{-}>NO^{3-}$;硅酸钠对于黏土的抗凝聚作用很强,碳酸钠、碳酸硅和硫酸镁也广泛用于其他陶瓷浆料中。

对于新型陶瓷,正在逐渐采用离子性聚合物(称为聚电解质)作为水性溶剂的分散剂。例如聚甲基丙烯酸钠的离子化,会产生带电侧链基团(COO^-),该离子化聚合物吸附到颗粒表面后,可以改变表面电荷,并增加表面电荷。只要控制悬浮物的 pH 和离子性聚合物的吸附程度时,就可获得高的稳定性。聚甲基丙烯酸胺是另一种可用于氧化物粉体水性浆料的商用分散剂。无机分散剂用于新型陶瓷的问题在于黏合剂分解去除后会残留阳离子,例如 Na^+和 Ca^{2+}等阳离子,即使含量很少,也会在陶瓷烧结中形成液相,导致难以控制微观结构。

有机溶剂型分散剂一般通过空间位阻机理来稳定浆料,因此也被称为空间位阻稳定剂。大相对分子质量的有机聚合物不是吸附就是键合到颗粒表面,从而产生有效的空间位阻稳定性。不过,许多使用在有机溶剂中的分散剂并不是长链聚合物,而是具有酸性或碱性基团,在粉粒周围形成紧密结合而起到分散作用。这类小分子的稳定机理可能在于减少范德瓦耳斯引力和空间位阻斥力。常用在有机溶剂中的分散剂有鲱鱼油、三油酸甘油酯和磷酸酯。

无论是水还是有机液体用作溶剂,分散剂都必须与黏合剂相溶。分散剂可改变黏合液的黏度,也会导致黏合剂的凝胶化或沉淀。在水性溶剂中,诸如聚乙烯醇(PVA)的非离子黏合剂与许多离子性分散剂可在宽广的 pH 范围内相溶,而离子性黏合剂一般具有较低的相溶范围。

(4)润滑剂(Lubricant)。

润滑剂的作用在于减少粉体之间以及粉体与磨具之间的摩擦力,从而提高粉体颗粒的堆积均匀性和堆积密度。润滑剂通常属于最后考虑的添加剂。当在模压成形中使用造粒粉体时,润滑剂一般在造粒之前与其他添加剂一起加入,也可以在造粒后单独加入粉粒之中。在实验室中,通常只添加黏合剂到粉体中,而在模具的内表面涂覆润滑剂,以减小模具内壁的摩擦力,常用的润滑剂是硬脂酸盐和蜡状物质。

(5)其他添加剂。

除了上述添加剂以外,在轧膜成形和流延成形中还会使用表面活性剂或称为湿润剂,它们吸附在粉粒的表面,并会减小液体的表面张力,从而改善颗粒表面的湿润性,使得颗粒表面有更好的分散性。另外,加入分散剂或表面活性剂后球磨的浆料会产生许多气泡,需要加入消泡剂来消除气泡。

实际应用中,不同的成形方法采用不同的添加剂组合。在模具成形中同时使用黏合剂和润滑剂;在等静压成形中仅使用黏合剂;在轧膜成形中采用黏合剂和分散剂;而在流延成形中同时使用黏合剂、增塑剂和分散剂;在挤出成形中采用黏合剂和润滑剂;在注浆成形中同时使用黏合剂、增塑剂和润滑剂。

3.3.2 模压成形

按照陶瓷粉体在成形时的状态,可将成形方法分成压制成形、可塑成形和胶态成形。压制成形又可分为模压成形和等静压成形。

模压成形是最常用的成形方法,就是将陶瓷粉体放在钢模模腔中,然后在一定的载荷下压制成形,陶瓷材料的成形压力一般为 40 ~ 100 MPa,这样就可以将粉体压制成坯体。

粉体的特点是粒度小、可塑性差、含水量少,用这样的粉体进行压制,粉体颗粒之间、粉体与模壁之间存在着很大的摩擦力，加之颗粒之间的结合力很小，流动性差，所以不易压成坯件。即便被压成坯件，机械强度也很低（一碰就掉渣）。所以，在干压法成形之前，为增加粉体的可塑性和结合性，要对粉体进行造粒处理，需加入黏度比较高的黏合剂，黏合剂通常有聚乙烯醇、聚乙二醇、羧甲基纤维素等。造粒步骤如下，将黏合剂配制成质量分数5%～10%的胶水，然后与陶瓷粉体按一定比例混合（胶水的用量为粉体干重的4%～15%（质量分数）），然后预压成块状，最后经粉碎、过筛得到具有一定大小的颗粒。

模压成形一般包括三个过程：模具装料、粉体压实和坯体脱模。

（1）模具装料。

工业生产中为了快速获得均匀的坯体，需要在模具装料时使用流动性良好的粉体，而超细粉体往往流动性不好，必须事先采用喷雾造粒技术从浆料中制备颗粒大小、形状及粒度分布一定的粉体。一般大于50 μm并具有较窄粒度分布的球形粉粒具有较好的流动性。另外，粉粒本身较大的堆积密度、粉粒之间以及粉粒与模具之间较小的摩擦力也有利于获得良好的模具装料效果。通常粉体经过造粒后含有聚乙烯醇（PVA）黏合剂、聚乙二醇（PEG）增塑剂和硬脂酸锌润滑剂等。

（2）粉体压实。

粉体压实过程的初期主要是粉粒的滑移和重排，后期主要是通过颗粒的破碎而使小气孔减少。对于含有黏合剂的造粒粉体，压实时的塑性变形也将导致小气孔的减少。后期还存在弹性压缩，这往往会在坯体脱模时引起缺陷的形成。对粉体压实过程难以进行准确的理论分析，一般采用实验数据得到经验公式，即

$$p=\alpha+\beta\ln\left(\frac{1}{1-\rho}\right) \tag{3.4}$$

式中，p是施加的压力；ρ是坯体的相对密度；α和β是依赖于粉体性质及其初始密度的常数。

模压成形的主要问题在于，由于粉体与模具存在摩擦力而导致外加压力的不均匀传递。当外加压力传到模具壁时，形成径向和切向应力，其中的切向应力在模具壁上反作用于外加压力，导致形成应力梯度。切向应力与径向应力之比值定义为粉体与模具壁之间的摩擦系数。这种应力梯度会引起坯体密度的波动，坯体边缘的密度不均匀性最突出。

（3）坯体脱模。

当外加压力释放后，坯体内储存的弹性能引起坯体膨胀，称其为应变恢复。粉体的有机添加物较多和外应力较大时，一般会有较明显的应变恢复。尽管少量的应变恢复有利于坯体从模具上分离，但过量则会导致缺陷。由于坯体与模具壁之间存在的摩擦力通常需施加外力才能脱模，故适当添加润滑剂会有助于脱模操作。

模压成形可快速获得简单形状和准确尺寸的制品，且具有以下特点：

①操作简单，生产效率高，成本低。

②一般适用于形状简单、尺寸较小的部件，如圆片、圆环等。

③在干压法成形中，坯体的密度不是很均匀。

图3.3中给出了单向和双向加压方式对坯体密度影响的示意图。单向压制，离压力近的部分密度高，远离压力的部分密度低，而且坯件的两侧不受力。

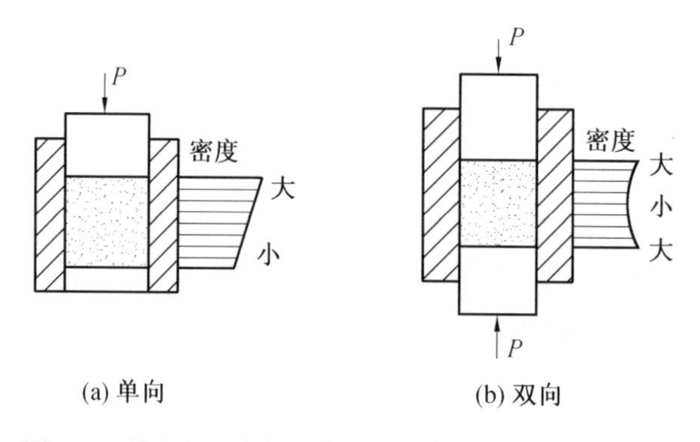

图 3.3 单向和双向加压方式对坯体密度影响的示意图

为了解决成形坯体的压力不均匀的问题，又摸索出另外一种成形方法，这就是等静压成形。

3.3.3 等静压成形

等静压成形的做法是将粉体装入橡胶袋中，然后将轴芯插入，用高压泵将液体介质压入缸体，通过使用液体或气体介质对粉体施加压力(压力可达到 20 ~ 280 MPa)，这样，由于液体压缩性很小，而且能均匀传递压力，粉体的各个方向同时均匀受压，从而使粉体致密化。这种方法，可任意改变塑性模具的形状和尺寸，工艺灵活方便，适用性强，坯体在各向施压均匀。用等静压法压制出来的坯体密度大而均匀，而且避免了分层，因而被广泛用于科研和生产中。这种方法可应用于火花塞绝缘体和高压装置陶瓷的大量生产。

等静压成形分为干袋法、湿袋法和均衡压制法三种。

干袋法等静压成形的做法是，加压橡皮模固定在压力油缸缸体内(工作时不取出)。粉体装入成形橡皮模后，一起放进加压橡皮模内，或将粉体从上面通过进料斗，送至加压橡皮模中，压力施加在厚的橡胶模具与刚性模芯之间，压力释放后坯体就可以从模具中拿出来，其装置示意图如图 3.4 所示。这种方法可以实现连续操作：把上盖打开，从料斗中装料，然后盖好上盖，加压成形。出坯时，把上盖打开，通过底部的顶棒把坯件从上面顶出来，如图 3.5 所示。干袋法自动程度高，操作周期短，适用于大批量生产，但因加压橡皮模不易经常更换，成形的产品尺寸和形状受到限制。

均衡压制法与常规的干压工艺基本相同，这里不多做叙述。

湿袋法等静压成形的做法是，将粉体装入塑性模具内，直接浸入高压容器缸体中，与液体相接触，然后加压，压力释放后打开模具就可得到坯体，其装置示意图如图 3.6 所示。这里重点介绍湿袋法等静压成形技术。

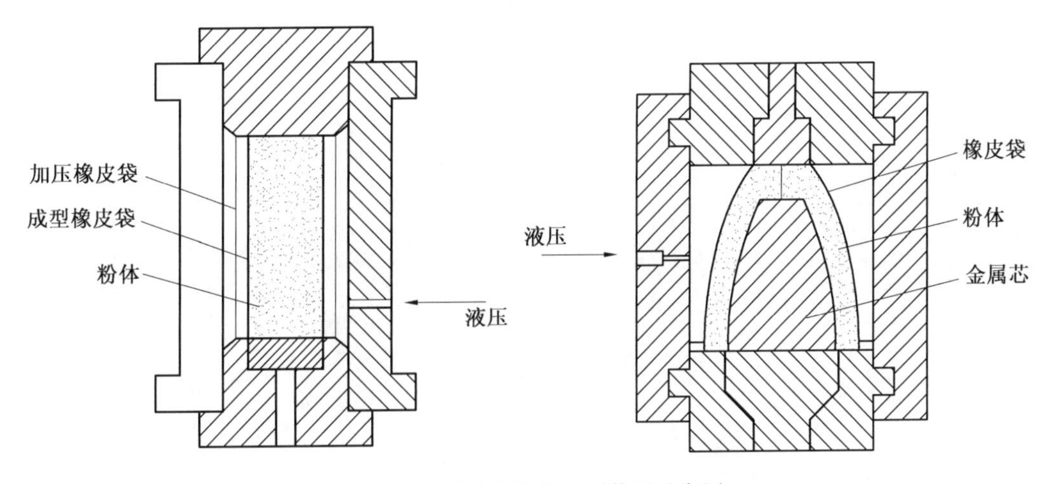

图3.4 干袋法等静压成形装置示意图

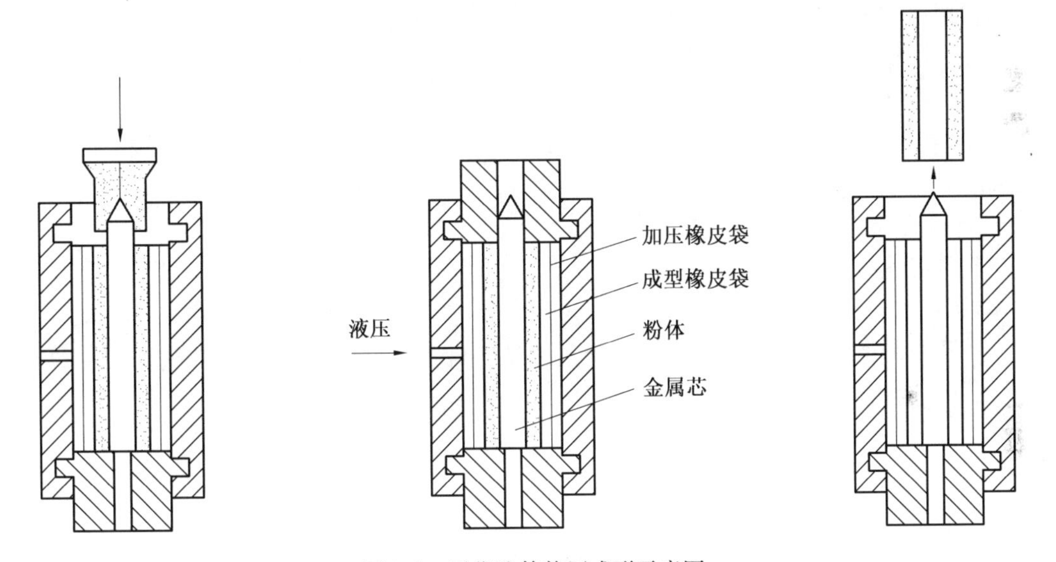

图3.5 干袋法等静压成形示意图

3.3.3.1 粉体等静压成形的基本规律

等静压与常规模压同属压力成形的范畴,因此,两者在粉体物料成形过程中的基本规律是一致的。为了正确地制定成形工艺规程,合理地设计模具结构和选择模具材料,以达到预期的成形目的,掌握和了解这些规律的共性以及等静压成形中的特殊性,是十分必要的。

(1)粉体压制过程中的组织结构变化。

等静压成形是在外加静压作用下,通过粉体颗粒间的位移和颗粒本身的变形来增加接触点和接触面,使粉体体的组织结构发生变化。粉体装入模具中,其松装密度很低,颗粒是不均匀排列的,颗粒之间有很多孔隙。在压制的起始阶段,粉体颗粒发生位移,例如颗粒的移位、分离、滑动、转动等,此时颗粒一般仍处在点接触状态。随着压力的加大,颗粒的接触处产生变形,颗粒间形成了一定的面接触。当成形压力增加到一定程度,颗粒间

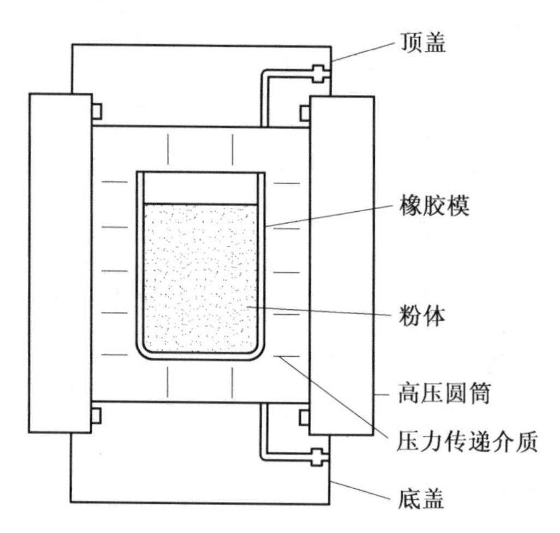

图 3.6　湿袋法等静压成形装置示意图

的孔隙逐渐减小,颗粒进一步变形,接触面增大,粉体的颗粒特性逐渐消逝。最终,颗粒之间基本上都处于面接触,整个粉体呈现以体积弹性压缩为主的变形特征。

整个粉体的压缩,不仅依靠颗粒本身的变形,而且也依赖颗粒的位移与孔隙体积的改变,实际上,这些变化过程往往是同时进行的。不过在成形初期是以颗粒的位移为主,而成形后期则主要是颗粒的变形。

(2)粉体成形压坯密度与压制压力的关系。

在粉体的成形过程中,压力是一个主要的工艺参数。它对坯件的密度、强度和孔隙率等性能的影响,要比其他因素更为关键,同时对坯件烧结后的性能具有明显的影响。

坯件的密度与压力不成直线关系,对脆性材料粉体而言,大致可分为四个阶段,如图 3.7 所示。

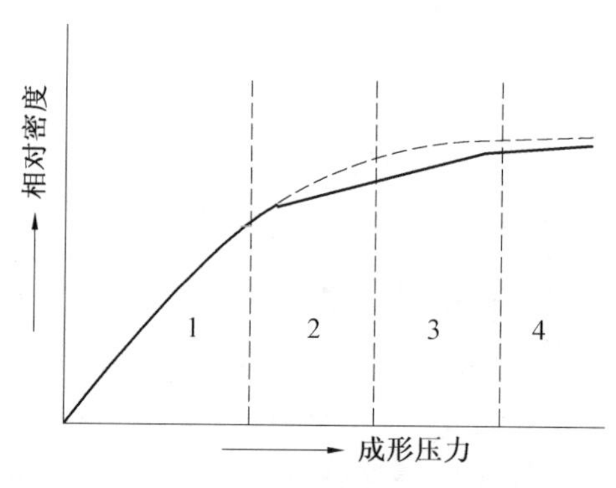

图 3.7　坯件密度与压力的关系

第一阶段,随着压力的增加,坯件的密度增加很快,这是因为粉体颗粒的位移填充了颗粒之间的空隙。第二阶段,压力提高而密度变化很小,这是因为在第一阶段粉体颗粒间的孔隙已基本填满。第三阶段,由于粉体产生变形,随压力的增加密度随之上升。第四阶段,粉体颗粒变形到一定程度,出现加工硬化现象,当压力继续增加,密度基本上不再提高。

对于压制塑性粉体,开始密度随压力变化很快。第二阶段后便迅速减慢,最后密度达到一定值时,基本上不再随压力增加而变化,如图3.7中虚线所示。

(3)粉体压坯坯件的密度分布。

采用钢模压制粉体时,坯件的密度分布是不均匀的。单向加压,接近压头上部密度最高,底部密度最低。双向压制的坯件密度分布是,上下两端密度最高,中部密度最低。采用钢模轴向压制时,坯件密度为什么分布不均匀呢?这主要是由于粉体与钢模之间的摩擦造成的。外加压力,一部分是使粉体位移、变形,从而使坯件密度增加的内摩擦力,另一部分是克服粉体与模具内壁之间的摩擦力,即压力损失。距外加压力处越远,则压力损失越大,压力的传递越困难。而采用等静压成形,各向受力相等,因此密度分布是均匀的。

3.3.3.2　湿袋法等静压成形工艺

湿袋法等静压成形主要工艺流程是:模具组装⟶粉体充填⟶包套密封⟶包套外表清洗⟶模具装入高压缸内⟶压制⟶取出包套模⟶脱模⟶坯件检验等。

(1)模具组装。

在模具组装前,应对模具的尺寸、形状和表面状况进行检查,金属模具如果有擦伤、生锈、变形、弯曲等,将会使压坯无法脱模或使坯件表面出现痕迹等缺陷,应随时将表面处理修复或更换。塑性包套使用时间长容易变形,很难保持一定形状,应随时更换。模具的表面应保持清洁和干燥,保证粉体不受污染。模具的组装靠人工操作,为确保模腔形位尺寸,要细心操作、检查。

(2)粉体充填。

粉体充填的基本要求是:力求使粉体充填密度高,并且均匀一致。为提高粉体的充填密度,通常对粉体进行造粒。造粒方法常用喷雾干燥法和压制法。喷雾干燥造粒法,制成球形团粒,成分均匀,流动性好。压制法是先将粉体压制,然后再砸碎过筛,使粉体呈现大小不同的颗粒级配。

在粉体充填过程中,颗粒较大的粉体容易在较小的颗粒表面上滚动,多集中于模腔的边缘部位,致使模腔内的粉体粒度产生偏析,成形时导致压缩比不均匀,压坯尺寸形状将很难控制。为避免粉体以自由落下状态出现粗细颗粒堆积不均现象,通常采用的方法是,通过装料漏斗使粉体从模腔底部开始充填,将模具置于升降台上,或将料斗挂在提升装置上,如图3.8所示。

为提高粉体的充填密度,使充填密度保持一致,并保证充填工艺的重复性,常用手工捣实、机械振实方法来实现。小型坯件与批量小的生产适宜用手工捣实法;大型压坯和批量大的生产宜用机械振实法,一边装料一边振动,效果较好。

(3)包套的密封与除气。

粉体充填完毕后,装料口加端塞密封,一般采用清漆作为黏结剂密封,通过外部捆扎方式密封。捆扎最好用弹性带,这样在端塞的压缩变形过程中不致脱落,仍具有系紧密封作用。另外铁丝捆扎也是有效的。

为提高压坯质量,在包套密封前,借助于在粉体与端塞间放置起过滤作用的海绵垫或过滤纸,以防粉体在抽气时被带走。例如,借助于橡胶端塞的包套可用医学注射管通过橡胶塞插至海绵垫处,注射针管的另一端与抽真空系统相通,可实现对包套内粉体的除气。注射针管取出后,橡胶塞可自行密封,最简单的除气装置,如图3.9所示。

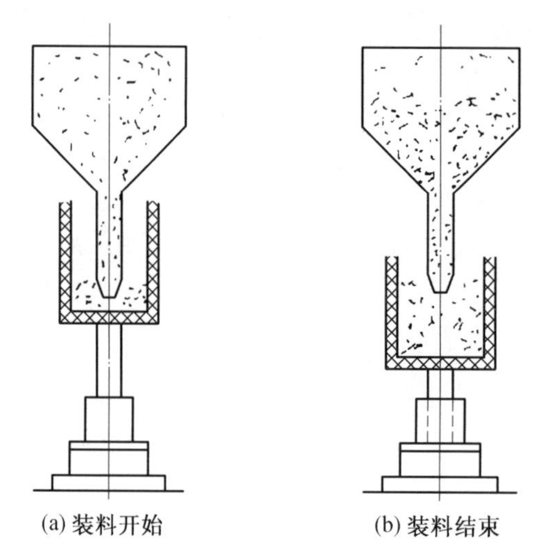

图 3.8 粉体自动充填装置示意图

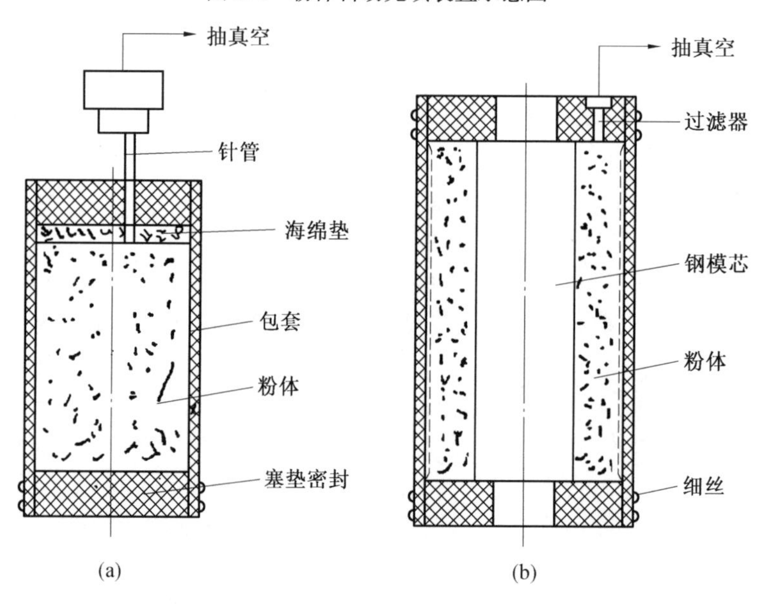

图 3.9 包套模具中粉体除气与密封装置示意图

(4)模具的清洗。

当粉体装入包套模具时易脏污包套,应进行清洗,以免把粉体和尘土带入高压缸内。如果清洗不净,粉体带入缸内的介质中,在高压下泄压时,这些固体颗粒具有很高的能量,容易对液压系统的高压密封件造成冲刷损伤。所以,必须将进缸体前的包套模具外面清洗干净,并定期更换高压缸内的液体介质。

(5)压制操作。

将清洗干净并装料后的包套模放进高压缸内,装上缸盖,压制。压制操作分为加压、保压和泄压三个步骤。

①加压。

启动高压泵，待高压缸内液体充满、空气完全排除后，关闭泄压阀。开始压力上升很慢，包套受力后，粉体随着压力增加而产生位移，逐渐压缩，当压力上升到一定值后，粉体被压实硬化，此时压力上升很快，直至达到所需成形压力为止。

最佳成形压力的选择主要由压坯材料的性能和压机的最高工作压力来确定。压坯性能通常用坯体的密度和强度来衡量。不同的材料，所需成形压力也不同，一般通过实践或经验来选定。例如，压制高压电瓷塑性料时，最佳压力为 100 ~ 120 MPa；压制氧化锆和质量分数为95%的氧化铝料时，通常采用 180 ~ 200 MPa 的压力；压制 WC-CO 系硬质合金时，成形压力一般在 200 ~ 300 MPa。需要说明的是在更高的压力下，对坯件的密度、强度和烧结时的收缩率影响很大。

②保压。

对于压制壁厚、尺寸大的坯件，保压可以增加颗粒的塑性变形，从而提高坯件密度（一般可提高2% ~3%），同时保证坯体密度的均匀性。保压时间是根据坯件截面积尺寸大小来确定的，一般为 0 ~ 5 min。

③泄压。

泄压为一减压过程，其中泄压速度是一个十分重要的工艺参数。如果泄压速度控制不当，就可能导致坯体开裂。主要原因如下：

a. 压坯的弹性后效。包套中粉体加压成坯体后，在泄压过程中，由于内应力的作用，会导致坯件体积的弹性胀大，此称为弹性后效。当泄压速度合理时，会使压坯体积各向均匀胀大。若泄压过快，压坯的弹性后效在瞬间迅速发生，容易失去平衡，导致坯件薄弱的地方出现分层或开裂。特别是压制脆性粉体或形状复杂、壁厚相差悬殊的制品时，对泄压中发生的弹性后效与快慢十分敏感。

b. 塑性包套的弹性回复。塑性包套在升压过程中，随着粉体的压缩，处于压缩或拉伸状态，从而储有一定的弹性能，其大小与包套壁厚薄和弹性变形成正比。这种弹性能是导致压坯开裂的主要动力之一。在泄压过程中，随着压力的降低储存在包套中的弹性能必然被释放出来，使包套从紧贴着坯件被压缩的状态，逐渐恢复到原始状况，坯体在弹性后效作用下膨胀，被压缩在坯体中内部的气体也同时逸出到坯体表面。在这三种力的力作用下，包套与压坯发生分离，坯件内刚性芯模也发生分离。如果泄压速度控制不当，包套与压坯各部位间的分离不能同时发生，将会造成包套对坯件的推斥力的突然作用，使坏件发生破裂。在生产中，压制壁薄制品的包套应尽可能薄，就是为了避免泄压时包套的弹性回复对压坯产生破坏作用。

c. 压坯中的气体膨胀。如果坯件厚、尺寸大，且在压制前没有除气，则在加压成形过程中，随着粉体颗粒的压缩，在粉体颗粒间的气体压力逐渐升高。在泄压过程中，坯件中的气体压力就会由表及里逐渐与外界压力达到平衡，从而使形成气体从坯体内部的孔隙向表面迁移的趋势。若泄压过快，包套外面介质的压力突然大幅度降低，坯体中被压缩的气体就会随着突然膨胀，往往会导致坯件开裂。

在具体压制操作中，升压、保压、泄压工艺应根据粉体特性、产品形状和尺寸、装料振实密度、包套粉体有无除气及包套壁的厚薄等因素来确定。

(6)脱模。

压制成形的坯件,塑性包套回弹与坯体分离,刚性芯模由于坯体的弹性后效作用,坯件与芯模形成0.2~0.3 mm的间隙,在正常情况下,脱模是顺利的。在操作中应细心,防止碰撞,做到轻拿轻放,以防损坏。

(7)坯件尺寸和性能检测。

坯件的形状尺寸是否符合要求,切削修坯余量的大小,取决于模具的结构设计、压坯粉体的性质、模具的表面光洁度、粉体在模腔中充填均匀性、成形压力、升压速度、包套的质量、压坯截面尺寸和压缩比等因素。在等静压成形中,要保持这些因素的恒定是比较困难的。为保证制品的形状尺寸,在一般情况下,都留有一定的加工余量。由于生坯强度不够高,直接用来切削加工容易损坏,通常采取素烧来提高坯体强度,再切削加工所需精确的形状和尺寸,并留有烧成收缩和瓷坯磨削加工的余量。

对于坯件,主要是检查有无层裂和开裂、壁厚是否一致、表面有无伤痕和杂质等缺陷。坯件性能主要是指坯件的密度和强度,而强度和密度又由成形压力和粉体的性能来决定。

3.3.3.3 影响压坯质量的主要因素

实践证明,等静压坯件的质量,除了与模具设计有关外,还与被压物料的性能和等静压成形工艺密切相关。

在粉体的等静压成形中,模具设计是整个工艺中的关键环节之一。压坯形状、尺寸的准确性和稳定性、加工余量的大小、表面光洁度好坏、操作规程的难易等,一般都要靠正确的模具设计来保证。模具设计是否合理,还需要通过实验来评价。

压制粉体的特性,主要是指粉体的颗粒形状、粒度组成和表面状态。一般来说,颗粒都是很细或很粗的粉体,压制性差;形状为规则球形且具有适当粒度配比的粉体、压制性好、压制密度高。

3.3.4 可塑成形

3.3.4.1 可塑成形工艺原理

可塑泥团是由固相、液相、气相组成的塑性-黏性系统,由粉体、黏合剂、增塑剂和溶剂组成。可塑泥团与浆料的差别在于固液比不同。可塑泥团的含水质量分数一般为19%~26%,而浆料的含水质量分数高达30%~35%。泥团颗粒间存在着两种作用力:

①引力,主要有范德瓦耳斯力、静电引力和毛细管力。引力作用范围为2 nm。毛细管力是泥团颗粒间引力的主要来源。

②斥力,在水介质中,斥力作用范围约为20 nm。当系统中含水质量分数高时,颗粒相距较远,表现为斥力为主。当含水质量分数低时,颗粒接近,表现出引力为主,成为泥团。

可塑成形要求泥团有一定的可塑性。所谓可塑性是指团料在外力作用下产生应变,去除外力后保留这种变形的能力。如果一个泥团在外力作用下极易变形,外力去除后又基本保留这种变形,这种泥团就具有良好的可塑性。

可塑泥团的流变曲线如图3.10所示。当应力很小时,应力σ与应变ε成直线关系,变形是可逆的。这种弹性变形主要是泥团中含有少量的空气和有机塑化剂引起的。如果

应力超过 σ_y，则出现不可逆的假塑性变形。σ_y 被称为流动极限，或屈服极限。应力超过 σ_y 之后，泥团具有塑性性质。去除应力后，只能部分恢复应变 ε_y，剩下的 ε_n 是不可逆部分。若重新施加应力超过 σ_p，泥团开裂破坏，此时的应变值为 ε_p。成形时，希望泥团长期保持塑性状态。如果压力缓慢和多次加到泥团上，则有利于塑性状态的形成。屈服极限 σ_y 和出现裂纹的变形量 ε_p 对泥团的成形有很大的影响，屈服极限高可防止偶然的外力引起的变形。ε_p 大，可使成形过程中不出现裂纹。所以，通常用 $\sigma_y \times \varepsilon_p$ 来评价泥团的成形能力。

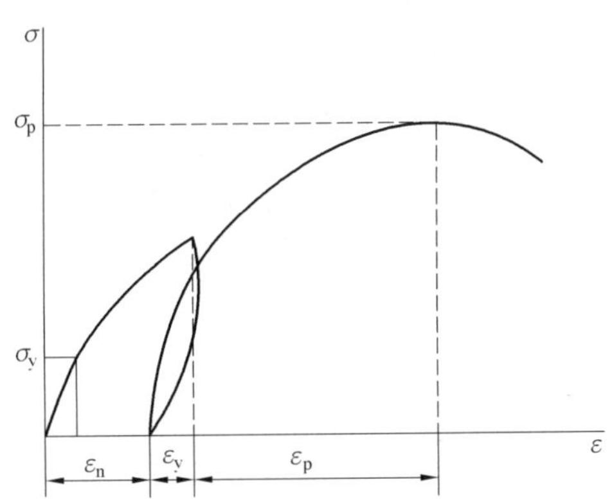

图 3.10　可塑泥团的流变曲线

影响泥团可塑性的主要因素有：

①原料粉体的性质和组成。阳离子交换能力强的原料，一方面可使粒子表面形成水膜，增加可塑性，另一方面由于粒子表面带有电荷，不会聚集。降低粒度，比表面积增加，也可增加阳离子交换能力。同时细粒原料形成水膜所需的水量多、毛细管力大。这是细粒泥团可塑性好的原因。

②吸附离子的影响。可从被吸附阳离子的价数考虑，三价阳离子价数高，与带负电荷的粒子吸引力大，大部分进入胶团的吸附层中，整个胶粒电荷低、斥力减小、引力增加，所以泥团可塑性增加。二价阳离子次之，一价阳离子最小。但在一价阳离子中，氢离子是个例外。它实际上是一个原子核，所以电荷密度最高，吸引力最大，从而可塑性也最大。原料颗粒吸附不同的阳离子时，其可塑性的顺序和阳离子交换的顺序是相同的，即

$$H^+ > Al^{3+} > Ba^{2+} > Ca^{2+} > Mg^{2+} > NH_4{}^+ > K^+ > Na^+ > Li^+$$

③溶剂的影响。最常用的溶剂(分散介质)是水。只有含有适当的水分时，泥团才有最大的可塑性，一般来说，水膜厚度为 0.2 μm 时，泥团的可塑性最高。

3.2.4.2　挤出成形

挤出成形是从冶金技术发展而来的。冶金工艺中一块金属部件可通过挤出口挤压而得。挤出成形也称为挤塑成形，它是利用液压机推动活塞，将已塑化的泥团从挤压嘴挤出，由于挤压嘴的内通道向出口逐渐缩小，从而形成很大的挤压力，使泥团致密并成形为棒状或管状坯件。挤压成形装置示意图如图 3.11 所示。

挤压嘴的锥角过小，则挤压压力小，坯件不易致密；锥角过大，则阻力大，不易挤出。当坯件直径 $d<10$ mm 时，锥角以 12° ~ 13°为宜。挤压更大的坯件时，锥角可增大 20° ~

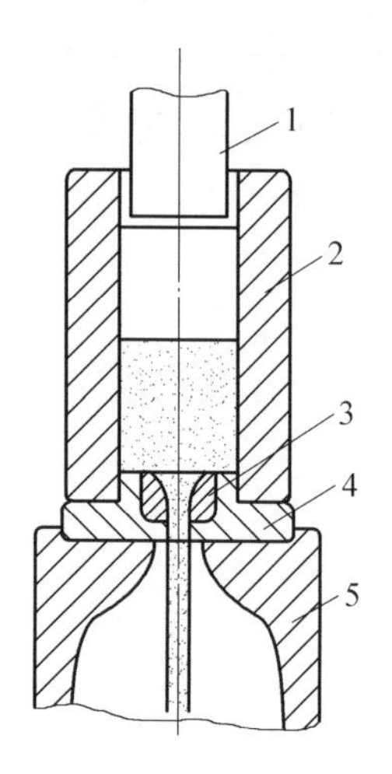

图 3.11 挤出成形装置示意图

1—上冲模;2—模套;3—挤压嘴;4—模嘴室;5—支架

30°。坯件直径与挤压筒直径之比(d/D)一般取 1/(1.6 ~2)。从挤压嘴出来后经过一定长度的定形段 l,定形段与坯件直径之比(l/d 取 2 ~2.5)。挤压管坯件外径与壁厚尺寸可参考表 3.2。

表 3.2 挤压管坯件外径与壁厚尺寸

挤压管外径/mm	3	4 ~ 10	12	14	17	18	20	25	30	40	50
管壁最小厚度/mm	0.2	0.3	0.4	0.5	0.6	1.0	2.0	2.5	3.5	5.5	7.5

在陶瓷成形时,陶瓷粉体与黏结剂混合后被挤出成形过程中也需加入润滑剂和表面活性剂。与注射成形情况类似,挤出成形的最佳配方也主要是经验性的。挤出成形中原料加入挤出机后被传输到真空脱气室,塑性泥料的气泡被排出,然后再通过挤出口成形。挤出成形的推力由挤出螺杆或柱塞提供。使用挤出螺杆的优点在于挤出成形压力低,缺点是挤出螺杆可能会引入较多的杂质。这一缺点可通过在挤出螺杆表面进行相同组分的陶瓷涂层加以克服。

原料粉体的挤出成形性能与原料和设备均有关。原料特性主要包括:

①挤出筒壁的黏附性。为了减少原料与筒壁的摩擦,这种黏附力应尽量小。

②原料内部的摩擦。高的摩擦不利,可使挤出螺旋直径与模具直径比值减小。

③原料的内聚黏着力。原料内黏聚力越小,则越容易产生缺陷,制品开裂时能承受的塑性应变越小。

④颗粒形状和大小。片状颗粒将在成形体内引入层状结构,因此会增加层状缺陷。细的颗粒有助于改善挤出成形,颗粒分布宽,亦可改善挤出成形效果。

挤出成形设备的参数主要与螺杆和模具设计有关。对于挤制螺杆,其主要参数是螺距、锥度、叶片数和挤出速度。与模具有关的参数有锥度、长度、压入角和模具的准确安装位置。此外,有效传输率和除气过程也是很重要的。挤出成形坯体的干燥方式很大程度上取决于成形坯体。

挤出成形是一种由许多因素控制的精细成形过程,它主要用于大规模制品的制备。

除了形状简单的管状和棒状制品外，也能成形形状复杂的部件。特别是蜂窝状结构制品，例如用低热膨胀材料锂铝和镁铝硅酸盐制作热交换器、催化剂载体、钛酸钡陶瓷等。

3.2.4.3　轧膜成形

轧膜成形是一种带式成形，其工艺特点介于注浆与挤出成形之间。成形料呈黏塑态，工艺过程是将陶瓷粉体和有机黏结剂混炼得到这种黏塑体，将黏塑体置于两个轧辊之间进行轧制。通过调节轧辊之间的间距，使坯体达到所需要的厚度，此法适用于成形厚度为 1 mm 以下的薄片，其原理如图 3.12 所示。为了得到准确的膜坯厚度，黏塑体料须经多次轧膜。达到要求的厚度后，膜片卷筒成形。采用此法制得的膜片厚度大于刮刀流延法，一般为几百个微米或者更大些。

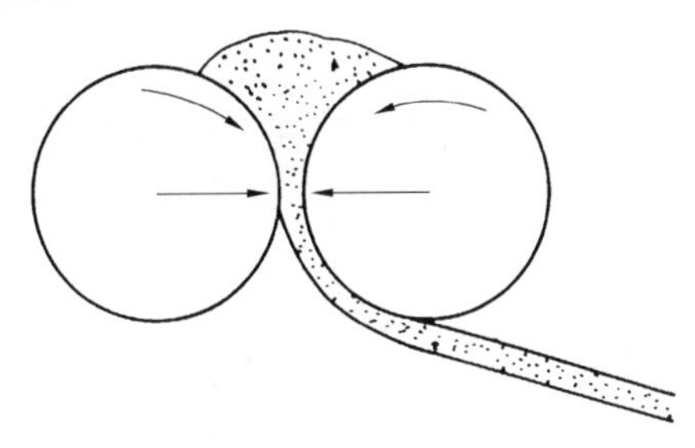

图 3.12　轧膜成形示意图

3.3.5　胶态成形

3.3.5.1　注浆成形

注浆成形(slip casting)是最早的胶态成形方法，该技术始于 19 世纪初。具体做法是在粉体中加入适量的水及少量的分散剂，使陶瓷粉体形成稳定分散的浓悬浮液(浆料)(加入分散剂就可以使陶瓷颗粒不沉降)。将悬浮液注入多孔石膏模具中(石膏模具内表面必须仔细抛光)，模具的多孔特性会产生毛细吸引力(0.1～0.2 MPa)，使得浆料中的水分被石膏模具壁吸入，并在模具壁上形成固态凝聚坯体。经过一定时间后，当形成足够厚的坯体时，就可将多余的浆料倒出，并将坯体和模具一起干燥，干燥后坯体收缩，容易与模具互相分离，之后脱模，就可以得到具有一定强度的坯体。这种做法也称为空心注浆法，如图 3.13 所示。用这种方法比较适合于成形形状复杂、壁薄的陶瓷部件，如坩埚、管件等。图 3.14 为实心注浆法示意图。

采用多孔模具进行注浆成形时，浆料的液体穿过凝聚颗粒层和多孔模具壁两种多孔层。液体穿过多孔介质的流动可由 Darcy 定律描述，在一维中可写成

$$J=\frac{K(\mathrm{d}p/\mathrm{d}x)}{\eta_{\mathrm{L}}} \tag{3.5}$$

式中，J 是液体的流通密度；$\mathrm{d}p/\mathrm{d}x$ 是液体的压力梯度；η_{L} 是液体的黏度；K 是多孔介质的渗透率。可见，具有压力梯度才有流动发生。

作用在浇注层某一面积 A 处的力平衡关系式为

$$Ap_{\mathrm{t}}(t)=Ap_{\mathrm{L}}(x,t)+F_{\mathrm{S}}(x,t) \tag{3.6}$$

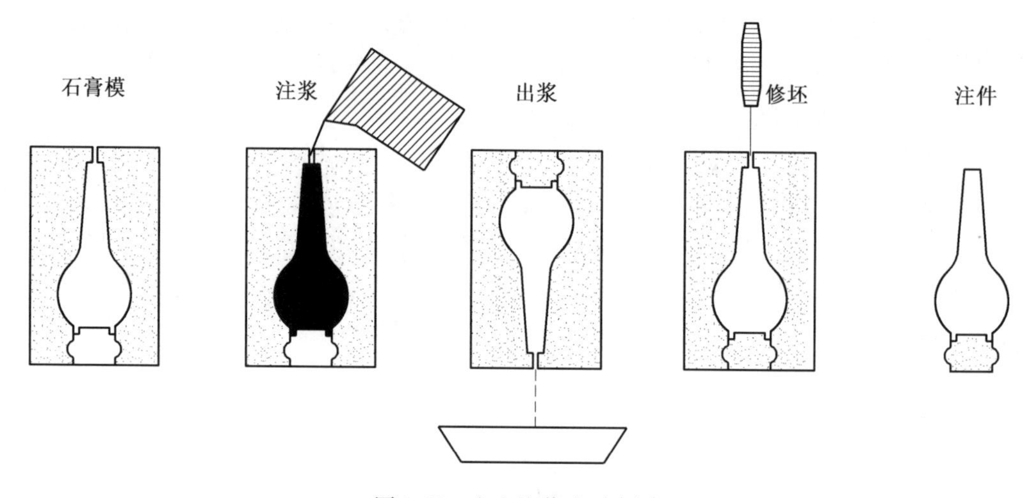

图 3.13 空心注浆法示意图

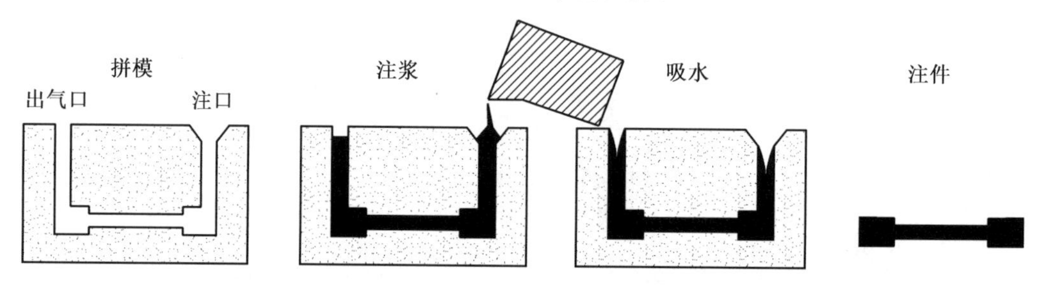

图 3.14 实心注浆法示意图

式中，p_t 是总渗透压力（通常为时间的函数）；p_L是液体中局部压力；F_S是作用在粉粒上的力，它们是时间 t 和距离 x 的函数。

在注浆成形中，可把总压力 p_t 当作常数，等于模具的毛细吸附压力。若假设固体的有效压力为 $p_S(x,t)=F_S(x,t)/A$，则由上式可得到

$$p_t=p_L+p_S$$

如果坯体不可压缩，则 p_L为一直线。总压力 p_t 也可写成

$$p_t=\Delta p_m+\Delta p_c$$

式中，Δp_m 和 Δp_c 分别为模具和坯体中的压力差。考虑到模具和坯体中液体流通密度相同，则有

$$J_{\eta_L}=\frac{K_m}{L_1}\Delta p_m=\frac{K_c}{L}\Delta p_c \tag{3.7}$$

式中，L 是坯体的厚度；L_1是模具浸满液体的厚度；K_m和 K_c分别是模具和坯体的渗透率。

坯体厚度与注浆时间的关系式为

$$L^2=2Hpt/\eta_L \tag{3.8}$$

式中，函数 H 依赖于坯体和模具的特性，其表达式为

$$H=\frac{1}{\left(\frac{V_C}{V_S}-1\right)\left(\frac{1}{K_C}+\frac{V_C/V_S-1}{p_mK_m}\right)}$$

式中，V_C是坯体中固体的体积分数；V_S是浆料中固体的体积分数；p_m是模具的气孔率。

从上述坯体厚度与浇注时间的关系式(3.8)可知，坯体的厚度 L 与时间 $t^{1/2}$ 成正比，而凝结速率随时间而下降，这就限制了注浆成形对于较厚的坯体的生长效率。此外，凝结速率也与滤液的黏度 η_L 成反比。凝结速率还与毛细吸附压力成正比，而该压力与模具的孔径成反比，模具的渗滤率 K_m 与模具孔径成正比。因此，注浆成形的最大速率对应于某一最佳模具孔径。

注浆成形的关键之一是获得好的浆料，对于浆料有以下要求：

①浆料要具有良好的流动性，足够小的黏度，以便倾注。

②具有良好的悬浮性，足够的稳定性，以便浆料可以储存一定时间。

③较高的固相含量。

浆料的流动性主要由黏度决定，可由下述经验公式表示

$$\eta=\eta_0(1-C)+K_1C^n+K_2C^m \tag{3.9}$$

式中，η，η_0 分别是浆料和液体介质的黏度；C 表示浆料中固相的浓度；n，m，K_1，K_2为实验常数。

当浆料浓度较低时，η 主要受第一项 η_0 的影响。但太低的浓度是不合适的，因为过多的水分会降低坯体的强度，使烧结收缩率变大。

除固相浓度外，固相颗粒形状对浆料的黏度也有影响。由于浆料在流动过程中，不同形状的颗粒所受的阻力也不同。此外还有浆料的温度、原料以及浆料的处理方法等影响因素。

悬浮性主要由两个条件决定：一是布朗运动、范德瓦耳斯力和静电力的平衡；二是水化膜的形成。

图 3.15 为胶体化学中常用的双电层结构及对应的双电层电位示意图。图中，A 为粒子表面，B 为吸附层界面，C 为扩散层界面。所以 AB 是吸附层，BC 是扩散层，C 为滑动面，E 是 A 对 C 的电位，ζ 是 B 对 C 的电位。因为固相的电位和介质的电位都是固定的，是由其种类和状态所决定的，所以可以改变的是电位 ζ。在溶液中加入絮凝剂或反絮凝剂，可以调整双电层的厚度，从而调整 ζ 电位。

胶粒在溶液中能否稳定同时受到三种因素的影响，即布朗运动、范德瓦耳斯力和静电斥力。布朗运动是溶液稳定的因素之一，但又给微粒碰撞提供了接触的机会。范德瓦耳斯力即胶粒的吸引力，近似地与胶粒间距离的平方成反比。图 3.16 给出了胶粒间各种力平衡的情况。范德瓦耳斯力由曲线 3 表示。当两个带有双电层的胶粒的扩散层未发生重叠交联时，不存在静电斥力。由于布朗运动的作用，两个胶粒相互靠近，扩散层发生重叠交联时，由于 ζ 电位的作用，产生静电斥力。这种斥力也与颗粒间距离的指数成反比，图 3.16 中由曲线 1 表示。引力和斥力的合成得到合成势能，即曲线 2。从图看出，当胶粒间的距离为 a 时，合成势能有最大的斥力 E_b。如果布朗运动的动能不能克服 E_b，或因微粒水化作用形成的水化膜的阻止，微粒不能进入相互的引力圈，则溶液稳定。如果加入絮凝剂，ζ 电位降低，排斥势能变为如虚线所示的情况，则合成势能全部在吸力范围(虚线)，溶液沉淀。水化膜是由于粒子带电将周围极性水分子吸附到它的周围形成的膜，所以 ζ 电位降低，水化膜也消失。

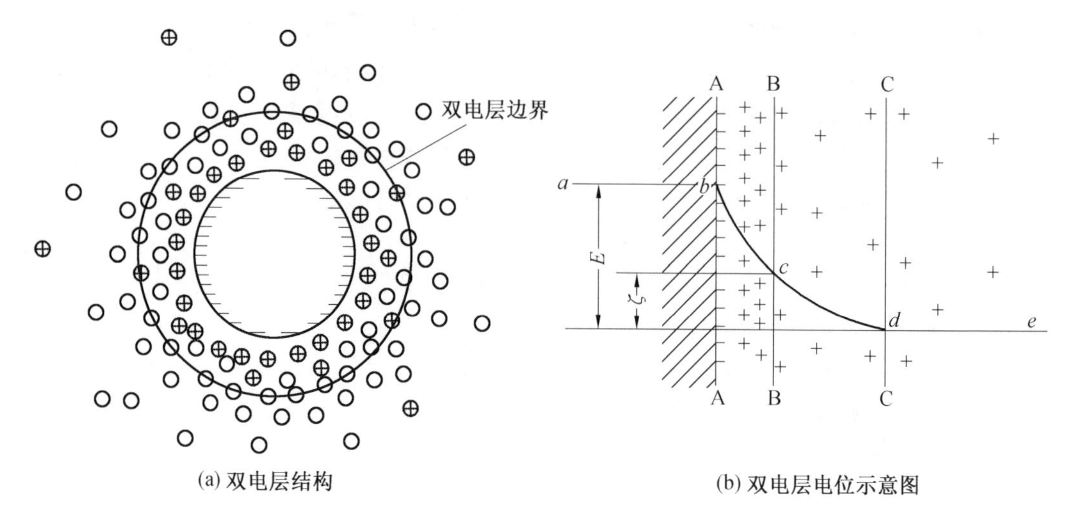

(a) 双电层结构 (b) 双电层电位示意图

图 3.15 胶体化学中常用的双电层结构及对应的双电层电位示意图

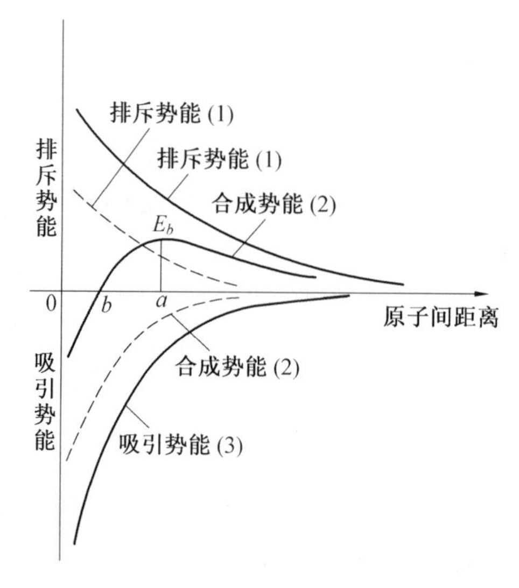

图 3.16 粒子静电力的平衡

为了获得良好的悬浮液,常常加入反絮凝剂。常用的反絮凝剂有聚乙烯丁醛、羧甲基纤维素、丙烯酸钠、多羧酸类激活剂、蜡乳浊液等。

此法的特点是:

①设备成本低,模具简单,易于操作。

②成形坯体的尺寸控制精度低,生产效率低。

③由于是靠石膏模具的孔吸收水分,毛细管力随着成形坯体的厚度的增加而降低,因此当成形坯体的截面较大时,坯体会产生明显的密度梯度,坯体密度不均匀。但注浆成形方法作为一种主要的成形方法,仍在陶瓷的生产中发挥着重要作用。

3.3.5.2 注射成形

注射成形(injection molding)是借助高分子塑料的注塑成形技术来制备形状复杂、尺寸精确的热机用陶瓷部件为应用背景发展起来的。具体做法是将陶瓷粉体与热塑性材料（如石蜡）混合后，得到具有熔融流动性的混合料，然后在注射机上于一定的压力和温度下把熔化的含蜡的混合料注满金属模具中，熔化的石蜡迅速冷凝后脱模取出坯体（成形时间一般为数十秒），再经500～600 ℃脱脂，即可得到致密度高于60%的素坯。石蜡是注射成形常用的增塑剂。这是因为石蜡具有如下优点：

①熔点低，容易操作。

②熔化后黏度小，流动性好，容易使含蜡浆料填满模腔。

③具有润滑性，不磨损模具。

④冷却后坯体有一定的强度和7%～8%的收缩率，因此坯件容易脱模。

⑤石蜡不与粉体反应，且来源丰富，价格低廉。

注射成形机大致可分为柱塞式和螺杆式两种类型，分别如图3.17和图3.18所示。

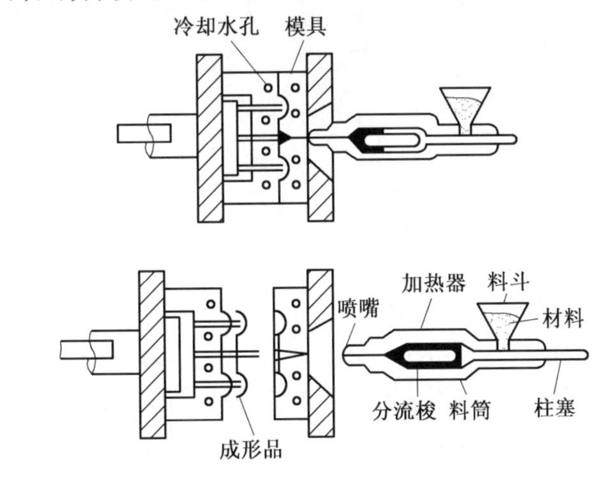

图3.17　柱塞式注射成形机示意图

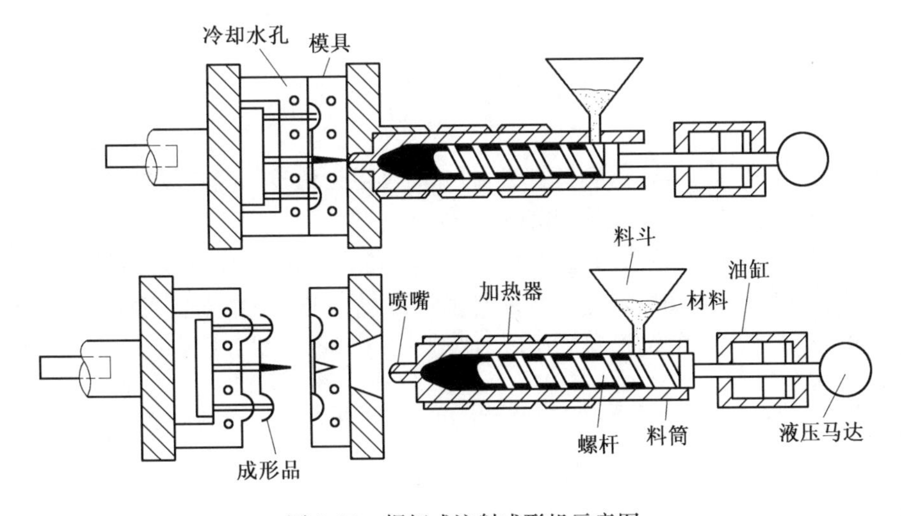

图3.18　螺杆式注射成形机示意图

配制注射成形浆料常用的添加剂有热塑性树脂、增塑剂、润滑剂、辅助剂等，见表3.3。

表3.3 陶瓷注射成形所用添加剂

添加剂种类	添 加 剂
热塑性树脂	聚苯乙烯,聚乙烯,聚丙烯,醋酸纤维素,丙烯酸类树脂,聚乙烯醇
增塑剂	酞酸二乙酯,石蜡,酞酸二丁酯,酞酸二辛酯,脂肪酸酯
润滑剂	硬脂酸锌,硬脂酸铝,硬脂酸镁,硬脂酸二甘酯,PAN 粉,矿物油
辅助剂	无规立构聚丙烯,分解温度不同的树脂、萘等升华物,花生和大豆等天然植物油,天然动物油

注射成形工艺主要由以下三个环节构成:第一,热塑性材料与陶瓷粉体混合成热熔体,然后注射进入相对冷的模具中;第二,混合热熔体在模具中冷凝固化;第三,将成形后的坯体制品顶出脱模。注射成形后坯体中的有机物必须加以排除,通常采用烧除法。

(1)混炼。

这里的混炼是指陶瓷粉体与热塑性有机物混合,在大约 200 ℃下加热揉炼混合物。一般要求陶瓷粉体无团聚。如果粉体团聚,则混合熔体的可成形性和注射充模重复性会劣化,使部件质量也受到影响。例如,在后续的脱脂过程中会产生裂纹及不均匀的显微结构。在最后一次揉炼和除气后,将热的黏塑体切成小段。冷凝后再粉碎成 1 ~4 mm 的颗粒。

(2)混合熔体的注射成形。

混合物料颗粒通过料斗注入注射机内,由螺旋输送至加热区,使物料受热熔融,再被注入模具。由于模具温度远低于熔融物料温度,模腔内熔体便很快凝固。稍后将已凝固成形的制品被顶出脱模。注射成形这一过程的参数有熔体温度、机筒内传送物料挤入模具的压力和冷却速率。这些参数又取决于设备参数,例如注射温度、注射压力、注射速率和模具的设计,其中模具的设计是非常重要的。因为陶瓷注射成形的混合熔体具有高的黏度、高的磨损率和热导率。模具设计得合理与否,可通过注射中是否产生“射流”来判定。射流是熔体从浇口进入模具的一种非渐进方式,即熔体直接被喷射进入模具,这种非均匀的填充最终会导致成形制品显微结构的非均匀性。

(3)脱脂。

注射成形后的坯体,其内部有机物必须排除,可通过化学萃取或加热方法来完成。通常使用后一种方法。图 3.19 给出注射成形部件加热脱脂的典型温度-时间曲线,低温时,采用低的加热速率,在较高的温度时,可采用较高的升温速率。在加热脱脂过程中,有机物很容易产生碳化,应加以避免。在脱脂初期,成形体会变软,而且可能由于自身质量会产生变形、开裂。成形体的形状和厚度对脱脂的进行也有很大影响。一般来说厚的制品要求低的加热速率。

注射成形的特点是:

①生产的产品尺寸精确,光洁度高、结构致密,可广泛应用于制备形状复杂、尺寸和质量要求高的特种陶瓷材料。由于能制备尺寸精度高、加工量少的陶瓷坯件,又易于实现自动化大规模生产,故发展很快,尤其是在日、美等国。

②此法所加入的有机成分大,排蜡过程长,坯体易产生缺陷,模具成本和有机物排除

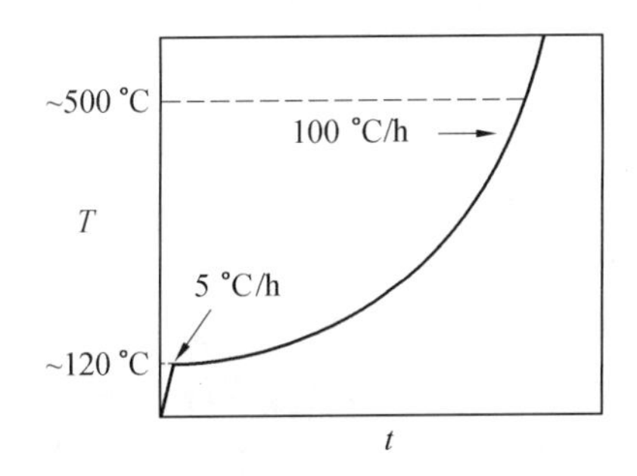

图 3.19　注射成形部件加热脱脂的典型温度-时间曲线

过程的成本比较高。因此该技术适于量大、昂贵的陶瓷部件的生产。另外,整个工艺过程周期较长并且伸缩性少。

3.3.5.3　离心注模成形

离心注模成形(centrifugal casting)是一种在注浆成形的基础上发展起来的,生产高可靠性结构陶瓷的胶态成形方法,这种方法可以避免或减少团聚,从而获得微观结构均匀的陶瓷部件。此法的工艺流程图如图 3.20 所示。具体做法是将陶瓷粉体分散于溶液中以分散其中的软团聚体,再经沉降除去大颗粒和硬团聚体。改变 pH 使分散体系絮凝,以避免在放置过程中由于沉降而出现大量沉淀。除去上层清液后,絮凝体经离心注模形成所需要的形状,再经干燥和烧结,就可得到陶瓷部件。若要生产多相陶瓷,只需将两种或两种以上的陶瓷粉体混合、絮凝即可。这种技术可以通过沉淀分离去除浆料中的大团聚体及杂质夹裹体,提高成形速度和坯体的均匀性。图 3.21 为离心注模成形的装置示意图。

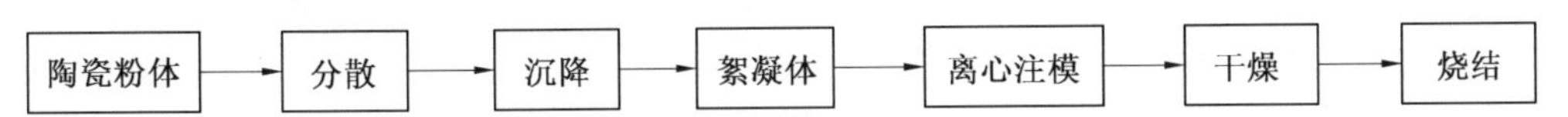

图 3.20　离心注模成形法的工艺流程图

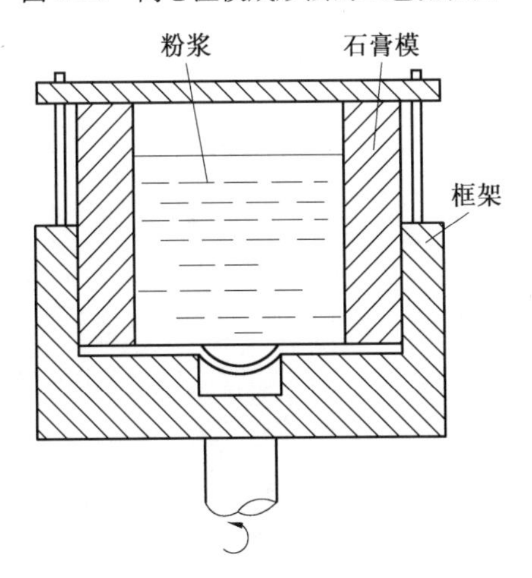

图 3.21　离心注模成形的装置示意图

离心注模成形法有如下优点:

①可以得到微观结构均匀的陶瓷部件。

②经离心和干燥后,其生坯密度较高。

③适合成形形状复杂的陶瓷部件。

3.2.5.4 压滤成形

压滤成形(pressure filtration)是近十余年来发展起来的,并逐渐受到关注的一种胶态成形方法。其主要原理是在外加压力的作用下,使具有良好分散和流变性的浆料通过输浆管进入多孔模腔内,并使一部分液态介质通过模腔微孔排除,从而固化成形。其多孔模具材料可选用多孔不锈钢、多孔塑料和石膏等材料。此法的优点是:浆料不需经过干燥,而直接经压滤形成凝固层,即在脱模前就除去了溶剂,这样就避免在干燥过程中团聚体的重新形成。图3.22给出了压滤成形的工艺流程图。影响压滤成形工艺的主要因素包括粉体的颗粒尺寸、形状和分布,浆料体系的分散性和流变性,颗粒的固相体积分数,成形压力,模具材料的吸水性,固化层水的渗透系数以及坯体的烘干等。

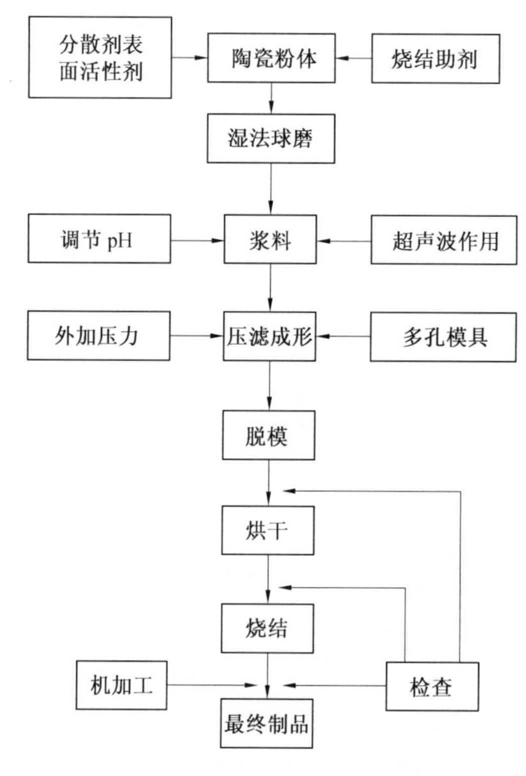

图3.22 压滤成形的工艺流程图

压滤成形装置示意图如图3.23所示。该装置包括一个密闭于圆柱体的活塞,其一端有一圆环。圆柱体的底部为多孔金属过滤器,过滤器下面是滤过室。将准备好的浆料填注到装置中,可以用压缩的 CO_2 气体来施加压力使活塞移动,压力逐渐增加到最大3~3.5 MPa,并保持最大压力直到过滤结束。形成的凝固层经脱模、干燥后,在500 ℃下保温1~4 h以除去分散剂,最后经烧结,就可以得到所需要的坯体。例如可采用压滤成形方法生产出 $BaTiO_3$ 陶瓷。若使用等压装置,还可以生产复杂形状的陶瓷部件。

压滤成形过程中,当压力撤除时,由于张力回复,易使凝固层出现裂缝。可以通过添加少量的聚合物以增加粒子之间的黏结强度来解决这一问题。

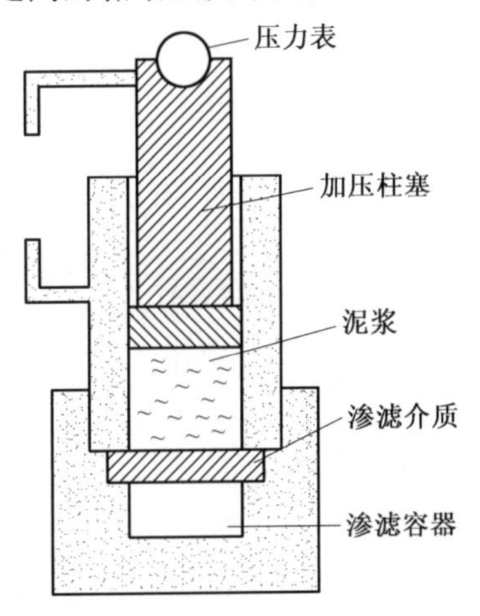

图3.23　压滤成形装置示意图

3.3.5.5　流延成形

流延成形(tape casting)有多种形式,最常用的是刮刀流延成形(doctor blade process)。刮刀流延成形工艺中,所用浆料由粉体和溶剂制得。为了改善粉体的分散性,通常加入一些添加剂。另外,当团聚消除体系达到良好分散状态后再加入黏结剂,这样获得的浆料可不含气泡。制得合适的浆料后,再将浆料置于刮刀前方的储浆槽内,储浆槽底部的载体薄膜可沿刮刀拉伸。浆料通过刮刀形成薄层并黏结在薄膜载体上。薄层浆料通过加热而干燥,缠绕成卷。也可不使用载体薄膜,浆料直接由循环的不锈钢钢带输送。图3.24为流延机加料部分结构示意图。

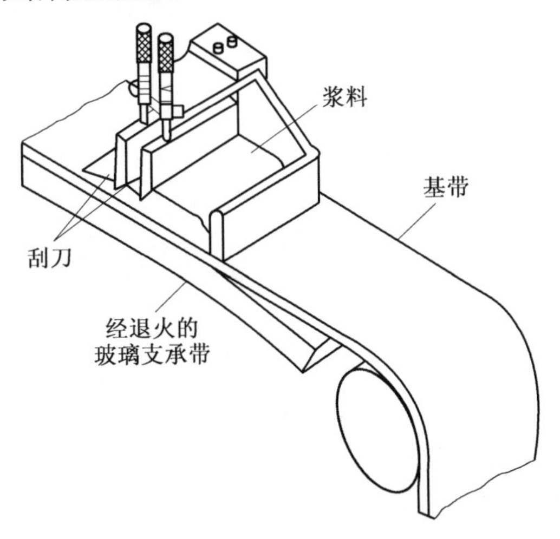

图3.24　流延机加料部分结构示意图

为了避免干燥后的浆料黏结在钢带上,钢带进入储浆槽时须经洗涤并涂上反黏结剂,这样就可制得浆料膜片。膜片厚度范围可从几个微米到1 000 μm。刮刀成形厚度常在50~500 μm。刮刀流延成形主要用于成形电路基板、电容器电介质、蜂鸣器、超声马达用的压电陶瓷等。

(1)溶剂黏合剂体系。

刮刀流延成形中对黏合剂的要求是:干燥后坯体有足够的强度和柔韧性,烧结后无杂质或留下很少杂质,可溶解于合适的溶剂中,并且价格不太昂贵。溶剂可分为水和有机溶剂,为减少环境污染,常用水溶剂体系。对于水基系统聚乙烯醇(PVA)是最常用的黏合剂。有机溶剂和黏合剂的选择取决于成形膜片干后的厚度,对于厚度为10 μm或20 μm的膜片,常用丙酮作为溶剂,聚乙烯醋酸酯为黏合剂。对于厚膜片,可使用甲苯或三氯乙烯连同聚乙烯醇一起作为黏合剂。在刮刀流延成形中为了在干燥后获得更好的柔韧性便于输送,常加入一种或多种增塑剂。例如,苯溶剂体系用聚乙烯乙二醇(PEG)作为增塑剂,丁酮溶剂体系用邻苯二甲酸二丁酯作为增塑剂。此外为了使粉体很好地分散于溶剂中,常需加入反絮凝剂。脂肪酸类的丙三酯,如丙三基油酸、丙三基硬脂酸都是合适的反絮凝剂。

制备流延成形用的浆料通常分两步。在加入黏合剂和增塑剂之前将粉体与溶剂一同球磨,然后再将浆料与黏合剂和增塑剂混合。浆料球磨后再加入黏合剂和增塑剂,这是因为球磨前若加入黏合剂会产生高的黏度,从而影响正常的球磨。

(2)流延及干燥过程。

制备好浆料后,还须在真空条件下对浆料进行除泡,真空除泡时并伴随轻微的搅动。为了避免残余气泡在膜坯中产生针孔必须除泡。除泡后的浆料再经过筛以除去大颗粒或没有溶解的黏结剂。经过上述工艺处理后浆料的黏度通常为3 Pa·s。

流延过程中要控制好刮刀与传输带之间的开口宽度应当很好控制,可通过微米螺柱调节。为了提高膜坯厚度的控制精度,可采用双重结构刮刀,还可采用温控的输送带。膜坯厚度上取决于浆料黏度η、流延速率v和传输带与刮刀之间的开口高度h。流延速度一般为0.2~5 $cm \cdot s^{-1}$。

流延后的湿膜片通过加热的空气流直接干燥。干燥过程可粗略认为是两个阶段,在第一阶段,干燥速度近似为恒定,这时浆料流延的膜片仍呈流动态。液体通过扩散或毛细作用很容易被传输到膜表面,这时应注意避免产生结皮。在第二阶段,干燥速率逐渐下降,这一阶段受到热流向膜坯内部流动的限制。

流延法成形后,坯带的干燥和烧结相当重要,但其成功的关键是浆料的配比和有机物的去除。表3.4和表3.5分别为流延成形氧化铝和$BaTiO_3$的浆料的组成。

表3.4 流延成形 Al_2O_3 的浆料的组成

原 料	质量分数/%	功 能
Al_2O_3 粉体	59.6	基本原料
MgO 粉体	0.15	晶粒生长阻止剂
鲱鱼油	1.0	分散剂
三氯乙烯	23.2	溶剂
乙醇	8.9	溶剂
聚乙烯醇缩丁醛	2.4	黏合剂
聚乙二醇	2.6	增塑剂
邻苯二甲酸辛酯	2.1	增塑剂

表3.5 流延成形 $BaTiO_3$ 的浆料的组成

原 料	质量分数/%	功 能
$BaTiO_3$	77.2	介电材料
磷酸酯	0.3	分散剂
丁酮	7.4	溶剂
乙醇	3.2	溶剂
丙烯酸树脂	7.1	黏合剂
邻苯二甲酸丁酯	2.2	增塑剂
聚乙二醇	2.2	增塑剂

流延成形设备简单、工艺稳定、可连续操作、便于自动化,生产效率高。但黏合剂含量高,因而收缩率大,可达20% ~21%。

3.3.6 原位凝固胶态成形

国内外的陶瓷学者不断总结经验,将胶体化学和表面化学的理论引入陶瓷浆料的成形技术中,并利用各种物理的辅助手段,在传统的注浆成形基础之上开发了多种新型的胶态成形技术,例如离心注模成形和压滤成形等成形。在20世纪80年代末90年代初,凝胶注模成形首次使用较低含量的有机物使陶瓷浓悬浮体实现了原位凝固,进而在90年代掀起了陶瓷原位凝固胶态成形研究的热潮。

原位凝固胶态成形就是指颗粒在悬浮体中的位置不变,靠颗粒之间的作用力或悬浮体内部的一些载体性质的变化,使悬浮体从液态转变为固态而成形。在从液态转变为固态的过程中,坯体不收缩,介质的量不改变,所采用的模具为非孔模具。在这类成形方法中,首先要制备稳定悬浮的浆料,然后通过各种途径使颗粒之间产生一定的吸引力而相互聚集,形成一个密实的坯体,并保持一定的强度和形状,由此可制成高密度的素坯。原位凝固胶态成形与其他胶态成形工艺之间的区别主要在于凝固技术的不同,这将会导致对浆料性质要求的差异和整个工艺过程的差异。此法具有如下特点:

①可以保证坯体的均匀性。这是因为在成形过程中,悬浮颗粒位置保持不变。

②此法的设备较简单,采用的非孔模具,可以是塑料的或玻璃的,成本低,操作简单。

③坯体中的有机物含物量少,无须经过脱脂过程,或脱脂步骤非常简单,成功率高。

④可增加成形坯体的密度,减小干燥收缩率,并可以显著提高陶瓷的力学性能和电性能,其适合成形形状复杂的陶瓷零部件。

原位凝固胶态成形工艺主要包括凝胶注模成形(gel-casting)、直接凝固注模成形(direct coagulation casting)、温度诱导絮凝成形(temperature induced flocculation)、胶态振动注模成形(colloid vibration casting)和快速凝固注射成形(quickset injection molding)。

3.3.6.1 凝胶注模成形

(1)工艺特点。

凝胶注模成形(gel-casting)是一种低成本、快速生产可靠性高、适于复杂形状陶瓷部件的新型胶态原位凝固成形方法。此法是由 Oak Ridge National Laboratoty(ORNL)的工程师们发明的。

凝胶注模成形引入了新的凝固机制,不同于以往的方法。它建立在传统陶瓷成形技术和高分子化学理论的基础之上。其核心是使用有机单体溶液,该溶液能聚合成为高强度的、横向连接的聚合物-溶剂的凝胶。陶瓷粉体溶于有机单体的溶液中所形成的浆料浇注在模具中,通过单体混合物聚合形成胶凝的部件。由于横向连接的聚合物-溶剂体系中仅有 10% ~20%(质量分数)的聚合物,因此,易于通过干燥步骤去除凝胶部件中的溶剂。同时,由于聚合物的横向连接,在干燥过程中,聚合物不能随溶剂迁移。

凝胶注模成形比较通用,可用于制备单相的和复合的陶瓷部件,也可成形复杂形状、准净尺寸的陶瓷部件。由于流动的液体填充模具与陶瓷浆料凝固步骤分离,因此,凝胶注模成形克服了注射成形的一些主要缺点。此外,与注浆成形方法不同,凝胶注模成形的生坯强度高,可进行再加工。为了便于比较表 3.6 列出了凝胶注模成形与几种成形工艺比较。

表 3.6 凝胶注模成形与几种传统成形工艺比较

性能	凝胶注模	注　浆	注　射	热　压
成形时间/min	5 ~ 60	60 ~ 600	60 ~ 120	<10
脱模强度	较高	低	高	高
干坯强度	很高	低	—	—
模具材料	金属、玻璃、塑料、石蜡	石膏	金属	金属
有机物的质量分数/%	3 ~ 5	—	20	>12
干燥/去脂变形	极小	较大	较大	较大
厚零件	没问题	增加注模时间	难脱脂	难脱脂

凝胶注模成形的工艺流程图如图 3.25 所示。主要成分是陶瓷粉体、有机单体、聚合的引发剂、分散剂和溶剂。凝胶注模成形包括含水和非水的两种形式。若溶剂是水,此法称为水溶液凝胶注模成形(aqueous gelcasting);若溶剂是有机溶剂,此法称为非水溶液凝胶注模成形(nonaqueous gelcasting)。表 3.7 给出了用于水溶液凝胶注模的有机单体体系。

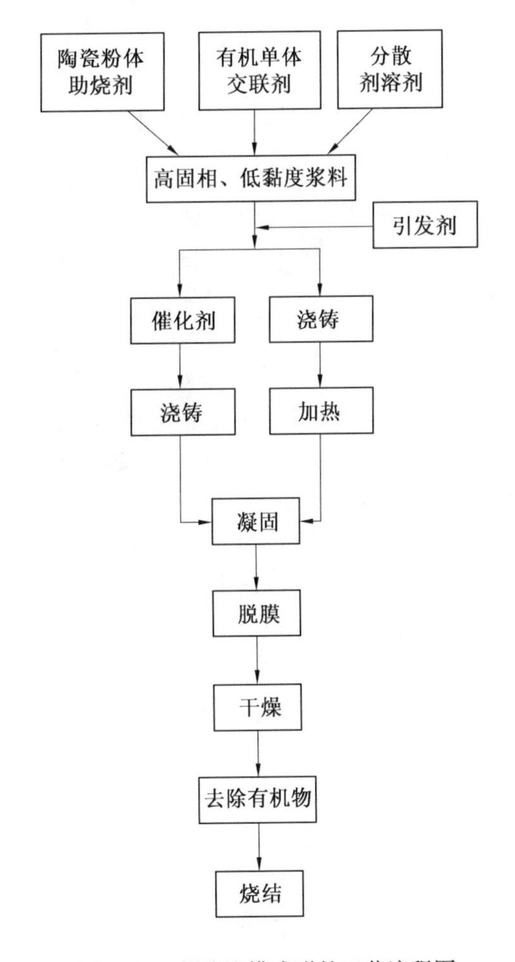

图 3.25　凝胶注模成形的工艺流程图

表 3.7　用于水溶液凝胶注模的有机单体体系

类　型	名　　称	简称符号
单体	丙烯酰胺	AM
	甲基丙烯酰胺	MAM
	甲基聚乙二醇单甲基丙烯酯	MPEGMA
	乙烯基吡咯酮	NVP
交联剂	亚甲基双丙烯酰胺	MBAM

非水溶液凝胶注模成形使用的有机溶剂除了为单体之外，还要求：在横向连接温度具有较低的蒸气压和较低的黏度。可选用的溶剂主要有二元酯、高沸点汽油、长链乙醇等。有机单体（黏合剂）可用三甲基丙烷三丙烯酸盐（TMPTA）或 1,6 乙二醇二乙烯酸盐（HDODA）。通过改变单体总量和 TMPTA 或 HDODA 在溶液中的相对丰度，可以改变聚合凝胶的机械性能，以使其最适合于陶瓷成形。双苯酰过氧化物（BPO）、偶氮苯异丁基晴（AIBN）、丁基酮过氧化物（MEKP）、二异丙基过氧化物（IPP）可用作引发剂。非水溶液凝胶注模成形方法的浆料是由 50% ~55%（体积分数）的固相、5%（质量分数）的分散剂和

45%(质量分数)凝胶注模预混液组成的。预混液包括20%(质量分数)单体、1%(体积分数)引发剂、79%(体积分数)溶剂。将浆料注入聚乙烯模具中,110 ℃下放置10 min后,聚合成凝胶。再经冷却、脱模后得到具有较高强度和可靠性的生坯。生坯在150 ℃下干燥可除去溶剂,经烧结可除去聚合物。生坯经烧结后可得到相对密度为97%的坯体。

与非水溶液凝胶注模成形方法相比,水溶液凝胶注模成形方法具有以下优点:

①使用水作为溶剂,使凝胶注模成形方法与传统陶瓷成形工艺更接近。

②使干燥过程更简单。

③可降低凝胶前驱体的黏度。

④可避免使用有机溶剂所带来的环境污染问题。水溶液凝胶注模成形方法主要包括两种体系:一种是以丙烯酸酯类为单体的;另一种是以丙烯酰胺类为单体的。

水溶液凝胶注模成形的预混液包括82% ~95%(质量分数)的水和5% ~18%(质量分数)的单体。经混合、排气后,制备固相含量占55%(体积分数)的浆料。加入催化剂、引发剂后,注入模具中。加热模具,浆料胶凝形成凝固体。经干燥、烧结去除凝固体中的溶剂和黏合剂,最后得到致密的陶瓷部件。

凝胶注模成形具有以下优点:

①可用于成形多种陶瓷体系——单相的、复合的、水敏感性的和不敏感性的等。

②其浆料固相含量高,黏度低。因而其生坯的强度高,可再加工为形状更复杂的部件。

③成形时间短,成本低,准确度高,缺陷少。

④可生产难定尺寸的复杂形状的陶瓷部件。

(2)技术关键

凝胶注模成形所用陶瓷浆料为高固相含量(体积分数≥50%)、低黏度(<1 Pa·s),浆料的固相含量是影响成形坯体的密度、强度及均匀性的因素,而黏度的大小则关系到所成形坯体形状的好坏及浆料的脱气效果,这是该技术的难点和成功与否的关键。

此外,在凝胶注模成形过程中,还需注意控制凝胶形成的时间(从加入引发剂到凝胶结束为止)。例如,在成形$SrTiO_3$陶瓷粉体时,温度对凝胶化的速度影响很大,若20 ℃时凝胶时间为25 min,而40 ℃时可缩短为2 min,原因在于温度升高使单体分子活性增大,导致凝胶聚合反应加快。可以采用表3.8所示的正交实验方法选择最佳参数(五因素四水平正交实验)。

表3.8 五因素四水平正交实验的因素水平表

	丙烯酰胺 AM/g	N,N′-亚甲基双丙烯酰胺 MBAM/g	水/mL	引发剂/mL	催化剂/mL
1	10	0.5	80	0.5	0.5
2	15	0.8	85	1.0	1.0
3	18	1.2	90	1.5	1.5
4	20	1.5	95	2.0	2.0

考虑到注模前消除气泡的过程需要一定时间,应使浆料放置30 min左右。根据正交实验获得两种可供选择的配比,见表3.9。

表3.9　两种可供选择的配比

AM/g	MBAM/g	水/mL	引发剂/mL	催化剂/mL	凝胶时间/min	凝胶状态
10	0.8	90	1	1	25	乳白色碎性大
18	1.2	80	1	2	55	乳白色韧性大

实验时,随单体用量的增大,凝胶反应的剧烈程度增加,这是因为凝胶反应为放热反应。但浆料中有机物含量过高时会造成排胶困难和气孔增多。因此,兼顾到凝胶时间和坯体质量,选择AM为10 g,MBAM为1.2 g,制成单体预混液,在含固量为55%(体积分数)时,所制得的浆料在23 ℃的凝胶时间为22 min,最高凝胶放热温度为36 ℃,所得干燥坯体密度均匀、无裂缝、强度为30 MPa,可以满足机械加工的要求。

3.3.6.2　直接凝固注模成形

直接凝固注模成形(direct coagulation casting,DCC)是瑞士苏黎世联邦高等工业学院L. J. Gauckler实验室发明的一项新的成形技术。该技术是一种把生物酶技术、胶态化学及陶瓷工艺学融为一体的一种崭新的净尺寸陶瓷胶态原位成形技术。DCC的特点是不需或只需少量的有机添加剂(体积分数小于1%),坯体不需脱脂,坯体密度均匀,相对密度高(55%～70%),可以成形大尺寸复杂形状的陶瓷部件。

(1)基本原理。

根据胶态稳定性DLVO(dergagin-landau-verwey-orerbeek)理论的静电稳定机制,陶瓷粉体在水中的相互作用力为双电层排斥力和范德瓦耳斯吸引力。当双电层排斥势能很小时,范德瓦耳斯吸引势能起主导作用,颗粒将相互吸引靠近产生团聚;当双电层排斥势能增大时,排斥势能将形成能垒,颗粒无法越过势垒相互靠近,颗粒呈分散状态。范德瓦耳斯吸引力与颗粒的固有特性及介质类型有关,外界因素对其影响较小。双电层排斥力与颗粒表面带电特性及介质中的电解质浓度及种类有关,因此通过调整颗粒表面带电特性或电解质浓度,可以改变双电层排斥力的大小,从而控制颗粒在介质中的状态。

当水作为介质时,陶瓷颗粒表面的带电特性随浆料的pH的变化而改变。在等电点时,颗粒表面带电量减少,双电层厚度减小,即颗粒的ζ电位减小。双电层排斥势垒小时,范德瓦耳斯吸引力起主导作用,如图3.26所示,此时,对于低固相含量的陶瓷浆料,将产生大的团聚体;而对于高固相含量(体积分数大于50%)的陶瓷浆料,则发生凝固,呈固态特性,如图3.27所示。

少量的外加电解质对ζ电位也会有显著影响。ζ电位与双电层厚度之间、双电层的厚度与离子强度之间有如下关系:

$$\varphi=\varphi_0\exp-(x/k^{-1}) \tag{3.10}$$

$$k^{-1}=\frac{\varepsilon_r\varepsilon_0 k_B T}{F^2\sum N_i Z_i^2} \tag{3.11}$$

式中,φ为电位值;φ_0为表面电位;ε为介电常数;F为Faraday常数;k^{-1}为双电层厚度;Z_i为离子所带电荷数;N_i为离子的浓度;x为距颗粒表面的距离;k_B为玻耳兹曼常数。

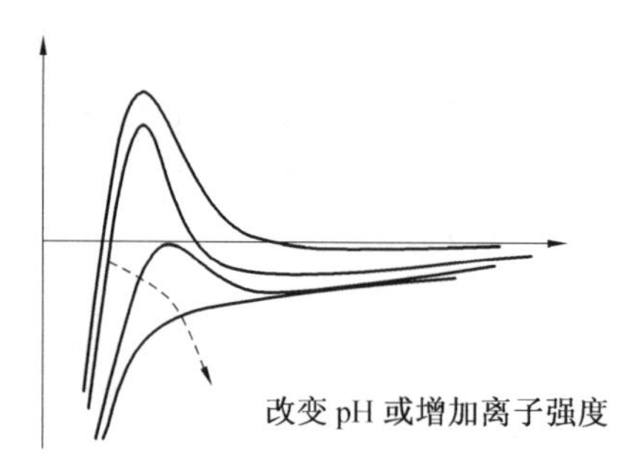

图 3.26 随 pH 或离子强度变化的颗粒之间总的作用能

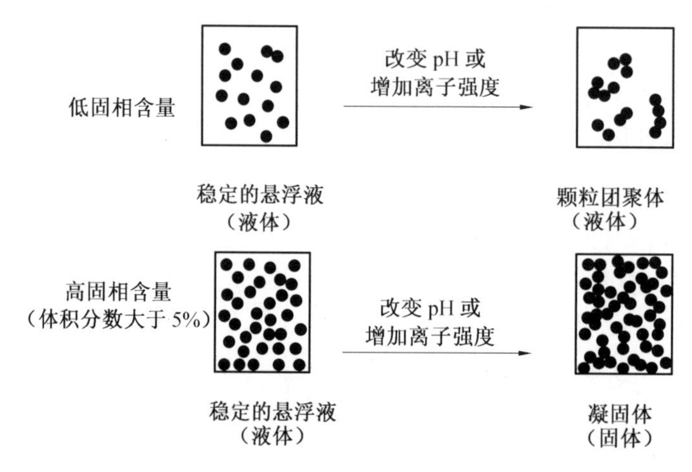

图 3.27 低固相含量和高固相含量陶瓷浆料的凝固示意图

可见，随着电解质浓度的增加，ζ 电位的数值降低，双电层厚度变薄。这主要是由于外加电解质的增加使更多的与颗粒表面电荷符号相反的离子进入吸附层，从而压缩了双电层。当双电层被压缩到与吸附层重叠时，ζ 电位降低为零。这时，范德瓦耳斯吸引力占优势，高固相体积分数的浆料发生凝固。

DCC 成形正是利用以上原理，通过调节浆料的 pH 或加入分散剂，使陶瓷颗粒的双电层排斥力最大，从而形成稳定分散、低黏度、高固相含量的陶瓷浆料。然后向浆料中加入可以改变浆料 pH 或增加电解质浓度的化学物质，例如生物酶和底物，以使陶瓷颗粒的双电层排斥力消失，颗粒团聚。工艺过程中控制酶催化反应的进行，使注模前反应缓慢进行，浆料保持低黏度，注模后反应加快进行，浆料凝固，使流态的浆料转变为固态的坯体。该工艺要求陶瓷浆料具有低黏度及高固相含量的特性。低黏度有利于浆料中气泡的排除和复杂形状部件的浇注；浆料的固相含量影响成形坯体的强度及密度，一般当浆料的固相体积分数大于 55%，凝固后的坯体才具有足够的强度脱模。因此，可用于 DCC 成形的黏度应小于 1 Pa · s，陶瓷浆料固相体积分数应大于 55%。

(2)工艺过程。

DCC 的工艺流程如图 3.28 所示。根据所用陶瓷粉体的等电点位置，选择适当的酶催化反应，并以无机酸或碱调节陶瓷浆料的初始 pH。将溶剂水、陶瓷粉体和有机添加剂充分混合形成静电稳定、低黏度、高固相含量的浆料，在其中加入可改变浆料 pH 或增加电解质浓度的化学物质,然后将浆料注入无孔模具中。工艺过程中控制化学反应的进行。使注模前反应缓慢进行,浆料保持低黏度,注模后反应加快进行,浆料凝固,使流态的浆料转变为固态的坯体。得到的生坯具有很好的机械性能,强度可以达到 5 kPa。生坯经脱模、干燥、烧结后,形成所需形状的陶瓷部件。

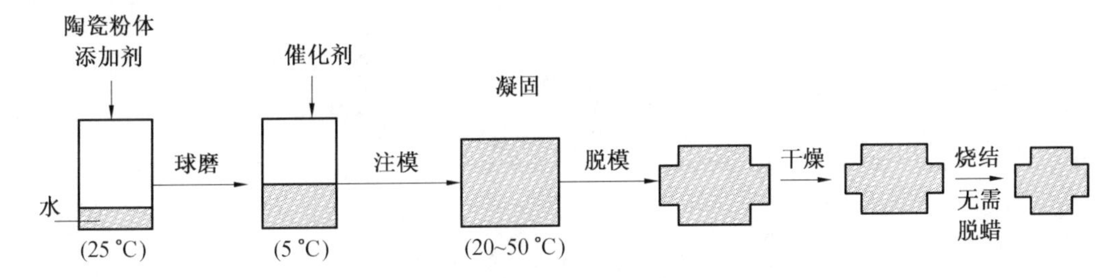

图 3.28　直接凝固注模成形工艺流程示意图

DCC 技术首次在陶瓷工艺中采用生物酶催化陶瓷浆料的化学反应,使浇注到模具中的高固相含量、低黏度的陶瓷浆料靠范德瓦耳斯吸引力产生原位凝固,凝固的陶瓷坯体有足够的强度可以脱模。成形过程中,高固相含量、低黏度陶瓷浆料的制备和凝固反应的控制是决定 DCC 成败的关键。DCC 具有如下几个特点:

①所用的陶瓷浆料有相当高的固相含量,通常至少为 55%(体积分数)以上。

②陶瓷浆料中除极少量的生物酶之外不含有机物质,不添加有机表面活性剂。

③凝固的陶瓷素坯具有足够高的强度可以脱模。

④陶瓷素坯不需要脱脂过程。

⑤陶瓷素坯的密度高且均匀。

⑥陶瓷素坯在整个成形和烧结过程中尺寸和形状变化很小。

下面以 Al_2O_3 为例具体说明 DCC 的工艺过程。实验采用 Al_2O_3 粉体的平均粒径为 0.5 μm,比表面积为 10 $m^2 \cdot g^{-1}$,以盐酸为分散剂,底物为尿素,催化剂为尿素酶。每单位尿素酶在 pH 为 7 和 25 ℃下每分钟可分解尿素产生 1.0×10^{-6} mol NH_3。如图 3.29 所示,Al_2O_3 微粒表面在 pH 不同的水介质中所带电荷不同。当 pH=9 时,Al_2O_3 微粒表面所带电荷为零,这时双电层的 ζ 电位也因此为零,对应 ζ 电位为零的 pH 在胶体化学中称为等电点。当 pH<9 时,Al_2O_3 微粒表面带正电荷,而当 pH>9 时,Al_2O_3 带负电荷,图 3.29 所示为 α-Al_2O_3 水系浆料的双电层 ζ 电位与 pH 的关系。从曲线可知,当 pH=4 时,Al_2O_3 浆料中的双电层 ζ 电位趋于最大,此时 Al_2O_3 微粒受双电层排斥力的作用,保持良好的分散状态。因此,在 pH=4 时制备固相体积分数为 57% 浓悬浮体,黏度很低。剪切速率为 100 s^{-1} 时,表观黏度约为 260 mPa · s。若通过某种手段使浆料的 pH=9,由于双电层排斥力消失,Al_2O_3 微粒受范德瓦耳斯吸引力的作用将相互团聚,高固相含量的 Al_2O_3 浆料将会凝固。

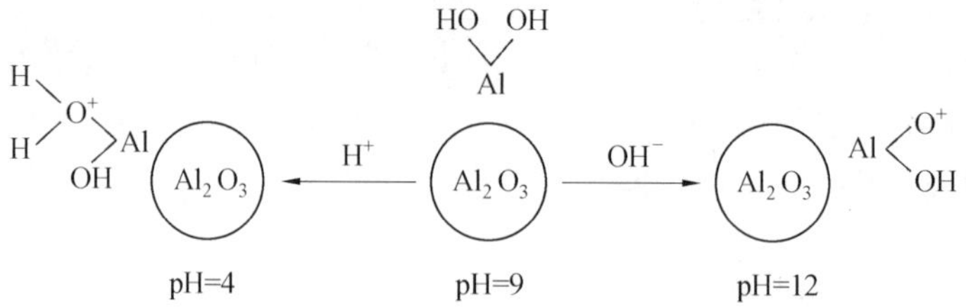

图 3.29　不同 pH 水介质中 Al_2O_3 微粒表面的化学反应

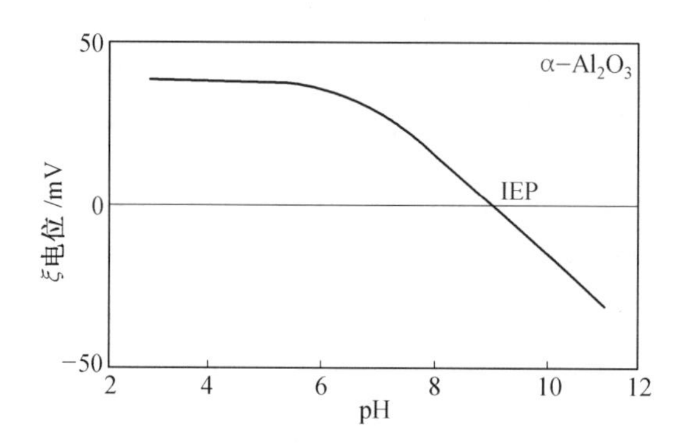

图 3.30　Al_2O_3 浆料中双电层 ζ 电位与 pH 的关系

通过浆料中尿素酶对底物尿素水解的催化反应式为

$$NH_2\text{-}CO\text{-}NH_2\text{-}H_2O \xrightarrow{\text{尿素酶}} NH_3 + CO(NH_2)OH$$

$$CO(NH_2)OH + H_2O \xrightarrow{\text{尿素酶}} NH_3 + H_2CO_3$$

$$NH_3 + H_2O \longrightarrow NH_4^+ + OH^-$$

该催化反应速度与尿素酶的加入量和温度有关。在 5 ℃以下，尿素酶的催化活性很小，尿素的水解反应基本不进行，因此在注模成形前应将 Al_2O_3 浆料降温至 5 ℃以下，再加入尿素酶。温度升高至室温(20～30 ℃)，尿素酶的催化活性增加，水解反应加速进行，使 Al_2O_3 浆料的 pH 从 4 变为 9，范德瓦耳斯吸引力作用使浆料凝固成坯体，从而实现高固相含量 Al_2O_3 浆料的直接凝固注模成形。脱模后的坯体可在室温环境或 50 ℃烘箱内直接干燥而不开裂，于 1 520 ℃无压烧结 2 h，其相对密度达到 99.7%。然而对于纯度低甚至高纯的 Al_2O_3 粉体，当存在着可溶性的高价反离子时，不利于获得低黏度、高固相体积分数的 Al_2O_3 悬浮体。这是由于粉体中非常微量的高价反离子，随着悬浮体中固相含量的提高而增大，当达到临界聚沉离子浓度时，颗粒间产生的团聚而使悬浮体的黏度增大。此时，浓悬浮体的制备非常重要。

SiC 的 DCC 过程与 Al_2O_3 有所不同。其凝固过程不是通过移动 pH 至 IEP(等电点)，而是采用增加浆料中盐离子浓度压缩双电层来实现。这是由于 SiC 具有较低的 IEP，一般为 2～5，不易通过浆料内部反应把 pH 碱性降低至等电点。浆料中反离子浓度的增加仍可通过尿素酶催化尿素分解反应达到，随着尿素水解产生的 NH_4^+ 浓度增加，浆料由流态变成固态。但这种凝固过程所需酶的浓度比 Al_2O_3 移动 pH 至 IEP 过程要高，如每克 SiC 所用尿素酶为 16 单位，成形坯体的密度可达 60% 以上。与 SiC 类似，Si_3N_4 浆料的凝固成形也可采用增加离子浓度的方法。

除了上述尿素酶催化尿素水解反应改变浆料 pH 外，根据浆料特性也可选择其他活性酶与底物的反应。表 3.10 和表 3.11 给出了一些可供选择的酶催化反应和某些有机物的水解反应，以及其适合的 pH 范围。

表 3.10　陶瓷浆料内部反应可改变 pH 的范围

酶催化反应			pH 改变情况
反　应	底　物	催化剂	
尿素酶催化尿素的水解反应	尿素	尿素酶	4→9 或 12→9
酰胺酶催化酰胺的水解反应	酰胺	酰胺酶	3→7 或 11→7
酯酶催化酯的水解反应	酯	酯酶	10→5
葡萄糖氧化酶催化葡萄糖的氧化反应	葡萄糖	葡萄糖氧化酶	10→4
自催化反应			pH 改变范围
尿素的水解反应（T>80 ℃）			3→7
甲酰胺的水解反应（T>60 ℃）			3→7 或 12→7
酯的水解反应			11→7
内酯的水解反应			9→7

表 3.11　增加离子强度的内部反应

反　应	pH 范围
酶催化反应	
尿素酶催化尿素的水解反应	8～9
酰胺酶催化酰胺的水解反应	7～8
自催化反应	
葡萄糖酸催化 $Zn(OH)_2$ 的分解反应	6～7

(3)高固相含量、低黏度的陶瓷浆料的制备原则

如前所述，当双电层 ζ 电位为零时，只有高固相含量的陶瓷浆料才能固化而达到注模成形，而固相含量不够高的陶瓷浆料并不能凝固。因此制备高固相含量、低黏度的陶瓷浆料成为 DCC 的关键，也是最难掌握的技术。一般说来，为保证 DCC 的成功，陶瓷浆料的固相含量至少要达到 55%（体积分数）以上，同时浆料的黏度不能太高，要使浆料能均匀倒入模具中成形。

在通常的胶态成形中，为了得到高固相含量、低黏度的陶瓷浆料，常采用添加分散剂的方法。而在 DCC 的陶瓷浆料中，不能加入这类有机表面活性剂，因为有机物质会把酶催化剂杀死，也就是酶催化剂失效。同时分散剂的加入也会改变陶瓷颗粒的表面电荷状态和等电点的位置。在不能添加分散剂的情况下，要制备固相含量高达 55%（体积分数）以上的低黏度陶瓷浆料就更加困难了。

陶瓷微粒的种类、大小和形状是影响陶瓷浆料固相含量高低的一个内在因素。这里

的微粒大小不是指晶粒大小,是指微粒团聚体的大小。大小适当的陶瓷微粒易于制备高固相含量、低黏度的陶瓷浆料。在摸索出最佳微粒尺寸后,可用造粒和过筛的方法制备所需微粒尺寸的陶瓷粉体。

制备陶瓷浆料最常用的方法是球磨。陶瓷浆料的黏度与球磨时间、浆料/磨球比以及球磨容器的大小和形状等有关。浆料黏度随球磨时间增加而减小,一般说来,球磨 8 h 以后,浆料黏度不再减小。在制备陶瓷浆料过程中,如何能提高固相含量、降低黏度可以有不同手段,例如:

①根据陶瓷浆料的双电层 ζ 电位和 p 值的关系,控制浆料的初始 pH,使其 ζ 电位最大。

②直接将粉体、水介质和磨球一起放入球磨容器中球磨的方法,不如先把粉体和水介质混匀后,再与磨球一起放入球磨容器中球磨为好。

3.3.6.3 温度诱导絮凝成形

温度诱导絮凝成形(temperature induced flocculation)是由瑞典表面化学研究所的 Bergstrom 教授发明的一种胶态净尺寸原位凝固成形技术。首先将陶瓷粉体在有机溶剂中加入分散剂以制备高固相含量、分散的浓悬浮体,分散剂的一端牢固地吸附在颗粒的表面,另一端为低极性的长链碳氢链,伸向溶剂中,起到空间稳定的作用。该分散剂在溶剂中的溶解度随着温度的改变而变化,即其分散效果在变化。分散剂温度降至-20 ℃时,其分散功能失效,悬浮体颗粒团聚,黏度升高,从而原位凝固。这类分散剂在有机溶剂中的溶解度具有可逆性,随着温度的回升,分散剂的溶解度增大,重新恢复分散功能,这说明溶剂的干燥或排除不能使用升温的办法。可以在-20 ℃、压力降至 100 ~ 1 000 Pa 的条件下,采用冷冻干燥的办法,使溶剂升华,从而去除溶剂,然后在 550 ℃将分散剂通过氧化降解的途径排除。在该工艺中选用的溶剂要求随着温度的降低没有体积收缩和膨胀,一般选用的溶剂为戊醇。目前,该成形方法已成功地用于 Al_2O_3, Si_3N_4 及其复合材料的成形。此法的优点在于成形不合格的坯体可作为原料重新使用。

3.3.6.4 胶态振动注模成形

胶态振动注模成形(colloidal vibration casting)是 1993 年 Lange 教授在压滤成形和离心注浆成形的基础上提出的一种新型的胶态成形技术。根据胶体稳定性的 DLVO 理论,在悬浮液中颗粒之间除范德瓦耳斯吸引力和双电层排斥力之外,当颗粒间距离很近时(<5 mm)时,还存在一种短程的水化排斥力(replusive hydration force)。当悬浮体的 pH 在等电点(isoelectric point)时或悬浮液中的离子浓度达到临界聚沉离子浓度时,颗粒间的作用能(即静电排斥能和范德瓦耳斯吸引能之和)为零,颗粒间紧密接触,如图 3.31(a)所示,反电荷离子吸附在颗粒的表面,形成一个接触的网络结构。当颗粒呈分散态时,颗粒间的作用能大于零(即静电排斥能远大于范德瓦耳斯吸引能),形成一个排斥势垒,颗粒在悬浮液中被分散,如图 3.31(b)所示。当悬浮液中的离子浓度大于临界聚沉离子浓度时,水合后的反离子不再与颗粒紧密吸附,静电排斥力完全消失,颗粒间的水化排斥力与范德瓦耳斯引力共同作用使颗粒形成一个非紧密接触的网络结构,如图 3.31(c)所示。这时颗粒处在一个较浅的势阱当中,颗粒间的吸引力也由于水化排斥力的作用而减弱,这

时的悬浮液形成一个不能流动的密实结构。如果有外力作用，例如振动等，它可以转变为流动态。利用这一特性，在固相体积分数为20%左右的陶瓷悬浮体中加入NH_4Cl，使颗粒之间形成凝聚态，然后采用压滤或离心的办法使悬浮体形成密实的结构，在这种状态下固相体积分数较高(>50%)。采用振动的办法，使其由坚实态变为流动态，然后注入一定形状的模腔中。当浆料静止后它又变为密实态，并且可以注模，湿坯经烘干后成为有一定形状的坯体。这种工艺适合于连续化的全封闭生产，可减少外部杂质的引入。

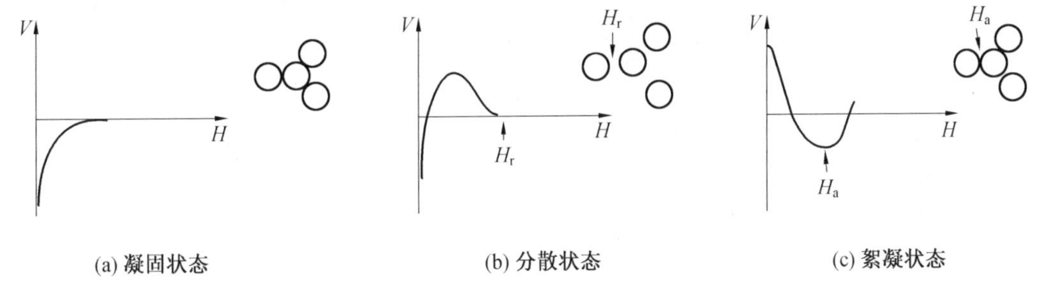

图3.31　颗粒间相互作用的三种状态

3.3.6.5　快速凝固成形

快速凝固成形(quickset forming process)又称快速固化注射成形，它与传统的注射成形的显著区别在于没有使用大量的高分子黏合剂，因此可以避免有机物脱脂过程中所造成的坯体缺陷。在成形过程中使用的悬浮介质是一种名为“孔隙流体”(pore fluid)的液体，这种液体在从液态转变为固态时，体积没有变化，是一种原位固化的过程。这种工艺首先是将陶瓷粉体分散于孔隙流体中，采用有机聚电解质作为分散剂，制备固相体积分数为55%～65%的陶瓷浓悬浮体。然后注入非孔封闭的模腔中，降温至孔隙流体的冷冻点以下，陶瓷浓悬浮体在1 min之内固化。再降低压力，使孔隙流体升华，从而获得均匀性好的坯体。图3.32是快速凝固成形的工艺流程图。这种成形工艺的优点是：可近净尺寸成形复杂形状的陶瓷部件；不合格的成形坯体可以重复使用，不会造成材料的浪费。其缺点是成形的坯体强度比较低。

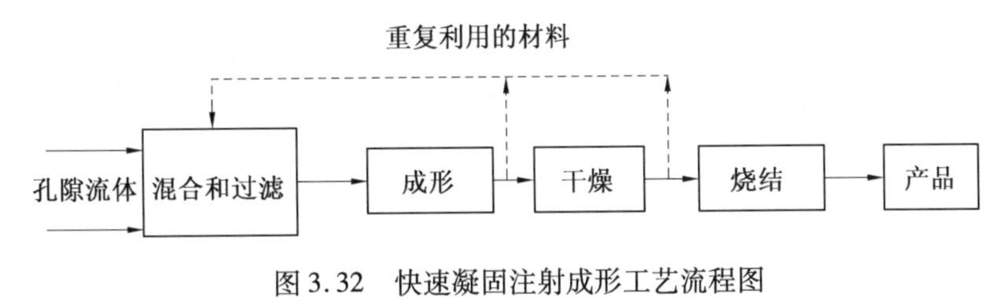

图3.32　快速凝固注射成形工艺流程图

3.4　坯体的干燥

陶瓷坯体的干燥是一个很重要的工艺过程。形状复杂、体积较大或较厚坯体的干燥处理更为重要。虽然在电子陶瓷生产中并非所有的成形方法均要经过专门的干燥处理，但严格说来也存在着干燥过程。所谓干燥过程就是固体物料受热后，蒸发出所含水分的过程。坯体在干燥过程中,随着水分的排除要发生收缩,在收缩过程中若处理不当,就会出现变形和开裂现象。因此,干燥操作和干燥程度的好坏,是决定陶瓷制品质量优劣和成品率高低的主要因素之一。

3.4.1 干燥目的

坯体干燥目的主要有以下三点:

①提高坯体的强度。因为陶瓷的坯体中都含有一定的水分,所以强度很低,这样在装运过程中很容易受到机械损伤,引起变形、凹陷、掉边、掉角等缺陷。坯体经过干燥后,强度增大,便于修坯及搬运,减少了不必要的损耗。

②加速生产周期,节省燃料。干燥后的坯体在炉内可以快速升温,这样就有利于缩短烧成时间,节省燃料。

③使坯体有足够的吸抽能力。陶瓷的上釉方式各有差异。采用坯体和釉一次烧成的工艺,就希望坯体干燥后气孔率增加,这样也就相应地增加了釉浆的吸附能力,提高了烧成后瓷体与釉面的结合力。实践证明,干燥后的生坯强度随着水分的降低而提高,当坯体的水分降低到1% ~2%(质量分数)时,就有足够的强度和吸附釉层的能力。为了避免一次干燥水分降至1% ~2%(质量分数),在实际生产中应根据成形中各加工工序的要求,分阶段地进行干燥,最后干燥到适合进窑的程度。

陶瓷制品的干燥是一个复杂的过程,既有热量的传递,又有水分的扩散。以对流干燥为例,外界热气体以对流的方式把热量传给坯体表面,并以传导方式向坯体内部传热。坯体表面受热后,水分蒸发向外扩散,随着表面水分的蒸发扩散,坯体内部的水分源源不断地向表面扩散补充。再由表面向外蒸发扩散,如此周而复始地进行下去,最后达到干燥的要求。

3.4.2 干燥机理

3.4.2.1 坯体中的水分类型

干燥就是陶瓷坯体随着温度的升高而产生脱水的过程。由于坯体中存在的水分的类型不同,故排出水分所需能量不同,受外界条件的影响也不同。按照坯体所含水的结合特性,基本上可分为三类,即自由水、吸附水和化合水。

(1)自由水。

自由水又称机械结合水或非结合水,是指存在于物料表面的润湿水分、孔隙中的水分和粗毛细管(直径大于10^{-4} mm)中的水分。这种水分与物料结合力很弱,属于机械混合,干燥时容易除去。自由水所产生的蒸气压与液态水在同温度时所产生的蒸气压相同。在自由水排除阶段,物料颗粒将彼此靠拢,产生收缩现象,因此干燥速度不宜过快。

(2)吸附水。

吸附水又称物理化学结合水,是指存在于物料的细毛细管(直径小于10^{-4} mm)中,胶体颗粒表面及纤维皮壁所含的水分。这种水分与物料呈物理化学状态结合(吸附、渗透与结构水)。吸附水在干燥时较难除去。吸附水所产生的蒸气压小于液态水同温度时产生的蒸气压。

吸附水的数量随外界环境的温度和相对湿度的变化而变，空气中的相对湿度越大，则坯体所含水的量也越多。在相同的外界条件下，坯体所吸附的水量随所含黏土的数量和种类的不同也不相同，而一些非黏土类原料的颗粒虽然也有一定的吸附能力，但其吸附力很弱，因而也容易被排除。

(3)化合水。

化合水是指化学结合水，又称结构水，是与物料呈现化学状态结合的水。即物料矿物分子组成内的水分。化合水在干燥过程中，不能除去。这是因为化合水是以 OH^- 或 H_2O^+ 或 H^+ 等形式存在于化合物或矿物中的水。即这种水分是包含在原料矿物分子结构内的水分，如结晶水、结构水等。对于滑石 $Mg_3(Si_4O_{10})(OH)_2$ 等，化合水在晶格中占有一定的位置，须加热到相当高的温度才能将其排除，并伴随有因晶格变化或破坏所引起的热效应。对于高岭土的结构水的排除需达 400～600 ℃。

3.4.2.2　干燥过程

外界热源(温度较高的干空气或其他热源)，首先将热量传给坯体表面，坯体表面获得热量后，水分立即蒸发，并向外界扩散，由于坯体表面水分的蒸发引起坯体内外部分浓度的不一致。水分将从内部不断地扩散到表面，再由表面向外界大气中蒸发而达到整个坯体干燥。

(1)干燥阶段。

坯体的全部干燥过程可以分为以下四个阶段：

①预热阶段。从物料或坯体进入干燥器，在单位时间内由干燥热源传给它们表面的热量与它们表面水分蒸发所消耗的热量刚好达到平衡状态的过程为预热阶段。物料或坯体进入干燥器后，与干燥热源接触，干燥热源首先将热量传给物料或坯体表面，当表面获得热量后，水分立即蒸发，引起坯体内外水分浓度不一致，水分将从内部不断地扩散到表面，再由表面向外界大气中蒸发而达到干燥的作用。在此阶段升温时间很短，排出的水分也不多。

②等速干燥阶段。此阶段是物料在干燥过程中速率恒定的阶段。在此阶段，坯体表面蒸发掉的水分由坯体内部向表面补充，坯体表面总保持湿润状态。这样，每小时每平方米表面蒸发的水分是相等的。这期间的干燥速度保持不变，坯体表面温度不变，水分等速减少。干燥速度(蒸发速度)与坯体的水分多少无关，与坯体表面和周围介质的水蒸气浓度差、分压差或温度差有关，其差值越大，则干燥速度也越快。另外，干燥速度还与坯体表面的空气流动速度有关，适当地增大坯体表面的气流速度，有利于提高干燥速度。在等速干燥阶段，坯体产生明显的收缩。在此阶段须保持干燥速度恒定，不宜过快，否则，坯体表面蒸发过快，会引起表面过早产生较大的收缩形成“硬壳”，阻碍坯体内部水分的继续扩散，产生变形、开裂等干燥缺陷。

③减(降)速干燥阶段。此阶段是物料在干燥过程中干燥速率不断下降的阶段。当物料内部水分向表面扩散的速度小于物料表面水分汽化速率时，干燥速率下降，当表面变干后，表面温度升高，热量向内部传递，蒸发表面就逐渐内移，由于水分减少，内扩散阻力显著增加，故后期的干燥速率大幅度下降。在此阶段中，干燥速率主要由原料结构、厚度

等来决定。而且蒸发速度和热能的消耗大为降低,坯体表面温度逐渐升高。

④平衡阶段。当坯体干燥到表面水分达到平衡水分时,干燥速度为零。平衡水分是指坯体在一定温度和湿度的环境中,通过散湿或吸湿达到与周围环境平衡时的水分。平衡水分的多少是根据坯体的性质和周围介质的温度与湿度而决定。此干燥平衡水分也称最终干燥水分。坯体的干燥最终水分一般说来不应低于储存时的平衡水分,否则干燥后将再吸收水分又达到平衡水分。在平衡阶段,温度不变,收缩停止,气孔也不再增加。最后,坯体孔隙中的水分被干燥到只剩下平衡水,就达到了平衡阶段。

(2)合理的干燥制度。

从以上四个阶段不难看出,在等速干燥中,由于坯体收缩最大,故干燥速度应缓慢进行,否则表面蒸发快,形成较大收缩,会产生变形和开裂的干燥缺陷。在减速干燥阶段,坯体表面蒸发速度大于内部扩散速度,故干燥速度为扩散速度所控制。为加快干燥过程,可通过提高温度来加快扩散速度。

合理的干燥制度必须具备生产周期短和废品损失率低这两个必要条件。要缩短生产周期,就必须提高干燥速度。干燥速度是指干燥过程中单位时间、单位面积物体上所蒸发的水量,单位是 $kg \cdot (m^2 \cdot h)^{-1}$。生坯的干燥速度与干燥条件和坯体性质密切相关。即与干燥介质的温度、湿度、流动速度以及生坯的形状、组成、水分含量等有关。

干燥较薄的坯体,内部水分容易扩散到表面层。因此其干燥速度主要取决于水分由表面向周围介质的蒸发速度。为了快速干燥,可以提高干燥介质的温度、降低湿度,并加大流量以加速介质的流动速度。对于大型壁厚的陶瓷坯体,由于生坯的导热性比较差,生坯加热时热量通常是从表面进入内层,故表面比内层热得快。同时水分蒸发过程中需要吸收大量的热,也会促使坯体内外各部分受热不均匀,因而在坯体表面形成一层硬壳以致造成废品。为了避免这种"干燥过急"的现象,必须保证坯体内外各部分均匀受热,并在坯体受热时,设法防止水分激烈地从表面蒸发掉。因此在干燥初期可以使用湿度较大的热空气来预热生坯,即所谓的高湿低温干燥。这种干燥不能夺去坯体表面的水分,而只是利用热空气来提高坯体的温度,但须注意,不能使水汽凝结在生坯表面,引起坯体局部软化变形。待坯体内外各部被均匀地加热以后,即可降低空气的相对湿度,或将坯体移到湿度较低之处(这样可以避免生坯较大的破坏应力),然后采用高温低湿的空气,借以提高坯体的温度,提高干燥效率。

刚脱模的坯体强度和硬度都很低。为了避免由于震动引起的变形,往往要放置一段时间,利用工作环境的温度自然阴干。待坯体具有一定的强度后再利用干燥设备进行干燥。实践证明,对于一些坯料中水分较多的陶瓷坯件,采用阴干工艺是极为有效。

(3)干燥过程中坯体的收缩与开裂。

没有被干燥的坯体,可视为由连续的水膜包围着的固体颗粒,颗粒被水膜相互分开。坯体在干燥过程中随着自由水的排出,颗粒开始靠近,使坯体产生收缩。自由水不断排出直至坯体中的各颗粒接近于相互接触后,坯体基本上就不再收缩了。坯体在收缩过程中排出的自由水称为"收缩水",排除"收缩水"的过程相当于干燥的等速干燥过程。若干燥继续进行,坯体中相互连接的各颗粒间的孔隙内的水开始排出,此时固体颗粒不再显著地靠近,收缩很小,孔隙逐渐被空气所占。由于坯体各颗粒互相靠近,使体内水分的内扩散阻力增大，干燥速度就随之降低，这就相当于进入降速干燥阶段。坯体的内扩散是指坯体内部水分移至表面的过程，内扩散主要靠扩散渗透力和毛细管的作用力实现，并遵循扩散定律。

图3.33是坯体干燥过程的示意图。坯体在排除收缩水的阶段是干燥过程中坯体发生较大收缩的阶段，其收缩率与坯体的含水量有关。含水量越大，收缩率也增大。收缩率还与水分排出后颗粒能达到的紧密程度有关。颗粒越细，所带水膜越厚，收缩率也越大。而坯体中的非塑性料数量增多，能减小坯体的收缩率。

在干燥过程中，随着收缩水的排出，坯体不断发生收缩。若坯体干燥过快或不均匀，则会导致坯体内外层各部位收缩不一致而产生内应力。当内应力大于塑性状态的屈服值时，就使坯体发生变形。当内应力超过塑性状态坯体的破裂点或超过弹性状态坯体的强度时，坯体就会发生开裂。变形和开裂是干燥过程中最常见的缺陷。

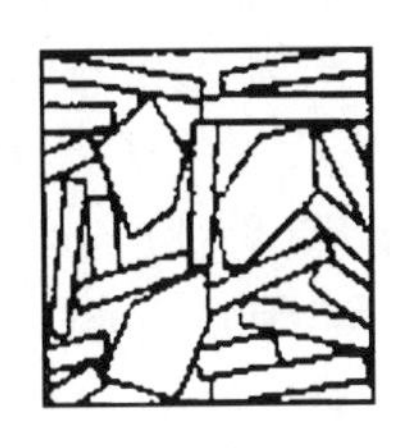

图3.33　坯体干燥过程示意图

3.4.3　干燥法

根据热源和方式的不同，陶瓷坯体的干燥法可分为热空气干燥和电热干燥两大类。

(1)热空气干燥。

热空气干燥是利用热空气或热烟气的对流传热，将热量传给坯体，并将坯体中蒸发出来的水蒸气带走的干燥方法。这种干燥方法由于设备简单、投资较少、生产效率高，因此在陶瓷工业中应用得比较普遍。在陶瓷工业中常用的有室式干燥和链式干燥两种。

①室式干燥。

室式干燥是将待干燥的坯体放入设有产品框架格和加热设备的“小屋”中进行干燥。常用的烘箱就是一种规格化生产的小室式干燥器。加热设备一般为暖气或热风。室式干燥是将室内的空气和坯体通过加热提高坯体水分的向外扩散速度，使坯体逐渐达到干燥程度的要求。将坯体表面水分汽化并通过气层膜向外界扩散过程的速度称为水分的外扩散速度。室式干燥是一种间隙操作的干燥方式。一般室式干燥的温度控制在50～70 ℃。室式干燥器的优点是：操作方便灵活，建造费用低。其缺点是：干燥效率和热效率低。干燥周期长。

②链式干燥。

链式干燥是在一个有进口和出口的“大屋子”内通过链条周而复始地进行运行的一种干燥方式。具体是用金属做成框架，在框架内装有链条，链条上带有吊篮。类似高空索道吊椅式的旅游缆车，做周而复始的循环运行。链式干燥的设备称链式干燥器。可将加热器设在室外，再利用鼓风机将热空气吹入室内。也可将加热片直接装在室内。这种干燥的优点是可实现连续干燥。

③快速干燥。

快速干燥是一种通过加热炉加热空气进行迅速干燥的干燥方式。快速干燥的关键在于加快热空气流速的同时又要均匀地进行干燥。在目前的生产中，一般都采用热空气喷头直接吹坯体的方法来实现均匀快速的干燥。用热空气进行快速干燥器的形式是多样的，可在链式干燥器中设置快速干燥喷头，也可在成形机旁采用回转台上设置的喷头来进行干燥。使用快速干燥可以明显地缩短周期、缩小干燥体积，而且还可将成形机和干燥器连在一起构成生产联动线。

(2)电热干燥。

①工频电干燥。

工频电干燥是一种将工频电通过湿坯体，把电能转变为热能，使坯体水分蒸发借以达到干燥目的的干燥方法。这种方法虽然能使坯体干燥均匀，但制品两端都需要安装电极，操作比较复杂，不安全，且耗电能较多。一般只用于大型或特异形产品的干燥。

②高频电干燥。

高频电干燥就是将未干燥的坯体放在高频电场中，坯体内的某些导电物体由于产生涡流状短路电流使物体发热而进行的干燥。这种加热称高频介质加热，即是在一高频电场下，介质内部的分子因电场交变而发生运动，靠分子间的摩擦作用而产生热量来加热介质。高频电干燥的热量取决于物体的介电损耗、介电常数、欧姆电阻和电场频率。物体中的水分越多，电场频率越高，介电损耗越大，电阻越小，则产生的热量就越多。这种干燥方法的优点是坯体干燥均匀、干燥速度快。其缺点是电能消耗大，设备费用高且不安全。

高频感应发热随着坯体水分的减少而减少。因此，对坯体在等速干燥阶段(干燥初期)是较适宜的，尤其是当坯料中含有微量电解质的情况下，高频感应更有利于干燥。但是随着坯体中水分的逐渐减少，高频感应作用减弱。因此在干燥后期可采用辐射干燥或热空气干燥来进行干燥。

③微波干燥。

微波干燥是一种通过微波加热来干燥物体的干燥方法。由于微波的频率很高，电场变化很快，因此介质内分子运动的速度也很快，因摩擦而产生的热量也大。微波的频率较高而波长较短，接近于红外线的波长，能透过玻璃、陶瓷等极性分子物质。大多数含水物质也都能吸收微波能量而被加热，故很适合于陶瓷坯体的加热干燥。微波干燥的优点是：干燥均匀，干燥速度快，干燥设备的体积小。微波干燥的缺点是：耗电量大，成本费用较高，有强的微波辐射，对人体有害。

④远红外干燥。

远红外干燥是利用远红外辐射元件发出的远红外线被加热物体所吸收，直接转变为热能而达到加热干燥的一种干燥方法。就辐射源而言，常用的有红外线灯泡、热的耐火材料表面、碳化硅电热板及煤气红外辐射器等。用红外线干燥陶瓷坯体的原理是：当红外线照射到坯体表面时，一部分进入坯体被吸收，一部分则被反射，还有一部分透过坯体继续传播。当组成坯体分子的固有频率与被吸收的红外线频率一致时，就会引起共振，坯体分子激烈地震动，导致坯体温度迅速升高，坯体所含有水分随加热被迅速排出。

远红外线的干燥原理与红外线相同，但效果比红外线更好，可以降低电能消耗和费用，提高辐射强度，缩短干燥时间。这是因为物体吸收红外线越多就越容易发热。作为被干燥物质，其吸收红外线的量因物质本身和红外线的波长不同而异。像水分子、有机物等物质在远红外区域有很宽的吸收带，能强烈地吸收远红外线。水分子在波长为 3×10^{-6} m，$5\times10^{-6}\sim7\times10^{-6}$ m，$14\times10^{-6}\sim16\times10^{-6}$ m 处都有强烈的吸收峰。由此可知，陶瓷坯体的干燥采用波长在 2×10^{-6} m 以上的远红外线进行干燥效果要比红外线好。

远红外干燥法是将一些能够发射远红外线的物质制成涂料，涂刷在发热元件的表面上，再用这些发热元件发出的远红外线来干燥坯体。常用来制作远红外线涂料的物质有金属氧化物、氮化物、硼化物、硫化物和碳化物等。要制造高效率的辐射元件，需要选择合适的涂覆层，对于不同的被干燥物质，可以选用不同的涂覆层，这就需要进行认真的研究和选择。

3.4.4　干燥参数的确定

干燥参数是指坯体在各个干燥阶段中所规定的条件参数，如干燥速度就是干燥参数。而干燥速度一般要通过介质温度和湿度、空气流量和流速等来控制。

(1)干燥速度。

为达到快速干燥的目的，一般总是采取较快的干燥速度，但是干燥速度过快，坯体会产生变形和开裂，故往往是欲速则不达。对于不同的坯体，在不同的干燥条件下干燥速度是不一样的。只有综合各种因素才能制定出合适的坯体干燥速度。影响干燥速度的因素主要有：

①坯体的干燥敏感性。这主要是指坯体的收缩性质，与坯体的收缩率、可塑性、矿物组成、分散度、被吸附的阳离子的性质和数量等都有关。可根据坯体不同的敏感性而采取不同的干燥速度。

②坯体的形状、大小和厚薄。形状复杂、体大壁厚的坯体在干燥时易产生收缩应力，故干燥速度不易过快。

③坯体的临界水分。临界水分是由等速干燥阶段过渡到降速干燥阶段的临界点，也是坯体干燥时发生收缩和基本不发生收缩的水分临界点。准确地测出临界水分后，就可以较好地确定等速干燥阶段的干燥速度。当坯体干燥到临界水分后，就可以提高干燥速度。

④干燥法。不同的干燥法应有不同的干燥速度。大多采用热空气干燥，由于其传热速度较慢，故干燥速度不宜太快。

⑤干燥介质的性质。低湿高温的空气要比高湿低温空气的干燥速度快，因此在热空气干燥时就要根据热空气的性质来确定适当的干燥速度。

⑥干燥的均匀程度。干燥的均匀程度既指单个坯体各部位干燥的均匀程度，也指整个干燥器同时干燥的各坯体间的干燥均匀程度。

另外，坯体的初始温度、干燥器的结构等对干燥速度也有影响。在生产中干燥制度一般不采用干燥速度这个参数，而是采用坯体在干燥各阶段的干燥时间。如脱模时间、坯体干燥时间等。

(2)干燥介质的湿度和温度。

一般干燥是通过调节干燥介质的湿度和温度来实现的,而大多以调节温度为主,很少控制湿度。但控制适宜的介质温度也不容易。首先要考虑到坯体能否均匀受热,同时还要兼顾到热效率,以及介质温度是否受到某些因素的制约。例如温度高于 70 ℃时,石膏模的强度就会明显下降。总之,介质温度要选择得恰到好处,必须综合考虑。

虽然在生产中很少控制干燥介质的湿度,但在某些干燥过程中,因湿度问题影响了干燥速度时,则必须采取一些相应的措施。若湿度不加以控制,往往不能实现预定的干燥速度。例如在室式或链式干燥器中,若干燥介质的湿度小,介质的水分没排出和补充,那么虽然干燥器在使用初期能保证干燥速度的实现,但是随着坯体水分的不断蒸发,室内介质湿度不断增大,到一定时间后,只有延长干燥时间才能达到干燥速度的要求。这样就降低了干燥效率,破坏了合理的干燥速度,此时,需要控制干燥介质的湿度,才能保持合理的干燥速度。

(3)空气的流速和流量。

坯体水分的外扩散速度很大程度上取决于空气的流速和流量,尤其是在干燥介质温度不宜很高的情况下,采用加大空气的流速和流量是非常有效的。但是也与控制介质温度一样必须恰到好处才能使坯体得到均匀干燥,否则也会出现干燥缺陷。因此,在采用大风量干燥时,吹风的方式一定要将高速热风均匀地吹到坯体表面,才能提高干燥速度。在快速干燥中风速是很更要的,只有保证热风 5 $m \cdot s^{-1}$ 以上的风速,才能较快地达到干燥目的,同时还要保证有足够的风量。当然风速和风量也不能提得很高,否则动力消耗大,对设备的要求也高。

3.4.5 坯体干燥与烧结的收缩率

坯体干燥与烧结的关系极为密切,只有处理好干燥过程中的技术问题,才能保证烧成制品的质量。

陶瓷坯体在干燥过程中,由于自由水分的挥发,其长度和体积逐渐产生的收缩,称干燥收缩。在烧成过程中坯体内产生一系列物理化学变化,易熔物质生成玻璃相填充于颗粒之间,使坯体产生收缩,称烧成收缩。收缩率的大小,是制备过程中必须考虑的主要工艺技术指标。收缩率过大的坯料,在干燥和烧成过程中容易产生变形和开裂等缺陷。

所谓收缩率是指坯体经干燥或烧结后,其长度大小与原试样长度之比的百分数。

$$\text{干燥收缩率}=\frac{a-b}{a}\times 100\%$$

$$\text{烧成收缩率}=\frac{b-c}{b}\times 100\%$$

$$\text{总收缩率}=\frac{a-c}{a}\times 100\%$$

式中,a 为干燥前尺寸;b 为干燥后尺寸;c 为烧成后尺寸。

3.5　烧　结

烧结的实质是粉体坯块在适当的环境或气氛下受热，通过一系列物理、化学变化，使粉体颗粒间发生质的变化，由颗粒聚集体变成晶粒结合体，由多孔体变成致密体，使坯块强度和密度迅速增加，物理性能也得到明显改善。

陶瓷素坯通常是不能直接使用的，所以烧结是功能陶瓷生产必需的工序之一，也经常是陶瓷材料生产的最后一道工序。

按热力学观点，烧结是系统总能量降低的过程。由于粉体原料比表面积大，表面自由能高，且在粉体内部存在各种晶体缺陷，因此比块状物体具有高得多的能量。降低系统能量的趋势是烧结过程的驱动力。通过烧结，使总能量降低，系统由介稳状态转变为稳定状态。在此过程中，温度往往起着至关重要的作用。

烧结助剂或添加剂可在陶瓷的烧结过程中形成少量液相（体积分数为 5% ~10%）。液相的出现大大加快了烧结速度，使制品的致密度迅速增加。

液相烧结致密化过程可以分为三个阶段，图 3.34 给出了液相烧结时间和致密化系数的关系。曲线段 1 为液相生成与颗粒重排，这时，由于液相本身的黏性流动使颗粒重新分布并排列得更加致密；曲线段 2 为溶解与析出，细小颗粒和粗颗粒表面凸起部分在液相中溶解，并在粗颗粒表面上析出，因此，小颗粒减少，粗颗粒长大，颗粒形状变得比较规整，且颗粒表面趋于光滑，与 1 段相比，致密化程度减慢；曲线段 3 为固相烧结，经过前两个阶段的颗粒重排、溶解与析出，使固相颗粒结合形成骨架，剩余液相填充于骨架的间隙。固相烧结的实质是颗粒与颗粒接触面积增大，并发生晶粒长大与颗粒融并，促使制品进一步致密化的过程。

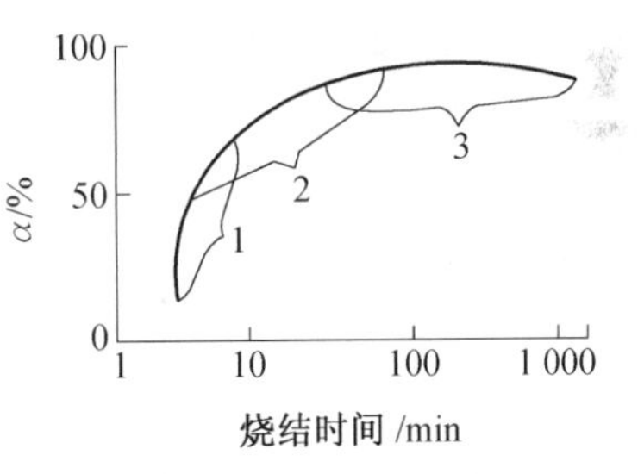

图 3.34　液相烧结收缩曲线

陶瓷的烧结，除了液相烧结致密化、固相烧结致密化、单元系烧结和多元系烧结之外，还具有更复杂的机制和物理、化学变化过程。

3.5.1　烧结法

3.5.1.1　常压烧结

常压烧结是指坯件在常压下进行的烧结。其中有时也施有外加气压，但并不是以气压作为烧结的驱动力，而只是为了在高温范围内抑制坯件化合物的分解和组成元素的挥发。因此，仍属于常压烧结。采用什么烧结气氛要由产品的性能需求来决定，可用保护气体，一般是氩气和氮气，也可在真空或空气中进行。传统陶瓷多半在隧道窑中进行烧结。特种陶瓷主要在电炉中进行烧结，包括电阻炉、感应炉等。

一般烧结过程包括以下三个阶段：

①升温阶段。坯体中的水分和黏合剂在此阶段要排除，水分的蒸发在 100 ~200 ℃之间，黏合剂的挥发在 450 ℃以前完成。在升温的开始阶段，坯件由于受热，先膨胀后收缩。低温阶段（600 ℃以下）升温速度要小一些，一般是 50 ~100 ℃ · h^{-1}。而后随着系统温度

的再升高,坯件收缩,颗粒之间接触得更紧密,烧结反应开始,气孔率下降,晶粒形成。

②保温阶段。坯体要很好地致密化,并要形成晶粒,且晶粒还要长大。

③降温阶段。对于大多数陶瓷材料,采取随炉冷却的方法。有些材料的降温速度不能太快,否则易造成坯体的开裂。

常压烧结工艺的优点是设备简单、成本低、适于形状复杂的制品,并便于批量生产。缺点是所获陶瓷材料的致密度和性能不及热压烧结好。

3.5.1.2 热压烧结

用普通烧结法很难烧结成完全致密的烧结体。特别是坯件内存在的气孔对致密度有很大影响。为了获得高密度的烧结体,可采用热压烧结。

热压烧结是将粉体或坯件装在热压模具(金属或高强石墨)中,置于热压高温烧结炉内加热,当温度升到预定的温度(一般加热到正常烧结温度或稍低)时,对粉体或坯件施加一定的压力(一般为金属模压成形压力的 1/10 ~ 1/3),在短时间内粉体被烧结成致密、均匀、晶粒细小的陶瓷制品。所以此法是一种成形和烧结同时进行的方法。热压法一般适用于难熔陶瓷粉体。由于热压是压制和烧结同时进行的过程,所以致密化程度要比一般烧结高得多。用热压法可以制取无孔的制品。图 3.35 为热压烧结的装置示意图。

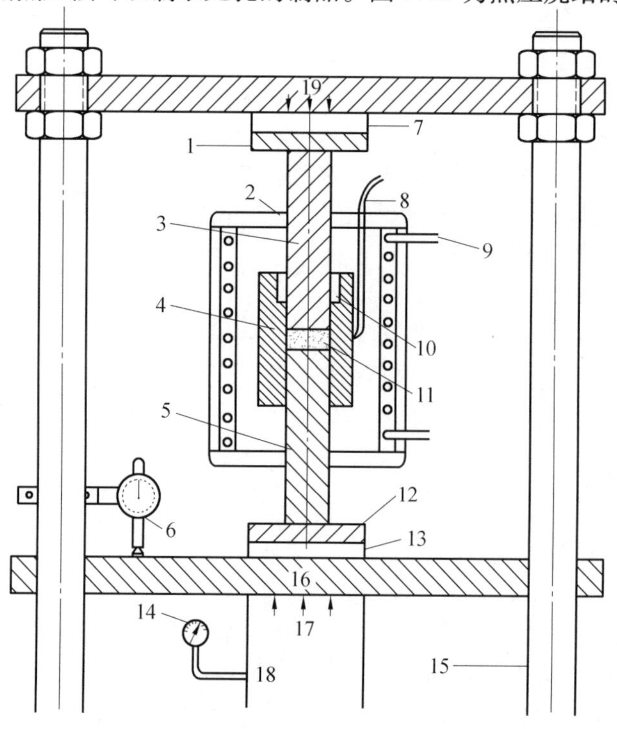

图 3.35 热压烧结的装置示意图

1—压模隔板;2—石英绝缘板;3—上模冲;4—模体;5—下模冲;6—测量板移动用的指示表盘;7—二氧化硅绝热板;8—Pt+Pt/Rh(质量分数为 10%)热电偶;9—装在陶瓷管上的电阻加热器件;10—挤出物容腔;11—被压制材料;12—压模隔板;13—二氧化硅绝热板;14—压力表;15—紧固在机架上的杆;16—下活动板;17—液体压力;18—液压缸;19—固定顶板

热压烧结具有以下优点：

①晶粒的长大得到了有效的控制。降低气孔率、提高烧结密度、控制较小的晶粒尺寸小，就可以制得接近理论密度的制品。实践表明，热压制品，特别是连续热压制品的晶粒尺寸，可以控制在 1 ~ 1.5 μm，比普通烧结法小得多，这是因为热压过程是在短时间内完成的。

②降低烧结温度，缩短烧结时间，成形压力低。例如 Al_2O_3，SiC，Si_3N_4 三大系列材料的热压温度一般在 1 500 ~ 1 800 ℃，烧结时间一般为 30 ~ 50 min。连续热压烧结一般为 10 ~ 15 min。成形压力仅为金属模压压力的 1/10 ~ 1/3。

③可以防止普通烧结下出现的成分挥发或分解。

④可以控制材料的显微结构。通过调整烧结温度、保温时间、外加压力等参数，可以控制材料的晶粒尺寸。

热压烧结的模具一般选用既耐久又便宜的材料，大多采是石墨材料，有时也可用氧化铝等。热压烧结的加热方式分为电阻直热式、电阻间热式和感应加热式三种，如图 3.36 所示。

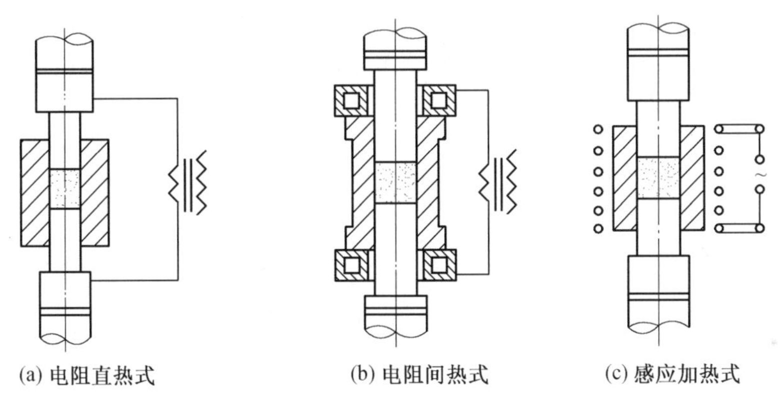

图 3.36　热压烧结的三种加热方式示意图

热压烧结的缺点是：

①热压烧结的生产率较低，制品形状和尺寸有一定的限制，设备复杂，只用于有特殊要求的材料。

②采用高纯高强石墨压模材料时，模具的损耗大，寿命短。

③不适于制造形状过分复杂的制品。

④制品表面粗糙，精度低，一般还要进行精加工。

由于上述这些缺点，在较大程度上制约了其发展。而等静热压烧结方法能在一定程度上克服这些缺点。

3.5.1.3　等静热压烧结

等静热压烧结（HIP）也称热等静压烧结，是一种在高压保护气体下的高温烧结方法，其等静压由高压气体提供。热等静压烧结也是一种成形和烧结同时进行的方法。实际上这种方法是利用常温等静压工艺与高温烧结相结合的新技术，解决了普通热压烧结中缺乏横向压力和产品密度不够均匀的问题，并可使瓷体的致密度基本上达 100%。这种方法是在炉体内有一个高压容器,将要烧结的物体放在里面,粉体或压坯被密封在不透水的韧性金属套中或玻璃套中。温度上升到所需范围时,引入适当压力的中性气体,例如氮气或氩气。也就是说在一定温度下有效地施加等静压力。其装置如图 3.37 所示。

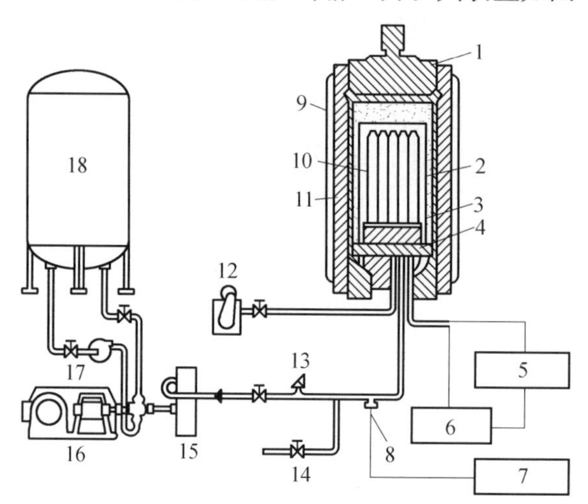

图 3.37 等静热压工艺装置示意图

1—上盖;2—发热体;3—热电偶;4—电极接头;5—内部计算机;6—功率控制器;7—压力控制器;8—压力传感器;9—水冷套;10—压坯;11—高压缸;12—真空泵;13—安全阀;14—排气阀;15—电蒸发器;16—液体泵;17—输送泵;18—液氩罐

等静热压工艺有以下五种不同的方式:

(1)先升压后升温。

先升压后升温方式是将封于包套内的坯件放入等静压设备,抽真空、洗炉、灌气、升压至设置的最高压力,升温至设定温度,保温保压,最后降温、泄压得到制品。此种工艺的特点是必须将压力升至保温时所需的最高压力,采用低压气压机即可满足要求。此种工艺适用于采用金属包套的等静热压处理。

(2)先升温后升压。

先升温后升压方式是将封装有坯件的包套置于等静压设备中,抽真空、洗炉、灌气、升温至包套软化后再加压、继续升至设定的温度,借助软化的玻璃包套向坯件传递压力和温度,保温保压,使陶瓷粉体成形为结晶体,然后降温、泄压。此种工艺适用于使用玻璃包套的情况。

此工艺的特点是先升温,使玻璃软化后再加压,软化的玻璃包套充当传递压力和温度的介质,此法也适用于使用金属包套的情况和固相扩散黏结。

(3)同时升温升压。

同时升温升压方式是先装炉、洗炉、灌气、升温同时加压、保温保压、降温泄压。此工艺适用于低压成形,并能使工艺周期缩短。

(4)热装料。

热装料方式又称预热法,是将制品预先在一台普通加热炉内加热到一定温度,然后再将加热制品移入等静热压炉内,经等静热压烧结后出炉冷却。与此同时,将另一预热的制品移入等静热压机内,形成半连续作业。此工艺可缩短生产周期,提高生产能力,并提高热等静压设备的利用率。

(5)冷压加热等静热压烧结。

冷压加热等静热压烧结是把已经过冷压烧结后的预成形坯件再进行等静热压烧结。该工艺的优点是:省略了包套制备工艺;烧结件具有一定强度,易于运输;等静热压机缸内装填系数大。

总体上讲等静热压烧结具有如下优点:

①能克服在石墨模中热压的缺点,使制品形状不受限制。除特长特大的坯件外,原则上用等静热压法可以生产任意一种陶瓷制品。

②由于制品在加热状况下,各个方向同时受压,所以能制得密度极高(几乎达到理论密度),几乎无气孔的制品(比普通烧结的孔隙率降低 20 ~ 100 倍)。

③大幅度提高抗弯强度,由于等静热压加工的特殊性,能制得晶粒微细的制品,大幅度提高了制品的抗弯强度和其他所需要的物理机械性能。就其抗弯强度提高的幅度而言,比冷压烧结制品抗弯强度高 1 ~ 2.5 倍,比普通热压制品抗弯强度高 10% ~ 25%。由于等静热压法具有诸多优点,因而在陶瓷的生产中被越来越广泛地采用。

等静热压的缺点是:设备投资大,不易于操作;制品成本较高;难以形成规模化和自动化生产。

3.5.1.4　微波烧结

微波烧结是利用在微波电磁场中材料的介质损耗(电介质在电场的作用下,把部分电能转变为热能使介质发热)使陶瓷加热至烧结温度而实现致密化的快速烧结的一种烧结新技术。这种加热方法称为微波加热。微波加热的特点是加热过程在被加热物体整个体积内同时加热,升温迅速、温度均匀。过去微波加热主要用于食品、橡胶、造纸行业的干燥过程及高分子聚合过程,都属于低温微波加热。20 世纪 70 年代首先将微波加热技术用于注浆氧化铝瓷的烧结,其后又陆续用到了对氧化铀、铁氧体、氧化锆等陶瓷材料的烧结研究。

(1)陶瓷材料的微波加热原理。

材料与微波的相互作用可分为四类:反射(大多数金属材料)、透过(低介质损耗材料)、吸收(高介质损耗材料)和部分吸收(不同介质损耗材料制成的复合材料)。只有后两种情况下,物质才能用微波加热。所有的陶瓷及玻璃材料都属于后三种情况,当材料对微波具有透过性时,必须在材料中添加适量的具有微波吸收性的添加剂或玻璃相,才能实现对其进行微波加热。

微波与材料的相互作用是通过材料内部偶极子的产生和取向或原有偶极子的取向后即通过材料的极化过程进行的。这种极化过程需要从微波中吸收能量,最终以热量的形式耗损。材料单位时间内吸收的微波能与偶极子对交变微波场的响应能力有关,也与微波的角频率有关,即

$$P_{\mathrm{A}}=\omega\varepsilon_0\varepsilon''_{\mathrm{eff}}\frac{E_{\mathrm{i}}^2}{2}V \tag{3.12}$$

式中,P_{A}为材料单位时间内吸收的微波能;w 为微波的角频率,$\omega=2\pi f$;ε_0 为材料的真空

介电常数；ε''_{eff}为有效介质损耗系数；E_i为内部场强；V为样品的体积。

由式(3.12)可以看出，材料单位时间吸收的微波能依赖于材料的介电性，而对大多数材料，其介电性随温度的变化而变化，在这种情况下材料对微波能吸收率的提高与温度的提高会相互影响，从而导致在一定温度区间内升温速度很快，极可能会出现升温速度为100～500 ℃·min^{-1}的“热剧变”，从而影响材料的烧结过程。

(2)微波烧结设备。

微波烧结设备不是目前家用的普通微波加热器，而是有特殊微波源发生器的微波加热器。现有的微波源发生器有调速电子管式、固体发生器式和磁控电子管式三种形式。其中，调速电子管式是一种频率非常稳定的高频率微波发生器，但造价很高；固体发生器式产生的能量较低，对大多数陶瓷材料的加热都不适合；磁控电子管式由于其输出功率较低、频率稳定、成本低廉和及操作方便等优点，因而被广泛地应用于陶瓷材料的烧结研究。

微波加热装置有行波加热装置、单波加热装置和多波加热装置。其中多波加热装置用途最广，用于陶瓷研究的微波加热器大都采用这种。其基本结构为：在一个由金属制成的封闭的加热室内安装一个或几个磁控电子管式微波发生器，加热时能产生几个波长的微波。由于金属对微波具有反射性，所以在加热室内可以得到大量的谐振波。多波加热微波炉中，最重要的问题是其微波场的不均匀性，在对陶瓷材料加热的过程中，这个问题可通过改变共振腔尺寸或用波形扰动系统和用移动样品座的方法加以解决。

图3.38所示为陶瓷烧结用微波加热装置示意图。加热室内装有一个由微波透过性材料制成的样品室，在样品室的下部装有SiC衬底，在微波加热过程中，SiC可以吸收部分微波能对低介质损耗样品进行辅助加热。

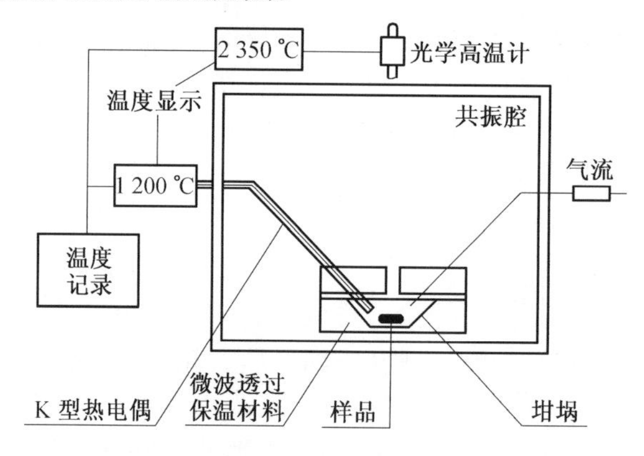

图3.38 陶瓷烧结用微波加热装置示意图

目前，为更好地研究陶瓷烧结，通常用频率为2.45 GHz的微波炉，极少用28 GHz和60 GHz的。微波炉频率越高，波长越短，微波场均一性越好，并且由式(3.12)可知，其他参数不变时，材料对微波的吸收能力随频率的提高而提高，但高频率微波炉因造价昂贵而限制了其应用，并且微波频率越高，其穿透深度越小。

微波烧结具有如下优点：

①有极快的加热和烧结速度。传统陶瓷的加热是通过试样由表及里的传导来达到温度均匀的。但由于多数陶瓷的导热性差，因此，加热和烧透陶瓷需要很长时间，一般以小

时计。而微波加热是材料内部整体同时加热,升温速度快,一般可达 500 ℃ · min^{-1}以上,从而大大缩短了烧结时间。

②能经济、简便地获得 2 000 ℃以上的高温。一般来说,温度达到 2 000 ℃以上的加热炉,由于对发热元件和绝热材料的苛刻要求,制造和使用成本都很昂贵,从而使其大规模工业应用受到限制。而微波加热由于利用了材料本身的介电损耗发热,整个微波装置只有试样处于高温而其余部分仍处于常温状态,所以整个装置结构简单紧凑,制造和使用成本较低。

③由于微波烧结的速度快、时间短,从而避免了烧结过程中陶瓷晶粒的异常长大,最终可获得具有高强度和高韧性的超细晶粒结构。

3.5.1.5　活化烧结和真空烧结

(1)活化烧结。

活化烧结也称反应烧结或强化烧结,是一种采用有利于烧结进行的物理或化学方法促进烧结过程和提高制品性能的烧结方法。其原理是:在烧结前或烧结过程中,采用某些物理方法(例如超声波、电磁场、加压、热等静压、真空射线辐射等)或化学方法(例如氧化还原反应、氧化物、卤化物和氢化物离解为基础的化学反应及气氛烧结等)使反应物的原子或分子处于高能态,利用高能态容易释放能量变为低能态的不稳定性作为活化烧结的辅助驱动力。

活化烧结具有如下优点:

①烧结温度低,烧结时间短,烧结效果好。

②烧结体不收缩、不变形,因此可以制造尺寸精确的制品。

③活化烧结时物质迁移的过程发生在长距离范围内,因此制品质地均匀、质量得以改善。

④此法工艺简单、经济,适于大批量生产。活化烧结的缺点是制品密度较低,力学性能较低,所以目前只限于少数陶瓷体系,例如 Si_3N_4和 SiC 等。

(2)真空烧结。

真空烧结是指在真空中进行烧结。这种烧结法可以避免气氛中的某些成分如氧气等对材料的不良作用,有利于材料的排气和性能提高。一般,此法主要用于烧结碳化物、氮化物等陶瓷。

3.5.2　烧结的影响因素

(1)烧结温度和保温时间。

烧结温度是影响烧结的重要因素,一般来说,提高烧结温度,延长保温时间,会不同程度地完善坯体的显微结构,促进烧结的完成。但若烧结温度过高、保温时间过长,易导致晶粒异常长大,出现过烧现象,反而使烧结体的性能下降。所以选择适当的烧结温度和保温时间是十分重要的。

(2)烧结气氛。

气氛对烧结的影响比较复杂。在空气中烧结,会使晶体生成空位、缺陷,所以要选择烧结气氛。一般材料(如 TiO_2,BeO,Al_2O_3等),在还原气氛中烧结,氧可以直接从晶体表面逸出,形成缺陷结构,利于扩散,有利于烧结。

(3)压力。

外压对烧结的影响主要表现为生坯成形时的压力和烧结时的外加压力(热压)。成形压力增大,坯体中颗粒的堆积就较紧密,相互的接触点和接触面积增大,加速烧结完成。

热压的作用则更为明显,与普通烧结相比,MgO 在 15 MPa 压力下,烧结温度降低了 200 ℃,烧结体密度提高了 2%,而且这种趋势随压力的增大而增大。

(4)添加剂。

纯陶瓷材料有时很难烧结,所以有时常添加一些烧结助剂,以降低烧结温度,改变烧结速度。当添加剂能与烧结物形成固溶体时,将使晶格畸变而得到活化,使扩散和烧结速度增大,烧结温度降低。例如在氧化铝的烧结中添加少量的 TiO_2,可以使烧结温度由 1 800 ℃降低至 1 600 ℃。

(5)粉体的粒度。

降低粉体的粒度也是促进烧结完成的重要措施之一,粉体越细,表面能越高,烧结越容易。例如,普通 TiO_2的烧结温度为 1 300 ~ 1 400 ℃,而纳米级 30 nm 的 TiO_2烧结温度只有 1 050 ℃。

3.6 陶瓷显微结构的变化

陶瓷是由原料粉体经成形及烧结过程所制成的,在高温烧结时发生了致密化,陶瓷粉体在成形和烧结过程中显微结构的变化如图 3.39 所示。成形以后的陶瓷坯件在烧结之前,颗粒之间是靠黏合剂而保持一定的形状,存在许多气孔,在烧结过程中,随着温度的升高,孔隙逐渐缩小,颗粒间发生反应而紧密结合,最终形成由很多个晶粒构成的烧结体。

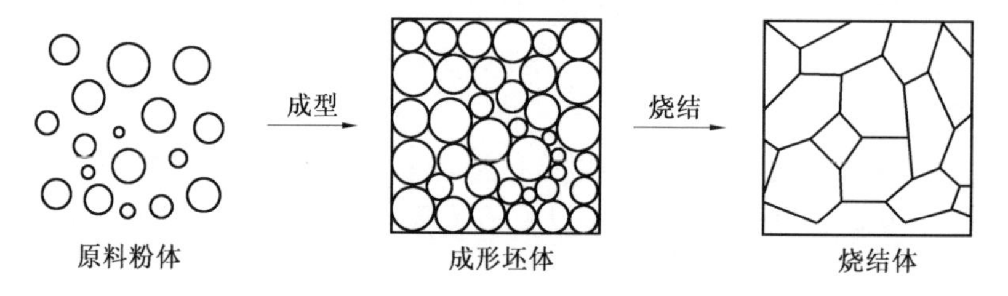

图 3.39　陶瓷在制造过程中的显微结构变化示意图

晶粒长大的驱动力来源于原子从凸面晶粒位置移到凹面晶粒位置时所释放出的自由能,原因在于凹面位置原子的近邻原子数更多,处于更稳定的低能态。从晶界的整体看,晶界朝向曲面中心而移动,导致大晶粒吞没小晶粒而长得更大,如图 3.40 所示。

具体来说,晶界的移动主要受晶粒尺寸、温度以及杂质等因素影响。较小的晶粒对于晶界上原子的运动提供较低的驱动力,可表示为

$$dD/dt = k/D^m \tag{3.13}$$

式中,D 为晶粒直径;t 为时间;k 和 m 分别是常数。

实验结果表明 m 的数值接近于 1,因此式(3.13)可积分如下:

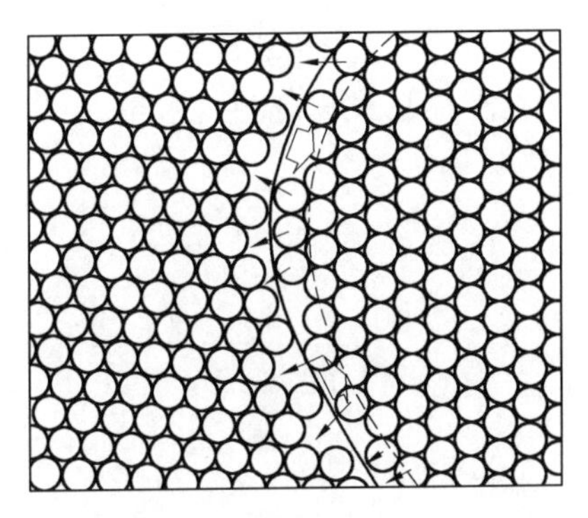

图3.40　相邻晶粒的原子在弯曲晶界区域的迁移情况

$$D^2-D_0^2=2kt$$

这就是所谓的抛物线晶粒生长定律。可见,陶瓷截面中平均晶粒面积将随时间而线性增大,当起始晶粒相对很小时($D_0\to0$),则平均晶粒直径与时间的平方根成正比。

但实际陶瓷晶粒生长常常偏离抛物线定律,可以将上式写成更为通用的式子,即

$$D^m-D_0^m=2kt$$

式中,$m=2\sim4$。

当$D>>D_0$时,上式可写成

$$D=kt^{1/m} \tag{3.14}$$

式中,k为常数。该式可用平均晶粒面积A来表示,$A=\pi(D/2)^2$,则有

$$A=C_0t^{t/m}$$

式中,C_0为常数。

晶粒生长的最明显的限制发生在晶粒大小趋近陶瓷制品的尺寸时,而更常见的限制在于第二相的阻止作用,从二维角度看,晶界在越过分散的第二相颗粒时,其长度通常会增加,且其局部靠近颗粒的曲率会反转,有如下关系式:

$$R/r\approx1/f$$

式中,R和r分别为晶粒表面和分散颗粒的曲率半径,而f是分散相的体积分数。

毛细作用力起着重要作用。此外,表面还有一种由于表面原子与体内原子的近邻环境差异而具有的额外能量,这是因为表面原子仅有部分化学建有配位原子,而剩下的一部分为悬空键,从而导致能量增加。

陶瓷多晶体由许多取向不同的单个晶粒所组成,晶粒和晶粒之间存在晶界或相界。在显微镜下观察陶瓷,可以发现主要有三种结构:晶体相、玻璃相和气孔。晶体相是陶瓷的基本结构,它是由陶瓷化合物的原子按一定规则排列而形成的晶体结构;玻璃相是由陶瓷各组成物和杂质原子无规则排列而形成的非晶态结构,因这种结构同玻璃的显微结构相似,故称为玻璃相。在晶粒间一般填满玻璃相,此外还有一定量的气孔存在。一般而言,陶瓷多晶体主要由晶相、晶界、玻璃相、气孔(包括晶界上的孔隙和晶粒内的孔隙)、偏析在晶界上的杂质组成。晶粒大小主要由原料颗粒大小、杂质及烧结条件所决定。

杂质在晶界上有聚集的趋势,可以形成如图3.41所示的三种(图(b)、(c)、(d))结构。第一种是晶界分隔沉积层,这是晶界两侧形成的杂质离子层,杂质溶解在晶界中。第

二种是形成扩散沉积层,当杂质浓度超过饱和时,将在晶界上析出,形成另外一种结晶相。第三种是形成粒状沉积物,当杂质的浓度远超过饱和时,且其熔点较烧结温度高,杂质将以粒状形态析出于晶界上。

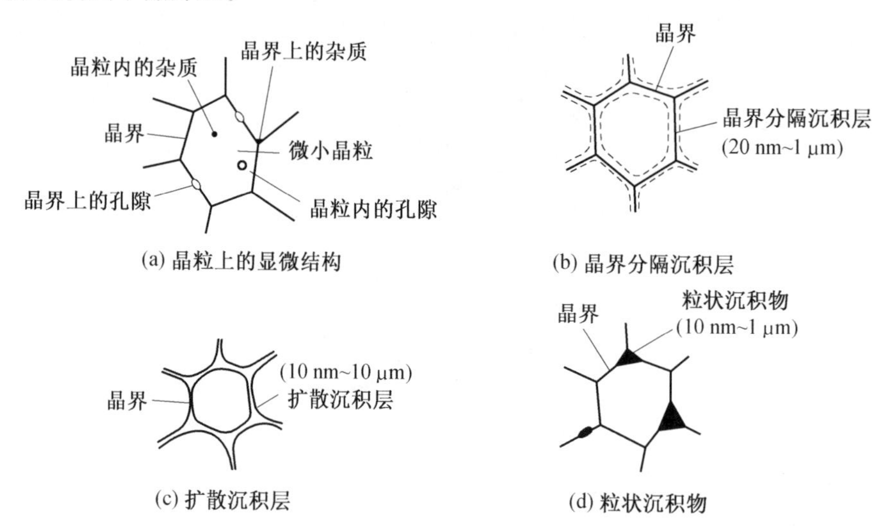

图 3.41　晶界结构示意图

当多晶陶瓷存在液相夹杂物、固相杂物以及气孔或气相时,陶瓷表面的晶界相交处会形成沟纹,体内两相相交处也会形成浸润角或二面角 ϕ,它决定于晶界能与固-液或固-气的界面能,如图 3.42 所示,并有下列关系式,即

$$\gamma_{SS}=2\gamma_{SV}\cos\frac{\phi}{2}$$
$$\gamma_{SS}=2\gamma_{SL}\cos\frac{\phi}{2} \tag{3.15}$$
$$\gamma_{SS}=2\gamma'_{SS}\cos\frac{\phi}{2}$$

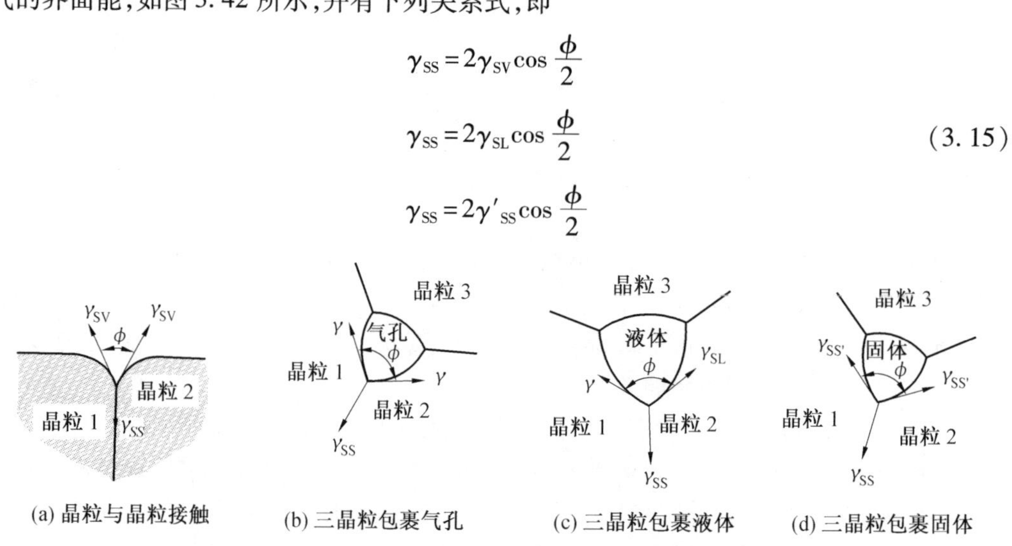

图 3.42　由固-液、固-气或固-固的界面能决定的二面角 ϕ

固-液和固-气界面能随晶粒取向而变化,这些界面能还与溶解杂质的吸附情况有关。对于多晶单相材料,若晶界能都相等,则三个晶粒交会处形成的二面角都等于 120°,这在二维时就表现为紧密填充的六边形,三维时截顶八面体满足这种关系。当 γ_{SS}/γ_{SL} 等于或大于 0 时,$\phi=0$,则平衡态时液相浸入晶粒的各个面,这对应加入少量液相物质进行

液相烧结；而当 $\gamma_{SS}/\gamma_{SL}=2\sim\sqrt{3}$ 时，$\phi=0°\sim120°$，此时液相在晶粒边缘形成连续的骨架并在三个晶粒交会处形成三角结晶体；当 $\gamma_{SS}/\gamma_{SL}=\sqrt{3}\sim1$ 时，$\phi=60°\sim120°$，此时第二相部分进入三个晶粒的交界处，但不会形成连续网络；当 $\gamma_{SS}/\gamma_{SL}<1$ 时，第二相仍然独立存在并倾向于球形化。

3.7　烧结后材料的加工处理及几何检测

3.7.1　加工处理

烧结后，陶瓷部件的工艺过程并未完成，还需要进一步加工。陶瓷材料的机加工有多种形式，这里将主要介绍研磨机加工。

研磨加工可以被看作是一种黏结在砂轮上的单个金刚石颗粒对材料的重复性开槽，在开槽过程中随着加载增加，塑性形变和中间裂纹产生，而当研磨压力减小时侧面的裂纹又出现。侧面的裂纹被认为可使材料研磨，而中心裂纹则相当于机械加工裂纹。通常存在一个临界荷载，在此压力下产生机加工裂纹，而低于这个临界值，仅产生于塑性变形。

研磨过程的控制涉及许多变量的控制，主要取决于研磨用砂轮（研磨砂轮大小和黏结剂类型、金刚砂平均尺寸、金刚石密度、垂直或平行磨）。参数的选择往往根据经验来确定。

另一种后加工是抛光。在这一过程中待磨产品的棱角通过置于旋转容器内的研磨浆料被磨圆滑，从而获得光滑的表面。抛光过程中的磨损和由此而产生的残余应力对强度产生很大的影响。影响大小主要取决于下列工艺参数：抛光浆料填充程度、被磨样品与浆料之比、抛光机的旋转速率和抛光时间等。

许多情况下，也需要进行精磨，特别是对于功能材料。与研磨类似，精磨也是根据经验。精磨后可达到非常高的平整光洁度。

3.7.2　几何检测

烧结后和研磨加工后的部件需进行外观检测。根据产品不同，可进行全部或一部分检查。肉眼直观检查包括制品表面、疵点、裂纹、不平整度等方面，也包括产品内部，通常是采用显微拍照。这些显微照片能够很好地反映工艺控制如何，并以此来调整工艺过程或原材料。

几何控制检测包括试样尺寸、表面粗糙度、非平直度和偏心度等的检验。在许多情况下只抽检一个样品，若该样品合格，则其他样品即可通过。若这个样品不合格，常需要对别的样品进行检测。这样才可做出更可靠的判断。烧结后制品的尺寸公差可以相当小，对于大尺寸（~100 mm）制品相对标准公差可控制在0.1%，而对于小尺寸制品（<10 mm）相对标准公差通常会增大，例如增至1%。

尺寸、偏心率和平面度都比较容易检测，但是表面粗糙度的测量难些，通常采用表面光度仪，该仪器通过一笔尖沿中心轨迹记录样品的高度。对于粗糙度传统的参数是中心

线平均值 R_a,其定义为

$$R_a = (\sum |z_i|)/n \tag{3.16}$$

式中,n 是中心线上点数,在此线上可测得轮廓线偏差 z_i。

中心线可将轮廓区分为上下两部分,在中心线上区和下区面积是相等的。常使用的另一个参数是根均平方差 R_q,其定义为

$$R_q = [\sum (z_i^2)/n]^{\frac{1}{2}} \tag{3.17}$$

在这里两个因子具有同一作用:第一,采用各种过滤器(滤波),无论在测量装置上或数据处理过程中,由于有限轨迹长度记录均可消除边缘的影响。然而这种滤波器对所得 R_a或 R_q值具有很大影响。当使用滤波器时,R_a或 R_q通常减少 10% ~15%。第二,常重复采用滤波器来确定中心线,这一过程也将导致一个严重的偏差。一种非常合适又简单的方法来测定中心线并且尽可能回避进一步滤波。这里所说的测定中心线是采用合适的低阶多项式适合整个轮廓线的最水平方法。

而采用扫描隧道显微镜(STM)和原子力显微镜(AFM)来测量表面粗糙度则比较容易。

第4章　功能薄膜制备原理与工艺

4.1　功能薄膜所用基片及其处理方法

薄膜涂层本身不能作为一种材料来使用，它必须与基片结合在一起来发挥其作用，故首先对基片进行介绍。

4.1.1　基片的类型

4.1.1.1　玻璃基片

玻璃是一种透明的、具有平滑表面的稳定性材料，可以在小于500 ℃的温度下使用。玻璃的热性质和化学性质随其成分不同而有明显变化。表4.1列出了几种典型玻璃基片的成分（质量分数）。需要指出的是，不同厂家生产的玻璃基片的精确组成会有所不同。

表4.1　几种典型玻璃基片的成分（质量分数）　%

玻璃种类	SiO_2	Na_2O	K_2O	CaO	MgO	B_2O_3	Al_2O_3
透明石英玻璃	99.9	—	—	—	—	—	—
石英玻璃	>96	<0.2	<0.2			2.9	0.4
低膨胀系数硼硅酸盐玻璃	80.5	3.8	0.4	—	—	12.9	2.2
铝代硅酸盐玻璃	55	0.6	0.4	4.7	8.5	4	22.9
铝代硼硅酸盐玻璃	74.7	6.4	0.4	0.9	2.2	9.6	5.6
低碱玻璃	49.2	<0.2	0.5	—	—	14.5	10.9
普通玻璃板	71～73	13～15	<0.1	8～12	1～3	—	1～2

石英玻璃在化学耐久性、耐热性和耐热冲击性方面都是最好的。普通玻璃板和显微镜镜片玻璃是碱石灰系玻璃，容易熔化和成形，但其膨胀系数大。可以将普通玻璃板中的Na_2O置换成B_2O_3，以减小其膨胀系数。硅酸盐玻璃就是这种成分代换的典型产品。

4.1.1.2 陶瓷基片

(1)氧化铝基片。

氧化铝是很好的耐热材料,具有优异的机械强度,而且,其介电性能随其纯度的提高而改善。基片必备的通孔、凹孔和装配各种电子器件所用的孔穴等在成形时可同时自动加工出来。外形尺寸在烧结后可以调整,而孔穴间距在烧结后无法调整,所以要控制、减少烧结时的收缩偏差量。

(2)多层基片。

为缩短大规模集成电路组装件的延迟时间,在陶瓷基片上高密度集成大规模集成电路的许多芯片,芯片间的布线配置于陶瓷基片内部和陶瓷片上部。若将这些布线多层化、高密度化,则布线长度变短,延迟时间也会缩短。基片上的多层布线常采用叠层法,包括厚膜叠层印刷法或薄膜叠层法。

(3)镁橄榄石基片。

镁橄榄石($2MgO \cdot SiO_2$)具有高频下介电损耗小、绝缘电阻大的特性,易获得光洁表面,因此可以作为金属薄膜电阻、碳膜电阻和缠绕电阻的基片或芯体,还可以作为晶体管基极和集成电路基片。其介电常数比氧化铝小,因此信号传送的延迟时间短;其膨胀系数接近玻璃板和大多数金属,且随其组成发生变化,因此很容易选择匹配的气密封接材料。

(4)碳化硅基片

高导热绝缘碳化硅是兼有高热导率数(25 ℃下为4.53(W·(m·℃)$^{-1}$])和高电阻率(25 ℃下为10^{13} Ω·cm)的优异材料。另外,其抗弯强度和弹性系数大,热膨胀系数25~400 ℃条件下为3.7×10^{-6}℃$^{-1}$,因而适于装载大型元件。碳化硅的介电常数较大,约为40,由于信号延迟时间正比于介电常数的平方根,因此碳化硅信号延迟时间为氧化铝的两倍,这是它的缺点。可以用Cu和Ni使碳化硅金属化,开发出许多应用领域,如集成电路基片和封装等。

4.1.1.3 单晶体基片

单晶体基片对外延生长膜的形成起着重要作用。实际上人们需要各种外延膜,但外延法制作的薄膜的许多性能是由所用的单晶体基片决定的。特别是为了能在高温基片上生长外延膜,需要很好地了解单晶体基片的热性质。由于基片晶体各向异性会产生裂纹,基片与薄膜间的热膨胀系数相差很大时,会在薄膜内残留大的应力,这会使薄膜的耐用性显著下降。表4.2列出了经常使用的单晶体基片的热性质等性能参数。

表 4.2 单晶体基片性质

材料名称	金刚石		石墨		硅		锗		岩盐		氯化钾		氟化锂		砷化镓		锑化镓		砷化铟		锑化铟	
化学名称	C		C		Si		Ge		NaCl		KCl		LiF		GaAs		GaSb		InAs		InSb	
晶系	立方		六方(α)		立方		立方		立方		立方		立方		立方		立方		立方		立方	
晶格常数/nm	0.36		—		0.54		0.57		0.56		0.63		0.4		0.57		0.61		0.61		0.65	
密度/(kg·m^{-3})	3 510		2 260		2 330		5 360		2 164.2		1 989.2		2 540		—		—		—		—	
熔点/K	<4 096		4 198~4 243		1 958		1 483		1 074		1 049		1 115		1 553		985		—		798	
解理面	(111)		(0001)		(111)		(111)		(100)		(100)		(100)		(110)		(110)		(110)		(110) (111)	
弹性常数/($\times10^{10}$·N·m^{-2})	c_{11}=107.6 c_{12}=12.5 c_{44}=57.58		— — —		c_{11}=16.57 c_{12}=6.39 c_{44}=7.96		c_{11}=12.89 c_{12}=4.83 c_{44}=6.71		c_{11}=4.87 c_{12}=1.24 c_{44}=1.26		c_{11}=3.98 c_{12}=0.62 c_{44}=0.625		c_{11}=1.192 c_{12}=0.599 c_{44}=0.538		c_{11}=1.192 c_{12}=0.599 c_{44}=0.538		c_{11}=8.85 c_{12}=4.04 c_{44}=4.33		—		c_{11}=6.72 c_{12}=3.67 c_{44}=3.02	
介电常数(298 K,10^6Hz)	5.7		—		11.7		5.98		5.9		4.80		9.0		13.13		15.69		14.55		17.88	
热膨胀率 $\frac{\Delta L}{L}/\%$	T/K	$\Delta L/L$	T/K	$\Delta L/L$	T/K	$\Delta L/L$	T/K	$\Delta L/L$	T/K	$\Delta L/L$	T/K	$\Delta L/L$	T/K	$\Delta L/L$	T/K	$\Delta L/L$	T/K	$\Delta L/L$	T/K	$\Delta L/L$	T/K	$\Delta L/L$
	25	-0.011	293	0	20	-0.022	25	-0.950	5	-0.772	110	-0.738	10	-0.485	5	-0.090					48	-0.085
	100	-0.012	1 000	0.258	100	-0.024	100	-0.890	100	-0.660	100	-0.626	100	-0.453	100	-0.086					123	-0.075
	293	0	2 000	0.793	293	0	293	0	293	0	293	0	293	0	293	0					293	0
	1 000	0.208	3 900	2.301	1 000	0.266	800	3.320	1 000	3.699	1 000	3.404	1 000	3.237	1 000	0.475					493	0.095
热导率 λ/(W·(m·k)$^{-1}$)	T/K	λ	T/K	λ	T/K	λ	T/K	λ	T/K	λ	T/K	λ	T/K	λ	T/K	λ	T/K	λ	T/K	λ	T/K	λ
	10	207	10	(0.49)	3	99.8	2	206	1.3	21			1.76	26					302	25.7	111	19.2
	30	2 690	100	(58)	10	211	4	877	3.75	226			4.7	250					400	16.7	211	14.7
	60	6 910	300	129	25	5 140	11	1 790	9.08	414	85	33.5	16.5	1350					667	9.8	361	11.0
	100	5 450	500	106	50	2 680	30	1 080	20.7	153	273	7.53	37	740					1 000	7.7	452	7.94
	400	(936)	3 000	31	400	98.9	400	43.2	86.9	25.5	460	3.85	76	135								

续表 4.2

材料名称	磷化镓		尖晶石		石英玻璃		石英			氧化镁		赤铁矿		
化学名称	GaP		$MgAl_2O_4$		SiO_2		SiO_2			MgO		Fe_2O_3		
晶系	立方		立方		—		三方(α)六方(β)			立方		三方		
晶格常数/nm	0.65		0.81		—		α：$a_0=0.49$，$c_0=0.54$ β：$a_0=0.5$，$c_0=0.55$			0.42		0.54		
密度/($kg \cdot m^{-3}$)	—		—		2210		α：2 650，β：2 530			3 650		4 820		
熔点/K	1 723～1 773		2 408		1 923		1 883			3 073		1 838		
解理面	(110)		—		—		—			(100)		—		
弹性常数/($\times 10^{10}$ $N \cdot m^{-2}$)	—		—		—		β $c_{11}=11.66$，$c_{12}=1.67$ $c_{32}=11.04$，$c_{13}=3.28$ $c_{44}=3.60$			$c_{11}=28.6$ $c_{17}=8.7$ $c_{44}=14.8$		$c_{11}=24.2$，$c_{12}=55$ $c_{33}=22.8$，$c_{13}=1.5$ $c_{44}=8.5$，$c_{14}=1.3$		
介电常数(298 K，10^6 Hz)	10.18		—		3.5～4.0		—			9.65		—		
热膨胀率 $\frac{\Delta L}{L}$/%	T/K	$\Delta L/L$	T/K	$\Delta L/L$	T/K	$\Delta L/L$	T/K	$\Delta L/L//c$	$\Delta L/L \perp c$	T/K	$\Delta L/L$	T/K	$\Delta L/L//c$	$\Delta L/L \perp c$
	293	0			80	-0.000 1	50	-0.115	0.240	25	-0.135	293	0	0
	400	0.053			100	-0.001 3	100	-0.101	-0.200	100	-0.139	400	0.096	0.121
	700	0.222			293	0	293	0	0	293	0	100 0	0.711	0.929
	860	0.309			100 0	0.037 1	100 0	0.730	1.278	100 0	0.944	140 0	1.202	1.539
热导率 $\lambda/(W \cdot (m \cdot K)^{-1})$	T/K	λ	T/K	λ	T/K	λ	T/K	$\lambda//c$	$\lambda \perp c$	T/K	λ	T/K	$\lambda//c$	$\lambda \perp c$
			14.91	37.9	1	(0.024)	5	400	660	1	(1.2)			
			31.18	70.5	10	0.127	8	1 210	860	10	1 170			
			63.41	100M	100	0.69	11	1 680M	1 040M	25	3 310M			
			128.8	67.8	600	1.75	15	1250	670	60	930			
			299.6	25.1	1 400	6.20	800	(4.2)	(3.05)	200	94			

续表 4.2

材料名称	蓝宝石			金红石			云母	
化学名称	$\alpha-Al_2O_3$			TiO_2			$KH_2Al_3(SiO_4)_3$	
晶系	六方			正方			单斜	
晶格常数/nm	$a_0=0.48, c_0=1.30$			$a_0=0.46, c_0=0.29$			—	
密度/$(kg\cdot m^{-3})$	3 970			4 240			2 700 ~ 3 100	
熔点/K	2 326			2 143			—	
解理面	—			(110)			—	
弹性常数/$(\times10^{10}\ N\cdot m^{-2})$	$c_{11}=49.6, c_{12}=10.9$ $c_{33}=50.2, c_{13}=4.8$ $c_{44}=20.6, c_{24}=3.8$			—			—	
介电常数 (298 K, 10^6 Hz)	9.34($\perp c$), 11.54($//c$)			—			6.6	
热膨胀率 $\frac{\Delta L}{L}$/%	T/K	$\Delta L/L//c$	$\Delta L/L\perp c$	T/K	$\Delta L/L//c$	$\Delta L/L\perp c$	T/K	$\Delta L/L$
	100	-0.078	-0.060	100	-0.155	-0.120		
	293	0	0	500	0.197	0.150		
	1 000	0.593	0.552	1 000	0.740	0.570		
	1 900	1.555	1.440	1 400	1.200	0.927		
热导率 $\lambda/(W\cdot(m\cdot K)^{-1})$	T/K	$\lambda//c$	$\lambda\perp c$	T/K	$\lambda//c$	$\lambda\perp c$	T/K	λ
	5	410		1	(2.6)	(2.3)	424	0.404
	15	8 700		5	313	265	521	0.389
	30	20 700		12	2 060	1 700	715	0.356
	40	12 000		20	1 000	690	830	0.356
	1 000	10.5		50	66	45	916	0.368

4.1.1.4 金属基片

在金属基片上制备薄膜的目的在于获得保护性、功能性薄膜和装饰性薄膜。目前作为金属基片的材料包括黑色金属、有色金属、电磁材料、原子反应堆用材料、烧结材料、非晶态合金和复合材料等。显然这里的金属是广义的,金属的典型物理性质和力学性质见表4.3,热性质见表4.4。

表4.3 各种纯金属的物理性质和力学性质

金属	晶体结构	密度(室温) /(10^{-3} kg · m^{-3})	熔点/K	抗拉强度 /(MN · m^{-2})	延伸率 /%	硬度
Ag	面心立方	10.492	1 233.95	127~142	48	25 HV
Al	面心立方	2.6984	933.25	40~44	60	17 HB
Au	面心立方	19.3	1 336.15	114	45	25 HB
Be	密排六方	1.85	1 560±5	399	2.0	—
Co	面心立方 密排六方(>573 K)	8	17	2	6	12
Cr	体心六方	7.19	2 163	411	44	130 HV
Cu	面心六方	8.93	1 356.45	216~219	50	40 HRB
Fe	α-体心立方 δ-面心立方 γ-体心立方	7.86	1 809±1	192	35	—
Ir	面心立方	22.5	2 716.15	392	—	200 HV
Mg	密排六方	1.74	932±0.5	186	8	35 HB
Mo	体心立方	10.2	2 903	500	50	160 HV
Ni	面心六方	8.9	1 726.15	176~284	30	—
Pb	面心立方	11.4	600.58	17.7	40	37 HV
Pd	面心立方	12.0	1 825	184	30	38 HV
Pt	面心立方	21.5	2 042	133	37	39 HV
Re	密排六方	21.0	3 453	521	28	200 HV
Rh	面心立方	12.4	2 233	560	—	100 HB
Sb	菱面体	6.62	903	11	—	30~58 HB
Sn	α-金刚石立方 β-正方(>286 K)	7	5	2	9	5.3
Ta	体心立方	16.6	3 263	138	26	—
Ti	α-密排六方 β-体心立方	4	1 953	245~265 253~284	5	—
W	体心立方	19.3	3 653	573	2	—
Zn	密排六方	7.1	693	113	55	—
Zr	α-密排六方 β-体心六方	6	2	225 206	5	6

注:硬度 HV—维氏硬度;HB—布氏硬度;HRB—洛氏硬度

表 4.4　各种纯金属的热性质

	热导率 /$(J\cdot(m\cdot s\cdot K)^{-1})$	平均比热容 /$(J\cdot(kg\cdot K)^{-1})$	热膨胀系数(0~100 ℃) /$(\times10^6)$	相应蒸气压(Pa)下的温度/K		
				0.13	133	1.01×10^5
Ag	23.9	12.9	19.1	1 195	1 610	2 435
Al	13.6	52.3	23.5	1 355	1 820	2 720
Au	16.7	7.4	14.1	1 470	1 980	2 982
Be	9.56	117.1	12	1 365	1 840	2 750
Co	3.9	24.4	6.5	1 650	2 180	3 150
Cr	3.9	26.3	17.0	1 540	2 010	2 938
Cu	23	22	12.1	1 415	1 895	2 851
Fe	4.1	26	6.8	1 595	2 120	3 130
Ir	3.3	7.5	6.8	2 380	3 100	4 400
Mg	9.6	59.3	26.0	655	885	1 377
Mo	8.1	14.8	5.1	2 650	3 570	5 100
Ni	5.0	25.8	13.3	1 630	2 150	3 112
Pb	7.4	29.0	900	1 250	2 024	
Pd	4.1	14.1	1.0	1 660	2 240	3 400
Pt	4.1	7.7	9.0	2 180	2 860	4 100
Re	4.1	7.9	6.6	3 060	—	5 900
Rh	4.8	14.3	8.5	2 130	2 800	4 000
Sb	1.0	1.9	8~11	750	1 030	1 910
Sn	3.7	12.9	23.5	1 365	1 885	2 952
Ta	3.1	8.1	6.5	3 038	4 010	5 700
Ti	1.0	30.1	8.9	1 850	2 450	3 559
W	9.4	7.9	4.5	3 280	—	5 800
Zn	6.3	22.5	31	563	758	179
Zr	1.2	16.5	5.0	2 460	3 250	4 688

4.1.2　基片的清洗

薄膜基片的清洗法应根据薄膜生长法和薄膜使用的目的而定。这是因为基片的表面状态严重影响基片上生长出的薄膜结构和薄膜物理性质。基片清洗法一般分为去除基片表面上物理附着的污物的清洗法和去除化学附着的污物的清洗法。要使基片表面仅由基片物质构成,对于半导体基片,则需要采用反复的离子轰击和热处理,也可以采用真空解理法。但是考虑气体吸附情况时,这样获得的基片表面即使是在超高真空中也是不稳定的,所以,清洗基片时,必须根据实验目的来断定清洗到什么程度才最为合适。

由于基材种类不同,表面清洗和处理方法也不尽相同。对于玻璃基材来说,清洗工序依次为:

①用水刷洗。可以去掉玻璃表面的尘土及可溶性和易脱落的不溶性杂物。

②必要时将玻璃放在热($T=70$ ℃)的铬酸洗液(由等体积的浓 H_2SO_4 和饱和的 $K_2Cr_2O_7$ 溶液配制)中清洗。由于铬酸洗液具有强氧化性,可以除掉油污、有机物和其他杂质。有

时还要用 NH_4F 溶液或 HF 稀溶液浸泡玻璃，使之发生化学反应产生新的玻璃表面。

③用水洗去铬酸洗液或氟化物溶液。

④洗干净的玻璃(洁净的玻璃板竖放时，应该任何一处都无油花或水珠)，再用去离子水洗涤。

⑤必要时还要用无水乙醇清洗。

一般来说，基片的清洗有如下方法：

(1)使用洗涤剂的清洗法。

此法用于去除基片表面油脂成分等具体是，首先在煮沸的洗涤剂中将基片浸泡 10 min左右，随后用流动水充分冲洗，再在乙醇的清洗方法浸泡之后用干燥机快速烘干。基片经洗涤剂清洗以后，为防止人手油脂附着在基片上，需用竹镊子等工具夹持。简便的清洗法是将纱布用洗涤液浸透，再用纱布充分擦洗基片表面，随后如上所述对基片进行干燥处理。

(2)使用化学药品和溶剂的清洗法。

清洗半导体表面时多用强碱溶液。在用丙酮等溶液清洗时，一般多采用前面所述的清洗顺序进行清洗。另外，还可用溶剂蒸气对基片表面进行脱脂清洗，异丙醇就是很好的用于蒸气清洗的溶剂。

(3)超声波清洗法。

超声波清洗法是利用超声波在液体介质中传播时产生的空穴现象对基片表面进行清洗的做法。针对不同的清洗目的，一般多采用溶剂、洗涤液和蒸馏水等作为液体清洗介质，或者将这些液体适当组合成液体清洗介质。

(4)离子轰击清洗法。

离子轰击清洗法是用加速的正离子撞击基片表面，把表面上的污染物和吸附物质清除掉的做法。该法是在抽真空至 $10 \sim 10^4$ Pa 的试样制作室中，对位于基片前面的电极施加电压 500 ~ 1 000 V，引起低能量的辉光放电。需要注意的是，高能量离子会使基片表面产生溅射，导致制作室内的油蒸气发生部分分解，生成分解产物，反而使基片表面受到污染。

(5)烘烤清洗法。

如果基片具有热稳定性，则在尽量高的真空中把基片加热至 300 ℃左右就会有效除去基片表面上的水分子等吸附物质。这时在真空排气系统中最好不使用油，因为它会造成油分解产物吸附在基片表面上。

4.1.3 基片的表面处理

4.1.3.1 辐照

基片表面长时间保持清洁是非常困难的。即使是把基片放置于真空中，在 10 Pa 以下的压力下，油蒸气从旋转机械泵和油扩散泵向真空中的扩散会增强，使基片受污染。同时也会由于真空密封用橡胶、密封脂和真空容器内壁放出的气体作用而使基片污染。因此为使清洁表面能连续保持几小时，要求 $10^{-7} \sim 10^{-8}$ Pa 的高真空条件。

清洁处理被污染表面的典型方法是在高真空条件下对基片加热脱气，必要时采取在反应性的气体中进行反应性加热脱气的做法。在基片不允许加热的情况下,在要求快速清洁处理或要求修饰基片时,采用离子辐照、等离子体辐照和电子辐射方法处理基片表面通常能收到较好的效果。

(1)离子辐照。

离子辐照一般采用氩气,把在 10^{-1} ~100 Pa 压力下生成的氩离子加速获得 200 ~1 000 eV的能量,当它辐照到固体表面时,固体吸附的原子、分子和固体自身的原子会从固体表面放出,而且多数的辐照离子进入基片被捕获。200 ~1 000 eV 能量远大于溅射能量阈值,对于不同原子溅射能量阈值稍有不同,但最大为 35 eV。

(2)等离子体辐照。

对玻璃和塑料等绝缘性基片用离子辐照有时会使其表面带电,妨碍表面处理。这种情况下不可用等离子体辐照可有效处理表面。最简单的等离子体辐照方法是:对 10^{-1} ~100 Pa 的氩气,采用氖灯变压器,借助于几百至几千伏的电压下产生的辉光放电对基片表面进行处理。采用射频放电电源,用电容耦合或电感耦合方式对真空容器提供电能,使之形成放电等离子体,或用波导管将微波功率供给放电容器,使之形成放电等离子体。

(3)电子辐照。

当固体受到电子辐照时,则电子进入固体表面较深处,电子具有的大部分能量以热能形式传给固体,使表面层放出原子。电子能量小于几百 keV 时被加速的电子进入固体表面的深度正比加速电压。表面的电子辐照一般采用 10 keV 以上的电子。

4.1.3.2　研磨、刻蚀

薄膜的结构和性质很容易受到基片状态的影响,因此对基片提出如下要求:

①应加工成无损伤和无凹凸不平的光滑表面。

②不得存在含有裂纹和应力的加工变质层。

③应留出基片的构成原子,不得被污物膜覆盖。

这样,研磨和刻蚀就成为基片表面加工处理的重要技术。

(1)研磨。

表 4.5 给出了各种基片的研磨方法。

表 4.5　各种基片的研磨方法

分类	名称	应用举例
粗面研磨	研磨	单晶体、多晶体、非晶态材料
	弹丸研磨	硬质晶体、玻璃
镜面研磨	光学抛光	玻璃、光学晶体、水晶
	液体介质中研磨	Si 等半导体晶体
	机械-化学抛光	半导体晶体、蓝宝石
	金相抛光	一般材料
	化学研磨	半导体晶体、金属材料
	电解研磨	半导体晶体、金属材料

①粗面研磨。研磨时使用平均粒径为1 μm至几十微米的粗磨料和铸铁等硬质研磨工具。由于磨料是分散于水等研磨加工液体中使用的,所以磨料相对基片会滚动,并使基片产生连续划痕。基片是脆性的硬质材料时,磨料产生的微小碎粒使基片生成切屑,基片为金属材料时,由微小切削作用使基片受到研磨。

研磨得到的表面实际是由小的凸凹不平的面构成的,没有光泽。上层为加工变质层。加工变质层的结构层次是:表层、塑性流动层、含有异物的裂纹层、弹性变形区域和基片块体材料。加工变质层的深度随基片材料性质、研磨条件和测定方法的不同而不同。可以近似认为加工变质层的深度等于使用的磨料的平均粒径。

研磨中实际使用的磨料和工具材料见表4.6和表4.7。镜面加工时需做预处理,对凸凹不平面和加工变质层进行一定的修整,在接近要求的尺寸形状时,应选择的磨料粒度为600#、1000#和2000#。各粒度磨料的用量必须保证能完全除掉前一加工工序所产生的加工变质层。为了完全去除在基片周边产生的深裂纹,需将其周边切掉。周边不符合镜面要求的距离大约为0.35 mm。

弹丸研磨适用于光学玻璃和硬质晶体等材料的加工,它取代了研磨加工。弹丸材料为小型砂轮。

表4.6 研磨、抛光用磨料

名称	化学式	晶系	颜色	莫氏硬度	熔点/℃	用途
α-氧化铝	α-Al_2O_3	六方	白	9.2~9.6	2 040	研磨、抛光
γ-氧化铝	γ-Al_2O_3	等轴	白	8	2 040	抛光
碳化硅	SiC	六方	绿、黑	9.5	2 000	研磨
氧化铝、氧化铁	Al_2O_3,Fe_2O_3	混晶	褐、黑	8~9	—	研磨
石榴石	$Ca_3Al_2(SiO_4)_3$	等轴	褐	8.3	1 320	研磨
金刚石	C	等轴	白	10	3 600	研磨、抛光
氧化铁	Fe_2O_3	六方等轴	赤褐	6	1 550	抛光
氧化铬	Cr_2O_3	六方	绿	6~7	1 990	抛光
氧化铈	CeO_2	等轴	淡黄	6	1 950	抛光
氧化锆	ZrO_2	单斜	白	6~6.5	2 700	抛光
二氧化钛	TiO_2	正方	白	5.5~6	1 855	抛光
氧化硅	SiO_2	六方	白	7	1 610	抛光

表4.7 研磨和抛光用工具

分类		材料	应用举例
硬质材料	金属	铸铁、淬火钢	一般研磨
	非金属	玻璃、陶瓷	化合物半导体材料研磨
软质材料	软金属	Pb,Sn,In,焊锡,Cu	陶瓷抛光
	天然树脂	石油沥青、煤焦油、木焦油、密蜡、松脂	玻璃,各种光学晶体和半导体晶体的研磨
	合成树脂	丙烯基树脂、聚氯乙烯、聚碳酸酯、聚四氟乙烯、尼龙、环氧树脂、发泡聚氨基甲酸乙酯	
	人工皮革	环氧树脂、发泡聚氨基甲酸乙酯	
	天然皮革	鹿皮	水溶性晶体抛光
	纤维	非织布(毛毡等)、织布	金相抛光

②镜面抛光。

抛光处理时使用悬浮于水中粒径小于1 μm的磨料(见表4.5)和表4.6所列的软质抛光用具。在采用氧化铈和氧化铁等磨料和沥青抛光用具的光学抛光加工中,可以把玻璃基片加工成表面最大平面度 $R_{max}<10$ nm的高质量镜面。将磨料以弹塑性状态保持于抛光工具面上,借助磨料来完成抛光加工。

机械-化学抛光是硅片制作中的重要研磨技术,使用的抛光用具是人造皮革,采用的研磨剂是0.01 μm左右的磨料,以胶质状态存在于弱碱性的水溶液中。研磨的作用主要是用磨料去除在硅片上生成的水合物膜,而不是由磨料直接切削基片。硅片研磨面被加工成镜面,其最大平面度 R_{max} 为1~2 nm,几乎不存在加工变质层。这种精加工也适用于研磨其他化合物半导体和表面波器件的基片。具有机械-化学反应作用的研磨法可把蓝宝石基片加工成镜面。这种研磨法的基本原理是,采用软质 SiO_2 磨料和玻璃板工具进行干式研磨,在磨料和蓝宝石之间生成容易去除的软质反应物。

金相抛光方法的特点是以毛毡等纤维作为抛光用具。当对平面度等几何形状精度没有特别严格要求时,金相抛光可用作简易镜面研磨。

化学研磨和电解研磨适合半导体基片和金属基片的加工,它是将基片和研磨用具放于无磨料的研磨液中进行相互对研的一种方法。电解研磨需要特殊装置使基片成为电路的正极。借助基片和研磨用具之间的对磨工艺可以去除基片凸起部分,得到的镜面光浩度优于溶液浸蚀的刻蚀加工。例如,GaAs基片在含质量分数为0.05% Br的甲醇中,可得到 R_{max} 最大为10~20 nm;在电解研磨中,使用质量分数为0.25% KOH或质量分数为0.25% NaOH电解溶液,可使研磨效率比化学研磨提高2~5倍。

(2)刻蚀。

刻蚀加工可得到光洁镜面。刻蚀加工时从外部输入的能量很小,因而可认为几乎不产生加工变质层。在制作基片时通常采用以下工艺:

①为缩短镜面研磨时间,应清除加工缺陷和平整凹凸不平部分。

②在镜面研磨过程中检查试样缺陷。

③镜面研磨后进行清洁处理。

④用镜面刻蚀加工和薄片刻蚀加工代替镜面研磨。

硅片制作过程中,在研磨至抛光之间的清洁工艺中使用 $HF-HNO_3$ 溶液进行刻蚀加工,几乎可以完全去除研磨中产生的加工变质层,使表面的凹凸不平得以减小。这时硅片整个表面具有呈现凸面结构的趋向,因此必须注意溶液搅拌速度、温度和成分的控制等,以达到均匀刻蚀加工。

研磨后,清洗待制膜的基片应使用略具有刻蚀作用的药品。如,对硅片使用浓度为百分之几的 HF 溶液可去除自然氧化膜。另外为去除研磨中使用的黏结剂等有机物层,可采用具有强氧化性的 $H_2SO_4-H_2O_2$ 溶液。

然而用刻蚀方法加工镜面所得到的平面度等几何形状精度不如抛光加工,刻蚀加工在小面积基片上得以应用。刻蚀溶液的选择一般是根据经验,在刻蚀处理工艺中所用的刻蚀溶液应力求具有减小基片凹凸不平的满意效果,不能选择使缺陷加深的刻蚀溶液。当基片形成化合物膜,而产生不均匀刻蚀时,可采用化学研磨和喷洒研磨加工液的研磨方法。

4.2 真空蒸镀法成膜

薄膜的成膜技术发展至今,已获得多种制膜的方法。但就其成膜原理来说,大致可分为两类:一是以真空蒸镀为基础的物理镀膜方法;二是基于成膜物质在基材表面上发生化学反应的化学镀膜法。

真空蒸镀就是将需要制成薄膜的物质放于真空中进行蒸发或升华,使之在基片表面上析出的一种物理制膜方法。所以真空蒸镀设备比较简单,如图 4.1 所示,即除了真空系统以外,它由真空室蒸发源、基片支撑架、挡板以及监控系统组成。许多物质都可以用蒸镀方法制成薄膜。

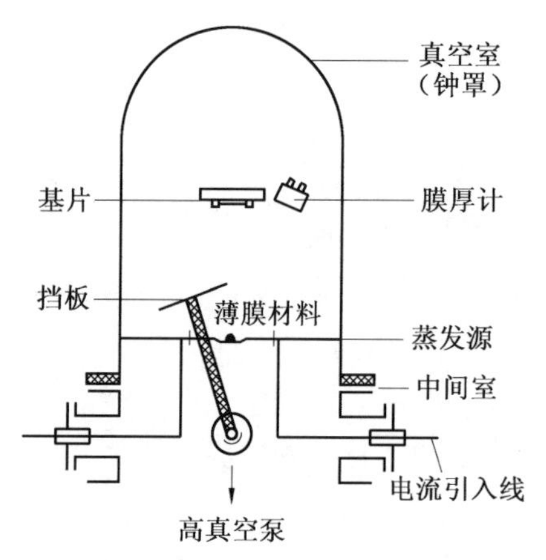

图 4.1 真空蒸镀设备示意图

4.2.1　蒸发过程

在密闭的容器内存在着物质 A 的凝聚相(固体或液体)及气相 A(g)时,气相的压力(蒸气压)p 是温度的函数,表 4.8 是部分材料的蒸气压与温度的关系。凝聚相和气相之间处于动平衡状态,即从凝聚相表面不断向气相蒸发分子,也有相当数量的气相分子返回到凝聚相表面。根据气体分子运动论,单位时间内气相分子与单位面积器壁碰撞的分子数,即气体分子的流量 J 为

$$J=\frac{1}{4}n\,\overline{V}=p\,(\pi mkT)^{-\frac{1}{2}}=\frac{Ap}{(2\pi MRT)^{\frac{1}{2}}} \tag{4.1}$$

式中,n 为气体分子的密度;$\overline{V}$ 为分子的最可几速度;m 为气体分子的质量;k 为玻耳兹曼常数,$k=1.33\times10^{-23}\ \mathrm{J\cdot K^{-1}}$;$A$ 为阿伏伽德罗常数;R 为普朗克常数;M 为相对分子质量。

由于气相分子不断沉积于器壁及基片上,因此为保持二者的平衡,凝固相不断向气相蒸发,若蒸发元素的分子质量为 m,则蒸发速度可用下式估算:

$$\Gamma=mJ=5.83\times10^{-2}\left(\frac{M}{T}\right)^{\frac{1}{2}}p_{\mathrm{Torr}}[\mathrm{g\cdot(cm^2\cdot s)^{-1}}]\cong4.37\times10^{-3}\left(\frac{M}{T}\right)^{\frac{1}{2}}p_{\mathrm{Pa}}[\mathrm{kg\cdot(m^2\cdot s)^{-1}}]$$

从蒸发源蒸发出来的分子在向基片沉积的过程中,还不断与真空中残留的气体分子相碰撞使蒸发分子失去定向运动的动能,而不能沉积于基片上。若真空中残留气体分子越多,即真空度越低,则实际沉积于基片上的分子数越少。若蒸发源与基片间距离为 X,真空中残留的气体分子平均自由程为 L,则从蒸发源蒸发出的 N_s 个分子到达基片的分子数为

$$N=N_s\cdot\exp\left(-\frac{X}{L}\right)$$

可见,从蒸发源发出来的分子是否能全部到达基片,尚与真空中存在的残留气体有关,一般为了保证有 80% ~90% 的蒸发元素到达基片,则希望残留气体分子和蒸发元素气体分子的混合气体的平均自由程是蒸发源至基片距离的 5 ~10 倍。

两种不同温度混合气体分子的平均自由程的计算是比较复杂的。为简单起见,假设蒸发元素气体与残留气体的温度相同(T),设蒸发气体分子的半径为 r,残留气体分子半径为 r',残留气体的压力为 p,则根据气体运动论,其平均自由程 L 为

$$L=\frac{4kT}{2\pi(r+r')^2p} \tag{4.2}$$

若压力单位为 Pa,原子半径单位为 m,则上式可写成

$$L=3.1\times10^{-24}\frac{T}{2\pi(r+r')^2p}(\mathrm{m})$$

表 4.8 部分材料蒸气压与温度的关系

蒸发材料	熔点 /℃	密度 /(g·cm^{-3})	在下列蒸气压时的温度(×133 Pa)			
			10^{-8}	10^{-6}	10^{-4}	10^{-2}
Al	600	2.7	950	1 065	1 280	1 480
Ag	961	10.5	847	958	1 150	1 305
Ba	725	3.6	545	627	735	900
Be	1 284	1.9	980	1 150	1 270	1 485
Bi	271	9.8	600	628	790	934
B	2 300	2.2	2 100	2 220	2 400	2 430
Cd	321	8.6	346	390	450	540
S	1 750	4.8	760	840	920	
C	3 700	1 ~ 2	1 950	2 140	2 410	2 700
Cr	1 890	6.9	1 220	1 250	1 430	1 665
Co	1 459	8.9	1 200	1 340	1 530	1 790
Nb	2 500	8.5	2 080	2 260	2 550	3 010
Cu	1 083	8.9	1 095	1 110	1 230	1 545
Au	1 063	19.3	1 080	1 220	1 465	1 605
Fe	1 535	7.9				1 740
Pb	328	1.3	150	700	770	992
SiO		2.1	617	990	1 250	
Ta	2 996	16.6	2 230	2 510	2 860	3 340
Sb	452	6.3	450	1 800	550	656
Sn	232	5.7	950	1 080	1 270	1 500
Ti	1 690	4.5	1 635	1 500	1 715	2 000
V	1 990	5.9	1 435	1 605	1 820	2 120
Zn	419	7.1	296	350	420	

4.2.2 蒸发源

4.2.2.1 蒸发源应具备的条件

实际上可使用的蒸发源应具备以下三个条件:

①为了能获得足够的蒸镀速度,要求蒸发源把材料加热到平衡蒸气压能达 1.33×10^{-2} ~1.33 Pa 的温度。

②存放蒸发材料的小舟或坩埚,与蒸发材料不发生任何化学反应。

③能存放为蒸镀一定膜厚所需要的蒸镀材料。

蒸发源的形状如图 4.2 所示,大致有克努曾盒型、自由蒸发型和坩埚型三种。

蒸发所得的膜厚的均匀性在很大程度上取决于蒸发源的形状,而就蒸发源的形状而言只有两种,即点源(图 4.3)和微小面源。

对于点源,它可以向各个方向蒸发,若在某段时间内蒸发的全部质量为 M_0,则在某规定方向的立体角 dω 内,蒸发的质量为

$$dm_0 = \frac{M_0 d\omega}{4\pi} \tag{4.3}$$

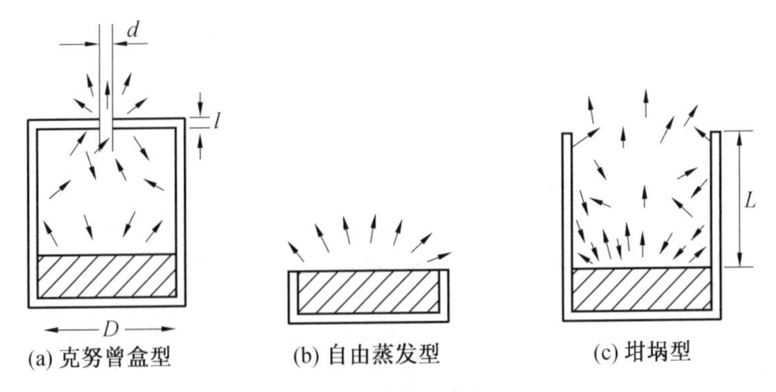

图4.2　典型的蒸发源

如图4.4所示,若离蒸发源的距离为 r,蒸发分子方向与基片表面法线的夹角为 θ,则基片上的单位面积附着量 m_d 可由下式确定:

$$m_d = S \cdot \frac{M_0 \cos\theta}{4\pi r^2} \tag{4.4}$$

式中,S 为吸附系数,表示蒸发后冲撞到基片上的分子,不被反射而留在基片上的比率(化学吸附比率)。

克努曾盒(Knudsen cell)的蒸发源可以看成微小面源,此时蒸发分子从盒子表面的小孔飞出,把这个小孔看作平面,假如在规定的时间内从这个小孔蒸发的全部质量为 M_0,那么在与这个小孔所在平面的法线构成 φ 角方向的立体角 $d\omega$ 中,蒸发的质量 dm 为

$$dm = \frac{M_0 \cos\varphi d\omega}{\pi} \tag{4.5}$$

如图4.4所示,若离蒸发源的距离为 r,蒸发分子的方向与基片表面法线的夹角为 θ,则基片上的单位面积上附着的物质 m_e 可由下式确定:

$$m_e = S \cdot \frac{M_0 \cos\varphi \cos\theta}{\pi r^2} \tag{4.6}$$

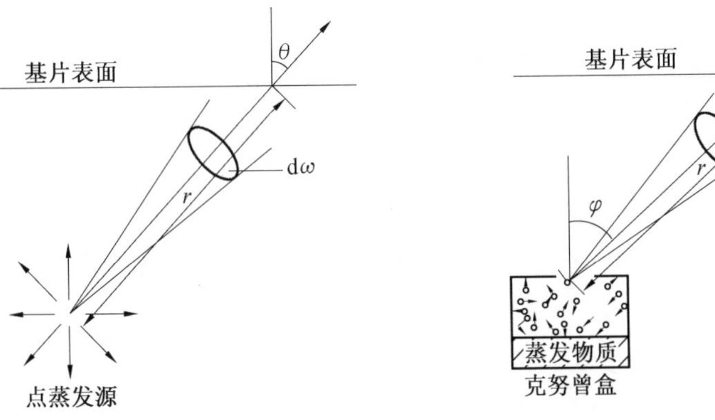

图4.3　点蒸发源的蒸发　　图4.4　微小面蒸发源(克努曾盒)的蒸发

如果在大的基片上蒸镀,薄膜的厚度就要随位置而变化,若把若干个小的基片设置在蒸发源的周围来一次蒸镀制造多片薄膜,那就能知道附着量将随着基片位置的不同而变化。对微小点源,其等厚膜面是离圆心的等距球面,即向所有方向均匀蒸发,而微小面源

只是单面蒸发,而且并不是所有方向上都均匀蒸发的。在垂直于小孔平面的上方蒸发量最大,在其他方向蒸发量只有此方向的 cos φ 倍,即式(4.5)关系,该式又称为蒸发的余弦定律。

4.2.2.2 蒸发源的加热方式

在真空中加热物质,有电阻加热法、电子轰击法等,此外还有高频感应的加热法,但由于高频感应加热法所需的设备庞大,故很少采用。

(1)电阻加热法。

把薄片状或线状的高熔点金属(经常使用的是钨、钼、钛)做成适当形状的蒸发源,装上蒸镀材料,给蒸发源通电加热蒸镀材料,使其蒸发,这便是电阻加热法。由于电阻加热法很简单。

采用电阻加热法时应考虑的问题是蒸发源的材料及其形状。

蒸发源材料的熔点和蒸气压,蒸发源材料与薄膜材料的反应以及与薄膜材料之间的湿润性是选择蒸发源材料所需要考虑的问题。

因为薄膜材料的蒸发温度(平衡蒸气压为1.33 Pa时的温度)多数在1 000~2 000 K之间,所以蒸发源材料的熔点须高于这一温度。而且,在选择蒸发源材料时还必须考虑蒸发源材料大约有多少随之蒸发而成为杂质进入薄膜的问题。因此,必须了解有关蒸发源常用材料的蒸气压。表4.9列出电阻加热法常用作蒸发源材料的金属熔点和达到规定的平衡蒸气压时的温度。为了使蒸发源材料蒸发的分子数非常少,蒸发温度应低于表4.8中蒸发源材料平衡蒸气压为 1.33×10^{-6} Pa时的温度。在杂质较多时,薄膜的性能不受什么影响的情况下,也可采用与 1.33×10^{-2} Pa对应的温度。

表4.9 平衡蒸气压的温度

蒸发源材料	熔点/K	平衡温度(蒸气压133 Pa)/K		
		10^{-6}	10^{-5}	10^{-2}
W	3 683	2 390	2 840	3 500
Ta	3 269	2 230	2 680	3 330
Mo	2 890	1 865	2 230	2 800
Nb	2 741	2 035	2 400	2 930
Pt	2 045	1 565	1 885	2 180
Fe	1 808	1 165	1 400	1 750
Ni	1 726	1 200	1 430	1 800

另外选择蒸发源材料的一个条件是,蒸发源材料不与薄膜材料发生反应和扩散而形成化合物和合金。

(2)电子轰击法。

在电阻加热法中,薄膜材料与蒸发源材料是直接接触的,因此此法存在如下问题,因蒸发源材料的温度高于薄膜材料而成为杂质混入薄膜材料,薄膜材料与蒸发源材料发生反应以及薄膜材料的蒸发受蒸发源材料熔点的限制等。运用电子轰击法,即将电子集中轰击蒸发材料的一部分而进行加热的方法,可避免这些问题的发生。

阳极材料轰击法是电子束加热法中装置比较简便的一种,图4.5给出了其装置示意图。当薄膜材料是导电的棒状和线状材料，例如硅时，可以采用如图 4.5(a)的装置。从钨丝上飞出的热电子被高压加速后轰击薄膜材料。加速电压是数千伏，热电子的电流是几毫安，也就是说电功率达到 10 W 左右就能加热普通的导电材料。

当薄膜材料是块状或者粉体状时，电子轰击加热装置可如图 4.5(b)所示的形式。由于这种加热装置要加热薄膜材料的基座，所以要用冷却水冷却薄膜材料的基座，这种装置比较简单，所需要的电功率也小，很容易实现，但由于蒸发速率不大，故适用于研究单位使用。

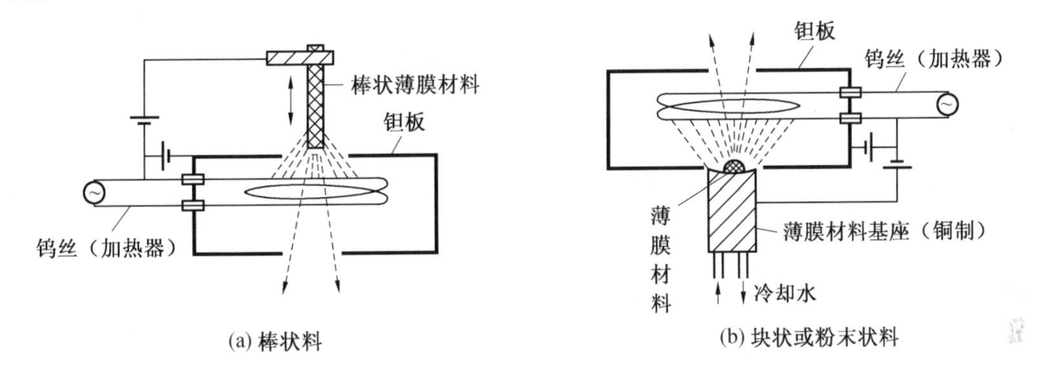

图 4.5　阳极材料轰击法的电子轰击加热装置

4.2.3　化合物的蒸镀法

当制作的薄膜物质是单质时，只要使单质蒸发就能容易地制作与这种单质成分相同的薄膜。但当要制作的薄膜物质是化合物时，仅仅使材料蒸发未必一定能制成与原物质具有同样成分的薄膜。在这种情况下，可以通过控制组成来制作化合物薄膜，例如一氧化硅(SiO)、三氧化二硼(B_2O_3)是在蒸发过程中相对成分难以改变的物质，这些物质从蒸发源蒸发时，大部分是保持原物质分子状态蒸发的。此外，氟化镁(MgF_2)蒸发时，是以 MgF_2，$(MgF_2)_2$，$(MgF_2)_3$分子或分子团的形式从蒸发源蒸发出来的，这些都能形成成分基本不变的薄膜。蒸发 ZnS，CdS，PdS，CdSe，CdTe 等硫化物、硒化物和碲化物时，这些物质的一部分或全部发生分解而逸出，但由于蒸发物质在基片表面又重新结合，所以基本上能保持原来的组成。经常使用的 SiO，ZnS，CdS 等物质的薄膜，以普通的电阻加热法制备虽比较方便，但由于种类有限，一般并不采用电阻加热法制备。

用蒸镀法制作化合物薄膜的方法除了用电阻加热法外，还有分子束外延法和反应蒸镀法。分子束外延法将在 4.4 节中介绍，这里侧重介绍反应蒸镀法。反应蒸镀法就是在充满活泼气体的气氛中蒸发固体材料，使两者在基片上进行反应而形成化合物薄膜。用反应蒸镀法制作 SiO_2薄膜的装置如图 4.6 所示。在要准确地确定 SiO_2的组成时，可从氧气瓶引入氧气，或者对装有 Na_2O 的粉体的坩埚进行加热，分解产生的氧气撞到基片进行反应。反应蒸镀法所用真空设备的抽气系统大多使用油扩散泵。由于所制成的薄膜的组成和晶体结构随着气氛中的气体压力、蒸镀速度和基片温度这三个量改变而改变，所以，必须采取措施使得这些量可以调节。表 4.10 列举了几种用反应蒸镀法制备化合物薄膜的工艺条件。

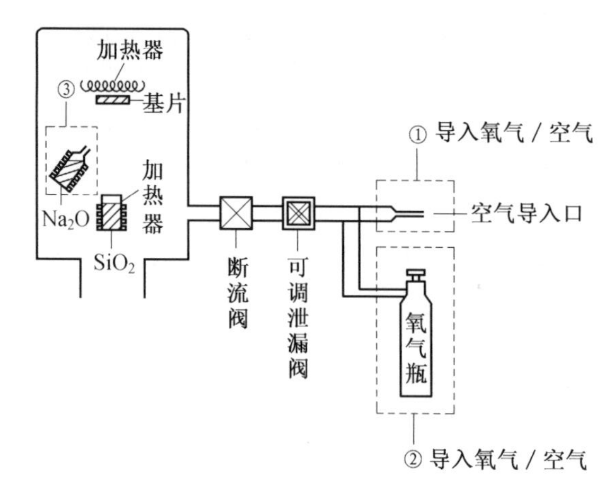

图 4.6 用反应蒸镀法制作 SiO_2 薄膜的装置

（由①②或③导入氧气/空气）

表 4.10 反应蒸镀法制备化合物薄膜的工艺条件

化合物薄膜	蒸发材料	气氛气体	固体材料的蒸发速度/$(nm \cdot s^{-1})$	气氛气体的压力/Pa	基片温度/℃
Al_2O_3	Al	O_2	0.4～0.5	1.3×10^{-2}～1.3×10^{-3}	400～500
Cr_2O_3	Cr	O_2	～0.2	2.67×10^{-3}	300～400
SiO_2	SiO	O_2或空气	～0.2	～1.3×10^{-2}	100～300
Ta_2O	Ta	O_2	～0.2	1.3×10^{-2}～1.3×10^{-3}	～700
AlN	Al	NH_3	～0.2	～1.3×10^{-2}	300（多晶）
ZrN	Zr	N_2			
TiN	Ti	N_2，NH_3	～0.2	5×10^{-2}	室温
SiC	Si	C_2H_2		4×10^{-4}	～900
TiC	Ti	C_2H_4			～500

4.3 溅射法成膜

所谓溅射法成膜是指在真空室中，利用荷能粒子（例如正离子）轰击靶材，使靶材表面原子或原子团逸出，逸出的原子在工件的表面形成与靶材成分相同的薄膜。真空蒸镀法制备薄膜，从薄膜与基体的结合力来看，是依靠加热温度高低来控制蒸发粒子的速度。例如加热温度为 1 000 ℃，蒸发原子平均动能只有 0.14 eV 左右。平均动能较小，所以蒸镀薄膜与基体附着强度较小。而溅射逸出的原子能量通常在 10 eV 左右，即为蒸镀原子能量的 100 倍以上，所以与基体的附着力大大优于蒸镀法。随着磁控溅射方法的运用，溅射速度也相应提高了很多，因此溅射法成膜正在广泛得到应用。

4.3.1 溅射法的基本原理

溅射法成膜与真空蒸镀法相比，具有许多优点，例如膜层和基体的附着力强；可以方便地制取高熔点物质的薄膜，在很大的面积上可以制取均匀的膜层；容易控制膜的成分，可以制取各种不同成分和配比的合金膜；可以进行反应溅射，制取各种化合物膜，可方便地镀制多层膜；便于工业化生产，易于实现连续化、自动化操作等。溅射法成膜也有不足之处，主要是：需要按要求预先制备各种成分的靶，装卸靶不太方便，靶的利用率不太高等。

表4.11列出了各种溅射法成膜的特点及原理图。根据电极的结构、电极的相对位置以及溅射法成膜的过程可以分为二极溅射、三极（包括四极）溅射、磁控溅射、对向靶溅射、离子束溅射、吸气溅射等。在这些溅射方式中，如果在氩气中混入反应气体，如 O_2，N_2，CH_4，C_2H_2 等，可制得靶材料的氧化物、氮化物、碳化物等化合物薄膜，这就是反应溅射。在成膜的基片上若施加直到500 V的负电压，使离子轰击膜层的同时成膜，使膜层致密，改善膜的性能，这就是偏压溅射。在射频电压作用下，利用电子和离子运动特征的不同，在靶的表面感应出负的直流脉冲，而产生溅射现象，对绝缘体也能溅射镀膜，这就是射频溅射。因此，按溅射方式的不同，又可分为直流溅射、射频溅射、偏压溅射和反应溅射等。

表4.11 各种溅射法成膜的特点及原理图

溅射方式	溅射电源	氩气压力	特点	原理图
1. 二极溅射	DC 1 ~ 7 kV 0.15 ~ 1.5 mA · cm^{-2} RF 0.3 ~ 10 kW 1 ~ 10 W · cm^{-2}	~ 1.3	构造简单，在大面积的基板上可以获得均匀的薄膜，放电电流随压力和电压的变化而变化	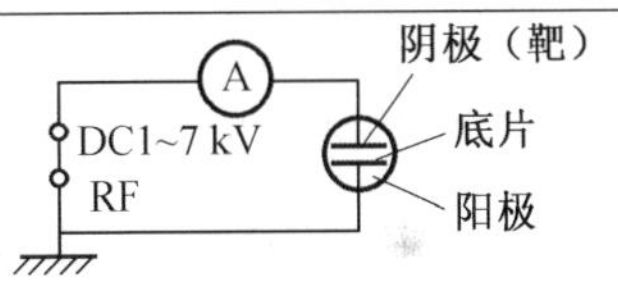 阴极（靶）、底片、阳极、A、DC1~7 kV、RF 阴极和阳极底片也有采用同轴圆柱结构的
2. 三极或四极溅射	DC 0 ~ 2 kV RF 0 ~ 1 kW	6×10^{-2} ~ 1×10^{-1}	可实现低气压、低电压溅射，放电电源和轰击靶的离子能量可独立调节控制，可自动控制靶的电流，也可进行射频溅射	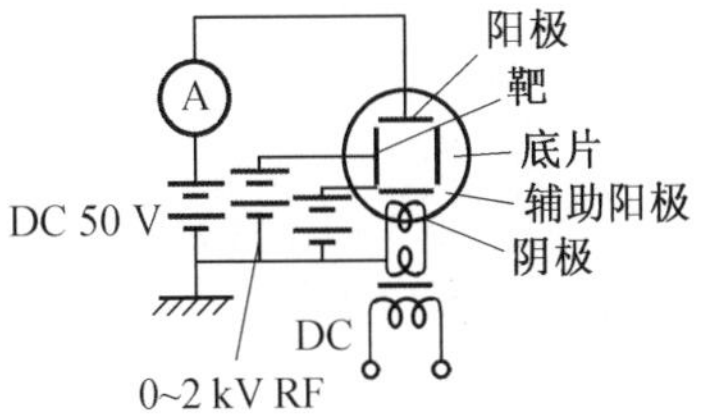 阳极、靶、底片、辅助阳极、阴极、A、DC 50 V、DC、0~2 kV RF
3. 磁控溅射	0.2 ~ 1 kV （高速低温） 3 ~ 30 W · cm^{-2}	10^{-2} ~ 10^{-1}	在与靶表面平行的方向上施加磁场，利用电场和磁场相互垂直的磁控管原理减少电子对基板的轰击（降低基板温度），使高速溅射成为可能	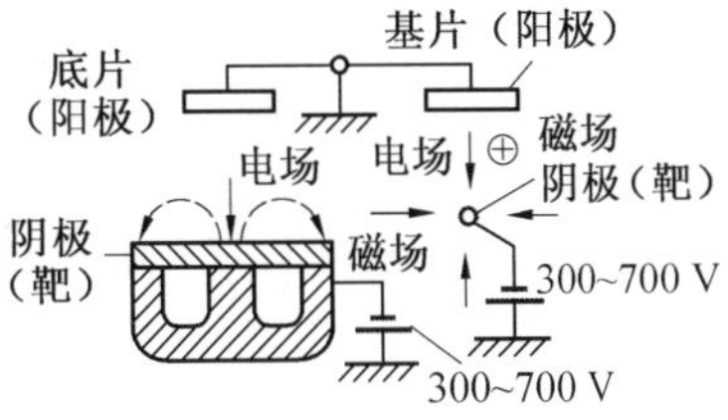 基片（阳极）、底片（阳极）、电场、电场、磁场、阴极（靶）、阴极（靶）、磁场、300~700 V、300~700 V

续表 4.11

溅射方式	溅射电源	氩气压力	特点	原理图
4. 对向靶溅射	DC RF	~1.3	两个靶对向放置,在垂直于靶的表面方向上加磁场,可以对磁性材料进行高速低温溅射	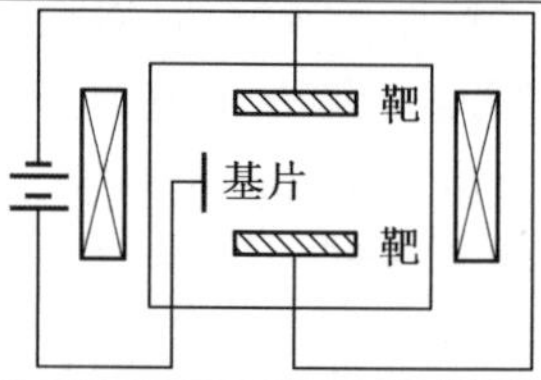
5. 射频溅射(RF 溅射)	RF 0.3~10 kW 0~2 kV	~1.3	可制取绝缘体,例如石英、玻璃、Al_2O_3 薄膜,也可射频溅射金属膜	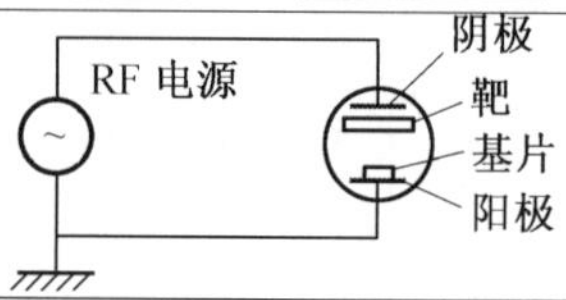
6. 偏压溅射	在基板上施加 0~500 V 的相对于阳极的正的或负的电位	~1.3	在镀膜过程中同时清除基板上轻质量的带电粒子,从而能降低基板中杂质气体,如 H_2,O_2,N_2 等残留气体等	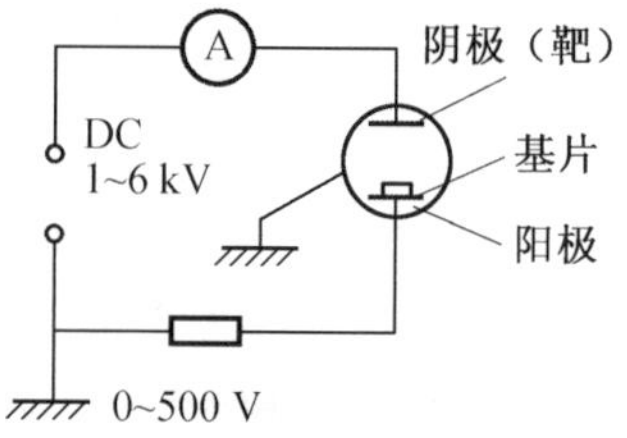
7. 非对称交流溅射	AC 1~5 kV 0.1~2 $mA \cdot cm^{-2}$	$\sim 10^{-3}$	在振幅大的半周期内对靶进行溅射,在振幅小的半周期内对基板进行离子轰击,去除吸附的气体,从而获得高纯度的镀膜	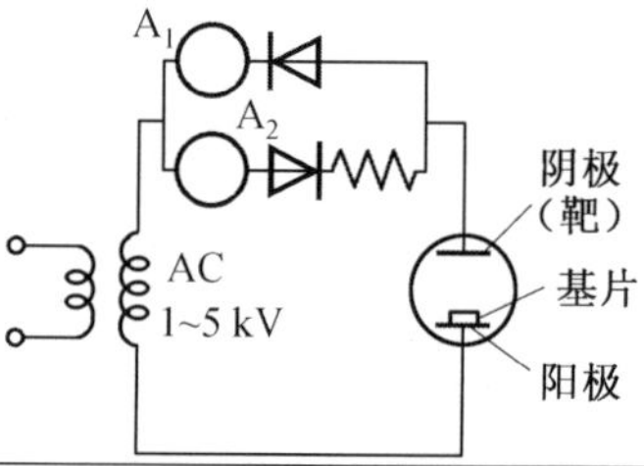
8. 离子束溅射	DC		在高真空下,利用离子束溅射镀膜,是非等离子体状态下的成膜过程,靶接地电位也可	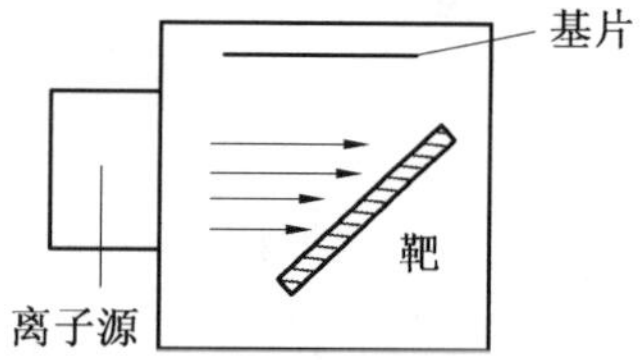
9. 吸气溅射	DC 1~7 kV 0.15~1.5 $mA \cdot cm^{-2}$ RF 0.3~10 kW 1~10 $W \cdot cm^{-2}$	~1.3	利用活性溅射离子的吸气作用,除去杂质气体,能获得纯度高的薄膜	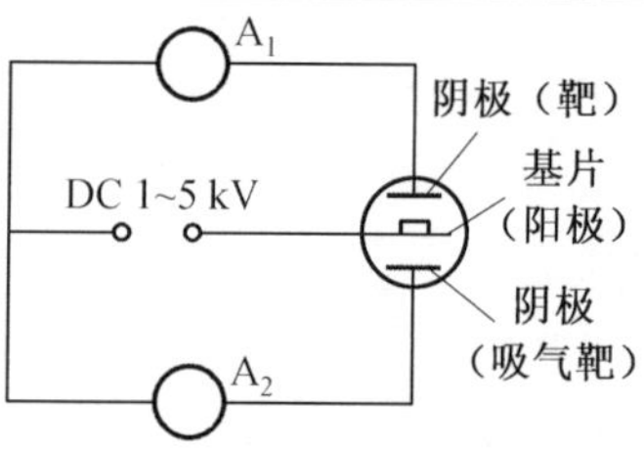
10. 反应溅射		在氩气中混入适量的活性气体,如 N_2,O_2 等分别制备 TiN,Al_2O_3	制备阴极物质的化合物薄膜,如果若阴极(靶)是钛,可制备 TiN,TiC	从原理上讲,上述方法除 1 和 9 外都可以进行反应溅射

4.3.2　二极辉光放电型溅射成膜

溅射法成膜中最简单的方式是二极辉光放电型溅射成膜。这种方式是在安装靶的阴极以及与其对向（相对的方向）布置的阳极（多数情况下为基片或基片支架）之间施加直流或交流高压（一般为数千伏），使其间产生辉光放电，进而产生溅射膜。表 4.12 中给出了各种类型二极溅射法的特征。

表 4.12　各种类型二极溅射法的特征

溅射方式	溅射对象	溅射气压 /Pa	溅射电压 /kV	沉积速率 /(nm·s^{-1})	膜厚可控制性	备注
直流二极溅射	导体	1.33～13.3	1～7	0.1	可控	结构简单
直流偏压溅射	导体	1.33～13.3	1～6	0.1	可控	相对阳极，基片带 −100～−200 V 的偏压
非对称交流溅射	导体	1.33～13.3	2～4	0.1	可控	制备结晶、高纯膜
吸气溅射	活性金属	1.33～13.3	1～5	2	可控	利用预溅射，去除活性气体
射频溅射	几乎所有物质	0.4～4.0	～2.0		稍微	对金属靶进行溅射时，电极上要串接电容

4.3.2.1　直流二极溅射

直流二极溅射的电源、电极、操作等都比较简单。在电子束蒸镀技术普及之前，高熔点金属膜和贵金属膜的制度主要采用这种方法。图 4.7 为直流二极溅射装置的电极结构。

4.3.2.2　偏压溅射

偏压溅射是在基片上施加适当的偏压，使离子的一部分也流向基片。在薄膜沉积过程中，由于基片表面也受到离子的轰击，从而把沉积膜中吸附的气体轰击去除，这种方法可以提高膜的纯度。广义上讲，非对称交流溅射、射频溅射和三极溅射都属于偏压溅射。图 4.8 给出了偏压溅射法中基片的结构。

4.3.2.3　非对称交流溅射

这里的非对称交流是指采用的交流溅射电源，正负极电流波形是非对称的，如图 4.9 所示。每经半个周期，就要对基片表面进行较弱的离子轰击，在不引起膜层显著损伤的前提下，把杂质气体分子轰击去除。从而获得高纯度的膜。由于在纯化的半周期内，处于基板同侧的支架表面等也要受到溅射，因此，对向布置的阳极、阴极要用相同材料制作。

4.3.2.4　吸气溅射

吸气溅射法有能形成吸气面的阳极，可捕集活性的杂质气体，从而获得洁净的膜层。在制取 Ta 和 Nb 等强活性金属膜时，可以进行预溅射，其效果非常显著。除 Ta 和 Nb 之

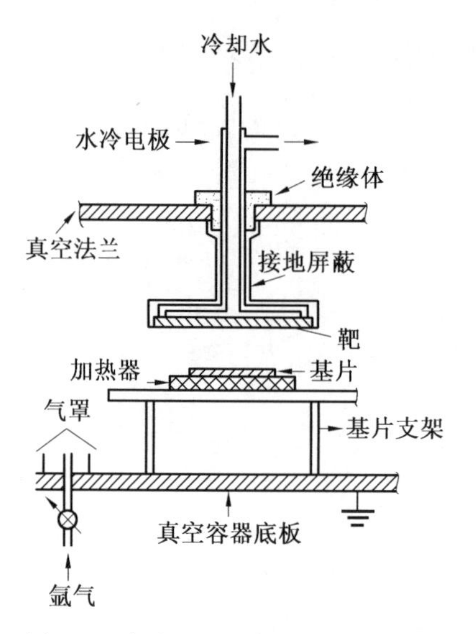

图 4.7　直流二极溅射装置的电极结构

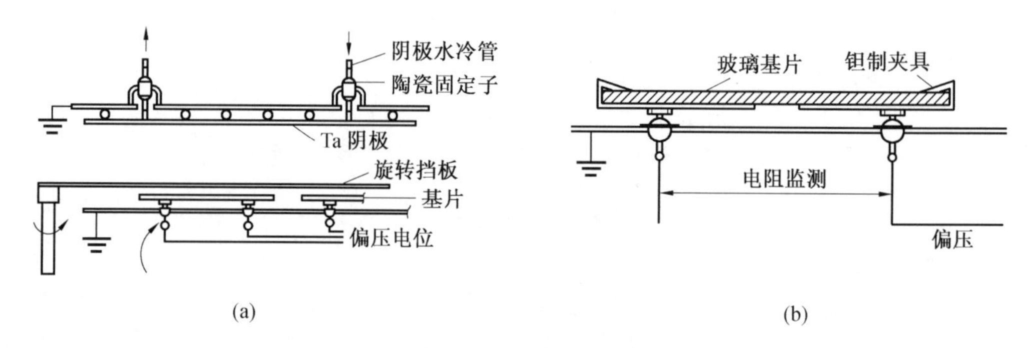

图 4.8　偏压溅射法中的基片结构

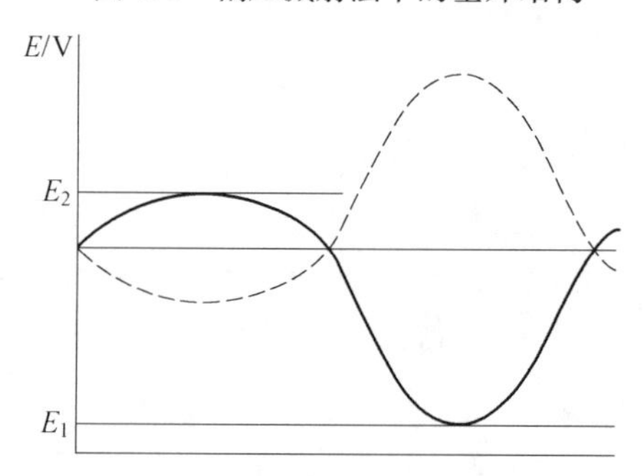

图 4.9　非对称交流溅射中的电极进程电势

外的 V 合金等超导膜时,其应用效果也比较显著。

4.3.2.5　射频溅射

射频溅射也可用于绝缘性能良好的电介质。主要特点是射频电场和磁场重叠,产生潘宁放电,并在射频电极上再施加直流偏压,由此产生溅射。图 4.10 是射频溅射的电极结构示意图。

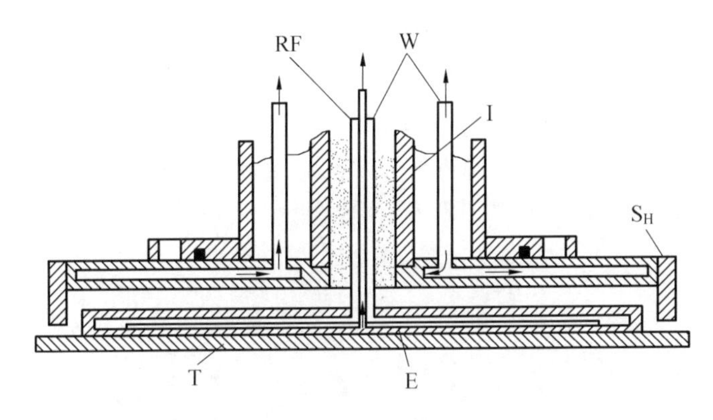

图 4.10　射频溅射的电极结构示意图

RF—射频电源；S_H—屏蔽罩；E—射频电极；W—冷却水路；I—绝缘体；T—电介质靶

4.3.3　二极磁控溅射成膜

在冷阴极辉光放电中，由于离子轰击，会从阴极表面放出二次电子。这些二次电子在阴极位降的电场作用下加速，并沿直线运动。在运动过程中和气体分子发生电离碰撞，由此维持放电的正常进行。这种辉光放电的直流二极溅射，通常在 2 ~ 10 Pa 的压力范围内进行溅射镀膜。如果压力低于 2 Pa，放电不能维持。但是，如果在阴极位降区施加与电场垂直的磁场，则电子在与电场和磁场垂直的方向上产生回旋前进运动，其轨迹为一"圆滚线"。这就使电离碰撞的次数增加，即使在比较低的溅射电压和低气压下也能维持放电。

磁控溅射具有如下特征：

①沉积速率大，产量高。由于采用高速磁控电极，可以获得非常大的靶轰击离子电流，因此，靶表面的溅射刻蚀速率和基片面上的膜沉积速率都很高。表 4.13 给出了平面磁控溅射的沉积速率。与其他溅射相比，磁控溅射的生产能力大、产量高，因此便于工业应用和推广。

②功率效率高。低能电子与气体原子的碰撞概率高，因此气体离化率大大增加。相应地，放电气体(或等离子体)的阻抗大幅度降低。结果，直流磁控溅射与直流二极溅射相比，即使工作压力由 1 ~ 10 Pa 降低到 10^{-1} ~ 10^{-2} Pa，溅射电压也同时由几千伏降低到几百伏，溅射效率和沉积速率反而成数量级地增加。

③低能溅射，对器件的损伤小。由于靶上施加的电压低，等离子体被磁场束缚在阴极附近的空间中，从而抑制了高能带电粒子向基片一侧入射。因此，由带电粒子轰击引起的对半导体器件等造成的损伤小。

④基片入射能量低。电子轰击对基片的入射热量少，可避免基片温度的过度升高。同时，在直流磁控溅射方式中，阳极也可以不接地，处于浮动电位，这样电子可不经过接地的基片支架而通过阳极流走，从而有可能减少由电子入射造成的基片热量增加。这种放电模式称为冷模式，旨在与接地阳极的热模式相区别。

⑤靶材不均匀刻蚀，利用率低。在高速磁控电极中，采用的是不均匀磁场，因此会使等离子体产生局部收聚效应。同时，会使靶上局部位置的溅射刻蚀速率增大，结果短时间

内靶上就会产生显著的不均匀刻蚀。靶材的利用率一般为20% ~30%。为提高靶材的利用率,人们一般采取改善磁场的形状和使磁铁在阴极内部移动等措施。

⑥溅射原子的离化。进入溅射装置放电空间的溅射原子有一部分会被电离。电离概率与电离碰撞截面、溅射原子的空间密度以及与电离相关的粒子的入射频率三者的乘积成正比。按照近似关系,电离概率和靶入射电流密度的平方成正比。在进行大电流放电的高速磁控溅射方式中,溅射原子的离化率是比较高的。

表4.13 平面磁控溅射的沉积速率

元素	溅射产额(原子/离子)(以溅射电压600 V计)	沉积速率/(nm·min^{-1})		备注
		计算值	实验值	
Ag	3.1	2 650	2 120	
Al	1.2	760	600	
Au	2.8	2 200	1 700	
C	0.2	160		
Co	1.4		300	靶厚<1.6 mm
Cr	1.3	1 000	8 00	
Cu	2.3	1 800	1 400	
Fe	1.3		400	靶厚<1.6 mm
Ge	1.2	770		
Mo	0.9	700	550	
Nb	0.7	500		
Ni	1.5		300	靶厚<1.6 mm
Os	0.9	740		
Pd	2.4	1 870	1 450	
Pt	1.6	1 260	1 000	
Re	0.9	700		
Rh	1.5	1 170		
Si	0.5	400	320	
Ta	0.6	470	350	
Ti	0.6	470	350	
U	1.0	800		
W	0.6	470	350	
Zr	0.75	600		

⑦磁性材料靶,易发生磁短路。如果溅射靶是由高磁导率的材料制成,磁力线会直接通过靶的内部发生磁短路现象,从而使磁控放电难于进行。为了产生空间磁场,人们一般

采取使靶材内部的磁场达到饱和,在靶上留许多缝隙促使其产生更多的漏磁,或使靶的温度升高,使靶材的磁导率减少等措施。

4.3.4　三极或四极等离子体溅射成膜

三极(以及四极)等离子体溅射装置是在产生热电子的阴极和阳极之间产生弧柱放电,并维持弧柱放电等离子体。靶有别于阴极,需另外设置,并使等离子体中的正离子加速轰击靶进行溅射镀膜。所谓"三极"是指阴极、阳极和靶电极;所谓"四极"是指在上述三极的基础上再加上辅助阳极。图 4.11 是四极溅射装置的结构示意图。热阴极可以采用钨丝或钽丝,辅助热电子流的能量要调整得合适,一般为 100 ~ 200 eV,这样可获得更充分的电离,但又不会使靶过分加热。因此,调节热阴极的参数既可用于温度控制,又可用于电荷控制。如果用于电荷控制,为了得到非常大的电流,还要采用辅助阳极。在压力为 5×10^{-2} ~ 1 Pa 的范围内,可获得最大为 10 A 左右的阳极电流。为使等离子体收聚,并提高电离效率,还要在电子运动方向施加场强大约为 50 GHz 的磁场。

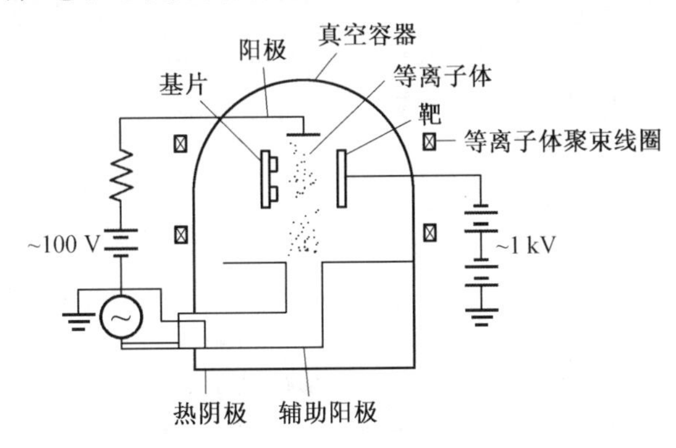

图 4.11　四级溅射装置的结构示意图

4.3.5　离子束溅射成膜

通常所说的溅射法,是指等离子体溅射法,如图 4.12(a)所示,在低真空(0.1 ~ 10 Pa),使靶为阴极,形成等离子体,对靶进行溅射。其特征是靶和基片均处于等离子体之中。与此不同的是在束轰击型溅射方式中,高能粒子是从与成膜室完全独立的装置中产生并引出,由此高能粒子束轰击靶,使其产生溅射作用。由于形成这种高能束粒子的方法多采用离子源,因此,所谓束轰击型溅射装置,一般指的是离子束溅射装置,以下简称 IBS 装置。一般说来,离子源较为复杂和昂贵,因此只是在用于分析技术和制取特殊薄膜时才采用离子束溅射。

图 4.12(b)给出了 IBS 法的基本构成,从原理上讲,它具有下述特征:靶置于高真空成膜室中,从独立的离子源引出并被加速到高能的离子束照射在靶上,产生溅射作用。所以,IBS 法和等离子体方式相比,不仅装置结构复杂,而且沉积速率较低。但是由于前者能在相当低的气压下进行溅射,因此它具有以下优点:

①镀膜室中的真空度可高达 10^{-4} ~ 10^{-8} Pa,即使采用扩散泵排气系统,也可在主阀处于全开状态下进行溅射镀膜。由于排气速度大,镀膜室中的残留杂质气体浓度极低,因此

能形成高纯度膜。IBS 法适用于研究微量氧、氮以及氢等元素在膜中的添加效果。而且,在上述的高真空中,溅射粒子的平均自由程在几十厘米到数米范围内,与装置的尺寸相比是相当大的,因此从靶上放出的溅射粒子不经过和气氛中的气体原子相碰撞过程,带有较高的能量并沿严格的直线方向射向阴极,这样不仅使获得的膜层和基片之间具有良好的附着力,而且通过变化射向基片的入射角,或者通过有效地采用掩模,还能改变膜层的二维或三维结构。

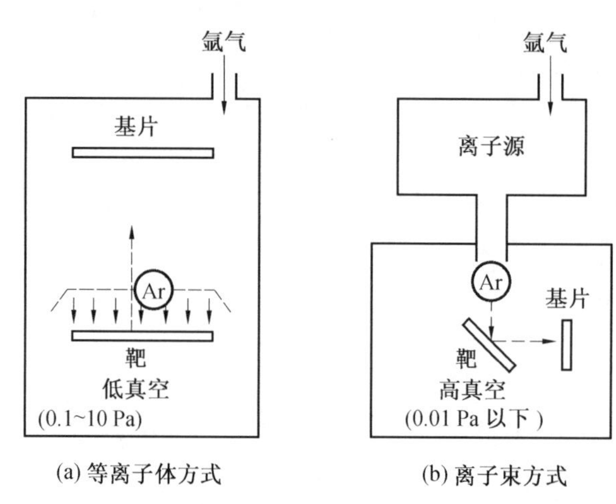

图 4.12　等离子体方式和离子束方式溅射成膜原理的比较

②靶和基片都不置于辉光放电之中,不必考虑成膜过程中等离子体的影响,各个溅射参数都可独立地控制,因此可以对成膜条件进行严格的控制。

③靶和基片可以保持等电位(通常处于接地电位),靶上放出的电子或负离子不会对基片产生轰击作用。因此,和等离子体溅射法相比,不仅基片可以保持比较低的温度,而且也几乎不会发生膜的组成偏离靶的组成、膜组成和靶组成不同等情况。因此,IBS 装置不仅适合于制取高质量的膜层,而且也适合于膜微细加工技术之一——刻蚀工艺过程。

4.4　分子束外延生长法成膜

分子束外延生长(Molecular Beam Epitaxy,MBE)法是 1969 年由贝尔实验室的 J. R. Arthur 命名的。它是一种新的主要用于开发Ⅲ-Ⅴ族半导体的外延生长法。此法是在超高真空条件下精确控制原材料的中性分子细流,即分子束强度,把分子束射入被加热的基片上而进行外延生长。就方法而言,分子束外延生长法属于真空蒸镀法。由于其蒸发源、监控系统和分析系统的高性能和真空环境的改善,分子束外延法优于液相外延生长法、气相外延生长法。相对于过去真空蒸镀的是能够得到极高质量的薄膜单晶体。所以,从这一意义上说,分子束外延生长是以真空蒸镀为基础的一种全新的单晶薄膜生长法。

用分子束外延生长法制备的材料涉及许多材料,包括 ZnSe 等ⅡB-ⅥA 族元素的材料;PbTe 等ⅣA-ⅤA 族元素的材料;Si,Ge 等ⅣA 族元素的材料等;对硅化物和绝缘物也可用分子束外延生长法制备。

4.4.1　分子束外延生长法的特点

分子束外延生长法可以在对生长条件能实现严格控制的超高真空下完成单晶薄膜生长的，它是真空蒸镀方法的进一步发展。晶体生长过程是在非热平衡条件下完成的，受基片的动力学制约。这是分子束外延生长法与在近热平衡状态下进行的液相外延生长法的根本区别。分子束外延生长法的优点是：

①残余气体等杂质混入较少，可保持表面清洁。

②生长单晶薄膜的温度较低，如 GaAs 在 500 ~ 600 ℃条件下生长；Si 在 500 ℃左右生长。

③膜的生长速率慢（$1 \sim 10\ \mu m \cdot h^{-1}$），具有较好的膜厚可控性。

④可在大面积上得到均匀外延生长膜。

⑤是在非热平衡状态下的生长，可实现Ⅱ-Ⅵ族半导体的 p，n 型导电。

⑥能严格控制组成浓度和杂质浓度，可制备出具有急剧变化的杂质浓度和组成的器件。

⑦能进行原位观察，因此可得到晶体生长中的薄膜结晶性和表面状态数据，并可立即反馈以控制晶体生长。

分子束外延生长法的缺点是：

①生长时间长，不适于大量生产。

②观察系统受到蒸发分子的污染，使性能劣化，且观察系统本身也成为残余气体的发生源。

③表面缺陷的密度大。

④难于控制混晶系和四元化合物的组成。

4.4.2　分子束外延法的装置

分子束外延装置（图 4.13）主要包括以下几部分：

①超高真空系统。为了保证外延层的质量，减少缺陷，工作室的压强应不高于 10^{-8} Pa，同时产生分子束的压强也要达到 10^{-6} Pa。

②分子束源、样品架和样品传递系统。分子束外延法应把从蒸发源蒸发的构成元素变成分子束（束状），并使分子束无环境气氛围绕，在分子束外延装置中，一般装有 2 ~ 3 个分子束蒸发源，将制备薄膜所需要的物质和掺杂剂分别放入蒸发源的坩埚内，加热使物质熔化（升华），就能产生相应的分子束。为了控制外延膜的生长，在每个蒸发源和衬底之间都单独装有挡板（快门），可瞬时打开与关闭，分别控制蒸发速率以获得成分均匀的薄膜。

③四极质谱仪。为精确控制分子束的种类和强度，在分子束经过的路径上安装有四

级质谱仪。用四级质谱仪检查分子束的强度和种类,并将测试结果反馈至蒸发源,以控制各分子束盒的温度和挡板的开闭。

④薄膜表面的检测系统。为随时观察外延膜表面成分和晶格结构,分子束外延系统中同时配备有俄歇电子能谱仪、反射高能电子衍射仪等表面分析装置,此外,还配有计算机进行控制。

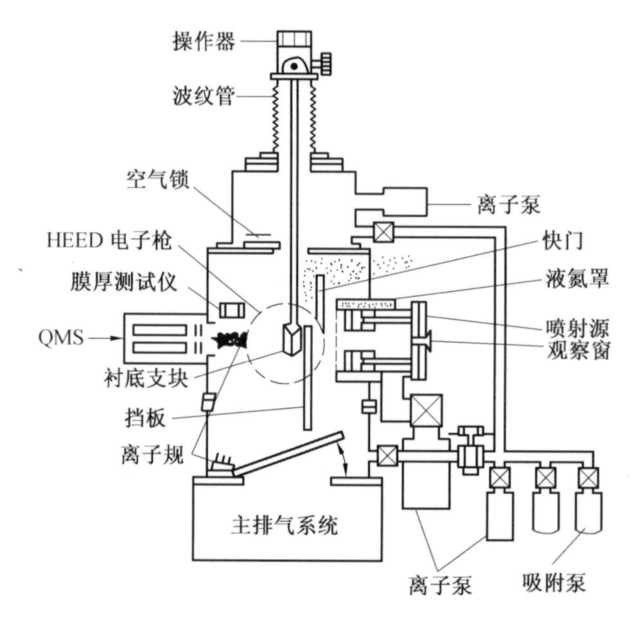

图 4.13 分子束外延装置

4.4.3 分子束外延生长法制备Ⅲ-ⅤA 族半导体薄膜

下面以 GaAs 为例说明用分子束外延生长法制备Ⅲ-ⅤA 族半导体单晶膜的情况。对经过化学处理的 GaAs 基片在 10 Pa 的超高真空下用 As 分子束碰撞,经 1 min 加热,基片温度达到 650 ℃,这样就可得到清洁表面。生长温度可选择在 500 ~ 700 ℃。Ga 和 As 分子束从分子束盒射至基片上,形成外延生长。

在Ⅲ-ⅤA 族半导体中,ⅢA 族元素的分子几乎可以全部附着在摄氏几百度的基片上,而ⅤA 族元素分子附着在基片上时,若无ⅢA 族元素存在,则会发生再蒸发。因此一般应使ⅢA 族元素的分子束强度为ⅤA 族的 10 ~ 100 倍。如制备 GaAs 时,Ga 的分子束强度为 1,As 的分子束强度为 10。

分子(原子)附着在基片上的比率(附着系数)对掺杂是一个重要参数。即当杂质原子掺在外延生成膜中时,在气相外延生长条件下掺杂程度取决于传输系数,在液相外延生长条件下取决于偏析系数,在分子束外延生长条件下取决于附着系数。表 4.14 列出了各种原子对 GaAs 的附着系数。

表4.14　各种原子对GaAs的附着系数

原子、离子	附着系数	基片温度/℃
As	0(Ga不存在) 1(Ga不存在)	560 560
Ga	1	560
Si,Ge,Sn	1	560
Mg	2×10^{-4} 10^{-5}	500 560
Cd	0	560
Zn, Zn^{2+}	0 10^{-7} $1\sim3\times10^{-2}$	560 500 500
Mn	1	560~600
In	1	≤580

一般使用GaAs单晶体或者金属As作为As分子的供应源,通过加热可得到As_2分子和As_4分子。GaAs晶体的纯度难以达到金属As的高纯度,使用As_2分子束时,在外延膜中存在的深能级杂质浓度减少,可得到纯的发光谱。另外,还可用热分解AsH_3气体的方法或加热分解从As蒸发出As_4的方法制备外延膜。以气体盒制备外延生长膜的方法可用气体流量计来控制ⅤA族元素的分子束强度,所以这种方法很适合于含有两种以上ⅤA族元素系(如InGaAs等)混晶体的分子束外延生长,且适合于大量生产。

Ⅲ-ⅤA族半导体是分子束外延生长法的早期应用,其中主要用于GaAs-AlGaAs系、InP-InGaAs系、InGaAs-InAlAs系,表4.15给出了这些ⅢA-ⅤA族半导体用分子束外延生长法所得相关数据。

表4.15　用分子束外延生长法所得晶格与基片匹配的Ⅲ-ⅤA族半导体

Ⅲ-ⅤA族化合物半导体	基片	生长温度/℃	MBE生长技术
GaAs	GaAs	500~600	技术先进,掺杂精确
GaAs-$Al_xGa_{1-x}As$	GaAs	600~700	技术先进,调制掺杂,电子迁移率$2\times10^6 cm^2\cdot(V\cdot s)^{-1}$
GaAs-$In_{0.53}Ga_{0.47}P$	GaAs	400~520	在77 K下用光激发,使CW激光器工作
InP-$In_{0.53}Ga_{0.47}As$	InP	450~510	产生由于生长中断形成的异质界面
$In_{0.52}Al_{0.48}As$-$In_{0.53}Ga_{0.47}As$	InP	550~570	极易形成晶体,调制掺杂

4.4.4　分子束外延生长法制备Ⅲ-ⅤA族以外元素半导体薄膜

4.4.4.1　Si的分子束外延生长法

分子束外延生长法是为制备Ⅲ-ⅤA族半导体而开发的技术。此法可在低温下生长,并可控制掺杂含量分布,此法也可用于Si的制备。MBE法制备可控制原子量级的杂质分布,在较低温度下可得到几乎无缺陷的 Si 单晶薄膜。

在 Si 的 MBE 法中,分子束源不采用电阻加热方式而通常采用电子枪。其理由是,用电子束加热容易得到高温。蒸发材料 Si 装于水冷式铜制部件中,仅其中心部位为高温,能有效控制杂质混入。该设备由生长室和试样更换室构成。为提高掺杂效率,装有离子化掺杂设备。有的采用克努曾盒型掺杂方法,但中性掺杂物生长的可控制性和重复性差,掺杂只能使载流子浓度达 $10^{18}\ cm^{-3}$。

为了得到高质量的外延生长膜,需要对基片表面进行清洁化处理。以前采用高温下(>1 200 ℃)的热刻蚀法进行清洁化处理。最近研究了溅射法、Si 束法和低温热刻蚀法进行清洁处理,在 800 ℃的低温下也能得到清洁表面,这些方法也适于圆形晶片。

表 4.16 为 Si 的 MBE 法与气相外延生长、扩散和离子注入法的比较。MBE 具有最优的掺杂性能,可得到急剧变化的掺杂分布和异质结构。

表 4.16 Si 的 MBE 法与其他制备技术的比较

特性 \ 技术		MBE	气相外延生长	扩散	离子注入
掺杂	载流子浓度的控制精度/%	1	5 ~ 10	5 ~ 10	1
	面内浓度的均匀性/%	1	3 ~ 5	5 ~ 10	1
	深度方向的分辨能力/nm	10	100		深度×(0.03 ~ 0.05)
工艺	工艺温度/℃	450 ~ 850	950 ~ 1 200	1 000 ~ 1 200	0 ~ 300(退火 900 ℃)
	处理晶片数(枚/h)	2	50	10 ~ 100	50 ~ 250
费用	设备价格/日元	7.5×10^5	$1.5 \sim 5\times10^5$	1×10^5	$2.5 \sim 7\times10^5$
	每片费用/日元	30	0.2 ~ 0.5	0.1 ~ 1	0.1 ~ 1

4.4.4.2 Ⅱ ~ ⅥA 族半导体的分子束外延生长

Ⅱ ~ ⅥA 族半导体单晶膜的 MBE 法与Ⅲ ~ ⅤA 族半导体的制备方法有些不同。在Ⅲ-ⅤA 族半导体制备中,先把ⅢA 族元素附着在基片上,然后再附着ⅤA 族元素,以形成化合物涂层。在硅的制备中,硅几乎全部附着在加热至 700 ℃的基片上。而Ⅱ ~ ⅥA 族半导体制备中,基片温度为 300 ℃左右,这两族元素单独到达基片都不能附着,需两族元素同时在基片上相碰形成化合物涂层。生长室中两种元素的分压为 10^{-3} Pa。入射至基片上的两种元素的分子束强度与Ⅲ-ⅤA 族半导体相似。

4.4.4.3 绝缘体、硅化物的分子束外延生长

用 MBE 法也可制备绝缘体、硅化物等单晶膜。特别是当这些膜生长在 Si,GaAs 单晶体基片上时,容易形成 MBE 单晶膜,这种工艺可在低温下进行的。

(1)绝缘体的 MBE。

在半导体基片上外延生长的绝缘膜有 CaF_2,SrF_2,BaF_2等氟化物及它们的混晶体。这些膜中特别是 CaF_2与 Si 的失配度很小(0.6%),在 500 ℃ ~800 ℃温度下能得到良好的单晶膜。这些氟化物的混晶体可任意改变晶格常数,可得到 Si、Ge、Ⅲ ~ Ⅴ族、Ⅱ ~ Ⅵ族

等多种半导体与晶格匹配。半导体与绝缘体的多层异质结结构可采用 Si/GaF_2Si, $Ge/(Ca,Sr)F_3/Si$ 等,它们都具有良好的性能。

(2)硅化物的 MBE。

在硅基片上形成的金属硅化物具有高温稳定性和低电阻,选择合适的材料就能使肖特基势垒高度发生变化,因此近年来作为新的金属材料为人们所注目。用 MBE 方法制备这些金属硅化物,与以前的制备方法相比,不仅可以提高性能,而且可能与 Si 单晶膜构成多层膜结构。表4.17为硅化物各种制备方法比较。

分子束外延硅化物单晶膜是同时蒸发 Si 和过渡金属制成的。已制成的 Si 基片上的硅化物单晶膜有 PtSi, Pd_2Si, $NiSi_2$, $CoSi_2$ 等。表4.18给出了在 Si(111)基片上的各种硅化物单晶膜的生长温度和失配度。

表4.17　硅化物各种制备方法比较

项目＼方法	一般真空度	超高真空	
	热反应	热反应	MBE
基片	化学处理	溅射+退火	溅射+退火
真空度/Pa	10^{-4}	10^{-7}	10^{-7}
蒸镀物质	Co	Co	$n(Co):n(Si)\approx1:2$
蒸镀温度/℃	25	25	550~650
反应温度/℃	850~950	850~950	—
反应时间/min	30	30	3
$NiSi_2$/Si(111)背散射最小产额(方位)	5%	4%	4.5%
$CoSi_2$/Si(111)背散射最小产额(方位)	12%	3%	2%

表4.18　Si(111)基片上的各种硅化物膜的生长温度和失配度

硅化物	PtSi	Pd_2Si	$CoSi_2$	$NiSi_2$
晶体结构	斜方晶体(MnP)	六方晶体(Fe_2P)	立方晶体(CaF_2)	立方晶体(CaF_2)
失配度/%	9.5	2.2	1.2	0.4
生长温度/℃	300	100~700	550~1 000	750~800

4.5　薄膜的生长过程及分类

用蒸发、溅射和分子束外延等方法制备薄膜材料的过程中同样存在成核和生长等过程。在沉积的过程中,到达衬底的原子一方面和飞来的其他原子相互作用,同时也要和衬底相互作用,形成有序或无序排列的薄膜。薄膜形成过程与薄膜结构决定于原子种类、衬底种类以及制备工艺条件等,形成的薄膜可以是非晶态结构,也可以是多晶结构或单晶结构。

从薄膜生长过程来看,可以分成如下三类:

①核生长型,也称为三维生长机制,如图4.14(a)所示。

②层生长型,也称为二维生长机制,如图4.14(b)所示

③层核生长型,也称为单层、二维生长后三维生长机制,如图4.14(c)所示。

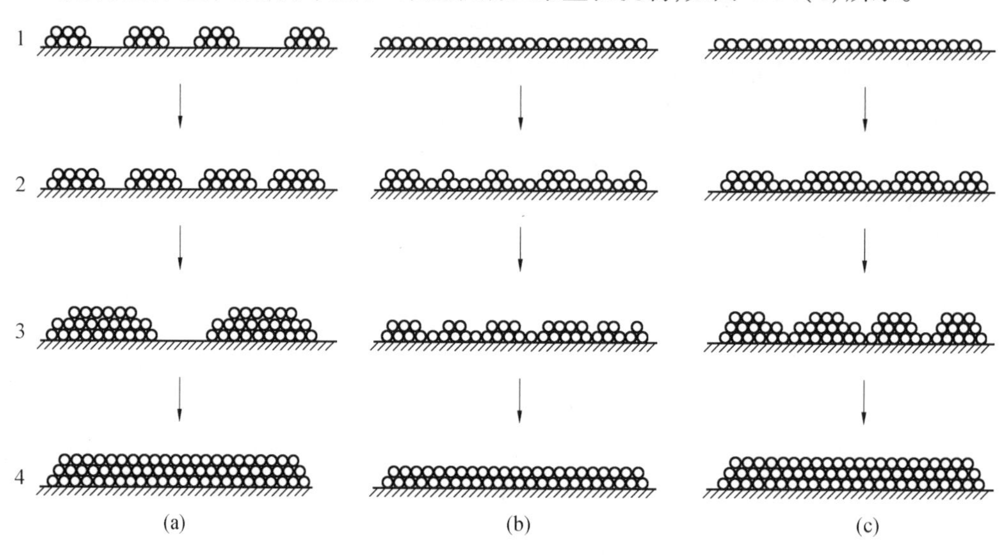

图4.14 薄膜生长过程分类示意图

4.5.1 核生长型

核生长型形成过程的特点是,到达衬底上的沉积原子首先凝聚成核,后续飞来的沉积原子不断聚集在核附近;使核在三维方向上不断长大而最终形成薄膜。以这种方式形成的薄膜一般是多晶的并和衬底无取向关系,此种类型的生长一般是在衬底晶格和沉积薄膜晶格很不匹配时发生,大部分薄膜的形成过程都属于这种类型。

核生长型薄膜的生长过程大致可以分为如下四个阶段,当然,不同物质在经历这四个阶段时的情况可以有所不同。

(1)成核阶段。

沉积到衬底上的原子,除其中一部分与衬底原子进行了少量的能量交换之后,由于本身仍具有相当高的能量而又很快返回气相,还有一部分经过能量交换之后则被吸附在衬底表面上,这时的吸附主要是物理吸附。原子将在衬底表面停留一定时间,由于原子本身还具有一定的能量,同时也可以由衬底原子处得到部分能量,因此,沉积原子就可以在衬底表面进行扩散或迁移。其结果有两种可能,一种是再蒸发而返回气相;另一种可能是与衬底发生化学反应而变物理吸附为化学吸附。此后若再遇到其他的沉积原子便会形成原子对或原子基团,逐渐形成稳定的凝聚核。

(2)小岛阶段。

稳定晶核的数目不断增多,当它达到一定的浓度之后,新沉积来的原子只需扩散一个很短的距离,就可以合并到晶核上去而不易形成新的晶核,此时稳定晶核的数目达到极大值。继续沉积使晶核不断长大并形成小岛,这种小岛通常为三维结构,并多数已具有该种

物质的晶体结构,即已形成微晶粒。

(3)网络阶段。

新沉积来的吸附原子通过表面迁移而聚集在已有的小岛上,使小岛不断长大,相邻的小岛会相互接触并彼此结合。由于小岛在结合时会释放出一定的能量,这些能量足以使相接触的微晶状小岛瞬时熔化,结合以后,温度下降,熔化小岛将重新结晶。电子衍射结果发现,在尺寸和结晶取向不同的两个小岛结合时,得到新的微晶小岛的结晶取向与原来较大的小岛取向相同(大岛并吞小岛)。随着小岛的不断合并,小岛之间已经大体相连而只留下少量沟状空白区,此时也称网络状薄膜。

(4)连续薄膜。

继续沉积的原子填补空白区而使薄膜连成一片,一般情况下,形成连续薄膜的厚度约为 10 nm,少数低熔点的元素(如 Ga,熔点仅为 30 ℃),可能还要厚一些。

图 4.14(a)就表示出了核生长型薄膜的形成过程。这种生长机制一般发生在 $\mu_{AB}<\mu_{AA}$ 的场合,这里 B 表示衬底原子,A 表示沉积原子,μ_{AB} 代表衬底原子与沉积原子之间的键能,μ_{AA} 则代表沉积原子之间的键能。

4.5.2　层生长型

层生长型的特点是,沉积原子首先在衬底表面以单原子层的形式均匀地覆盖一层,然后再在三维方向上生长第二层、第三层……

这种生长方式多数发生在衬底原子与沉积原子之间的键能大于沉积原子相互之间的键能的情况,即 $\mu_{AB}>\mu_{AA}$。以这种机制形成的膜材,衬底晶格与薄膜晶格匹配良好,形成的薄膜一般是单晶膜并且和衬底有确定的取向关系。这样的生长就是外延生长,最典型的例子就是同质外延生长或分子束外延,例如在 Au 单晶衬底上生长 Pd;在 PbS 单晶衬底上生长 PbSe;在 MoS_2 单晶衬底上生长 Au 等。

层状生长的过程如下:沉积到衬底表面上的原子,经过表面扩散并与其他沉积原子碰撞后而形成二维核,二维核捕捉周围的吸附原子形成二维小岛。这种材料在表面上形成的小岛浓度大体是饱和浓度,即小岛之间的距离大体上等于吸附原子的平均扩散距离。在小岛成长过程中,小岛的半径均小于吸附原子的平均扩散距离。因此,到达小岛上的吸附原子在岛上扩散以后,均被小岛边缘所捕获。小岛表面上的吸附原子浓度很低,不容易在三维方向上发生生长,也就是说,只有在第 n 层的小岛长到足够大,或已接近完全形成时,第 $n+1$ 层的二维晶核或二维小岛才有可能形成。因此,以这种生长机制形成的薄膜是以层状的形式生长的,如图 4.14(b)所示。

层状生长时,靠近衬底的膜层的晶体结构通常类似于衬底的结构,只是到一定的厚度时,才逐渐由刃型位错过渡到该材料固有的晶体结构。

4.5.3　层核生长型

层核生长型是在衬底原子和薄膜原子之间的键能接近于沉积原子之间的键能($\mu_{AB}=\mu_{AA}$)时出现的。它是上述两种生长机制的中间状态,其示意图如图 4.14(c)所示。

首先,在衬底表面上生长 1 ~2 层单原子层,这种二维结构强烈地受衬底晶格的影响,晶格常数会有较大畸变。然后,再在这些原子层上吸附沉积原子,并以核生长的方式形成小岛,最终再形成薄膜。在半导体表面上形成金属薄膜时,常常呈现层核生长型,例如在Ge表面蒸发Cd,在Si表面蒸发Bi,Ag等都属于这种类型。

在讨论薄膜生长过程时,经常采用凝聚系数a这个物理量,它等于在衬底上凝聚的原子数与入射原子数之比,因此,$a \leqslant 1$。实验发现,凝聚系数对存在于衬底表面的凝聚核有相当大的影响,凝聚系数随衬底温度的增高和蒸发物与衬底结合能的减小而变小,同时,a除了与入射原子密度、膜的平均厚度等因素有关外,还与覆盖率有关,在衬底被完全覆盖时它接近于1。表4.19给出了部分材料的凝聚系数a值。

表4.19 部分材料的凝聚系数a值

蒸发物	入射密度	基片(温度 ℃)	平均厚度 /(10^{-8} cm)	凝聚系数a
Sb	$n=6.55\times10^{9}$ mol·(cm^2·s)$^{-1}$	玻璃(25)	1.3	0.311
			13.6	0.400
			132.3	0.768
			497.5	0.829
		(125)	1.44	0.053
			112	0.122
		Cu(25)	1.9	0.401
			22.7	0.147
			209.7	0.771
		(170)	4.55	0.325
		(265)	2.15	0.201
		Al(25)	6.6	0.262
			23.5	0.424
			393.5	0.643
		云母(25)	18.3	0.323
			45.9	0.500
			339.6	0.830
Cd	$n=1.15\times10^{16}$ mol·(cm^2·s)$^{-1}$	Cu(25)	0.8	0.037
			6	0.240
			20.6	0.361
			42.4	0.602
Au	蒸发源1 400 ℃	玻璃 Al,Cu(25)	—	0.90~099
		玻璃(360)	0.16	0.20
			0.92	0.50
		Cu(350)	1.5	0.84
		Al(320)	1.7	0.715
		Al(345)	1.7	0.37
Ag	$p_1/p_0=2.25\times10^{14}$	玻璃(192)	1.7	0.20
			11	0.41
			50	0.66
	$p_1/p_0=1.43\times10^{13}\sim2.25\times10^{14}$	Au(192)	15~110	1.0

4.6　液相外延法成膜

液相外延(lipuid phase epitaxial,LPE)法成膜是将拟生长的单晶组成物质直接熔化或溶解在适当溶剂中保持液体状态,将用作衬底的单晶薄片浸渍在其中,缓慢降温使熔化状态的溶质达到过饱和状态,在衬底上析出单晶薄膜的成膜方法。单晶薄膜的生长厚度通过浸渍时间和液相过饱和度来控制。

目前,助熔剂液相外延主要涉及两大类材料:一类是ⅢA-ⅤA族元素化合物半导体,另一类是磁性石榴石。外延化合物半导体的助熔剂有Ga,Sn,In等,使用石墨或SiO_2坩埚,在中性或还原性气氛中进行。磁性石榴石外延目前主要使用$PbO-B_2O_3$做助熔剂,其次是$BaO-BaF_2-B_2O_3$,$BaO-Bi_2O_3$等,使用铂坩埚,在氧化气氛中进行。

常用的液相外延法有倾浸法、滑浸法和顶浸法三种。前两种多用于异质结化合物半导体器件,后一种多用于磁泡外延膜的生长。

4.6.1　倾浸法

倾浸法成膜示意图如图4.15所示,此法最早用来生长GaAs和Ge。GaAS衬底放在倾斜的舟形石墨坩埚的高端,低端放助熔剂(如Ga或Sn)和溶质(如GaAlAs),二者形成高温溶液。坩埚放在水平外延炉的恒温区,以保证衬底和溶液具有相同的温度。炉内通有还原性气氛H_2。外延时温度降至饱和温度附近,将坩埚(或连同炉体)反向倾斜,让溶液浸向衬底,随后在降温过程中完成外延过程,最后坩埚转回原位。此法不能连续外延。

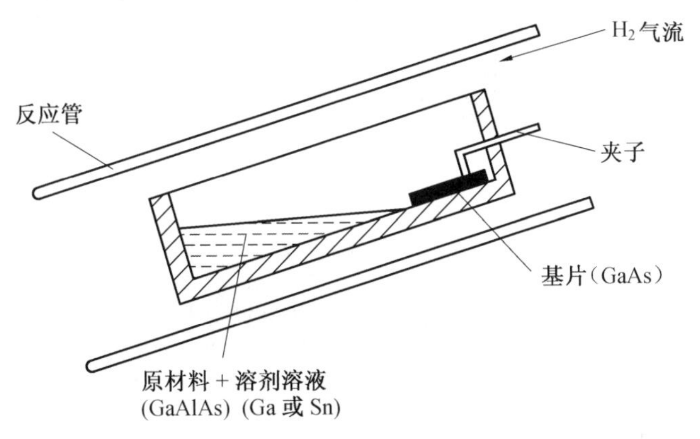

图4.15　倾浸法成膜示意图

4.6.2　滑浸法

滑浸法示意图如图4.16所示。在此装置中,衬底镶在光滑的石墨滑块上,上面放石墨坩埚体,它是一块长方体,上面有一个或几个圆柱形腔,其直径比衬底略大,腔内装有助熔剂和成膜溶质的溶液,其底部为装有衬底的石墨滑块。推动石墨滑块,将衬底推入溶液底部进行外延。此法可连续外延多层结或多个膜,但不能用来外延磁性薄膜。

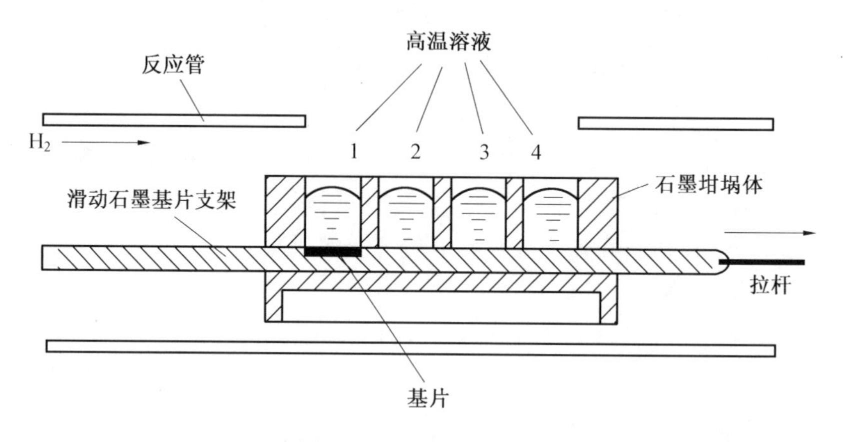

图 4.16 滑浸法示意图

4.6.3 顶浸法

顶浸法示意图如图 4.17 所示。采用竖直外延炉,衬底安装在籽晶杆上,从炉子顶部随时浸入盛有溶液的坩埚中。炉子具有较大的恒温区,在十几厘米范围内,温度梯度小于 1 ℃ · cm^{-1}。衬底的安装有竖直安装和水平安装两种方法,关键是要防止在外延过程中衬底在安装过程中的脱落。衬底在浸入溶液之前,为使溶质分布均匀,与生长晶体的提拉法相似,可采用衬底旋转的方法,旋转速度一般在 30 ~ 200 r · min^{-1}。外延完毕后,将衬底提出液面,可采用高速旋转(如 1 000 r · min^{-1})的方法甩掉衬底上黏附的溶液。此法可在 YAG 和 GGG 衬底上外延石榴石薄膜,优点是能随时浸取。

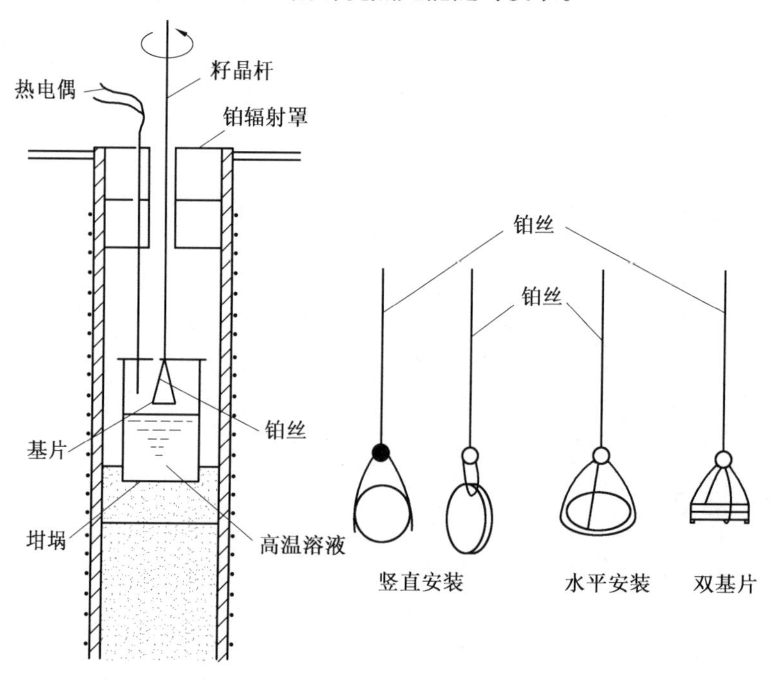

图 4.17 顶浸法示意图

4.7　影响薄膜结构的因素

薄膜的结构受制备条件的影响,其中主要的因素有蒸发速率、衬底温度、蒸发原子的入射方向、衬底表面状态及真空度等。

4.7.1　蒸发速率的影响

对于不同类型的金属,蒸发速度的影响程度是不相同的,这是由于真空沉积的金属原子在衬底上的迁移率与金属的性质和表面状况有关。即使是同一种金属,在不同的工艺条件下,蒸发速率对薄膜结构的影响也不完全一致。一般说来,蒸发速率会影响膜层中晶粒的大小与晶粒分布的均匀度以及缺陷等。

在低蒸发速率的情况下,金属原子在衬底上迁移的时间比较长,容易到达吸附点位置,或被处于其他吸附点位置上的小岛所俘获而形成粗大的晶粒,使得薄膜的结构粗糙不致密。同时由于蒸发原子到达衬底后,后续原子还没有及时到达,因而暴露在表面的时间比较长,容易受残余气体分子或蒸发过程中引入的杂质污染,以及产生各种缺陷等,从以上两方面来看,蒸发速率高一些好。

高蒸发速率可以使薄膜晶粒细小,结构致密,但由于同时凝结的核很多,在能量上核处于比较高的状态,所以薄膜内部存着比较大的内应力,同时缺陷也较多。

低蒸发速率使膜层结构疏松,电子越过其势垒而产生电导的能力弱,加上氧化和吸附作用,所以电阻值较高,电阻温度系数偏小,甚至为负值,随着蒸发速率的增大,电阻值也由大到小,而温度系数却由小到大,由负变正,这是由于低蒸发速率的薄膜由于氧化而具有半导体特性,所以温度系数出现负值。而高蒸发速率的薄膜趋向金属的特性,所以温度系数为正值。一般情况下,希望有较高的蒸发速率。但对特定的材料要从具体的实验中,正确地选择最佳的蒸发速率。

4.7.2　衬底温度的影响

在影响薄膜质量的工艺参量和技术参量中,衬底参数最重要的参量之一,其中包括衬体的温度、结构与表面状态等。

衬底温度对薄膜结构有较大影响,对于每一对衬底和薄膜材料,都有一个临界外延温度,高于此温度的外延生长是良好的,而低于此温度的外延生长则是不完善的,此外,生长速率与衬底温度 T 有关,根据实验结果可得

$$V=Ae\frac{-E_D}{kT} \tag{4.7}$$

式中,A 为常数;E_D为表面扩散激活能;T 是绝对温度。

该式表明,外延薄膜生长的速率与吸附原子的扩散能力有关。衬底温度升高会促进外延生长,使吸附原子的动能随着增大,使表面原子具有更多的机会到达平衡位置,使表面扩散和体扩散都增强,故结晶过程便容易进行,并使薄膜缺陷减少,同时薄膜内应力也会小些。若衬底的温度降低,薄膜的结晶性能会变差,非晶成分会增多,则易形成无定形

结构的膜。衬底温度过低,还会产生大量层错。

衬底温度的选择要视具体情况而定。一般说来,如果蒸发的膜层较薄,衬底温度比较低时,蒸发室的金属原子很快失去动能而在衬底表面上凝结,这时的膜层比较均匀致密;当衬底温度过高时反而会出现大颗晶粒,使膜层表面粗糙。如果蒸发比较厚的膜层,一般要求衬底温度适当高一些,可以使薄膜减少内应力,并减少薄膜被氧化的概率。

衬底的晶体结构对外延膜的结构与取向有十分重要的影响。特别是在异质外延中,由于薄膜材料的晶格常数与衬底的不匹配,必然会在与衬底的界面处发生晶格畸变,以便与衬底相配合。理论分析曾得出如下结论:当失配度 $m\approx2\%$ 时($m=\frac{b-a}{a}$是衬底的晶格常数;b 是薄膜的晶格常数),薄膜界面处畸变区厚度可达几埃;当失配度为4%左右时,则可达几百埃;而当失配度大于12%时,靠晶格畸变已经达不到匹配,只有靠位错来调节了。所以,在外延膜特别是异质外延膜中,位错密度通常是较高的($10^{11}\sim10^{12}\ cm^{-2}$)。同时,衬底与薄膜材料之间的晶格不匹配,除了会引起界面处的晶格畸变之外,还会导致小岛之间的畸变。当小岛合并时,也会诱发位错的产生。所以在选择衬底材料时,要尽量选取晶格常数相差不多的(最好小于1%),以保证外延膜的质量。

例如,A1-Mg 尖晶石是面心立方结构,可以在它的(111)面上外延生长(111)面的 Si 单晶,由于它们具有相同的晶格结构,(111)面上原子的排布规律是一样的,所不同的仅仅是晶格常数,因此能较好地匹配。如果选取晶格结构不同的材料为衬底,这时应考虑衬底表面的面网上原子排布规律应尽量与所生长的外延层上原子排布规律一致。例如,在蓝宝石 $\alpha-A1_2O_3$衬底上生长 Si 外延层时,蓝宝石属三方晶系,与 Si 不同,但(1102)面网结构与 Si 的(100)面网结构相近似。当然,此时产生的晶格失配比在尖晶石(111)面上外延(111)的 Si 层的失配度要大。

还有一点需要考虑,就是衬底材料与薄膜材料之间热膨胀系数、热传导系数的不同,会引起热应力的产生;衬底材料中的某种元素对外延层的渗透作用(即所谓自掺现象)同样会对外延层的性质(如电学性质等)产生影响。另外,衬底材料中的位错也会延伸至外延层中去等,所有这些都是在选择衬底材料时应认真考虑的。

衬底的表面状态对薄膜的结构、质量也有很大的影响。如果衬底表面光洁度高,表面清洁,则所获得的膜层结构致密,容易结晶;否则相反,而且膜的附着力也很差。所以在使用前,一定要用腐蚀、超声波清洗等手段仔细地除去表面可能存在的氧化层、污物等。要尽量避免表面的机械负伤和划痕。

例如在用 MBE 系统外延 GaAs/AlGaAs 高电子迁移率晶体管材料的过程中,首先将 GaAs 衬底进行清洁处理,用有机溶剂去除油,然后用 $H_2SO_4:H_2O_2:H_2O$ 体积比为 5∶1∶1的腐蚀液腐蚀,再用去离子水冲净、甩干后送入样品室。也有采用离子轰击清洗、预溅射清洗等手段。总之,要想得到高质量的外延膜,进行每一步都需认真对待。

4.7.3　蒸发原子入射方向的影响

薄膜结构与蒸发原子的入射方向也有关。把蒸发原子飞向基片的方向和基片法线之间的夹角 θ 称为蒸发原子入射角。入射角的大小对薄膜的结构有很大影响,使薄膜产生各向异性。随着结晶颗粒的增大，后入射的蒸发原子就逐渐沿着原子的入射方向在晶体上生长，于是会产生所谓自身阴影效应，从而使薄膜表面出现凹凸不平，缺陷较多，并出现各向异性。这种沿蒸发原子飞来方向生长的倾向，在蒸发角度越大时，表现得越严重。

蒸发好的薄膜，经过热处理可以改善其结构和性能，而且热处理可使晶格排列得较整齐些，部分地清除晶格缺陷，改善薄膜热稳定性，又可消附近内应力，增强薄膜与衬底的附着力，同时还可以消除膜层中气体分子吸附，在薄层表面生成一层氧化保护层，从而保护膜层免受侵蚀和污染。

4.7.4　真空度的影响

真空度的高低也直接影响薄膜的结构和性能，真空度低，材料受残余气体分子污染严重，薄膜性能变差。即使在高真空的情况下，薄膜中也免不了有吸附的气体分子，提高衬底温度有利于气体分子的解吸。

4.8　化学气相沉积法成膜

真空蒸镀及溅射过程由于没有化学反应，所以形成的薄膜和原始材料成分基本上是相同的。这种通过物理过程制备薄膜的方法称为物理气相沉积（PVD）法。与此相反，当形成的薄膜除了从原材料获得组成元素外，还在基片表面发生化学反应，获得与原成分不同的薄膜材料，这种存在化学反应的气相沉积称为化学气相沉积（CVD）法。由于 CVD 法是一种化学反应方法，所以可制备多种薄膜，且有广泛应用。如可在半导体、大规模集成电路中用于生长硅、砷化镓材料、金属薄膜、表面绝缘层和硬化层。由于此法是利用各种气体反应来制备薄膜，所以可任意控制薄膜组成，能够实现全新结构和组成，且可以在低于薄膜组成物质的熔点温度下制备薄膜。

表 4.20 是 PVD 和 CVD 两种方法的比较。用 PVD 制备并得到应用的薄膜有单质金属、合金、氧化物和氮化物等，用 CVD 制备的薄膜主要有氧化物、氮化物等化合物和半导体等。

表 4.20　PVD 与 CVD 方法的比较

	PVD	CVD
物质源	生成膜物质的蒸气，反应气体	含有生成膜元素的化合物蒸气、反应气体等
激活方法	消耗蒸发热、电离等	提供激活能、高温、化学自由能
制备温度	250 ~ 2 000 ℃（蒸发源） 25 ℃ ~ 合适温度（基片）	150 ~ 2 000 ℃（基片）
成膜速率	25 ~ 250 μm/h	25 ~ 1 500 μm/h
用途	装饰、电子材料、光学	材料精制、装饰、表面保护、电子材料
可制备薄膜的材料	所有固体（C、Ta、W 困难）、卤化物和热稳定化合物	碱及碱土类以外的金属（Ag、Au 困难）、碳化物、氮化物、硼化物、氧化物、硫化物、硒化物、金属化合物、合金

4.8.1 CVD 反应原理

应用 CVD 法原则上可以制备各种材料的薄膜,例如单质、氧化物、硅化物、氮化物等薄膜。根据要形成的薄膜,采用相应的化学反应及适当的外界条件(温度、气体浓度、压力等参数),即可制备各种薄膜。表 4.21 列出了 CVD 法的各种不同的反应方式,下面分别予以介绍。

表 4.21 CVD 法的反应方式

反 应	材 料	反应举例	CVD 产物
热分解	金属氢化物 金属碳酰化合物 有机金属化合物 金属卤化物	$SiH_4 \xrightarrow{\triangle} Si+2H_2$ $W(CO)_6 \xrightarrow{\triangle} W+6CO$ $2Al(OR)_3 \xrightarrow{\triangle} Al_2O_3+3R'$ $SiI_4 \xrightarrow{\triangle} Si+2I_2$	Si W Al_2O_3 Si
氢还原	金属卤化物	$SiCl_4+2H_2 \xrightarrow{\triangle} Si+4HCl$ $SiHCl_3+H_2 \xrightarrow{\triangle} Si+3HCl$ $MoCl_5+5/2H_2 \xrightarrow{\triangle} Mo+5HCl$	Si Si Mo
金属还原	金属卤化物、单质金属	$BeCl_2+Zn \xrightarrow{\triangle} ZnCl_2+Be$ $SiCl_4+2Zn \xrightarrow{\triangle} Si+2ZnCl_2$	Be Si
基片材料还原	金属卤化物、硅基片	$WF_6+3/2Si \longrightarrow W+3/2SiF_4$	W
化学输送反应	硅化物等	$2SiI_2 \longrightarrow Si+SiI_4$	Si
氧化	金属氢化物 金属卤化物 有机金属化合物	$SiH_4+O_2 \longrightarrow SiO_2+2H_2$ $PH_3+5/4O_2 \longrightarrow 1/2P_2O_5+3/2H_2$ $SiCl_4+O_2 \xrightarrow{\triangle} SiO_2+2Cl_2$ $POCl_3+3/4O_2 \longrightarrow 1/2P_2O_5+3/2Cl_2$ $AlR_3+3/4O_2 \longrightarrow 1/2Al_2O_3+3R'$	SiO_2 P_2O_5 SiO_2 P_2O_5 Al_2O_3
加水分解	金属卤化物	$SiCl_4+2H_2O \longrightarrow SiO_2+4HCl$ $2AlCl_3+3H_2O \longrightarrow Al_2O_3+6HCl$	SiO_2 Al_2O_3
与氨反应	金属卤化物 金属氢化物	$SiH_2Cl_2+4/3NH_3 \longrightarrow 1/3Si_3N_4+2HCl+2H_2$ $SiH_4+4/3NH_3 \longrightarrow 1/3Si_3N_4+4H_2$	Si_3N_4 Si_3N_4
等离子体激发反应	硅氢化合物	$SiH_4+4/3N\cdot \longrightarrow 1/3\ Si_3N_4+2H_2$ $SiH_4+2O\cdot \longrightarrow SiO_2+2H_2$	Si_3N_4 SiO_2
光激励反应	硅氢化合物	$SiH_4+O_2 \longrightarrow SiO_2+2H_2$ $SiH_4+4/3NH_3 \longrightarrow 1/3Si_3N_4+2H_2$	SiO_2 Si_3N_4

(1)热分解反应。

典型的热分解反应是制备外延生长多晶硅薄膜,例如利用硅烷 SiH_4 在较低温度下分解,可以在基片上形成硅薄膜,还可以在硅单质膜中掺入其他三价或五价元素,也可以在

气体中加入气体氢化物，控制气体混合化，即可以控制掺杂浓度，相应的反应式为

$$SiH_4 \xrightarrow{\triangle} Si+2H_2$$

$$PH_3 \xrightarrow{\triangle} P+\frac{3}{2}H_2$$

$$B_2H_6 \xrightarrow{\triangle} 2B+3H_2$$

(2)氢还原反应。

氢还原反应制备外延层是一种重要的工艺方法，使用氢还原反应可以从相应的卤化物中制备出硅、锗、钨等半导体和金属薄膜。例如制备硅膜，反应式为

$$SiCl_4+2H_2 \xrightarrow{\triangle} Si+4HCl$$

各种还原反应是否是可逆的，取决于反应系统的自由能，控制反应温度、氢与反应气的浓度比、压力等参数，对于正反应进行是有利的。例如利用 $FeCl_2$ 还原反应制备 α-Fe 的反应中，就需要控制上述参数，反应式为

$$FeCl_2+H_2 \xrightarrow{\triangle} Fe+2HCl$$

(3)由金属产生的还原反应。

由金属产生的还原反应是还原卤化物，用其他金属置换卤素的反应。该反应在半导体器件制造中还未得到应用，但已用于硅的制作上。

(4)由基片产生的还原反应。

由基片产生的还原反应发生在基片表面上，反应气体被基片表面还原生成薄膜。典型的反应是钨的氟化物与硅基片表面的反应。WF_6 在硅表面上与硅发生如下反应，钨被硅置换，沉积在硅上，其反应式为

$$WF_6+3/2Si \longrightarrow W+3/2SiF_4$$

(5)化学输送反应。

在化学输送反应中，在高温区被置换的物质构成卤化物或者与卤素反应生成低价卤化物。它们被输送到低温区域，在低温区域由非平衡反应在基片上形成薄膜。这种反应通常在封闭管内循环进行。利用此反应制备硅薄膜的过程为

在高温区　$Si(s)+I_2(g) \longrightarrow SiI_2(g)$

在低温区　$SiI_2 \longrightarrow 1/2Si(s)+1/2SiI_4(g)$

总反应为　$2SiI_2 \longrightarrow Si+SiI_4$

这种反应不仅用于硅膜制取上，而且用于制备 III-V 族化合物半导体，此时把卤化氢作为引起输送反应的气体使用。

(6)氧化反应制备氧化物薄膜。

氧化反应主要用于使基片产生出氧化膜，作为氧化物薄膜有 SiO_2，Al_2O_3，TiO_2，Ta_2O_5 等。使用的原料主要有卤化物、氯酸盐、氧化物或有机化合物等，这些化合物能与各种氧化剂进行反应。为了生成氧化物薄膜，可以用硅烷或四氯化硅和氧反应，即

$$SiH_4+O_2 \xrightarrow{\triangle} SiO_2+2H_2$$

$$SiCl_4+O_2 \xrightarrow{\triangle} SiO_2+2Cl_2$$

(7)加水分解反应。

为了形成氧化物,还可以采用加水反应,即

$$SiCl_4+2H_2O \xrightarrow{\triangle} SiO_2+4HCl$$

$$2AlCl_3+3H_2O \xrightarrow{\triangle} Al_2O_3+6HCl$$

(8)与 N_2,NH_3反应。

与 N_2,NH_3反应可以制得氮化物薄膜,相应的化学反应式为

$$TiCl_4+2H_2+\frac{1}{2}2N_2 \xrightarrow{\triangle} TiN+4HCl$$

$$SiH_2Cl_2+\frac{4}{3}NH_3 \xrightarrow{\triangle} \frac{1}{3}SiN_4+2HCl+2H_2$$

$$SiH_4+\frac{4}{3}NH_3 \xrightarrow{\triangle} \frac{1}{3}Si_3N_4+4H_2$$

(9)物理激励反应。

利用外界物理条件使反应气体活化,促进化学气相沉积过程,或降低气相反应的温度,这种方法称为物理激励,主要方式有:

①等离子体激发反应。将反应气体等离子化,从而使反应气体活化,降低反应温度。例如,制备 Si_3N_4薄膜时,采用等离子体活化可使反应体系温度由 800 ℃降低至 300 ℃左右,相应的方法称为等离子体强化气相沉积。此法还用于制备氧化物膜、有机物薄膜及非晶硅薄膜等。在下一节中重点介绍。

②光激励反应。运用等离子激励,由于高能粒子对基片的轰击,吸收荷电粒子的存在影响器件的质量,为此考虑运用光能活化反应气体。光的辐射可以选择反应气体吸收波段,或者利用其他感光性物质激励反应气体。例如,对 SiH_4-O_2反应体系,使用水银蒸气为感光物质,用紫外线辐射,其反应温度可降至 100 ℃左右,制备 SiO_2 薄膜;用于 SiH_4-NH_3体系,同样用水银蒸气作为感光材料,经紫外线辐照,反应温度可降至 200 ℃,制备 Si_3N_4薄膜。

③激光激励反应。同光照射激励一样,激光也可以使气体活化,从而制备各类薄膜。

4.8.2 影响 CVD 薄膜的主要参数

(1)反应体系成分。

CVD 原料通常要求室温下为气体,或选用具有较高蒸气压的液体或固体等材料。室温下蒸气压不高的材料也可以通过加热,使之具有较高的蒸气压。表 4.22 列出几种 CVD 法制膜常用的原料。

(2)气体的组成。

气体成分是控制薄膜生长的主要因素之一。对于热解反应制备单质材料薄膜来说,气体的浓度关系到生长速度。例如,采用 SiH_4热分解反应制备多晶硅,700 ℃时可获得最大的生长速度。加入稀释气体氦时,可阻止热解反应,使最大生长速度的温度升高到 850 ℃左右。

当制备氧化物及氮化物薄膜时,必须适当多加的 O_2及 NH_3,才能保证反应进行。加

用氢还原的卤化物气体,由于反应的生成物中有强酸,其浓度控制不好,不但不能成膜,反而会出现腐蚀。若以 X 代表卤族元素,则会发生如下反应:

$$SiX_4+2H_2 \longrightarrow Si+4HX$$

$$Si+4HX \longrightarrow SiX_4+2H_2$$

$$SiX_4+Si \longrightarrow 2SiX_2$$

当 HX 浓度较高时,后两种反应会显露出来,以致使 Si 的成膜速度降低,甚至为零。

表 4.22　CVD 法制膜常用的原料

材料	化合物原料	CVD 薄膜
氢化物	SiH_7	Si
	PH_3	P
	B_2H_6	B
	SiH_4, PH_3, B_2H_6 — O_2; CO_2; NO, NO_2, N_2O; H_2O	SiO_2等氧化物
	SiH_4-NH_3, N_2H_4	Si_3N_4
	GeH_4	Ge
卤化物	$SiH_2Cl_2-H_2$	Si
	$GeCl_4-H$	Ge
	$SiCl_4-NH_3-H_2$	Si_3N_4
	$SiCl_4-H_2O$	SiO_2
	$TiCl_4-H_2O$	TiO_2
	$AlCl_3-CO_2-H_2$	Al_2O_3
金属有机化合物	$Fe(CO)_5$	Fe
	$Cr(CO)_6$	Cr
	$Mo(CO)_6$	Mo
	$W(CO)_6$	W
	$Fe(CO)_5-O_2$	Fe_2O_3
	$AlCO(C_2H_5)_3$	Al_2O_3
	$Al(C_2H_5)_3$	Al

(3)压力。

CVD 制膜可采用封管法、开管法和减压法三种方法。封管法是在石英或玻璃管内预先放置好材料生成薄膜。开管法是用气源气体向反应器内吹送,保持在一个大气压的条件下来生成薄膜。由于气源充足,薄膜成长速度较快,缺点是成膜的均匀性较差;减压法又称为低压 CVD(LCVD)法,是在减压的条件下来生成薄膜。在减压条件下,随着气体供给量的增加,薄膜的生长速率也增加。

(4)温度。

温度是影响 CVD 的主要因素。一般而言,随着温度升高,薄膜生长速度也随之增加,但达到一定温度后，生长速度受温度的影响会变小。通常要根据原料气体和气体成分及成膜要求设置 CVD 温度。CVD 温度大致分为低温、中温和高温三类，其中低温 CVD 反应一般需要物理激励，表 4.23 列出了制备多种 CVD 薄膜形成温度范围和反应系统。

表 4.23　CVD 膜形成温度范围和反应系统

成长温度	反应系统	薄膜
100 ~ 200 ℃	紫外线激励 CVD	SiO_2，Si_3N_4
~400 ℃	等离子体激励 CVD	SiO_2，Si_3N_4
~500 ℃	SiH_4-O_2	SiO_2
中温 ~800 ℃	SiH_4-NH_3	Si_3N_4
	$SiH_4-CO_2-H_2$	SiO_2
	$SiCl-CO_2-H_2$	
	$SiH_2Cl_2-NH_3$	Si_3N_4
	SiH_4	多晶硅
高温 ~1 200 ℃	SiH_4-H_2 $SiCl_4-H_2$ $SiH_2Cl_2-H_2$	Si 外延生长

4.8.3　CVD 设备

CVD 设备可分成四个部分，即气相反应室、加热系统、气体控制系统以及排气处理系统。

(1)气相反应室。

气相反应室最主要的问题是如何保证获得均匀膜。由于 CVD 反应是在基片的表面进行的，所以必须注意如何控制气相中的反应，对基板表面能充分提供反应气体，反应生成物能迅速从反应室取出。表 4.24 为各种 CVD 装置的气相反应室。

表 4.24　各种 CVD 装置的气相反应室

形式	加热方法	温度范围/℃	原理简图
水平形	板状加热方式 感应加热 红外辐射加热	500 1 200 1 200	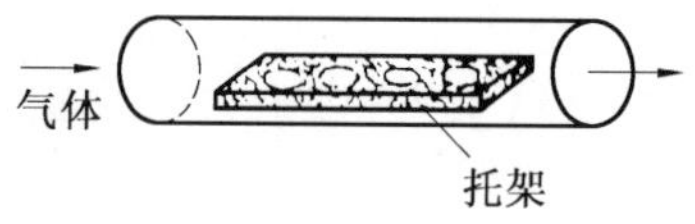
垂直形	板状加热方式 感应加热	500 1 200	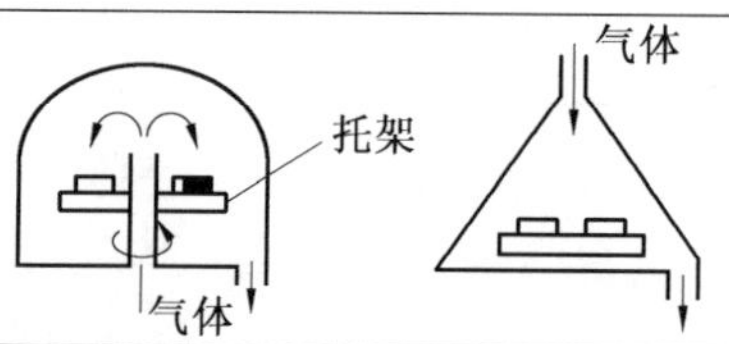
圆筒形	诱导加热 红外辐射加热	1 200 1 200	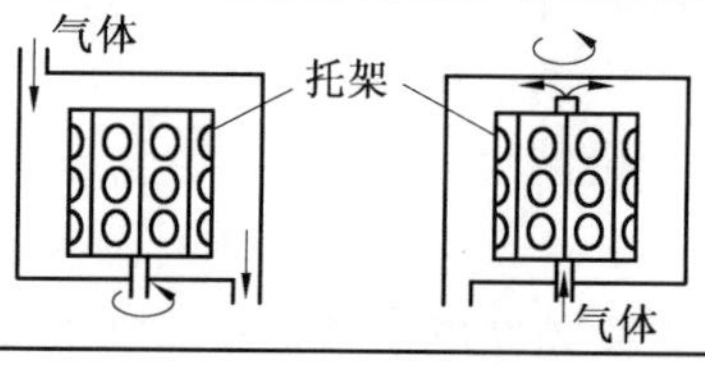

续表 4.24

形式	加热方法	温度范围/℃	原理简图
连绕形	板状加热方式 红外辐射加热	500 500	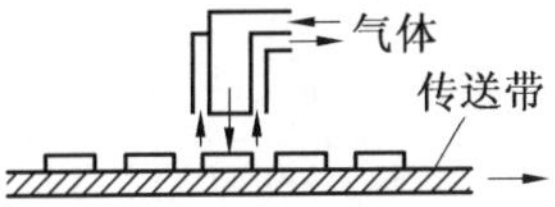
管状炉形	电阻加热 (管式炉)	1 000	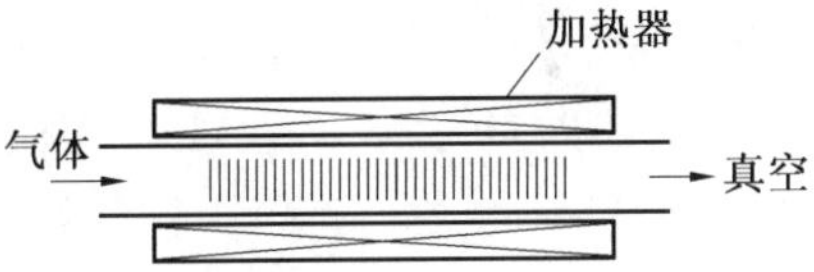

(2)加热系统。

CVD基片的加热主要有电阻加热、高频感应加热、红外辐射加热、激光束加热等方法,见表4.25。其中常用的是电阻加热炉和感应加热,由于基片不一定能被感应加热,所以为了能使其温度均匀,通常将基片放在石墨架上,感应加热仅加热石墨,然后再传热至基片保持在一定温度。红外辐射加热是近年发展起来的加热方式,由于采用聚焦加热,可使基片或托架局部加速加热。当用石墨托架时,可保持恒温。激光加热仅用于制备局部CVD薄膜。

表 4.25　CVD装置的加热方法及其应用

加热方法	原理图	应　　用
电阻加热	板状加热方式 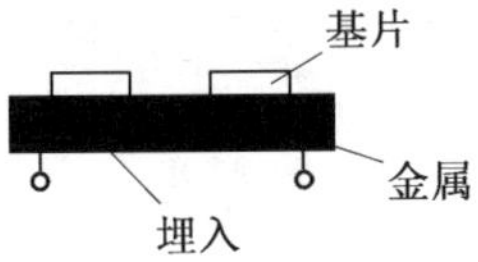	500 ℃以下的各种绝缘膜、等离子体CVD
	管状炉 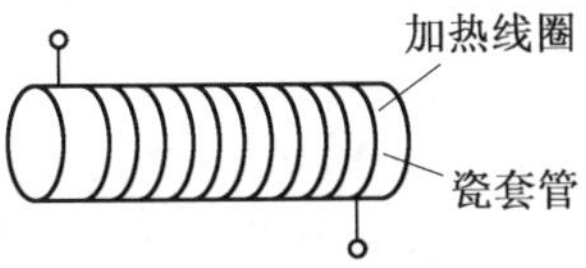	各种绝缘膜、多晶硅膜(低压CVD)
高频感应加热	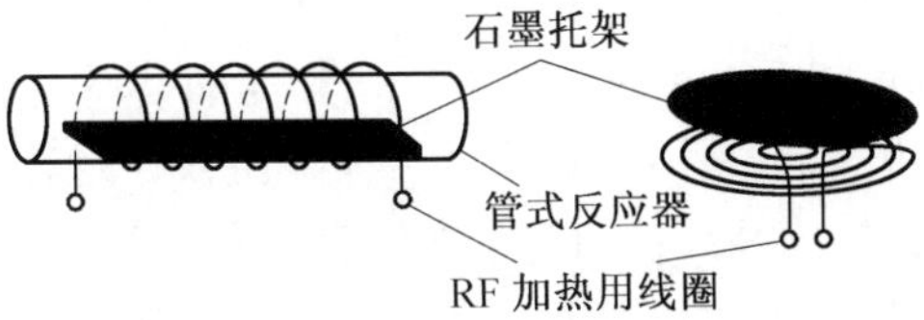	硅外延生长及其他
红外辐射加热(用灯加热)	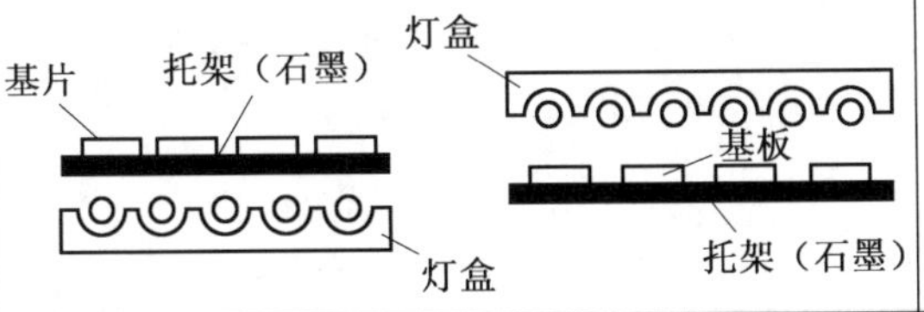	硅外延生长及其他

(3)气体控制系统。

在 CVD 反应中使用多种气体,如原料气、氧化剂气或还原剂气,以及将这些气体送入反应室的载气。为了能确保制备薄膜成分,各种气体送入量应严格控制。目前常用各种阀件和质量流量计来控制气体的流量及相互之间的比率。原料也有液体或固体,但都必须经加热汽化,送入反应室。汽化气体途经管道应保持适当温度,以防止再一次液化。有些挥发不稳定的液体(如硅烷),使用时应严格控制其挥发温度。

(4)排气处理系统。

CVD 反应气体大多有毒、有腐蚀性,因此必须经过处理才能排出。通常采用冷阱吸收或通过淋水水洗、中和后再排出。排气处理系统在目前的先进设备中已成为重要的组成部分。

4.8.4 等离子体强化 CVD 法

4.8.4.1 基本原理

等离子体强化 CVD(PCVD)法成膜是使原料气体成为等离子体状态(非常活泼的激发分子、原子、离子和原子团等)来促进化学反应,在基片上制备薄膜。一般的 CVD 法是使气态物质处于高温下,经化学反应制备薄膜。由于借助等离子体作用,使等离子体强化 CVD 法由具有新的特性。

CVD 反应为 $$C(g)+D(g)\xrightarrow{\text{加热}}A(s)+B(g)$$

PCVD 反应为 $$C(g)+D(g)\xrightarrow{\text{等离子体}}A(s)+B(g)$$

PCVD 法的最大特性是,可以在低温下成膜,热损失少,抑制了与基片物质的反应,可在非耐热性基片上成膜。从热力学上讲,在反应虽能发生但反应相当迟缓的情况下,借助等离子体激发状态,可促进反应进行,使通常从热力学上讲难于发生的反应变为可能,这样可开发出具有从未见到的各种组成比的新材料,制备出高温材料薄膜。另外由于反应材料是气体,可以稳定提供,因此可连续控制。从而可控制薄膜的组成。但另一方面,成膜自由度增加,可控制的参数变多,实现重复性的控制变得困难。

在等离子体沉积过程中,参与的粒子包括电子、原子、分子(基态和激发态)、离子、原子团、光子等。这一过程不仅发生在气体中而且发生在基片电极表面和其附近处。反应的中间生成物不是一种而是几种,在膜生成过程中,采用一般的测量方法很难判断表面上发生的等离子体反应。可认为制得的膜自身是含有各种化学键的非平衡状态膜,它一般包含着很大的内应力。若仅考虑电子碰撞作用,可有各种不同的反应过程,见表 4.26。

按加给反应室的电力方法,等离子 CVD 法可分为直流法和射频法(RF),其中又分为电感耦合型和电容耦合型、微波法及同时加电场和磁场方法。直流法在阴极侧成膜,阳极侧几乎不生长薄膜。阴极侧薄膜受到阳极附近的空间电荷产生的强磁场的严重影响。用氩稀释反应气体时膜中会进入氩。为避免这种情况,将电位等于阴极侧基片电位的帘栅放置于阴极前面,可得优质薄膜。

表 4.26　成膜时可能存在的反应过程

反　应	反　应　式
电子-分子反应	
激发	$e+A \longrightarrow A^{+}+e$
离解	$e+AB \longrightarrow A+B+e$
离解电离	$e+A \longrightarrow A^{+}+2e$
离解电离	$e+AB \longrightarrow A^{+}+B+2e$
附着	$e+A \longrightarrow A^{-}$
离解附着	$e+AB \longrightarrow A^{-}+B$
电子-正离子反应	
再结合	$e+A^{+} \longrightarrow A$
离解再结合	$e+A^{+}B \longrightarrow A+B$
表面反应	$AB \longrightarrow A(膜)+B$ $A^{+}+CB(膜) \longrightarrow A^{+}C(膜)+B(膜)$
离子-分子反应	$A^{+}+BC \longrightarrow A^{+}B+C$

4.8.4.2　等离子体 CVD 装置

等离子体 CVD 法是把低压原料气体导入装置内,对其输入电能,使其成为等离子体状态,通过反应在基片上制作薄膜。其装置包括辉光放电装置、抽气系统、反应室、气体导入系统、压力测量装置等几个组成部分。

(1)辉光放电装置。

直流辉光放电装置内部配备电极,对电极加直流电压,形成辉光放电。结果使阴极上电压下降,正离子被加速。在放电中,电极不发生腐蚀,无杂质污染,需要调整基片位置和外部电极位置,也采用把电极装入内部的耦合方式。

(2)抽气系统。

原料气体往往是具有腐蚀性、可燃性、爆炸性、易燃性和有毒的物质。对抽气系统应考虑安全、清洁、装置维修、防大气污染等措施。一般用油扩散泵或涡轮分子泵把反应室抽至高真空,为防止残余气体成为杂质污染源,在取出试样时把有毒反应气体抽空至高真空以后,采用氮气清洗系统。因残余气体中 N,O,C,H_2O 等会造成污染,所以抽空以后,通常通入惰性气体,再抽空至高真空。

(3)反应室。

反应室的内部材料应能承受基片加热温度的作用(一般为室温至 400 ℃),能耐蚀,经溅射不放出吸附气体。反应室的温度分布、气体浓度分布、反应气体组成比等必须均匀一致。对大型反应室系统必须考虑基片旋转的传动机构。

(4)气体导入系统。

在使用稀释气体或使用几种原料气体时需要控制气体的组成。可用流量计、针阀等来调节流量。使用质量流量控制器可以实现流量控制的自动化。阀门应使用耐蚀性材料,为防止事故和混入杂质可采用波纹管密封型阀门。管路应使用具有一定机械强度的材料,应很好清洗,并进行泄漏检查。

(5)压力测量装置。

预抽气需达到高真空,反应时压力为 10 Pa 至几百 Pa,因此应分别设置真空计。重要的是控制放电的气体压力,对压力变化进行监视。可采用薄膜真空计测量,能实现压力的绝对测量,测量精度高。

(6)电源。

采用高频电源,频率一般为 50 kHz ~ 2.45 GHz。

(7)控制、监视系统。

在制作薄膜时需控制必要的参数,也需控制制膜工艺程序。不仅要控制基片温度、压力、气体流量,还需监视等离子体负载电压波型,控制由发光分析得出的放电过程等有关的等离子体状态。

4.8.5 有机金属化学气相沉积法成膜

4.8.5.1 基本原理

有机金属化学气相沉积(MOCVD)法是一种利用有机金属热分解反应进行气相外延生长的方法。此法主要用于化合物半导体气相生长,其原理与利用硅烷(SiH_4)热分解得到硅外延生长的技术相同。

由于 MOCVD 法是利用热来分解化合物的一种方法,因此作为含有化合物半导体元素的原料化合物,必须满足以下条件:

①在常温下较稳定且容易处理。

②反应生成的副产物不妨碍晶体生长,不污染生长层。

③为适应气相生长,在常温下应具有适当的蒸气压(≥133.322 Pa)。

作为 MOCVD 原料,要求物质是具有强非金属性元素的氢化物,此外,有些有机化合物特别是烷基化合物大多能满足原料的要求。不仅金属烷基化合物,而且非金属烷基化合物也能用作 MOCVD 原料。表 4.27 给出了含有掺杂剂的用作 MOCVD 原料的 II、III、IV、V 族化合物及其性质。由该表可看出,能用作原料化合物的物质相当多,它们对应于大多数化合物半导体晶体。例如,对于 GaAs, $Ga_{1-x}Al_xAs$,作为 Ga, Al 的原料可选择 $(CH_3)_3Ga$(三甲基镓 TMG),$(CH_3)_3Al$(三甲基铝 TMA);作为 As 的原料可选择 AsH_3 气体。使用上述原料,在高温下使其发生热分解就能得到化合物半导体。例如 GaAs 可在 GaAs 基片上按下式完成外延生长。

$$(CH_3)_3Ga+AsH_3 \longrightarrow GaAs+3CH_4$$

对 $Ga_{1-x}Al_xH_3$ 混晶体,可采用调节 $(CH_3)_3Ga$ 和 $(CH_3)_3Al$ 供给量的方法得到具有任意混晶比 x 的相应物质,即

$$(1-x)(CH_3)_3Ga+x(CH_3)_3Al+AsH_3 \longrightarrow Ga_{1-x}Al_xAs+3CH_4$$

表 4.27　MOCVD 使用的原料化合物的性质

元素	化合物	状态（室温）	相对分子质量	熔点/℃	沸点/℃	相对密度
Zn	$(CH_3)_2Zn$	液体	95.44		46	1.386
	$(C_2H_5)_2Zn$	液体	123.49	-42.2	117.6	1.182
Cd	$(CH_3)_2Cd$	液体	142.47	-30	105.7	1.985
	$(C_2H_5)2Cd$	液体	170.52	-4.2	64	1.656
Hg	$(CH_3)_3Hg$	液体	230.66	-21	94	3.069
	$(C_2H_5)_2Hg$	液体	258.71		159	2.444
Al	$(CH_3)_3Al$	液体	72.08	15	127	0.743
	$(C_2H_5)_3Al$	液体	114.16	-52.5	194	0.835
Ga	$(CH_3)_3Ga$	液体	114.83	15.8	55.8	1.151
	$(C_2H_5)_3Ga$	液体	156.91	-82.3	143	1.058
In	$(CH_3)_3In$	固体	159.82	88.4	136	1.56
	$(C_2H_5)_3In$	液体	202.01	-32	184	1.26
Si	SiH_4	气体	32.09	-185	-112	
Ge	GeH_4	气体	76.59	-165.7	-88.2	0.68
Sn	$(CH_3)_4Sn$	液体	178.83	-54.9	79	1.523
	$(C_2H_5)_4Sn$	液体	234.94	-136	175	
Pb	$(CH_3)_4Pb$	液体	267.3	-27.5	110	
N	NH_3	气体	17.03	-777.7	-33	
P	PH_3	气体	34.00	-133	-88	0.746
	$(CH_3)_3P$		69.97	-85	37.8	
	$(C_2H_5)_3P$		118.16	88	129	0.800
As	AsH_3	气体	77.95	-117	-63	1.604
	$(CH_3)_3As$	液体	120.03	-87.3	53	1.124
	$(C_2H_5)_3As$		162.11		13.9	1.152
Sb	SbH_3	气体	124.77	-88	-17	2.260
	$(CH_3)_3Sb$	液体	166.86	-62	81	1.523
	$(C_2H_5)_3Sb$	液体	208.94	-98	160	1.324
S	H_2S	气体	34.06			
Se	H_2Se	气体	80.98	-64	-47	2.004
Te	H_2Te	气体	129.60		-1.9	2.65

MOCVD 法是一种生长薄膜技术，与液相外延生长（LPE）法、气相外延生长（VPE）法相比，具有以下优点：

①仅单一的生长温度范围是生长的必要条件，反应装置容易设计，较 VPE 法简单。生长温度范围较宽，适于大批量生产。

②由于原料能以气体或蒸气状态进入反应室内，所以能容易实现导入气体量的精确控制，可分别改变原料的各种成分量。膜厚和电性质具有较好的再现性，能在宽范围内实

现控制。

③原料气体不含刻蚀成分,从原理上说,自动掺杂作用小,在膜厚方向上能实现掺杂浓度的急速变化。

④能在蓝宝石、尖晶石基片上实现外延生长。

⑤只改变原料就能容易地生长出各种成分的化合物晶体。

表4.28以GaAs薄膜的制备为例,比较了各种外延生长技术,其中生长温度,LPE法最高,MBE法最低,卤化物VPE、MOCVD法居中,但卤化物VPE法的生长温度接近于LPE法,MOCVD法的生长温度接近于MBE法。生长温度越高,化合物元素和掺杂元素的扩散越快,这意味着难于使薄膜组成和掺杂浓度发生急剧变化。LPE法的生长速率最大,卤化物VPE法、MOCVD法、MBE法的生长速率依次变小。MBE法具有约0.1 nm·s^{-1}薄膜生长速率,能在一秒钟内生长出一个原子层厚度的超薄薄膜。MOCVD法在成膜能力上次于MBE法,用调节原料导入量的方法,可使其生长速率与LPE法相当。

表4.28 GaAs的各种外延生长法的比较

	LPE	VPE		MBE
		卤化物VPE	MOCVD	
生长速率/(μm·min^{-1})	~1	~0.1	~0.1	~0.01
生长温度/℃	850	750	750~850	550
可控膜厚/nm	50	25	5	0.5
掺杂范围/cm^{-3}	10^{13}~10^{19}	10^{13}~10^{19}	10^{13}~10^{19}	10^{14}~10^{19}
迁移率(77 K)/(cm^2·(V·s)$^{-1}$)(n型)	1.5×10^5~2×10^5	1.5×10^5~2×10^5	1.2×10^5~1.4×10^5	1.05×10^5

用各种方法制作的GaAs外延膜的纯度等级,可从77 K下的迁移率值来确定,迁移率越高,外延膜的纯度越高。LPE法、卤化物VPE法制作的膜具有较高纯度,MOCVD法、MBE法制备的膜的纯度接近LPE法、卤化物VPE法。

可见,MOCVD法的特征介于卤化物VPE法与MBE法之间,兼备后二者的特征。表4.29为MBE法和有机金属化学气相沉积(MOCVD)法的比较。

表4.29 MBE法和MOCVD法的比较

	MBE	MOCVD
非掺杂GaAs纯度	p型$10^{14}cm^{-3}$	n或p型$10^{14}cm^{-3}$
捕获浓度	电子捕获1×10^{12} cm^{-3} 空穴捕获6×10^{13} cm^{-3}	1~3×10^{14} cm^{-3} E_t=0.84 eV
掺杂	施主半导体:Sn,Si,Ge 受主半导体:Be,Mg Sn时产生表面偏析	施主半导体:S,Se,Si 受主半导体:Zn,Be,S,Zn
电子迁移率(77 K)	1.1×10^5 cm^2/(V·s) ($n=4\times10^{14}$ cm^{-3})	1.4×10^5 cm^2/V·s ($n=4\times10^{14}cm^{-3}$)

续表 4.29

	MBE	MOCVD
生长速率 /($\mu m \cdot min^{-1}$)	0.5 ~ 2	5 ~ 30
均匀性	10%(基片不旋转) 1%(基片旋转)	5% ~ 10%(水平型)
混晶生长	未开发含有两种 V 族元素的混晶生长	对含 In 的混晶需精心制作
操作性和危险性	原料室、生长室清洗时注意处理 As	需操作 AsH_3 等危险气体

4.8.5.2　工艺过程

以 $Ga_{1-x}Al_xAs$ 系的 MOCVD 法的制备为例说明其工艺过程。图 4.18 为其装置的结构示意图。生长装置大致分为纵向型生长装置和横向型生长装置，这里只介绍纵向型生长装置。

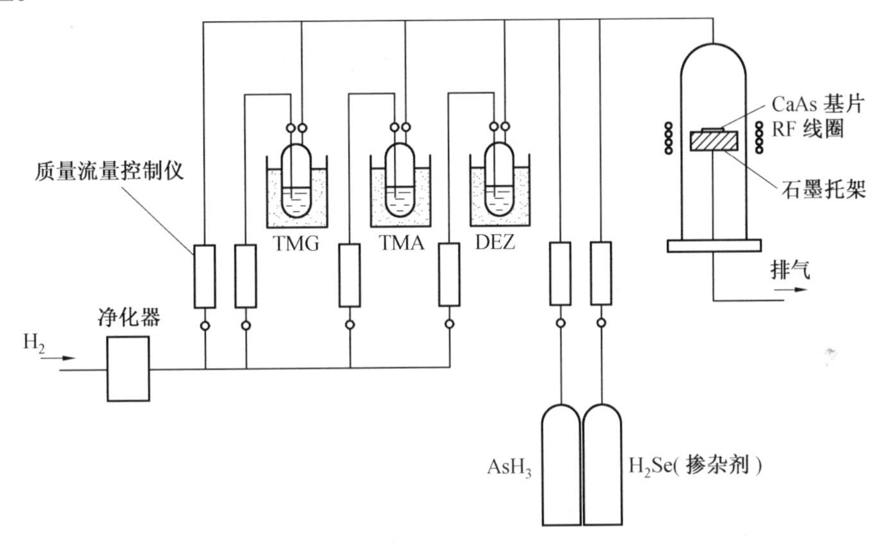

图 4.18　$Ga_{1-x}Al_xAs$ MOCVD 装置结构示意图

所用原料多为三甲基镓(TMG)和三甲基铝(TMA)。p 型掺杂剂使用充入至不锈钢发泡器中的$(C_2H_5)_2Zn$(二乙烷基锌 DEZ)。V 族元素原料 AsH_3 气体和 n 型掺杂剂 H_2Se，用高纯度氢分别稀释至 5% ~ 10%，再充入高压气瓶中待用。在薄膜生长时，TMG、TMA 等用外部电子恒温槽冷却至一定温度，通过净化设备去除水分、氧等杂质气体，按要求的流量充入发泡器内，制成饱和蒸气，经密封不锈钢管路导入反应室内。同时，AsH_3 和 H_2Se 以一定流量从高压容器导入反应室内。为使反应室内的气体流速保持一定，还使用大量高纯度氢作为载体气体。为精确控制气体流量通常采用质量流量，控制仪器。

反应室用石英制造，内部设置石墨托架(试样加热架)。石墨托架大多用外部射频加热线圈加热，有的也用电阻加热。导入反应室内的气体在被石墨托架加热至高温的 GaAs 基片表面上发生热分解反应，沉积成含有 p 型或 n 型掺杂的 $Ga_{1-x}Al_xAs$ 膜层。因为在气相状态下发生反应会阻碍外延生长，所以需要控制气体流速，以便不在气相状态下发生反应。反应生成的气体从反应室下部排入废气回收装置，在回收装置内消除废气的危险性和毒性。

4.9　溶胶-凝胶法成膜

近些年来，溶胶-凝胶法在整个无机非金属材料领域中，作为化学合成途径已经大显身手。但是，由于溶胶-凝胶法的主要缺点是成本高和凝胶干燥时容易开裂，因而严重地影响了它的发展和应用。然而这种合成方法所存在的问题，在溶胶-凝胶镀膜工艺中比较容易解决，而且因其合成温度低、成本低和易于大规模生产，使这项技术迅速得到广泛应用。因此，这项技术特别适用于薄膜材料的制备。一般来说，溶胶-凝胶镀膜技术主要包括以下几个工艺步骤：

①金属醇盐溶液配制。

②基材表面清洗。

③基材上形成液态膜。

④液态膜的凝胶化。

⑤干凝胶转化为氧化物薄膜。

下面分别简要介绍。

4.9.1　制膜工艺

(1)溶液配制。

制备氧化物薄膜最常用的母体化合物是通式为 $Me(OR)_x$ 的醇盐（Me 表示价态为 x 的金属；O 为氧；R 表示烷基）。表 4.30 中列出了常用的醇盐。一般来说，溶液中醇盐适宜浓度为 10% ~50%（质量分数），余量为溶剂、催化剂、螯合剂和水（也可以水蒸气形式提供）等。溶剂常用的是乙醇，催化剂常用的是盐酸和醋酸，还有对温度极为敏感的金属醇盐溶液，例如 $Ti(i\text{-}OC_3H_7)_4$。为了控制水解速率要添加螯合剂，一般用乙酰丙酮作为螯合剂。配制溶液时，首先将一定量的金属醇盐溶于有机溶剂中，然后加入其他组分，配制成匀质溶液。

表 4.30　常用的醇盐

Me	$Me(OR)_x$	名　称
B	$B(OCH_3)_3$	硼酸甲酯
	$B(I\text{-}OC_3H_7)_3$	硼酸异丙酯
Si	$Si(OCH_3)_4$	正硅酸甲酯
	$Si(OC_2H_5)$	正硅酸乙酯
Ca	$Ca(OC_2H_5)_2$	乙氧基钙
Al	$Al(i\text{-}OC_3H_7)_3$	异丙氧基铝
	$Al(s\text{-}OC_4H_9)_3$	仲丁氧基铝

续表 4.30

Me	Me(OR)$_x$	名 称
Ge	$Ge(OC_2H_5)_4$	乙氧基锡
Sn	$Sn(OC_4H_9)_4$	丁氧基锡
Ti	$Ti(OC_2H_5)_4$ $Ti(i\text{-}OC_3H_7)_4$ $Ti(OC_4H_9)_4$ $Ti(OC_5H_{11})_4$	乙氧基钛 异丙氧基钛 丁氧基钛 戊氧基钛
Zr	$Zr(OC_3H_7)_4$ $Zr(i\text{-}OC_3H_7)_4$ $Zr(OC_4H_9)_4$	丙氧基锆 异丙氧基锆 丁氧基锆
V	$VO(i\text{-}OC_3H_7)_3$	异丙氧基氧钒
Y	$Y(OC_2H_5)_3$	乙氧基钇

(2)基材清洗。

为保证金属醇盐的匀质溶液要能与基材表面润湿,有一定黏度和流动性,能均匀地固化在基材表面,并以物理的和化学的方式与基材表面牢固的相互结合。这就是说,镀膜以前必须对基材表面进行清洗和处理。由于基材种类不同,表面清洗和处理方法也不同。对于玻璃基材来说,由于膜层的黏附性能依赖于 Me(OR)$_x$溶液和位于玻璃表面的 Si-OH 基团间的界面反应,所以玻璃表面的清洗甚为重要。详细内容,见本章 3.1 内容。

(3)镀膜方法。

将金属醇盐溶液镀在基材表面形成镀层,一般有三种方法:

①离心旋转法。将金属醇盐溶液滴在固定于高速旋转(转速为 3 000 $r \cdot min^{-1}$)的匀胶机上的基材表面。对圆形基材来说,用这种方法镀膜非常方便。

②浸渍提拉法。常使用的有三种不同浸渍方式:

(a)先把基材浸于溶液中,然后再以精确的均匀速度把基材从溶液中提拉出来。

(b)先将基材固定在一定位置,提升溶液槽,将基材浸入溶液中,然后再将溶液槽以恒速下降到原来位置。

(c)先把基材放置在静止的空槽中的固定位置,然后向槽中注入溶液,使基材浸没在溶液中,再将溶液从溶液槽中等速排出来。为了能够均匀地输送液体,这种方法必须配备性能十分稳定的液压系统。

③喷镀法。直接将金属醇盐溶液喷射在处于室温或适当预热过的基材上。这里以浸渍提拉法为例。

在浸渍提拉法中,基片材料浸入浓缩、黏稠的溶胶中,然后提拉出来,在表面形成薄膜。在提拉过程中,由于凝胶化而产生凝胶膜。将其在中温(如 500 ℃),热处理后形成相应的无机薄膜。为了使薄膜与基板间有良好的结合,每一次膜的厚度一般限制在 0.1 ~0.3 μm 以内。增加膜厚度可以通过多次浸入提拉来实现,但在每次重复之前必须将上一次的凝胶膜进行干燥和热处理过程，否则会产生膜剥离。因此，每一次涂膜实际上相当在一个新的基片上进行。当每次膜的厚度很小时，即使膜材料与基片材料的热膨胀系数相差很大，也不会产生膜剥离。一般认为，厚膜干燥时的收缩是沿平面方向的，而薄膜收缩是沿与基板垂直的方向。

①溶胶膜→凝胶膜转变。

将形成液态膜的基材，放进含有水蒸气的气氛中，湿度约为40%。在室温条件下，开始进行成膜过程的水解和缩聚等化学反应以及溶剂的蒸发。经放置由溶胶膜转变为凝胶膜。

②凝胶膜→氧化物膜转变。

在基材表面上的形成凝胶膜，需要进一步热处理，使薄膜密实化。在热处理过程中，仍有成膜过程的化学反应继续进行。凝胶膜在120～150 ℃温度下烘干，干凝胶在加热条件下，可以形成膜层和基材表面之间的化学键，一般在500～800 ℃温度下烧结成氧化物薄膜。

薄膜厚度主要由溶液浓度和黏度以及从溶液中提拉出来的速度或旋转速度来决定。一般来说，一次涂敷制备出的薄膜很薄，厚度为50～300 nm。如果溶液浓度过高、溶液黏度过大、制取膜层速度过快，薄膜就容易从基材表面脱落。若需要得到厚的薄膜，就得增加涂敷次数，重复涂敷，包括加热过程在内的整个工艺过程。表4.31列出了溶胶-凝胶法制备的氧化物体系薄膜。

表4.31 溶胶-凝胶法制备的氧化物体系薄膜

组分	体系
单组分	SiO_2，TiO_2，ZrO_2，Al_2O_3，SnO_2，In_2O_3，V_2O_5等
双组分	B_2O_3-SiO_2，GeO_2-SiO_2，TiO_2-SiO_2，Y_2O_3-SiO_2，Fe_2O_3-SiO_2，In_2O_3-SnO_2等
三元组分	Al_2O_3-TiO_2-SiO_2，Na_2O-B_2O_3-SiO_2，MgO-B_2O_3-SiO_2，ZnO-B_2O_3-SiO_2等

溶胶的黏度是影响膜厚度和质量的关键因素之一。黏度越大，膜厚就越大（膜厚度大约与黏度的平方根成正比）。但是当黏度超过一定值时，就无法得到不开裂的完整膜。此外，提拉速度越快，膜厚也越大（厚度也大致同速度的平方根成正比）。溶胶中氧化物浓度的提高也会使膜厚增加，但提高烧结温度或延长烧结时间会使膜厚度降低。这是因为烧结过程中多孔膜中的孔隙降低，致密化产生膜收缩。通过适当选择基片，可以制备定向结晶的膜，这在铁电、压电、铁磁材料方面具有重要的意义。sol-gel薄膜与玻璃基板之间一般有较高的结合强度，这是在薄膜和基板之间形成化学键的缘故。结合强度与基板的成分有重要关系，一般石英玻璃比磷酸盐玻璃结合强度高得多。

无论薄膜的强度、与基片的结合力、透明度等都与制备薄膜的溶液有重要联系。SiO_2和TiO_2是最常用的膜，它们一般分别以TEOS和$Ti(OEt)_4$为原料，以不同浓度的含水乙醇作为溶剂，HCl作为催化剂，表4.32是两个典型的溶液配方。

表4.32　溶胶-凝胶法制备 SiO_2 和 TiO_2 薄膜的溶液配方

TEOS(质量分数)/%	4	6	8	10	12	14	16	18	20	22
EtOH(质量分数)/%	98.7	98.1	97.4	96.8	96.1	95.5	95.0	94.2	93.5	93.0
HCl(体积%)	0.05	0.1	0.1	0.15	0.15	0.15	0.15	0.15	0.2	0.2

$Ti(OEt)_4$/ /(g·(100 mL)$^{-1}$)	5	7	10	12	15	17	20
EtOH(质量分数)/%	97.0~98.5	97.0~98.5	97.5~99.5	98~99.5	98.0	99.5	99.5
HCl (体积分数)/%	0.3	0.3	0.3~0.4	0.3~0.4	0.4~0.6	0.5~0.7	0.7

4.9.2　溶胶-凝胶法成膜的应用前景

由于溶胶-凝胶法成膜和无机薄膜材料所具有的新特点和新功能，因此溶胶-凝胶镀制无机薄膜材料越来越吸引了人们的关注。无机薄膜材料有玻璃薄膜、玻璃陶瓷薄膜和陶瓷薄膜等。无机薄膜材料具有耐热性能好、稳定性高和强度大等特点，还能赋予基材光、电、瓷和热等特殊物理性能。因此，可以作为基材的保护薄膜和各种特殊需要的功能薄膜。例如，金属表面上的 SiO_2 及 $SiO_2-B_2O_3$ 膜可防止金属的氧化和酸性介质的腐蚀；ZrO_2 和 ZrO_2-SiO_2 薄膜可提高玻璃基板的抗碱能力。SnO_2 薄膜具有导电性，常用来制备加热膜。当在膜中加入相应的过渡金属离子，可以改变基板的光学性能。例如，W 离子(WO_3)的光致变色，Ti 离子的选择性吸光性能，Nb 离子($LiNbO_3$)的光-电性能。$BaTiO_3$，$PbTiO_3$，Fe_3O_4 膜也可以通过 sol-gel 法方便合成，它们在铁电、电磁方面已经得到应用。sol-gel 膜的多孔性使其在化学催化方面具有很特殊的性能，例如在 Al_2O_3 膜中加入 Pt，在 TiO_2 膜中加入 Pd 均表现出极好的催化性能。表4.33为溶胶-凝胶法成膜的一些用途。

表4.33　溶胶-凝胶法成膜的应用

用途	实　例	组成
保护	提高基材耐久性	SiO_2
光学	吸收薄膜	TiO_2-SiO_2
	反射薄膜	$In_2O_3-SnO_2$
	抗反射薄膜	$Na_2O-B_2O_3-SiO_2$
电学	铁电体薄膜	$BaTiO_3$，$KTaO_3$，$(PbLa)TiO_3$
	电子导体	$In_2O_3-SnO_2$
	离子导体	$\beta-Al_2O_3$
催化	光催化剂	TiO_2
	催化剂载体	SiO_2，TiO_2，Al_2O_3

溶胶-凝胶浸渍法与其他镀膜工艺如蒸发、溅射、气相沉积等相比，也显示出其优越性，如不需任何真空条件和过高的温度，可以完成大面积基片上的镀膜，也可以进行管式基片的两面镀膜和管径很小的管子基材的镀膜。不论大面积基材或小面积基材效果都一样好，且允许基材形状多样化。浸渍涂层的组分容易控制，均匀性好。膜层附着力强，易于成膜，热处理温度较低，不要求基材隔热性能好。操作简便，设备比较简单，成本相对低廉。

但是用溶胶-凝胶法制备薄膜也还有如下缺点和不足之处：

①一次涂敷操作中制成的薄膜厚度小。薄膜对基材的机械保护来说，通常是不利的。

②薄膜的多孔结构。对于导电薄膜，可能造成导电率极低。需要说明的是在某些应用中多孔结构比无孔结构更理想，例如光催化。催化效果好是由于薄膜多孔结构产生大的可用面积所致。因此溶胶-凝胶浸渍法制备的薄膜也可能适合用于其他方面的催化。近年来利用这种工艺制作耐高温、耐腐蚀、易清洗的多孔陶瓷分离膜，已在许多微滤和超滤过程中得到应用。

③膜层在热处理过程中收缩率较大，甚至大于50%。膜层容易产生收缩不均匀，从而产生裂纹、气泡等缺陷。因此，必须细致研究溶液浓度、溶液的pH、黏度、干燥过程和热处理的温度以及成膜反应和溶剂蒸发的相对速度等工艺条件对成膜的影响，还要深入研究薄膜与基材表面的黏结及所产生的界面反应，以及溶胶膜→凝胶膜→氧化物膜转变的热力学和动力学过程。这些问题都是制备高质量膜的关键，必须在研究开发过程中尽快得到解决。

4.10 脉冲激光沉积法成膜

脉冲激光沉积(pulsed laser deposition，PLD法)制备薄膜是20世纪80年代迅速发展起来的一种全新的制备薄膜技术。1965年Smith等人开始进行激光法制备薄膜的研究，最初用红宝石激光、二氧化碳激光等近红外波段激光制备了铁电体、半导体等薄膜，但经过分析对比，用这种方法类似于电子束打靶蒸发镀膜，未显示多大优越性，所以一直不为人们所重视。直到1987年美国Bell实验室成功地利用短波长脉冲准分子激光沉积了高温超导薄膜，随后人们广泛开展这项技术的研究。据统计，目前世界上一半以上的高温超导薄膜均是采用PLD技术制备的。而且，脉冲激光薄膜制备技术在难熔材料及多组分材料(如化合物半导体、电子陶瓷、超导材料)等精密薄膜(尤其是外延单晶纳米薄膜及多层结构)的制备上显示出广阔前景。

4.10.1 基本原理及相关物理过程

PLD法制膜是将准分子脉冲激光器所产生的高功率脉冲激光束聚焦作用于靶材料表面，使靶材料表面产生高温及熔蚀，并进一步产生高温高压等离子体，这种等离子体定向局域膨胀发射并在衬底上沉积而形成薄膜。目前在所用的脉冲激光器中以准分子激光器(excimer laser)效果最好。准分子激光器输出脉冲宽度在20 ns左右，功率密度在10^8 ~ 10^9 W · cm^{-2}。强脉冲激光作用下的靶材物质的聚集态迅速发生变化，成为新状态而跃出，直达基片表面凝结成薄膜。具体可分成以下四个物理过程：

(1)材料的一致汽化及等离子体的产生。

高强度脉冲激光照射靶材时，靶材吸收光波能量温度迅速升高至蒸发温度而产生熔蚀，使靶材汽化蒸发。瞬时蒸发汽化的汽化物质与光波继续作用，使其绝大部分电离并形成局域化的高浓度等离子体，表现为一个具有致密核心的闪亮等离子火焰。靶材离化蒸发量与吸收的激光能量密度之间有下列关系：

$$\Delta d=(1-R)^{\tau}(I-I_0)/\rho\cdot\Delta H \tag{4.8}$$

式中，Δd 为靶材在束斑面积内的蒸发厚度；R 为材料的反射系数；τ 为激光脉冲持续时间；I 为入射激光束的能量密度；I_0 为激光束蒸发的阈值能量密度；ρ 为靶材的体密度；ΔH 为靶材的汽化潜热。

(2)等离子体的定向局域等温绝热膨胀发射。

等离子体火焰形成后，继续与激光束作用，吸收激光束的能量，产生进一步电离，等离子体区的温度和压力迅速提高，使其沿靶面法线方向向外做等温(激光作用时)和绝热(激光终止后)膨胀发射。这种高速膨胀发射的轴向约束性可形成一个沿靶面法线方向向外的细长的等离子体区，即所谓的等离子体羽辉。实验结果表明，激光能量密度在 1 ~ 100 J · cm^{-2}时，等离子体能量分布在 10 ~ 1 000 eV，其最大概率分布在 60 ~ 100 eV，远高于常规蒸发产物和溅射离子的能量。

(3)激光等离子体与基片表面的相互作用。

在高能(E>10 eV)离子作用下，固体会产生各种不同的辐射式损伤，其中之一就是原子的溅射，类似情况也会发生在激光等离子体与基片表面相互作用时。激光等离子体与基片撞击时，溅射的原子密度高达 5×10^{14} cm^{-2}，并且形成粒子的逆流(热化区)。

(4)在衬底表面凝结成膜。

在上述情况下，薄膜在热化区产生以后才开始形成。当热化区最终消散后，薄膜的增长只能靠直接粒子流。薄膜中的凝聚作用和缺陷的形成平行发展，直到输入粒子的能量小于缺陷形成的阈值为止。因此在基片表面的热化区产生时，薄膜的生长只能靠能量较低的粒子，这符合比较均衡的条件。

用 PLD 法制备薄膜时，具有很强的形成单晶和取向织构的倾向，而完全随机取向的多晶薄膜却不易形成。同时，利用 PLD 法制备薄膜，由于高能粒子的轰击，薄膜形成初期的三维岛化生长受到限制，薄膜倾向于二维生长，这样有利于连续纳米薄膜(厚度小于 10 nm)的形成。

4.10.2　特点与优势

由于脉冲激光镀膜的极端条件和独特的物理过程，与其他的制膜技术相比较，它主要有下述一些特点和优势。

①由于 PLD 法在高真空条件下进行，且只要入射激光能量密度超过一定阀值，靶的各组成元素就具有相同的脱出率和空间分布规律，因而可以保证靶膜成分的一致性，故可以通过制备一定成分的靶来制备相应薄膜，这是 PLD 法得到广泛应用的根本原因。

②可以生长和靶材成分一致的多元化合物薄膜，甚至含有易挥发元素的多元化合物薄膜。由于等离子体的瞬间爆炸式发射，不存在成分择优蒸发效应和等离子体发射的沿靶轴向的空间约束效应，脉冲激光沉积的薄膜易于准确再现靶材的成分。由于薄膜的特性与其组分密切相关，故 PLD 法的这一特性显得格外重要。

③由于激光能量的高度集中，PLD 法可以蒸发金属、半导体、陶瓷等无机材料，有利于解决难熔材料的薄膜沉积问题。

④易于在较低温度(例如室温)下原位生长取向一致的织构膜和外延单晶膜,因此适用于制备高质量的光电、铁电、压电、高 T_c 超导等多种功能薄膜。由于等离子体中原子的能量比通常蒸发法产生的粒子能量要大得多(10 ~ 1 000 eV),使得原子沿表面的迁移扩散更剧烈,二维生长能力易于在较低的温度下实现外延生长;由于低的脉冲重复频率(<20 Hz)使原子在两次脉冲发射之间有足够的时间扩散到平衡的位置,有利于薄膜的外延生长。

⑤能够沉积高质量纳米薄膜。高的粒子动能具有显著增强二维生长抑制三维生长的作用,促使薄膜的生长沿二维展开,能够获得极薄的连续薄膜而不易出现岛化。同时,PLD 法中极高的能量和高的化学活性又有利于提高薄膜质量。

⑥灵活的换靶装置,便于实现多层膜及超晶格薄膜的生长。多层膜的原位沉积便于产生原子级清洁界面。另外,系统中实时监测、控制和分析装置的引入,不仅有利于高质量的薄膜的制备,而且有利于激光与靶物质相互作用的动力学过程和成膜机理等物理问题的研究。

⑦适用范围广。此法所用设备简单、易控、效率高、灵活性大。操作简便的多靶靶台为多元化合物薄膜、多层薄膜及超晶格的制备提供了方便。靶结构形态可多样化,因而适用于多种材料薄膜的制备。

⑧由于实时监测技术的发展,可以在制备过程中对激光功率密度 E、扫描方式、真空室气压 p、靶-基体距离 D、基体温度等监测控制,从而有利于提高膜质量,有利于实现自动化和智能化。

⑨沉积速率高,靶消耗量少,无污染。

4.10.3 影响膜质量的主要因素及其分析

(1)制膜工艺。

典型的 PLD 沉积装置主要由激光扫描系统、真空室制膜系统和监测系统组成。激光扫描系统由激光器和必要的光学元器件组成,由于研究结果表明短波长激光制备出的薄膜质量较好,因而目前激光器多用短波长的准分子激光器,例如 Xe-Cl, ArF, KrF 等激光器。真空制膜系统包括真空室、真空泵、靶及基体等,这是 PLD 装置的实质部分。监测系统用来控制各工艺参数,包括基体温度、真空室气流量、真空度、激光能量密度等的控制,脉冲激光沉积制备薄膜的实验简图如图 4.19 所示。

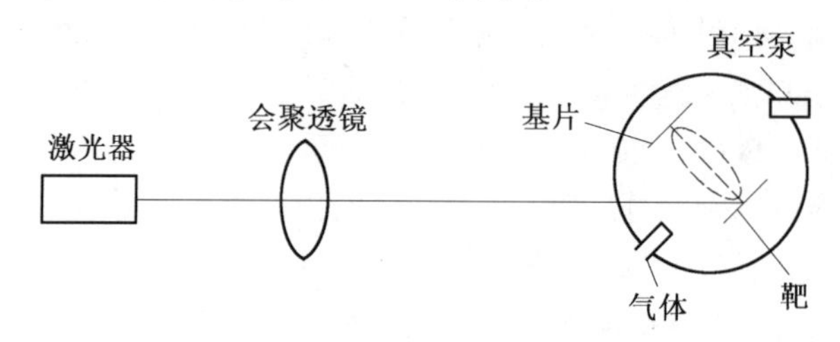

图 4.19 脉冲激光沉积制备薄膜的实验简图

(2)影响因素。

①激光能量密度 E 的影响。

激光能量密度要超过一定阈值 E_{th} 才能使材料烧蚀溅射，这是因为在 PLD 制备薄膜过程中，激光与靶的作用从本质上区别于热蒸发过程，激光能量密度必须大到使靶表面出现等离子体，从而在靶表面出现复杂的层状结构 Kunsen 层，这是保证靶膜成分一致的根本原因，E_{th} 一般取 0.10～0.50 J·cm^{-2}。激光能量密度 E 是决定烧蚀产物中原子和离子类型及这些粒子具有的能量的关键因素之一。原子和离子的类型很大程度上决定了薄膜的成分和结构，例如在制备类金刚石薄膜时，激光功率密度高则提高了 C^{3+} 在等离子体中的比例，进而提高了膜的质量。而原子和离子的能量又影响着薄膜的生长速率。

激光能量密度 E 不能过低，但也并非越高越好，存在一个优化值。而优化值应结合靶的成分结构及一些综合外部条件（例如气压、靶距等），通过建立适当数学模型来求取，这方面工作有待进一步深入研究。

②环境气压 p 的影响。

环境气压 p 主要影响烧蚀产物飞向基体这一过程，其对沉积薄膜的影响分为以下两类：

a. 环境气体不参与反应时，气压主要影响烧蚀粒子的内能和平动能，从而影响膜的沉积速率，这时真空度一般达 10^{-3} Pa。

b. 当环境气体参与反应时，则气压不仅影响膜的沉积速率，更重要的是会影响薄膜的成分结构，例如在制备氧化物薄膜时，反应室通入一定量氧气，可以避免产生缺氧薄膜。

③基体-靶距 D 的影响。

D 的设置与脉冲激光能量密度 E 和环境气压 p 有关。中国科学院物理研究所给出的脉冲激光制备薄膜有关 E,D,p 最佳沉积条件的经验公式为

$$(E-E_{th})/D^3p=8.78\times10^{-5}\ \mathrm{J\cdot cm^{-5}\cdot Pa^{-1}}$$

由此公式可看出，D 越大，气压越高，则脉冲激光能量密度要求越高，该公式已在实验中得到了证明，可以作为实际应用过程中 D 的参考依据。

④基体对薄膜质量的影响。

在 PLD 制备薄膜过程中，对于基体的要求非常高，很大程度上决定了薄膜是否符合要求，其影响包括基体类型和基体温度（高低及均匀性）。

a. 合适基体的选择。目前用 PLD 制备的薄膜有超导膜、半导体膜、铁电膜、压电膜等，这些膜晶体具有各向异性，因而为了得到符合要求性能的薄膜，必须保证膜晶粒取向择优生长，而基体类型对晶粒生长方向的保证至关重要。同时合适的基体选择将影响薄膜质量，包括内部缺陷、力学性能及薄膜与基体的结合强度。因此 PLD 制备薄膜过程中要求基体与膜的晶格常数匹配和物理性能参数（热膨胀系数、热传导系数等）相匹配。但有时单纯依靠基体尚不能满足要求，由此出现了缓冲层技术，即通过缓冲层作为膜与基体的中间过渡层，改善膜与基体参数失配。

b. 基体温度的高低及均匀性对薄膜的结构、生长速率等都有影响。基体温度的选择目前尚无系统理论指导，只能在实际中反复实验，从而确定最佳温度值，但要考虑两点因素：一是温度对膜结构的影响。研究结果表明，基体温度不同，膜的晶粒取向就会亦不同。当最佳温度确定以后，基体温度如果偏离最佳温度 10 ℃，膜质量就有明显变化。二是基体温度过高，会引起膜的再蒸发，从而降低沉积速率。

4.11 离化团簇束法成膜

4.11.1 基本原理

离化团簇束法成膜(ionized cluster beam,ICB)是一种非平衡条件下真空蒸发和离子束法相结合的薄膜沉积新技术。常规的离子束沉积和离子镀工艺是在高真空(10^{-5} ~ 10^{-2} Pa)或低真空(10^{-1} ~10 Pa)下进行的,离化蒸发材料的原子,通过加速电场作用使之获得一定的动能,以增加原子化学活性,改善薄膜的物理性能。但是,高能离化原子轰击衬底会导致沉积薄膜的溅射,并使薄膜和衬底结构产生缺陷,同时高离子浓度也使绝缘介质衬底产生放电,破坏薄膜的生长。原子团簇是由几个至上千个原子或分子组成的稳定聚集体,用离化的观点考虑,如果能形成离化的原子团簇,就没有必要离化每个原子。根据这个想法,日本京都大学名誉教授 Takagi 等人于 1972 年提出了一种新型的离子源,发明了 ICB 新技术。

ICB 法生长薄膜具有三个主要特点:

①离化原子团的荷质比小,能在低能量下获得高的沉积速率。

②容易控制离化原子团的能量和离子含量,在低温衬底生长致密度高、附着力强的薄膜。

③离化原子团和衬底碰撞时,能量向移动原子传递,增加了原子的迁移率,改善了薄膜的结晶状态。总之,ICB 法适合为各种功能器件制备高精密薄膜,与 MBE,VPE,MOCVD 和溅射等薄膜沉积工艺相比,它具有独特的优点。

ICB 装置原理简图如图 4.20 所示。图中,将欲生长的材料置于密闭的特殊坩埚内,加热坩埚使材料在高温下蒸发,蒸气通过坩埚喷嘴经绝热膨胀向高真空喷射,冷凝到饱和状态,这样就形成了原子团簇束。原子团簇束中每个原子团由几个至上千个原子组成。坩埚喷嘴上方设有离化器,离化器由热阴极和阳极构成,热阴极发射的电子在电场作用下轰击原子团簇,使部分原子团离化。最后,带正电荷的原子团,以一定的能量向处于负高压的衬底碰撞沉积成薄膜。同时,未被离化的中性原子团也以一定的喷射速度沉积在衬底上。

多源 ICB 是在一个真空系统中装置两个或两个以上的原子团束源,这样可以增加沉积速率和面积。当各个束源放置不同材料并控制每个源的参数时,可以沉积化合物薄膜。对于两种蒸气压相同的材料(如 MnBi)以及像 II ~ VI 和 IV ~ VI 族强键结合形成分子的材料,也可用单源 ICB 生长化合物薄膜。在 ICB 装置中通入反应气体可以沉积氧化物或氮化物薄膜,这就称 RICB 生长,反应气体的喷嘴安装在金属原子团喷射区附近,由阀门调节气体流量使系统真空维持在(10^{-3} ~ 10^{-1} Pa),这样气体的平均自由程大于喷嘴和衬底之间的距离,可以避免在真空室产生等离子区。因为等离子轰击会破坏原子团并使衬底温度升高,从而失去了 ICB 生长的特点。RICB 生长中,反应气体分子和金属原子团同时被离化,然后在加速电极作用下一起沉积在衬底上形成化合物薄膜。RICB 生长氧化物或氮化物薄膜的衬底温度低于化学气相沉积和分子束外延。

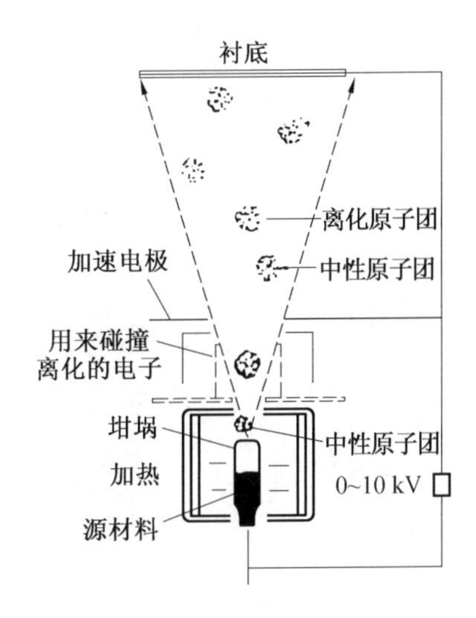

图4.20　ICB装置原理简图

4.11.2　薄膜生长机理

ICB生长薄膜的机理同原子团的存在及其电荷含量、动能等因素密切相关。图4.21表示离化和中性原子团轰击衬底形成薄膜的物理过程,其中主要包括溅射效应、衬底表面局部发热、离子注入和增强原子迁移。这些过程对薄膜的附着强度、沉积速率和表面原子迁移的作用,决定了ICB生长薄膜的形态和性能的特点。

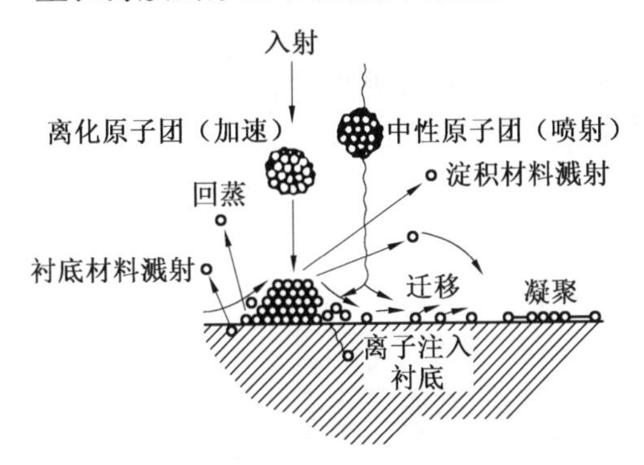

图4.21　ICB外延薄膜生长的物理过程

(1)附着强度。

原子团束对衬底的溅射清除了衬底表面污染和吸附的气体,同时溅射的衬底材料与沉积原子相互混合,形成了二者紧密结合的界面层。图4.22是1.5 MeV He^+入射在岩盐表面上外延铜膜的卢瑟福背散射(RBS)谱。图中铜谱前沿(~230道)对应薄膜表面的铜原子,铜谱后沿(~200道)的斜坡说明了界面层的存在。随着加速电压即原子团能量的增加,界面层加宽。这表明原子团与衬底碰撞时其动能转化为热能,造成衬底温度升高增强扩散,促进了界面层的形成。同时,高加速电压增强了离子注入效应,这也是形成界面层的一个重要因素。实验测出了在玻璃衬底上生长铜膜的附着强度,当离化电压为600 V和离化电流为300 mA时,加速电压从0升高到10 kV,相应的附着强度从4 kg·cm^{-2}增加到 100 kg · cm^{-2}。

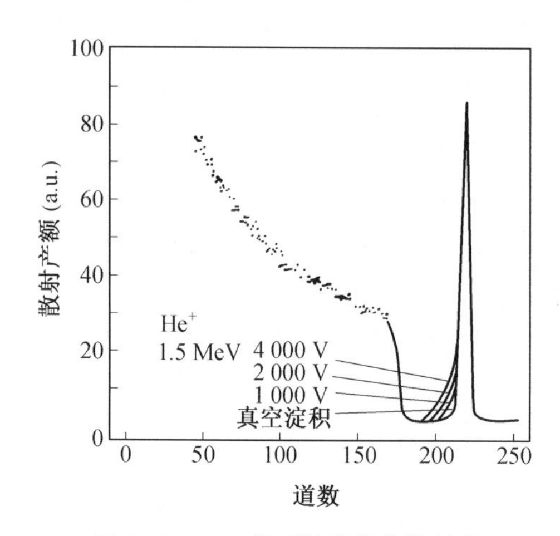

图 4.22 ICB 外延铜膜的背散射谱

(2)沉积速率。

沉积质量与衬底温度及加速电压的关系可以通过在单晶硅衬底上外延硅膜的实验来说明。图 4.23 中实线表示沉积质量 M 随衬底温度的倒数 $10^3\ T^{-1}$ 的变化趋势。对中性原子团($V_a=0$),沉积质量随衬底温度升高而减少,而离化原子团的沉积质量随温度升高而增加,并且当加速电压增大时,$\ln M-T^{-1}$ 直线的斜率也发生变化,在一定的衬底温度下,由于溅射效应,加速电压越大,沉积质量越小。中性粒子的沉积质量一般满足下式:

$$M=Mt\{1-(N_0/I^*)\exp(-U/kT)\} \tag{4.9}$$

式中,M 是质量碰撞速率;I^* 是临界成核密度;N_0是衬底表面上吸附位的密度;t 是沉积时间;$U=\phi_a-\phi_d$,ϕ_a为解吸激活能,ϕ_d为表面扩散激活能。

由于通常 $\phi_a>\phi_d$,图 4.23 中 $V_a=0$ 时直线斜率为正。对 ICB,离化原子团的存在造成了 N_0,I^* 和 U 等值的变化,这可能是加速电压对 $\ln M-T^{-1}$ 直线斜率影响的原因,但在常规的离子束沉积方法中,U 是不变的。

图 4.23 中用虚线标出了在不同加速电压下多晶→单晶和非晶→多晶的转变温度,显示出两种转变温度随着加速电压升高而降低。由于多晶→单晶转变温度($T_{p\to s}$)与质量碰撞速率 M 的关系由下式决定:

$$M\leqslant A\ \exp[-\phi_d/kT_{p\to s}] \tag{4.10}$$

式中,A 是常数,所以可由 $M-T_{p\to s}$的函数关系得出扩散激活能 ϕ_d。

加速电压的变化会造成 ϕ_d的变化,因而影响沉积原子团的扩散,改变两种转变温度。在 ICB 生长中,增加加速电压就能以较高的沉积速率生长单晶薄膜。

(3)迁移效应。

中性和离化原子团与衬底碰撞时破碎为具有一定能量的单个原子。这些原子既在衬底表面做横向迁移,又参与形成薄膜,从而提高薄膜的结晶性能,这是 ICB 生长的一个主要特点。例如,在 SiO_2膜上沉积金膜研究沉积原子的迁移效应。实验在 NaCl 衬底上沉积一层 SiO_2膜,再用一 NaCl 片局部遮盖(NaCl 与 SiO_2膜平均间距约 80 μm),然后采用 ICB 和普通蒸镀两种方法沉积金膜,用电子显微镜观察遮盖区域边界附近的金原子迁移。结

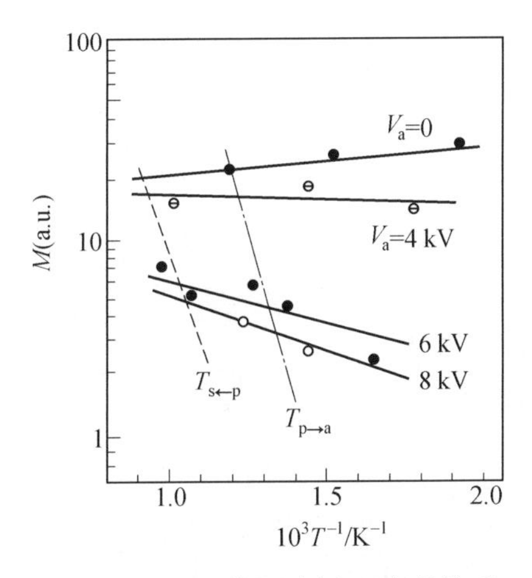

图4.23　沉积质量和衬底温度的关系

果表明，普通蒸镀时沉积原子迁移很小，而ICB生长时即使加速电压为零亦有较大的迁移距离。

原子在衬底表面的平均横向迁移距离由下式决定：

$$\overline{X}=A\exp[(\phi_a-\phi_d)/2kT] \tag{4.11}$$

式中，A为常数，其他各变量意义同前，由上式可见，$\overline{X}$随着衬底温度升高而减少。

在前述实验中离化原子团轰击使衬底温度升高，而迁移距离却增大。这是由于迁移主要是动能传递过程，当原子团与衬底表面碰撞时，原子间的多重碰撞使原子运动方向改变。原子迁移距离的大小主要由原子轰击能量决定。随着加速电压增加，高能量原子增加，因而迁移距离和成核密度I都增加了，如图4.24所示。

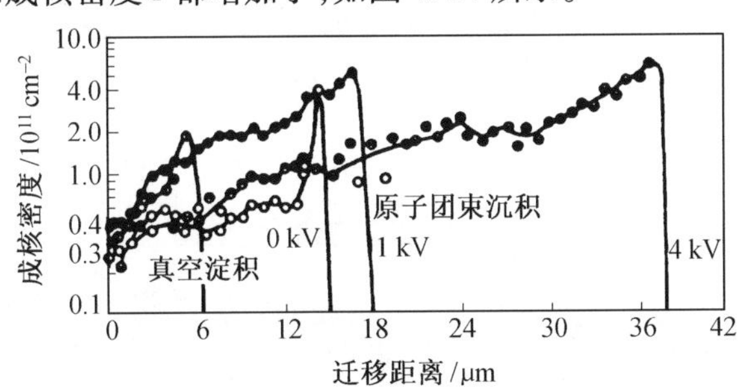

图4.24　金在SiO_2上沉积核密度与迁移距离的关系

原子迁移效应有助于改善薄膜的结构和形态，可以通过控制沉积条件制备取向度高、结晶完善的单晶薄膜。

4.11.3　ICB法的应用

目前，ICB法已被用来沉积各种功能薄膜，其中包括半导体、金属、绝缘介质、光学涂层、光电材料、热电材料、磁性材料和有机材料等。表4.34给出了采用ICB法制备的薄膜及其工艺特点。

表 4.34　ICB 法制备的薄膜及其工艺特点

薄膜/衬底	加速电压/kV	衬底温度/℃	薄膜特性(应用举例)
Au,Cu/玻璃	1～10	室温	强附着,高致密度,优良导电性(导电要求高,形状复杂的电路连线)
Ag/Si 单晶	5	室温(n 型) 400(p 型)	退火处理后为欧姆接触 (半导体表面金属化,光学涂层)
Al/Si		室温～200	晶体结构可控,强附着,低温(<200 ℃)欧姆接触,与 Si 界面反应少(半导体表面金属化)
Si/Si(100) Si/Si(111)	6	620	低温处生长(10^{-5}～10^{-3} Pa)浅而陡的 pn 结(半导体器件)
Ge/Si(100) Ge/Si(111)	0.5～1	300～500	低温外延生长(10^{-5}～10^{-3} Pa)浅而陡的 pn 结(半导体器件)
GaP/Gap GaP/Si	4	500 450	低温外延生长(10^{-5}～10^{-3} Pa) (低成本发光二极管,LED)
Cd/Te/Si	5	250	极薄多层结构薄膜,低温外延生长(光电器件,超晶格)
InSb/Si,玻璃	3	250	晶体结构可控 (高迁移率元件,磁传感器)
FeO_x/Si,玻璃	3	250	可变光学带隙 (太阳能电池,光电池)
BeO/(0001) 蓝宝石	0	400	单晶膜生长(半导体吸热装置)
GaN/*c* 轴 ZnO/玻璃	0	450	GaN 在玻璃衬底上通过 ZnO 外延生长(制备低成本绿色二极管 LED,光电管阴极)
$PbTiO_3$			铁电薄膜
Cu-酞菁/玻璃	0～2	200	择优定向生长,平整度好,强附着(光电元件)
聚乙烯/玻璃	0～1	0～110	择优定向生长,平整度好,强附着(光电元件)
C_{60}	0.4	0.5	碳膜,导电性好

4.12　朗格缪尔-布洛吉特法成膜

表面活性物质的分子结构同时具有“亲水性基”和“疏水性基”(或亲油性基)。若分子整体亲水性强,则分子就会溶于水;若疏水性强,就与水分离成两相。若二者平衡,即适当保持“两亲媒性的平衡”,分子就会集中在水-气界面。如果把这种表面活性物质溶解在苯、三氯甲烷等挥发性溶剂中,并把该溶液滴在水面上,待溶剂挥发后就留下单分子膜。

在水-空气界面的单分子薄膜通常称为 Langmuir 膜,Blodgett 首次将 Langmuir 膜沉积在固体衬底上,制备出第一个单分子积累的多层膜,这就是 Langmuir-Blodgett 膜,简称 LB 膜,相应的制膜方法即称为 LB 法。

制备 LB 膜所选用的材料通常为有机高分子,例如直链脂肪酸、直链胺、叶绿素、磷脂质等与生物体有关的物质。这些材料的线性代表是具有长链结构的分子,在长链的两端分别具有疏水基和亲水基。作为铺展成膜分子所用的衬底溶液,除了蒸馏水和一些电介质溶液外,根据特定的成膜分子的需要以及其他的特殊要求,还可以采用某些特殊的材料,例如甘油、汞等。蒸馏水的温度和pH对成膜质量均有影响。

朗格缪尔膜的特征是膜厚均匀、气泡等缺陷少,而且由于成膜分子及叠积顺序具有多样性,因此可以获得各种层状秩序的结构。下面以直链脂肪酸镉盐为例说明其工艺。

(1)膜层展开操作。

直链脂肪酸CH_3—$(CH_2)_{n-2}$COOH(以下简记为C_n)中$n=16\sim22$的物质具有良好的成膜性。其中,CH_3—$(CH_2)_{n-2}$—为疏水基,—COOH为亲水基。这样的分子也称为表面活性分子。

水面上的单分子膜具有二维特性。当分子稀疏地分散在水面上时,如图4.25(a)所示,每1分子面积A与表面压力Π之间符合二维理想气体的公式,即

$$\Pi A=kT$$

式中,k为玻耳兹曼常数;T为绝对温度。

这种膜称为"气体膜"。若A特别小时,就变成固体状态的凝结膜(固体膜)。两者中间的状态为二维液体状态。

如果沿水平方向通过收集板施加一定的压力,使成膜分子相互靠近,当A很小时,就可形成凝聚膜,如图4.25(b)所示。

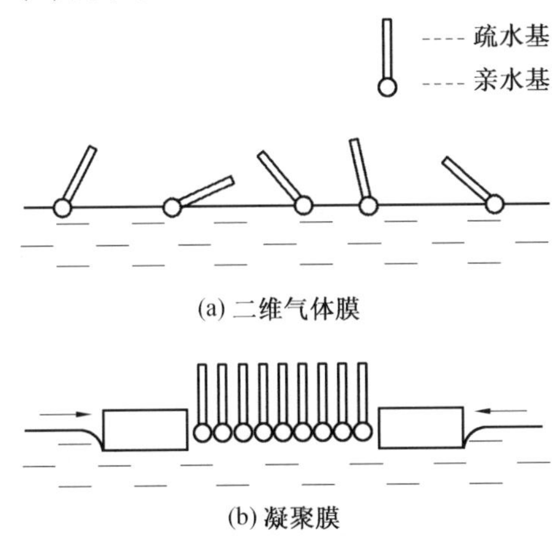

图4.25　水面上的单分子层

将C_n溶于三氯甲烷,形成浓度为5×10^{-3} mol·L^{-1}膜层展开用溶液,水相使用去离子水。向水相中添加浓度为4×10^{-4} mol·L^{-1}的$CdCl_2$溶液,再添加少量HCl,$KHCO_3$或$NaHCO_3$,调整pH为6~6.5。金属盐膜一般是盐与游离酸的混合体,水相pH越高,盐比率越大。pH约为5.5时,Cd盐与游离酸各半。水温最佳范围因链长n的大小而有些差别。C_{16}为10~20 ℃,C_{22}在20~25 ℃。

(2)叠积操作。

叠积操作就是将单分子层从水面逐层转移到基片上,基片常使用玻璃、石英和铝蒸镀。另外还可在NESA和ITO等氧化物膜及IVA族、IIA~VIA族、IIIA~VA族半导体上

叠积膜层。为避免油脂类污染，要特别注意基片清洗。另外，表面的平滑度也是很重要的。例如玻璃基板常使用洗涤剂预清洗后，再用蒸馏水洗，在含有 KOH（NaOH 的质量分数为0.02%）的酒精饱和溶液中浸渍4～5 h，再用蒸馏水进行超音波清洗，然后再在80～90 ℃下干燥。以 Al 蒸镀膜作为基片，可以直接使用油污染少的真空镀膜装置制备的 Al 膜。

叠积操作主要可采取如下方法：

(1)垂直浸渍法。

在水面单分子层上通过收集板沿水平方向施加表面压力，使其变为凝聚膜，如图4.26 所示。然后使基片上下运动，每一个行程就可以在基片上贴附一层单分子层。

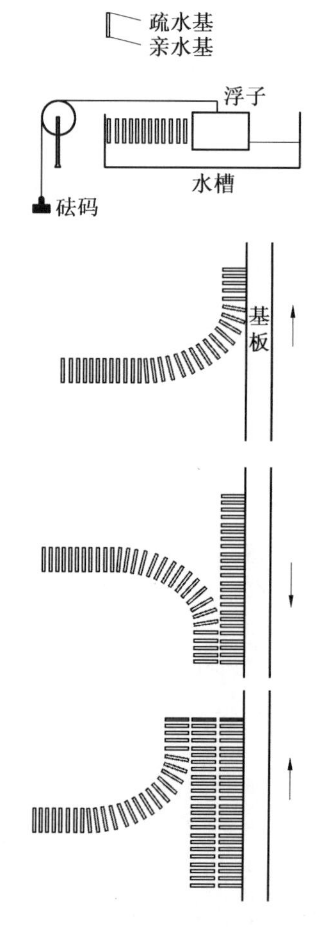

图4.26　垂直浸渍法叠积单分子层

不同的叠积操作可以得到不同类型的 LB 膜，基片上提、下浸时，成膜分子的方向是相反的，最后得到的膜层是以两个分子层为单位的层状结构，这样形成的膜为 X 型膜，如图4.27(a)所示。仅由下浸行程所形成的为 Y 型膜，如图4.27(b)；仅由上提行程得到的为 Z 型膜，如图4.27(c)所示。X 型膜、Z 型膜都是以单分子层为单位的层状结构，二者都不如 Y 型膜稳定，而且，有可能转变为 Y 型结构。

(2)水平附着法。

使表面清洁平滑、保持水平的基片从上向下缓慢下降,并使其与水面接触,单分子层就可以转移到基片上。与垂直浸渍法相比,水平附着法单分子层排列整齐,可以得到理想的 X 型膜,如图 4.28 所示。

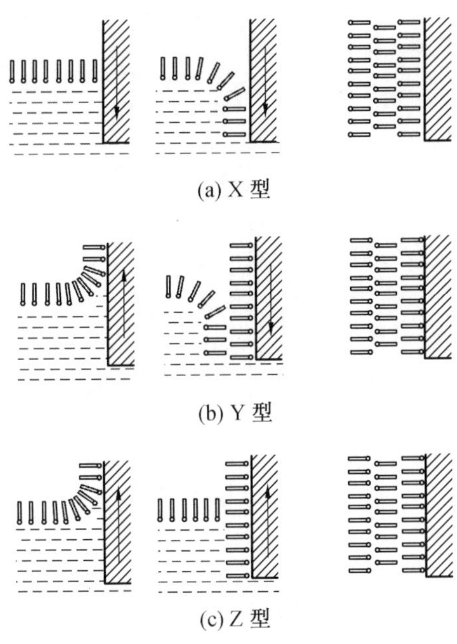

图 4.27　不同叠积操作形成的三种 LB 膜

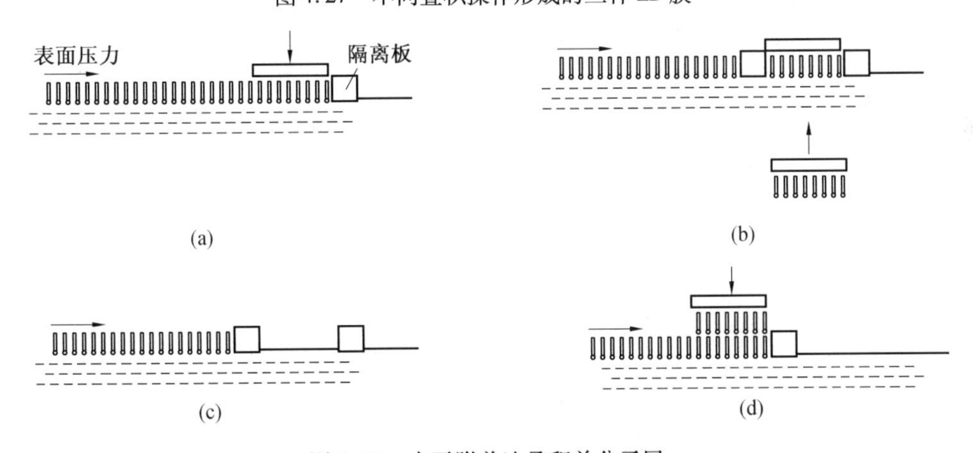

图 4.28　水平附着法叠积单分子层

表 4.35 列出由各种成膜分子制备朗格缪尔膜的条件。将水相条件相似的组合在一起,容易制得异质结构膜。基片在提起或浸渍后对水相条件、重物质量进行微调,也可以使单分子膜重新展开。

表 4.35　朗格缪尔膜的制备条件

成膜分子种类		叠积形式	水相组成 /(mol · L^{-1})	pH	温度 /℃	表面压力 /(10^{-3} N · m^{-1})
直链脂肪酸 CH_2—(CH_2)$_{n-2}$—COOH (n=16~22)	Ba 盐	Y	3×10^{-5} $BaCl_2$ 4×10^{-4} $KHCO_3$	7.0~7.2	<22	30
	Ca 盐	X	5×10^{-4} $CaCO_3$	7.4	15	30
	Ca 盐	Y	10^{-4} $CaCO_3$	6.4~6.6	22	16
	Cd 盐	Y	10^{-4} $CdCl_2$	6.0~7.7	—	—
	Co 盐	Y	5×10^{-5} $CoCl_2$ NH_4Cl-NH_3 调整 pH	9.2~9.6	—	30
	Mn 盐	Y	~10^{-3} Mn^{2+}	>6.5	—	—
	Pb 盐	Y	10^{-4} $PbCl_2$ 10^{-4} $FeCl_3$ 2×10^{-5} HCl 5×10^{-5} KI	5.02	—	—
不饱和脂肪酸 CH_2═CH—(CH_2)$_{20}$—COOH		Y	未添加	—	—	32.5
游离酸	Ca 盐	Y	10^{-3} $CaCl_2$	7.5~8	—	32~35
α-十八烷基丙烯酸						
	Ba 盐	Y	10^{-4} $BaCl_2$	—	21	25
联乙烯诱发体 CH_3—(CH_2)$_{n-1}$—C ═ C—C ═C—(CH_2)$_8$—COOH	n=9,10					
	Cd 盐	Y	10^{-3} $CdCl_2$ NaOH-HCl 调整 pH	>6.5	12	20
n=12,14		Y	10^{-3} $CdCl_2$ NaOH-HCl 调整 pH	>6.5	20	20

续表 4.35

成膜分子种类		叠积形式	水相组成 /($mol \cdot L^{-1}$)	pH	温度 /℃	表面压力 /(10^{-3} N·m^{-1})
芳香族香芹酮酸蒽诱发体		Y	2.5×10^{-3} $CdCl_2$ NaOH-HCl 调整 pH	4.5	—	15
	$R=C_{12}H_{25}$	Y	10^{-2} Na_2HPO_4 NaOH-HCl 调整 pH	4.5	—	20
直链胺 十八烷基胺 $CH_3(—CH_2)_{17}—NH_2$		Y		7.7	—	30

4.13　薄膜材料的设计

近年来,随着薄膜技术的进步,精确控制薄膜厚度并制备具有特殊功能的新型薄膜已成为可能。由于薄膜的制备方法多样化,不同的方法或制备方法相同而制膜条件不同,可形成不同的薄膜。因此,利用计算机模拟方法研究不同物质和不同实验条件对薄膜结构形成的影响具有重要意义。

就薄膜结构形成过程而言,可采用分子动力学方法、蒙特卡罗方法或将这些方法综合应用。如利用蒙特卡罗方法进行计算机模拟,首先将薄膜形成过程分解为一系列元过程,然后在各元过程中假定教育热平衡成立,从而确立其热活化能 ΔE。设系统的温度为 T,则此过程实际产生的概率正比于 Boltzmann 因子,亦即概率$\propto \exp(-E/k_BT)$。具体讲,就是在计算机中产生均匀的随机数 R,且只在 R 比 Boltzmann 因子小时,此元过程才会实际发生。由于这样众多的元过程不断地“堆积”,就会在计算机中形成相应的薄膜。

在对蒸发法制膜过程的解析中,可分为衬底层对蒸发原子的吸附、表面原子扩散、再蒸发、原子团簇凝聚和团簇离解等过程。作为用于模拟的原子相互作用势可采用 Lenndard-Jones 势。可变参量有蒸发原子与衬底原子间的结合能 E_{fs}、原子几何参数 σ_{ff} 等。图 4.29(a)给出了单一原子体系计算的薄膜原子结构,从第二层到第三层观察到了表面层的起伏,当然也可看出一层一层形成膜的一般情景。图 4.29(b)假设原子间的结合能完全相等,仅只是蒸发原子的尺寸比衬底原子尺寸大 2% 时的结果,此时界面是规整的,而且当生长成层并成膜以后,形成三维结晶核。与此相反,若衬底与蒸发原子失配度上升到 5%,则如图 4.29(c)所示,其界面变成不匹配层。

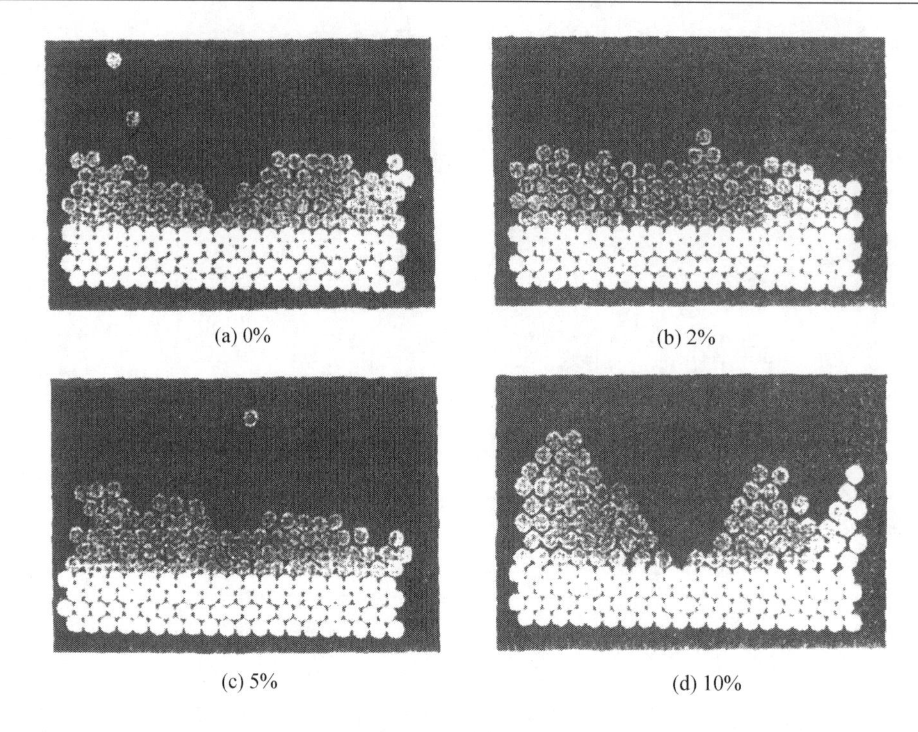

图 4.29 蒙特卡罗法计算得到的薄膜结构
（其薄膜与衬底之间晶格失配度分别为 0%，2%，5%，10%）

第5章　新型碳材料制备原理与工艺

新型碳材料主要包括碳纳米管、石墨烯和碳纳米球。

5.1　碳纳米管的制备工艺

继 C_{60} 在1985年被发现及1990年实现批量制备后，1991年Iijima对碳纳米管的报道，引起了全世界范围的广泛关注，掀起了人们对碳元素研究的新一轮热潮。Iijima最初将他所发现的这种独特的石墨管状结构称为“Graphite tubular”，后来人们将其称为“Bucky tube”，现在一般称为“Carbon nanotube”，中文为碳纳米管。

理想的碳纳米管可以看作是由石墨烯片层卷曲而成的无缝、中空的管体。构成碳纳米管的石墨烯的片层一般可以从一层到多层，由一层石墨烯片层卷曲而成的碳纳米管称为单壁碳纳米管（SWNTs）（图5.1（a））；由两层石墨烯片层卷曲而成的碳纳米管称为双壁碳纳米管（DWNTs）（图5.1（b））；由多层石墨烯片层卷曲而成的碳纳米管称为多壁碳纳米管（MWNTs）（图5.1（c））。

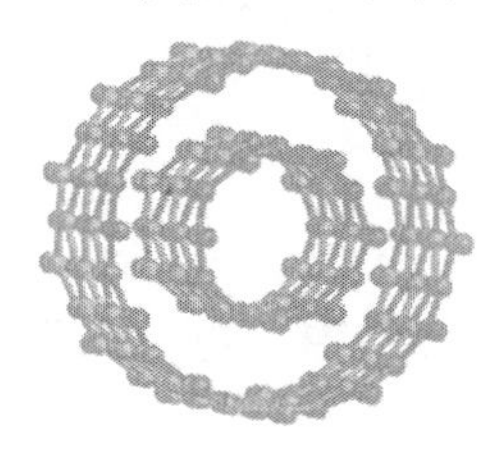
(a) 单壁碳纳米管

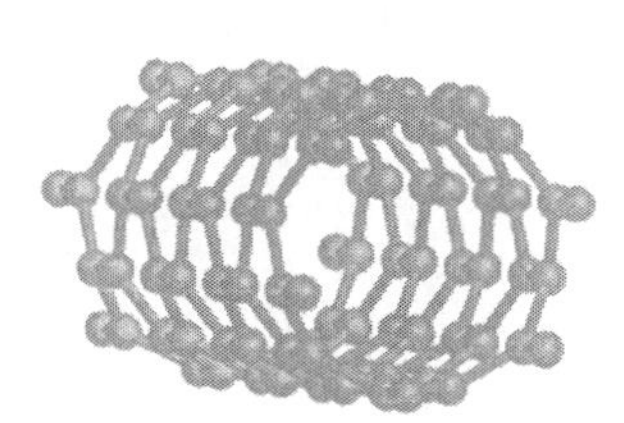
(b) 双壁碳纳米管

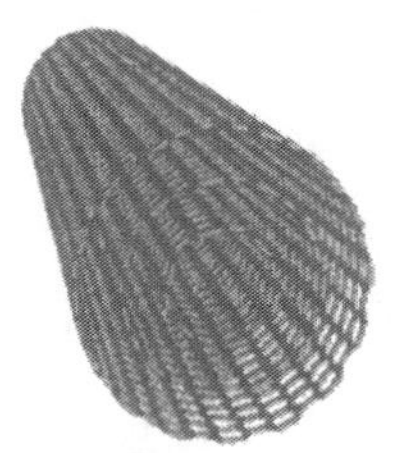
(c) 多壁碳纳米管

图5.1　碳纳米管的结构示意图

根据碳纳米管中碳六元环网格沿其轴向的不同取向，又可将其分为扶手椅形、锯齿形和螺旋形三种，其中扶手椅形和锯齿形是非手性的，而螺旋形具有手性，它的镜像图像无法与自身重合。

碳纳米管最早是在直流电弧法制备富勒烯的时候被发现的，因此人们首先通过电弧放电法对碳纳米管进行了合成研究。1993年，Iijima等人和Bethune等人分别报道了单壁碳纳米管。在此之后，Smalley小组的Thess等人利用激光蒸发法（Laser ablation）合成了高质量、毫克量级的单壁碳纳米管。在此基础上，逐渐发展了激光蒸发法、化学气相沉积法（CVD）等多种方法合成不同类型的碳纳米管。碳纳米管的合成是开展碳纳米管研究与应用的前提，获得管径均匀、具有较高纯度和结构缺陷少的碳纳米管，是碳纳米管性能及应用研究的基础；而大批量、廉价的合成工艺则是碳纳米管可以实际工业应用的保证，制备特殊性能和结构的碳纳米管也是保证碳纳米管应用在不同领域的基础。

为了提高单壁碳纳米管的产量，人们探索了多种方法制备碳纳米管，例如电弧法、石墨电极电解法、激光法、碳氢化合物催化热解法、气相反应法和电化学法等。目前常用的碳纳米管制备方法主要有三种,即石墨电弧法、激光蒸发法和化学气相沉积法。利用不同制备方法得到的碳纳米管在结构和性能方面存在较大的差别。一般来说,石墨电弧法和激光蒸发法制备的碳纳米管纯度和晶化程度都较高,但产量较低。化学气相沉积法是实现工业化大批量生产碳纳米管的有效方法,但由于生长温度较低,生长过程受气流扰动大,碳管中通常含有较多的结构缺陷,并伴有较多的杂质。

5.1.1　石墨电弧法

电弧法又称石墨电弧法。实际上碳纳米管是通过电弧法被首次发现的。石墨电弧法的实验装置与合成 C_{60} 的石墨电弧装置基本相同,主要由电源、石墨电极、真空系统和冷却系统等组成,如图 5.2 所示。其主要制备过程是:以石墨棒为电极,在氦气保护下,在两电极上加直流电压,通过放电产生电弧,温度达 3 000 ~4 000 ℃,从而使碳源结构重排,形成碳纳米管。通过控制惰性气体的压力或电弧电流大小等反应条件,便可以得到高质量的多壁碳纳米管。如果将金属催化剂掺入石墨棒里,可以合成单壁碳纳米管。催化剂除了过渡金属 Fe,Co,Ni 之外,还可用包括 Pb,Pt,Ag,Mn,Cu 等金属来催化合成单壁碳纳米管。

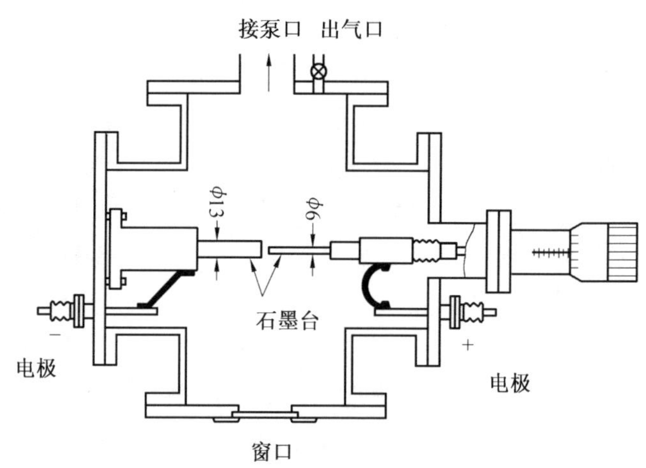

图 5.2　石墨电弧法制备碳纳米管的装置示意图

1997 年 Journet 等人报道了批量合成单壁碳纳米管的工艺,他们将石墨粉和钇、镍金属粉体混合后填充在阳极中,通过直流电弧法得到克量级的单壁碳纳米管。研究发现,催化剂的选择决定了合成单壁碳纳米管的效率和产率,在同等条件下,双金属催化剂比单金属催化剂更高效。催化剂的选择和配比以及反应室的氦气分压是影响单壁碳纳米管产率的关键因素。利用石墨电弧法批量合成的单壁碳纳米管具有以下特点:

①单壁碳纳米管的产率和纯度较高。

②单壁碳纳米管集结成束状。

③合成单壁碳纳米管所需时间短。

在 2001 年,Hutchison 等人首次报道了利用直流电弧法制备双壁纳米碳管的工艺。

实验中选用 Fe,Co,Ni 和 S 的混合物作为催化剂,气氛条件为体积比 1∶1 的氢气和氦气的混合气氛,其中氢气的存在使阳极蒸发速度较快,这种混合气氛的电离温度远低于纯氦气的温度条件,这种合成条件被认为是产生双壁碳纳米管的关键因素。

一般认为电弧放电法生长碳纳米管是符合遵循开口生长模型的,即认为碳纳米管在生长过程中是保持开口的。因为碳纳米管的开口上有很多较高活性的悬空键,这样碳原子可以均匀地结合到内外层的碳纳米管的悬键上,使内外层碳纳米管保持相同的生长速度。石墨电弧法制备的碳纳米管一般具有较高的晶化程度,缺陷少,性能接近或达到理论值。但产物中含有大量富勒烯、石墨微粒和无定形碳等杂质。因此,在碳纳米管应用前需要进行纯化,而且电弧法制备过程成本高、产量低,很难实现工业化连续生产。

5.1.2　激光蒸发法

激光蒸发法是将掺有金属(Ni-Co 或 Rh-Pd)的石墨靶置于高温炉中并升温到 1 200 ℃,在惰性气体(氦气)气氛下,用脉冲强激光轰击石墨靶的表面来获得碳纳米管的一种方法,如图 5.3 所示。激光蒸发法合成碳纳米管最早是由美国 R. E. Smalley 教授意外发明的。其主要过程是:将混有金属催化剂的石墨靶置于高温炉的中间,接通装置,待温度升到 1 200 ℃时,通入惰性气体。R. E. Smalley 利用激光蒸发法得到了纯度高达 70% 和直径分布均匀的单壁碳纳米管。同时用 CO_2 或 YAG 激光器的激光束照射石墨靶,会有气态碳原子产生,气态碳原子和金属催化剂颗粒在被气流一起带到低温区的过程中,相互作用而产生碳纳米管。

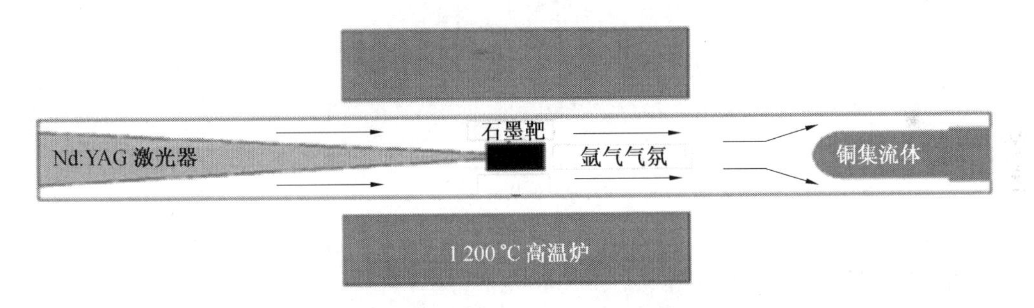

图 5.3　激光蒸发法制备碳纳米管示意图

N. Hatta 等人认为激光蒸发法制备碳纳米管遵循以下机理:在碳纳米管生长过程中,碳原子簇与环状碳原子簇结合,生成两端开口的单层管,接着通过碳原子簇的聚集而形成多壁碳纳米管。M. Yudasaka 将金属/石墨混合靶改为纯过渡金属或其合金及纯石墨两个靶。将两靶相对放置,并同时受激光照射。这样可消除因石墨挥发而导致石墨靶表面金属富集引起的产量下降。实验发现,激光脉冲间隔时间越短,得到的单壁碳纳米管产率越高,而且单壁碳纳米管的结构并不受脉冲间隔时间的影响。激光蒸发法制备得到的单壁碳纳米管束直径在 10 ~ 20 nm,长度最长可达 1 007 m 左右。激光蒸发法的主要优点是制得的碳纳米管的纯度高、结晶程度好,可以不经过纯化直接应用。缺点是反应设备成本高、产率较低。

5.1.3 化学气相沉积法

由于气相生长的碳纤维与碳纳米管的形貌特征极为相似,研究人员在使用直流电弧法得到碳纳米管后,又开始采用化学气相沉积法制备碳纳米管。通过对催化剂的处理和工艺参数的改进,制得了晶体结构与直流电弧法制备的碳纳米管类似的产物。

化学气相沉积(chemical vapor deposition,CVD)法为碳纳米管的工业化生产奠定了基础,此法以含碳气体或液体作为碳源,以 Fe,Co,Ni 或它们的化合物作为催化剂,在相对较低的温度条件下生长碳纳米管。其主要过程是:在 600 ~ 1000 ℃的条件下,将含碳气体通到催化剂表面,使它裂解成碳原子融入催化剂中,待其达到过饱和后在催化剂表面析出形成碳纳米管。其制备装置示意图如图 5.4 所示。气体碳源有很多种,包括甲烷、乙烯、乙炔、丙烯。液体碳源有苯、甲苯、二甲苯等。裂解温度在 600 ~ 800 ℃之间,此时产物大多为多壁碳纳米管。当温度提高到 1 100 ℃以上时,则可能生成单壁碳纳米管。其催化剂除了 Fe,Co,Ni 及其合金等常用的过渡金属外,Cu,Au,Pd,Pt,Rh 等以及负载型的物质(如 $Co/Mo/SiO_2$,Fe/Al_2O_3,$Fe/Mo/Al_2O_3$,Rh/Pd,Fe/MgO 等)也可以用作催化剂制备碳纳米管。

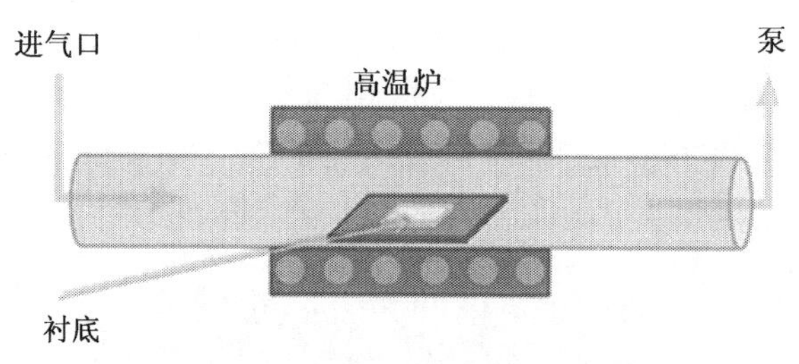

图 5.4 化学气相沉积法制备碳纳米管示意图

根据催化剂加入方式的不同,化学气相沉积法可分为基体催化裂解法和浮动催化裂解法。基体催化裂法的催化剂颗粒是事先制备好后放在反应室中,其基体一般为石墨或陶瓷。将催化剂附着于基体上,以这些催化剂作为“种子”,高温下通入含碳气体,使之分解并在催化剂颗粒一侧析出碳纳米管。一般而言,这种方法可以制备出纯度较高的碳纳米管,但超细催化剂的制备非常困难,且很难在基体上分布均匀,而且由于碳纳米管只能在催化剂基体上生长,故产量不高,难以工业化生产。浮动催化热解法的催化剂在反应室的位置不固定,通常在反应室中漂浮,其制备温度一般在 500 ~ 1 000 ℃,以 Fe,Co,Ni 等过渡金属或者它们的复合物为催化剂,碳氢化合物(例如甲烷、乙烯、乙炔等)为碳源合成得到碳纳米管。此法由于有机化合物分解出的催化剂颗粒可以在三维空间内分布,且催化剂的量容易控制,因此单位时间的产量比较大,可以实现连续生产。

研究表明,用 CVD 法合成碳纳米管的过程中,催化剂、碳源和生长温度等条件起关键作用。因为碳纳米管的直径很大程度上依赖于催化剂的尺寸,所以可通过控制催化剂的种类和催化剂的颗粒大小等反应条件来控制合成产物的质量。由于 CVD 法的反应温度较低,易于控制,能耗低,适合于放大实验,所以可批量生产碳纳米管。目前一般认为 CVD 法是原位控制生长碳纳米管的首选。但是此法得到的碳纳米管存在较多缺陷,需要对碳纳米管进行纯化和后处理。

根据碳源的状态，一般认为用 CVD 法生长碳纳米管遵循气体-液体-固体机理（vapor-liquid-solid，VLS）。根据催化剂颗粒在碳纳米管上的位置不同，一般认为有两种生长模式：顶端生长（tip-growth）和底部生长（base-growth），如图 5.5 所示。当催化剂颗粒与基底的作用力较强时，催化剂颗粒留在基底上，碳原子从碳纳米管的底部扩散到碳纳米管上，使碳纳米管长长；反之，当催化剂颗粒与基底的作用力较弱时，催化剂颗粒会离开基底，在碳纳米管的顶端漂浮在气流中，碳原子从碳纳米管的顶端扩散到碳纳米管中。

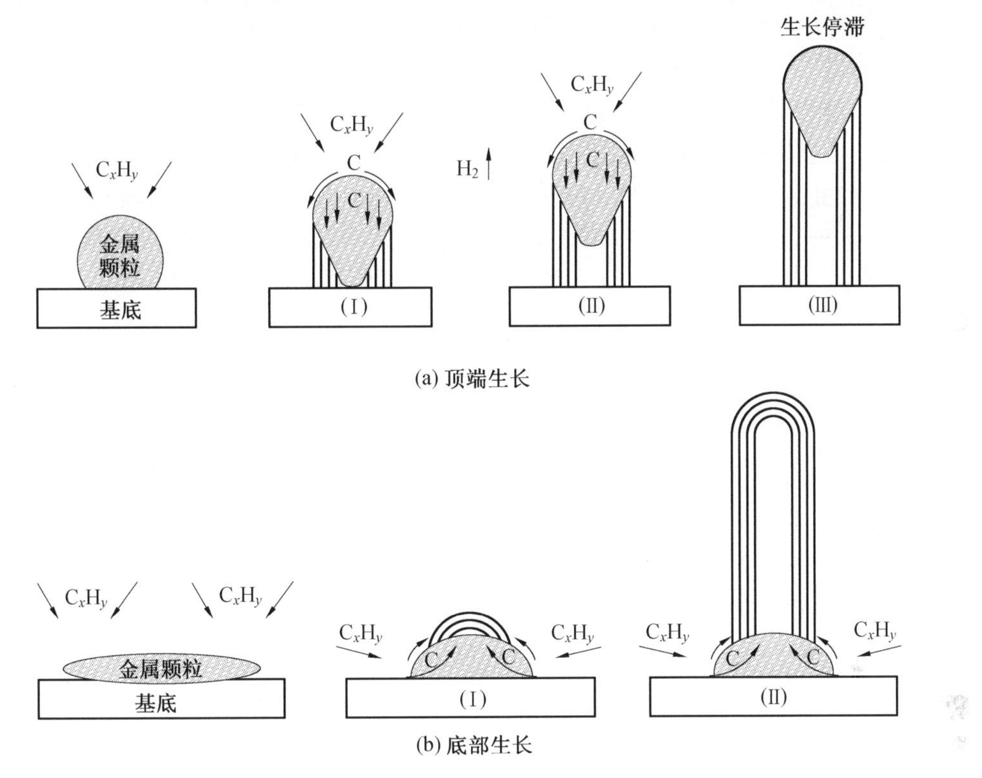

图 5.5　CVD 法生长碳纳米管的机理图

最近几年，人们发现大量非金属催化剂也可以催化生长碳纳米管。2009 年，Huang 和 Cheng 两个研究小组同时报道了可以用 SiO_2 纳米颗粒催化生长不含金属的单壁碳纳米管，这样的碳纳米管可以直接用于半导体器件的制备，减少了清除金属催化剂残留的烦琐过程，被认为是令人惊奇的发现。此后，科学家们还报道了可以采用富勒烯和金刚石为催化剂来催化生长出全碳的单壁碳纳米管。2010 年 Li 报道金属铅也可以用来催化生长几乎没有金属残留的单壁碳纳米管。

等离子体增强化学气相沉积（plasma enhanced chemical vapor deposition，PE-CVD）法是在化学气相沉积中，激发气体使其产生低温等离子体，增强反应物质的化学活性，从而进行外延的一种方法。此法可以实现在低温条件下生长碳纳米管薄膜，为在温度敏感型衬底和器件上生长碳纳米管提供了可能性。PE-CVD 的等离子体源（用于产生气体放电）包括直流电源、射频或微波等离子体源。等离子体可以促进碳前体解离成为更具反应活性的离子或自由基，从而使得碳纳米管的生长温度降低（通常低于 600 ℃）。Hofmann 等人使用 PE-CVD 法,以乙炔/氨气为碳源,利用直流放电在 120 ℃下制得多壁碳纳米管。研究表明,PE-CVD 法在制备自由站立、垂直生长的多壁碳纳米管阵列方面具有明显的优势。PE-CVD 法与传统 CVD 法相比,在其反应过程中会产生由等离子体诱发出的离子基团,因此,在载体上的带电粒子入射通量将会对实验产生影响,既有正面的影响,也有负面的影响(如破坏纳米管)。

激光辅助(laser assisted chemical vapor deposition,LA-CVD)法是利用激光光子能量促进化学反应降低反应温度的化学气相沉积技术。一般而言,激光束辐射出的能量会被部分或完全地产生光热效应,且该能量输入的有效空间仅为几个平方微米。LA-CVD 法的主要目的是尽可能减少由于衬底导热所造成的热损失,因而可以使用由绝缘材料制成的衬底或使用覆盖绝缘层的物质作为衬底。Chiashi 等人用中孔沸石做衬底,而 Fujiwara 等人则选用绝缘氧化铝纳米颗粒做衬底制备碳纳米管。此外还可以使用高光吸收率的催化剂粒子,利用催化剂粒子表面的激光反射来增加能量。LA-CVD 法可以精确控制碳纳米管的生长,但由于其加热不均匀会造成许多异构碳物种的出现,例如单壁或多壁碳纳米管、无序的纤维、无定形碳等。

5.1.4 其他方法

(1)太阳能法。

太阳能法是将阳光聚焦于石墨样品上,使碳原子蒸发,蒸发的碳原子将沉积在反应器的低温区,即无太阳光聚焦的地方。太阳光由一平透镜收集,并反射到一个抛物柱镜面上,此抛物柱镜面将太阳光直接聚焦于石墨靶,最高温度可达 3 400 K。石墨靶被置于反应炉中心,碳升华后被氧气或氢气吹到低温区沉积。此法的原理与激光蒸发法相似,其反应装置图如图 5.6 所示。该装置是将一个装有石墨粉和金属催化剂粉体的石墨舟做靶,并置于被太阳光加热的石墨管道口,这一管道负责运输碳蒸气,并起到热屏蔽的作用,从而形成退火区。含靶的石墨管置于反应炉的中心并被抽真空和用惰性气体冲洗后,调整到太阳炉聚焦的位置。

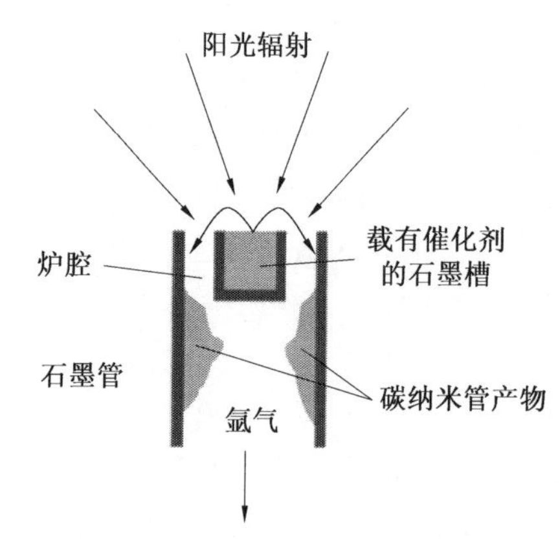

图 5.6 太阳能法制备碳纳米管反应装置示意图

(2)水热法。

Y. Jiang 等人研究出用水热制备碳纳米管的方法。在此法中,将一定量的原料置于高压釜中,并在 350 ℃反应即可得到多壁管及少量的单壁碳纳米管。此法的主要特点是大大降低了制备碳纳米管的反应温度。

(3)火焰法。

火焰法是在催化剂存在下将碳氢化合物和氧的混合物在炉中燃烧得到单壁碳纳米管。Vander Wal 等人报道了采用热蒸发技术产生催化剂纳米微粒的火焰法。此法基本上利用本身燃烧释放出来的热量加热,因而大大减少了能源消耗,降低成本。

(4)固相复分解反应法

固相复分解反应法是以氯化钴作为催化剂,利用卤代烷和乙炔锂之间发生固相复分解反应来制备 CNTs。此法的优点是设备简单、碳源丰富、能耗低、产品易于分离提纯。

(5)超临界流体技术

Motiei 等人报道了采用超临界 CO_2与金属镁反应制备 CNTs,此法是将一定量的超临界 CO_2和金属镁置于封闭的反应器中,在 1 000 ℃下加热 3 h,得到的产物主要有 CNTs、富勒烯及氧化镁。普遍的观点认为 CNTs 的生长需用过渡金属作为催化剂,而超临界 CO_2化学反应法则打破了这一观点。

(6)水中电弧法

水中电弧法是将两个石墨电极插在装有去离子水的器皿中,通过电弧放电在两电极间产生等离子体,从而在阴极沉积出 CNTs。如果在水中加入无机盐类则可以得到填充有金属的两端封闭的 CNTs。此法的反应温度低、能耗较小。

5.1.5　碳纳米管阵列的制备工艺

虽然单根碳纳米管具有很多独特的性质,但在实际应用中,经常考虑的是碳纳米管所成材料的整体行为。自由生长的碳纳米管取向杂乱、形态各异、相互缠绕,这就限制了碳纳米管的应用开发,特别是在器件化方面的应用。而定向有序的碳纳米管阵列有许多实际应用,例如作为锂离子电池和超级电容器的电极材料、热界面材料、薄膜晶体管及场发射冷阴极材料等。所谓定向碳纳米管阵列就是所有的碳纳米管取向基本一致,沿着碳纳米管的中心轴方向彼此相互平行,碳纳米管的取向垂直或平行于基体的陈列,其形貌如图 5.7 所示。下面分别介绍其制备工艺。

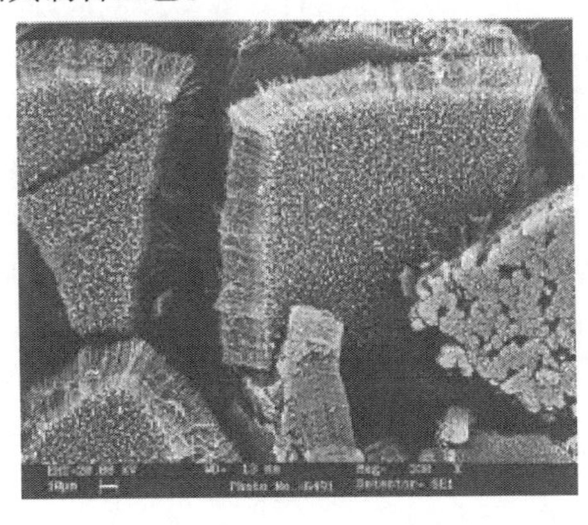

图 5.7　碳纳米管阵列的 SEM 图

(1)多孔氧化铝(AAO)模板制备碳纳米管阵列。

T. Kyotani 等人以 AAO 为模板,用 CVD 法热分解丙烯,制备了超细、高度有序且两端开口的碳纳米管阵列,其工艺过程如图 5.8 所示。Kim 研究小组将催化剂直接沉积在 Si 基底上,通过 CVD 方法在 AAO/Si 表面制备出碳纳米管阵列。Sui 等人利用阳极氧化和酸处理制备出孔径为 24 nm 和 86 nm 的 AAO 模板,并利用 CVD 法填充模板制备出碳纳米管阵列。通过研究发现,介孔阳极氧化铝不仅在反应中起模板的作用同时,也可以起到催化剂的作用。

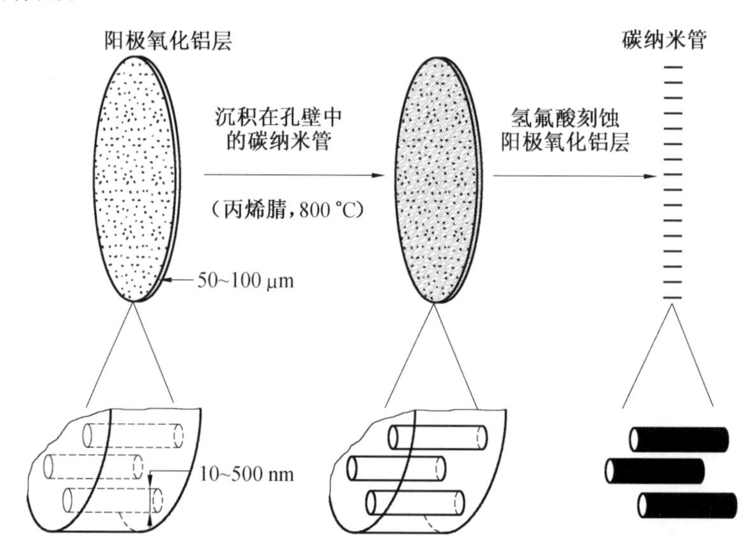

图 5.8 多孔氧化铝模板制备碳纳米管阵列的工艺过程图

(2)多孔二氧化硅模板制备碳纳米管阵列。

1999 年,解思深小组利用溶胶-凝胶法制备了含有铁纳米颗粒的多孔二氧化硅片状基底,并利用 CVD 法以多孔二氧化硅为模板,乙炔为碳源,在 700 ℃的条件下,成功生长出长度达 2 mm 的超长开口碳纳米管阵列。S. Fan 等人利用阳极氧化方法首先在硅表面形成多孔硅层,以真空蒸镀(或真空溅射)法在多孔硅表面涂覆一层极薄的铁膜,以铁为催化剂,乙炔为碳源,于 700 ℃下制得了垂直于硅基片表面、高度有序的碳纳米管阵列。Zheng 等人分别以聚氧乙烯烷基醚 $C_{16}EO_{10}$、三嵌段共聚物 P123 和十六烷基三乙基溴化铵 CTAC 为模板剂,制备出铁掺杂的介孔硅薄膜。而后以制备的介孔硅薄膜为基底,采用 CVD 法,乙烯为碳源,在 750 ℃下制备出碳纳米管。研究发现,当铁硅的物质的量比为 1.8 时,采用 $C_{16}EO_{10}$ 为模板剂制备的介孔硅薄膜上可以获得碳纳米管阵列,如图 5.9 所示。而相同条件下,以 CTAC 为模板剂制备的介孔硅薄膜上只能获得与基底表面平行的碳纳米管,这是由于孔结构的面内排列限制了碳纳米管的生长。

J. D. Craddock 等人以二甲苯和二茂铁为原料,在 750 ~ 850 ℃采用 CVD 法制备出大面积垂直于基底的碳纳米管阵列。此碳纳米管阵列可以从基底上剥离下来形成自支撑阵列,并可直接用于静电纺丝纺织碳纳米管线,如图 5.10 所示。

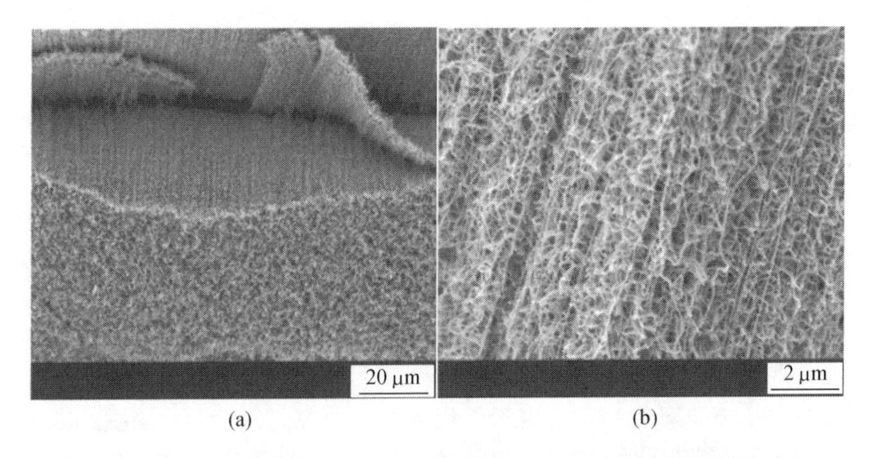

图5.9　以 $C_{16}EO_{10}$ 为模板剂制备的介孔硅薄膜上生长的碳纳米管阵列的SEM图

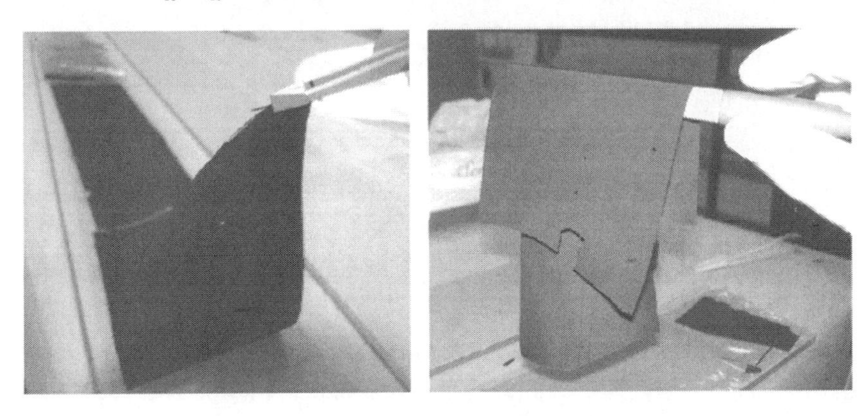

图5.10　自支撑多壁碳纳米管阵列的光学照片

(3)过滤法。

瑞士的W. A. Heer小组将电弧蒸发制备的无序缠绕多壁碳纳米管经纯化后沉积于塑料、铝箔、聚四氟乙烯等材料的表面,并对碳纳米管进行了取向性的研究。具体方法是,采用电弧法在阴极制备出含碳纳米管的沉积物,再研磨成粉体状,用超声冲击将碳纳米管分离出来,最后用化学法过滤和纯化,使碳纳米管在过滤器上沉积下来。把塑料按压在过滤器表面,碳纳米管就被转移到塑料上,从而获得了垂直基体的定向碳纳米管阵列。

(4)磁控溅射法。

2009年,T. Y. Tasi小组利用磁控溅射法在玻璃基体上涂覆一层Ti/Co双金属薄膜作为催化剂,以乙炔为碳源,在450 ℃下,采用热化学气相沉积法,在玻璃基体上垂直生长出了具有良好形态的碳纳米管阵列。

(5)微波等离子体化学气相沉积法。

C. Bower小组利用微波等离子体化学气相沉积方法在单晶硅基体上生长出了定向碳纳米管阵列。其具体方法是在硅基体上首先采用磁控溅射的方法溅射一层纳米金属钴作为催化剂,然后在825 ℃时,以微波等离子机发出等离子体,通入氨气对催化剂颗粒进行刻蚀,裂解乙炔,在微波等离子体的作用下从基体上生长出高度有序的碳纳米管阵列。由于氨气的刻蚀作用,钴催化剂薄膜形成一种特殊的半球形结构,正是这种特殊结构控制了碳纳米管的定向生长。催化剂金属钴薄膜层的厚度直接影响碳纳米管的管径和长度。

目前定向碳纳米管的生长机制主要认为有以下几种：

①模板孔径限域机理，即由于微孔限制了金属颗粒的形状和碳原子的析出方向，所以导致了碳纳米管的定向生长。

②密度控制机理。即通过对催化剂膜进行刻蚀，使催化剂颗粒得以活化、细化，且分布均匀，从而使碳纳米管的生长空间受到限制，加上碳纳米管之间范德瓦耳斯力的作用，使碳纳米管只能沿垂直于基体的方向生长，形成阵列。

③等离子诱导机理。通过等离子诱导，可以将不垂直于基底方向生长的 CNTs 刻蚀掉，使碳纳米管定向生长。

④催化剂颗粒各向异性理论。由于催化剂颗粒的各向异性，在催化生长圆周上的催化效率不同，碳原子优先顺沿着催化生长快的方向生长，即导致了碳纳米管的定向生长。

5.1.6 碳纳米管宏观体的制备工艺

(1)一维碳纳米管宏观体的制备工艺。

一维碳纳米管宏观体主要包括碳纳米管组成的长丝和长绳，如图 5.11 所示。碳纳米管长丝的制备方法主要有溶液凝固法、直接制备法、干法和湿法。天津大学李亚利教授课题组于 2010 年报道了通过化学气相沉积纺丝法制得具有多层结构的连续碳纳米管长丝。在丙酮和乙醇混合气流下，通过化学气相沉积法将制得的碳纳米管自组装成多层结构，通过连续纺丝得到碳纳米管长丝，其长度可达数千米，质量接近于传统的纺织品。这种层状的多功能碳纳米管长丝集优异的力学性能、导电性和表面结构于一身。同时在结构纤维、复合材料、催化剂载体等方面有潜在的应用价值。清华大学姜开利等人将超顺排列的碳纳米管阵列直接提拉自组装成长度为 30 cm 的碳纳米管长丝。继而他们采用一种提拉-扭转法制备碳纳米管长丝。此法得到的碳纳米管长丝具有很多振奋人心的应用。英国剑桥大学的 S. Zhang 等人以乙二醇为溶剂，采用直接从易溶的液晶态中对多壁碳纳米管进行纺丝。这便是制备碳纳米管长丝的湿纺法，此法能够对不同类型的碳纳米管进行纺丝。

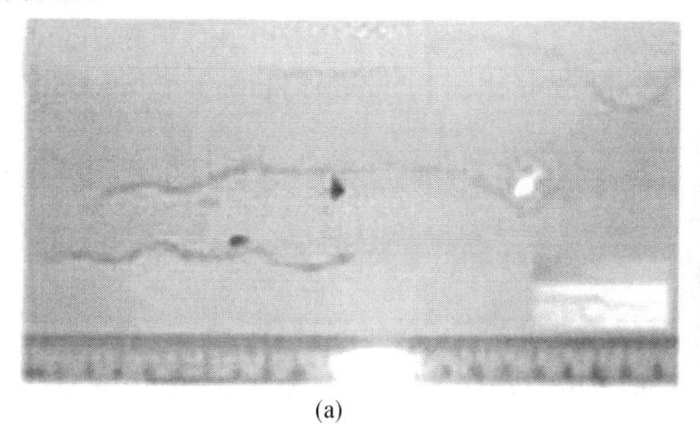
(a)

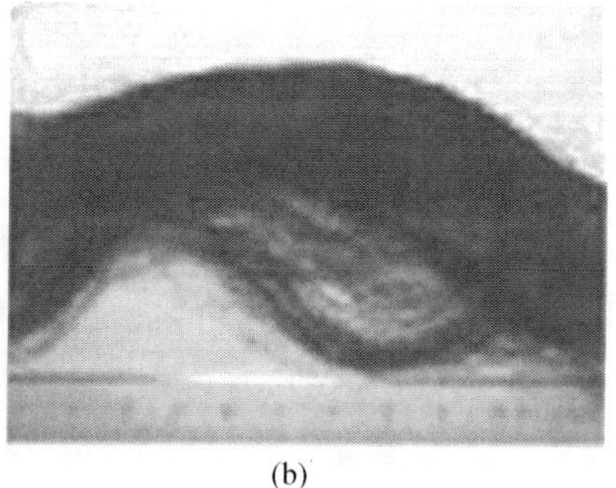
(b)

图 5.11 一维碳纳米管宏观体

(2)二维碳纳米管宏观体的制备工艺。

二维碳纳米管宏观体主要是指碳纳米管薄膜，其在两个维度上均达到了宏观尺寸，如

图5.12所示。制备过程是将碳纳米管交织在一起形成网络结构,进而得到碳纳米管薄膜,制备方法主要有直接制备法、干纺法、喷墨印刷法、抽滤法和滴干法等。韦进全等人采用直接制备法制备了双壁碳纳米管薄膜。具体做法是以二甲苯作为碳源,二茂铁作为催化剂,并添加少量的硫作为添加剂制备溶液,利用注射泵将该溶液匀速地注射到水平石英管中(反应时间为10~20 min),碳原子在催化剂铁原子的作用下,生长出碳纳米管。随后载气将碳纳米管吹出反应区,最后在石英管靠近尾部反应区得到碳纳米管薄膜。清华大学李祯等人利用上述方法制备的单壁碳纳米管薄膜具有良好的透光性和导电性。朱宏伟等人同样利用上述方法制备了碳纳米管薄膜,并用金属箔、聚合物薄膜等多种基片来收集碳纳米管薄膜。范守善课题组采用从超顺排列的碳纳米管阵列提拉式干纺法制备了碳纳米管薄膜、超顺排列碳纳米管阵列和普通垂直排列的碳纳米管阵列。Wu等人将碳纳米管分散到稀释好的悬浮有表面活性剂的溶液中,通过过滤膜进行过滤,然后用去离子水洗去表面活性剂,最后将过滤膜溶解掉得到碳纳米管薄膜。Zhou等人采用抽滤法制备碳纳米管薄膜,然后利用转印法将碳纳米管薄膜转移到不同的基底上,例如聚对苯二甲酸乙二醇酯(PET)、玻璃、聚甲基丙烯酸甲酯(PMMA)、硅基片等。M. Endo等人利用CVD法制备了双壁碳纳米管巴基纸。清华大学王鼎等人对成直线排布的碳纳米管阵列进行"推骨牌"方式宏观操纵,制备了面积大、厚度小的碳纳米管巴基纸。这种简单有效的方式可以确保大部分碳纳米管紧密地线形排列于巴基纸中。此法制备的碳纳米管巴基纸结构可控,具有很多潜在的应用。

(a)

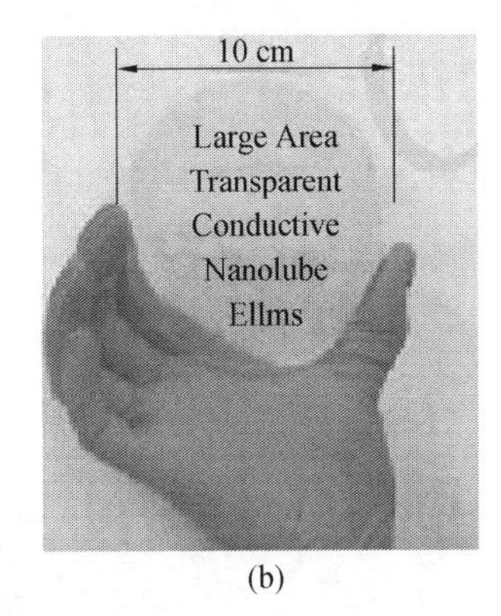

(b)

图5.12　二维碳纳米管宏观体

(3)三维碳纳米管宏观体的制备工艺。

三维碳纳米管宏观体的制备方法主要有直接制备法、溶胶-凝胶法、冷冻干燥法和压制法等方法,不同的制备方法,可以得到不同形态的三维碳纳米管宏观体,例如海绵状、棉花状、阵列状和书状等。Hata等人通过引入水蒸气来提高催化剂的寿命和活性,利用CVD法制备单壁碳纳米管,在水蒸气对催化剂的激发下使得碳纳米管生长为大量的超密垂直排列的碳纳米管阵列,其厚度为2.5 mm,可以很容易地从催化剂中分离,且纯度可达到99.98%。Talapatra等人在金属合金基底上生长了多壁碳纳米管阵列。Zheng等人在乙醇溶液中溶解氯化钴和氯化铁得到催化剂前驱体的溶液,然后将此溶液涂抹于一尺寸为5 mm×10 mm和表面有0.1 μm厚SiO_2薄层的硅基片上,并将硅基片放置在尺寸为

15 mm×35 mm 的石英片中间，一同放入石英管中。石英管首先经过氩气和氢气混合气体净化0.5 h，然后以60 ℃ · min^{-1}速率升温至900 ℃保温1 h，碳源为乙醇和丙酮，制得到棉花状三维碳纳米管宏观体。该棉花状碳纳米管由个别超长的碳纳米管组成，密度较低，外观与传统的棉花相似。成会明课题组制备了一种具有书状结构的三维单壁碳纳米管宏观体，这种书状的碳纳米管宏观体是由一页一页的单壁碳纳米管薄膜堆积而成的。其制备过程利用了一种特制的多孔薄膜作为基底，直径与石英管反应区的内径一致，垂直放置在石英管反应区的排放孔处用于收集碳纳米管。Thongprachan 等人通过冷冻干燥法制备了孔隙率高达97%的三维多壁碳纳米管，这种多壁碳纳米管被分散到羧甲基纤维素钠溶液中，溶液在冷冻干燥后得到干燥的样品，这种碳纳米管宏观体呈多孔结构，孔尺寸受原材料配比及冷冻干燥等条件控制。这种碳纳米管宏观体有望作为气体探测材料。Bryning 等人利用溶胶-凝胶法、冷冻干燥及超临界干燥方法，通过粉体状的碳纳米管凝结，制备出三维碳纳米管宏观体。X. T. Zhang 通过聚酰胺-胺型树形高分子使溶液中的多壁碳纳米管交联成凝胶形态，而后加入带有磁性四氧化三铁粒子的溶液制成四氧化三铁/多壁碳纳米管复合凝胶，产物经冷冻干燥处理后即为磁性碳纳米管凝胶体。如图5.13所示，产物可被磁铁吸起。

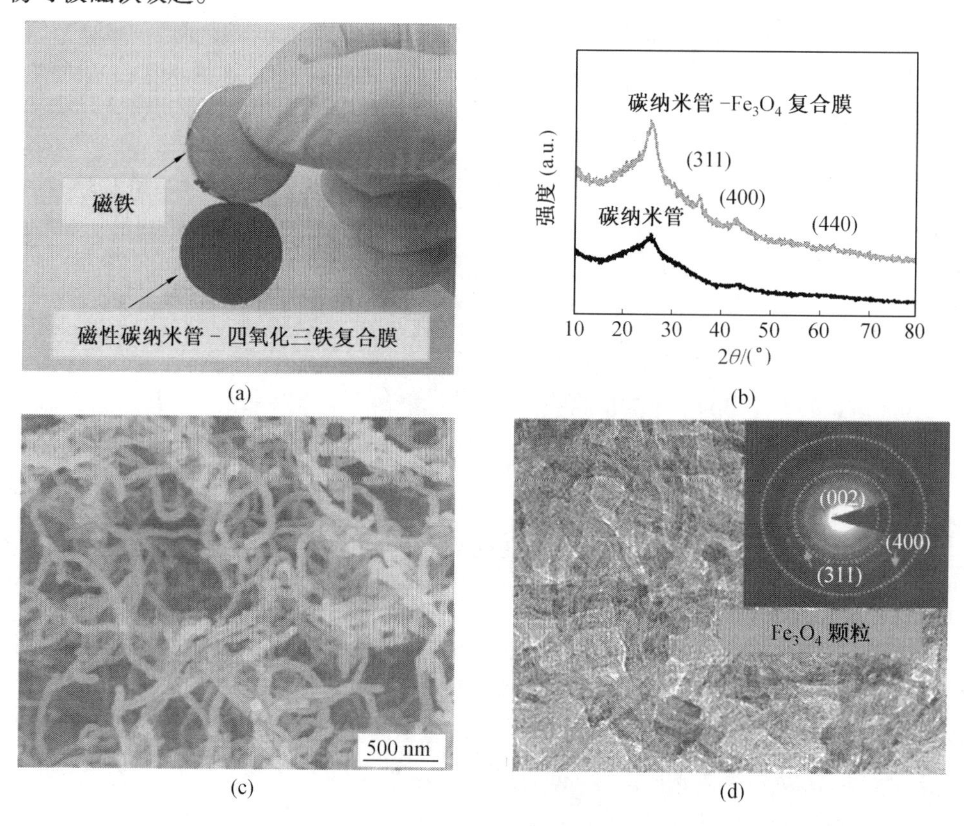

图5.13 磁性碳纳米管凝胶体的光学照片

5.1.7　特殊形状螺旋碳纳米管的制备工艺

(1)螺旋碳纳米管的制备工艺。

1992年,B. I. Dunlap和S. Ihara相继通过理论计算、分子模拟等手段推测出螺旋结构碳纳米管是热力学稳定的。而后,X. Zhang在观测碳纳米管时发现了一种弯曲、环绕,类似于DNA螺旋结构的碳纳米管,这是人类史上首次通过实验观测到的螺旋碳纳米管。在其被发现后的数十年来,研究者们已经可以通过不同方法制备螺旋碳纳米管,如图5.14所示。

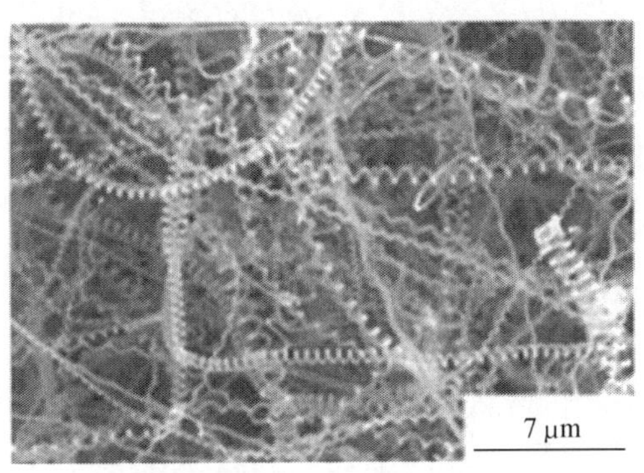

图5.14　螺旋碳纳米管的TEM照片

螺旋碳纳米管的制备方法有石墨电弧法、激光蒸发法和化学气相沉积法三种。X. Zhang等人采用改进后的石墨电弧法制备了少量具有规则螺旋结构的螺旋碳纳米管。L. C. Qin等人采用激光蒸发法合成单壁碳纳米管时对石墨电极进行改进,加入了少量的Ni颗粒作为催化剂,首次利用这种方法合成了单壁螺旋碳纳米管,但螺旋结构产物的含量较低。目前报道最多的方法是化学气相沉积法。Y. Wen等人在覆盖有纳米Ni颗粒催化剂的石墨基板上同时加入助催化剂PCl_3,在Ar/H_2气氛中催化裂解乙炔,制得螺旋碳纳米管。但产量较少,而且产物中含有大量直线形的碳纳米管。L. Pan等人采用Fe/SnO_2复合催化剂体系在ITO薄膜上选择性地生长了螺旋碳纳米管,但产物中所含副产物较多,且螺旋碳纳米管的形貌较为繁杂。实现可控制备螺旋碳纳米管,孔道的限位作用被认为是关键因素。M. Lu等人利用孔道限位技术研究了螺旋碳纳米管的可控制备。研究发现,负载于硅胶上的Co催化剂体系在减压条件下催化裂解乙炔,通过调节参数可以在一定程度上控制螺旋碳纳米管的形貌。他们同时还发现,在该条件下制备的螺旋碳纳米管的石墨化程度较差,石墨层外附着了大量的无定形碳。南京大学都有为院士团队采用纳米Ni/Fe为催化剂,乙炔为碳源,在较低温度下成功合成了螺旋碳纳米管,其重现性较好,产率也得到提升。H. Hou等人将铁基催化剂前驱体溶解在吡啶中,两者被共同引入电炉中实现螺旋碳纳米管的生长。V. Bajpai等人借鉴垂直碳纳米管阵列的制备方法,采用羰基铁/羧酸反应体系和硅片表面修饰方法,实现了螺旋碳纳米管阵列的制备。

(2)竹节状碳纳米管的制备工艺。

与传统的规则碳纳米管不同,竹节状碳纳米管由一系列分离的中空间隔构成。其形貌如图5.15所示。由于这种独特的结构,竹节状碳纳米管具有独特的电子学性质,并且在许多领域有着潜在的应用价值。

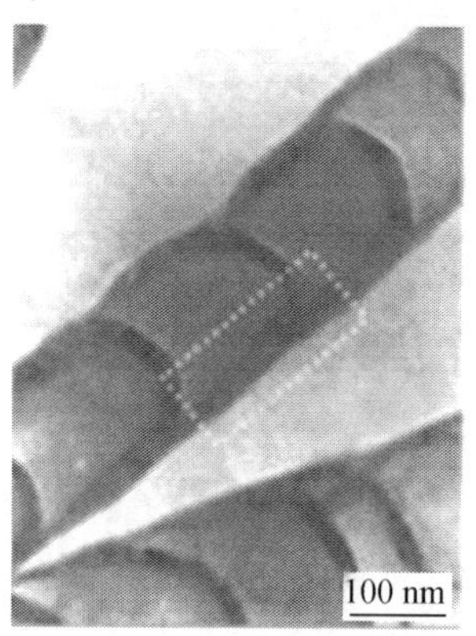

图5.15 竹节状碳纳米管的TEM照片

竹节状碳纳米管可以通过多种方法制备,包括电弧放电法、热解金属有机前驱体法、溶剂热反应合成法和化学气相沉积法等。Saito在1995年利用弧光放电制备出竹节型结构的碳纳米管。而Lee等人利用热CVD系统生长碳纳米管时,发现碳纳米管的顶端不含有Fe催化剂颗粒。他们认为Fe催化剂颗粒结合到衬底Si上,碳从Fe催化剂颗粒中析出形成石墨片层后,在石墨片层内的应力作用下,石墨片层与Fe催化剂颗粒分离向上运动形成竹节形结构的碳纳米管。Ma等人用氮气和甲烷作为反应气体,在微波等离子体CVD系统制备出竹节状结构的碳纳米管。

(3)分枝碳纳米管的制备工艺。

Kong等人通过AAO模板法,以不同的催化剂,在不同的实验条件下制备了分枝碳纳米管。Li等人将$Co(NO_3)_2 \cdot 6H_2O$,$Mg(NO_3)_2 \cdot 6H_2O$和$Ca(NO_3)_2 \cdot 4H_2O$混合加热到130 ℃制备催化剂,然后将催化剂放入石英管加热至1 000 ℃,在噻吩中通入氢气,将混合气体通入石英管中,最后在磁舟中得到分枝碳纳米管。Jun等人也使用不同的催化剂和碳源制备出分枝碳纳米管。Shane等人在阳极石墨棒中间钻孔,按一定比例添加石墨粉体和Cu(或者CuO)粉体,然后在氦气或者氢气环境中电弧放电,从而在阴极石墨棒上沉淀得到了分枝碳纳米管。Yao等人将一定量的二茂铁和二氯苯放入高压釜中,充分搅拌将高压釜密封加热,在180 ℃下反应24 h,冷却得到分枝碳纳米管。Lou等人以$NaBH_4$为催化剂,CO_2作为碳源,将一定量的$NaBH_4$和干冰放入高压釜中,在700 ℃下加热8 h,获得了分枝碳纳米管,其形貌如图5.16所示。

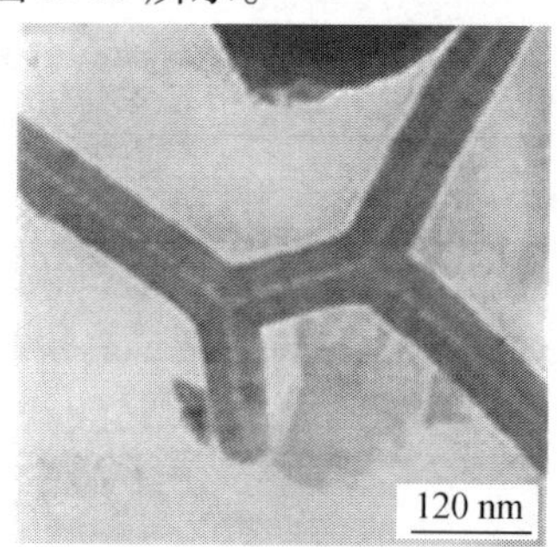

图5.16 分枝碳纳米管的TEM图

5.1.8　掺杂碳纳米管的制备工艺

在碳纳米管中进行异质元素(硼/氮)掺杂可以有效控制碳纳米管的晶体结构和电子结构,产生优于纯碳纳米管的物理化学性质。理论研究表明,掺杂碳纳米管的电子结构主要取决于其成分,这一特性为碳纳米管在电子和光电子领域的应用开辟了新的途径,有望实现碳纳米管电子器件从性质不可控到性质基本可控的突破。

(1)氮掺杂碳纳米管的制备工艺。

氮是VA族元素,在化学周期表上与碳原子相邻,它与碳原子的尺度相差不大,氮掺杂后碳纳米管的晶格畸变较小。理论和实验研究表明,氮原子是替代碳纳米管中碳原子的理想原子,它的掺杂为碳纳米管的费米层提供了一个自由电子作为载流子,可提高其导电性,如图5.17所示。氮掺杂碳纳米管的制备方法与普通碳纳米管的方法类似,主要可分为电弧放电法、激光蒸发法和化学气相沉积法。

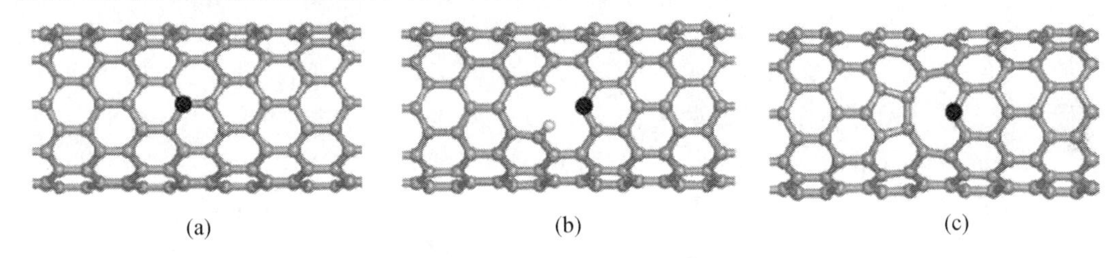

图5.17　氮原子掺杂碳纳米管位点示意图

Droppa等人在氮气-氦气气氛中通过电弧放电蒸发包含催化剂的石墨电极制备出氮掺杂单壁碳纳米管。2004年,Glerup等人以混杂了三聚氰胺和Ni/Y催化剂的石墨作为石墨电极,通过在两电极间施加直流电,使碳棒电弧放电,制备出氮掺杂单壁碳纳米管。其最大氮掺杂量为1%(质量分数)。Lin等人以CO_2激光器为激光光源,通过在氮气氛中蒸发C:Ni/Y靶制备了氮掺杂单壁碳纳米管。研究结果表明,氮元素存在于管内或者管束之间。Glerup和Tang通过使用气溶胶化学气相沉淀法制备了氮含量掺杂为20%(质量分数)和16.7%(质量分数)的掺氮碳纳米管。其中Glerup制备的碳纳米管局部的氮含量达到了25%~30%(质量分数)。Wu等人采用溶剂热法来制备掺氮的碳管,他们以五氯吡啶既为碳源又为氮源,制备出喇叭状掺氮碳纳米管。Lin等人在3 200 ℃下,以连续激光对含Ni/Y催化剂的石墨粉体混合物进行照射,在氮气气氛下获得了单壁的掺氮碳管。Kotakoski通过理论模拟证明了离子注入法实现制备氮掺杂碳纳米管的可行性。Chen使用微波法在氨气和氩气混合气下处理多壁碳纳米管,从而在碳管表面引入氨基。J. B. Kim等人利用PE-CVD法制备了氮掺杂的碳纳米管,并对其进行了全面的表征。

(2)硼掺杂碳纳米管的制备工艺。

早在1994年Stephan等人通过电弧放电法获得了硼氮共掺杂的碳纳米管。Stephan等人以石墨填充的阴极和无定形硼填充的石墨阳极氮气气氛下,在催化剂上得到了硼氮共掺杂的碳纳米管。Hsu在中空的石墨阳极中填充硼化氮粉体通过直流电弧放电制备出掺硼碳纳米管。Terronesa等人最早用$CH_3CN-BCl_3$为前驱体,氩气为载气,Co粉体为催化剂在900~1 000 ℃下得到硼氮共掺杂的碳纳米管。Kim等人通过以硼吖嗪($B_3N_3H_6$)

为前驱体得到了硼氮共掺杂的碳纳米管。Chen 等人用硼酸三甲酯为前驱体,用 CVD 法成功制备出单一掺硼的碳纳米管。此外,还有研究者使用硼酸三异丙酯作为硼源制备了掺硼碳纳米管。

S. Chatterjee 等人利用镍为催化剂,利用硼烷和氮烷为原料,用 CVD 法合成了硼掺杂的碳纳米管。Mondal 等人通过在乙醇中溶解三氟化硼作为硼源制备掺硼碳纳米管。Koos 等用三乙基硼烷为硼源制备了掺硼碳纳米管。

(3)磷掺杂碳纳米管的制备工艺。

磷原子的原子半径的氮原子半径大,因此掺入碳纳米管的石墨烯结构中要比硼和氮难得多。除了磷掺入碳纳米管的石墨结构中外,还可以通过化学修饰,在碳纳米管管壁连接含磷基团。Jourdain 等人在用磷酸处理过的阳极氧化铝基板上负载铁和镍的纳米颗粒,通过 CVD 法得到少量的碳纳米管。在生长碳纳米管的过程中,金属催化剂颗粒会发生金属磷化反应。在他们随后的优化试验中,碳纳米管的产率得到提高,但是并没有讨论磷是否进入碳纳米管中。Cruz-Silva 和 Campos-Delgado 在随后的工作中,以三苯基磷为磷源,二茂铁为催化剂,在氩气气氛下得到了氮磷共掺杂的碳纳米管。Maciel 等人以乙醇为碳源,二茂铁为催化剂,三苯基磷为磷源,在 950 ℃制备出掺磷的单壁碳纳米管。而掺杂大量磷的单壁管制备仍面临挑战:一方面,磷原子在碳纳米管生长过程中会降低铁的催化生长活性;另一方面,前面也提到过,磷原子尺寸要比碳原子大,从而增大了碳纳米管上六元环的畸变。

5.2 石墨烯的制备工艺

5.2.1 石墨烯制备工艺概述

石墨烯是继富勒烯、碳纳米管后出现的一类重要的碳材料,因其独特的结构和物性而成为近来的研究焦点。在理想的单层石墨烯中,碳原子以六元环类蜂窝状结构周期性排列,每个碳原子以 sp^2 杂化形式与相邻三个碳原子键合,形成键长为 0.142 nm 的强 α 共价键,此结构决定了石墨烯具有较高的热力学稳定性和非常牢固的晶格结构。石墨烯结构的示意图如图 5.18 所示,在垂直于石墨烯层方向,碳原子中未参与 sp^2 杂化垂直于平面的 p 轨道与相邻碳原子的 p 轨道形成共轭离域 π 键,石墨烯层与层之间依靠范德瓦耳斯力作用堆叠,因此其具有高导热率和较高的载流子迁移率。此外石墨烯还具有高达 130 GPa 的弹性模量、约 1 100 GPa 的杨氏模量、高比表面积、高透光率和易功能化等优异的性能,这使其在微电子、医药、能源和材料等诸多领域显示出巨大的应用潜力。

2004 年,英国曼彻斯特大学的 Andre Geim 教授和 Kostya Novoselov 博士通过机械剥离法制得单层石墨烯。2008 年,麻省理工学院的 Jing Kong 研究组通过化学气相沉积法首次在 Ni 膜上制备出石墨烯薄层,并成功转移,此工艺不仅可获得大面积的石墨烯薄层,而且具有可观的工业化前景。目前石墨烯的制备工艺是一个热点研究领域,总体上可分为微量制备工艺和宏量制备工艺两大类。微量石墨烯制备工艺主要包括机械剥离法、外延晶体生长法和电化学法等。宏量制备方法目前主要是化学气相沉积法和化学剥离法。

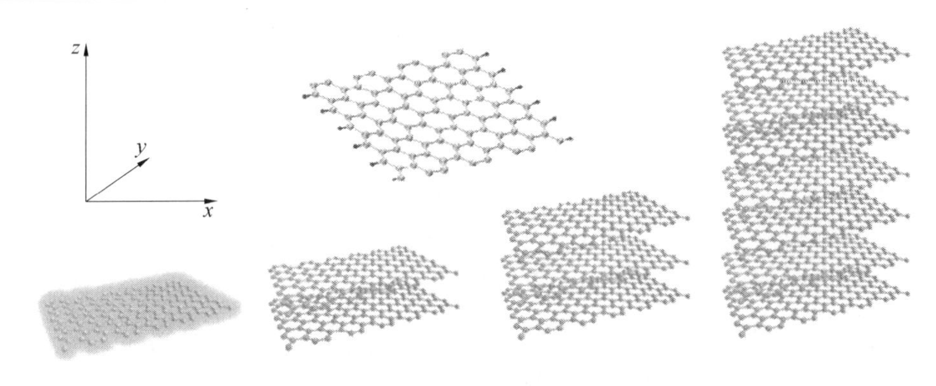

图 5.18　石墨烯结构的示意图

不同方法制备的石墨烯物性、尺寸等有很大不同，因而有不同的应用。例如，机械剥离法制备的石墨烯具有近乎完美的晶体结构；电弧放电法所得产物结晶度高，但有较多杂质，这两种方法制备的石墨烯比较适用于科学研究；化学气相沉积法和外延生长法可以制备大面积的石墨烯，且结晶度高，适用于微电子加工领域和微电子纳米器件的应用研究；全有机合成、化学剥离等其他方法所制备的石墨烯产率低，工艺复杂，很难实现工业化生产，制备的石墨烯纯度高，适用于纳米传感器或微电子器件等领域。

5.2.2　微机械剥离工艺

石墨晶体层间距为 0.314 nm，层间以较弱的范德瓦耳斯作用力结合，计算所得的范德瓦耳斯力作用能为 2 eV · nm^{-2}。通过对石墨晶体施加机械力将石墨烯或石墨烯片层从石墨晶体上撕拉下来的方法即为机械剥离法。2004 年，研究人员通过微机械剥离工艺首次制得石墨烯，此研究成果获取 2010 年的诺贝尔奖。

通过机械剥离工艺所制备的石墨烯具有结晶度高、缺陷少和导电率高的特点，但产量低、尺寸较小，这是制约其应用的关键因素。最初的微机械剥离制备石墨烯工艺流程如图 5.19 所示，采用高定向热解石墨为固相碳源，采用氧离子刻蚀的方式刻蚀出 20 μm ~ 2 mm 见方、5 μm 深的石墨柱。将热解石墨刻蚀有石墨柱的一面挤压在涂有 1 μm 厚光刻胶的基片上，加热后一部分石墨柱上的石墨晶体就留在光刻胶上。而后用丙酮溶解光刻胶，将 SiO_2/Si 基片置于溶液中浸渍数分钟，用大量水和丙醇冲洗后，将基片在丙醇中超声。最终留在基片上的即为厚度小于 10 nm 的石墨烯薄片。此制备工艺所得的石墨烯晶体结构较好，面积可达 100 $μm^2$，但其产率极低，适用于物理研究或微电子器件的制备。

针对微机械剥离法产率低和过程繁复的缺点，科研工作者利用臼式研磨仪、搅拌球磨仪和行星球磨仪等机械研磨手段来代替手工剥离制备大批量、高品质的石墨烯（图 5.20）。工艺中首先以水为助磨剂将石墨微粒在臼式研磨仪中研磨 20 h，臼式研磨仪用剪切力剥离石墨层，可以有效地避免撞击对石墨晶格造成的破坏。产物石墨薄片厚度小于 10 nm，且晶体完好。有研究者认为，严格意义上，由于剪切力剥离效率低和接触面积小，所以此工艺所制备的并非真正石墨烯，更接近于石墨薄片。搅拌球磨相对于臼式研磨仪摩擦效率更高，添加表面活性剂十二烷基硫酸钠（SDS）后使用 50 ~ 100 μm 的研磨介质球磨 5 h 后，可得厚度小于 1 nm 的石墨烯纳米片层。通过电镜和原子力显微镜的表征，

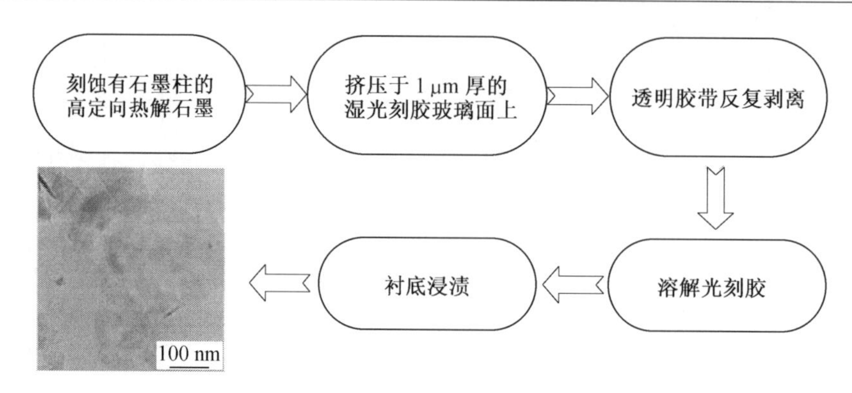

图5.19 微机械剥离制备石墨烯工艺流程

4 nm以下的产物占50%以上。行星球磨可以利用剪切力和冲击力作用,为研磨提供更高的能量。行星球磨剥离石墨工艺的研究由来已久,最初在氩气保护环境下,剥离石墨晶体可得到一些较薄的石墨薄层,而后在研磨时加入甲基吡咯烷酮(NMP)为助磨剂,研磨膨胀石墨和氧化铝粉体可得2.5 nm左右的石墨烯薄层和纳米氧化铝的复合物。以二甲基甲酰胺(DMF)为助磨剂可得到单层石墨烯和几层石墨烯组成的混合纳米片层。

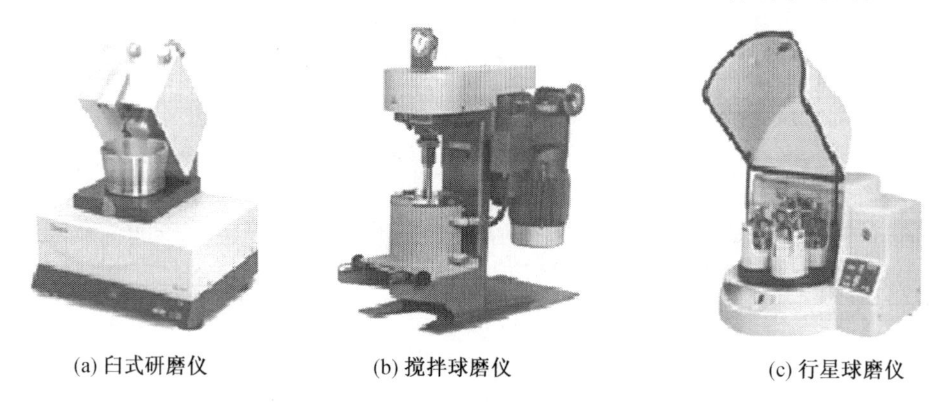

(a) 臼式研磨仪 (b) 搅拌球磨仪 (c) 行星球磨仪

图5.20 宏量石墨烯制备所用仪器

5.2.3 超声剥离工艺

5.2.3.1 有机溶剂辅助超声剥离工艺

石墨片层间以较弱的范德瓦耳斯力作用连接,层间距为0.341 nm。超声剥离石墨制备石墨烯的工艺如图5.21所示。首先将液体分子引入层间,降低了由色散力引起的范德瓦耳斯势能,再通过超声波所引起的剪切力和气蚀作用使片层相互分离。石墨烯薄层被分离后,溶剂和表面活性剂分子会吸附在片层上阻止片层的团聚。通过计算可得当溶剂表面张力为40 m·J·m^{-2}时,石墨体系最易分离。

此工艺中可以采用N-甲基吡咯烷酮、二甲基乙酰胺、内丁酯、1,3-2甲基-2咪唑啉酮或二甲基甲酰胺等有机分子为插层剂,以十二烷基苯甲基磺酸钠、卟啉基聚合物、油酸钠为分散剂,超声处理即可得到晶格完整、缺陷较少的石墨烯溶液。最为有效的插层剂为苯甲酸苄酯,所需要的剥离能几乎为零。以此工艺所得到的产物虽适宜与溶剂热或水热

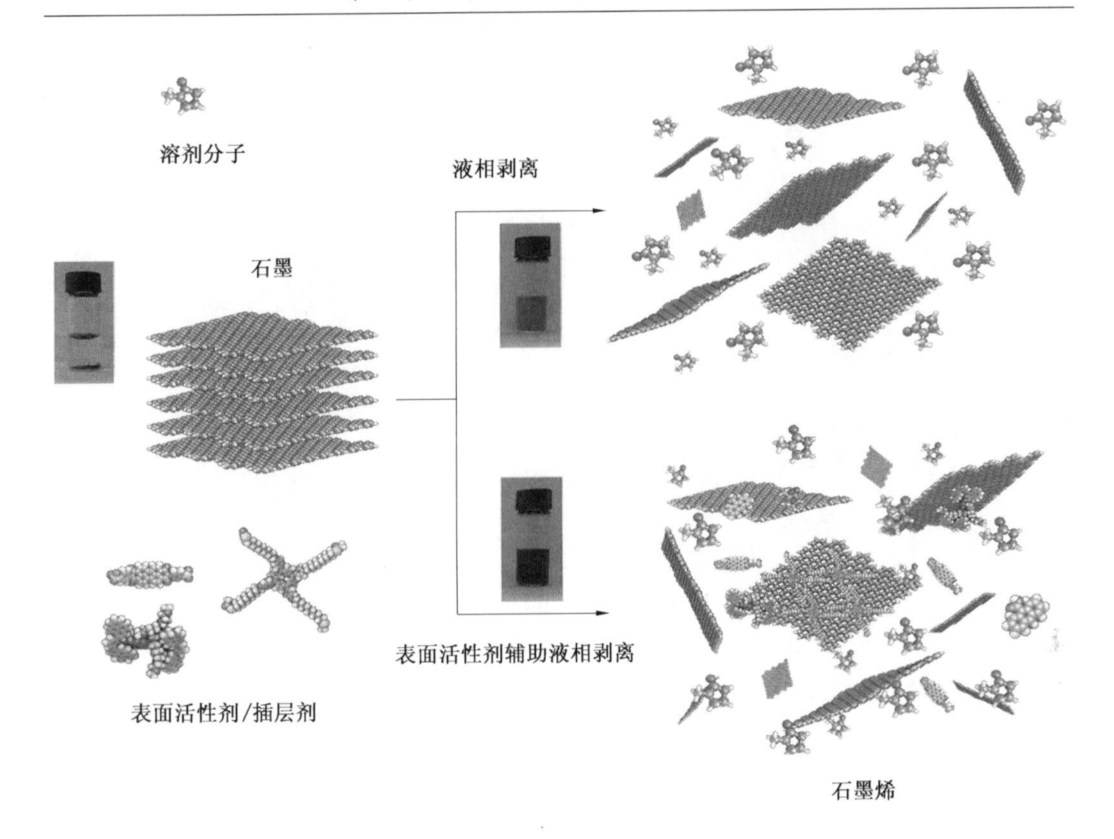

图 5.21　超声剥离石墨制备石墨烯的工艺

工艺兼容,但因其产率低,且产物附着有大量表面活性剂,使此工艺的应用受到限制。

超声剥离的具体制备工艺是:石墨颗粒于溶剂中的分散、超声剥离和产物提纯。以 N-甲基吡咯烷酮剥离石墨制备石墨烯的工艺为例:首先将 200 mg 石墨细粉于 200 mL N-甲基吡咯烷酮溶剂中超声 2 h,再用高速离心机以 4 000 $r \cdot min^{-1}$ 离心 30 min,用以除去大块石墨颗粒,将漂浮于溶剂表面的石墨粉用聚四氟乙烯滤膜过滤,所得石墨微粒置于乙醇中超声,重复数次。超声后的乙醇溶液用高速离心机在 1 000 $r \cdot min^{-1}$ 转速下离心 30 min,然后将漂浮于溶剂表面的石墨粉倾倒后进一步超声,使石墨烯充分分散于乙醇中。反复洗涤后石墨烯在乙醇中的质量浓度为 0.04 $mg \cdot L^{-1}$,溶液静置一周后沉降率仅为 20%(质量分数)。此工艺所得石墨烯层的导电率可高达 1 130 $S \cdot m^{-2}$。

5.2.3.2　表面活性剂辅助超声剥离工艺

在有机溶剂辅助超声工艺中,能够有效剥离石墨的溶剂普遍存在成本高、高毒性、高污染和高沸点等问题。而以水为剥离石墨的溶剂,在工艺成本、绿色安全等方面具有绝对的优势。但水的表面能(70 $mJ \cdot m^{-2}$)远远高于剥离石墨所需的理想溶剂表面能(40 $mJ \cdot m^{-2}$),因此需要加入表面活性剂来降低其表面张力。表面活性剂分子在水溶液中吸附于石墨烯薄片之上,可使石墨烯更加稳定地溶解于水溶液中。如图 5.22 所示,一般来说非离子型表面活性剂比离子型表面活性剂性能更加优异。非离子型表面活性剂 P123 吸附于石墨烯片层上,给予体系有效电荷,可以高效地剥离石墨,并有效避免石墨烯片层团聚。

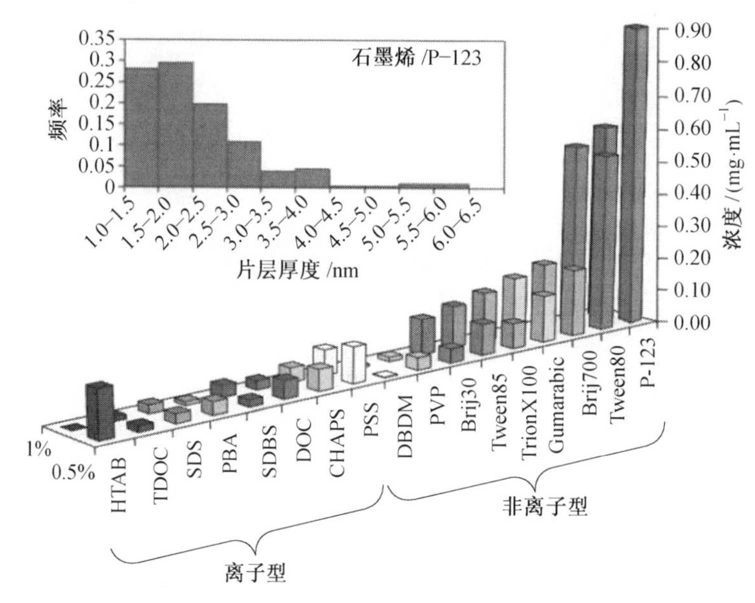

图 5.22 非离子型表面活性剂与离子型表面活性剂剥离效果对比图

例如,以十二烷基苯丙磺酸钠剥离石墨制备石墨烯的工艺是:以十二烷基苯丙磺酸钠(SDBS)为表面活性剂,SDBS以非共价键修饰石墨烯水溶液,同时SDBS能够阻止石墨烯片的重新堆积。先将石墨粉分散在水/SDBS体系中,超声,然后溶液静置24 h,高速离心纯化,所得产物的扫描电镜照片如图5.23所示。

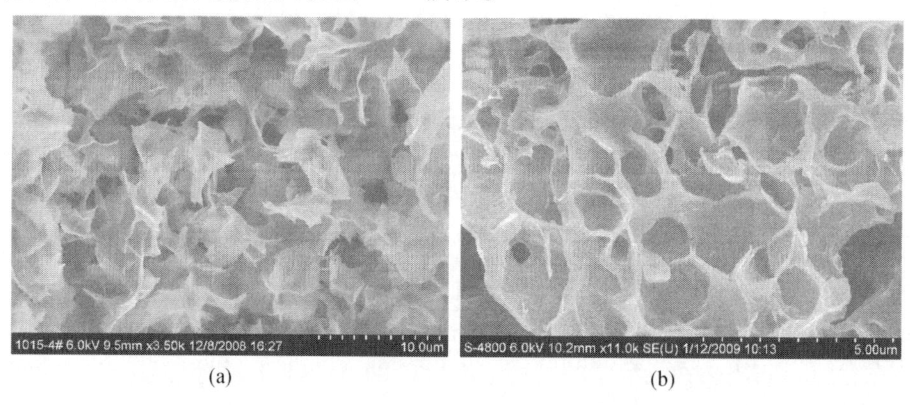

图 5.23 十二烷基苯丙磺酸钠剥离石墨制备石墨烯的扫描电镜照片

5.2.3.3 聚合物辅助超声剥离工艺

以聚丁二烯(PBD)、丙乙烯-丁二烯共聚物(PBS)、聚苯乙烯(PS)、聚氯乙烯(PVC)、聚乙烯乙酸酯(PVAc)、聚碳酸酯(PC)、聚甲基丙烯酸甲酯(PMMA)、聚偏二氯乙烯(PVDC)、聚醋酸纤维素(CA)或改性后水溶性的DNA等都有助于实现石墨烯的剥离。例如,可以将芘修饰的DNA配制为水溶液,将天然石墨粉置于冰浴溶液中超声处理30 min,溶液静置数小时后高速离心,即可得复合有改性DNA的石墨烯薄层。

5.2.3.4　离子液体超声剥离工艺

一般认为100 ℃以下为液态的无机盐溶液即为离子液体。有些离子液体的表面能与石墨烯表面能极为接近，在其中超声即可实现石墨层的剥离。目前可用于剥离石墨制备石墨烯的离子液体主要是1-甲基吡咯烷二(三氟甲基磺酰)酰亚胺。其剥离工艺是将其与石墨混合超声1 h后，获得稳定分散于离子溶液中的石墨烯，石墨烯的质量浓度为0.95 $mg \cdot mL^{-1}$。产物厚度可达几微米，大多数产物小于5层。也可将石墨研磨后于1-乙基-3-甲基咪唑对甲苯磺酸盐-六氟磷酸银中超声24 h，可得质量浓度为5.33 $mg \cdot mL^{-1}$的石墨烯溶液。所得石墨烯片层尺寸为4 μm，平均厚度为2 nm，6～7层，所得产物如图5.24所示。

图5.24　1-乙基-3-甲基咪唑对甲苯磺酸盐-六氟磷酸银剥离工艺制备石墨烯的照片

5.2.4　静电沉积剥离工艺

静电沉积剥离工艺制备石墨烯工艺示意图如图5.25所示，用导电银浆粘连样品至铜电极上，将此电极接至电极正极；另一电极连接10 mm云母片和3 mm铜电极，云母片上连接有30 nm SiO_2/5 μm Si基。当施加3～5 kV电压时，得到1～3层的石墨烯；当施加的时5～8 kV，可得到3～7层石墨烯；当施加电压大于10 kV时，可以上得到10层以上的石墨烯或石墨薄片。有研究表明，电极间的气氛对工艺参数影响较大。

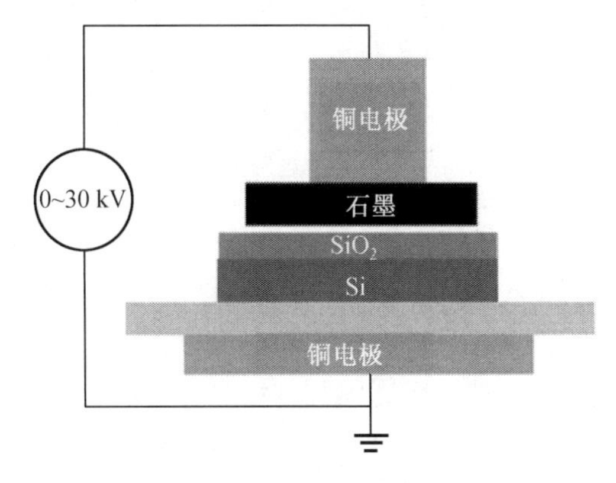

图5.25　静电沉积剥离工艺制备石墨烯工艺示意图

5.2.5 超临界二氧化碳剥离工艺

超临界流体具有低黏度、低表面张力、高扩散系数和良好的表面润湿等特性，是层状材料间浸润和膨胀的优良溶剂。有人曾通过超临界乙醇、N-甲基吡咯烷酮、二甲基甲酰胺成功地制备了高产率、高质量的石墨烯薄层。随着超临界工艺技术的逐步成熟和成本的进一步降低，超临界流体制备石墨烯工艺显示出良好的工业化潜力。

超临界二氧化碳剥离的主要工艺是，以粒径为 70 μm，纯度为 99.999 95% 的高纯石墨粉为固态碳源，将其填装入可控温的高压罐中(图 5.26)。通入高纯二氧化碳，并加热至 45 ℃。将石墨烯浸入超临界二氧化碳中 30 min，即可生成 1 ~ 3 μm 厚的石墨烯薄层，产率可达 30% ~40%。

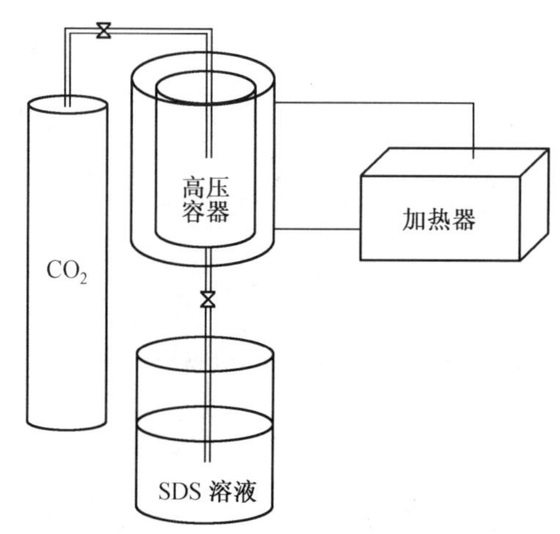

图 5.26 超临界二氧化碳剥离工艺制备石墨烯的装置示意图

图注：SDS 为十二烷基磺酸钠

5.2.6 热淬火剥离工艺

温度骤变所引起的固态分子不完全自由膨胀而形成的应力称为变温应力通过高温骤冷所形成的变温应力来剥离石墨制备石墨烯的工艺称为热淬火工艺。此工艺首先用碳酸氢铵溶液淬火高取向热解石墨碳，弯曲高定向热解石墨片以引入裂隙，迅速加热至 1 000 ℃，而后用含 1%(质量分数)的碳酸氢铵溶液迅速将高温石墨片降温至室温，即可得石墨烯薄片。所得产物厚度为 0.4 ~2 nm。

5.2.7 切割碳纳米管工艺

切割碳纳米管制备石墨烯工艺示意图如图 5.27 所示，将多壁碳纳米管放置在一个微波等离子室内进行氟化处理，然后将 CF_4 气体随氩气以 15 ~20 $cm^3 \cdot min^{-1}$ 的流速通入离子室内，在 450 ℃下反应 1 h 后便可得到氟化碳纳米管，其后进行脱氟反应。将氟化碳纳米管放置在氩气中，加热到 700 ℃放置 45 min 后，即可制得长度为 50 ~200 nm 的石墨烯纳米带。相关研究发现，通过该工艺制备的石墨烯纳米带应用于太阳能电池的效果比碳纳米管效果更好。

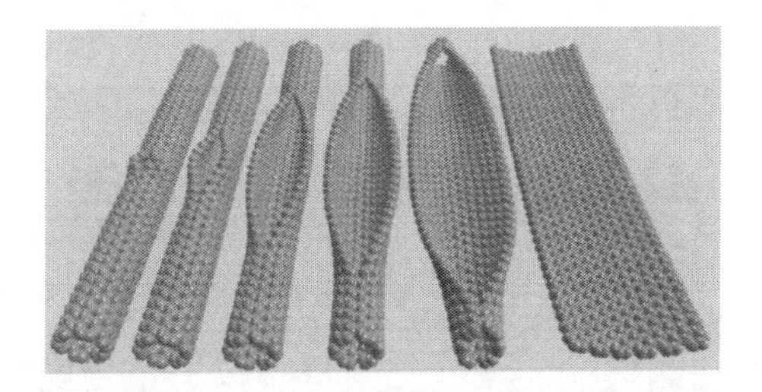

图 5.27　切割碳纳米管制备石墨烯工艺示意图

5.2.8　外延法制备石墨烯

在母体晶体结构上通过晶格匹配的方式制备出石墨烯的工艺,即为外延生长法石墨烯制备工艺。外延法一般采用碳化硅或金属碳化物为基底,将硅或金属原子激发出晶格,残留的碳原子重组形成二维石墨烯薄膜。此法制备的石墨烯品质高且均一性良好,但能耗高,难以实现大面积制备,且不利于石墨烯薄层转移。

碳化硅单晶外延法制备石墨烯的原理示意图如图 5.28 所示,首先把经过氧化或氢气刻蚀处理过的碳化硅单晶片置于超高真空和高温环境下,利用电子束轰击或高温处理等方式处理碳化硅单晶片,除去其表面氧化物。然后将特定表面晶格热解脱离硅原子,使表面残余的碳原子发生重构,即可在碳化硅单晶片表面外延生长石墨烯。通过对工艺参数进行调控,碳化硅外延工艺还可实现单层和多层石墨烯的可控制备。

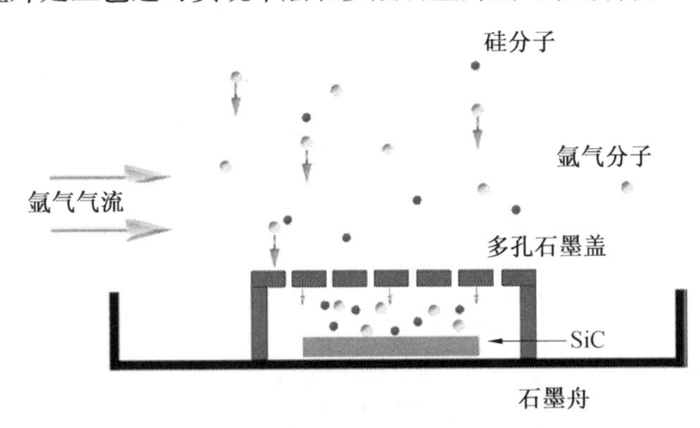

图 5.28　碳化硅单晶外延法制备石墨烯的原理示意图

由于碳化硅的晶体结构特殊,基片表面层为碳原子还是硅原子对工艺参数有很大影响,因此该工艺的重要一环是基片前处理和基片热处理。基片前处理多采用化学和物理抛光、在丙酮和乙醇中超声处理或高温退火等方式。前处理的目的是得到表面洁净且平整的晶面,以便于硅原子脱离晶格后碳原子的重组。激发碳原子脱离的方式主要有常压高温和真空热处理,热处理温度可根据表面晶体环境差异来确定。

将经过化学和物理抛光后的 6H−SiC 单晶基片裁剪成 1 mm×2 mm 的薄片,分别浸于丙酮和乙醇溶液中,超声数次至表面洁净。而后将基片与盛有质量比为 10∶4 的 TiO_2与碳粉混合物的石墨坩埚置于氩气保护下,电阻炉热处理 30 min,温度为 1 500 ~ 1 550 ℃,压力为 0.013 3 Pa,此时 TiC 薄层沉积于 SiC 基片表面。将产物在 6×10^5 Pa 的超纯氩气气氛下中于 1 500 ℃下热处理 1.5 h,TiC 与 SiC 之间使有结晶良好的石墨烯薄层生成。

5.2.9　化学气相沉积法

化学气相沉积(CVD)法能可控制备出高质量、大面积的石墨烯薄层,且由于此法易实现与光电半导体工艺、微电子器件制备工艺的兼容而备受关注。许多研究机构已成功应用此法制备出石墨烯基柔性透明导电薄膜,此导电薄膜有助于超薄超轻柔性显示屏的研发。韩国成均馆大学与三星公司合作实现了0.7 m石墨烯到柔性基底的转移;日本的索尼公司和产业技术综合研究所、中国科学院等科研机构也已分别利用CVD法制备出石墨烯基透明导电薄膜,并将其应用于新型触屏。此外,CVD法制备的石墨烯薄层也可用于纳米器件、气体传感器的制备和研究,目前已有此法实现工业化的报道。

石墨烯的化学气相沉积法是将碳源以气态的形式引入反应室中,在高温、等离子辅助或是激光诱导的条件下使其与催化基板反应,在基板表层形成石墨烯薄层。其碳源多采用气态碳氢化合物(甲烷、乙炔等)、液态碳源(乙醇、甲苯等)及固态碳源(樟脑、蔗糖等),采用金属箔(Cu、Ni等)为基底,在高温下反应制备石墨烯薄层。具体的制备过程是:基片前处理→升温→退火→生长→冷却→终止。制备石墨烯所用的催化基片在实验前需要处理,以清洁或活化基片的表面催化层。对于金属基片多使用丙酮、稀硝酸、去离子水反复清洗至表面洁净。将基片置于反应腔后,通入高纯惰性气体(氩气等)及还原性气体(氢气等),将反应腔中的氧气置换干净后,升温至额定温度。退火阶段有助于进一步清洁催化基片的表面,基片的表面晶体取向、形貌、粗糙度和催化剂颗粒大小都有一定程度的改变,此时应注意避免金属基片的挥发。生长阶段将通入含碳前驱体,要控制生长阶段的主要工艺参数有通入碳源时间、腔体压力、反应温度、各气氛比值和气体流量。参数的选定取决于催化剂物性(溶碳率、催化活性等),采用Cu等溶碳率低的金属箔为催化基片时,生成石墨烯的反应在此阶段发生;选用Ni等溶碳率高的金属箔为催化基片反应时,此阶段为金属基片的溶碳反应,较少或无石墨烯生成。冷却阶段的工艺参数多与退火阶段相同,在Cu基片上此时反应随温度的降低而减慢直至终止;而在Ni基片上,石墨烯在此阶段生成,生长情况与冷却速率密切相关。通常,当温度降低至常温时,关闭氢气并调节压力,在常压惰性气氛保护下打开腔体,即可取出石墨烯产品。

如图5.29所示,化学气相沉积法制备石墨烯工艺按照在不同金属基底上溶碳率的不同而分为两类:渗碳析碳机制和表面生长机制。

渗碳析碳机制:对于溶碳率较高的过渡金属基片(Ni等),在高温下气态碳源分子分解产生的碳原子渗入金属晶格中形成固溶体,当降温时,由于金属基片的溶碳率降低,碳原子从晶格中析出形成晶核,进而生长为石墨烯。

表面生长机制:对于溶碳率较高的过渡金属基片(Cu等),高温条件下气态碳源分解产生的碳原子会吸附在催化金属薄片表面,进而形成晶核最终长成石墨烯岛,石墨烯岛将逐渐生长合并成连续的大片石墨烯薄膜。铜基片表面覆盖有石墨烯后,石墨烯层会抑制石墨烯薄膜的进一步增厚,所以此工艺适用于制备层数较少的石墨烯薄层。

在铜基片上石墨烯薄层制备工艺:铜箔用丙酮、稀硝酸、蒸馏水反复清洗后置于石英反应腔内并将腔体内抽真空,然后通入体积比为4∶1的氩气与氢气的混合气并加热至1 000 ℃,铜箔在1 000 ℃下退火热处理20 min,然后通入一定流量的高纯甲烷调控压强

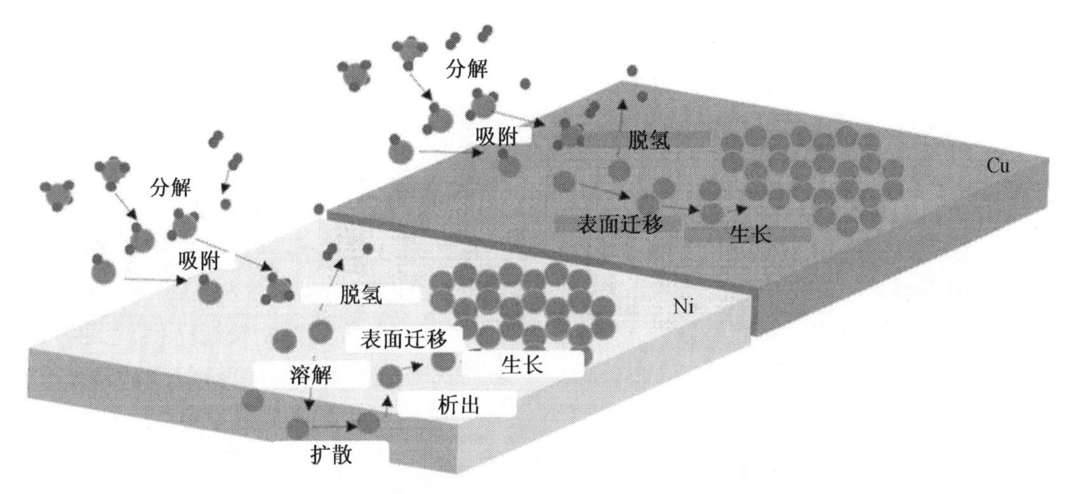

图5.29　在镍与铜基片上化学气相沉积法制备石墨烯的工艺机理示意图

为66.66 Pa,通气10 min后开始降温,通入的各气体流量保持不变。应用此工艺所制备的薄层石墨烯能够连续地、完全地覆盖铜箔表面。通过控制甲烷通气时间,可获得处于不同生长阶段的石墨烯。

莱斯大学的James. M. Tour课题组用铜箔为催化衬底,固相聚甲基丙烯酸甲酯(PMMA)做碳源,成功地制备出了大面积高质量石墨烯薄层。如图5.30所示,其制备工艺是:使用旋涂仪以5 000 r · min^{-1}的速度把溶于有机溶剂的PMMA旋涂至铜箔表面,形成200 nm厚的PMMA薄膜;然后将PMMA/铜置于石英反应腔内,抽真空至13.3 Pa,升温至1 000 ℃并退火20 min;通入50 mL · min^{-1}的氢气和500 mL · min^{-1}的氩气,通气时间为20 min,同时腔体内压强保持小于4 Pa;最后通过把铜箔基片移出加热区段的方法快速冷却,即可获得单层石墨烯薄层,此工艺也适用于Ni基片。

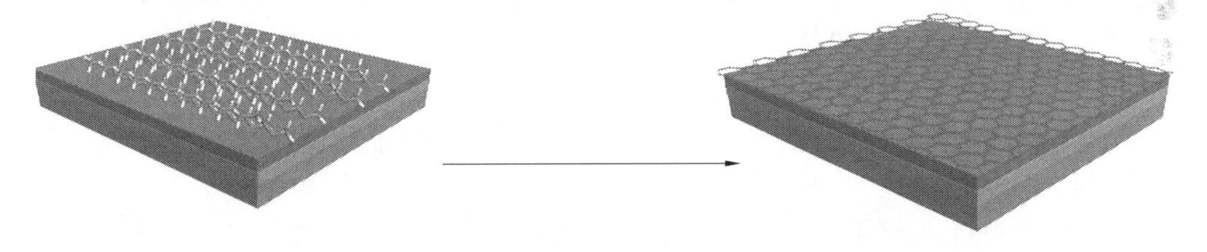

图5.30　固相聚甲基丙烯酸甲酯为碳源制备石墨烯的工艺示意图

在硅基半导体基片表面直接制备的高质量大面积石墨烯可很好地与微电子工艺及半导体工艺兼容,并在很大程度上减小石墨烯转移工艺所造成的破损与杂质影响。在SiO_2上生长石墨烯的工艺是:首先将SiO_2基底于800 ℃下在空气气氛中热处理,用以去除基片表面残余的有机物并激活生长位点。后续制备过程与经典化学气相沉积法制备石墨烯工艺相似,用此种工艺所制备的石墨烯可直接用作制作微电子器件。

5.2.10　氧化石墨烯制备工艺

氧化还原的基本工艺原理是:通过氧化石墨对石墨片层进行含氧官能团的修饰,从而增大石墨层间距,减弱石墨层间作用力;在溶剂中剥离氧化石墨,利用化学还原、热还原和催化还原的方式将氧化石墨烯还原为石墨烯。

对膨胀石墨(或对天然石墨)进行膨胀化处理,做法是:将石墨浸泡在浓硫酸和过氧化氢溶液中,溶液中的酸离子可插入到石墨夹层中,将固体产物在高纯氩气气氛下加热至900 ℃,石墨夹层的酸性分子急剧分解,将片层胀开,即得到膨胀石墨。氧化膨胀石墨较为经典的工艺有三种:Hummers 法、Brodie 法和 Standenmaier 法。这几种方法中,Hummers 法安全性较高,而 Brodie 法、Staudenmaier 法制备的氧化石墨虽然氧化程度较高,但反应过程中由于强酸的大量使用易产生 ClO_2 等有毒气体,因而适用范围较窄。Hummers 法制备工艺是将膨胀石墨置于高锰酸钾和浓硫酸的混合溶液中,先于冰浴中搅拌 24 h,随后在 35 ℃下搅拌 30 min,升温至 95 ℃搅拌 15 min,最后在去离子水中超声搅拌 3 h,即得氧化石墨烯产物。

5.2.11 石墨烯转移工艺

石墨烯薄层的物性受基底影响极大,化学气相沉积法在金属衬底上所制备的石墨烯薄片只有转移至特定基底上才有进一步应用和研究的价值。但石墨烯薄层被剥离后极易被污染或破碎,因此石墨烯转移工艺的研究对石墨烯更广泛的应用具有重要意义。理想的石墨烯转移工艺应满足的要求是:转移衬底后石墨烯结构完整无破损;不污染转移后的石墨烯;工艺技术稳定,成本低廉;实现石墨烯转移工艺中石墨烯与基底的无损分离。

(1)刻蚀衬底转移工艺。

直接使用 $FeCl_3$ 的酸溶液刻蚀基底,易造成石墨烯薄层的破损,因此在实验室制备时一般采用基体刻蚀转移工艺。在生长有石墨烯表层的金属基片上旋涂溶于丙酮的聚甲基丙烯酸酯(PMMA),静置一段时间或高温烘干使溶胶凝固,使用氧离子刻蚀工艺去除金属另一面所生长的石墨烯层,将样品浸在硝酸铁的酸性溶液中数分钟,待金属箔被硝酸铁刻蚀掉后,石墨烯会随 PMMA 漂浮在溶液表面;用质量分数为 10% 的盐酸溶液浸泡PMMA/石墨烯薄片数分钟后,再将其用去离子水清洗数遍;用目标衬底将 PMMA/石墨烯薄片小心地平铺在其表面上。用干燥的氮气吹干样品表面上的水溶液。将样品浸在 80 ~ 90 ℃的丙酮中约 40 min,以溶解掉 PMMA,然后用乙醇或异丙醇小心清洗数遍,并用干燥的氮气将基片吹干。

(2)roll-to-roll 转移工艺。

如图 5.31 所示,用 150 ℃的热滚筒将表面涂有乙烯-醋酸乙烯酯共聚物(EVA)的对苯二甲酸乙二醇酯(PET)透明柔性目标衬底与长有石墨烯的镍片滚压在一起,EVA 层可有效地粘连镍箔上的石墨烯层。当衬底离开热滚轴后将其在室温下用冷滚轴碾压,可使石墨烯与基板有效地分离。

(3)电化学剥离法。

新加坡国立大学报道了一种利用电解反应产生的小气泡剥离金属基底上石墨烯薄层的方法。如图 5.32 所示,首先将溶于氯苯的 PMMA 旋涂到长有石墨烯的铜基底表面,用铜/石墨烯/PMMA 作为阴极,碳棒作为阳极,电解质溶液用 0.05 $mmol \cdot L^{-1}$ $K_2S_2O_8$ 的水溶液,在电极间加载 5 V 的极化电压,阴极的铜箔与石墨烯之间界面的边缘处就会不断产生细小的氢气泡,这些小气泡可以将石墨烯/PMMA 与铜基片逐渐剥离开来这种方法称为电化学剥离技术。

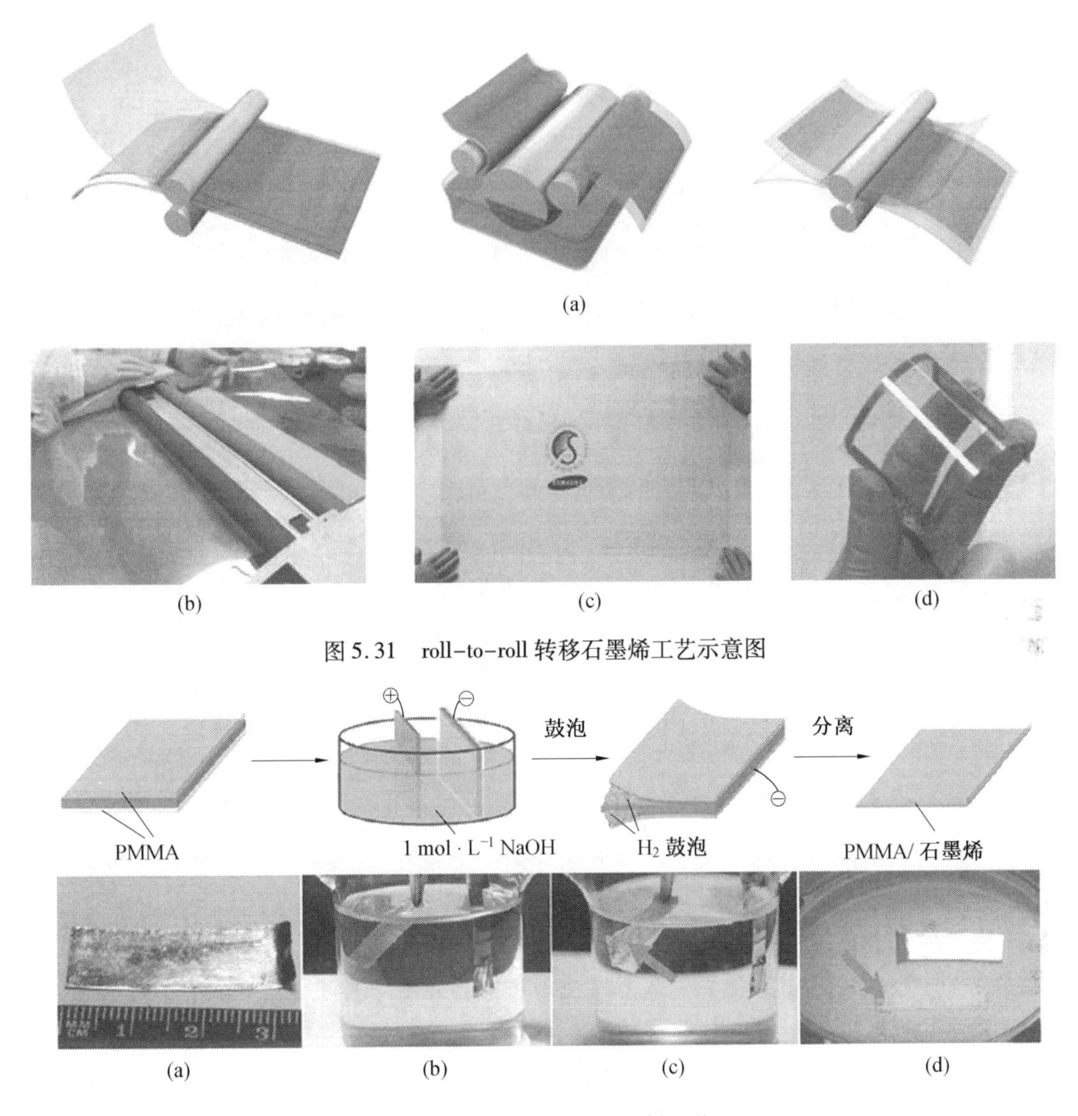

图 5.31　roll-to-roll 转移石墨烯工艺示意图

图 5.32　电化学转移石墨烯工艺

(4)干法转移技术。

利用可溶于甲醛的叠氮化交联剂分子 4-重氮基-2,3,5,6-四氟苯甲酸乙胺(TFPA-NH_2),可将石墨烯薄层成功转移至大多数有机基底表面上。聚合物与石墨烯之间形成共价键,由于共价键吸附力比石墨烯与金属之间的金属键吸附力要大很多,因此石墨烯可被有效剥离出金属薄片。

如图 5.33 所示,该工艺主要有三个步骤:第一步在铜基底表面合成石墨烯并处理聚合物表面,以提高其对石墨烯的吸附能力;第二步将 TFPA-NH_2与石墨烯/铜在有一定温度和压力的纳米压印机中压印,从而实现 TFPA-NH_2交联剂分子的等离子表面活化与沉积的目的;第三步,聚合物基底/石墨烯与金属基片的分离。

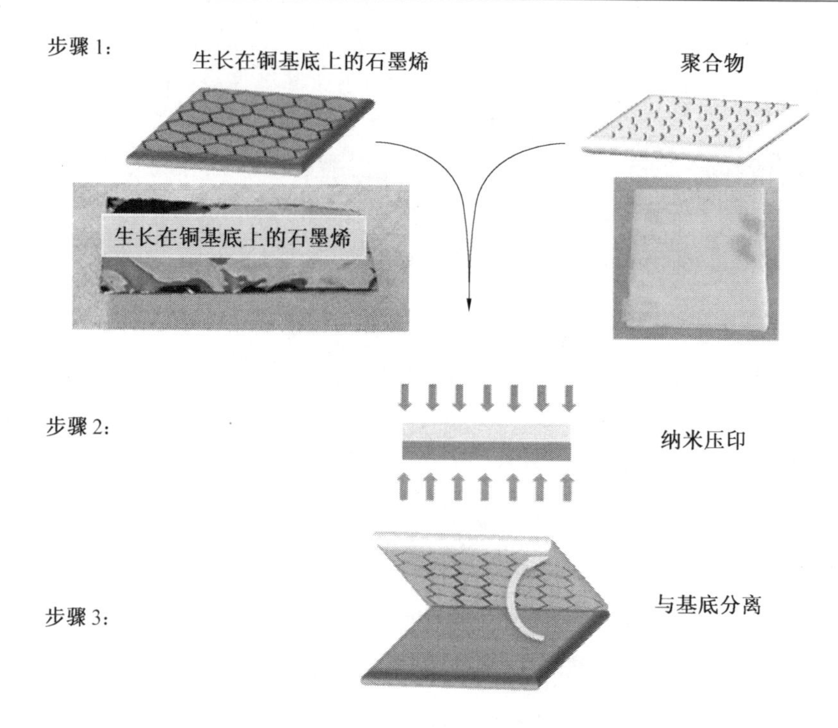

图 5.33 干法转移石墨烯工艺

5.2.12 氟化石墨烯制备工艺

氟化石墨烯是继石墨烯、氧化石墨烯和氢化石墨烯之后碳家族中新的衍生物之一。氟化石墨烯也为二维平面结构,其中氟原子分别排列在碳原子的两侧成椅形结构,如图 5.34 所示。作为石墨烯的新型衍生物,氟化石墨烯具有表面能低、疏水性强及带隙宽等优异的物理化学性能。同时,氟化石墨烯还具有良好的耐高温性、耐腐蚀性、耐摩擦性、稳定的化学性质以及优异的润滑性。氟化石墨烯的这些独特的性能使其在纳米电子器件、光电子器件以及热电装置等领域显现出广阔的应用前景。

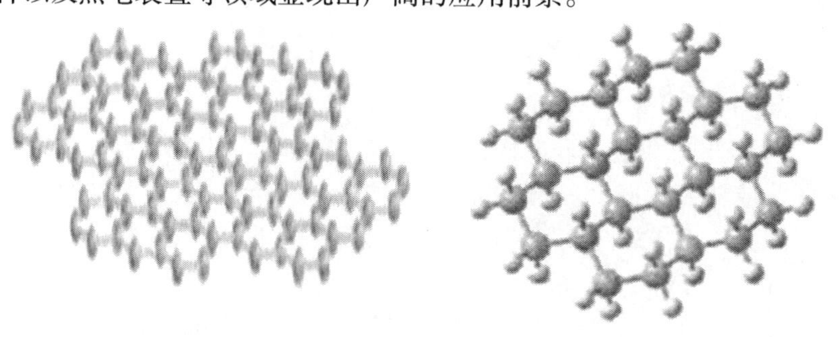

图 5.34 石墨烯、氟化石墨烯的结构示意图

氟化石墨烯的研究尚处于起步阶段,制备主要有两种:超声剥离法和化学氟化法,其中超声剥离法主要有液相剥离法和机械剥离法。

物理剥离法最早用于制备单层的石墨烯。2004 年,曼彻斯特大学和切尔诺戈洛夫卡微电子理工学院的两组物理团队共同合作，首先成功分离出单独石墨烯平面。Andre Geim 和 Konstantin Novoselov 团队成员偶然发现了一种简单易行的制备石墨烯的新方法。他们将石墨片放置在塑料胶带中，折叠胶带粘住石墨薄片的两侧，撕开胶带，薄片也随之一分为二。不断重复这一过程，就可以得到越来越薄的石墨薄片，而其中部分样品仅由一层碳原子（即石墨烯）构成。进一步研究发现，采用液相剥离代替机械剥离，整个制备过程更稳定可控，而且简单易操作。Yenny Hernandez 采用天然石墨为原料，N-甲基吡咯烷酮（NMP）为溶剂，使用功率较小的超声机进行液相剥离，成功获得了片层较薄的氟化石墨烯，通过离心、回收沉淀、超声重复操作获得了产量较高的石墨烯。

F. Withers 等人以氟化比较完全的天然石墨为原料，然后将氟化石墨置于传统的 Si/SiO_2 衬底上，通过机械剥离法来获得氟化石墨烯片层。这种方法制备的氟化石墨烯片层与相同方法下制备的石墨烯比较要少得多。中国科学院兰州化学物理研究所固体润滑国家重点实验室聚合物摩擦学组在氟化石墨烯制备及其性能研究方面取得系列化的进展。他们在氟化石墨烯的合成方面开展了一系列研究工作，取得了同行瞩目的研究成果。该课题组利用商业的氟化石墨为原料、NMP 为插层试剂，通过加热使插层剂进入氟化石墨层间隙中，再利用超声处理，从而获得了较高质量的氟化石墨烯，制备过程如图 5.35 所示。该课题组研究了不同超声时间、超声功率、溶剂对氟化石墨烯形貌、片层薄厚以及分散稳定性的影响。最后发现超声时间过长、超声功率过大均会破坏氟化石墨烯的形貌。

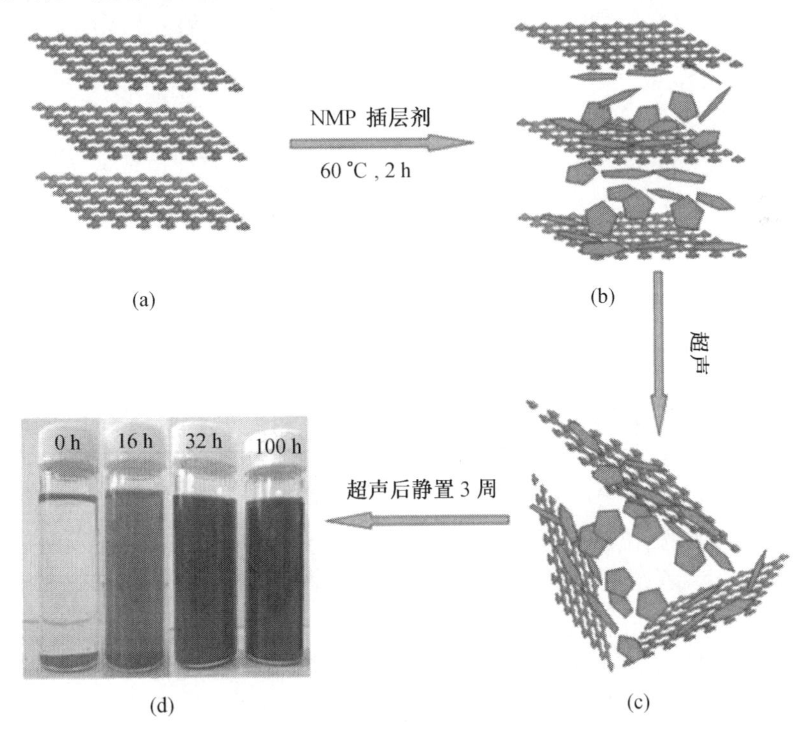

图 5.35　NMP 插层超声剥离制备氟化石墨烯分散液过程示意图

Min Zhang 将氟化石墨分散在乙醇溶剂中进行超声处理，得到氟化石墨烯悬浮液，并通过旋涂法将其涂覆在处理过的玻璃基板上，从而获得了疏水性和透光性良好的涂层。

此外通过控制旋涂速率可以调节涂层的厚度、透光性和其他性能。研究发现,在涂层质量密度为0.6 μg·cm^{-2}时,其接触角可达123°,透光率在92%以上。

Fedorov VE发现,将被ClF_3氟化的膨胀石墨与甲醇溶剂混合并超声一段时间,可以得到分散良好的溶液,而且超声时间越长,分散性越好。采用特殊的滤膜将其过滤可以得到棕色的薄膜,随后采用浓度为3 mol·L^{-1}的NaOH溶液将滤膜溶解掉并用水洗涤,从而获得了漂浮在水面上的氟化石墨烯薄膜,最后采用合适的衬底将其转移。

Radek Zboril,Haixin Chang,Zhaofeng Wang等人分别在环丁砜有机溶液、1-正丁基-3-甲基咪唑溴化物离子液体和十六烷基三甲基溴化铵中,对氟化石墨进行液相超声,获得了具有片层结构的氟化石墨烯。实验均是采用大分子有机溶剂作为插层剂,使层与层之间的相互作用降低,借助简单的力使其剥落。图5.36是液相超声剥离制备氟化石墨烯原理图及透射电镜图。

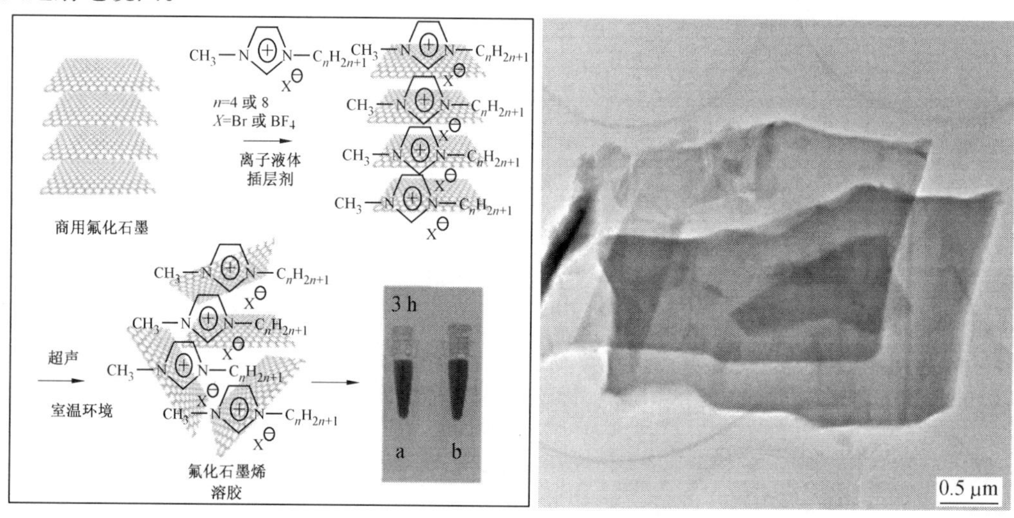

图5.36　液相超声剥离制备氟化石墨烯的原理图及透射电镜图

液相剥离法主要有两大突出的优点:

①采用商业的氟化石墨原料替代了价格昂贵的石墨烯。

②对技术设备要求简单而且操作方便(绝大部分仅通过超声清洗器即可),更易于大量生产。

目前常用的氟化石墨烯分散溶剂为环丁砜、溴化1-丁基-3-甲基咪唑、N-甲基吡咯烷酮和N,N-二甲基甲酰胺,但这些溶剂中有些有毒,且难以去除甚至有还原氟化石墨烯使其脱氟的作用。考虑到溶剂在剥离过程中发挥着重要的作用,研究人员仍在探索选择适当的溶剂。

化学法制备氟化石墨烯的方法主要归纳为两种:一种是以石墨烯为衬底,采用氟化剂(例如XeF_2,XeF_4,XeF_6等)对微机械剥离或者化学气相沉积的石墨烯进行氟化,此法发展较早且较为常用;另一种是在高温下采用(F_2,HF)对氧化石墨烯进行氟化还原。

Viktor G, Makotchenko等人首先采用ClF_3对石墨进行氟化获得氟化石墨,再将氟化石墨进行高温热膨胀,从而获得了氟化石墨烯。但是这种氟化石墨烯并不是理想的单层或少数层,而是类似于膨胀石墨片层堆积在一起。R. R. Nair课题组尝试在高压下氟化单层石墨烯膜，采用石墨烯纸代替石墨烯膜，但是情况不理想。Vladimir Efimovich Fedorov 也采用类似的方法以高度剥离的石墨烯为原料，采用 ClF_3 蒸气进行氟化，氟化前后的扫描照片如图 5.37 所示。

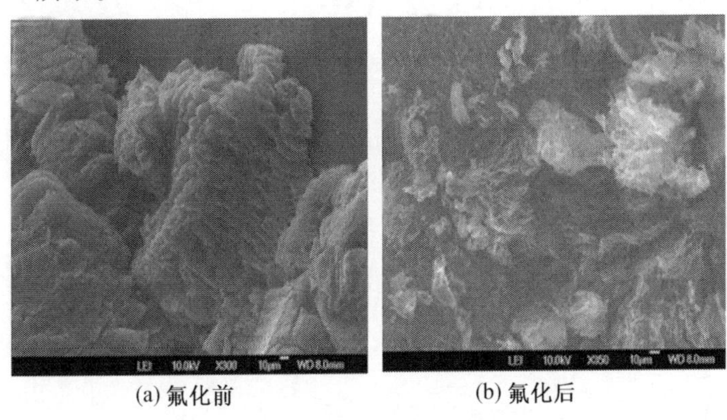

(a) 氟化前　(b) 氟化后

图 5.37　氟化前后的扫描照片

利用电化学夹层技术修饰石墨，可获得化学改性的石墨烯。一般来说，为了获得不同种类的功能化石墨烯，需选用不同的电解质溶液。Matteo Bruna 课题组以天然石墨为原料、氢氟酸为电解液采用电化学夹层技术在室温下对石墨进行化学修饰。将连有铂电极的石墨片浸泡在酸溶液里作为工作电极，再以铂电极作为对电极在数十毫安的恒定电流下进行修饰。修饰之后的石墨除了含有氟原子之外还有氧原子。此外，Ruoff 和 Virginia Wheeler 等人分别采用辅助激光法和等离子体法成功获得了氟化石墨烯。

Xu Wang 最近报道了用一种新型的、简单直接的方法来制备高产量、高含氟量的氟化石墨烯。具体是采用改进的 Hummers 法制得氧化石墨烯，然后将氧化石墨烯悬浮液放置于模板中，经过液氮迅速冷冻、冷冻干燥、加热干燥一系列处理去除模板，便可获得具有高比表面积的蜂窝状氧化石墨烯，扫描电镜照片如图 5.38 所示。具体做法是采用蜂窝状氧化石墨烯为原料，活性最强的氟气为氟化剂，在密闭的不锈钢容器中进行氟化。整个反应过程中通氮气和氟气的混合气体，反应温度从室温以 4 ℃ · min^{-1} 的升温速率加热至 180 ℃并保温 20 min，制备过程如图 5.39 所示。Wang 成功制备了单层氟化石墨烯，如图 5.40 所示。此外他们还研究了不同氟的质量分数(2%，5%，10%)对氟化石墨烯含氟量的

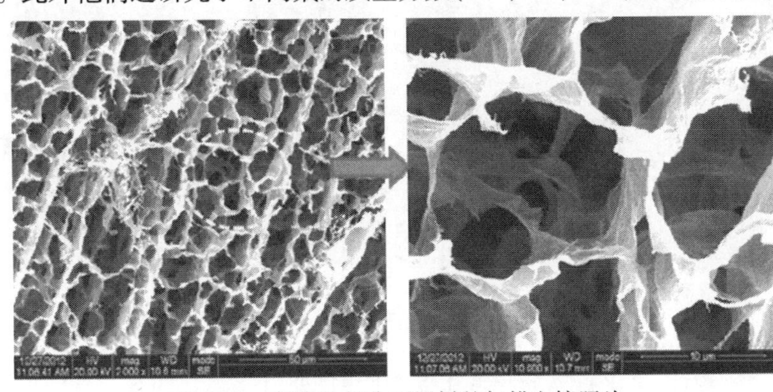

图 5.38　蜂窝状氧化石墨烯的扫描电镜照片

影响,发现氟化石墨烯的氟含量随着氟的质量分数的增加而增加,当质量分数为 10% 时,所制备的氟化石墨烯含氟量最高,$n(F)/n(C)$ 约 1.02,而且所得产物中约有 10% 为单层的氟化石墨烯,其余层数为 2~5 层。

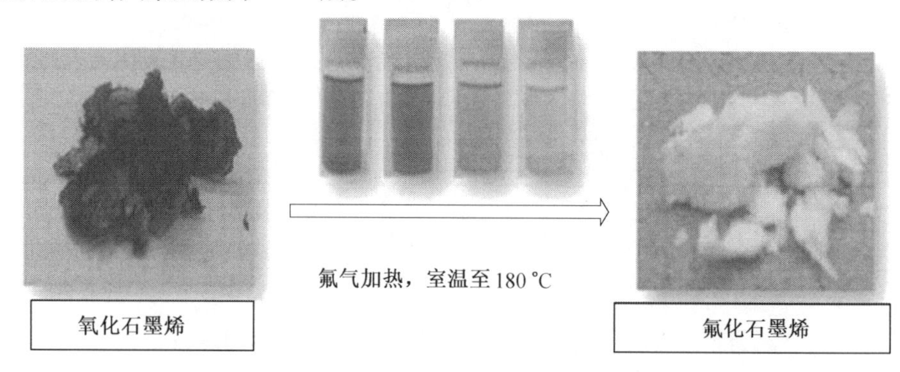

图 5.39 氟化石墨烯制备过程

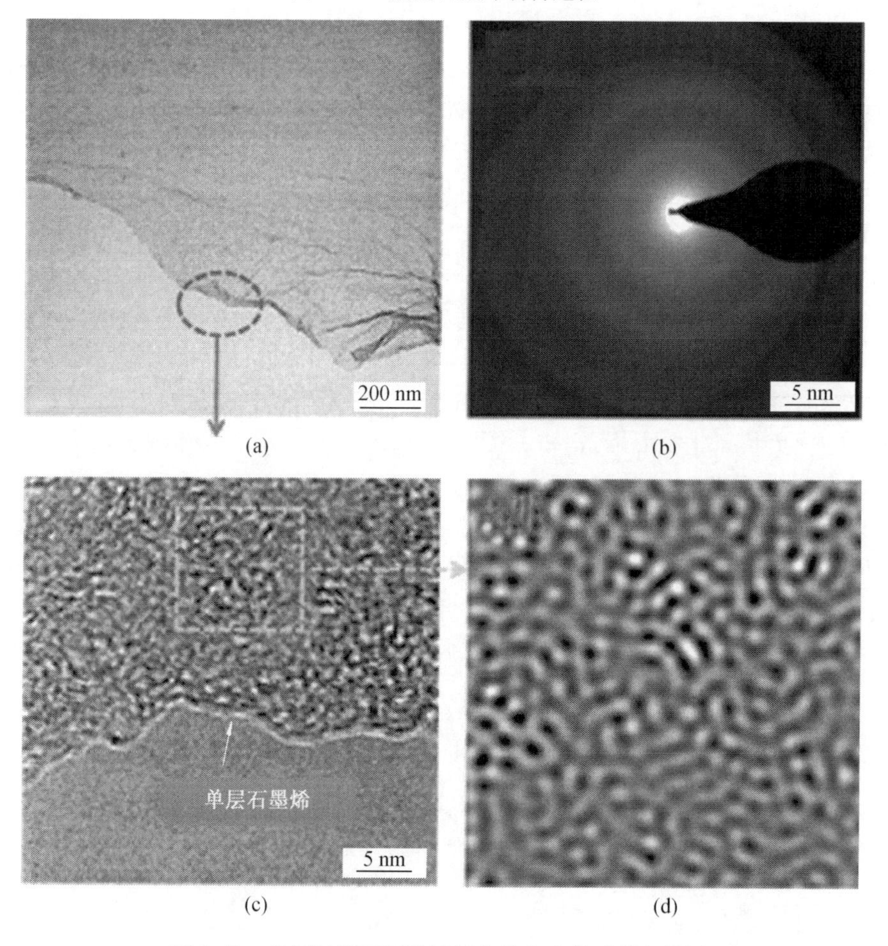

图 5.40 单层氟化石墨烯透射电镜和高倍透射电镜图

Wang 研究小组以氧化石墨烯和氟化氢为原料,通过水热反应实现了高质量、氟化程度可调的氟化石墨烯制备。该课题组研究了不同反应温度、反应时间以及氢氟酸含量对氟化石墨烯含氟量的调节影响。研究发现随着含氟量的增加，氟化石墨烯的带隙能增加。该课题组还研究了氟化过程的反应机理，如图5.41所示，氧化石墨烯中含有—OH，—COOH，羰基分别与氟化氢发生反应，氟原子由此接枝到碳原子上面。

(Ⅰ) GO ⟹ (OH, HO) + (O) + (O)

(Ⅱ) (OH, HO) + 2HF $\xrightarrow{HP}$ (F, F) + $2H_2O$

(Ⅲ) (O) + 2HF $\xrightarrow{HP}$ (F, F) + H_2O

(Ⅳ) (O) + 2HF $\xrightarrow{HP}$ (F F) + H_2O

图5.41　氟化过程的反应机理图

乌克兰Lyubov Bulusheva教授采用两种氟化方法，分别制备了氟化石墨和氟化碳纳米管，一种是在室温下采用BrF_2氟化剂进行氟化膨胀石墨；另外一种是在高温200 ℃下，通氟气氟化膨胀石墨烯，氟化后的膨胀石墨如图5.42所示。

(a) 氟化剂氟化

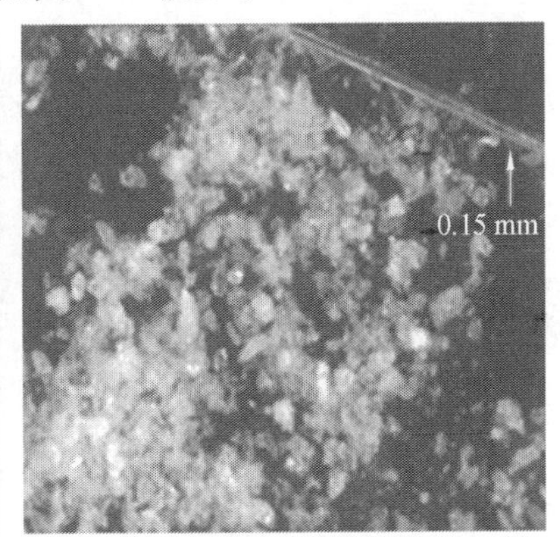

(b) 高温下 F_2 氟化

图5.42　氟化后的膨胀石墨

化学法制备氟化石墨烯主要存在以下问题：首先氟化剂有剧毒性，对环境污染严重，而且价格昂贵，生产成本高；此外化学法对实验设备、实验条件要求苛刻，必须在密封的耐腐蚀的条件下进行。因此，利用化学法实现产量大、方法简单、环境友好型的氟化石墨烯制备仍需进一步研究和探索。

5.2.13　三维结构石墨烯制备工艺

利用微机械剥离法成功制得单层石墨烯后，特殊形貌的石墨烯设计与工艺技术迅速成为研究热点。如图5.43所示，目前科研人员已成功制备出零维结构石墨烯量子点、一维结构石墨烯纳米线、二维结构层状石墨烯和三维结构石墨烯泡沫，其中二维结构层状石墨烯用途较广，适用于微电子工业、纳米器件、半导体工业等领域。

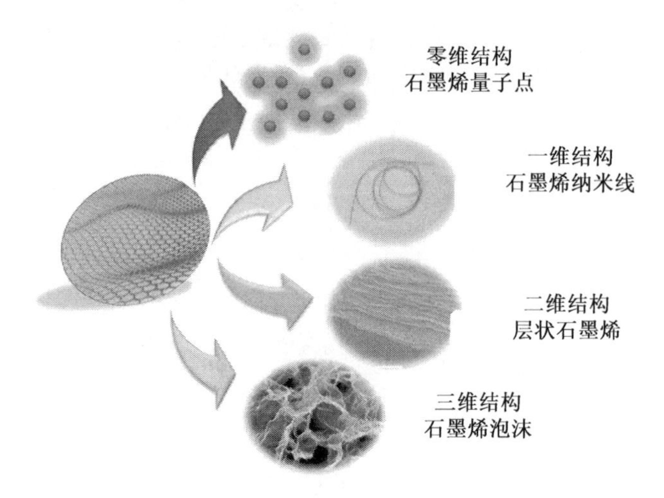

图 5.43 零维、一维、二维、三维石墨烯结构示意图

将二维石墨烯片构建成特定三维结构,将具有许多独特的性能,例如优良的柔韧性、多孔性、高活性表面积、优异的电子传递性能等。小尺寸的石墨烯片层被制备或组装成宏观体更便于应用。三维石墨烯宏观物质(如多孔层、层架结构或网络结构)不仅具有石墨烯薄层的优良物性,而且会赋予新体系高比表面积、高孔隙率等结构特性。因而,三维石墨烯宏观物质在生物医药、能源材料、生物分析等领域具有很广的应用前景。

在石墨烯制备工艺中,石墨烯薄层非常容易发生不可逆的团聚或堆叠,复合形成石墨片层,而这种现象会严重影响石墨烯宏观体的物理性能和结构性能。三维多孔形貌可有效地阻止石墨烯薄层的团聚或堆叠形成石墨,还可为体系提供更大的比表面积或功能活性位点,因此三维结构石墨烯制备工艺的研究格外引人注目。

(1)表面修饰石墨烯在溶液中的自组装。

在高分子化学和物理化学的理论研究模型中,表面修饰亲水基团后的石墨烯薄片同时拥有疏水性和亲水性,可形成二维双亲性导电聚合物。体系的亲水性/疏水性的相互作用,同层间范德瓦耳斯吸引力/片层间的静电斥力间相互作用的平衡,共同决定了石墨烯溶胶溶液的性质。在还原相对低浓度的氧化石墨烯悬浮液时,当双亲性石墨烯在溶液中的质量浓度高于 0.5 $mg \cdot mL^{-1}$时,基片相互作用形成具有特殊形貌的凝胶溶液。利用此现象可制备出具有三维结构的石墨烯宏观体。

(2)氧化石墨烯凝胶制备工艺。

氧化石墨烯凝胶制备工艺曾被认为是制备多孔三维结构氧化石墨烯宏观体工艺中最简便、有效的工艺。稳定的氧化石墨分散溶液质量浓度较高,可达 10 $mg \cdot mL^{-1}$,边缘修饰了羧基或亲水性环氧树脂基团的氧化石墨烯薄片能够在水溶液中稳定存在。使用水溶性的高聚物聚乙烯醇做交联剂,可增强石墨烯片的相互作用,从而达到增强溶胶性能的目的。

混合功能化修饰后的氧化石墨烯和聚乙烯醇溶液,剧烈搅拌 10 s,再超声 20 min,形成氧化石墨烯/聚乙烯醇溶胶。溶胶体系中,聚乙烯醇上的羟基和石墨烯薄片上的含氧基团形成交联点。当交联点足够多时,形成稳定的氧化石墨溶胶网状结构,随后修饰不同基团（例如 DNA、蛋白质、阳离子型聚合物、部分铵盐或金属离子），作为氧化石墨烯溶胶中有效的交联剂，维持片层斥力、疏水性和溶胶中的氢键基团的平衡。

通过控制 pH，没有被修饰过的氧化石墨烯的疏水部分与离子化的羧基在片层间形成斥力，在超声作用下充分分散，形成溶胶。溶液中氢离子浓度增加时，羧基的离子化程度会降低，与疏水片层间作用减弱，从而致使溶胶的分散化程度降低。石墨烯溶胶在强酸溶液中是不稳定的，超声可以使氧化石墨烯凝聚为凝胶。这种工艺制备的产物片层间孔道较多、孔隙率较高。

（3）DNA/氧化石墨烯凝胶制备工艺。

具体做法是，将 3.0 g 天然石墨粉缓慢加入 70 mL 浓硫酸中，室温下搅拌均匀后加入 1.5 g 硝酸钠。剧烈搅拌溶液，将其冷却至 0 ℃，缓慢加入 9.0 g 高锰酸钾，并保持溶液温度不高于 20 ℃。将溶液转移至 35～40 ℃的水浴中搅拌 0.5 h，形成黏稠膏状体，然后加入 140 mL 蒸馏水再搅拌 15 min，继续加入 500 mL 蒸馏水，再缓慢滴加 20 mL 质量分数为 20% 的 H_2O_2，此时溶液颜色由棕色变为黄色。将混合溶液用质量分数为 10% 左右的稀盐酸溶液洗涤，离心分离以去除金属离子；用蒸馏水反复洗涤离心分离所得产物，以去除酸根离子。取额定量的最终所得的固体粉体分散于水中，配制成质量分数为 1% 的溶液，超声 1 h，将溶液在 4 000 $r \cdot min^{-1}$ 下离心 30 min，以去除团聚的片层，通过渗析分离工艺处理产物 24 h，以充分去除体系中的杂质离子。将额定量的产物与 DNA 溶液混合，并加热至 90 ℃恒温 5 min，所产生凝胶即为 DNA/氧化石墨烯凝胶。

（4）真空－离心－挥发作用诱导自组装工艺。

真空－离心－挥发作用诱导自组装工艺是制备三维内通氧化石墨烯多级结构的常用工艺。氧化石墨烯片通过范德瓦耳斯作用力自组装成三维多孔网状结构，随后用氩气－氢气混合气热退火处理产物，可复原石墨烯的 sp^3 杂化的结构，形成弹性多孔结构和大比表面积的石墨烯宏观海绵体。

具体做法是，将 1 mL 氧化石墨烯凝胶溶液置于 2 mL 微量离心管中，将离心管迅速放于高速真空挥发反应室中，以避免产生团聚。反应室温度升至 60 ℃，溶剂挥发完全后，用镊子将氧化石墨烯层小心剥离出反应管。将反应物在氩气和氢气气氛下，于 800 ℃退火 12 h，产物如图 5.44 所示，形成多孔和较大比表面积结构。

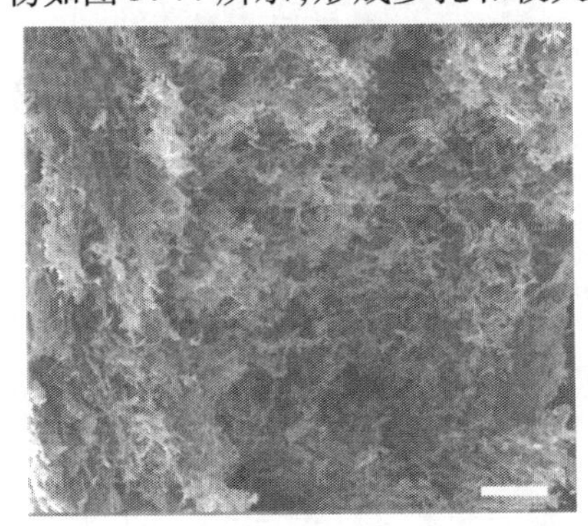

图 5.44　真空－离心－挥发作用诱导自组装工艺制备三维石墨烯扫描电镜图

(5)原位还原氧化石墨烯溶胶工艺。

还原氧化石墨烯与氧化石墨烯相比,拥有更加完整的共轭结构、更强的导电性及片层间的范德瓦耳斯作用力。受水热还原法的启发,氧化石墨烯的化学还原工艺也被应用到制备三维多孔结构的还原氧化石墨烯宏观体工艺中。该过程促进了片层间的疏水作用和π-π作用,进而诱导二维还原氧化石墨烯薄片组装成为三维构架。

原位还原氧化石墨烯/Fe_3O_4工艺示意图如图5.45所示。具体做法是,将2.6 g $FeCl_3$,1.59 g $FeCl_2 \cdot 4H_2O$,0.43 mL 12.0 mol·L^{-1}HCl溶液于12.5 mL去氧超纯水中并剧烈搅拌,缓慢滴加入1.5 mol NaOH溶液。离心分离凝胶溶液,所得沉淀用超纯水清洗3次。用0.01 mol HCl溶液洗涤沉淀,将其溶于超纯水中充分超声分散以得到黄色凝胶溶液。将1.5 mg·mL^{-1}氧化石墨烯悬浮液与2.5 mL Fe_3O_4凝胶溶液混合并超声,加入0.22 g还原剂$NaHSO_3$将溶液升温至95 ℃反应3 h,采用去离子水离心清洗后,再通过渗析工艺充分去除表面杂质离子,再采用冷冻干燥工艺,即得三维结构的还原氧化石墨烯/Fe_3O_4。

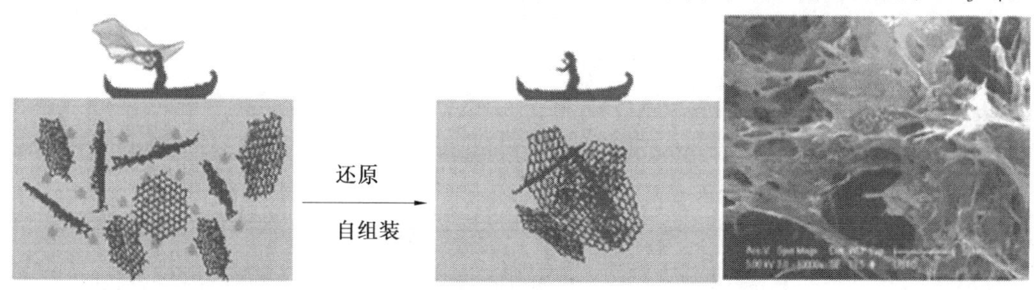

图5.45 原位还原氧化石墨烯/Fe_3O_4工艺示意图

(6)表面功能化的氧化石墨烯自组装工艺。

表面功能化的氧化石墨烯自组装工艺可以简易、便捷地制备宏观尺寸的三维多孔石墨烯,多孔石墨烯层能直接应用在活性电极材料和其他电化学反应中。比较有代表性的为breath-figure模板组装工艺和tap-casting顶注工艺。

①breath-figure模板组装工艺。

breath-figure模板法是一种制备多孔聚合物的方法,被应用于表面修饰有聚苯乙烯石墨烯大孔薄层的自组装。如5.46所示,在氮气气氛下将修饰有聚苯乙烯的氧化石墨烯滴到SiO_2基底上,苯蒸气在冷凝和水滴的共同作用下挥发,基底上形成多孔膜,热还原后超疏水多孔石墨烯层即被制备出。

②tap-casting顶注工艺。

tap-casting顶注工艺是一种传统的陶瓷制备工艺,被应用于制备连续三维大孔结构的网状石墨烯层。在这种工艺中经表面修饰后的石墨烯与稳定剂F123一同置于水溶液中,再加入交联剂PEO形成F123/石墨烯/PEO悬浮液,将聚合物热解得到无支撑石墨烯带。如图5.47所示,产物比表面积为400 $m^2 \cdot g^{-1}$,密度仅为0.15~0.51 g·cm^{-1},电导率高达240 S·cm^{-1},拉伸强度高达10 MPa。

(7)化学气相沉积-模板法三维石墨烯制备工艺。

化学气相沉积-模板法三维石墨烯制备工艺一般使用商业化的泡沫过渡金属材料

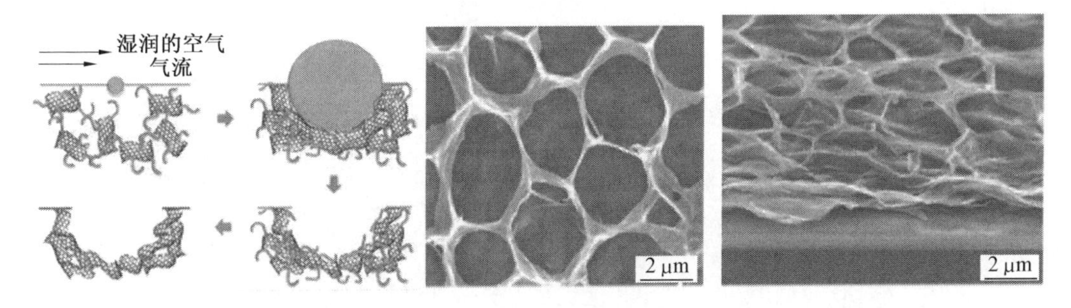

图 5.46　breath-figure 模板组装工艺示意图与产物扫描电镜图

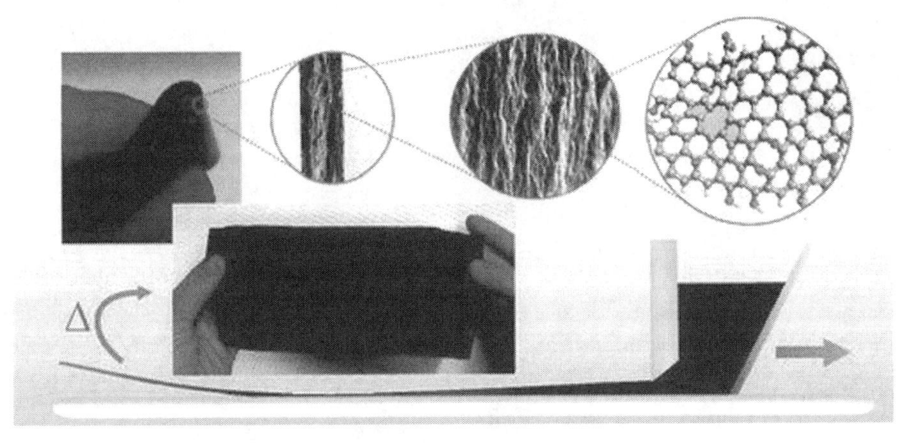

图 5.47　tap-casting 顶注工艺制备三维石墨烯产物图

(孔隙率为50% ~98%)为基底、甲烷为碳源,在高纯氩气和氢气的气氛中通过化学气相沉积(CVD)法在具有三维结构的泡沫金属表面生长石墨烯薄层。具体做法是将聚甲基丙烯酸甲酯(PMMA)涂覆于上表面,再利用刻蚀液($FeCl_3$/HCl 等)将金属基底刻蚀掉,最后用丙酮去除 PMMA,即得到三维结构石墨烯薄层材料。

如图 5.48 所示,以泡沫镍为模板(密度为 320 $g \cdot m^{-3}$;厚度为 1.2 mm;面积为 20×20 mm^2),将其置于石英舟内,在还原性气氛氢气/氩气(氢气 200 $mL \cdot min^{-1}$;氩气 500 $mL \cdot min^{-1}$)的保护下升温至 1 000 ℃,退火 5 min 后通入 CH_4 中反应 5 min。样品以 100 $℃ \cdot min^{-1}$ 的速率迅速冷却至室温,将 PMMA 的氯苯溶液旋涂至样品上表面,在180 ℃下烘干 30 min,在 PMMA 充分固化后,用刻蚀液浸泡样品充分去除泡沫镍衬底,再用丙酮在 55 ℃浸泡样品,将 PMMA 溶解后即制备出密度小、柔性高、连续内通结构的三维结构石墨烯层。使用此工艺所制备的石墨烯的电导率高于其他工艺。

利用其他衬底为模板也可制备出三维内通结构的石墨烯。例如,利用 1 ~5 μm 粒径的锌金属颗粒与聚合物混合后再进行高温烧结,形成氧化锌自支撑的蓬松三维结构,以 1 200 ℃再次进行退火,可使节点处产生交联。利用此模板制备出的三维石墨烯拥有超轻的密度(<200 $\mu g \cdot cm^{-3}$),是目前最轻的三维石墨烯材料。

(8)冷冻干燥法制备三维石墨烯工艺。

冷冻干燥法也称为冰凝聚诱导自组装法,是一种有效制备多孔物质的塑形技术。在结构型碳材料研究领域,这种技术常常被用来制备大孔、高比表面三维结构的石墨烯宏观体。

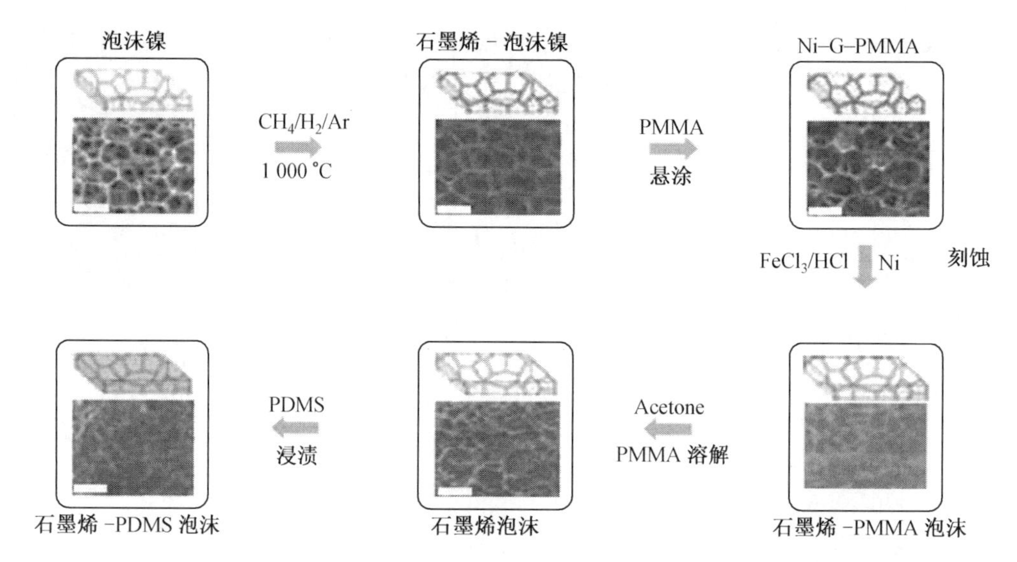

图 5.48 化学气相沉积制备三维结构石墨烯工艺示意图

细菌模板辅助冷冻干燥工艺原理示意图如图 5.49 所示，将大肠埃希氏菌在 37 ℃的培养液中培养，并将其通过(6 500 r·min^{-1},5 min)离心分离，再将其配制成悬浮液。取 150 mL 此细菌溶液，再加入 50 mL $FeCl_3$溶液并将溶液降温至 4 ℃搅拌 5 h。再通过离心-去离子水溶解清洗 3 次，将大肠埃希氏菌/Fe^{3+}溶液超声分散于 150 mL 去离子水中。配制通过 Hummers 法制备的 0.5 mg·ml^{-1}氧化石墨烯的水溶液，并取 50 mL 加入上述溶液中，再搅拌5 h。将混合溶液浸渍于液氮中冷冻干燥，最终将混合物在氮气气氛中 700 ℃退火处理 3 h。

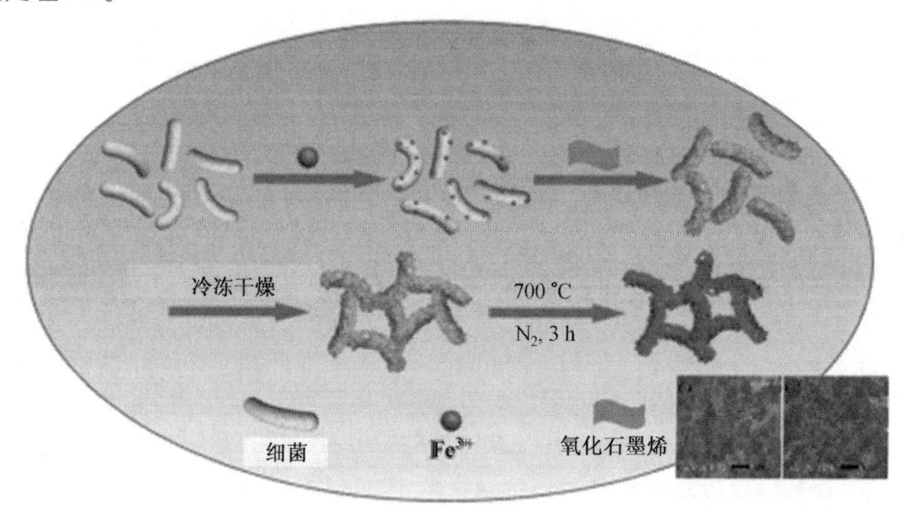

图 5.49 细菌模板辅助冷冻干燥工艺原理示意图

在微米级和纳米级结构中，可控的三维结构石墨烯材料具有较大的应用潜力，可被应用于高性能柔性电极、超级电容器、催化剂载体、储氢材料、传感器和环境修复材料等领域。许多纳米材料制备工艺已被应用于制备三维石墨烯材料，例如自组装工艺、模板诱导生长工艺、溶胶-凝胶工艺和光刻工艺等。已有研究证实三维石墨烯不仅很好地保留了构成宏观体的石墨烯薄片的固有物性,而且由于其在纳米或微米级的特殊形貌也增强了结构性性能,从而扩大了应用范围。其结构性性能主要体现在提供了纳米或微米级的导电碳结构和巨大的比表面积,从而可以更好地负载催化剂、吸附有机或无机基团等。

三维石墨烯的制备工艺还面临着诸多问题。三维石墨烯的性能很大程度上由结构单元所决定,其进一步的应用需要一种合成或是剥离法在成分、大小和形貌上可控制备的石墨烯;单层石墨烯片构成的拥有强的导电性三维石墨烯是理想结构,但单层石墨烯易团聚或堆叠为石墨薄片从而极大地影响体系性能,因此简便的可防止其团聚的自组装工艺也亟待改进;三维石墨烯的孔径从几百纳米到几微米不等,然而大孔体系在增加了孔容的同时降低了体系的机械性能,而拥有纳米级孔径的三维石墨烯是非常难制备的,如果利用特殊形貌的石墨烯量子片卷曲结构作为基本结构单元来架构三维石墨烯则可有效解决此问题;石墨烯薄片在溶液或溶液表面的组装机理尚不明确。

5.2.14　石墨烯-碳纳米管复合材料制备工艺

(1)石墨烯/碳纳米管自组装工艺。

天然石墨制成溶解于水中的氧化石墨烯悬浮液,超声下并加入一定量的$Co(NO_3)_2 \cdot 6H_2O$和尿素。悬浮液在微波(2 450 MHz, 700 W)中处理15 min,将体系过滤所得产物置于化学气相沉积的反应腔中。产物在氩气保护下升温至750 ℃,并通氢气和二氧化碳约330 min,在氩气气氛下冷却至室温。

石墨烯/碳纳米管自组装工艺流程示意图如图5.50所示,所需碳纳米管由丙烯在Fe/Al_2O_3颗粒上催化制取,将所制碳纳米管在H_2SO_4/HNO_3混酸中在140 ℃条件下纯化1 h,用去离子水洗涤产物数次后,将处理后的氧化石墨烯与碳纳米管按一定比例混合并超声,混合物在氩气气氛下750 ℃热处理1 h,即可获得产物。

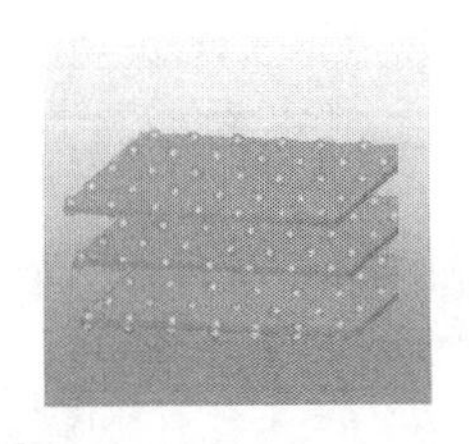
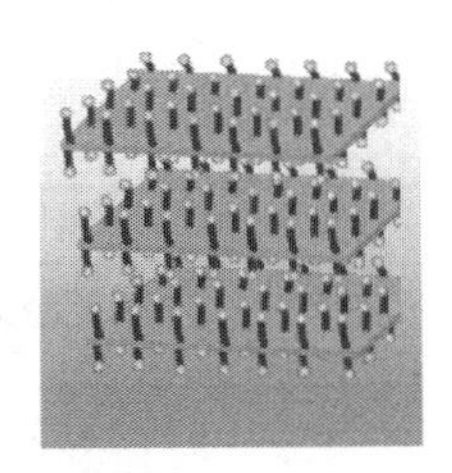

图5.50　石墨烯/碳纳米管自组装工艺流程示意图

(2)催化制备石墨烯/单壁碳纳米管工艺。

将$Fe(NO_3)_3 \cdot 9H_2O$,$Mg(NO_3)_2 \cdot 6H_2O$,$Al(NO_3) \cdot 9H_2O$,尿素按$[Fe^{3+}]+[Mg^{2+}]+[Al^{3+}]=0.15\ mol \cdot L^{-1}$,$n(Mg):n(Al)=2:1$,$[尿素]=3.0\ mol \cdot L^{-1}$配成混合溶液250 mL。将溶液在常压下100 ℃搅拌9 h,所得悬浮液在94 ℃中静置14 h。所得溶液过滤后用去离子水洗涤,冷冻干燥后即得FeMgAl双层氢氧化物。将1.0 g催化剂置于石英舟中,放入化学气相沉积反应腔中,在氩气气氛(500 $mL \cdot min^{-1}$)保护下升温至950 ℃后,氩气流量降低至100 $mL \cdot min^{-1}$再通入流量为400 $mL \cdot min^{-1}$甲烷。反应结束后,终止甲烷的通入,在氩气气氛的保护下体系冷却至室温。产物用5.0 $moL \cdot L^{-1}$的HCl溶液在80 ℃

下处理，再用15.0 mol·L^{-1}的NaOH溶液在50 ℃下处理6 h，用以去除催化剂，将所得产物过滤、去离子水清洗数次，冷冻干燥后即为所得最终产物（图5.51）。

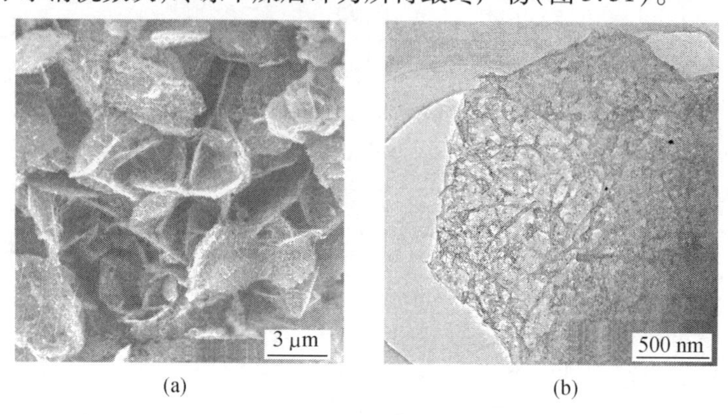

图5.51 催化制备石墨烯/单壁碳纳米管工艺产物扫描电镜图

（3）石墨烯/碳纳米管阵列化学气相沉积制备工艺。

石墨烯/碳纳米管阵列化学气相沉积制备工艺示意图如图5.52所示。将20 μm厚铜箔清洗洁净，在高温下氩气气氛中退火，可起到基片表面进一步清洁、减弱金属表面残余应力和降低表面粗糙度的作用。在750 ℃时通入甲烷与氢气，可在铜箔表面生长一层石墨烯薄层。采用电子束蒸发工艺在石墨烯表面沉积一层1～5 nm厚的铁膜。在氩气气氛保护下，将体系升温到750 ℃，通入氢气与乙烯的混合气体，生长碳纳米管阵列，生长结束后，在氩气气氛保护下，降温至室温。

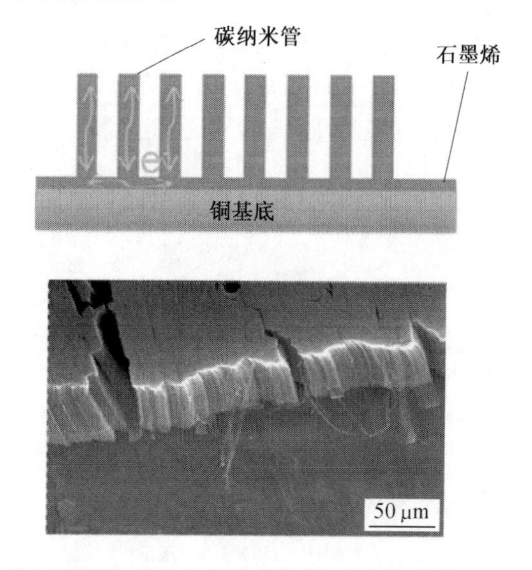

图5.52 石墨烯/碳纳米管阵列化学气相沉积制备工艺示意图

5.2.15 石墨烯纤维制备工艺

受已被广泛应用的碳纤维的启发，不少研究者尝试将具有高电子迁移率、高导热系数、良好的弹性和刚度的石墨烯组装为宏观的功能结构，石墨烯纤维具有良好的物性，可使石墨烯得到更加广泛的应用。由于石墨烯纤维高的电导率、良好的强度及柔性可编织等特性，使得它在未来器件制造工艺中拥有良好的应用前景，特别是智能系统和器件。其中代表性的应用包括纤维型驱动器、机器人、马达、光伏电池及超级电容器等。随着石墨烯纤维工艺研究的不断深入，规模化生产石墨烯纤维的工艺已经基本成熟，这为石墨烯纤维在未来器件中的应用打下了基础。而且，很多原位及功能化后处理方法赋予了石墨烯纤维新的功能和特性。

相比于碳纤维的工艺及应用性研究，石墨烯纤维的研究才刚刚起步。到目前为止，这一领域尚未形成比较系统的理论，且现有工艺所制备出的石墨烯纤维还存在很多问题。现有工艺多由石墨烯或氧化石墨烯纳米片层自组装而成，自组装而成的石墨烯堆叠相对松散，这一结构特征直接导致石墨烯纤维的机械强度和电导率不佳。目前机械强度最大的石墨烯纤维是仿生石墨烯纤维，只能达到 0.65 GPa，石墨烯纤维作为轻质导线，其电导率较碳纤维或金属线小，与纳米金属材料的复合似乎是改善石墨烯纤维导电率的首选途径。此外，石墨烯片层的大小、缺陷、形状和化学组成都不确定，对石墨烯纤维的物性影响很大。目前大多数的研究都聚焦于新的石墨烯纤维的合成方法，缺少对影响纤维性能综合因素的系统研究。在未来制备高性能的石墨烯纤维的研究中，将要着重关注石墨烯片层结构、堆叠形式对物性的影响以及石墨烯纤维在智能器件等领域的应用。随着对石墨烯组装过程的进一步理解，在不久的将来会出现高性能的石墨烯纤维，而其新应用也将不仅是智能电子纺织物。

在石墨烯纤维的制备工艺中，较为普遍的是采用氧化石墨烯的自发还原及组装工艺，其原理是：以活泼金属丝为模板，活泼金属基底失去电子被氧化成金属离子，同时氧化石墨烯得到电子被还原，在被还原的同时，氧化石墨烯在金属丝上自组装成中空石墨烯纤维。此法不需要加入任何还原剂，可以在任意导电基底上还原氧化石墨烯，并使其在基底上有序聚集，这些基底包括：活泼金属基底锌、铁、铜，惰性金属金、银、铂，半导体硅片，非金属碳膜，导电玻璃(ITO)等。

除此之外，还有碳纳米管纱丝工艺，其工艺过程为：以碳纳米管制成的石墨烯纳米带为基础，利用外力从碳纳米管膜上拉出石墨烯纳米带纱网，然后干燥收缩成丝。Kim 等人用电泳组装法制成还原的氧化石墨烯纳米带纤维，此法用石墨针做正极，将其插入含有石墨烯纳米带的胶体溶液中。通过向电极间加上恒定电压(1 ~2 V)，在石墨针提拉过程获得石墨烯纤维。Xu 等人采用溶液自组装法用氧化石墨烯溶液在气液界面组装，合成了氧化石墨烯纤维。此法依托于静电斥力、范德瓦耳斯力以及 $\pi-\pi$ 堆积作用。在自组装及超声过程中，样品逐渐从原始的石墨粉转变成氧化石墨烯片，再过渡到氧化石墨烯纤维及纯净的氧化石墨烯纤维膜。

Wang 等人将棉花浸渍于尿素中超声处理 24 h，用镊子将其拉出液面，将浸渍有尿素溶液的纤维置于特定的纺纱器中，将其纺织成为纤维。将纤维冷冻 24 h 后，冷冻干燥处理 48 h，将产物置于管式炉中，在氩气气氛的保护下以 1 ℃ · min^{-1} 的速率升温，升温至 1 000 ℃恒温 1 h，冷却至室温后即得产物。由图 5.53 可见，该纤维有良好的柔性与导电性能。

将刚纺出的氧化石墨烯纤维水凝胶旋转加工，可获得螺旋的石墨烯纤维。由于含氧

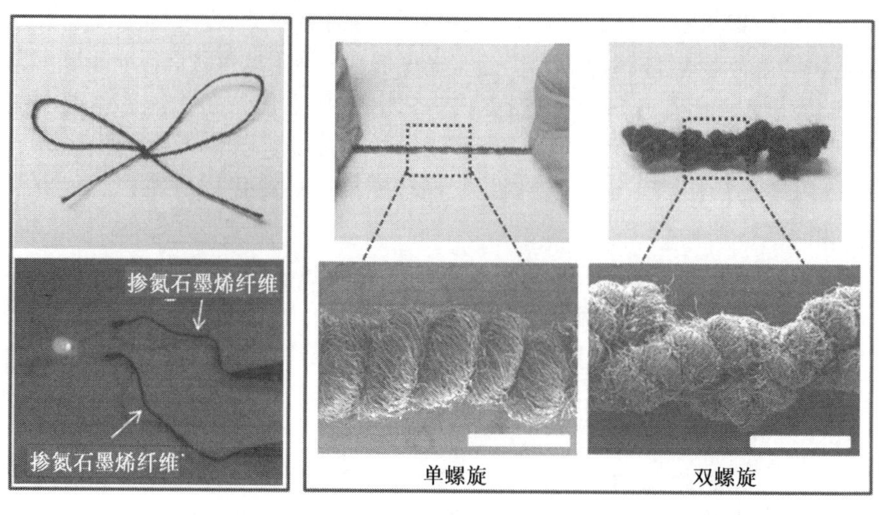

图 5.53 棉纤维-氮掺杂石墨烯复合纤维材料光学及扫描电镜照片

官能团的存在,氧化石墨烯与水分子可发生吸附与脱附现象,造成石墨烯层间可逆的膨胀与收缩,诱发纤维的旋转运动,利用此现象可将石墨烯纤维制成石墨烯马达。因此,当相对湿度交替变化时,螺旋形氧化石墨烯纤维能够发生可逆的旋转,最大旋转速度可达到 5 190 $r \cdot min^{-1}$。这种扭转石墨烯纤维(TGF)可以用作新型的湿度开关。利用 TGF 的湿敏特性也可以制成湿度触发的发电机。即通过周围湿度的改变实现机械运动,进而转化为电能。如图 5.54 所示,当环境湿度改变时,TGF 驱动磁铁转动并在铜线圈中感应出电流,该电机可以产生 1 mV 的开路电压以及 40 μA 的短路电流。功能化的中空石墨烯纤维可以制造出在水中运动的微型驱动马达。例如,在中空纤维内壁修饰上金属铂纳米颗粒,由于铂能够催化双氧水分解产生大量氧气,当从开口的一端喷出时,便产生推力快速移动。

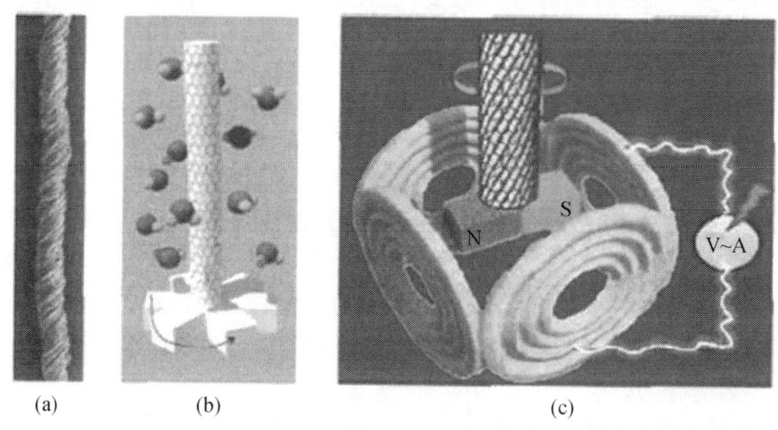

图 5.54 螺旋石墨烯纤维在湿度改变下带动磁铁旋转产生电能

5.3 碳纳米球的制备工艺

自从富勒烯 C_{60} 被发现以来,人们对碳纳米材料的认识又步入了一个崭新的阶段,提高了人们研究碳材料的热情,相继出现了碳纳米球、空心纳米微球、碳纳米管等。20 世纪 60 年代 Brooks. J. D 在研究焦炭的形成过程中发现,沥青类化合物经热处理时会发生中间相转变,生成中间相小球。1973 年,日本学者 Yamada 从沥青中把这些中间相小球分离出来,并称其为中间相碳微球(mesophase carbon microbeads,MCMB)。经过近几十年的发展,各种新的制备方法不断涌现。依据制备原料不同和方法的差异,碳微球的制备方法主要分为溶剂(水)热法、化学气相沉积(CVD)法、聚合物热解法和电弧放电法等。合成具有特殊结构的碳纳米材料特别是碳纳米球,可以按照制备过程中的加热方式分为两类,一类是在惰性环境(化学气相沉积法、电弧放电法及激光消蚀法)下含碳材料的高温分解;另一类是在反应釜中,对有机聚合物进行热处理,控制有机物的低温分解和催化分解过程。碳球的性质(如表面积、尺寸、密度等)受合成过程中碳源、氧含量、催化剂、添加剂、流速、压力、反应器的设计等影响。

5.3.1　溶剂(水)热法

溶剂(水)热法制备碳材料是近年来出现的一种新型、环保的方法,其原理是在能够承受较高压力和温度的密闭容器中,以水或有机溶剂为媒介,在一定温度和压力下达到亚临界或超临界状态,从而使原料反应活性提高。此法合成过程简单、成本低廉,且由于是在封闭体系下进行,对周围环境不产生不利影响。通常使用如蔗糖、葡萄糖、果糖、环糊精和淀粉等碳氢化合物作为前驱体,以水为溶剂,在较低温度下(160 ~ 220 ℃)得到碳材料。水热合成法合成碳微球可分为两个步骤:首先是碳氢化合物脱水;其次是碳化过程。Wang 等人以蔗糖为碳源,在 190 ℃水热条件下合成尺寸为 1 ~ 5 μm 的单分散实心碳微球。蔗糖在低温水热条件下脱水后得到黑色粉体,随后将反应得到的产物置于氩气保护的管式炉中高温碳化,即可得到碳微球。根据所使用碳源的不同,生成产物的形貌也有所变化。Yao 等人利用原位拉曼光谱和核磁共振碳谱监测了水热过程中葡萄糖和果糖的脱水过程,如图 5.55 所示。研究发现,葡萄糖比果糖具有更高的分子间脱水温度,由于二者分子间脱水形成的中间产物不同,使用葡萄糖制备的碳微球表面光滑,而使用果糖制备的碳微球内部致密疏水,外部粗糙且亲水。Li 等人采用水热法,以葡萄糖作为碳源,制备了带有功能性基团的胶状碳球,其表面具有一定的亲水性。Yang 等人以聚四氟乙烯为碳源,在超临界水中合成了直径为 140 ~ 200 nm 的碳球。

在水解过程中,不同溶剂对产物形貌具有一定的导向作用。Zheng 等人以葡萄糖、果糖和淀粉为原料,在溶剂中加入不同的醇类化合物,由于所加入醇类在溶液中产生的表面张力不同,分别得到具有中心对称结构的球形和非对称结构的椭球形碳纳米材料。对称性随着溶液表面的张力增加而改变,如图 5.56 所示,溶液表面张力越大,颗粒的对称性越好。

Fang 等人利用水热法合成了不同尺寸具有微孔结构的碳纳米球,如 5.57 所示。他们以间苯二酚树脂为碳源,引入三嵌段聚合物 F127 作为结构导向剂,在 70 ℃下经 18 h 得到酚醛树脂-F127 复合胶束,在 130 ℃水热条件下,这些单分散的胶束自组装,形成具有孔隙结构的胶束聚集体,在 700 ℃和氮气保护条件下高温碳化,得到具有球形结构且尺寸均一的微孔碳纳米球。微孔碳球的粒径可以通过改变试剂浓度来控制。目前,此法已成为经典的制备微孔碳纳米球的方法。

(a) 葡萄糖脱水过程与碳化过程

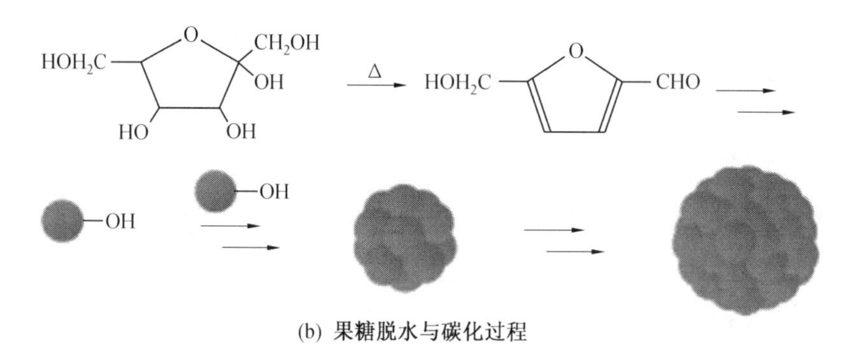

(b) 果糖脱水与碳化过程

图 5.55 葡萄糖和果糖的脱水与碳化过程

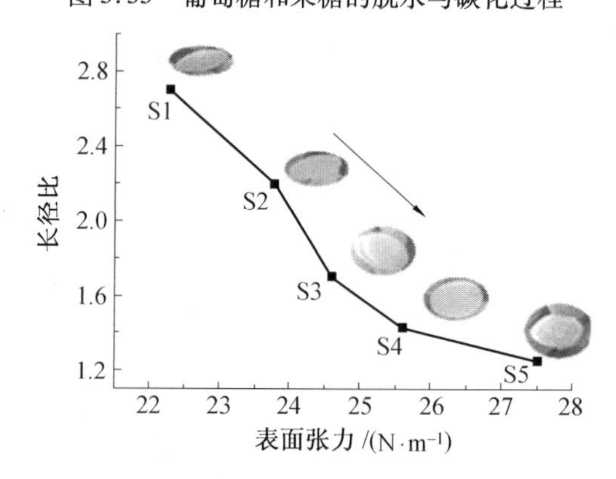

图 5.56 表面张力与碳纳米球对称性间的关系

利用水热合成法制备碳纳米球操作工艺相对简单，由于反应在密闭体系下进行，可使得常温常压下反应速率较慢的反应在较短的时间内完成。通过选用不同碳源、不同溶剂及对反应时间的控制，可调整产物的尺寸、表面性质以及对称性等。然而，由于反应在封闭体系中进行，不能及时观察到反应现象，使得认识产物形成过程方面有一定的欠缺。同时对于高于溶剂沸点的加温加压的反应，应在合成过程中注意安全问题，合理填料，防止由于压力过大发生的反应釜爆裂等情况。

5.3.2 气相沉积法

气相沉积法具有操作简便、原料价格低廉等特点。化学气相沉积是将易挥发的碳源转变成固态不易挥发的碳产物，可以获得多种形状的碳纳米材料。与传统的化学反应不同，其使用的反应器类型及过程条件均不相同。

(a) 140 nm

(b) 90 nm

图5.57　水热法合成不同直径微孔碳纳米球

在气相沉积过程中，通常选用高温电炉。将可直接高温分解的碳源置于石英管中，反应通常在大气压下进行。如果在反应过程中使用催化剂，可以以流动式，或者将催化剂负载在载体上并置于石英反应器中。通常是在惰性气体存在的条件下（如氮气或氩气），将碳源引入反应器中，这种合成方式也用来合成碳纳米管。

根据反应中是否添加催化剂，化学气相沉积可分为催化型化学气相沉积法和无催化气相剂型沉积法两种。

（1）无催化剂型化学气相沉积法。

无催化剂型气相沉积法指在不采用任何催化剂的情况下，直接在保护气氛下热解制备碳球。通常以含有不饱和化学键的碳氢化合物如苯、乙烯、苯乙烯、甲苯、甲烷、乙炔等为碳源，以氩气、氮气或氢气为载气，通过改变工艺参数获得不同尺寸的碳微球。Jin 等人直接裂解苯乙烯、甲苯、苯、乙烷、环乙烷和乙烯得到直径为 50 nm ~ 1 μm 的碳球。实验表明，碳球的制备与温度有直接关系，当温度低于 800 ℃时，无碳球产生。温度逐渐升高，碳球的产量逐渐增加。此外其他因素也会影响产物生成。以热解苯乙烯为例，通过改变进料时间、温度和进料速度可控制得到不同尺寸的碳球，见表5.1。Qian 等人通过控制载气流速及组成在无催化剂的条件下制得尺寸为 60 nm ~ 1 μm 的碳球。此法获得球形碳的比例很低，制备出的球形碳很难从其他碳残留物中分离出来。

碳源在高温炉的高温条件下分解，产生各种形状的碳材料，包括碳球。这一方法在工业上可用来制备重要的碳材料，例如炭黑。在这一过程中，通过控制氧气的通入量可获得不同比表面积的碳球。近年来，很多研究者在合成过程中不使用氧气，并且获得了较低表面积的碳球。通过控制合成过程中的参数（如合成温度、碳源气流、沉积时间等）可控制产物碳球的尺寸、形状及产量。另一个重要的指标是对反应时间的控制。若使用立式的垂直反应器，反应时间较短（小于 1 min），因此后续碳球的煅烧及生长受了限制。相反，若使用水平反应装置，碳球在高温下反应需要的时间较长（通常为 15 ~ 60 min），延长加热时间，碳球外层晶化程度变高。

表 5.1 热解苯乙烯制备不同尺寸碳球相应工艺参数

序号	反应温度/℃	反应时间/min	反应速率/($mL \cdot h^{-1}$)	粒径分布
1	800	30	1.2	无碳纳米球产生
2	900	30	1.2	400 ~ 1 000
3	1 000	30	1.2	400 ~ 1 000
4	1 100	30	1.2	400 ~ 1 000
5	1 200	30	1.2	400 ~ 1 000
6	900	2	1.2	100 ~ 400
7	1 000	2	1.2	100 ~ 500
8	1 100	2	1.2	100 ~ 500
9	1 200	2	1.2	100 ~ 500
10	1 100	5	1.2	400 ~ 800
11	1 100	10	1.2	400 ~ 900
12	1 100	30	1.2	400 ~ 1 000
13	1 100	120	1.2	400 ~ 1 200
14	1 100	2	2.4	200 ~ 800
15	1 100	2	5	400 ~ 1 000

Qian 等人利用两个连续的加热炉,在 1 100 ℃下利用甲苯作为碳源,制备了碳纳米球。首先,将第一个加热炉温度设定为 200 ℃,用注射器将甲苯注射到加热炉中,并使之汽化。甲苯蒸气随氮气、氩气、氢气或者它们的混合气体一并通入第二个加热炉中,继续加热获得直径为 60 nm 的碳球。他们还详细地研究了载气、混合载气以及气流速率对反应的影响。当甲苯在 AAO(阳极氧化铝)模板上分解,所获得的碳球尺寸与模板尺寸接近,这证明了合成过程中 AAO 可作为模板使用。与此类似,Aili 等人利用乙炔/甲苯作为碳源,在 1 000 ℃下利用相似的方法获得了碳球。冷却之后收集碳微球(直径在 200 nm 左右),随后在不同的温度下继续加热,获得比表面积为 10 $m^2 \cdot g^{-1}$ 且石墨化程度不同的碳球。同样,利用一个反应加热炉,以戊烷作为碳源,在大于 800 ℃的反应温度下也可以获得碳球产物。这些研究均表明,在没有催化剂添加的条件下,也可以制备出碳球材料。

在大批量生产碳球时,可采用不同的碳源,例如苯乙烯、甲苯、苯、正己烷、环己烷、乙烷等,获得碳球的尺寸可从 50 nm 到 1 μm。两个连续的加热设计可使液相碳氢化合物进行高温分解。首先将液相碳氢化合物引入温度为 250 ℃的第一个反应炉内,随后,随载气氩气一同进入温度更高(900 ~ 1 200 ℃)的反应炉中,填料输送速率、温度、反应时间等因素对合成的碳球直径有较大影响。结果表明,碳球形成温度不能低于 800 ℃,选取不同的碳源对生成的碳球形貌有显著影响(图 5.58);碳球尺寸受填料通入时间的影响,高温热解过程以及长时间的加热都将导致碳球的进一步晶化。重质烃类化合物也可以用来制备碳球。沥青作为一种富含大量碳的石油副产品,经常被用来合成碳球。首先在反应加热炉外将沥青加热产生蒸气,沥青蒸气随载气氩气一同进入反应腔内,在 950 ℃下碳化,可获得碳球,其粒径尺寸范围为 300 ~ 400 nm。

大多数的研究选用的碳源通常只包含碳和氢两种元素。有研究表明,使用含有其他元素(例如氧等)的碳源,可以提高所获得碳球的质量。例如使用混有其他元素的玉米淀

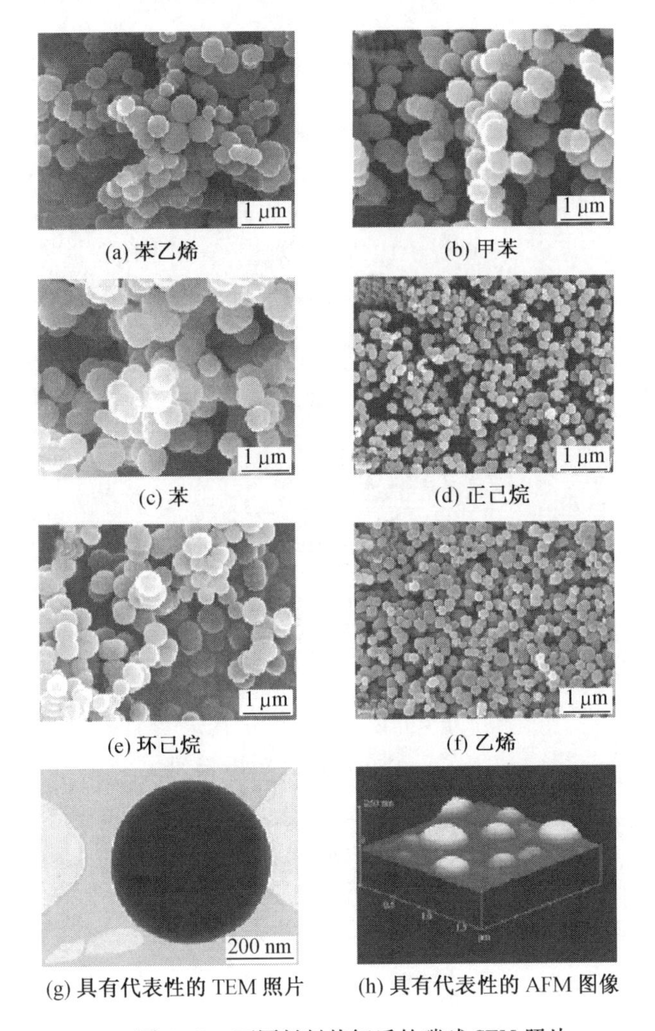

(a) 苯乙烯　(b) 甲苯　(c) 苯　(d) 正己烷　(e) 环己烷　(f) 乙烯　(g) 具有代表性的 TEM 照片　(h) 具有代表性的 AFM 图像

图 5.58　不同材料热解后的碳球 SEM 照片

粉和四氢呋喃作为碳源,可以获得直径在 5 ~ 25 μm 的碳球。

(2)催化型化学气相沉积法。

催化型化学气相沉积法是将含有碳源的气体通过催化剂表面进行催化分解。在合成碳纳米管的制备过程中这种方法较为常见,但在合成碳球过程中较少使用这种方法。以气体形式通入的碳源与过渡金属或金属氧化物构成的催化剂充分接触,催化分解后形成碳球。利用此法生成的碳球,尺寸分布较难控制,同时得到的球形碳大多包裹或黏附着催化剂。事实上,在形成碳球的过程中,金属催化剂对于碳球的合成起到的作用很小,其主要作用是修饰在气相中形成的碳球,使得碳沉积,形成固态碳球。这些金属(或非金属)催化剂也可作为模板,碳在催化剂表面沉积,为碳球的形成提供成核位点。

Miao 等人采用催化型化学气相沉积法,利用高岭土作为催化剂的载体,将过渡金属负载在高岭土表面,于 650 ℃下制备了尺寸为 400 ~ 2 000 nm 的碳微球。所得碳球具有良好的热稳定性,在低于 500 ℃的氮气环境下无吸热或放热现象。他们认为,碳球的形成原因是催化剂使中间相产物含有活泼的 C—C 键,这些键的变更和转移有利于生成球形碳材料。同时,由于不同粒度的碳颗粒质量不同,可通过调整载气的流量,使不同尺寸的碳球落在瓷舟的不同位置,从而可收集粒度相对均匀的碳颗粒,如图 5.59 所示。随后,他们以高岭土为载体,负载过渡金属催化剂(Fe,Co,Ni 等)在 750 ~ 850 ℃得到了尺寸可控的碳纳米球。Wang 等人以 Al 和 Fe_2O_3为催化剂,通过对加热温度、加热时间和升温速率的控制,得到 800 ~ 1 100 nm 的碳微球。用混合价态金属氧化物作为催化剂的优点在于,反应后的催化剂可通过在氧气或空气中加热重新利用,有利于制备高纯度的碳球。

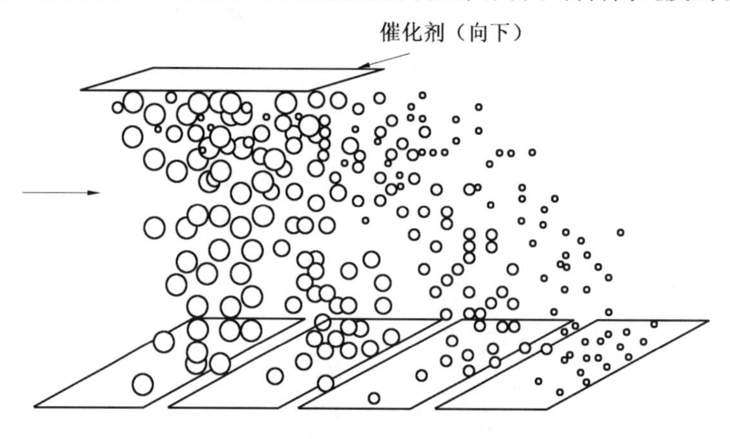

图 5.59　净化分离不同尺寸碳球的示意图

在合成中空碳球的过程中,可采用纳米颗粒作为模板,例如以 ZnSe 纳米颗粒作为反应模板,可合成中空碳球。在合成过程中首先向反应器内持续通入氩气,在压力为 6.6 Pa 下,以甲苯为碳源,混有 ZnSe 纳米颗粒,并将混合物通入水平反应炉中,在温度 1 100 ℃下恒温反应 3 h,获得碳化产物,随后在 1 200 ℃下加热 1 h,用以去除包覆在碳球内部的 ZnSe 纳米颗粒。去除 ZnSe 后,便获得直径为 40 ~ 120 nm 的中空碳球(图 5.60)。

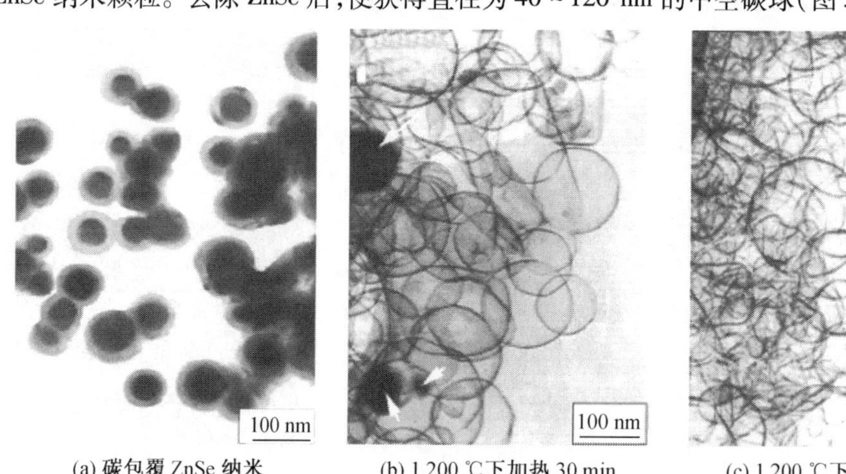

(a) 碳包覆 ZnSe 纳米颗粒的 TEM 照片　(b) 1 200 ℃下加热 30 min 获得的纳米中空碳球　(c) 1 200 ℃下加热 60 min 获得的纳米中空碳球

图 5.60　碳包覆 ZnSe 纳米颗粒及不同热处理条件下产物的 TEM 照片

对于掺杂其他元素的纳米空心碳球,也可以采用与上述类似的模板法。例如以气相二氧化硅作为模板,以三聚氰胺-甲醛树脂作为碳源,可获得 N 掺杂的介孔碳纳米球

(NCSs)。首先,在85 ℃下将三聚氰胺和甲醛混合在水中,反应后将溶液冷却至40 ℃,并加入二氧化硅胶体溶液中,利用HCl调节溶液的pH至4.5,在40 ℃下静置3个h后收集反应产物,过滤洗涤,将所获得的产物进行干燥处理。在180 ℃下加热24 h,随后在1 000 ℃下碳化,得到碳/二氧化硅复合物。最后,在氢氟酸中浸泡该复合物,以去除二氧化硅模板,即可获得具有介孔结构的空心碳球。空心碳球的平均直径为1.2 μm,碳壳的平均厚度为31 nm,利用此法制备的碳球比表面积可达1 460 $m^2 \cdot g^{-1}$。

化学气相沉积法中经常使用二氧化硅微球作为模板,以苯作为碳源,合成具有单层光滑的碳壳结构、不同形状的碳壳结构及双层碳壳结构。首先,在高温分解前,将预合成的二氧化硅微球在900 ℃或1 000 ℃氮气气氛下加热。将处理好的二氧化硅微球置于瓷舟内,并放入高温加热炉石英管的中间位置,以氮气作为载气,将苯蒸气通入管式炉中,使气体流经预处理过的二氧化硅微球表面,苯加热后分解并沉积在二氧化硅微球表面,反应结束后,利用HF腐蚀二氧化硅微球,最终获得具有中空结构的碳球。将中空结构的碳球分散在乙醇溶液中,再在其表面制备一层二氧化硅,随后获得中空碳-二氧化硅复合球,再重复上述苯气流加热处理和HF的腐蚀处理后,获得具有双层碳壳结构的碳纳米材料,如图5.61所示。采用同样的方法,利用乙腈蒸气为碳源,可以获得氮掺杂的空心碳微球。所获得碳球的表面形貌及大小与合成时所使用的二氧化硅微球直径、反应温度及反应时间等反应参数相关。

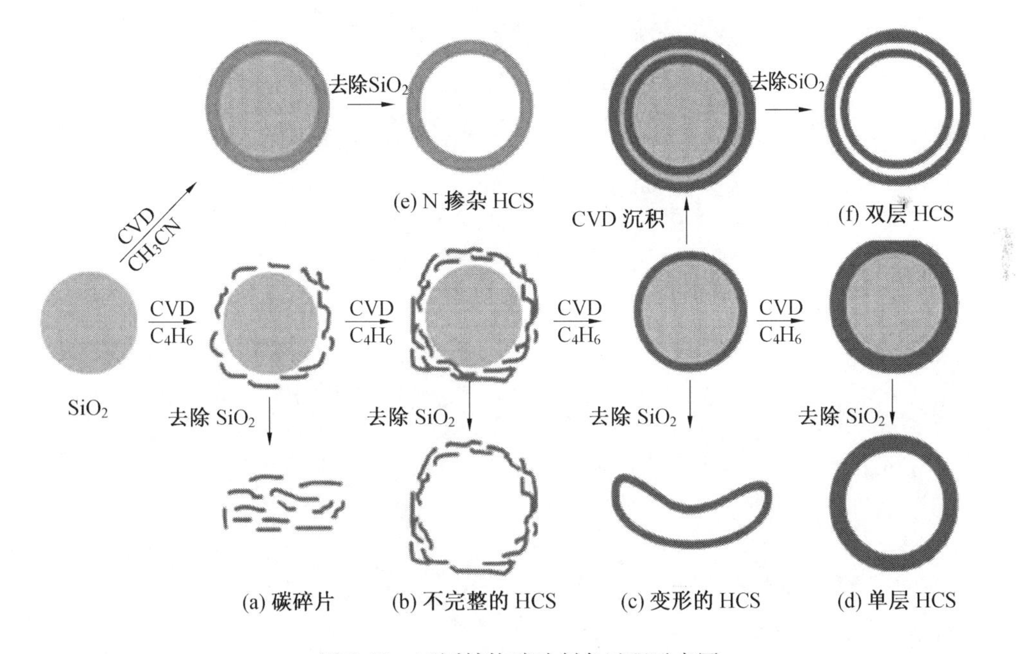

图5.61　不同结构碳球制备过程示意图

图(a)碳源作为中空碳球的结构单元,图(b)由不完全化学气相沉积反应时间造成的中空碳壳,图(c)使用二氧化硅作为模板短时间化学气相沉积制备的不规则中空碳结构,图(d)长时间CVD反应或高温反应生成的单壁中空碳球,图(f)三步CVD法制备的双层中空碳球:首先利用CVD在二氧化硅表面沉积碳;其次,利用CVD在碳-二氧化硅球表面

沉积四氯化硅;最后,利用 CVD 在二氧化硅-碳-二氧化硅表面沉积碳

以高岭土负载过渡金属盐(Fe,Co,Ni 等)作为催化剂,于高岭土催化剂表面或陶瓷片表面负载过渡金属盐(Fe,Co,Ni)溶液在 60 ℃下烘干并制备成薄片。将负载了催化剂的片状材料置于瓷舟内,并放置在石英管的中间位置。使用乙炔作为碳源,在 650 ℃下进行反应,观察合成获得的碳球平均直径为 600 ~ 800 nm。反应温度、时间、气流速度等实验参数可进行相应的调整,在反应器气流入口附近收集的碳球尺寸较大,平均在 1.8 μm 左右,在出口附近收集的碳球尺寸较小,约为 600 nm。在 CVD 反应过程中,利用乙炔作为碳源,同时通入氮气,使得气流流过高温(700 ℃)镍金属团簇的表面,可以获得单分散的碳球,碳球直径在 150 nm。而在低温区域 600 ℃附近,收集产物可得到碳纳米管副产物。以甲烷作为碳源,利用溶胶-凝胶法修饰的镍催化剂(Ni/Al_2O_3),在 600 ℃下可获得中空的碳纳米球(5 ~90 nm)。在这个反应过程中,研究人员发现,生成的碳球中含有镍,这表明镍不仅可作为反应的催化剂,同时还是碳球生长的模板。在早期的研究报道中,利用相似的技术可获得中空的碳材料,研究人员称这种碳材料为碳洋葱,其直径在 5 ~50 nm。

热灯丝 CVD 法也可用来合成碳球,热灯丝主要过程是使用钨丝原位产生碳微球。这一过程需先将钨丝加热至 1 650 ℃,以甲烷为碳源,再通过催化剂表面时产生分解,产物直径为 5 ~7.5 μm 的碳球(当延长反应时间时可获得直径为 25 μm 的碳球),如图5.62所示。

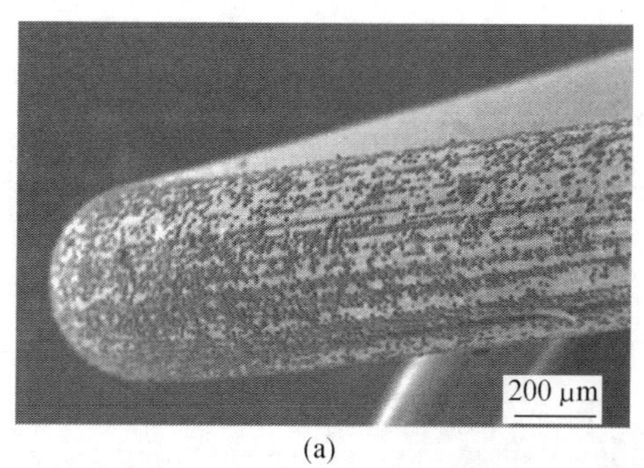

(a)

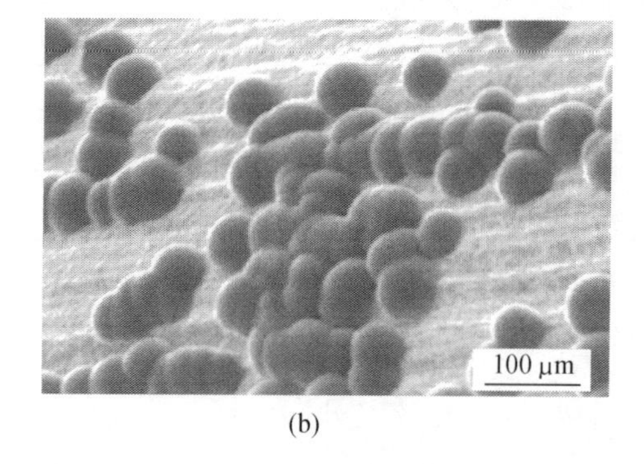

(b)

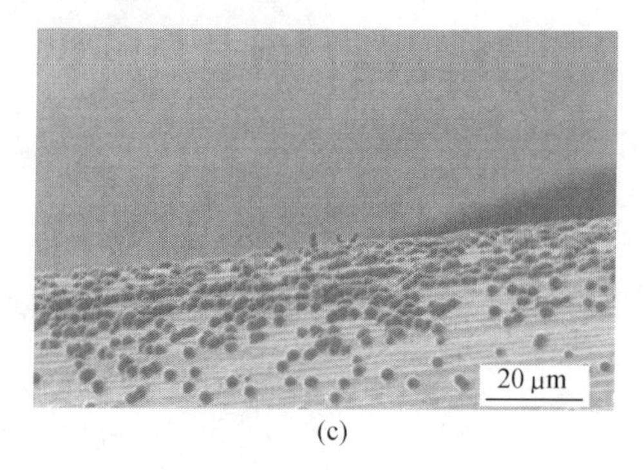

(c)

图 5.62 利用钨丝制备不同尺寸的碳球的 SEM 照片

Zhong 等人报道了以钴作为催化剂,以氧化铝、氧化镧、二氧化铈、氧化镁为载体,通过甲烷分解制备碳纳米材料(纳米管和纳米球)。催化剂在 700 ℃前有活性,因此反应在 600 ℃下保温 1 h。反应结束后,将反应产生的混合物用浓硫酸进行清洗,以催化剂。观

察所得产物,碳纳米管和纳米球的尺寸分别为 10 ~ 40 nm 和 50 ~ 200 nm。研究人员分析其反应机理认为,多壁碳纳米管的形成是由于使用 Al_2O_3,CeO_2,La_2O_3作为钴催化剂的载体,以一氧化碳作为反应气体,于碳成核后在其表面继续沉积生长,最终形成多壁管状结构。反应产物的(纳米碳管和纳米球)尺寸分布完全依赖于反应条件。

Pradhan 和 Sharon 选用煤油作为碳源,以铁和镍作为催化剂,合成了碳纳米管和纳米球。他们将两个炉子以串联的方式连接起来,将碳源置于第一个反应炉膛内(保持温度在 200 ℃),将含有催化剂的瓷舟放入第二个反应炉中,控制温度为 1 000 ~ 1 100 ℃。煤油蒸气随氮气一起进入第二个反应炉中,所获得的球形碳纳米颗粒尺寸为 600 ~ 900 nm。含铁复合物催化剂被认为是温和反应条件下,合成各种不同形貌碳材料的理想催化剂,包括碳球。

Sharon 等人使用樟脑作为碳源,以二茂铁作为催化剂,通过两个加热炉反应器获得了碳球材料,如图 5.63 所示。若反应时间较长,将生成核壳结构的纳米碳材料。只是所获得产物粒径尺寸大小不一,最小为 264 nm,最大为 441 nm。若反应在 1 000 ℃下反应4 h,则获得粒径为 250 ~ 280 nm 的核壳结构纳米球,其表面由 80 ~ 100 nm 的纤维状无定形碳构成。

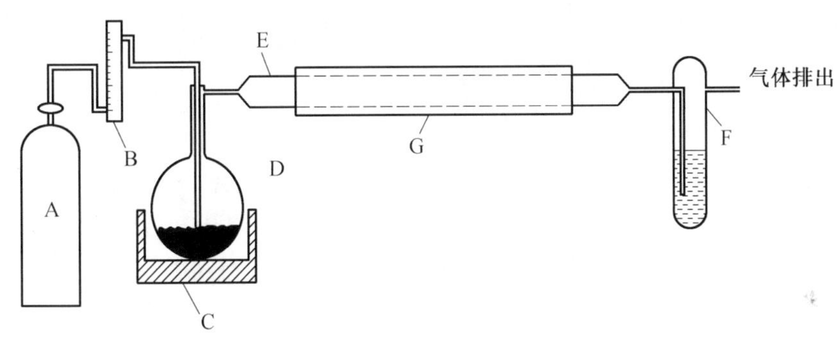

图 5.63　碳纳米球热解装置

A—气体储存罐;B—流量计;C—加热套;D—含樟脑和二茂铁的反应烧瓶;E—加热炉中的石英管;F—装水试管;G—高温加热炉

混合价态的氧化物催化剂也可用来合成碳球,在 600 ~ 900 ℃使用四氯化碳作为碳源,以 Mo 粉作为催化剂,在高温反应条件下,可获得粒径为 1 ~ 5 μm 的碳球,若将反应温度控制在较低温度,可获得粒径尺寸为 200 ~ 300 nm 的碳球。Wang 和 Kang 使用过渡金属和稀土金属构成的混合催化剂合成了微孔碳球。他们利用甲烷作为碳源,在 1 100 ℃下制备了碳球。值得注意的是,碳球表面是由片层状的碳构成的,他们认为首先生成片层状碳,片层间团聚后形成碳球(直径为 210 nm)。

综上,气相沉积法是制备碳纳米球的传统工艺,其操作工艺简单,但产物纯度不高,制备出的球形碳很难与碳残留物或催化剂完全分离,对于产物粒径均匀性的控制也较为困难,产物粒径分布较广,单分散性不佳。

5.3.3　聚合物热解法

上述溶剂(水)热法和气相沉积法是较为传统的制备碳微球的方法,因其操作简单,因此可大批量生产，但产物普遍存在粒径分布广、易聚集等问题。聚合物热解法是近年来新兴的一种制备碳微球的方法，此法适用于合成尺寸较小的纳米颗粒，对产物的分散性及粒度均一性控制方面有一定优势。聚合物热解法主要分为两步：首先是粒径均匀的聚合物微球的合成，通常选择残碳率较高的聚合物作为碳的前驱体（例如酚醛树脂、糠醛和三聚氰胺甲醛树脂等），通过聚合反应形成尺寸均匀的胶体粒子；其次是高温下聚合物微球的碳化过程。

Friedel 等人利用三聚氰胺甲醛聚合，获得尺寸均匀、具有单分散性的胶体三聚氰胺甲醛树脂球，如图 5.64 所示，经高温煅烧后，胶体球均匀地缩水碳化，形成表面光滑的碳纳米球。碳纳米球的尺寸可在 100 ~ 1 000 nm 范围内进行调节。

图 5.64 均匀排列的碳纳米球

Dong 等人以甲醛和间苯二酚为反应前驱体，在酸性条件下得到酚醛树脂聚合物，经高温碳化后，可获得尺寸在 30 ~ 650 nm 范围内的碳纳米球。随后，Liu 等人利用 Stöber 方法，以氨水为催化剂，在甲醇和水溶液中制得间苯二酚甲醛树脂（RF），将所得的间苯二酚甲醛树脂小球在氮气气氛下，经 600 ℃高温碳化 4 h 后，获得表面光滑、尺寸均一、粒径分布较窄的碳纳米球。然而，所得碳球的直径较前驱体 RF 小球的直径会有所收缩，以高温碳化粒径为 520 nm 的间苯二酚甲醛树脂球为例，煅烧后碳球粒径约为 400 nm，粒径缩小约 19%，所得碳球的 TEM 图及粒径分布图如图 5.65 所示。

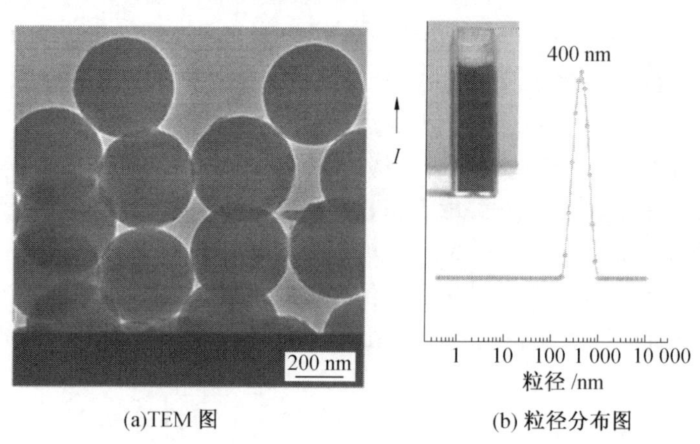

(a)TEM 图 (b) 粒径分布图

图 5.65 碳化粒径为 520 nm 的间苯二酚甲醛树脂球煅烧后所得碳球的 TEM 图及粒径分布图

Wang 等人利用间苯二酚、甲醛和乙二胺为单体，加入 F127 作为表面活性剂，合成了聚合物小球，碳化后得到一系列尺寸不同的碳纳米球。通过对反应温度的控制，得到不同粒径的产物，高温碳化后，粒径尺寸收缩，这与 Liu 等人所得结果一致。同时他们还发现，合成的起始温度与最终所得纳米微球的尺寸满足二次函数模型，如图 5.66 所示，故可以通过函数模型，精准地确定所要合成特定尺寸碳微球所需的温度，从而利用理论模型指导实验，为定向合成提供依据。同时这种材料可以与铂复合，应用于选择性氧化苯甲醇合成苯甲醛的反应，这种复合催化剂具有催化性能高、可回收、重复使用效率高等特点。

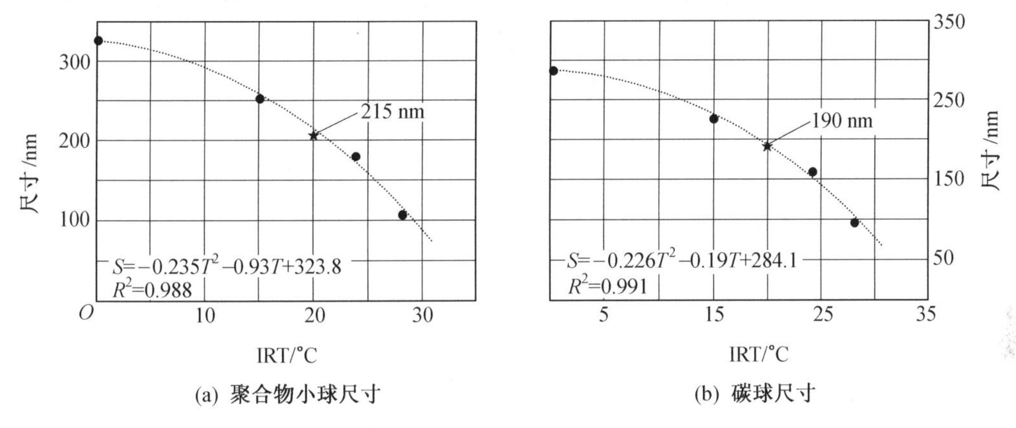

(a) 聚合物小球尺寸　　(b) 碳球尺寸

图 5.66　起始反应温度与颗粒尺寸关系

聚合糠醛是一种残余碳较高的碳源，因合成的聚合糠醛球方法简单且颗粒粒度分布均匀，常用来作为碳球的前驱体。聚合糠醛球的形成由糠醛的缓慢聚合和聚合物成球两部分组成。Yao 等人通过在缓慢聚合的过程中，控制聚合糠醛的温度，可在 260 nm ~ 1.5 μm范围内控制微球尺寸。在聚合物成球过程中加入 H_2SO_4，不仅可以去除微球之间残余的表面活性剂，同时也提高了产物的分散性。

除上述溶剂(水)热法、气相沉积法和聚合物热解法合成碳微球外，还有电弧放电法。电弧放电法是制备碳纳米管和碳纳米粉较为成熟的技术，但现阶段对于制备碳微球的研究较少。Qiu 等人采用电弧放电的方法，以 Ni 为催化剂对无烟煤粉与煤焦油的混合物进行热解，制备了平均粒径为 10 ~ 20 m 球形碳材料，但此种材料含碳质量分数为 99.5%，产物中含有少量的 Ni，Si 等。

5.3.4　电弧放电法

最初电弧放电法主要是用来制备碳纳米管。在电弧放电过程中，碳负电极在高温下升华，随后重新被冷却在阳极上或反应器里。在这一放电过程中，产生大量碳材料，其中包含碳球。采用实心石墨棒作为阴极，阳极为填充或掺杂过渡金属催化剂的石墨棒，并在放电室内部通入惰性气体，启动直流电源，调整两极间距，当阴、阳两极接近到一定距离时，产生持续的火花放电；阳极石墨棒顶端会因瞬间电弧放电所产生的高温而汽化，生成碳纳米球。

在电弧放电过程中，催化剂对碳纳米球的形成有重要影响，最早使用的催化剂包括铁系元素(Fe，Co，Ni)；后来某些稀土元素和铂系元素也被用作催化剂合成碳纳米球。随着研究的深入,发现使用混合型催化剂可以显著地提高碳纳米球的产率。He 等人利用乙炔和焦炭粉作为碳源,利用 DC 电弧放电装置制备碳纳米球,如图 5.67 所示。电弧放电系统的阳极使用含铁、镍的碳棒,采用高纯石墨棒(尺寸为 30 mm×20 mm)作为阴极,在压力为 0.05 ~ 0.06 MPa 的乙炔气氛下,70 ~ 90 A 的电流通过两个电极,将两电极之间的电压控制在 30 ~ 35 V,放电后生成多种尺寸的碳球,主要粒径范围为 50 ~ 100 nm。Qiu 等人利用传统的电弧放电法,以碳棒为电极,成功地合成了多种形貌碳材料(球状、网络状、片状)。

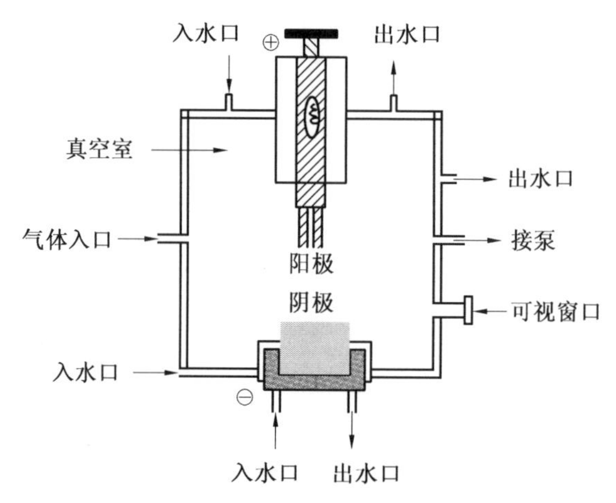

图 5.67　DC 电弧放电设备示意图

半连续电弧放电法与传统电弧放电法不同,半连续电弧放电法采用两个尺寸不同的电极,通常阳极尺寸较大,而阴极尺寸较小,阴阳两极间的位置不固定,可以调节形成一定的倾斜角度;当电弧放电开始,阳极发生消耗达到一定程度后,通过调节阳极的位置可继续反应,从而实现一个半连续的制备过程。以碳棒为电极,镍为催化剂,在 20 MPa 下 450 ℃反应 1 h,碳化后最终获得碳球。在电弧放电体系中,碳棒作为阳极,同时采用高纯石墨棒(直径 16 mm)作为阴极(放电电压为 40 ~ 50 V,电流为 50 ~ 70 A)在氦气气氛下(66.7 ~ 93.3 Pa)进行反应,在反应器的底部有大量的烟灰状沉积物,分别收集反应器内壁及上方的沉积物(均含有碳材料),其中,在炭灰中收集的碳球直径在 10 ~ 20 μm 范围内。

利用非传统的电弧放电过程,使用聚合物作为碳源同样可以制得碳球。在电弧放电过程中,利用聚乙烯对苯二酸盐树脂作为碳源,使其在 1 100 ℃下高温分解,获得碳球。制备过程中所使用的反应器如图 5.68 所示。在反应器底部,电极附近放置直径为 3 cm 的碳球约 200 个。在氩气气氛下加热碳球,直至碳球电阻达到最高值,随后将 3 cm×3 cm 的 PET 片放进熔炉中,碳球在氩气气氛下加热至 1 100 ℃。在达到反应温度后,碳球电阻增加,碳球间发生电弧放电。与此同时,PET 发生热解,转变成固态产物。电弧放电 2 h 后,可在气体的出口处收集反应产物,反应所得产物经过 XRD,SEM,TEM 和 Raman 光谱等一系列表征,可知利用此种电弧放电过程可获得平均直径为 100 nm 的碳球。

DC 电弧放电与传统电弧放电不同,首先需要对反应溶液进行超声处理,利用这种方法不仅可以制备实心碳球,同时还可以制备中空碳球,以乙醇为溶剂相,在两个铁电极间可产生 55 V 和 3 A 的等离子体,如图 5.69 所示,利用此装置可获得以铁为核的碳化物,

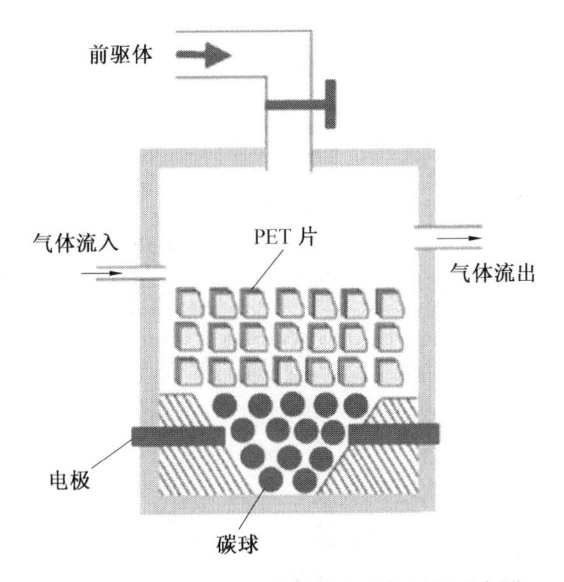

图5.68　电弧放电法制备碳球所使用的反应器

碳化物以碳纳米胶囊的形式存在，其尺寸分布较广在5~1 000 nm范围内，由于碳胶囊内部为铁，可通过磁分离的方式，对不同尺寸的碳球进行初步分离，从而获得直径为100~200 nm的碳球。

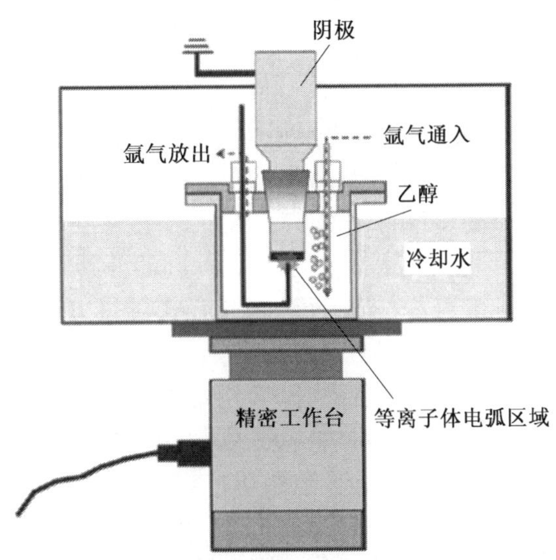

图5.69　He等人使用的DC电弧放电装置示意图

综上，利用电弧放电法可以制备合成实心碳球中空碳球以及碳胶囊。但利用此法获得的碳材料产量较低。因此，截至目前，这种技术的发展仍有局限性。

5.3.5　激光烧蚀法与等离子体法

激光烧蚀法是利用高能激光束在特定的气氛下照射靶材表面，使其表面迅速加热熔化蒸发，同时结合一定的反应气体，在基底或反应室壁上可收集沉积的碳纳米球。在激光烧蚀过程中，由于激光的蒸发作用，靶材被分离成单个原子、初级粒子、催化剂原子、无定形小颗粒等，这些被分离的材料在载气的带动下沿石英管流动。在气体流动过程中，单个原子核粒子相互黏附形成颗粒，这些颗粒即为碳纳米球的成核位置。由于吸附在无定形颗粒上的初级粒子具有悬挂键，因此组成碳纳米球的原子可以吸附在这些键上。激光烧蚀法具有以下特点：

①采用脉冲宽度较窄的 YAG 激光或准分子激光，功率较高。

②激光激发靶材发生汽化的时间很短，小于 10 ms，比激光热蒸发快 10^3 倍以上，靶材直接从固态转变到气态。

③激光烧蚀可适用于制备任何成分的固体靶材纳米粉体，包括金属、陶瓷、高分子材料及复合材料等，尤其是对于多元合金或陶瓷粉体，不会因组分间物理性质的差异而导致纳米粉体成分与靶材有较大差别。

④由于激光将靶材以爆炸式激发为原子、离子或原子簇，因而可得到粒径小于 10 nm 的纳米粒子，以满足在特殊领域的小粒径粒子的使用。

利用等离子体热处理过程可制备碳管和碳球，这一方法是在热等离子体技术的基础上，以金属作为催化剂，使含碳的前驱体汽化。在激光消融过程中，使用脉冲式激光，使石墨靶材在高温下蒸发，同时通入载气，气流在反应腔体内流动。由于汽化的碳在反应器的表面冷却，冷凝后形成碳纳米颗粒，因此可以在反应系统中增设水冷系统，用来收集生成的纳米颗粒。

Ma 等人利用激光感应加热蒸发技术制备了碳包覆铁纳米颗粒。在反应开始前向真空反应腔内（<10 Pa）持续通入氩气，随后通入氩气增加压力至 2 kPa，将铁放置在石墨坩埚中，引入 40 kW 的高频电流，用于熔融固体铁。与此同时，一个持续的 CO_2 激光（功率为 4 ~ 4.5 kW）用来辐照并且蒸发熔融的铁。将甲烷引入到反应器中，维持反应器内部压力 5 kPa，反应 1 h 后，即可获得核壳结构的铁-碳纳米球，直径范围在 5 ~ 50 nm（图 5.70）。

Okuno 等人使用热等离子体技术成功地制备了纳米铃铛。他们以镍和钴包覆的复合碳材料作为碳源，镍和钴在合成过程中充当催化剂，其质量分数均为 3%。将上述装置产生的碳材料凝胶通入到等离子体气体中（氦气和氮气的混合气体）。碳源经热等离子体蒸发，淬火后得到反应产物。在 1 700 ~ 2 400 ℃下生成直径为 50 ~ 100 nm 纳米铃铛，这些材料的生长方式与观察到的碳纳米管生长方式相似。Yang 等人使用射频等离子体增强 CVD 法，在甲烷/氢气的混合气体中，将催化剂 MgO 和镍纳米颗粒负载在二氧化硅表面，以其作为模板，在 700 ~ 800 ℃使用射频功率 220 W，合成尺寸在 100 ~ 800 nm 范围的无定形相的中空纳米球。Bystrejewski 等人使用压缩的蒽/石墨靶材，经功率为 30 W 的 CO_2 激光处理后，获得固态碳纳米球。反应温度在蒽分解的温度范围内（700 ~ 1 000 ℃），可以根据实际需求在靶材上方的不同位置进行收集，在不同位置所收集的碳球直径有所不同。

利用微波等离子体辅助 CVD 法，在 900 ~ 1 000 ℃下，将液相的碳源注入到熔融的钢表面，在甲烷气氛中，施加功率为 5 kW 的等离子体，可制备由片状团簇构成的碳纳米球，尺寸在 1.2 ~ 3.5 μm 范围内。

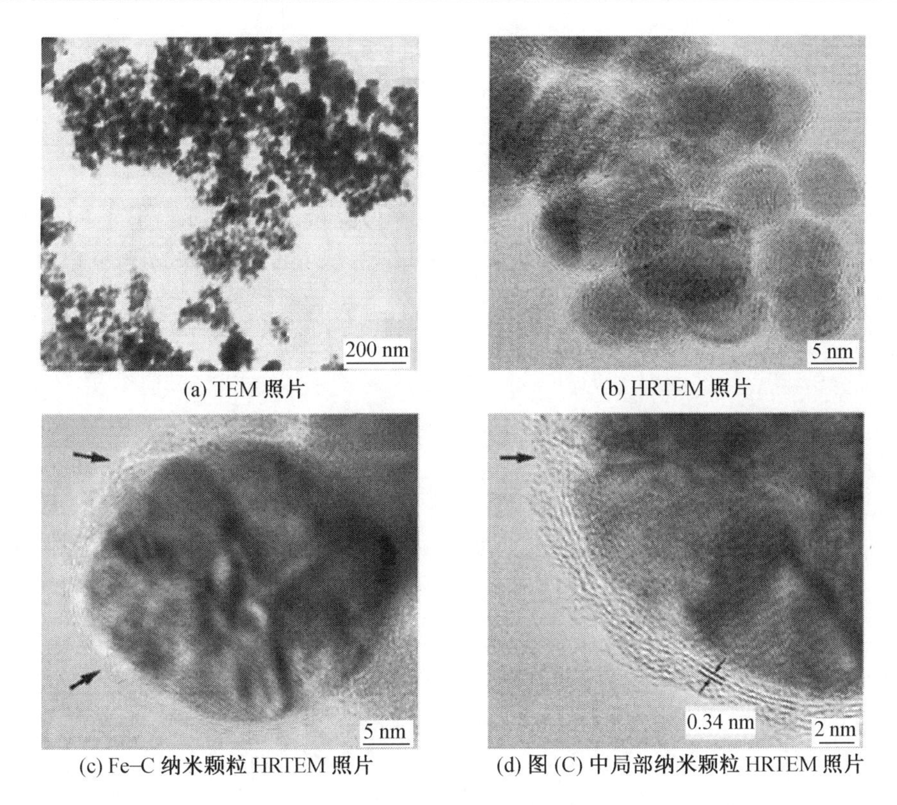

(a) TEM 照片　(b) HRTEM 照片

(c) Fe–C 纳米颗粒 HRTEM 照片　(d) 图 (C) 中局部纳米颗粒 HRTEM 照片

图 5.70　Fe-C 纳米颗粒的 TEM 照片和 HRTEM 照片

5.3.6　冲击压缩法

使用高压(57 GPa)冲击压缩技术,利用富勒烯作为碳源,可获得直径为 300 nm 的中空纳米球。值得注意的是利用这种方法获得的碳球石墨化程度较高(石墨微晶尺寸 L_a = 290 nm)。利用平面振动波技术,热解石墨立方体同样可以获得碳球。

5.3.7　超临界流体法

超临界流体法延续了水热法的特点,是物质在高于其热力学临界温度和压强下发生的反应。超临界流体可以使固体材料以液态或气态的形式流动,此时物质状态介于气态和液态间,物质的性状发生明显改变,例如黏度降低、扩散系数升高、无表面张力等。同时外界状态越接近临界点,相应压力和温度的微小变化将导致密度的变化就越明显,同时许多性质也将随之改变。在超临界流体法中经常使用二氧化碳和水,在合成碳纳米颗粒的过程中,超临界二氧化碳经常被作为溶剂和碳源。

以金属锂作为催化剂,在二氧化碳的超临界条件下(10^8 Pa,650 ℃,10 h)可生成碳球、纳米管、石墨和无定形碳。原位生成的 Li 液滴将二氧化碳还原成碳,同时还可以作为碳球生长的模板,在这种条件下生成的碳球直径在 450 nm。与此相似,改变反应温度对产物的物理性质有一定程度的影响。Qian 等人使用锂钾双金属催化剂,在 260 ~ 550 ℃范围内改变不同的合成温度,获得直径在 300 nm 左右的碳纳米球。值得注意的是,使用

Li/K 合金还原二氧化碳,可产生多层核壳结构,而单独使用一种金属作为催化剂并不能获得多层的核壳结构。以超临界二氧化碳作为溶剂,在镁作为催化剂的条件下,以聚四氟乙烯为碳源,可产生碳球。在这一反应中,将镁、聚四氟乙烯和干燥的二氧化碳封装在一个密闭的反应釜中,将反应釜在 650 ℃下恒温加热 6 h,可获得碳球。超临界水体系也可以用来制备碳纳米球,以超临界水为溶剂,$Ca(OH)_2$为脱氟试剂,在 550 ℃下加热聚四氟乙烯,12 h 后可获得直径为 140 ~ 220 nm 无定形碳纳米球。

5.3.8 介孔微球法制备工艺

20 世纪 60 年代人们发现了另外一种碳材料——介孔碳微球,其是由碳/石墨构成的。介孔碳微球与炭黑不同,它们主要是由含有煤焦油的沥青在 350 ~ 450 ℃下制备的。介孔碳微球比表面积较低($4\ m^2 \cdot g^{-1}$),商业购买的介孔碳微球尺寸在 5 ~ 8 μm 之间(Osaka Gas 公司和上海国药等厂家)。然而,有研究表明,通过活化过程,可使得介孔碳微球的比表面积增大($2\ 600\ m^2 \cdot g^{-1}$)。近期又有研究表明,利用有机聚合物的热解过程或是其他形式的沥青副产物(例如具有各向异性的樟脑片),可获得具有介孔结构的碳微球。

由沥青的衍生物-樟脑可制备碳微球。首先,将樟脑溶解在喹啉中,在搅拌条件下加入硝酸溶液,随后将喹啉萃取并与樟脑分离,并在 280 ℃下氧化 30 min,再将其在 600 ~ 900 ℃下加热碳化,最终获得粒径在 100 ~ 300 nm 之间的碳微球。

在水油乳液中,使用两亲的含碳材料和尿素可合成中空碳微球。将两亲的含碳材料与氨水混合,加入 80 ℃的油中,反应 1 h 后获得水油混合乳液。对乳液进行加热处理,并利用 TEM 观察生成的碳球,其直径为 2 ~ 15 μm,壁厚为 1 μm。研究人员发现,加热处理和尿素浓度对反应的影响较大,增加反应过程中尿素的浓度或降低热处理时间,均会降低中空碳球的密度。

5.3.9 碳化过程

加热碳化过程是获得碳材料的重要步骤,加热处理会使得碳材料的内部结构发生重组,但这一过程并不一定会使材料石墨化,材料是否石墨化取决于起始碳材料的内部微结构。

在碳化不同形状碳材料时,主要过程是在溶液中获得相应材料,并在高温下进行碳化,最终产生石墨化的材料。在过去十几年合成碳材料的研究过程中,聚合物得到了人们的广泛关注,由于聚合物具有独特的 π 键共轭体系以及较高的碳含量,因此由碳构成的聚合物材料被认为是制备碳球的理想材料。高温分解聚合物材料不仅可以生成纳米管、纳米球,还可生成具有特殊形貌的碳材料。

利用碳包覆的其他材料作为模板,在反应釜中通入惰性气体,常压反应后,可通过碳化过程获得具有空心结构的中空碳球。例如,在制备二氧化硅介孔微球的过程中,可使用不同长度分子链的表面活性剂,获得介孔的尺寸取决于添加的表面活性剂种类。将获得的介孔二氧化硅微球用呋喃甲醇进行处理,当介孔中吸附呋喃甲醇后,升温至 900 ℃进行热处理,在这一过程中呋喃甲醇作为碳源,碳化后可获得碳/二氧化硅核壳微球。随后用氢氟酸对材料进行腐蚀处理，二氧化硅被溶解，得到具有空心结构的碳球。值得注意的是，制备二氧化硅介孔微球时所使用的表面活性剂将对后续获得的碳微球直径和孔尺寸造成直接影响，由于以介孔二氧化硅作为模板，因此获得的碳球具有规则的线状孔道结构。

通过蒸发、浓缩、喷雾技术过程获得的聚二乙烯基苯胶体颗粒，也可作为碳源，用来制备碳球。将胶体颗粒在500 ℃下，氮气环境下碳化3 h，可获得平均直径在3～5 μm的碳球。在间苯二酚甲醛/十六烷基三甲基硝酸盐中添加CTAB，并以NaOH作为催化剂，分别以1,3,5-三甲苯和叔丁醇作为表面活性剂，可合成碳纳米线和纳米球。首先在90 ℃下加热聚合物反应24 h，加热后产物使用水和乙醇进行清洗，随后，使用盐酸进行酸处理，将所获得的产物在氮气条件下，加热至1 000 ℃反应4 h，即可获得直径在260～650 nm之间的碳纳米球，在这一反应过程中，叔丁醇对于碳球结构的形成是至关重要的。

Jang等人报道了利用铁离子掺杂聚吡咯，合成磁性碳纳米颗粒。制备铁离子掺杂聚吡咯纳米颗粒，需要在十烷醇和水的混合溶液中添加溴化铵作为表面活性剂，在上述溶液中逐滴加入吡咯和氯化铁溶液，在完成化学氧化和吡咯单体的聚合后，3 ℃下静置2 h，用水和乙醇清洗产物，以去除在反应过程中残留的表面活性剂和其他未反应的溶剂，最终获得碳球材料。Jang等人使用聚吡咯在相似的反应条件下获得了具有空心结构的碳胶囊。他们将所获得的磁性纳米材料置于石英管中，在氮气环境下加热至850 ℃，5 h后即可获得平均粒径为30～60 nm，比表面积为361 $m^2 \cdot g^{-1}$的碳纳米球。以铂为催化剂，高温分解聚苯乙烯可获得中空的碳球。首先将聚苯乙烯微球加入到十六烷基三甲基溴化铵中，随后加入蔗糖、铂的硫磺酸盐。将混合溶液搅拌12 h，蔗糖和铂吸附在聚苯乙烯微球表面后得到亮黄色溶液，将产物过滤洗涤后，得到的固体产物在氮气条件下加热至600 ℃，热解3 h，最终获得中空碳球。

通过碳化二氯乙烯和丙烯腈的共聚物可制备获得氮掺杂的碳微球。将丙烯腈、亚乙烯和偶氮二异丁腈加入到含皂土的饱和硫酸钠溶液中，皂土可作为合成过程中的模板剂，在45 ℃下剧烈搅拌10 h，形成共聚物微球。将生成的共聚物用热水和丙酮清洗，以去除残留在产物中的皂土。在170 ℃石英管中反应12 h，对产物进行碳化处理，继续加热至300 ℃恒温1 h，最终产物在600 ℃碳化2 h，获得氮掺杂的碳微球。

Yu等人利用氧化铝复合二氧化硅作为模板剂，以苯酚树脂或二乙烯基苯作为碳源，成功地合成了中空介孔壳结构。分别在130 ℃和170 ℃下对二氧化硅包覆的苯酚树脂或二乙烯基苯进行处理，形成聚合物/二氧化硅复合物。这种复合物在氮气氛中，850 ℃加热7 h进行碳化处理，最终获得具有中空结构的介孔壳层结构。

将三聚氰胺和甲醛与二氧化硅胶体颗粒在pH=4.5时进行混合，40 ℃下静置3 h，生成三聚氰胺-甲醛/二氧化硅复合物。将复合物在空气中180 ℃下加热24 h，随后在800 ℃下进行碳化2 h，最终获得碳/二氧化硅复合物。所获得的复合物平均粒径在1 500～2 000 nm。用氢氟酸进行腐蚀处理后，二氧化硅被蚀刻，最终获得中空的碳球，其碳球比表面积在1 330 $m^2 \cdot g^{-1}$。Yang等人使用poly(phenylcarbene)作为碳源成功合成了碳纳米球。首先将phenylcarbene溶解于THF中，然后旋涂于抛光的Si_3N_4表面，形成一层聚合物薄膜。将THF在100 ℃下进行蒸发，然后在氮气条件下1 000 ℃使之碳化2 h，所获得的碳球直径在 0.5 ~2 μm。使用直径为 450 ~500 nm 的二氧化硅微球作为模板，在气相、液相中均可合成苯酚-甲醛树脂微球的壳层结构，其中，在气相体系中合成的微球直径为 500 nm，平均厚度为 10 nm，在液相合成过程中，所获得的壳层材料厚度在 40 ~50 nm，如图 5.71 所示。

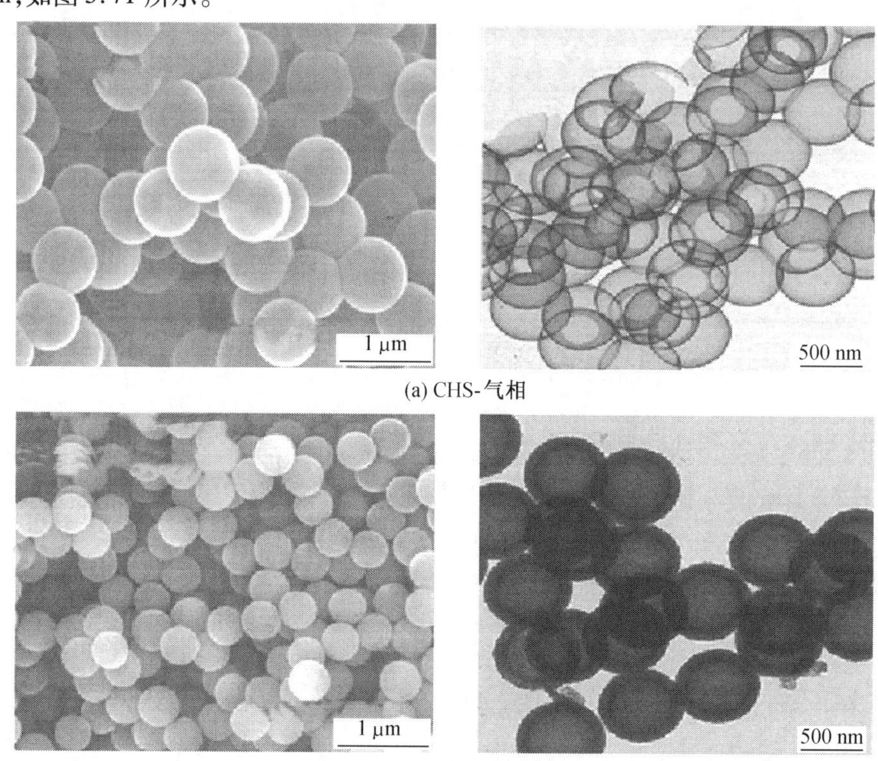

(a) CHS-气相

(b) CHS-液相

图 5.71 在气相和液相中所合成的碳球 SEM 图和 TEM 图

生物材料，例如一些果蔬的果皮、果实、花粉种子、细菌以及病毒等均可以作为碳源，在高温反应条件下转变成碳，用来制备碳材料。使用生物材料的优点在于其材料的物种丰富、消耗成本低、含碳量高，但其生成材料通常尺寸较大，形状不规则。土豆淀粉可用来作为制备碳材料的碳源，将土豆淀粉浸泡于 NH_4Cl 中热处理 1 h，将饱和的淀粉溶液在 40 ℃下烘干 5 h，随后在 600 ℃氮气流中碳化 1 h，碳化后所得产物继续在 2 600 ℃下加热处理，获得石墨化的碳材料。Oleracea 等人，使用花粉作为碳源，合成了银/碳纳米复合材料。他们首先将未知浓度的花粉进行超声处理，随后溶解于硝酸银溶液中，将溶液置于暗室中搅拌。充分搅拌混合后，将花粉颗粒进行过滤并用蒸馏水洗涤。将处理过的花粉颗粒在室温真空条件下进行干燥，随后在 300 ℃下加热 6 h，随后在氮气条件下 600 ℃碳化 6 h。室温下冷却，最终获得黑色的银-碳复合物。利用葡萄糖作为碳源，在水热过程中可获得碳微球。首先将葡萄糖溶液在 180 ℃下加热 2 h 获得黑色产物，随后将黑色产物离心分离，在 60 ℃下加热 12 h，即可得到碳球。葡萄糖和十二烷基硫酸钠在 170 ℃下加热 10 h，将产物在 900 ℃下高温碳化，最终将得到中空的圆形或椭圆形碳球，其中中空球内部直径范围在 300 nm ~1 μm。

第6章　单分散功能微球制备原理与工艺

微球是指直径在数百纳米至微米级,形状为球形的高分子材料或无机材料。单分散微球即指微球颗粒的大小均匀一致,因此单分散微球又被称为均一尺寸的微球。单分散微球具有球形度好、尺寸小、比表面积大、吸附性强、功能基团在表面富集以及表面反应能力强等性质。单分散微球可以是无机物(例如二氧化硅(SiO_2)),也可以是高聚物(例如聚苯乙烯(PS)、聚甲基丙烯酸甲酯(PMMA)等)。目前功能微球的应用已从一般的工业领域发展到光电功能领域、生物化学领域等高尖端技术领域中,如可作为标准计量的基准物,用作电镜、光学显微镜以及粒径测定仪校正的标准粒子;可用作高效液相色谱的色谱柱填料;可用作催化剂载体,以提高其催化活性及利用率;可用作液晶片之间的间隙保持剂,提高液晶显示的清晰度;可用作悬浮式生物芯片的载体,用于生物检测中;可用作层析分离介质,用于生物制药的纯化中;可用作抗肿瘤药物的载体,以实现药物的可控释放等。微球的另一个极为重要的应用是经自组装后可作为有序结构体使用。其单组分自组装结构呈最密填充结构,结晶面之间的距离与光的波长接近,因此当特定波长的光进入该有序结构体后,会发生 Bragg 衍射,产生结构色和光子带隙,可用于发光材料、三维光子晶体及有序大孔材料的化学模板,在传感、光过滤器、高效发光二极管、小型化波导、催化剂膜和分离等许多方面有着广泛的应用前景。这种有序结构体还可作为直接观察三维实际空间的模型系统,用于研究结晶化、相转移、融化及断裂机理等基础现象。因而单分散功能微球的合成技术在学术研究和产业化应用上都具有很重要的意义。

6.1　单分散 SiO_2 微球的制备工艺

Stöber 等人提出的在醇介质中氨催化水解正硅酸乙酯(TEOS)制备单分散 SiO_2 微球的方法,目前已经成为人们普遍采用的一种方法。SiO_2 微球的生成实质上是通过正硅酸之间的缩合形成的。无论是采用无机盐法还是有机盐法,实质都是先让原材料与其他物质反应,从而得到正硅酸的原始粒子。正硅酸原始粒子由于扩散而发生碰撞,碰撞导致粒子之间脱去一个水分子,生成 SiO_2,或者通过在 SiO_2 的表面吸附未经反应的硅酸根离子,而生成 SiO_2。从目前合成 SiO_2 的原材料来看,主要有水玻璃和正硅酸酯类化合物。用这两种方法合成的 SiO_2 各有优缺点,采用正硅酸酯类化合物可以制备出高纯度的 SiO_2 微球,而且生产过程中可以对微球的粒径和形状进行较精确的控制。

(1)沉淀法。

通过各种方法控制沉淀反应的速率,可以制备单分散 SiO_2 微球。一般可利用化学试剂的强制水解或配合物的分解来控制沉淀组分的浓度。郭宇等人以水玻璃和盐酸为原料,在水浴中将温度控制在 50 ℃左右进行沉淀反应。得到的沉淀物用离心法洗涤去掉其中的 Cl^-,然后在干燥箱里干燥 12 h,最后进行焙烧得到 50 ~ 60 nm 的 SiO_2 微球。这样制

得的 SiO_2 比表面积大，分散性好。胡庆福、李国庭等人以 CO_2 混合气体和水玻璃为原料，在助剂的作用下，采用沉淀法制备了平均粒径为 20 nm 左右 SiO_2 的微球。也可以利用某些掩蔽剂，如乙二胺四乙酸(EDTA)或柠檬酸等与金属离子形成配合物，然后利用升温、调节 pH 等手段使配合物逐渐水解，从而控制金属离子有适当的过饱和度，使金属化合物沉淀的成核与生长阶段分离开来，而制备单分散的 SiO_2 微球。

(2)溶胶-凝胶法。

溶胶-凝胶(sol-gel)法由于其自身独有的特点成为当今制备超微颗粒的一种非常重要的方法。溶胶-凝胶法制备二氧化硅(SiO_2)微球是以无机盐或金属醇盐为前驱体，经水解缩合的过程，最后经过一定的后处理(陈化、干燥等)而形成均匀的 SiO_2 单分散微球。

(3)软模板法。

软模板法是模拟生物矿化物中无机物在有机物调制下的合成过程，先形成有机物自组装聚集体，无机前驱体会在自组装聚集体与溶液相的界面处发生化学反应，在自组装聚集体模板的作用下形成无机/有机复合物，然后将有机模板去除即可得到 SiO_2 微球。

(4)经典的 Stöber。

单分散 SiO_2 微球的形成是由 Kolbe 于 1956 年首先发现的，1968 年 Stöber 和 Fink 重复 Kolbe 的实验，首次进行了较为系统的条件研究。通过调整参数(如硅酸酯的浓度和种类、溶剂的种类、氨以及水的浓度等)得到 0.05 ~ 2 um 范围内的单分散球形颗粒，并指出 $NH_3 \cdot H_2O$ 在反应中的作用之一是作为 SiO_2 球形颗粒形成的形貌控制的催化剂。Stöber 法的主要优点是：可以合成一定粒径范围内的单分散 SiO_2 微球；SiO_2 表面较易进行物理和化学改性，通过包覆各种材料使其表面功能化，从而弥补单一成分的不足，扩充 SiO_2 微球的应用范围。所以经典的 Stöber 法仍然是目前单分散 SiO_2 胶体颗粒制备最常用的方法。

(5)改进的 Stöber 法。

改进的 Stöber 法是将一定比例的水、乙醇、氨水溶液混合搅拌得 A 溶液，一定比例的正硅酸乙酯(TEOS)、乙醇溶液配成 B 溶液，在设定温度的恒温水浴中，将 B 溶液滴入 A 溶液中，搅拌约 5 h，使 TEOS 充分水解，得到 SiO_2 微球。

(6)播种法。

播种法在缩合反应过程中分为核心形成和核心生长两个阶段。核心是在水解产物的缩合度和浓度达到某一临界值后自发产生的，在不同的反应环境下，制备的颗粒粒径也不同，实际上反映了在自发成核阶段，体系所形成的稳定核心密度不同。在相同初始 TEOS 浓度下，核心密度低者生长后粒径较大，密度高者生长后粒径较小。成核速度很快，且对反应条件十分敏感，这也是导致重复性不好的主要原因。因此引入一种已知的外来核心作为种子，来代替自发产生的核心进行生长，即所谓的播种法，是改善这一过程的有效途径。

6.1.1 Stöber 法

传统的 Stöber 法一般是在正硅酸乙酯-水-碱-醇体系中，利用 TEOS 的水解缩聚来进行制备。其中碱作为催化剂和 pH 调节剂，醇作为溶剂，传统的 Stöber 法制备 SiO_2 微球的流程图如图 6.1 所示。

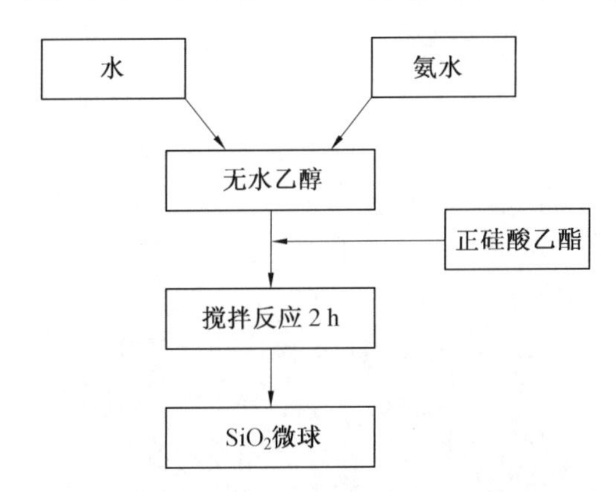

图6.1 传统的 Stöber 法制备 SiO_2 微球的流程图

目前,对于单分散 SiO_2 球形颗粒的成核和生长模型,主要有 Gulari 和 Matsoukas 的单体添加模型。他们用动态光散射和拉曼光谱来研究氨催化下水解缩聚形成单分散 SiO_2 球形颗粒的机理。他们发现:TEOS 消耗的速率和胶粒生长的速率是一致的,由此得出水解反应是整个反应速率的控制步骤。后来他们又提出单体添加模型,在这个模型中Gulari 认为活性 SiO_2 种子通过快速分步水解反应产生,晶核是由两个硅酸单体 $Si(OH)_4$ 缩合而成的,通过控制 TEOS 的加入量来控制晶核的生长。此外,Bogush 和 Zukoski 提出了亚颗粒团聚生长模型。Blaaderen 和 Viij 提出了两步生长模型,即反应初期亚颗粒经过团聚生长,后期通过表面反应控制生长。单分散 SiO_2 的合成体系中,主要组分为正硅酸烷基酯类、短链醇、一定浓度的氨和超纯水,通常可以用以下几个反应来描述正硅酸烷基酯类水解和缩聚反应的原理。

在反应过程中,碱性环境下,正硅酸乙酯的水解反应分为以下两步进行。

第一步:正硅酸乙酯水解形成羟基化的产物和相应的醇,其反应式为

$$\text{Si-OR+HOH} = \text{Si-OH+ROH} \quad \text{(水解反应)}$$

式中,R 为烷基官能团 C_xH_{2x+1}。

在上式的水解反应中,醇基官能团(RO—)被(OH—)官能团所取代,然后通过下面的缩聚反应,形成 Si—O—Si,同时生成水和醇。

第二步:硅酸之间或者硅酸与正硅酸乙酯之间发生缩合反应,其反应式为

$$\mathrm{HO-\underset{OH}{\overset{OH}{Si}}-OH + HO-\underset{OH}{\overset{OH}{Si}}-OH \longrightarrow HO-\underset{OH}{\overset{OH}{Si}}-O-\underset{OH}{\overset{OH}{Si}}-OH + H_2O}$$

$$\mathrm{HO-\underset{OH}{\overset{OH}{Si}}-OH + C_2H_5O-\underset{OC_2H_5}{\overset{OH}{Si}}-OC_2H_5 \longrightarrow HO-\underset{OH}{\overset{OH}{Si}}-O-\underset{OC_2H_5}{\overset{OH}{Si}}-OC_2H_5 + C_2H_5OH}$$

事实上第一步和第二步的反应同时进行。颗粒的形貌特征与反应的过程密切相关,要形成球形形貌要求 SiO_2 晶核在生长的过程中各向同性,即晶核在体系中各方向的受力

一致，沿各方向的生长速度一致，这就必须将正硅酸乙酯与 OH^- 根离子在体系中先分散均匀后，再互相接触水解生成 H_4SiO_4 分子，H_4SiO_4 分子发生脱水缩聚形成 SiO_2 微球。正硅酸乙酯和硅酸的水解表明，正硅酸乙酯的水解是反应的控制步骤，一旦制备体系中正硅酸乙酯的供应量超过其水解能力，将导致体系的单分散性被破坏。为了有效地控制单分散体系的形成过程，把握住水解和缩合的速度是首要条件，也就是说控制好正硅酸乙酯和水的配比是关键。采用 Stöber 法制备的单分散 SiO_2 微球的 SEM 照片如图 6.2 所示。

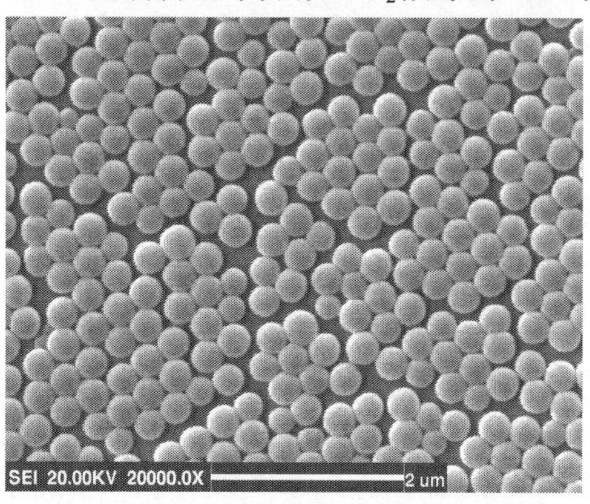

图 6.2 采用 Stöber 法制备的单分散 SiO_2 微球的 SEM 照片

催化剂的选择也直接影响微球的形貌，在酸性条件下，制备出的溶胶通常认为具有高度缩聚的三维网络结构，而在碱性条件下制备出的溶胶一般为单分散的球形 SiO_2 胶体颗粒。

由于该实验过程中各种因素对 SiO_2 微球的粒径影响非常大，且传统的 Stöber 法在制备过程中，SiO_2 微球的初期成核很难控制，导致样品制备的重复性差。因此，我们通过对 Stöber 法进行改进，可以制备出更高质量的 SiO_2 微球，改进的 Stöber 法制备 SiO_2 微球的流程图如图 6.3 所示。先将水、乙醇、氨水溶液依次加入反应器中，搅拌约 5 min，将 TEOS 和乙醇混合溶液缓慢滴加到反应器中，恒温反应约 5 h，使 TEOS 充分水解，得到 SiO_2 胶体颗粒。

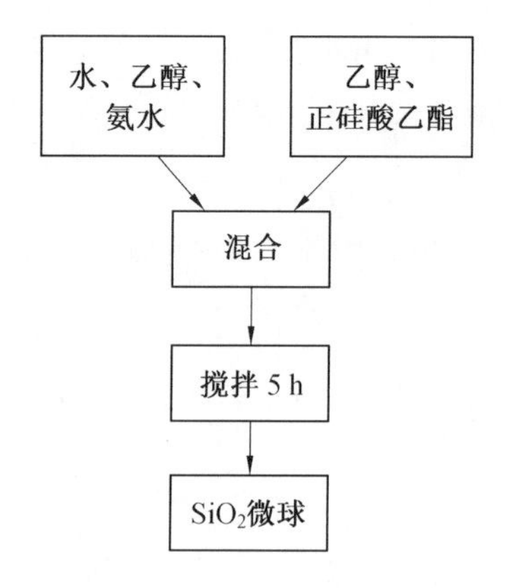

图 6.3 改进的 Stöber 法制备 SiO_2 微球的流程图

通过改进的 Stöber 法可制备 500 nm 以下、粒径分布较好的 SiO_2 微球，但是要获得粒

径分布更广的 SiO_2 微球，改进的 Stöber 法难以达到。

6.1.2　播种法

播种法的基本原理是用已经制得的单分散性好、粒径小的 SiO_2 微球作为晶种来代替自发产生的晶核进行生长，然后调节原料的配比，通过原料的缓慢添加来控制球体的生长，如图 6.4 所示。播种法的优点是：引入外来已知晶核作为种子，避免了反应初期爆发式的成核过程，因此制备的微球具有较好的可控性和重复性。

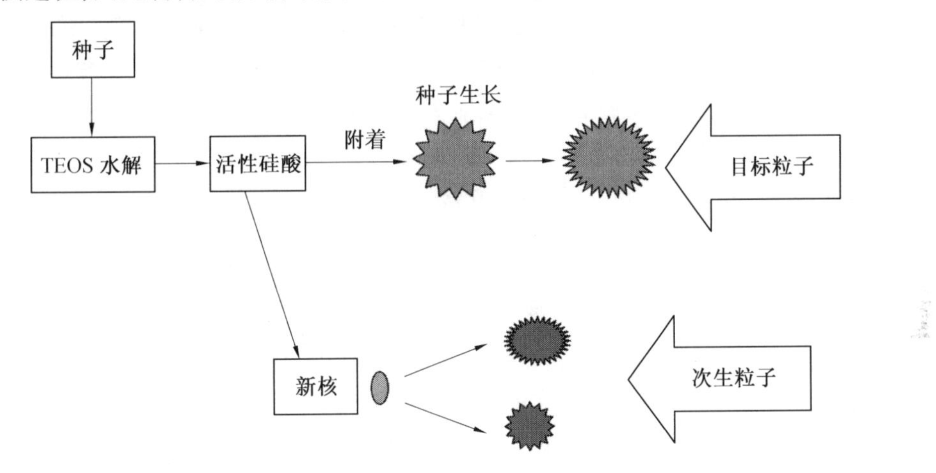

图 6.4　播种法生长过程示意图

在利用 TEOS 水解制备 SiO_2 的过程中，TEOS 在碱催化下剧烈水解，当产生的活性硅酸达到饱和时，种子开始生长。如果产生的活性硅酸迅速超过成核浓度，则会导致产品粒径分布较宽、呈多分散性。而且，种子的生长反应与次生粒子的生长反应并存。如果次生粒子的生长占主导，则会造成体系呈多分散性。为获得粒径均匀的 SiO_2 微球，必须保证活性硅酸的生成速率与其在种子中的消耗速率相近。

溶液达到过饱和浓度时，种子开始生长。此时若活性硅酸的消耗速率与其生成速率相抵消，则不会有新核生成，只有种子的生长，生成的 SiO_2 微球粒径较为均匀。如果活性硅酸的生成速率大于消耗速率并超过体系的临界值（即成核浓度），则会导致新核的形成，这样的制备微球中既包括由种子生成的 SiO_2 粒子，又包括由新核生长得到的次生粒子，因此所得产品的粒径分布较宽。

采用播种法制备的 SiO_2 微球与 Stöber 法制备的 SiO_2 微球相比，粒径有所增加，但是要得到粒径更大的 SiO_2 微球，需要采用连续播种法来实现，其具体工艺可以通过如下条件进行控制。

（1）固定种子数量，增加 TEOS 浓度。

具体操作如下：在最优的配比下，加入一定量的 TEOS 制备一定尺寸的 SiO_2 微球后，不需要分离，再次加入一定量的 TEOS，（在加 TEOS 之前，要先补加 TEOS 水解所需的一定量的水，以保证体系中水的浓度平衡）。待反应一段时间后，重复上面的操作。这样，后来加入的 TEOS 就会水解并生长在第一次生成的 SiO_2 微球上，因此不会增加体系中

SiO_2微球的数量,只会增加微球的大小,投料间隔时间为2~5 h。

体系中每次加入TEOS后,固含量的增加速度明显快于微球粒径的增加速度,也就是说,每次补加的TEOS对于体系固含量的贡献要明显大于其对微球尺寸的贡献,而且加入的次数越多,这一效应就越明显。

(2)固定TEOS的浓度降低,种子数量。

在一定的条件下加入一定量的TEOS制备一定尺寸的单分散SiO_2微球后,取出乳液的一部分(约30 mL),将这部分乳液加入原来条件的溶液中,即对应量的乙醇、水和氨水,但不包括TEOS,待搅拌均匀后,再加入对应量的TEOS水解,使种子长大。待反应完全后再取出乳液的30 mL,重复上面的操作,就可以使种子逐渐长大。重复的次数和最终能获得的尺寸取决于具体的反应条件。可以通过公式计算出每步操作后微球的尺寸,由此得出体系中总的TEOS量没有变化,种子的数量每步却会减少,但SiO_2微球的粒径每次加完TEOS后都会增大。实际上球的大小呈指数增加。

在实际的合成过程中,为了提高收率,常常将两种方法结合起来,即先制备出一种含有较小尺寸的单分散性好的SiO_2微球,然后用方法(2)来使SiO_2微球长大1倍左右,再用方法(1)来使微球的尺寸接近目标尺寸,并增加乳液中微球的固含量。

连续播种法制备SiO_2微球的SEM照片如图6.5所示。图6.5(a)为SiO_2种子,粒径为316 nm;图6.5(b)为连续播种法制备的SiO_2微球,粒径为1 132 nm。由图可以看出,SiO_2种子经过播种法生长后,粒径的均匀性有大幅度提高,表面变得光滑,球形度高,单分散性非常好。

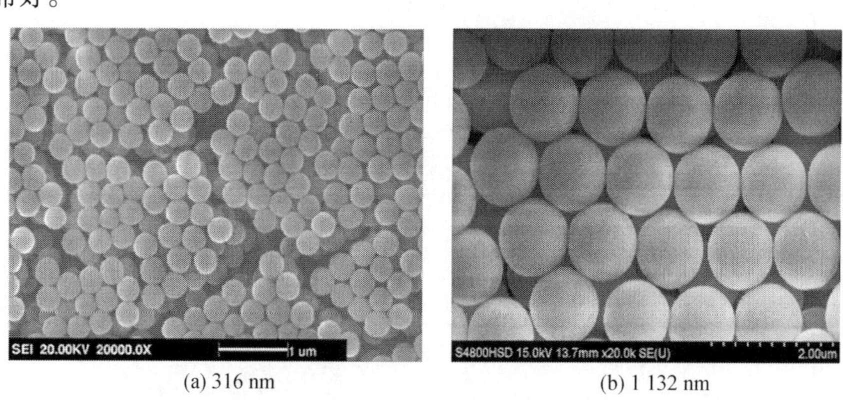

(a) 316 nm　　(b) 1 132 nm

图6.5　连续播种法制备大粒径二氧化硅微球的SEM照片

6.1.3　SiO_2微球的表面修饰

SiO_2微球的表面主要有三种类型的羟基:相邻羟基、隔离羟基和双羟基。相邻羟基存在于相邻的硅原子上,它对极性物质的吸附作用十分重要;隔离羟基主要存在于脱除水分的白炭黑表面;双羟基是在一个硅原子上连有两个羟基。因此SiO_2微球具有高度的表面活性和成键倾向,其表面硅醇基和活性硅烷键能形成强弱不等的氢键结合,因而表现出极强的补强性、增稠性、触变性、消光吸湿性和防黏、耐酸碱、耐高温以及良好的电气绝缘性等,因此可用于橡胶、塑料、纤维等无机/有机高分子复合材料中。

纳米 SiO_2的表面改性可分为化学改性和物理改性，下面分别介绍。

(1)辐照接枝聚合改性法。

辐照接枝聚合改性法是将单体和 SiO_2微球按照一定比例混合后溶于适当溶剂，经(60)Co γ-射线辐照在粒子表面接枝上聚合物。采用该法接枝到 SiO_2粒子表面的聚合物主要有聚苯乙烯、聚丁基丙烯酸酯、聚乙烯醋酸酯、聚乙烯丙烯酸酯、聚甲基丙烯酸甲酯、聚甲基丙烯酸酯等。接枝聚合物的分子链与基体聚合物分子链的缠结作用显著增强了 SiO_2粒子与聚合物基体间的相互作用，因此，改性后的纳米 SiO_2粒子对复合材料可起到增强增韧的作用。

(2)偶联剂改性法。

偶联剂改性法是目前 SiO_2微球的化学改性常采用的方法，表面活性剂或硅烷偶联剂对其进行表面包覆。表面活性剂一般采用阳离子表面活性剂。由于 SiO_2的等电点较低，故微球在水介质中通常带负电，且随 pH 升高荷电点增多。用阳离子表面活性剂进行表面处理后，粒子表面的负电荷逐渐减少，最后可转变为带有正电荷的粒子，依靠静电吸附阳离子表面活性剂在 SiO_2粒子表面形成一层有机膜。SiO_2粒子的表面改性最常用的处理剂是硅烷偶联剂，它是一种双官能团物质，一端可与有机组分产生物理或化学作用，另一端可与无机组分的前驱体进行水解和缩聚。硅烷偶联剂的—RO 官能团可在水中(包括填料表面所吸附的自由水)水解产生硅醇基，这一基团可与 SiO_2进行化学结合或与表面原有的硅醚醇基结合为一体，成为均相体系。这样，硅烷偶联剂的另一端所携带的与高分子聚合物具有很好的亲和性的有机官能团就牢固地覆盖在 SiO_2表面，通过硅烷偶联剂的桥梁作用，无机组分与有机组分以化学键相连，从而提高两者的相互作用，形成具有反应活性的包覆膜。

SiO_2纳米微球在经过硅烷偶联剂改性后，也可以在其表面接枝聚苯乙烯、聚甲基丙烯酸甲酯、聚乙烯丙烯酸酯、聚丁基丙烯酸酯，甚至聚芳酯型树枝状类分子，这样可以进一步增加粒子的亲油性，并为粒子的功能化提供有效途径。

6.2　单分散聚苯乙烯微球的制备工艺

聚苯乙烯(PS)微球是高分子微球中非常具有代表性的一种。聚苯乙烯微球具有不易被溶胀、方便回收、不可被生物所降解等特点，同时具有良好的疏水性能和多反应位点等特点。单分散聚苯乙烯微球因其制备方法多样，合成设备简便、造价低廉，颗粒悬浮在液体中易于分散、表面带有电荷等特性，故在药物释放系统、光子晶体、有序结构模板及电子信息等领域有着良好的用前景。

单分散聚苯乙烯微球的制备方法主要有无皂乳液聚合法、分散聚合法、乳液聚合法、悬浮聚合法、微乳聚合法、微小乳液聚合法(即一般所说的细乳液聚合)和种子聚合法等。表6.1 主要对比较常用的五种方法进行了比较。这些不同的制备方法，其过程中都要经历核的生成和核的长大两个阶段，这两个阶段影响着微球的粒径和微球的分散性。采用不同的工艺方法所制备出的微球粒径有着不同的尺寸和分布范围。其中悬浮聚合法所得的微球粒径分布较宽,乳液聚合法所得的微球粒径较小。

表 6.1 聚苯乙烯微球主要制备方法的比较

名　称	乳液聚合	分散聚合	悬浮聚合	无皂乳液聚合	种子聚合
单体分布	乳胶粒、胶束、介质	颗粒介质	颗粒介质	乳胶粒介质	颗粒介质
引发剂分布	介质	颗粒介质	颗粒	介质	颗粒
分散剂	不需要	需要	需要	不需要	需要
乳化剂	需要	不需要	不需要	不需要	需要
粒径分散性	分布较窄	单分散	分布宽	单分散	单分散
粒径范围/μm	0.06 ~ 0.50	1 ~ 10	100 ~ 1 000	0.5 ~ 1.0	1 ~ 20

6.2.1 无皂乳液聚合法

传统的乳液聚合法是以水为溶剂,在加入乳化剂的情况下,疏水性的单体在水溶性引发剂作用下进行的聚合反应,此法具有反应速率大、产物分子量高、聚合过程简单、可直接得到稳定乳液产物等特点。但是乳液聚合时所添加的乳化剂经常会对生成的聚合物造成不良的影响,粒子经常发生聚沉,影响使用性能。因此,研究者们在反应时尽量减少或是根本不使用乳化剂,于是,应运而生地出现了无皂乳液聚合法。无皂乳液聚合工艺是仅含很少量的乳化剂或者根本不含乳化剂的聚合反应的工艺。用这种工艺生成的粒子具有以下特点:

①产物单分散性比较好,粒径要比传统的乳液聚合法大,产物也更为稳定且其表面相很“平整、干净”。

②一般以水为溶剂,不会造成太多的环境污染,变量影响的参数少,便于控制条件。

③避免了传统乳液聚合方法中使用乳化剂所导致的一些缺点和弊端,例如乳化剂不能完全地从反应的聚合物中去除,影响产物纯度,乳化剂消耗量较多,对其进行后处理的过程会导致污染。

目前无皂乳液制备工艺已经趋于稳定,然而应用此法所得到的乳液,聚合物的质量分数偏低,产率不高。

在无皂乳液聚合制备微球时,采用的单体主要有两种:一种是带有少量亲水基的单体或是亲水性单体,例如甲基丙烯酸、丙烯酰胺、丙烯酸等;另一种是疏水性单体,需要离子型的引发剂(例如过硫酸钾、带有偶氮基团的羧酸盐等)引发反应。反应最终生成的聚合产物表面一般带有亲水基团或带有一定电荷的离子基团,能够稳定存在于溶液中,便于保存和应用。无皂乳液聚合法制备聚苯乙烯微球的工流程图如图 6.6 所示。

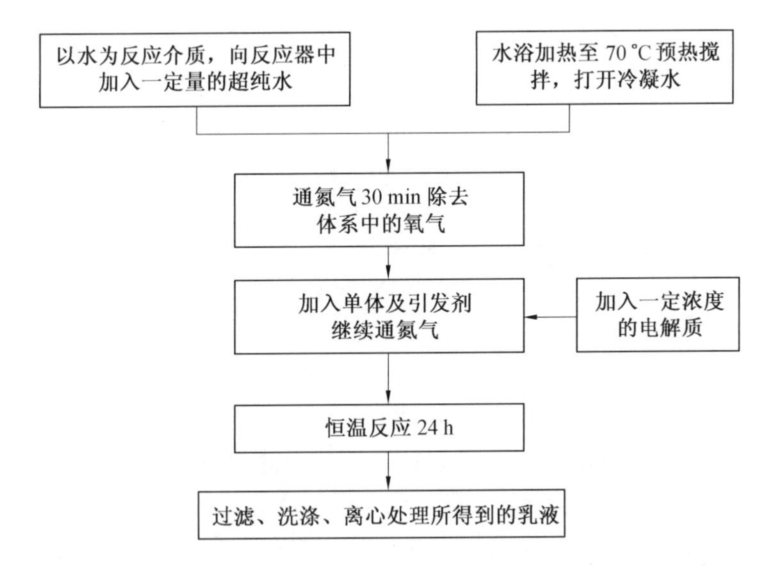

图 6.6　无皂乳液聚合法制备聚苯乙烯微球的工艺流程图

6.2.2　分散聚合法

20 个世纪,英国科学家首创了分散聚合的工艺方法,这是一种非传统的聚合方法,只一步即可制备出粒径尺寸介于 0.1 ~ 10 μm 的聚合物微球,而且具有单分散性。简单而言,此法是一种将单体、引发剂及分散剂等物质溶于适当的溶剂中,体系在引发剂的作用下引发反应,生成的聚合产物在分散剂的作用下形成能够稳定地悬浮于溶剂中的颗粒的方法。分散剂主要是依靠其特殊的分子结构产生空间位阻作用而使粒子分散开来。反应过程中,聚合前期发生在溶液中,后期当反应进行到一定程度时,链状聚合物达到一定长度(即临界链长)并从溶液中析出,形成稳定悬浮于介质的分散小颗粒。同时,聚合物增长的活性中心从溶剂中转换到小颗粒中,微球继续长大直至稳定。

分散聚合法的主要特点是:

①一步就能制备出聚合物微球。

②能够产生粒径尺寸范围相对比较大(粒径为 0.1 ~ 10 μm)、单分散性的聚合物微球。

③可以苯乙烯、二乙烯基苯、丙烯酸丁酯等单一的物质作为单体,也可由两种或三种不同的物质为共同单体制备共聚型微球。

④其生产工艺比较简单,无需复杂设备。

作为反应分散介质的溶剂要满足下述条件:第一,能够溶解反应的稳定剂及聚合单体等;第二,对其所制备的聚合物难溶;第三,黏度不大,不妨碍物质的顺利扩散和对反应造成不利影响。例如,在制备 PMMA 或者 PS 微球时,通过对甲醇、乙醇以及水性体系(甲醇/水和乙醇/水等)极性溶剂中的分散聚合的探讨,并经过大量研究,得出一条规律,即聚合物和反应溶剂溶解度之差越大,则制备出微球粒径也就越小。近年来,出于环保的角度,研究者们将制备 PS 和 PMMA 微球的反应介质由有机物改进为超临界二氧化碳,其最大的优点就是可以克服使用有机溶剂所带来的溶剂后处理问题。只要在临界条件下将

CO_2释放掉,即可得到粉体状的微球。此法由于原料价格比较适中,而且工艺方便实用,因而在未来的生产中将会前景广阔,其应用价值也会超出想象。

在分散聚合体系中,一般经常用到的分散剂(有时也被称为稳定剂)主要有聚乙二醇(polyethylene glycol,PEG)、聚羟丙基纤维素(hydroxypropyl cellulose,HPC)、聚乙烯基吡咯烷酮(polyvinylpyrrolidone,PVP)、聚丙烯酸(polyacrylic acid,PAA)、聚乙烯醇(polyvinyl alcohol,PVA)等。这些分散剂多数是由于具有较明显的空间位阻效应而发挥其稳定功能。

在研究分散聚合过程中的引发剂时,有人以过硫酸盐为引发剂,得到的微球粒径一般是1 μm以下的产物。一些研究者注意到,与水溶性引发剂相比,通过采用油溶性的引发剂所制备的微球粒径分布相对窄一些,而且其粒径相对也比较大,因此也常使用油性引发剂。目前,比较常用的引发剂包括:过氧化苯甲酰(benzoyl peroxide,BPO),偶氮类的引发剂,如偶氮二异丁腈(azodiisobutyronitrile,AIBN)等。其中,使用带有羧基的偶氮引发剂可以在微球上引入酸性基团,从而提高微球间的结合强度。

到目前为止,聚苯乙烯微球制备技术的关键问题主要有两个:一个是粒径的精确控制;另一个是对微球单分散性的控制,使多分散性指数(polydispersity index, PDI)不超过5%。通过分散聚合方法可以一步直接获得微米尺寸的PS微球,并且得到的微球粒径尺寸均一,此法操作简便、成本低、污染小,目前已成为制备单分散微米级PS微球的首选方法。分散聚合法制备PS微球的工艺流程图如图6.7所示。

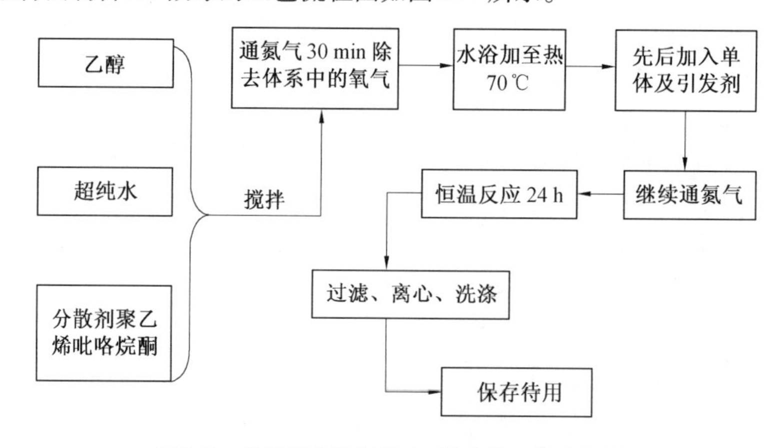

图6.7 分散聚合法制备PS微球的工艺流程图

6.3 单分散PMMA微球的制备工艺

聚甲基丙烯酸甲酯(PMMA)微球的合成反应如下。

链引发:

$$\underset{\text{KPS}}{K_2S_2O_8} \xrightarrow{\Delta} 2KO-\overset{\overset{\displaystyle O}{\|}}{\underset{\underset{\displaystyle O}{\|}}{S}}-O\cdot$$

$$KO-\overset{\overset{\displaystyle O}{\|}}{\underset{\underset{\displaystyle O}{\|}}{S}}-O\cdot + H_2C=\overset{\overset{\displaystyle CH_3}{|}}{\underset{\underset{\displaystyle COOCH_3}{|}}{C}} \longrightarrow KO-\overset{\overset{\displaystyle O}{\|}}{\underset{\underset{\displaystyle O}{\|}}{S}}-O-\overset{\overset{\displaystyle H_2}{|}}{C}-\overset{\overset{\displaystyle CH_3}{|}}{\underset{\underset{\displaystyle COOCH_3}{|}}{C}}$$

MMA

链增长：

$$KO-\overset{\overset{\displaystyle O}{\|}}{\underset{\underset{\displaystyle O}{\|}}{S}}-O-\overset{\overset{\displaystyle H_2}{|}}{C}-\overset{\overset{\displaystyle CH_3}{|}}{\underset{\underset{\displaystyle COOCH_3}{|}}{C}}\cdot + H_2C=\overset{\overset{\displaystyle CH_3}{|}}{\underset{\underset{\displaystyle COOCH_3}{|}}{C}} \longrightarrow KO-\overset{\overset{\displaystyle O}{\|}}{\underset{\underset{\displaystyle O}{\|}}{S}}-O-\overset{\overset{\displaystyle H_2}{|}}{C}-\overset{\overset{\displaystyle CH_3}{|}}{\underset{\underset{\displaystyle H_3COOC}{|}}{C}}-\overset{\overset{\displaystyle H_2}{|}}{C}-\overset{\overset{\displaystyle CH_3}{|}}{\underset{\underset{\displaystyle COOCH_3}{|}}{C}}$$

$$\xrightarrow{(n-1)H_2C=\overset{\overset{\displaystyle CH_3}{|}}{\underset{\underset{\displaystyle COOCH_3}{|}}{C}}} KO-\overset{\overset{\displaystyle O}{\|}}{\underset{\underset{\displaystyle O}{\|}}{S}}-O-\left[\overset{\overset{\displaystyle H_2}{|}}{C}-\overset{\overset{\displaystyle CH_3}{|}}{\underset{\underset{\displaystyle COOCH_3}{|}}{C}}\right]_n-\overset{\overset{\displaystyle H_2}{|}}{C}-\overset{\overset{\displaystyle CH_3}{|}}{\underset{\underset{\displaystyle COOCH_3}{|}}{C}}$$

链终止：

$$2KO-\overset{\overset{\displaystyle O}{\|}}{\underset{\underset{\displaystyle O}{\|}}{S}}-O-\left[\overset{\overset{\displaystyle H_2}{|}}{C}-\overset{\overset{\displaystyle CH_3}{|}}{\underset{\underset{\displaystyle COOCH_3}{|}}{C}}\right]_n-\overset{\overset{\displaystyle H_2}{|}}{C}-\overset{\overset{\displaystyle CH_3}{|}}{\underset{\underset{\displaystyle COOCH_3}{|}}{C}} \longrightarrow KO-\overset{\overset{\displaystyle O}{\|}}{\underset{\underset{\displaystyle O}{\|}}{S}}-O-\left[\overset{\overset{\displaystyle H_2}{|}}{C}-\overset{\overset{\displaystyle CH_3}{|}}{\underset{\underset{\displaystyle COOCH_3}{|}}{C}}\right]_{2n+2}-O-\overset{\overset{\displaystyle O}{\|}}{\underset{\underset{\displaystyle O}{\|}}{S}}-OK$$

PMMA 微球的合成方法主要有以下几种：

6.3.1　无皂乳液聚合法

无皂乳液聚合(surfactant-free polymerization)法是在乳液聚合的基础上发展起来的聚合技术。由于乳液聚合时所加入的乳化剂在微球的实际应用中会对产品带来不良影响,所以人们尽可能不使用乳化剂。后来发现在聚合时加入少量的亲水性单体来代替乳化剂,聚合反应也能快速进行。无皂乳液聚合的机理与均相成核机理相近。无皂乳液聚合法制备 PMMA 微球的主要工艺是:通过减压蒸馏将原料甲基丙烯酸甲酯(MMA)单体中的阻聚剂除去。在氮气保护下设置磁力搅拌器的转速与温度,在三颈瓶中加入去离子水和适量 MMA 单体,通入氮气,加入适量引发剂,这时溶液由无色油状液体缓慢转变为白色乳液,反应一定时间,停止加热,自然冷却至室温,即得 PMMA 微球乳液;然后对 PMMA 微球乳液进行离心,弃去上层清液,加入去离子水,超声重新分散沉淀,即可得到单分散的 PMMA 微球。维持体系的总体积和引发剂浓度不变,通过改变 MMA 的用量,可以调节反应所制备的 PMMA 微球的粒径。一般,PMMA 微球粒径随着单体浓度增加而增大。维持体系温度和单体浓度不变，改变引发剂浓度，也可以调控 PMMA 的微球粒径。通过调节 MMA 单体浓度、反应温度、引发剂加入量或利用播种法可以制备出各种不同粒径的 PMMA 微球，从而实现 PMMA 微球的粒径可控制备。李莉等人以甲基丙烯酸甲酯为反应物、过硫酸钾为引发剂、十二烷基苯磺酸钠为表面活性剂，采用无皂乳液聚合法制备 PMMA 微球，利用傅里叶红外光谱、扫描电子显微镜、激光散射粒度分析仪、比表面积测定仪和热重差热分析仪分别对所得的 PMMA 微球进行红外、形貌、粒径分布、氮气吸附-脱附等温线与比表面积、热稳定性等进行表征。研究结果表明，随着表面活性剂量的增加，微球粒径逐渐减小，比表面积逐渐增大，且当表面活性剂浓度为 0.002 5 mol · L^{-1}时，制备的 PMMA 微球的粒径小、分散效果好，并表现出良好的热稳定性。

6.3.2 悬浮聚合法

利用悬浮聚合（suspension polymerization）法可以制备数微米至数百微米的大微球。反应体系由疏水性单体、水、稳定剂以及疏水性引发剂构成。含有引发剂的单体油滴通常由机械搅拌方式制备，常用的分散剂有聚乙烯醇、聚乙烯吡咯烷酮、羟甲基纤维素等。

悬浮聚合法中形成的液滴较大，通常为微米级。因此，从水相捕捉自由基的概率非常小，因而不能使用水溶性引发剂。由于油滴尺寸很不均匀，在聚合期间不断地发生油滴间的合并和油滴的破裂。然而这种方法比较简单，也能较容易地将各种功能性物质包埋在球内，因此，悬浮聚合法仍然是一种常用的制备聚合物微球和无机/有机复合微球的方法。

通过改良悬浮聚合的分散设备，可以在某种程度上改善微球的尺寸分布。杨军等人发展了 SPG 膜技术与悬浮聚合法相结合的方法制得尺寸相当均一的微球。SPG 膜是一种孔径非常均一的玻璃膜。用适当的压力将含有疏水性引发剂的油相通过玻璃膜的孔隙压入水相，可得到粒径均一的油滴，再进行悬浮聚合，就能得到比较均一的微球。任琳等人以明胶为稳定剂，采用悬浮聚合法制成了磁性 PMMA 微球。研究发现，在 MMA 悬浮聚合体系中，明胶具有较好的稳定作用，且易将产物粒径控制在微米级，悬浮聚合法包覆效率高，产物磁性表现明显。滕领贞等人以甲基丙烯酸甲酯（MMA）为单体，水为分散介质，聚乙烯醇（PVA）为分散剂，采用不同引发剂，利用悬浮乳液聚合法制备单分散聚甲基丙烯酸（PMMA）微球。系统地研究了搅拌速度、不同 W/O 比、乳化剂种类对聚合反应及产物的影响。研究发现，采用组合乳化剂，并适当增加 O/W 比，反应稳定易控、粒径分散较好；搅拌速度在一定范围内增加，所得 PMMA 粒子分散性变好。

6.3.3 分散聚合法

采用分散聚合法可以制备从纳米级到微米级的微球，且粒径分布均匀。只要控制好稳定剂和溶剂，此法既可以制备疏水性微球，也可以制备亲水性微球。乳液聚合、悬浮聚合、细乳液聚合、无皂乳液聚合等方法均不能得到粒径在数微米范围内的微球，而分散聚合能实现这一目标。因此，分散聚合近几年受到了人们的青睐，成为迅速发展的一种制备高分子微球和复合微球的方法。张蔚等人以乙醇/水为分散介质，聚乙烯吡咯烷酮（PVP）为分散剂，偶氮二异丁腈（AIBN）为引发剂，甲基丙烯酸甲酯（MMA）为单体，乙二醇二甲基丙烯酸酯（EGDMA）为交联剂，采用两步分散聚合法制备了单分散高交联的 PMMA 微球。研究了滴加开始时间、滴加持续时间、交联剂用量和交联剂种类对交联 PMMA 微球粒径和粒径分布的影响。研究发现,滴加开始在反应 90 min 之后,才能得到交联 PMMA 微球,而且滴加开始时间越晚,微球的粒径越大,粒径分布变宽;随着滴加持续时间的延长,微球的粒径增大,粒径分布变窄;随着交联剂用量的增加,微球粒径增大,粒径分布变宽。对交联 PMMA 微球的性能进行分析测试,发现所制备的微球具有优异的耐溶剂性和热稳定性,不溶物质量分数最高达到 90.43%。刘琨等人以聚乙烯吡咯烷酮(PVP)为分散剂,乙醇和水为反应介质,偶氮二异丁腈为引发剂,甲基丙烯酸甲酯(MMA)为单体,采用分散聚合工艺,制备了单分散微米级 PMMA 微球。研究了乙醇/水介质的配比、反应温度、分散剂用量、单体用量、引发剂用量对 PMMA 微球粒径和粒径分布的影响。研究发现,PMMA 微球粒径随乙醇用量的增加先增大后减小;随反应温度的升高先增大后减小,粒径分布先变窄再变宽;随单体用量的增加先增大后减小;随引发剂用量的增加而增大;随 PVP 用量的增加而减小,粒径分布先变窄再变宽。伍绍贵等人采用分散聚合法合成了微米级 PMMA 微球,对影响粒径及其分布的各种因素,如单体、引发剂、稳定剂、分散介质及反应温度等进行了考察,探讨了分散聚合法制备单分散大粒径微球的机理。研究发现增加单体和引发剂浓度,微球的粒径增大,分散性变宽;增加稳定剂的量,微球的粒径减小,分散性变窄。此外,分散介质的极性和反应温度的影响也很明显,通过合理调节各种影响因素,可制备理想粒径和粒径分布的 PMMA 微球。

6.3.4　沉淀聚合法

沉淀聚合与分散聚合的不同点是,沉淀聚合不使用稳定剂,而靠添加一些与分散相有亲和作用的单体来使微球稳定。这种不同点与乳液聚合和无皂乳液聚合的不同点相似。使用沉淀聚合可以得到直径大约 1 μm 的亲水微球。李玉彩等人使用甲基丙烯酸甲酯(MMA)和交联剂三羟甲基丙烷三丙烯酸酯(TMPTA)的沉淀聚合,制备了 P(TMPTA-MMA)共聚物微球,探讨了溶剂乙醇和水的配比对微球性能的影响,还对不同反应时间得到的微球进行了表征,得到了可供研究者借鉴的一些经验。

6.4　核壳结构微球的制备工艺

近年来,随着材料制备方法和合成技术的进步,一些具有特殊结构和功能的新型材料引起人们的广泛关注。核壳结构材料(core shell structure materials)就是其中一类新型复合材料,它是由不同内核物质和外壳物质组成的复合结构材料,通过在内核材料外面包覆不同成分、结构、尺寸的物质,形成包覆结构。这种包覆后的粒子,改变了核表面的性质,例如电荷、极性、官能团等,提高了核的稳定性和分散性。同时根据不同需要,可以形成不同类型的包覆层。由于核壳不同组分的复合,协调了各组分之间的共同特点,因此具有不同于核层和壳层单一材料的性质,开创了材料设计方面的新局面。根据不同需要,内核和外壳部分可以分别由多种材料组成,包括无机物、高分子、金属粒子等。广义的核壳材料不仅包括由相同或不同物质组成的具有核壳结构的复合材料,也包括空心粒子、微胶囊等。核壳材料外貌一般为圆形粒子,也有其他形状,例如管状、正方体等。由于球形粒子具有形态上的均一性、较大的表面积等特点，因而具有独特的优越性。

人们从研究胶体科学起就开始研究用 SiO_2 包裹各种纳米晶体。首先在实验室里用透射电镜观察包裹后的形貌，直接证明了包裹的核壳结构，这使得对核壳粒子的研究前进了一大步。SiO_2胶体在液体介质中具有极高的稳定性，纳米核壳结构沉积过程及壳的厚度可控性好，壳体还具有化学惰性、透光性等。另外，SiO_2表面的硅醇基往往是聚合物吸附的场所，很多中极性、高极性的均聚物和共聚物都是通过氢键被吸附的。由于 SiO_2的稳定性，尤其在水溶液中容易控制材料的沉积速度和反应进程，使得其成为一种优良的壳层材料。用这种理想的低耗材料去调控材料的表面性质，使得这种表面结构基本能保留核层材料的物理完整性。此外，SiO_2及很多无机氧化物（例如 TiO_2）也常被用作核体，与多种无机或有机材料复合形成核壳结构。

核壳结构微球的制备方法多种多样，具有相同结构和成分的核壳材料可以用多种不同方法制备，同样一种方法也可以用于制备多种核壳材料。本节介绍一些常见的核壳微球的制备工艺。

6.4.1 SiO_2/有机物核壳结构微球的制备工艺

有机物表面包覆是利用有机物分子中的官能团在颗粒表面发生吸附或发生化学反应，从而对颗粒表面进行包覆，使颗粒表面产生新的功能层的做法。SiO_2粒子表面存在一定数量的羟基，这就使有机高分子极易在其表面吸附，并为接枝聚合和醇化提供了场所。有机分子包覆在 SiO_2粒子表面，其在溶剂中舒展开的碳链就阻止其他颗粒相互靠近，以达到更好的分散效果，并且还可根据使用需要改变表面的性能，即由亲水憎油变为憎水亲油，这样就能使纳米粒子与有机相相溶，从而使颗粒在有机相中达到较好的分散效果，阻止进一步的团聚。用巯基硅烷、乙基硅烷偶联剂对 SiO_2进行表面处理后，SiO_2粒子表面羟基数目大量减少，疏水性增加。钱翼清等人用甲苯二异氰酸酯（TDI）对 SiO_2进行表面处理，由于 TDI 中的—NCO 基团与 SiO_2表面的—OH 发生反应，从而改善 SiO_2与聚合物键的连接状况，而且聚合物将无机纳米粒子隔开，阻止了团聚。用二氯亚砜和 SiO_2反应将—Cl 基团引入 SiO_2表面，再与叔丁基过氧化氢反应引入—O—O—基团，利用其分解为自由基引发甲基丙烯酸甲酯的聚合反应而使 SiO_2接枝改性。还可先用带功能基团的酸、醇、异氰酸酯等和颗粒表面羟基反应，例如多元羧酸、多元醇、多异氰酸酯或含有双键的这些物质，再利用接枝上的功能基进行聚合反应而扩链。

前已述及，高分子微球的基本制备方法有悬浮聚合法、细乳液聚合法、乳液聚合法和分散聚合法等。这些方法是制备有机/无机复合微球的基础。悬浮聚合和细乳液聚合法的成核场所在液滴内，而其他方法的成核场所不在液滴内。因此前者适合于包覆无机粒子，而后面几种方法必须采用一定的策略进行无机粒子的包覆。

在乳液聚合过程中，由于强烈的搅拌和乳化剂的稳定作用，使无机纳米粒子和反应单体都可以被分散成纳米尺度的粒子，在含有无机粒子和增溶单体的胶束之中发生聚合反应，当聚合物粒子增加到一定程度时，就包覆在无机粒子的表面，形成有机/无机纳米复合微球。此法即是在无机纳米粒子存在下的直接方法。然而，在直接法中，由于无机粒子表面一般是亲水的，而聚合物及其单体是亲油的，两者之间相互作用形成复合乳胶粒的困难很大。为此一般先将无机纳米粒子进行表面改性,使其从亲水变成亲油,再实现包覆。例如,用聚合物包覆纳米 SiO_2粒子,先利用 SiO_2表面的羟基,用带有双键的有机硅氧烷对 SiO_2进行表面改性,即与羟基缩合,这样 SiO_2的表面就由亲水变为亲油,同时表面又带有双键,可以与其他单体共聚,这就可以实现对 SiO_2的包覆,得到 SiO_2/聚合物复合微球。

除了采用对无机粒子先表面改性后包覆的方法之外,也可以利用一些特殊的乳化剂,利用它们与无机粒子之间的作用,代替事先对无机粒子的改性。用于乳液聚合的乳化剂有阴离子、阳离子、非离子以及两性型。因此在选用乳化剂时,要考虑无机粒子表面的带电情况,选择与无机粒子表面有吸引作用而不是排斥作用的乳化剂。例如,Nagail 等人将乳液聚合限制在硅胶颗粒的表面,进而防止了新颗粒的产生。采用反应型阳离子乳化剂和过硫酸钾(KPS)引发剂,其中阳离子乳化剂是季氨盐。阳离子乳化剂吸附在硅胶微珠上,并与 KPS 形成复合物,从而使 KPS 沉积在硅胶表面上,同时形成聚合物的疏水部分能进一步吸附单体。因此,单体被限制在硅胶粒子的表面,可以得到包覆较好的复合粒子。

Miyabayashi 等人采用类似的思路实现了对颜料的包埋,用来提高颜料在印刷体上的附着力。他们在颜料溶液中先加入可聚合的阴离子表面活性剂 KH-10,使其吸附在颜料的表面。用过滤法除去未被吸附的 KH-10,加入可聚合的阳离子表面活性剂,超声处理,使其吸附在 KH-10 表面,并和 KH-10 形成复合物。加入疏水性单体,单体可通过表面活性剂的疏水部分实际溶解。升温后加入过硫酸钾引发剂,单体和表面活性剂共聚并将颜料包埋在内。聚合前后的粒径基本没有变化,表明聚合过程中微球并没有发生团聚。

Gu 和 Konno 用带双键的硅烷偶联剂处理硅胶颗粒,将双键导入颗粒表面,然后在系统内加入引发剂、单体以及对苯乙烯磺酸钠亲水性单体进行聚合。在无机颗粒表面导入双键,可以使单体的聚合更易在无机粒子表面进行。

分散聚合和沉淀聚合与乳液聚合的不同点在于初始体系是均一相,无机粒子均匀地分散在体系中,随着聚合的进行,聚合物在体系溶剂中的溶解度降低,从均一相析出而被吸附在无机颗粒表面,无机颗粒表面的聚合物进一步吸收单体而聚合,最终将无机颗粒包埋。此法中关键的一步是要使无机颗粒与聚合物有较好的亲和性,而且无机颗粒在有机溶剂中的分散性要好。

Yu 等人采用分散聚合法包埋 TiO_2制得了复合微球。先将 TiO_2颗粒分散在苯乙烯和二乙烯苯中,然后将其与含有聚乙烯吡咯烷酮(PVP)的甲醇混合,最后加入引发剂,反应6 h。为了使聚合物表面具有功能基团,在上述分散聚合后,又缓缓加入甲基丙烯酸,继续聚合2 h,所得到的复合微球表面光滑,即 TiO_2基本被包埋在聚合物中。Stejskal 采用沉淀聚合法用导电性聚苯胺包埋硅胶微球,制备了导电性高分子微球。将苯胺单体和酸溶解在水中,将硅胶微球分散在内,然后加入过硫酸铵引发剂,使苯胺聚合并沉淀在硅胶微球上,生成的聚苯胺不能完全沉淀在硅胶微球上,而会在水溶液中产生大量聚合物。

Frank Caruso 等人以层层自组装(layer by layer, LBL)技术,通过交替吸附聚电介质和纳米 SiO_2粒子制备了 PS/TiO_2微球。TEM 结果表明,随着包覆次数的增加,PS 微球表面变得越来越粗糙,这也证实表面吸附的 SiO_2粒子数量增加,包覆层厚度变大。模板与吸附粒子之间的电荷性质会产生不同的静电引力作用,因此对吸附作用产生影响。Yu 以表面含—NH_2的 PS 微球为核粒子,通过在不同 pH 条件下反应,制得核壳微球。结果表明，当 pH 为 10～11.6 时，得到的是相对均匀、表面光滑的包覆结构粒子。当 pH<10 时，TEOS 水解速率相当慢，不能得到包覆结构；当 pH>11.6 时，得到粗糙的包覆层表面。研究发现，微球表面电性对粒子吸附行为产生影响，包覆粒子直径对核壳微球结构也产生影响。当吸附粒子直径小时，被模板吸附的粒子数目增大，包覆壳层含量也增大。通过化学反应的方法，也可以在模板表面接枝上活泼官能团，可利用这些基团的特点来制备核壳微球。SiO_2表面含有大量的硅羟基，可利用化学键（Si—O—Si）作用，通过硅烷偶联剂改性，使活泼硅羟基接枝在微球表面，然后以该硅羟基作为活性点，使 SiO_2粒子与其进行化学键合作用，制备核壳材料。Yao 以三甲氧基丙烯酰氧基硅烷作为功能性单体与苯乙烯单体共聚，制备了表面含硅烷醇基团的 PS 微球。微球表面存在硅羟基，被认为是一个晶种，通过 Stöber 法氨解出来的 SiO_2粒子在该种子上生长，最后成为壳层。由于 PS 微球表面硅羟基的存在，优化了 SiO_2粒子在 PS 表面的沉积生长，而没有形成自团聚 SiO_2颗粒，如图 6.8 所示。

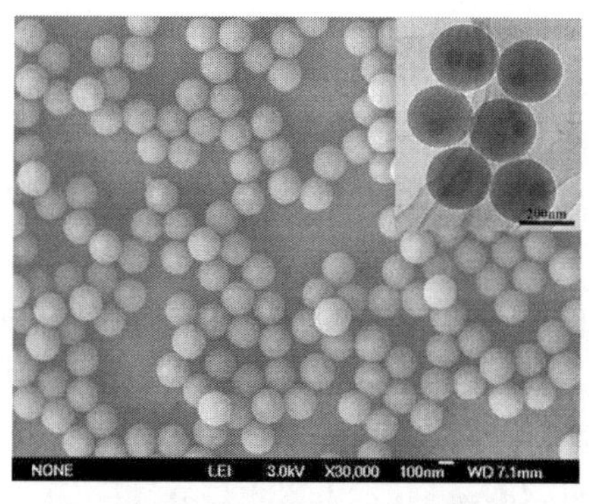

图 6.8 SiO_2@PS 复合微球的 SEM 和 TEM 照片

6.4.2 SiO_2/无机物核壳结构微球的制备工艺

无机物为壳层的核壳微球，以 SiO_2，TiO_2，ZrO_2，SnO_2，CdS 和铁的氧化物等为多。无机表面包覆就是将无机化合物或金属粒子通过一定方法在其表面沉积，形成包覆膜，或者形成核-壳复合颗粒，以达到改善表面性能的目的。无机化合物在 SiO_2微球上沉积成膜而不是自身成核，只要溶液条件控制得当，是完全可行的。通过表面包覆可使纳米粒子的某些表面性质介于包覆物与被包覆物之间。为了得到优良的综合性能，尝试采用多种包覆剂对纳米粒子进行改性，例如 SiO_2-Al_2O_3，SnO_2-ZrO_2-SiO_2-Al_2O_3等。包覆层的厚度可以通过调节被包覆颗粒的大小、反应时间、浆料浓度以及表面活性剂的浓度来控制。

铝（$Al(OH)_3$，Al_2O_3）包覆膜的形成可以是在 SiO_2酸性浆液中加入浓硫酸铝溶液，再加入碱或者氨水，使 $Al(OH)_3$或 Al_2O_3沉淀。Al_2O_3具有亲油性，有助于提高无机氧化物微球在有机介质中的分散性。铝包膜除了能在 SiO_2粒子表面形成保护层，隔绝其与有机介质的直接接触外，还能反射部分紫外线。钛（TiO_2）包覆一般可与铝包覆膜同时进行，钛包覆膜的特点是包膜厚度基本均匀，且是连续的，结构致密，无定性水合氧化硅以羟基形式牢固键合到 SiO_2表面。钛和铝的复合包覆膜在无机处理中，只采用一种金属的水合乳化物或氢氧化物做包覆剂时，对 SiO_2抗粉化剂和保光性的提高非常有限。混合包覆膜是在同一种酸性或碱性条件下，用中和法同时将两种或两种以上的包覆剂沉积到 SiO_2 粒子表面。

制备无机物包覆核壳材料的方法有多种，有原位合成法、表面沉积法、层层自组装等。这些方法都基于下面两种思路：一是以无机醇盐前驱体为壳物质源，通过控制水解，在模板表面沉积制备核壳材料；二是使核与壳层物质带上不同性质电荷，通过层层自组装技术，多次吸附沉积来制备核壳。根据模板粒子的属性，通常分为硬模板和软模板。硬模板是指一些具有相对刚性结构，形态为硬性的粒子，例如无机颗粒、金属粒子和聚合物微粒等。软模板通常指嵌段共聚物、囊泡、胶束、液滴等。Sun 用 sol-gel 法在单分散的 SiO_2 微球包覆掺 Eu^{3+} 的 $CaTiO_3$，荧光测试表明，包覆掺 Eu^{3+} 的 $CaTiO_3$ 的 SiO_2 复合微球发光效率大大提高，如图 6.9 所示。

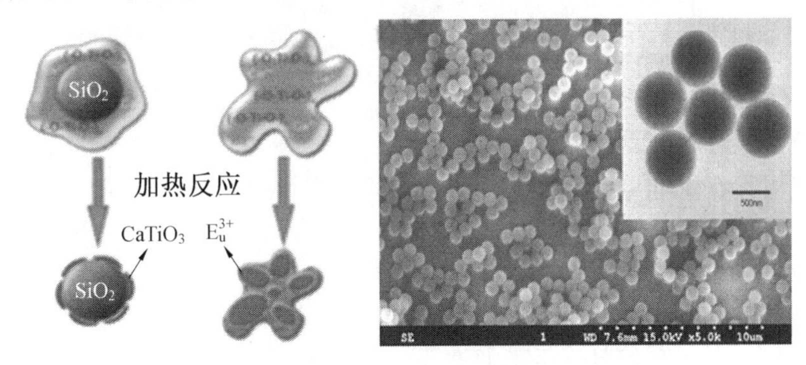

图 6.9　SiO_2 表面包覆掺 Eu^{3+} 的 $CaTiO_3$ 的 SEM 照片

6.4.3　SiO_2/金属微粒核壳结构微球的制备工艺

由于金属纳米粒子所具有独特的光学和电子性质，其制备和表征长期以来一直是非常活跃的研究领域。这些金属纳米粒子可广泛地应用于生物标记、表面增强拉曼光谱、太阳能电池、电致发光薄膜、非线性光学开关以及高密度信息存储设备等。作为金属纳米粒子制备的一个非常重要的分支，在胶体微球表面沉积或包覆功能性的金属纳米粒子也越来越引起了人们的重视。

Au 和 Ag 等贵金属纳米微粒的化学稳定性远优于其他金属纳米微粒，因而是近几年在免疫、荧光标记等生物领域内的一个热门研究方向。金属/SiO_2 核壳复合粒子表面存在大量金属纳米粒子，具有很大的比表面积，能够增大光信号强度，可以用于表面增强拉曼光谱、非线性光学器件及加速催化反应器的反应速度等。Halas 等人制备了 Au/SiO_2 核壳粒子，这种粒子具有较强的等离子光学共振，通过改变核粒径与壳的厚度比，其共振峰可以在近红外与可见光范围移动，这个移动仅仅通过改变 Au 纳米粒子的尺寸是无法达到的。不同粒径的 SiO_2 微球表面包覆纳米 Au 的微观照片如图 6.10 所示。

迄今，人们已开发出多种在胶体微球表面或内部包覆和沉积金或银纳米粒子的技术，典型的技术有无电极电镀法、超声化学沉积法、光化学法、静电吸附法和离子交换法等。然而这些方法在控制金属纳米粒子的尺寸和调控金属纳米粒子的包覆程度等方面都存在一定的局限性。银镜反应不仅可以被广泛应用于在各种各样的平面基底上镀 Ag 以制备

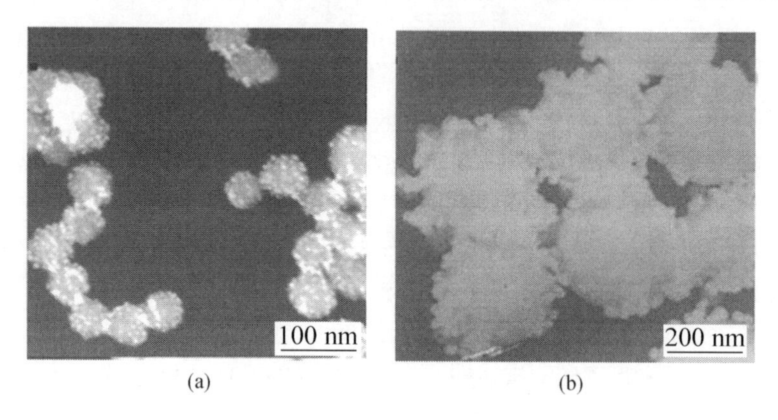

(a)　　(b)

图 6.10　不同粒径的 SiO_2 微球表面包覆纳米 Au 的微观照片

镜子，同时该反应也可被应用于在胶体微球表面制备 Ag 纳米粒子。

由于 SiO_2 粒子表面带有大量的羟基，而且胶粒表面带负电荷，在反应过程中，根据异性电荷吸附原理，带正电荷的 Ag^+ 会不断往 SiO_2 胶粒表面聚集，使 SiO_2 胶粒表面富含 Ag^+，随着反应的进行，部分 Ag^+ 与—OH 反应生成氧化银。$Ag(NH_3)^{2+}$ 原位还原生成的单质 Ag，由于 SiO_2 的存在，不易均相成核，倾向于异相成核，从而可以在 SiO_2 胶粒表面成核，并生长成 Ag 纳米粒子包覆在 SiO_2 胶粒表面。通过超声辐射可以使溶液中的各种粒子均匀分布，防止 Ag 纳米粒子及 SiO_2 胶粒团聚，有利于在 SiO_2 胶粒表面形成纳米晶。另一方面，超声作用产生的能量还有可能破坏 Si—O—Si 键，从而形成 Si—O—Ag 键，使 Ag 纳米粒子与 SiO_2 胶粒的结合更加牢固，Ag/SiO_2 复合微球的制备流程图如图 6.11 所示，纳米 Ag 粒子包覆 SiO_2 微球的照片如图 6.12 所示。

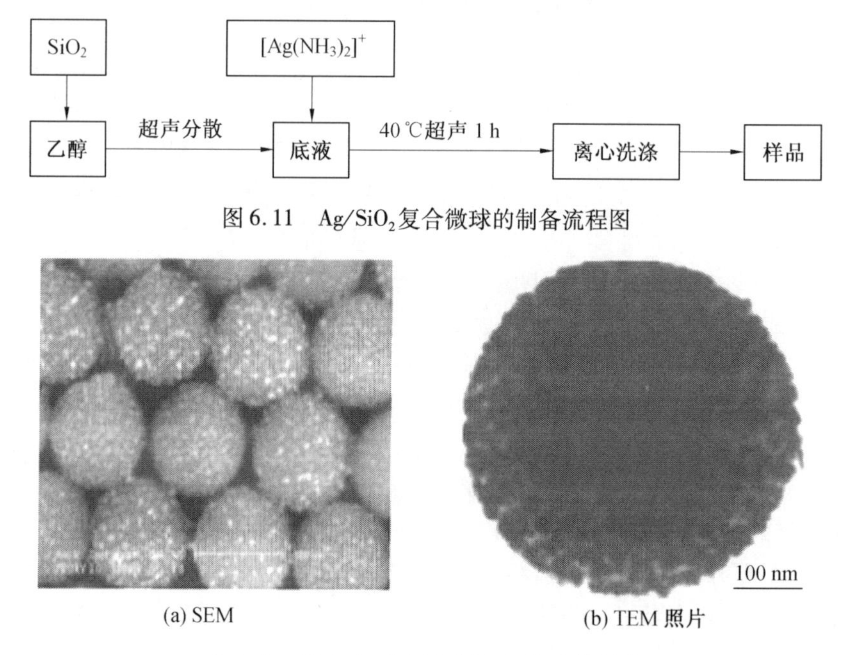

图 6.11　Ag/SiO_2 复合微球的制备流程图

(a) SEM　　(b) TEM 照片

图 6.12　纳米 Ag 粒子包覆 SiO_2 微球的照片

通常,人们希望微球表面完全被金属纳米粒子所覆盖,但由于粒子会各自生长,使得表面变得粗糙,电荷降低,导致包覆层生长缓慢或不能继续进行,包覆到一定程度新沉积出的原子将单独成核形成纳米粒子,而且体系稳定性也下降。层层包覆法(LBL)通过不断吸附聚电解质提高和改变表面电荷使多次生长成为可能。以聚合物微球为例,采用LBL制备核壳微球的原理示意图如图6.13所示,首先通过聚电解质对聚合物微球表面进行改性,使其表面带有一定的电荷,然后引发壳材料的反应,通过核与壳材料之间的静电引力使得壳材料较好地包覆在核上,再继续对所得到的核壳粒子进行聚电解质的吸附,再反应,不断地加厚壳的厚度,直到满足需要。此法的优点是可以通过层层包覆的次数来调控壳的厚度,且这种方法制备的核壳材料能够很好地延续微球的单分散性。Lekeufack等人在Stöber法的基础上进行优化,以$HAuCl_4$水溶液为原料,使用柠檬酸钠作为稳定剂和还原剂制备纳米Au粒子作为核心,通过控制实验条件,例如反应时间、Au纳米粒子浓度、醇盐的浓度以及SiO_2和TiO_2前躯体的加入比例,制备出Au/SiO_2和$Au@SiO_2-TiO_2$结构的核壳型单分散微球,并实现在一定范围内的壳层厚度控制。

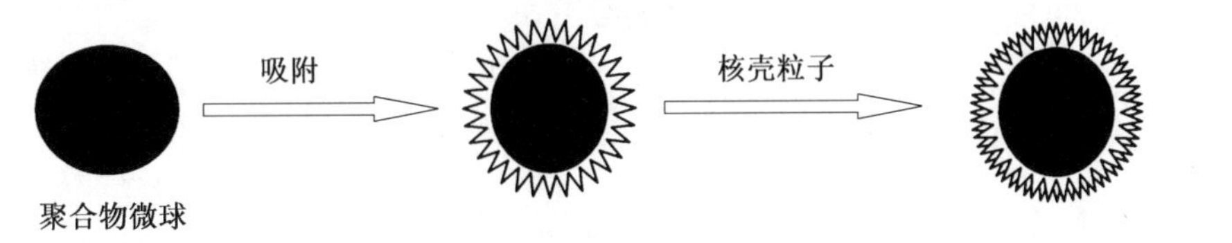

图6.13　LBL制备核壳微球的原理示意图

6.5　椭球的制备工艺

随着纳米技术的发展以及对高性能功能材料的需求,纳米粒子的样式越来越丰富,目前,除了常规的球形,已出现椭球形、棒形、三角形、八面体形等形貌。现阶段,椭球粒子的制备方法较少,主要是直接合成法、机械拉伸法、Stöber法和微流体法。

6.5.1　直接合成法

香港大学化学系Jimmy C. Yu研究小组采用微波水热法制备出了椭球形赤铁矿纳米粒子。将含有1.6 mmol的$FeCl_3$和0.016 mmol $NH_4H_2PO_4$水溶液密封于聚四氟乙烯的反应釜中,置于220 ℃微波水热装置中反应10～25 min,将反应液反复离心、洗涤,获得的粉体于80 ℃真空干燥4 h,便获得椭球形$\alpha-Fe_2O_3$纳米粒子。

中国科学院的只金芳教授课题组以过氧化钛络合物作为前驱体,采用100 ℃下热处理的简单方法制备出金红石型纳米椭球。反应体系处于温和条件和较短时间内就能形成可调节长宽比的椭球结构。选择过氧钛络合物作为前驱体是形成金红石型纳米结构的关键因素。研究结果发现,过氧钛复合物的稳定性在过氧键的快速分解过程中体现出协同效应,体系酸度和络合物浓度能够很好地调节产物的粒径大小。通过亚甲基蓝的紫外-可见光降解实验表明,较小的氧化钛粒子可表现出更高的光催化活性。热分解过程主要分为两个部分,一个是直接的金红石种子的形成,其次是金红石种子的进一步增长。这种合成方法能够一步直接产生金红石型纳米粒子,而不需要任何添加剂和烧结步骤,这为催化剂载体、高折射率膜和光学涂层提供了新的技术途径,如图6.14所示。

(a) 椭球形 α-Fe_2O_3 纳米粒子　　(b) 金红石型纳米椭球 TiO_2

图6.14　椭球形 α-Fe_2O_3 纳米粒子及金红石型纳米椭球 TiO_2 的SEM照片

湖北大学的王浩课题组通过反应釜热解法将普通的氧化锌晶须通过自组装法实现了从纳米棒到氧化锌椭球形纳米结构的成功构筑。不同的结构分析证实,氧化锌椭球具有单晶结构和室温光致发光特性。研究工作揭示了纳米棒的定向附着机制,实现有序组装的机理。环境压力和温度是关键要素,起着控制产物结构的作用。研究结果表明,氧化锌具有突出的光学性质,能够在催化剂、传感器、锂离子电池的电极材料上获得很好的应用。

6.5.2　机械拉伸法

华盛顿大学夏幼男研究小组将聚苯乙烯(PS)微球自组装成胶体晶体,在其表面渗入聚乙烯醇(PVA),加热200 ℃固化形成薄膜,然后在比PS玻璃转化温度更高的温度下拉伸复合薄膜。在此过程中,PS小球经有黏弹性形变被变压器机械拉伸成椭球形,用有机溶剂除去PVA,即可获得PS椭球形粒子,如图6.15所示。

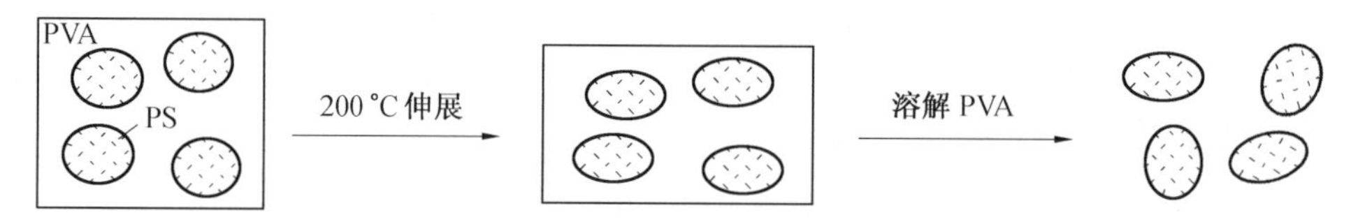

图6.15　机械拉伸法制备PS椭球形粒子过程的示意图

非球形纳米粒子能够通过控制机械应力的方法获得,这些方法具有简单可操作性强等特点。中科院化学研究所的杨振忠课题组就通过模板法进行不同方面的压缩,对溶胶-凝胶法填充的无机氧化钛进行单轴向施压,制备了扁球形的纳米颗粒。纵横比可以通过压缩程度的不同来控制,从而获得结构良好的纳米粒子。此法的关键在于酸性官能团能够诱导溶胶凝胶过程中蛋白石球的形成,此法可以进一步采用包含有一定官能团的单体进行氧化钛本体功能化,来制备非球形纳米粒子。

6.5.3　Stöber 法

中科院化学所光化学院重点实验室宋凯研究小组通过 $Fe(ClO_4)_3$水解合成长宽比可调的纺锤形 $\alpha-Fe_2O_3$。在 $Fe(ClO_4)_3$水解的水溶液中添加 NaH_2PO_4，可通过简单变化 NaH_2PO_4的浓度来改变已制备的纺锤形赤铁矿的长宽比。这些纺锤形粒子在外加磁场下可以进行有序的调整，通过外加磁场作用来实现。但由于大长宽比的纺锤形只能形成向列的液晶向，因此他们用 SiO_2包覆来降低胶粒的长宽比至 1.3 和 1.5，所得外形在球形和棒状纺锤形之间的 $\alpha-Fe_2O_3$@SiO_2核壳椭球形粒子，其尺寸分布大小、长宽比可调，如图 6.16 所示。

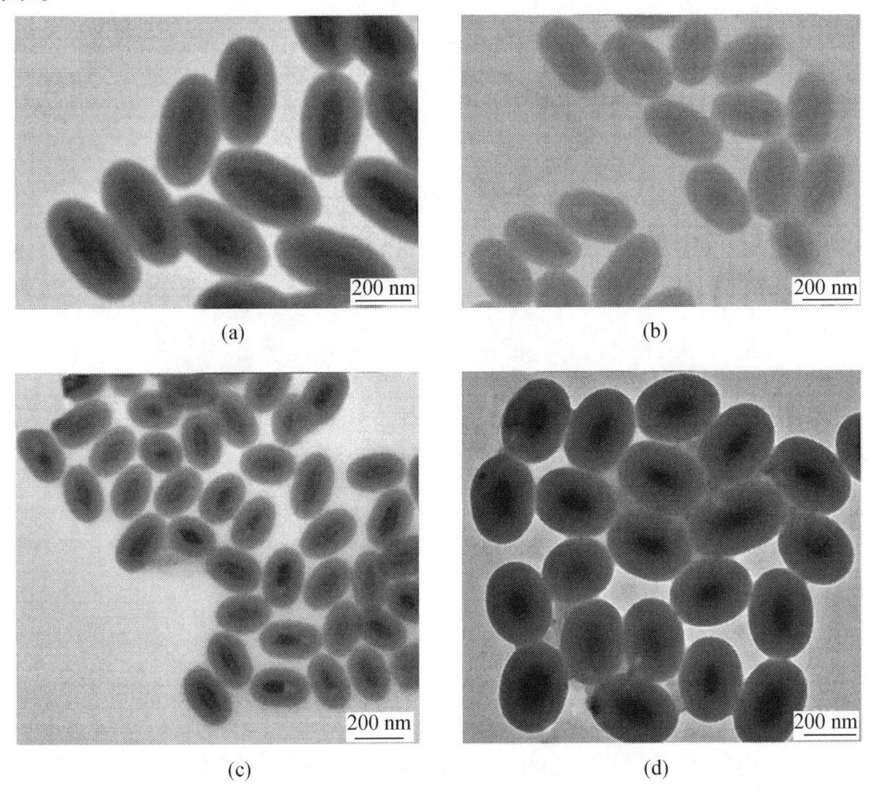

图 6.16　不同长宽比的 $\alpha-Fe_2O_3$@SiO_2核壳椭球形粒子的 TEM 照片

他们继续研究 $\alpha-Fe_2O_3$@SiO_2椭球形粒子，采用 H_2还原 O_2氧化法，获得了单分散磁性活跃的 $\gamma-Fe_2O_3$@SiO_2核壳椭球体，包覆后的椭球单分散性依然较好，可作为长程有序密堆积的结构单元。在磁场作用下，采用对流自组装法将椭球形胶体粒子构筑成长程有序排列的超点阵结构，如图 6.17 所示。

在此基础之上，采用液-液界面组装法与磁场取向控制组合，通过调节固定磁场大小与 $\gamma-Fe_2O_3$@SiO_2磁性椭球液面之间的距离，获得不同层数的椭球有序结构，并且得出磁场与液面之间的距离与有序结构的层数成反比，如图 6.18 和 6.19 所示。

上海复旦大学赵东元教授课题组采用动力学控制包覆 TiO_2的方法合成了各种多功

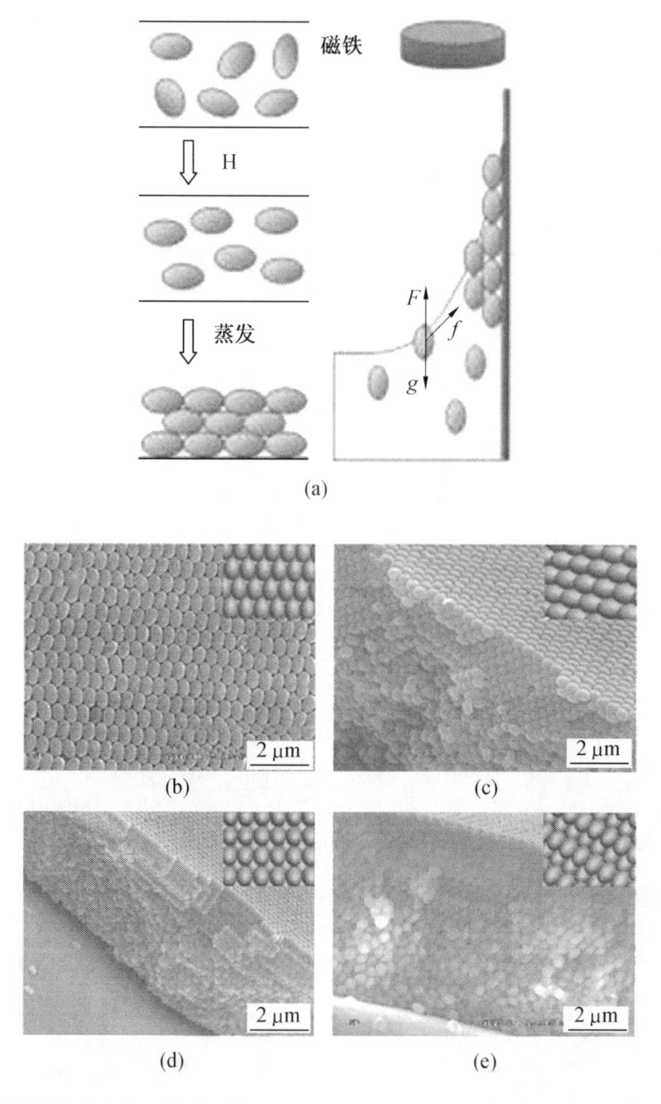

图 6.17　磁场作用下对流自组装法示意图及 γ-Fe_2O_3@SiO_2核壳椭球形粒子的三维有序结构 SEM 照片

能的单分散椭球形核-壳结构。以传统 Stöber 法为基础，在乙醇/氨水混合液中定量控制钛酸四丁酯的水解和缩聚，形成带有均一介孔 TiO_2壳的多功能核壳结构。精确控制动力学参数能够较完美地实现在核心表面生长 TiO_2和优先异相成核。结果表明，这种方法简单，具有可重复性，而且可实现 TiO_2壳厚的连续变化。由于 TiO_2的引入，使核壳结构产生了良好的化学性和热稳定性、电子传输和光学特性，有希望在光催化、染料敏化太阳能电池、锂离子电池中得到应用，如图 6.20 所示。

加州大学河滨分校的殷亚东教授课题组对各向异性结构的超顺磁纳米粒子。首先制备出 Fe_3O_4胶体纳米晶体团簇（Fe_3O_4CNC），在此基础上进行乳液聚合包覆 PS，获得各种球形和非球形核壳结构的纳米粒子。这些纳米粒子进行 SiO_2包覆能够形成各种偏心结

构的核壳 Fe_3O_4@ SiO_2,其形成机理主要是由种子粒子和疏水性单体之间的亲和力的变化来控制的。单体进行吸水后能够受到不同方向纳米粒子的键合作用而形成不同方向的 PS 沉积,因而能够很好地控制纳米粒子的形貌,如图 6.21 和6.22 所示。

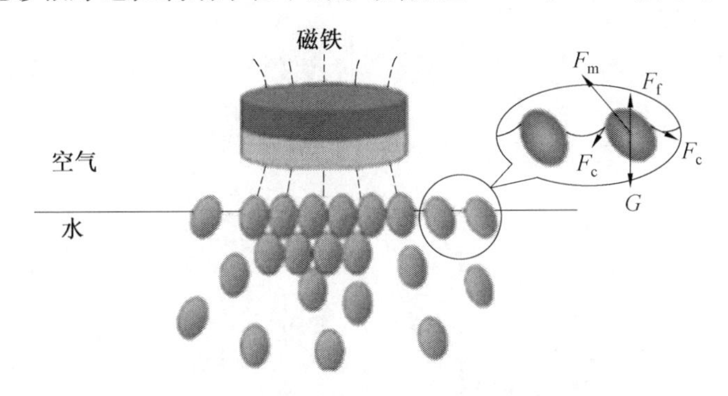

图 6.18　磁场作用下液-液界面组装法的示意图

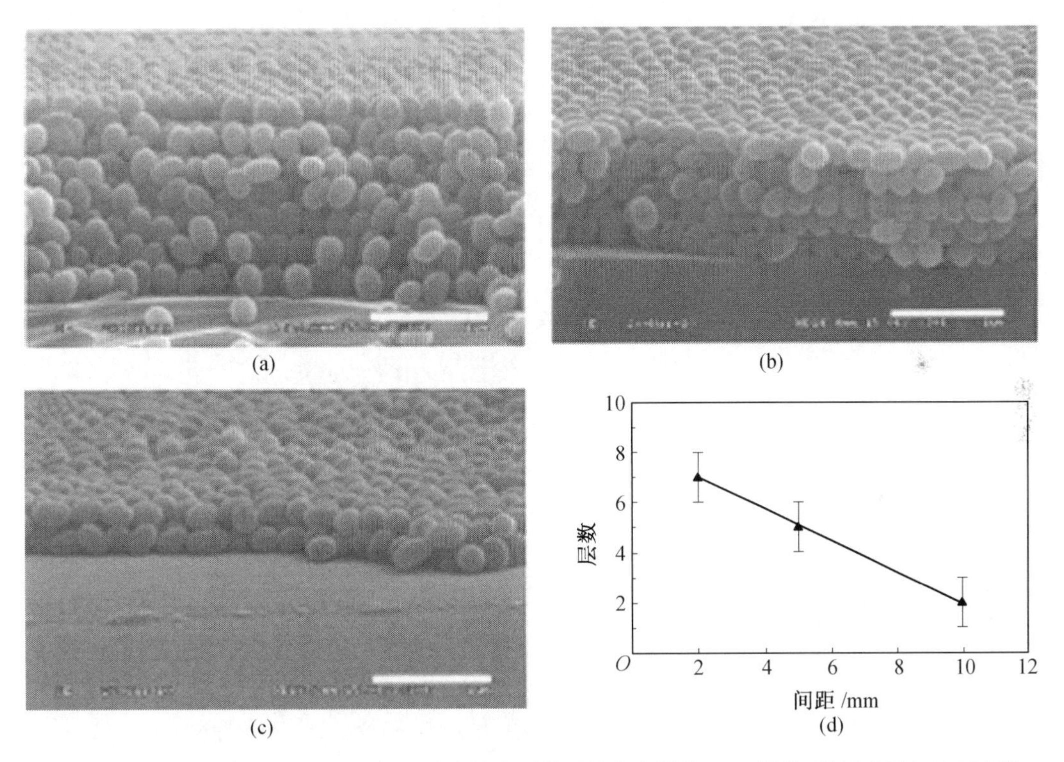

图 6.19　不同层数的 γ-Fe_2O_3@ SiO_2核壳椭球形粒子的有序结构 SEM 照片,以及磁场与液面之间距离大小和层数之间的关系曲线图

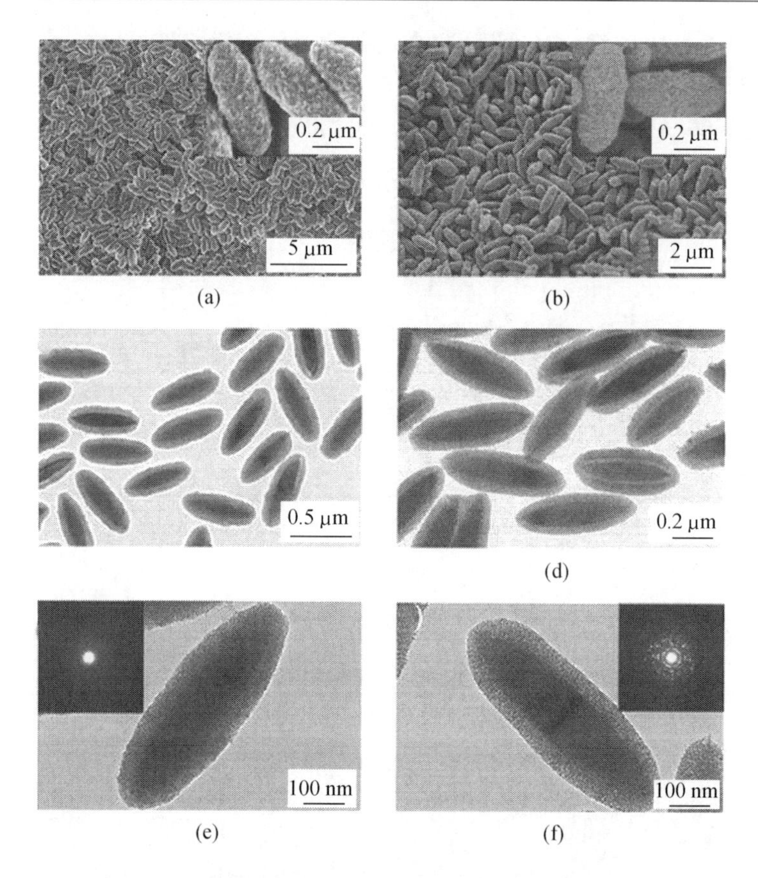

图 6.20 α-Fe_2O_3@TiO_2核壳结构的 SEM 和 TEM 照片

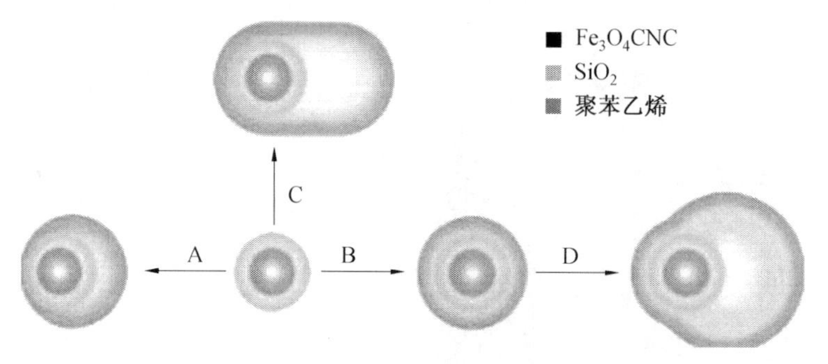

图 6.21 Fe_3O_4@SiO_2@PS 核壳复合胶体的形成示意图

(通过控制种子乳液聚合法中的界面张力、交联度、单体以及肿胀和相分离分别制备出 A,B,C,D 四种结构)

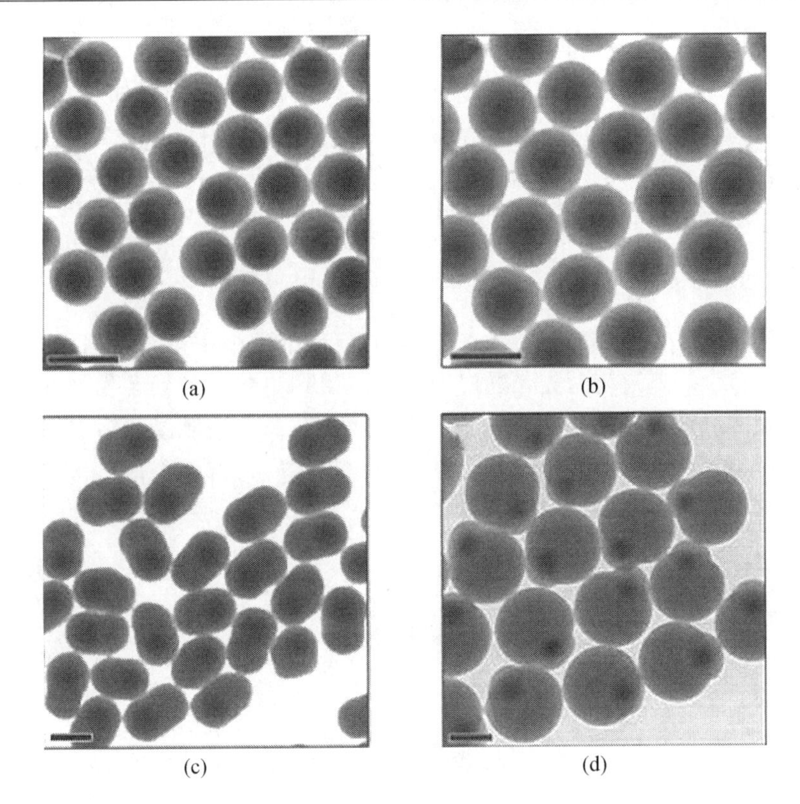

图 6.22　各种结构的 Fe_3O_4@SiO_2@PS 核壳粒子的 TEM 照片

6.5.4　微流体法

Patrick S. Doyle 等人采用微流体法成功地制备盘状和插头状的粒子。在 T 字形节点的微流体中,非球形纳米粒子能够可控地合成。聚合物相在低剪切速率条件下时,能够获得插头状粒子,通道高度较低时,可以获得压片的盘状粒子。在流动过程中,采用紫外光对微流体内的聚合物进行原位聚合反应,能够很好地保持产物的形貌而不发生进一步的变化,因此能够很好地制备出不同长度、直径的盘状和插头状粒子。

6.6　空心微球的制备工艺

中空材料是指一类内部具有空腔结构的材料。由于其特殊的空心结构,能够容纳大量的客体分子或者尺寸较大的分子,使其具有密度低、比表面积大、稳定性高和具有表面渗透性等特点,因此在生物化学、催化学、材料科学等领域具有特殊的应用前景。例如作为药物载体、细胞和酶的保护层、燃料分散剂、药物输送导弹、人造细胞、电学组件等。中空材料的制备一般可以通过将相应的核壳结构材料去核而得到。

目前,聚合/溶胶-凝胶法、乳液/界面聚合方法、喷雾-干燥法、表面活性聚合法等许多方法都可以用来制备聚合物或者无机物空心微球。空心微球的制备是利用单分散的无机物或高分子聚合物微(纳)米粒子作为模板,利用各种方法在其表面包覆一种或多种化学材料，从而得到核壳材料。再通过煅烧或选择合适的溶剂用萃取方法除去模板，便可以得到形状规则的空心材料。硬模板法制备核壳材料的关键是针对不同模板进行表面改性或表面修饰，以增强核-壳两种材料之间的结合力，使壳材料能较稳定地包覆在核的表面。或是在含有模板材料的溶液中，加入合适的稳定剂，使壳材料小聚集体能够沉积在核表面，而不是自身在溶液里凝聚成粒子。

6.6.1 硬模板法

常用的高分子聚合物模板主要是单分散的聚苯乙烯、聚甲基丙烯酸甲酯以及相关的共聚物粒子。整个制备过程首先是通过聚合反应得到单分散的聚合物微球粒子，然后将聚合物粒子表面进行适当的修饰或者改性，通过化学沉积、溶胶凝胶、化学聚合等方法在聚合物表面包覆、沉积各种化学材料得到核壳材料，然后再去除高分子聚合物模板，得到空心微球，如图 6.23 所示。

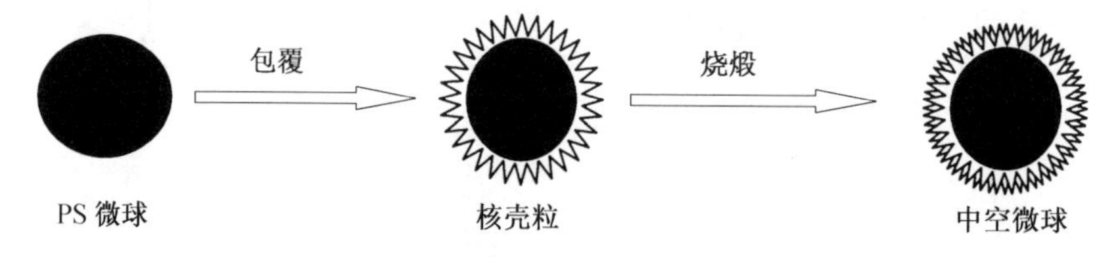

图 6.23 空心微球的制备示意图

Xia 等人利用整齐排列的聚苯乙烯微球为模板来制备 SiO_2 和 SnO_2 空心微球。模板粒子之间的水分蒸发后，聚合物粒子粒径收缩。虽然聚苯乙烯微球在干燥时由于物理作用而接触在一起，但是渗入无机粒子前驱体的作用，加之模板微球表面带有相同电荷的作用，又使聚苯乙烯微球分开。在空气中水分的作用下，前驱体水解为氧化物溶胶，随后聚集成凝胶网络，在溶剂完全挥发之前，凝胶沉淀出来，在聚苯乙烯表面形成均一、致密的壳层。将其浸入甲苯中，聚苯乙烯模板粒子溶解，这样就得到了空心微球。杨振忠教授等人采用一种特殊的聚合物微球，用无机粒子前驱体通过水解-缩合法先制得复合粒子，通过溶解或者煅烧除掉模板粒子后就得到空心微球。

6.6.2 软模板法

软模板法一般是利用乳液液滴、嵌段共聚物胶束、囊泡、气泡等为模板，通过两相界面反应在界面层生成一层壳材料的方法。

(1)以乳液液滴为模板。

以乳液液滴为模板合成中空微球的主要过程是在水相、表面活性剂和油相三组分形成的乳液或反相乳液体系里，加入反应前驱体，在水油界面处发生化学反应制备中空粒子。

(2)以嵌段共聚物胶束为模板。

嵌段共聚物胶束法是在含有表面活性剂和两亲嵌段共聚物的混合溶液中形成一种特殊的胶束，作为一种有效的模板合成中空微球，目前用此法已成功制备出碳酸钙($CaCO_3$)、金属 Ag 及 CdS 等中空微球。

(3)以囊泡为模板。

已有报道,利用超声分散法形成脂质体囊泡,以此为模板成功制备出中空 SiO_2 微球,并应用于发光材料、酶和聚合物粒子进行包覆。另外利用此法还可以制备生物兼容性好的磷酸钙中空微球。

(4)硬模板与软模板相结合。

将硬模板与软模板相结合的做法是先制备含有两相界面的乳状液,再将单分散的 PS 或 SiO_2 微球分散在乳状液体系里,这些微球会在界面张力的驱使下聚集在乳液液滴的周围,从而形成有序的壳材,然后将这种材料分离出来,便制得具有等级结构的空球材料。

6.6.3 牺牲模板法

在牺牲模板法中,作为模板的粒子在整个反应过程中既作为制备壳材料的模板,又作为一种反应物参加了生成壳材料的反应。这样在壳材料围绕模板生长的同时,其模板自身将不断消耗,最后就可以通过控制反应的程度得到核壳材料或者是中空的壳材料。由于在整个制备过程中不需要去除模板,因而这种方法在制备中空材料时十分简单,但采用这种制备方法的关键是需要选出能够参加成壳反应的模板。

除了上面提到的用硬模板法、软模板法以及二者相结合、牺牲模板法来制备核壳材料以外,很多课题组也在积极探索其他合成核壳材料的方法,使得空心核壳材料的制备路线更加多样化。

复旦大学的曹永课题组在过硫酸铵和尿素的乙醇/水混合溶液中,用水热法水解四氯化钛制备了 TiO_2 核、TiO_2 壳的核壳微球。他们认为过硫酸铵作为一种电解液,它首先围绕在反应刚生成的 TiO_2 晶粒周围,形成一种 TiO_2 晶粒/过硫酸铵电解液的核壳结构,随后水解生成的 TiO_2 晶粒将围绕在这种核壳结构的表面进行生长沉积而得到目标产物。

第7章 一维功能材料制备原理与工艺

纳米材料通常指材料的特征结构在纳米尺度(1～100 nm),长度甚至可达毫米级的材料。纳米材料的类型有零维的量子点、纳米颗粒,一维的纳米线、纳米管、纳米带,二维纳米薄膜如合金材料、复合材料,三维纳米结构如纳米网、三维多孔结构等。在三维立体空间中,有两个维度尺寸达到纳米量级的材料被称为一维纳米材料,如纳米线、纳米棒和纳米管等。自1991年Iijima发现碳纳米管以来,一维纳米材料的研究引起了科学家浓厚的兴趣。一维纳米材料具有其他纳米材料的一般特性,如表面和界面效应、量子尺寸效应、宏观量子隧道效应等基本性质。同时由于一维纳米材料的特殊结构,使其具有区别于其他纳米材料(如纳米颗粒和纳米片等)的特殊性质。尺寸、组成和表面功能化可控的一维纳米材料已经成为研究结构和性能关系及其相关应用中非常重要的内容。一维纳米材料的特殊性质主要包括电子传输特性、光学特性、激光发射特性、光电导性和光学开关特性和表面活性,它被广泛应用于光电器件、能量储存和转换器件及传感器器件的制备。

目前,一维纳米材料可以根据其空心或实心,以及形貌不同,分为以下几类:纳米管、纳米棒或纳米线、纳米带等。纳米棒一般是指长度较短,纵向形态较直的一维圆柱状(或其截面成多角状)实心纳米材料;纳米线是长度较长,形貌表现为直的或弯曲的一维实心纳米材料。不过,目前对于纳米棒和纳米线的定义和区分比较模糊。纳米带与以上两种纳米结构存在较大差别,其截面不同于纳米管或纳米线的接近圆形,而是呈现为四边形,其宽厚比分布范围一般为几到十几。由于一维纳米材料既可用作元器件又可用于元件连接,加之纳米线、纳米管的制备已日趋成熟,故其在纳米器件研制中具有重要的地位。

7.1 纳米管的制备工艺

纳米管的制备方法较多,根据其原理和生长机制主要分为液相法和气相法两大类。液相法主要包括溶剂热法、水热法、溶胶凝胶法、电化学沉积法和模板法。气相法主要包括化学气相沉积(CVD)法、激光烧蚀法和热蒸发法等。

7.1.1 化学气相沉积法

化学气相沉积(CVD)法是直接利用气体或者通过各种手段(通常是加热)使物质变为气态,然后发生物相变化或在气态时发生化学反应,最后在凝结的过程中成核生长成一维纳米材料的制备方法。气相法的主要生长机理有两种:气-液-固(V-L-S)机理和气-固(V-S)机理。气-液-固生长机理最初在20世纪60年代被R. S. Wanger等人提出来,用以解释Si纳米晶须生长,他们发现在Si晶须生长的过程中,Au液滴始终处在Si晶须的顶端。此机理指出在一维纳米结构时,形成了具有催化作用的合金液滴,它具有很强吸附气体分子的能力,因而能够很快达到过饱和状态。当达到过饱和状态以后,晶体在液固界面不断析出，成核进而生长。CVD 法适用范围广，工艺简单，其缺点是需要较高的温度，设备复杂，条件苛刻，不易于操作。

Tomonobu Nakayama 等人以(B-FeO-MgO)混合粉体为前驱体，在 Si/SiO_2 基板上合成了晶态 BN 纳米管，真空室压力为 133 Pa，NH_3 流量为 0.4 mL · min^{-1}。前驱体加热到 1 200 ℃并保持 30 min，然后升温至 1 400 ℃保持 30 min，最后冷却到室温，得到产物。其具体反应机理为：首先 B 与催化剂氧化物发生反应构筑有效前驱体 B_2O_2，然后 B_2O_2 与 NH_3 反应形成 BN 纳米管。其反应式为

$$2MgO(s)+2B(s) \longleftrightarrow B_2O_2(g)+2Mg(g) \quad (1)$$

$$2FeO(s)+2B(s) \longleftrightarrow B_2O_2(g)+2Fe(g) \quad (2)$$

$$B_2O_2(g)+2NH_3(g) \longrightarrow 2BN(s)+2H_2O(g)+H_2 \quad (3)$$

Wei Wang 等人采用两步 CVD 法合成了 Si/CNT 一维复合纳米材料作为锂离子电池负极材料。他们先是在石英显微镜载玻片上，以二甲苯(C_8H_{10})为前驱体，二茂铁(ferrocene)分解得到的铁离子作为催化剂合成多壁碳纳米管。然后通入 SiH_4 气体将 Si 粒子沉积在多壁碳纳米管上，就得到了 Si/CNT 一维复合纳米材料，如图 7.1 所示。CNT 阵列的生长速率为 25 μm · h^{-1}，CNT 为 Si 的沉积提供了成核表面。将制备的 Si/CNT 复合材料从载玻片上刮下，作为锂离子电池负极材料评价其电化学性能。

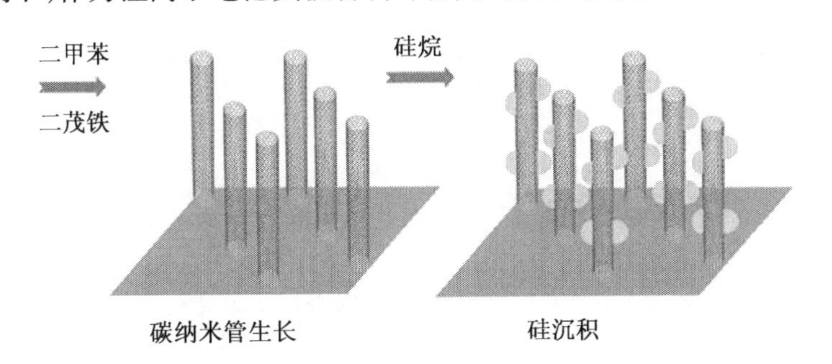

图 7.1　在 CNT 上 CVD 法沉积 Si 构筑 Si/CNT 一维复合材料示意图

Hejun Li 等人用一步催化剂辅助化学气相沉积法合成了[201]取向，长为60 nm，壁厚约为 15 nm 的单晶 HfC 纳米管。CH_4(体积分数为 99.9%)为碳源，$HfCl_4$(质量分数为 99.9%)为铪源，炉管压力为 0.02 MPa 以下，以 7 ℃ · min^{-1}的速率升温到 1 050 ℃，期间 H_2 被引入到系统中把 $Ni(NO_3)_2$ 还原成 Ni 催化剂粒子。当升温到 1 050 ℃时，流速为 1 000 mL · min^{-1}的 CH_4 和 H_2 的混合气携带气态的 $HfCl_4$ 粉体在催化剂的作用下与 CH_4 反应，在基板上形成 HfC 纳米结构如图 7.2 所示。将通过 HRTEM/EELS 分析发现，HfC 纳米管的生长机制是以碳纳米管(CNT)顶端生长机制和 CNT 模板反应为基础的。C 原子扩散到 Ni 催化剂的表面，优先形成 CNT。Hf 气再与 CNT 上的碳反应，形成 HfC 纳米管，在这个过程中 Hf 并没有与催化剂发生反应。

Pulickel M，Ajayand 等人采用真空渗透和化学气相沉积相结合的方法在多孔氧化铝模板(AAO)内合成 MnO_2/C 同轴纳米管锂离子电池正极材料。他们采用简单的真空渗透技术将 0.5 mL 0.2 mol · L^{-1}的硝酸锰真空渗透到 AAO 中，干燥后 300 ℃退火 10 h，制得 MnO_2 纳米管填充的 AAO。将之在氩气氛围内加热到 650 ℃，通入乙炔氩气混合气 1 h，在氩气环境下冷却至室温，就得到了 MnO_2/C 同轴纳米管填充的 AAO。并用

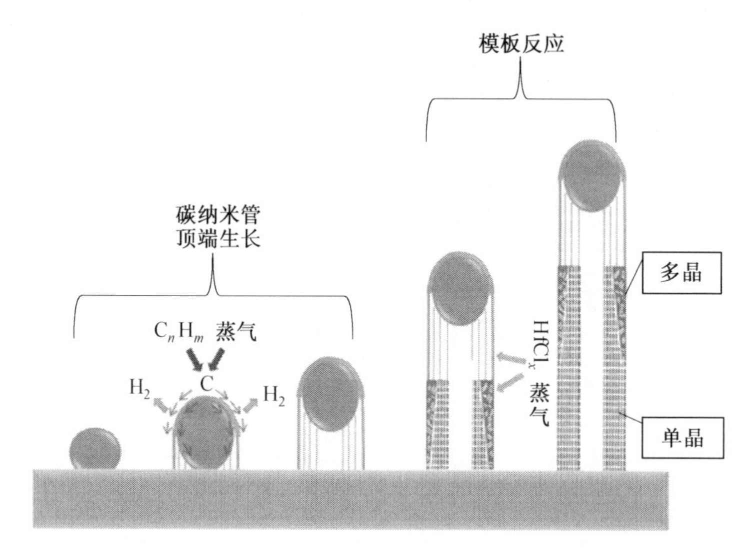

图 7.2　催化剂辅助 CVD 法合成 HfC 纳米管的生长机理示意图

3 mol · L^{-1} NaOH 溶解氧化铝模板,水洗,100 ℃真空干燥 5 h,得到 MnO_2/C 同轴纳米管,其结构如图 7.3 所示。

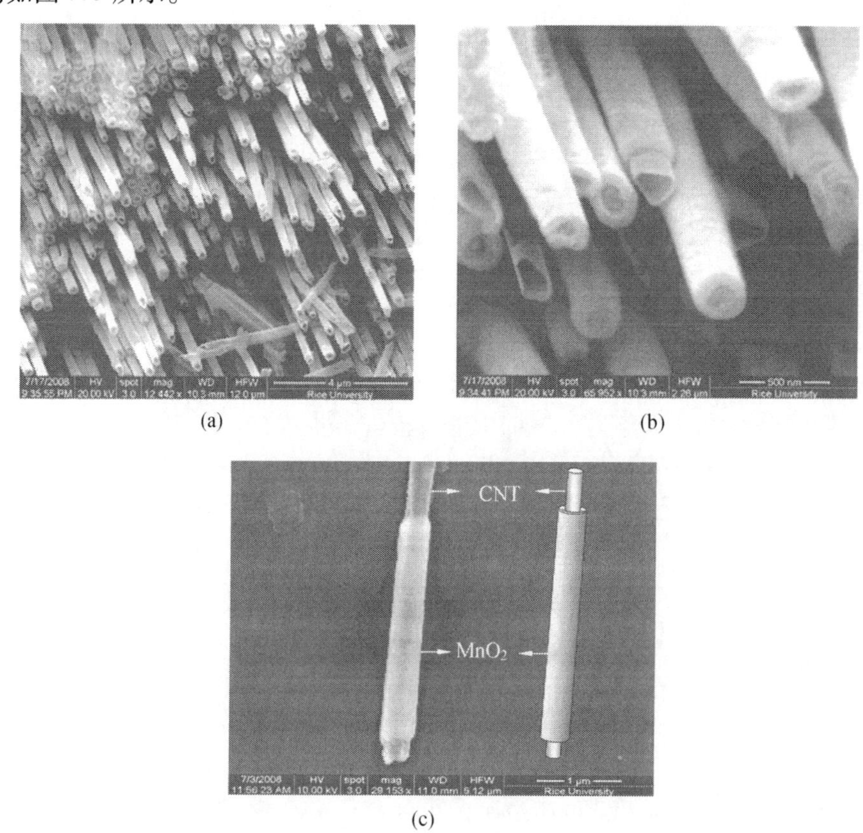

图 7.3　MnO_2/C 同轴纳米管结构的 SEM 照片

中国科学院固态物理研究所孟国文课题组采用CVD和模板法相结合，GeH_4为前驱体，阳极氧化铝(AAO)为模板的方法合成出不同形态的晶态锗纳米线和锗纳米管。通过选择不同的催化剂(Au，Ni，Cu，Co)实现对锗纳米结构形态的可控。当前驱体GeH_4浓度较低，使用Au纳米棒为催化剂时，在AAO孔道内形成锗单晶纳米线；当前驱体GeH_4浓度较高时，选择Au，Ni，Cu，Co纳米棒为催化剂时，会在AAO孔道内形成壁厚为6～18 nm非晶锗纳米管。非晶锗纳米管可以在400 ℃的Ar/H_2氛围中退火，转化为晶体。

7.1.2　水热法

水热法顾名思义需要水体系和高温环境。水热合成就是在高温高压下条件下，在可溶性金属盐或金属-有机物盐溶液中合成所要的材料，这个过程包括晶体成核和晶体生长两个阶段。溶液放置于反应釜中，温度一般为100～300 ℃，压力一般要高于大气压，反应4～24 h，压力大可防止溶液在高温下蒸发。其中反应釜为能耐高温高压、防腐蚀的钢制圆柱形容器，通过高温高压条件来得到样品。晶体粒子在这种条件下成核生长，最后长成所需要的晶体粉体。所以反应釜的衬底一般为特氟龙、石英和玻璃，具体实验材料要根据实际要求而定。在反应釜中存在温度梯度，一般分为较热端和较冷端，较热端是溶解溶液的区域，也称为营养区，较冷端是晶体生长的区域，又称为生长区。当材料从过饱和溶液中沉淀析出时，晶体生长就开始了，晶体生长条件要比模板辅助法严格，成核一般需要超声、磁力搅拌和机械搅拌等条件。

赤铁矿(α-Fe_2O_3)磁性氧化铁短纳米管和磁铁矿(Fe_3O_4)短纳米管也可以用水热法合成。先把一定量的$FeCl_3 \cdot 6H_2O$，$NaH_2PO_4 \cdot 2H_2O$和Na_2SO_4在水溶液中混匀，再加入2倍量的蒸馏水。超声后转移到特氟龙里料的反应釜中，升温至220 ℃水热处理12 h，冷却至室温。离心把沉淀物从溶液中分离出来，再用2倍量的蒸馏水冲洗沉淀物，120 ℃真空干燥，就得到了α-Fe_2O_3短纳米管。将α-Fe_2O_3短纳米管进一步氧化就得到了Fe_3O_4短纳米管，具体工艺流程如下：将干燥的α-Fe_2O_3粉体放在管式炉中，并在氢气氛围中300 ℃下退火5 h。管式炉在氢气氛围中冷却至室温，将产物在氧气氛围中400 ℃下退火2 h，又可得Fe_3O_4短纳米管。

氧化铁纳米粒子的形貌跟反应时间、铁离子浓度、磷酸盐和硫酸盐添加剂的浓度有关。反应条件和产物形貌的关系如图7.4所示。其中铁离子物种决定了纳米管增长沿着c轴方向，从热动力学角度上说晶体结构决定了产物形貌。磷酸盐吸附在平行于c轴的稳定的表面上，因为磷酸中O—O原子间距离为0.25 nm，与Fe—Fe平行平面的距离0.229 nm相匹配，Fe—Fe垂直距离为0.291 nm，因此磷酸盐更倾向于吸附在平行于c轴的平面上，而不是垂直于c轴的平面上。因而增加了α-Fe_2O_3的长径比，导致胶囊结构和针状结构的产生。而硫酸盐也有这个作用，只是比较弱，由于它与铁离子的协同效应，更倾向于溶解铁离子形成中空结构。

Min Gyu Choi等人也用水热法合成出TiO_2纳米管。他们把6 g TiO_2加入到10 $mol \cdot L^{-1}$ NaOH溶液中，搅拌20 min后超声30 min，在特氟龙密封的反应釜中150 ℃下反应48 h，反应产物用0.1 $mol \cdot L^{-1}$ HCl^{-1}的水溶液冲洗直至溶液pH=7，就得到了层状钛酸化合物。将钛酸在100 ℃下干燥24 h，然后在空气中300 ℃热处理4 h，就得到了TiO_2纳米

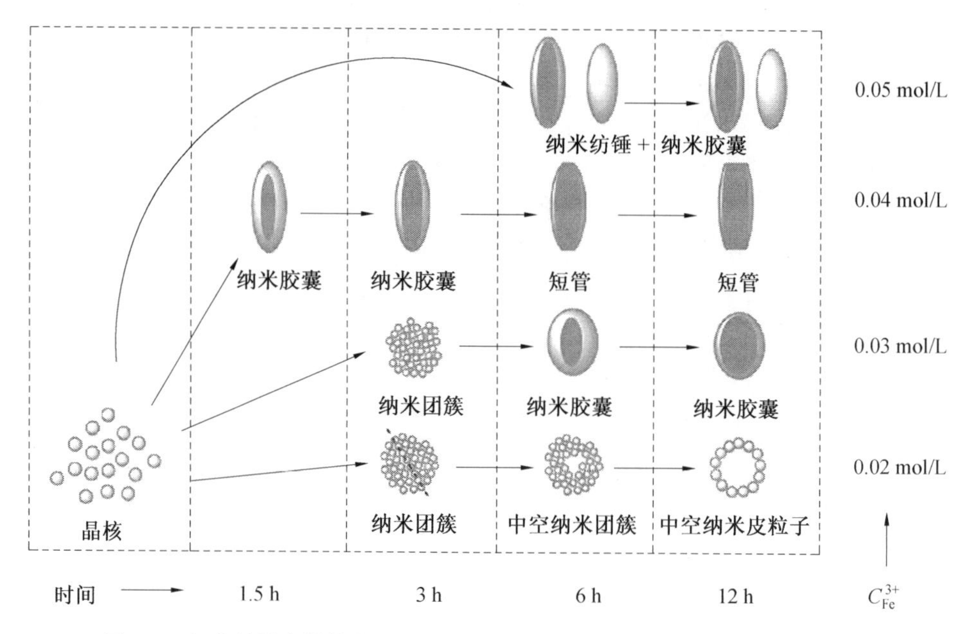

图 7.4　氧化铁纳米结构在不同反应时间、不同反应浓度下形貌演变示意图

管。水热过程中 H^+ 和 Na^+ 的失衡导致了过剩的表面能，而减少这种过剩表面能所需的结构决定了 TiO_2 纳米管的直径和管壁的厚度。当混入锐钛矿和金红石相，锐钛矿的质量分数大于 50%，TiO_2 纳米管管壁的厚度增加，这是因为锐钛矿 TiO_2 颗粒直径是金红石 TiO_2 颗粒直径的 2～2.5 倍。因而当只有金红石 TiO_2 颗粒参与水热反应时，同种金红石 TiO_2 颗粒的反应导致了 TiO_2 纳米管的直径较小。

Junwu Xiao 等人在碳纤维纸（CFP）上合成出 $NiCo_2S_4$ 纳米管阵列。首先把 CFP 用乙醇和去离子水清洗，放入反应釜中加入 10 mmol · L^{-1} $CoCl_2$ · $6H_2O$，5 mmol · $LNiCl_2$ · $6H_2O$，35 mmol · L^{-1} 尿素的混合水溶液 20 mL，然后在 90 ℃反应 12 h，就得到了生长在 CFP 上的金属碱式碳酸盐前驱体。将金属碱式碳酸盐前驱体在室温下与 H_2S 气体反应 12 h，然后在 400 ℃氩气氛围中热分解 1 h，产物转化为氧掺杂金属硫化物核壳纳米结构，最后酸刻蚀除去内部金属氧化物得到中空的 $NiCo_2S_4$ 纳米管阵列。具体反应过程如下：首先 Co^{2+} 和 Ni^{2+} 金属阳离子与尿素的分解产物 CO_3^{2-} 构筑双金属碱式碳酸盐前驱体 $(Ni,Co)(CO_3)_{1/2}OH \cdot 0.11\ H_2O$。$(Ni,Co)(CO_3)_{1/2}OH \cdot 0.11H_2O$ 呈棒状垂直分布在 CFP 上。然后将棒状前驱体经硫化、热处理、酸刻蚀，将 $(Ni,Co)(CO_3)_{1/2}OH \cdot 0.11H_2O$ 纳米棒转化成 $NiCo_2S_4$ 纳米管阵列，其制备工艺示意图如图 7.5 所示。

Stephen A. Morin 等人在解释单晶纳米管生长机理时指出纳米管的生长的驱动力是螺旋位错。由于螺旋应变自由能的存在，导致螺旋位错成为纳米线和纳米管生长的源动力。由于晶格完美周期性的破坏产生螺旋位错，就会存在单位长度弹性应变能 E。应变能 E 的大小由伯氏矢量 $\boldsymbol{b}$ 的数量级所决定，具体表达式为

$$E=\frac{\boldsymbol{b}^2\mu}{4\pi}\ln\left(\frac{R}{r}\right)$$

式中，μ 表示剪切模量；R 和 r 分别表示纳米管的外径和内径。

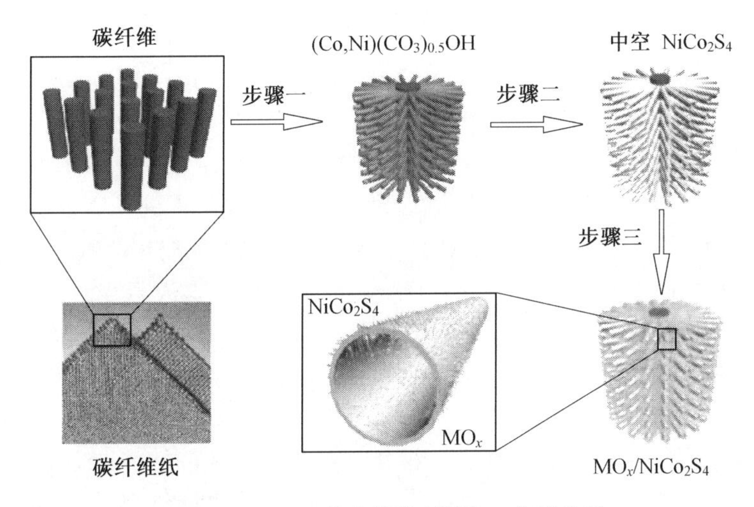

图7.5 $NiCo_2S_4$纳米管阵列制备工艺示意图

当 $\boldsymbol{b}$ 增加时，晶体就会出现足够大的应变能，这种应变能大于产生内表面和变成中空的扭曲核心的能量消耗。表面能 γ 与 r 存在如下关系：

$$b_{\text{tube}}=\sqrt{\frac{8\pi^2\gamma r}{\eta}}$$

当伯氏矢量足够大时，螺旋位错促使一维纳米材料增长，形成中空的纳米管。对于纳米管，根据 Eshelby 扭曲方程，伯氏矢量 $\boldsymbol{b}$ 与晶格扭曲 α 存在如下关系：

$$\alpha=\frac{\boldsymbol{b}}{\pi R^2+\pi r^2}$$

他们认为减少位错畸变有两种竞争机制，即形成纳米管和在扭曲中心周围产生扭矩竞争。溶液过饱和度、晶体取向生长机制、位错畸变能和最后的形态共同解释了一维纳米材料形态的形成机理。

7.1.3 溶剂热法

溶剂热反应是水热反应的发展，它与水热反应的不同之处在于所使用的溶剂为有机溶剂，而不是水。在溶剂热反应中，一种或几种前驱体溶解在非水溶剂中，在液相或超临界条件下，反应物分散在溶液中并变得比较活泼，发生反应，缓慢生成产物。该过程相对简单而且易于控制，而且在密闭体系中可以有效地防止有毒物质的挥发和制备对空气敏感的前驱体。

溶剂热法具有以下优点：

①在有机溶剂中进行的反应能够有效地抑制产物的氧化过程。

②非水溶剂的采用使得溶剂热法可选择原料的范围大大扩大。

③由于有机溶剂的沸点低，在同样的条件下它们可以达到比水热合成更高的气压，从而有利于产物的结晶。

④由于较低的反应温度，反应物中的结构单元可以保留到产物中，且不受破坏，同时，有机溶剂官能团和反应物或产物作用，生成某些新型在催化和储能方面有潜在应用的材

料。

Zheng Jiang 等人合成出 N 掺杂 TiO_2纳米管。他们首先用碱性溶液水热法在 150 ℃下反应 48 h,合成出质子化 TiO_2纳米管(H-TNT)。然后将 H-TNT 分散在含有 20% NH_4Cl(质量分数)的乙醇-水溶液(体积比为 1 : 1)中(NH_4Cl 事先在反应釜 120 ℃热处理 5 h)。冷却至室温后,将白色沉淀物过滤,用去离子水和乙醇冲洗,得到了 N 掺杂 TiO_2纳米管。为了说明 N 掺杂 TiO_2纳米管的构筑机制,在溶剂热过程中他们用 NH_3,$(NH_4)CO_3$、尿素和 NH_4NO_3代替 NH_4Cl,XRD 数据显示产物含有钛酸盐相。这说明 Cl^-在晶体 TiO_2纳米管的形成或者钛酸盐转化成 TiO_2纳米管的过程中起了决定性作用。Cl^-促使锐钛矿 TiO_2纳米管的形成,NH_3吸附在纳米管管壁上形成部分钛酸铵,经过退火后形成 N 掺杂 TiO_2纳米管。

Shancheng Yan 等人用溶剂热法合成碲化铟纳米管。他们把 Na_2TeO_3和 $In(NO_3)_3 \cdot 5H_2O$ 缓慢加入乙二醇中,室温下搅拌,以 PVP 作为表面活性剂加入混合物中,搅拌 40 min后溶液由浑浊变为无色,再加入 2.2 mL EDA 溶液,溶液由无色转变成乳白色,进一步搅拌后溶液 pH 为 9 ~ 10。把溶液转移到反应釜中,温度 180 ℃,加热 48 h 冷却至室温,离心后用蒸馏水洗涤数次,在 60 ℃下真空干燥,即得到灰黑色粉体状碲化铟纳米管。碲化铟纳米管为六面体,如图 7.6 所示,因为六面体比圆柱体更加稳定,所以形成六面体而非圆柱体。碲化铟纳米管生长机理分为以下四个阶段:

①TeO_3^{2-}首先被还原成 Te 和 Te^{-2}的简单粒子,构成成核分子。

②管状结构开始在晶核上生长。

③成核分子边缘具有较高的自由能,因此在成核分子边缘进一步沉积。沉积和生长在 c 轴方向,垂直 c 轴方向,或沿着边缘方向。沿着 c 轴方向的生长速度比较快,因为 c 轴方向具有较强的范德瓦耳斯力,而垂直于 c 轴方向和圆周方向则生长速度较慢,这个现象反映在纳米管的长度和壁厚上,形成空隙。

④最后六面体碲化铟纳米管形成,因为它具有较高的自由能,在生长阶段初期,由于缺陷的存在导致了成核分子沿周边缘较慢的生长。

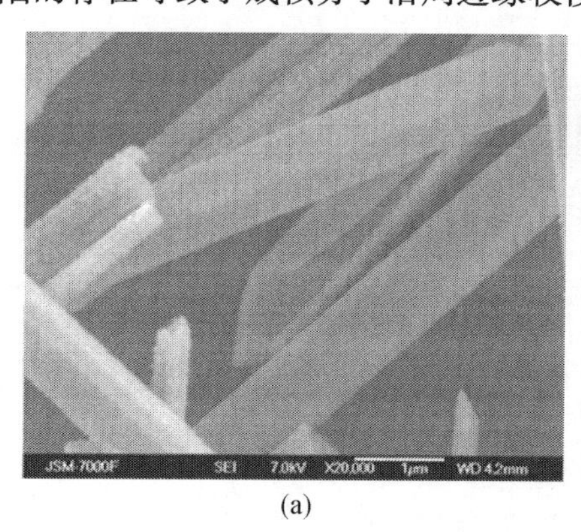

(a)

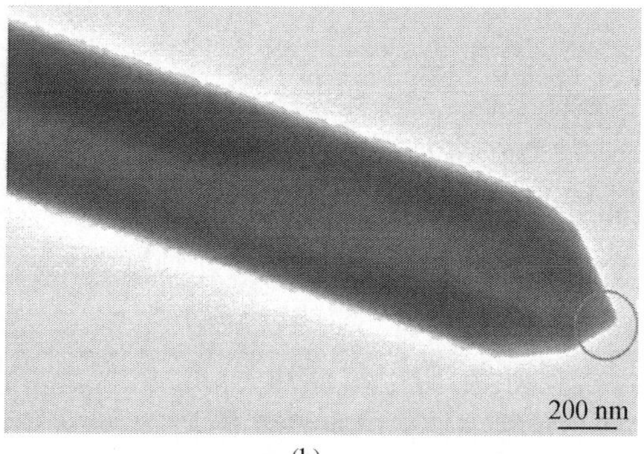

(b)

图 7.6 碲化铟纳米管的 SEM 和 TEM 照片

Guodan Wei 等人利用溶剂热法,以多孔硅为生长辅助剂(MCM-41)合成单晶多孔碲纳米管。他们把适量的碲粉、KOH 和 MCM-41 加入 60 mL 特氟龙衬底的反应釜中,然后加入反应釜90%容量的N,N-二甲基甲酰胺(DMF),180 ℃下反应17～24 h,冷却至室温。过滤产物并依次用蒸馏水、无水乙醇冲洗,最后黑色的产物在80 ℃干燥,便得到了单晶多孔碲纳米管,如图7.7所示。在溶剂热反应中,溶剂对纳米晶Te成核起着重要的作用。DMF被选作溶剂是因为它能溶解初始物质,碱性DMF能够部分分解成二甲胺,二甲胺是一种良好的协调配体和N的螯合剂。他们认为纳米管空心结构的构筑其实就是溶解-结晶的过程。其中溶解过程为如下反应:

$$3Te+5OH^- \longrightarrow 2Te^{2-}+HTeO^{3-}+2H_2O$$

可以看出碱性溶液的加入是十分重要的,如果没有碱性溶液Te就不会溶解。碱性溶液可以使Te分散在MCM-41的周围溶液中,这样有利于形成纳米管结构。而结晶过程为如下反应:

$$2Te^{2-}+HTeO^{3-}+2H_2O \longrightarrow 3Te+5OH^-$$

在溶剂热过程中Te形成纳米粒子,聚集在一起在多孔硅MCM-41诱导下形成纳米管结构。

(a)

(b)

图7.7　碲纳米管的SEM照片

Feng Chen等人在不添加表面活性剂的情况下,利用溶剂热法在乙二醇(EG)、N,N-二甲基甲酰胺(DMF)、H_2O三元溶剂中合成出仿生磷灰石纳米管。他们把$CaCl_2$溶解在EG,H_2O,$NaH_2PO_4 \cdot H_2O$的混合溶液中,再把$CaCl_2$溶液加入NaH_2PO_4溶液中。于上述溶液中添加DMF溶液,转移到反应釜中加热到200 ℃,将产物离心分离,并用蒸馏水和无水乙醇冲洗三遍,干燥合即得到磷灰石纳米管,如图7.8所示。纳米管形貌的构筑是沉淀-重新溶解的过程,可以用如下反应来解释:

$$\text{前驱体}+OH^- \longrightarrow Ca^{2+}+PO_4^{3-}+H_2O$$

$$Ca^{2+}+PO_4^{3-}+H_2O \longrightarrow Ca(PO_4)_3OH$$

由此可见溶剂对产物的形貌和晶形有明显的影响,这种方法的优点是不需要硬模板和表面活性剂,使合成过程变得更加简单,免去除模板时不必要的耗费。所制备的磷灰石纳米管在形态上与自然组织有很高的相似性,或许在未来仿生领域有着重要的应用。

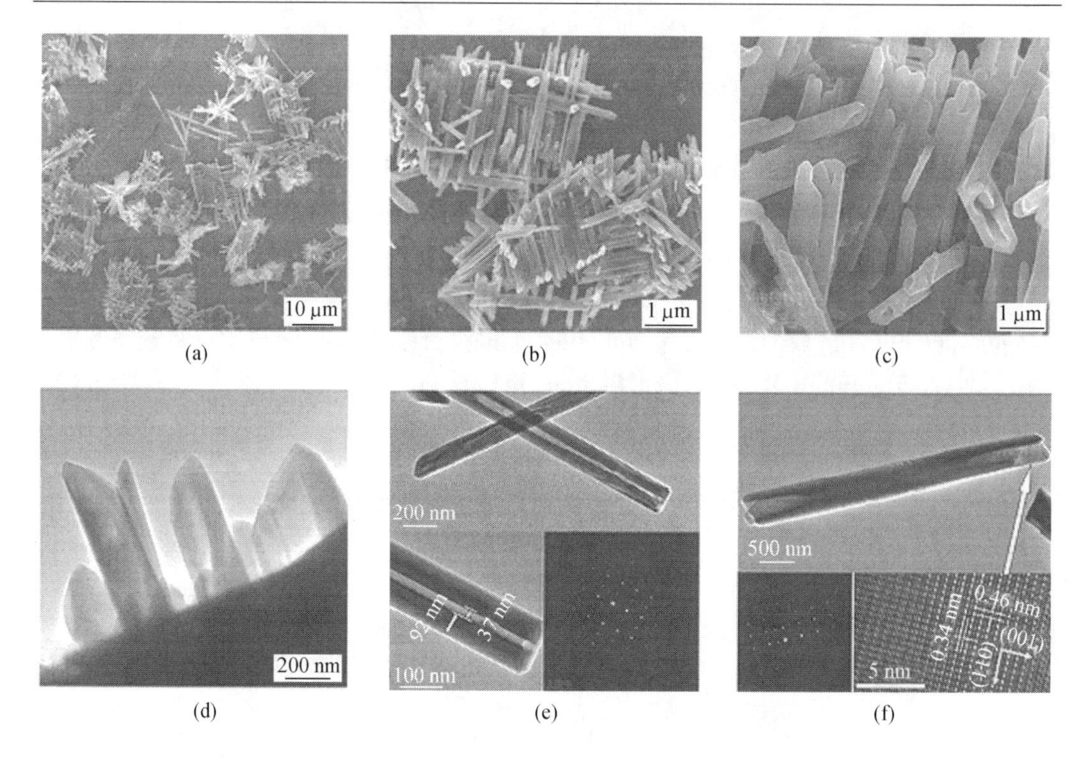

(a) (b) (c) (d) (e) (f)

图 7.8 磷灰石纳米管的 SEM 和 TEM 照片

7.1.4 阳极氧化法

阳极氧化法可以通过有效地改变电压控制材料的尺寸和形貌。此外,根据电解液组成的不同,还可以制备出形貌多样的纳米金属氧化物,更重要的是,阳极氧化法具有成本低廉,可大规模制备,且产物直接沉积到电极上,易于分离,纯化方便等优势,越来越受到广大研究者的关注。

Keyu Xie 等人利用阳极氧化法构了筑高度有序 Fe_2O_3纳米管阵列。他们把铁箔依次放入丙酮、乙醇、去离子水中脱油脂,接着在氮气氛围中干燥,在浓度为 0.5%(质量分数)氟化铵和 3%(质量分数)去离子水的乙二醇电解质溶液中,于 60 ℃下加 50 V 直流电压阳极氧化 5 min。样品在氧气氛中 500 ℃下退火 3 h,无定形 Fe_2O_3纳米管便转化成晶体 α-Fe_2O_3纳米管,如图 7.9 所示。

Ta_3N_5纳米管阵列也可以用两步阳极氧化法制得。首先把钽箔放入 H_2SO_4和去离子水的电解液中,加 15 V 电压阳极氧化制备 Ta_2O_5纳米管。制得的 Ta_2O_5纳米管使用 H_2SO_4和 HF 处理。HF 的浓度要小,因为较高浓度的 HF 溶液会导致剧烈的电化学反应,导致氧化物和金属基板界面应力的产生,使纳米管从基板上脱落。因此,常用去离子水代替 85%(质量分数)的 HF 溶液,几小时后就会生成大量的 Ta_2O_5纳米管,并且与基板结合得很牢固,将温度升至 700 ℃,Ta_2O_5纳米管在 NH_3氛围中退火 10 h,就得到了 Ta_3N_5纳米管阵列,如图 7.10 所示。

Ta_2O_5纳米管的增长是包括场辅助金属氧化效应、化学溶解效应和场辅助溶解效应几

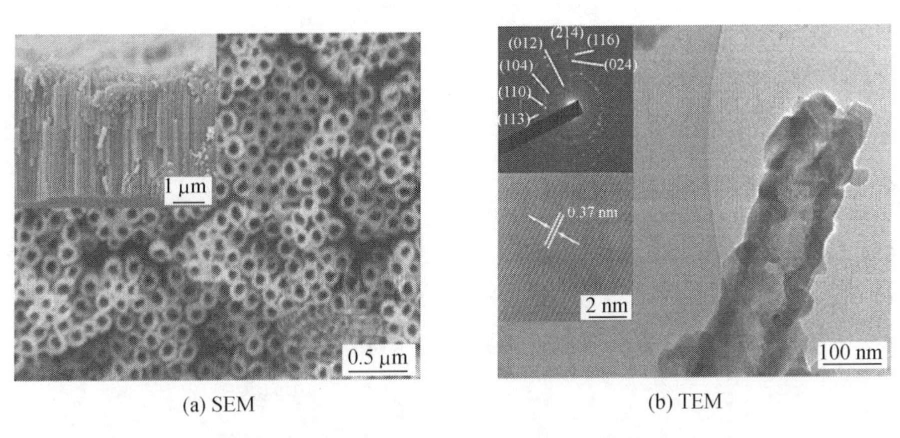

(a) SEM　(b) TEM

图7.9　α-Fe_2O_3纳米管的SEM和TEM照片

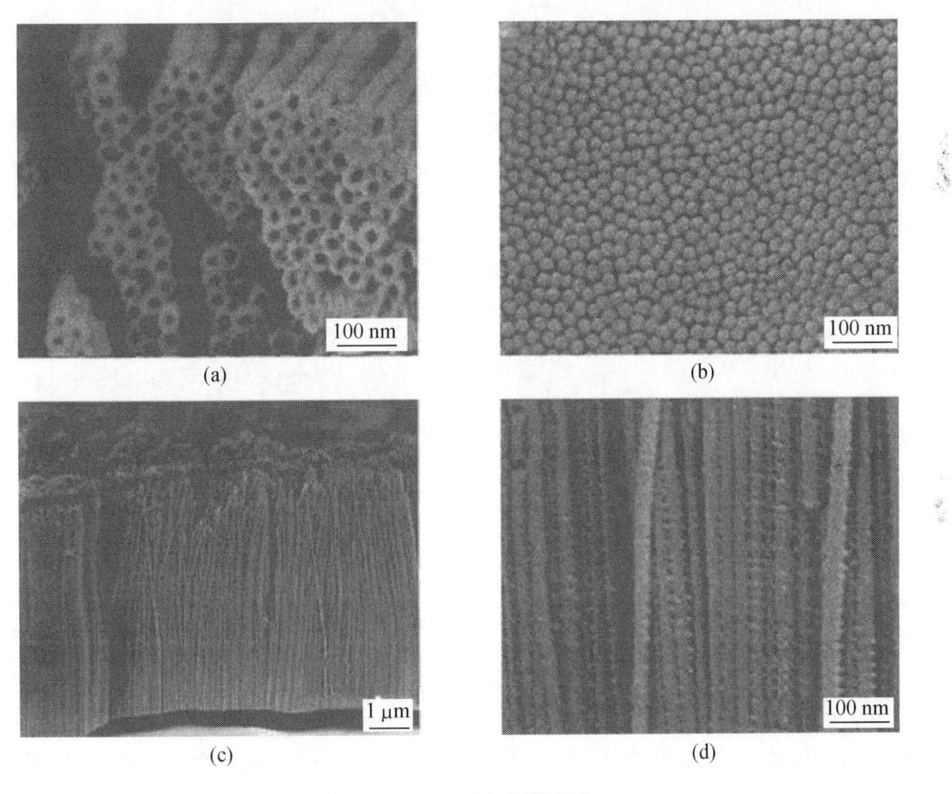

(a)　(b)　(c)　(d)

图7.10　Ta_3N_5纳米管阵列

种机制共同竞争的结果，H_2O的引入和HF浓度的降低都会影响Ta_2O_5纳米管的生长行为，从NH_3热处理后的Ta_3N_5纳米管通过FE-SEM可以看出纳米管的生长不受氮化高温的影响。

A. Mazzarolo等人报道了用阳极氧化法制备TiO_2纳米管。Ti箔先用丙酮、去离子水清洗，然后放入盛放硫酸电解液的特氟龙电解池中进行阳极氧化。他们采用两电极体系，石墨棒作为对电极，在25 ℃下缓慢搅拌，阳极氧化后得到了TiO_2纳米管。在生长过程中由于作用于氧化物表面的电场可达10^8 V·m^{-1}，因而产生的电致伸缩力可达MPa的数量级。氧化物表面的电场使TiO_2纳米管的生长产生两种导电机制:离子迁移(氧离子向金属的迁移和金属离子向电解液的迁移)和电子迁移,如图7.11所示。其中离子迁移主要作用于氧化物生长,而电子迁移则作用于氧气在氧化物-溶液界面上的演变。对于一个给定的电场,两种导电机制过程中产生电流的数量级完全取决于氧化物的性质。在迁移过程中,向内迁移的O^{2-}失去电子,变成氧气分子,因此在氧化物内产生气泡。他们采用动电位极化测试的方法进行阳极氧化并用电化学阻抗的方法对氧化物的厚度进行估算。因为氧化物在生长过程中由非晶转变为晶态,介电常数的不确定性导致了氧化物的厚度只能估算,用RC回路拟合其中电容器解释了氧化物的电容行为,而电阻则解释了电流经过氧化物的耗散电阻。

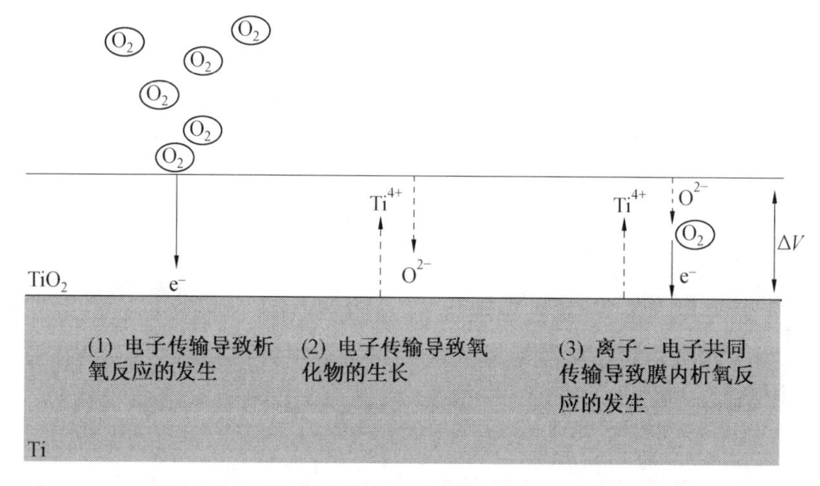

图7.11 TiO_2纳米管生长过程中的导电机制示意图

7.1.5 溶胶-凝胶法

溶胶-凝胶法制备纳米材料属于湿化学法的一种,它是将原料分散在溶剂中,通过水解聚合形成溶胶或者解凝形成溶胶,再凝胶化,最后干燥和焙烧制备出纳米粒子和所需要材料的方法。溶胶-凝胶法是近期发展起来的,能代替高温固相合成反应制备陶瓷、玻璃和许多固体材料的新方法,作为低温或温和条件下合成无机化合物或无机材料的重要方法,在软化学合成中已占有重要地位,也广泛用于制备一维纳米材料。

Berrigan等人使用溶胶-凝胶法和气态/固态转化反应首次把多孔氧化铝(AAO)转化成纳米晶锐钛矿多壁TiO_2纳米管阵列。他们首先用质量比为3∶1的异丙醇钛和无水异丙醇溶液在AAO模板上进行两次真空渗透,每次真空渗透后在潮湿空气中水解。然后将处理过的AAO模板浸入0.25 mol·L^{-1}氯化铜和3 mol·L^{-1} NaOH水溶液中除去AAO的铝基底和铝阻挡层,将AAO模板用TiF_4(s)密封放入安瓿瓶中移至充满氩气的手套箱中,将安瓿瓶升温至335 ℃保温8 h,产生的TiF_4气体与AAO模板反应。将样品从安瓿瓶中取出,在潮湿的氧气氛中250 ℃加热8 h,接着在空气中500 ℃反应1.5 h,最后即生成多壁TiO_2纳米管阵列,其工艺流程图和样品SEM照片如图7.12和图7.13所示。

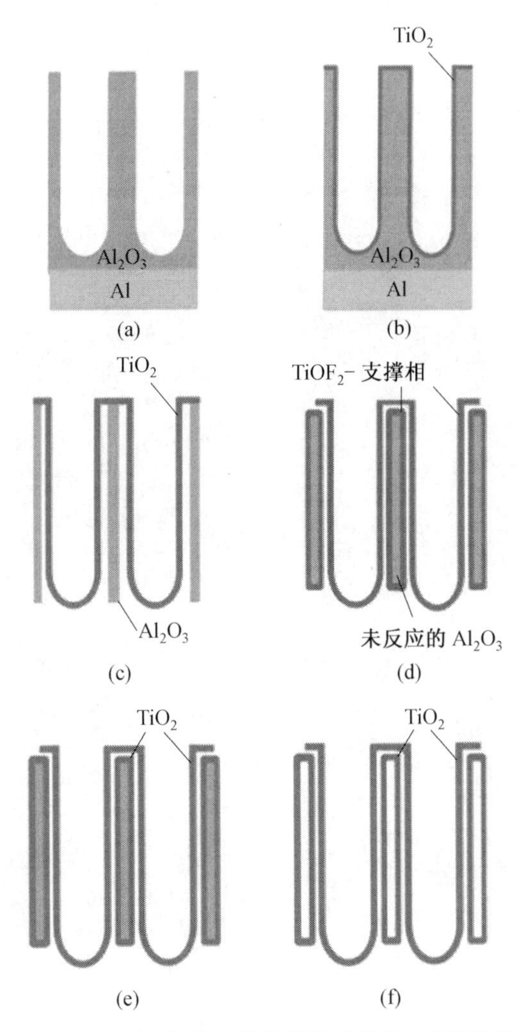

图 7.12　多壁 TiO_2 纳米管阵列制备工艺流程图

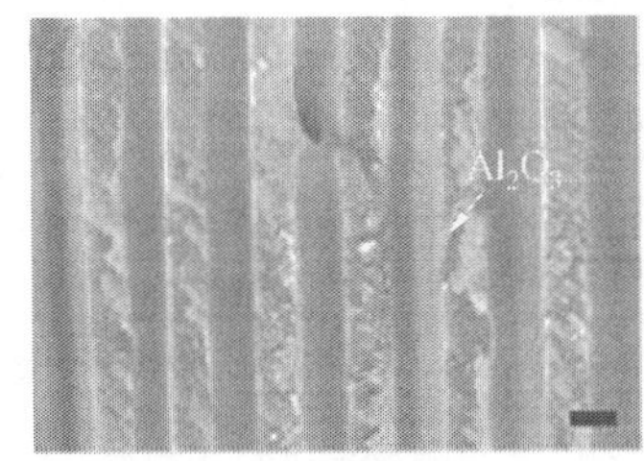

(a) AAO 模板

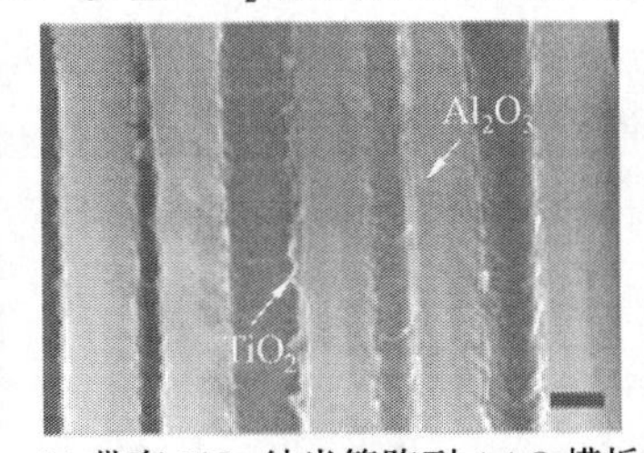

(b) 带有 TiO_2 纳米管阵列 AAO 模板

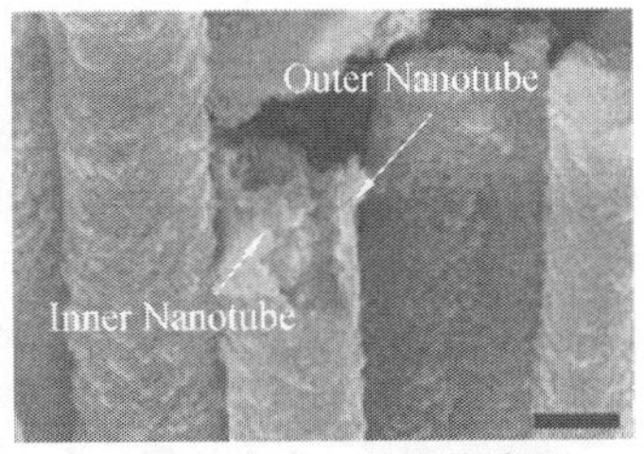

(c) 多壁 TiO_2 纳米管阵列

图 7.13　样品 SEM 照片

其中 $TiOF_2$ 的构筑,满足如下反应:

$$3TiF_4(g)+Al_2O_3(s) \longrightarrow 3TiOF_2(s)+2AlF_3(s)$$

样品在潮湿空气中 250 ℃下除去 F 发生如下反应:

$$TiOF_2(s)+H_2O(g) \longrightarrow TiO_2(s)+2HF(s)$$

$$TiOF_2(s)+1/2O_2(g) \longrightarrow TiO_2(s)+2F(g)$$

Chen 等人用溶胶-凝胶法以胶原纤维为模板构筑了含 Ca 的 Si 纳米管。首先他们按以下方法合成了胶原纤维水凝胶:首先将 9 mL 猪胶原蛋白溶液置入 25 mL 塑料瓶中,用移液管加入 1 mL PBS,摇动混合 30 s,放入冰箱中冷却,然后将混合溶液取出倒入 Si 橡胶模具中,制备出胶原纤维。用不同浓度的乙醇各处理胶原纤维 1 h,脱水并除掉残留的 PBS,冷冻干燥得到干燥的胶原纤维。将脱水后的胶原纤维放入溶胶凝胶前驱体混合物中,室温下搅拌 24 h,最后用水冲洗两次,在 600 ℃下燃烧 2 h 除掉胶原纤维得到 Si 纳米管,如图 7.14 所示。

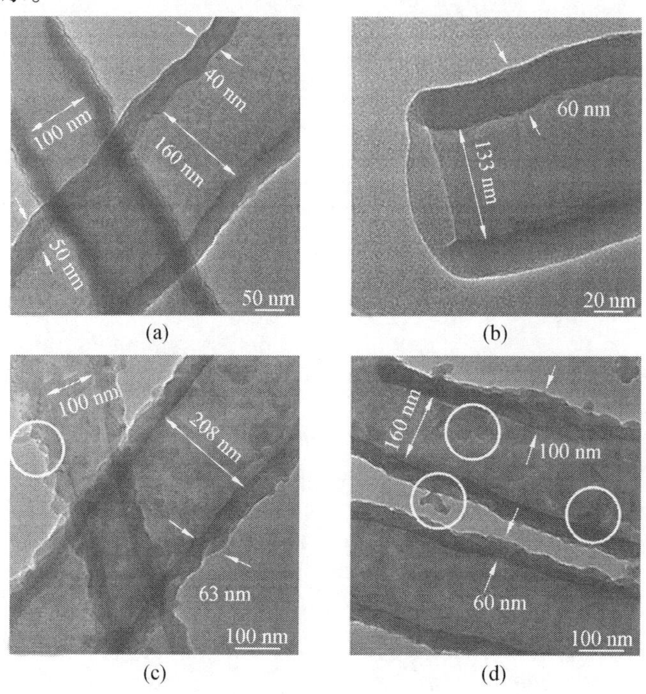

图 7.14 Si 纳米管的 TEM 照片

其中 Si 与胶原纤维形成氢键,在 Si 胶粒上、溶液中和胶原纤维上,水解和凝聚都可能发生,开始大多数胶粒在溶胶体系中形成,并吸附在胶原纤维表面上,接着胶原纤维成为 Si 胶粒聚合物成核生长点,最后生长成 Si 纳米管,其构筑机理示意图如图 7.15 所示。Si 胶粒聚合物吸附在胶原纤维表面上是由氢键的形成和在胶原纤维表面形成 Si 层的聚合作用导致的。

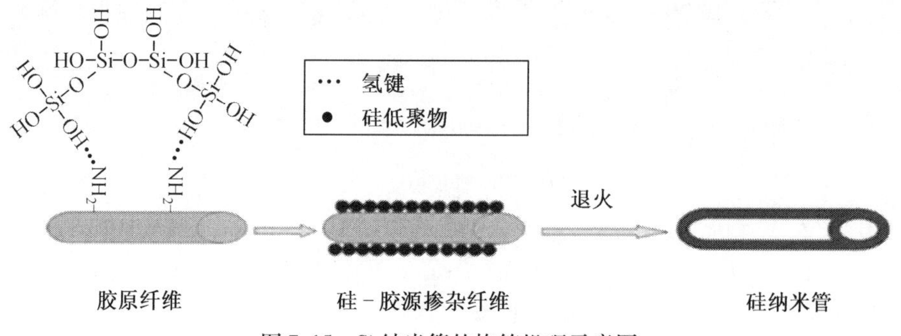

图 7.15 Si 纳米管的构筑机理示意图

7.1.6　模板法

模板法是制备一维纳米材料的常用方法,用生物 DNA 模板、多孔 SiO_2、碳纳米管、多孔阳极氧化铝(AAO)和行径刻蚀聚碳酸酯膜(PC)等不同模板均可制备出高质量锗纳米线。目前较常用的模板为多孔阳极氧化铝(AAO)和行径刻蚀聚碳酸酯膜(PC)。多孔阳极氧化铝(anodized aluminum oxide, AAO)模板是高纯铝片(通常质量分数大于99.99%)经退火后,通过在酸性溶液中的阳极氧化制得的。阳极氧化铝模板中微孔结构呈圆形,微孔周围结构为正六边形,具有直径一致、高度有序的圆柱形孔道,孔道垂直于膜表面。阳极氧化铝模板中的微孔结构可根据氧化电压、氧化液类型以及氧化时间的不同加以调节,得到不同孔径的模板,根据制备工艺的不同,孔径一般为 5 ~ 200 nm,孔隙率可达到 1 011 cm^{-2},氧化铝膜厚一般可在 10 ~ 100 μm 内调控。阳极氧化铝模板不仅微孔结构高度有序,而且具有良好的热稳定性、化学稳定性以及对可见光透明,是一种理想的模板材料。行径刻蚀聚碳酸酯膜(PC)是将聚碳酸酯膜先放入紫外环境中对其进行辐照,辐照完毕后在紫外灯下对其敏化,敏化处理可以提高刻蚀速率。在一定温度,一定浓度 NaOH 溶液中进行刻蚀,得到行径刻蚀聚碳酸酯膜。当它用来作为电化学沉积的模板时,在其一面镀上一层导电金属膜作为工作电极,其孔径为 0.015 ~ 12 μm,厚度 7 ~ 20 μm,孔隙率最多可达 10^9。

模板法一般是利用模板的空间限域效应结合电化学沉积、化学沉积或聚合、化学气相沉积、溶胶-凝胶沉积等方法使纳米粒子在模板的微孔中生长,从而获得具有一维纳米结构的锗基纳米材料(例如锗基纳米材料阵列)的方法。模板法制备的有序纳米材料具有很多优点,首先模板法能够制备出多种材料的有序纳米阵列,例如金属、合金、氧化物、半导体等,其次模板法可实现室温下对锗基纳米材料的制备及对材料形态和尺度的可控。一般模板的孔径为所制得一维纳米材料的直径,模板的厚度为所制得纳米材料的长度(锗基一维纳米材料的长度也可根据电解液的浓度和电化学沉积或化学沉积的时间来调节)。

赵九蓬等人用模板辅助电沉积法合成了锗纳米管阵列。他们使用直径为25 mm,孔径为 400 nm 的 AAO 模板合成出锗纳米管。其工艺流程主要分为四步:

第一步处理行径蚀刻聚碳酸酯膜。

第二步配制电解液。

第三步在行径蚀刻聚碳酸酯膜中填充还原锗。

第四步化学腐蚀法/灼烧法去除行径蚀刻聚碳酸酯膜。

锗纳米管的形貌可根据行径蚀刻聚碳酸酯的孔径和厚度控制。

Fabian Grote 等人用模板法合成了 MnO_2 纳米管阵列。他们用多孔氧化铝(AAO)为模板,用电子束蒸发的方法在 AAO 模板上蒸镀了不同厚度的金,以 0.01 mol · L^{-1} 的 $Mn(Ac)_2$为电解液,在 20 ℃和 0.8 V 电压条件下沉积,然后在质量分数为 5% 的 NaOH 溶液中除掉 AAO 模板,得到 MnO_2 纳米管阵列或 MnO_2 纳米线阵列。如果开始在 AAO 模板上蒸镀的金较少,金就会分布在 AAO 模板孔道的边缘,则形成 MnO_2 纳米管阵列。如果在 AAO 模板上蒸镀的金较多,金颗粒覆盖在孔道上,则会形成 MnO_2 纳米线阵列。其制备工艺流程示意图如图 7.16 所示。

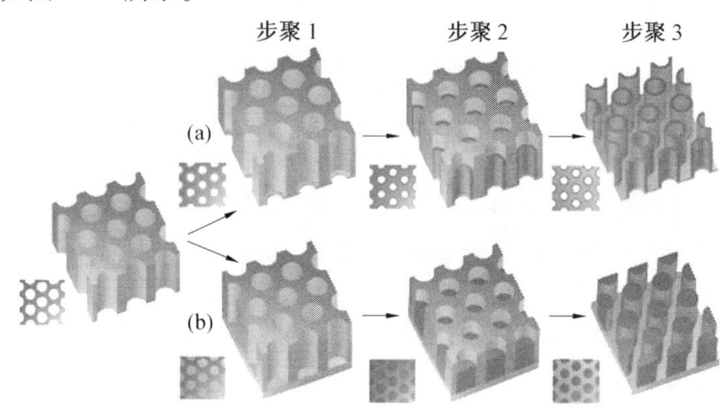

图 7.16 MnO_2纳米线(a)和 MnO_2纳米管(b)阵列制备工艺流程示意图

有关模板法电沉积制备一维纳米材料的生长机制主要有以下几个方面:电化学沉积中的氧化还原反应、尖端效应、金属离子扩散和不同方向竞争。Cao 等人把金属被还原后在模板孔道内的生长速度分为两个方向,即平行于电流方向 $V_{//}$和垂直于电流的方向$V\perp$。这也是许多沉积机理中人们普遍认为的双方向生长情况,或者说是平行于纳米孔道和垂直于纳米孔道两个方向,且有众多的生长机理研究者认为,金属离子在模板孔道内最终形成是纳米管还是纳米线便是两个方向竞争的结果,即"双方向竞争理论",如图 7.17 所示,当 $V_{//}>>V\perp$时,其最终形成管状结构;当 $V_{//}=V\perp$时,其形成线状结构。当电流增大时,平行于电流方向的速度较快,此时也会发生明显的尖端效应,故而形成最终的管状结构。此法被称为"电流方向管状生长"机理。他们认为当电流增大时,金属原子更容易沉积在模板孔壁上,而不是基板上。随着时间的增加,金属纳米管继续增长直到停止(生长到模板孔道的另一端)为止。

Wang 等人用模板辅助电沉积法合成了 PdNiCoCuFe 合金纳米管阵列。PdNiCoCuFe 合金纳米管阵列的制备主要分为以下三步:第一步是在0.01 mol·L^{-1} $ZnNO_3$和0.05 mol·L^{-1} NH_4NO_3的溶液中,在 Ti 基板上合成 ZnO 纳米棒阵列;第二步是在一定浓度的 $PdCl_2$,$FeCl_2$,$CoCl_2$,$CuCl_2$,$NiCl_2$ 的混合溶液中 ZnO 纳米棒阵列的表面上 70 ℃ 下电沉积 PdNiCoCuFe 合金,就得到了核壳结构合金纳米棒阵列;第三步是将核壳结构合金纳米棒阵列浸入到2.0 mol·L^{-1}NaOH 溶液中除掉 ZnO 纳米棒模板,就得到了 PdNiCoCuFe 合金纳米管阵列,其工艺流程图如图 7.18 所示。

他们认为模板辅助电沉积法有以下优点:

①能够很容易制备出多种金属合金化合物。

②容易制备出空心纳米管阵列。

③PdNiCoCuFe 合金纳米管阵列直接生长在导电基板上可以提高电导率。

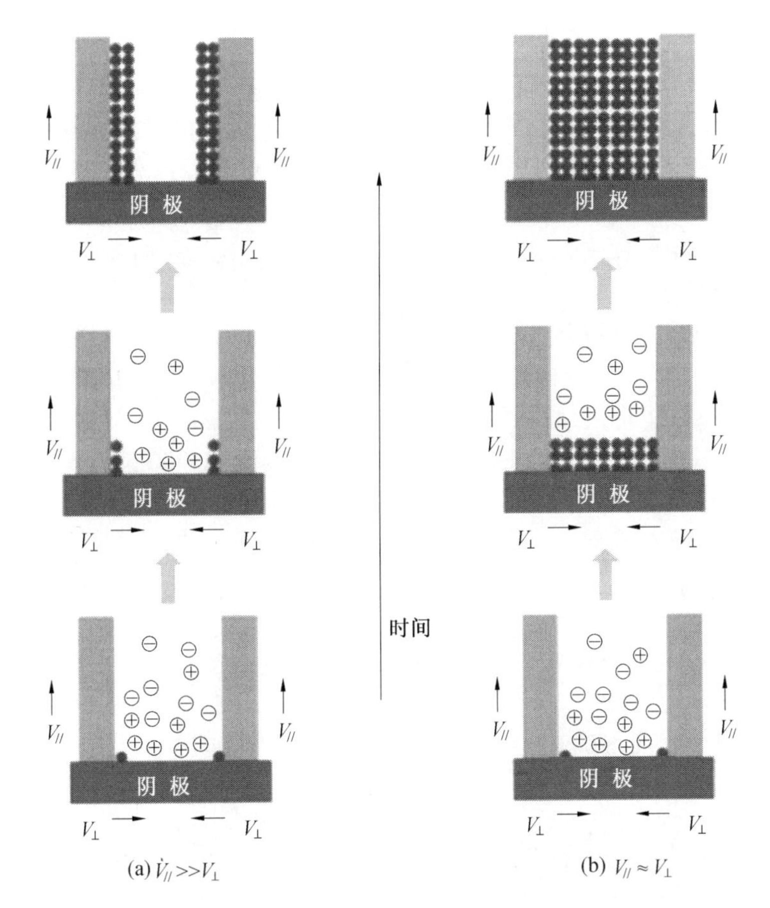

图7.17　一维金属纳米结构模板法生长机理示意图

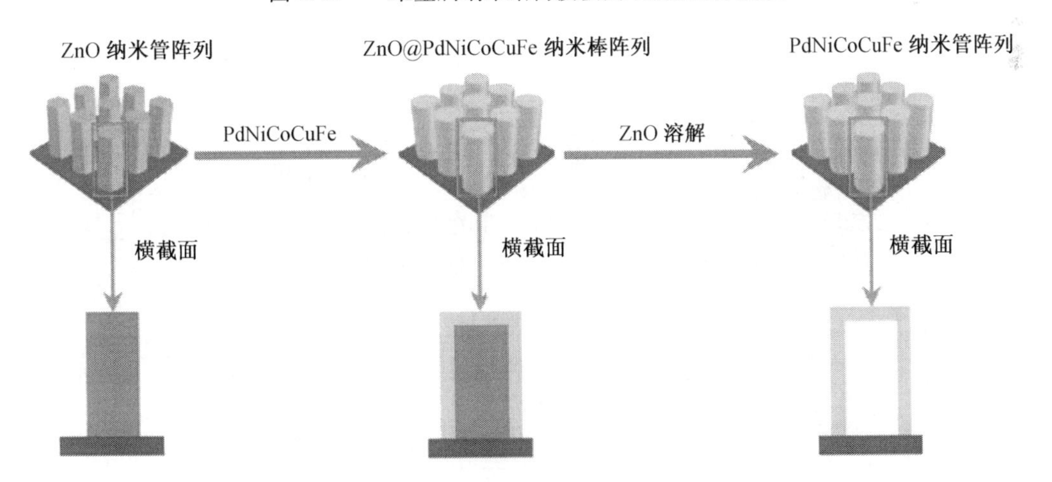

图7.18　模板辅助电沉积法制备 PdNiCoCuFe 合金纳米管阵列工艺流程图

7.1.7 其他方法简介

Jeong 等人用紫外纳米压印的方法制备了长径比为 1 的 Si 纳米管阵列。他们在 n 型 Si 基板上,用 Cr 纳米环作为模具紫外纳米压印得到 Si 纳米管阵列。将厚度为 50 nm、外径为 360 nm、内径为 240 nm 的 Cr 纳米环放在 Si 基板上,然后用 SF_6 和 C_4F_8 等离子体气体对 Si 基板进行等离子体刻蚀,直到 Si 纳米管阵列的长径比为 1 时停止刻蚀,就得到了所需要的 Si 纳米管阵列。

韩国蔚山大学 Jaephil Cho 课题组利用 Kirkendall 效应制备高产量的 Ge 纳米管,生长机理示意图如图 7.19 所示。这种制备的锗纳米管的生长机制分为以下四个过程:

①在 Ge 纳米线上形成锑前驱体涂层。

②由于 Ge 以较低的原子扩散速率与 Au,Ag,Bi 和 Sb 发生反应,Ge 向管壁扩散就会在管壁和 Ge 纳米线之间形成孔隙。

③外层 Ge 继续扩散与 Ge 纳米线和 Sb 完全分离。

④缺陷密度高和与晶界表面能的存在,空穴开始形成和出现。内部 Ge 纳米线转移到 Sb 纳米粒子中。

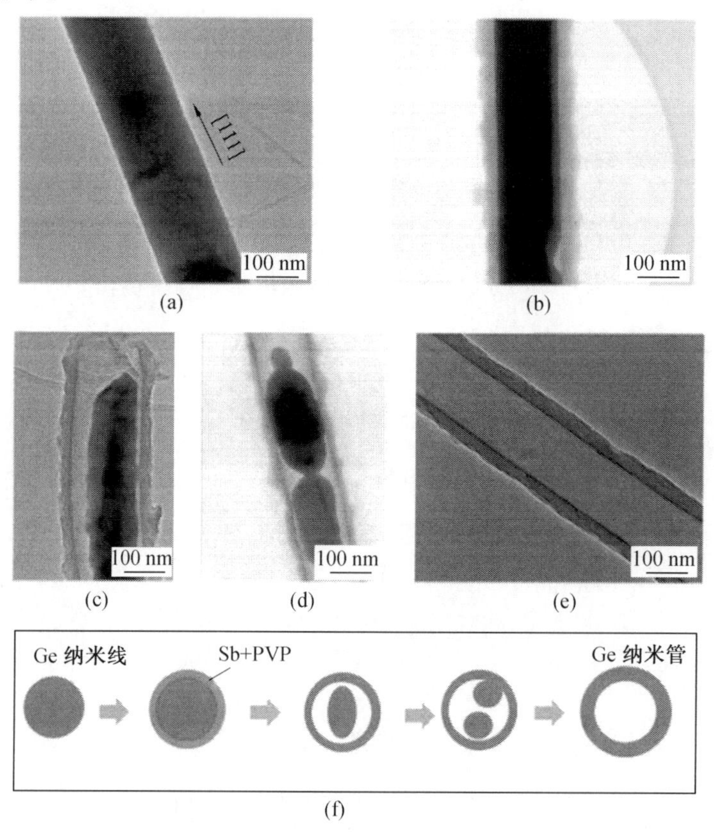

(a) (b) (c) (d) (e) (f)

图 7.19 Ge 纳米管的生长机理示意图

2010 年,Sun 课题组在含有铜离子和锡离子的离子液体 1-乙基-3-甲基咪唑二腈胺盐(EMI-DCA)中,以低电流密度阴极电沉积,制备出可以直立的六角形 Cu-Sn 纳米管结构。Cu-Sn 纳米管形态取决于电流密度,在质量传输控制电结晶的高电流密度下,会形成花瓣和晶枝结构,不会形成管状结构。这是因为在较高的电流密度下,沉积速度很快,成核原子来不及移动到合适的位置上形成管状结构。Cu-Sn 纳米管结构的生长机制主要分为三个阶段:①当有电流通过时,铜离子和锡离子被还原成纳米级的 Cu-Sn 晶核;②纳米尺度的 Cu-Sn 晶核团聚,在基板上自组装成六角形结构;③六角形的 Cu-Sn 晶核为以后 Cu-Sn 沉积提供了活性表面,优先沉积从而形成六角形的 Cu-Sn 纳米管结构。因为顶部六角形的 Cu-Sn 晶核更靠近扩散层,铜离子和锡离子的质量传递更快,所以发生优先沉积从而形成六角形 Cu-Sn 纳米管结构,如图 7.20 所示。CuZn 纳米线、六角形纳米管和片状结构纳米线也可以从 $ZnCl_2$-EMIC 离子液体中制备出来。

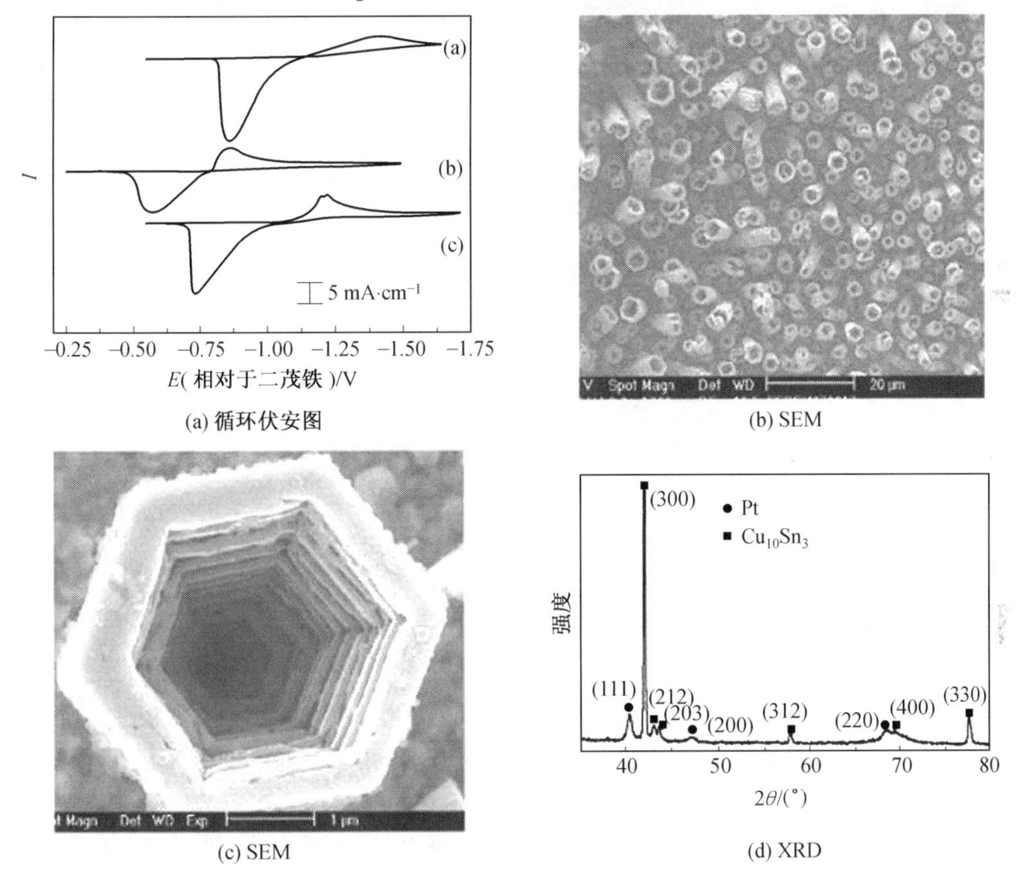

(a) 循环伏安图　(b) SEM　(c) SEM　(d) XRD

图 7.20　循环伏安图、Cu-Sn 纳米管结构的 SEM 图和 XRD 图

2013 年,德国晶体生长莱布尼茨研究所 Roman Bansen 课题组采用分子束外延(MBE)的方法,利用气相-液相-固相(V-L-S)原理在 Ge 基板上制备 Ge 纳米线。并研究了不同的湿法表面修饰方法对 Ge 纳米线生长的影响,研究发现基板上只有 Ge<110>晶面能够形成稳定的钝化层,而<110>和<100>取向生长的 Ge 形成不稳定的钝化层。

2015 年,赵九蓬等人以聚碳酸酯为模板从离子液体 1-乙基-3-甲基咪唑磺酸脘胺盐中,以 $GeCl_4$ 为前驱体制备出非晶锗纳米管和锗纳米线,并提出了锗纳米管的生长机理。在较大的电流密度、较高的浓度下,锗纳米管按照“由外向内的生长方式”生长;而在较小的电流密度、较低的浓度下,锗则沿着“自下而上的生长方式”最后成为纳米线。

7.2 纳米线的制备工艺

7.2.1 化学气相沉积法

2002 年,Dunwei Wang 等人首次在 275 ℃下以 GeH_4为前驱体、Au 纳米颗粒为催化剂,合成了 Ge 单晶纳米线。他们把 Si 基板依次用丙酮、甲醇和异丙醇清洗。再将 Si 基板在正丙基三乙氧基硅烷(APTES)中浸泡 30 min,并用去离子水清洗吹干。APTES 的作用使 SiO_2表面带正电,并有效地吸引带负电的 Au 胶粒。然后将 Si 基板放入管式炉中,通入 GeH_4和 H_2。反应结束后冷却至室温,便得到 Ge 单晶纳米线,如图 7.21 所示。

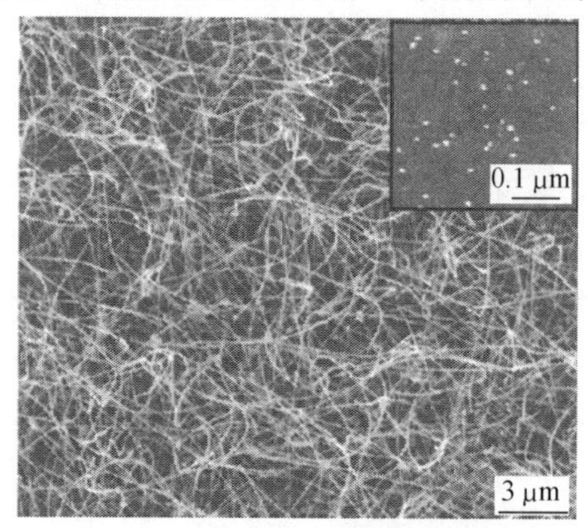

图 7.21 CVD 合成 Ge 单晶纳米线的 SEM 照片

他们所制备的 Ge 纳米线是沿着[011]晶面取向增长的立方晶系晶体。VLS 增长机制包括三个方面:Ge 蒸气溶解在 Au 纳米团簇中与 Au 形成合金;Ge 晶核变成液态进而达到过饱和状态,沉淀并轴向生长;Au 团簇随着 Ge 纳米线的生长远离基板,纳米线的另一端与基板连接。有两个因素促成了 Ge 纳米线的生长:一是根据 Au-Ge 的相图,只有温度在 360 ℃,Ge 的浓度大于 Au 的浓度时,才会形成 VLS 生长。虽然使用的最高温度低于生长温度 80 ℃,但是纳米颗粒的熔点要比块状颗粒低,所以也能形成增长。二是 Ge 能在低温情况下提供充分的量足以达到生长要求。

G. H. Yue 等人用催化剂辅助 CVD 法,以 SnS 和 S 的混合粉体为前驱体,Ar 和 H_2为保护气和载气,在 p 型 ITO 玻璃上制得 SnS 单晶纳米线。基板先在 HF 溶液中清洗 30 s,浸入去离子水中,将水分散后的 Au 颗粒加入去离子水中,将几滴 Au 颗粒分离液滴到 ITO 表面,用 N_2枪干燥放入 CVD 系统中,在 800 ℃下反应 15 min,即得到 SnS 单晶纳米线,如图 7.22 所示。

通过 XRD 和 HRTEM 证实他们所得到的 SnS 单晶纳米线为斜方晶系结构,SnS 单晶纳米线在紫外可见光范围内有较高的吸光系数,因此它的应用较为广泛。在 CVD 生长过程中,大量的 Sn 和 S 形成空位,导致它的 UV 发射光谱跟纳米颗粒和薄膜材料差不多。除此之外在 CVD 生长过程中还会形成其他缺陷如间隙和堆积层错等。

Renard 等人用 CVD 法制备出互补半导体氧化物(CMOS)相兼容的 Si 纳米线。一直

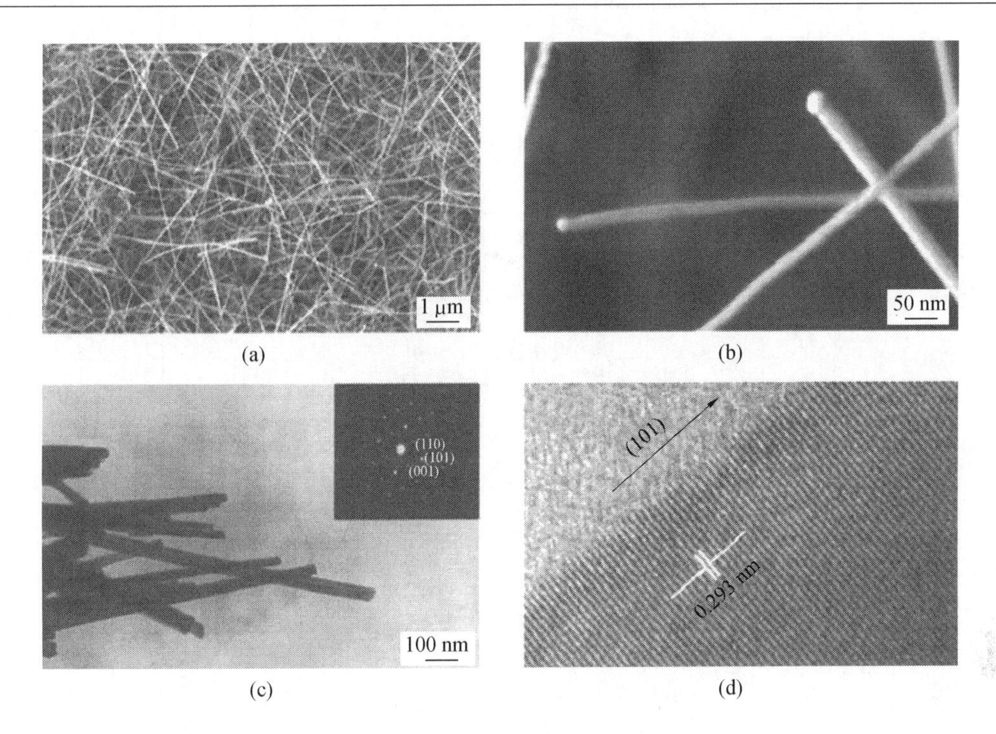

图 7.22　SnS 单晶纳米线的 SEM 图和 TEM 图

以来,人们都在用 Au 作为 CVD 法合成纳米线的催化剂,但因为这种催化剂会降低半导体的电化学活性,在工业化生产中是禁止使用的。而与 Si 相兼容的金属只在高温下与 Si 形成合金,不符合 CMOS 的温度要求,因此他们反驳了传统上氧化物阻碍 CVD 生长的观点,提出了金属氧化物辅助生长机制。他们首先在标准 Si[100]基板上涂以 10 nm 厚的 TaN/Ta 金属扩散阻挡层,避免金属向基板上扩散,然后在上面沉积一层 Cu,并在氧气氛围中氧化,最后以纯净的 SiH_4为前驱体来制备 Si 纳米线。

7.2.2　溶剂热法和水热法

Joo 等人报道了晶面选择静电可控水热法合成 ZnO 单晶纳米线。他们首先在基板上溅射或旋涂一层 ZnO 晶核层,再放入 ZnS 和 NH_4Cl 以及金属硫化物的水溶液中,在温度为 50 ~ 60 ℃和 pH = 11 的条件下进行水热反应,得到 ZnO 单晶纳米线,其制备工艺示意图如图 7.23 所示。

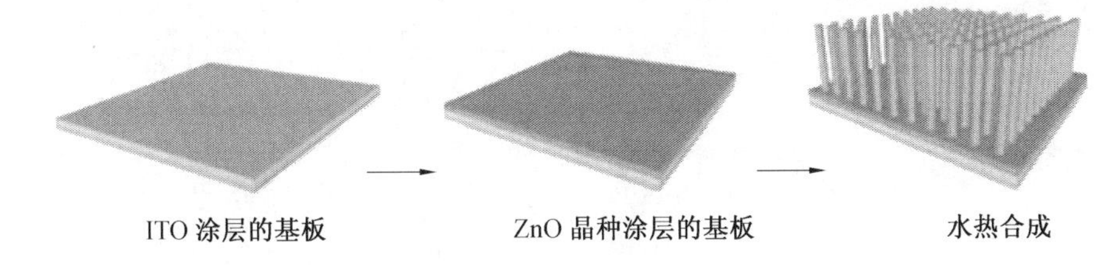

图 7.23　ZnO 单晶纳米线的制备工艺示意图

他们通过碱液中的非 Zn 络合物离子的竞争机制和面选择静电吸引的经典动力学模

型,说明潜在的生长阻碍机制,发现水溶液中晶体生长的静电作用决定了所合成物质的结构。他们在水热反应中引入了辅助非 Zn 硫化物,控制了水热反应的环境,非 Zn 离子带电并形成大量的非活性络合物,吸附在带相反电荷的晶体表面上,限制了 Zn 在晶体表面的吸附,这种竞争机制阻碍了晶体的生长,如图 7.24 所示。

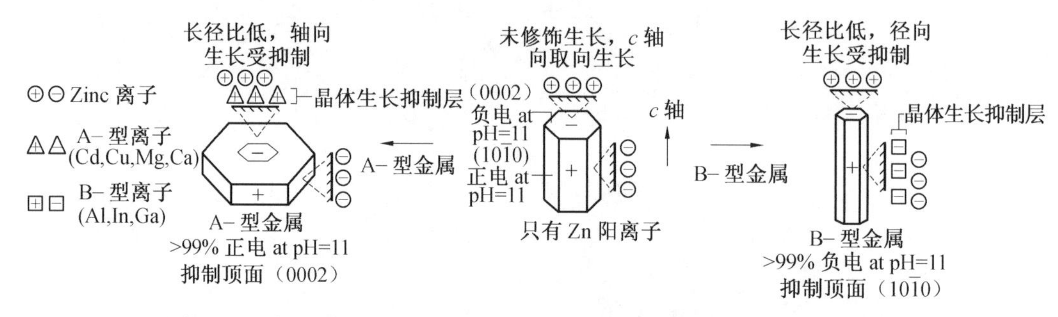

图 7.24 非 Zn 离子阻碍 Zn 配离子吸附在带负电的晶面上[0002]示意图

Dong-Dong Qin 等人报道了用溶剂热法合成 $\alpha-Fe_2O_3$ 纳米线阵列。他们首先于 120 ℃ 下在 Pt,W,Ti,FTO 不同的基板上,乙腈溶液中用溶剂热法合成了高度有序的[211]生长取向的 FeOOH 纳米线阵列,然后退火得到垂直于基板的[211]生长取向的 $\alpha-Fe_2O_3$ 纳米线阵列,如图 7.25 所示。通过调节反应的 pH 和温度,可以控制纳米线的长度,其中 pH 对纳米线的生长有动力学的影响,pH 越低,纳米线越长,这是因为在酸催化下乙腈发生水解,在热退火过程中,Ti 和 Sn 扩散到纳米线中,从而获得具有感光活性的赤铁矿。

图 7.25 生长在 Pt,W,Ti,FTO 玻璃不同的基板上 $\alpha-Fe_2O_3$ 纳米线阵列

Wei 等人报道了采用溶剂热法于透明导电基板上合成 TiO_2 纳米线阵列。首先将 FTO 导电玻璃放入用饱和的 KOH 异丙醇溶液中浸泡 24 h，然后在丙酮、乙醇和去离子水中各超声 30 min。将洗干净的 FTO 玻璃板浸入 $TiCl_4$ 溶液中 70 ℃下反应 30 min，然后在空气中 500 ℃下加热 30 min，则在 FTO 玻璃表面上形成一层致密的 TiO_2 层。将甲苯、四丁基钛酸盐、四氯化钛和盐酸的混合溶液倒入反应釜，并将处理过的 FTO 玻璃放入反应釜中，在不同温度下进行溶剂热反应。将产物放入乙醇中清洗，空气干燥，得到不同形貌的 TiO_2 纳米线阵列。FTO 基板的导电面密封，用以消除溶液中 TiO_2 在导电面成核的影响。在不同的条件下制备出高度有序的 TiO_2 纳米线阵列，并沿着(002)晶面取向生长。通过延长反应时间和提高反应温度可控制纳米线的长度和宽度。

Liu 等人改进水热法合成出一维单晶 $BiFeO_3$ 纳米线。他们用化学计量数比为 1∶1 的 $Bi(NO_3)_3 \cdot 5H_2O$ 和 $FeCl_3 \cdot 6H_2O$ 的混合液于丙酮中搅拌超声直到全部溶解，然后加入蒸馏水并搅拌。用浓氨水把溶液的 pH 调成 10～11，将沉淀离心滤出，用蒸馏水冲洗数次，直到溶液的 pH 为 7，加入 NaOH 溶液搅拌 30 min 后，将此溶液转移到特氟龙密封的反应釜中，在 180 ℃下反应 72 h。过滤后得到黑色粉体用蒸馏水和乙醇清洗，于 60 ℃下干燥，即得单晶 $BiFeO_3$ 纳米线，如图 7.26 所示，单晶 $BiFeO_3$ 纳米线沿着[211]方向生长。

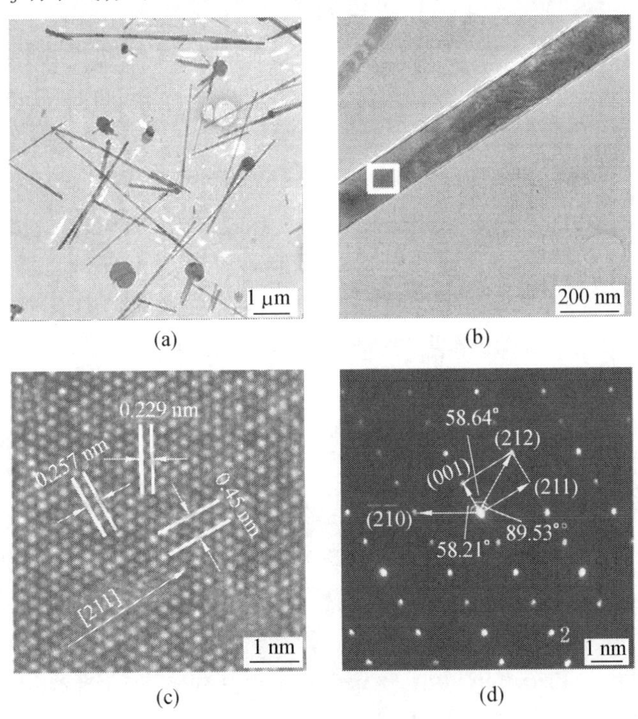

图 7.26　单晶 $BiFeO_3$ 纳米线的 SEM 图和 TEM 图

7.2.3　模板法

Endres 报道了以聚碳酸酯膜(PC)为模板利用模板辅助电沉积法在离子液体 1-丁基-1-甲基吡咯双三氟磺酸铵盐([$Py_{1,4}$]Tf_2N)制备非晶 Ge 和 Si 纳米线。首先把 $GeCl_4$

和 $SiCl_4$溶解在[$Py_{1,4}$]Tf_2N 中作为 Ge 源和 Si 源。然后采用三电极体系分别以铜丝、银丝和铂丝作为工作电极、参比电极和对电极,恒压/恒流电沉积得到 Ge 和 Si 纳米线,如图 7.27 所示。

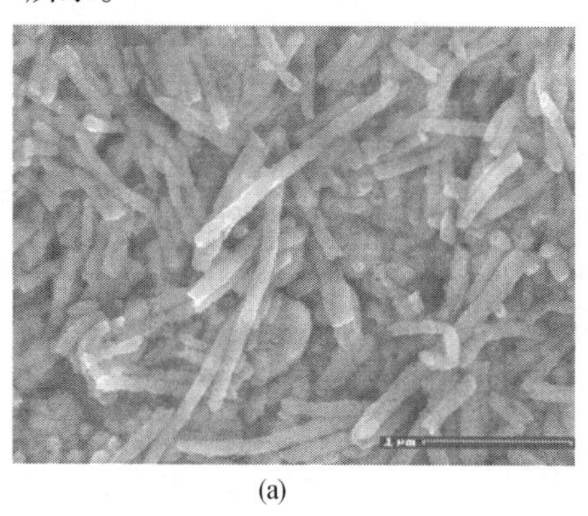

(a)

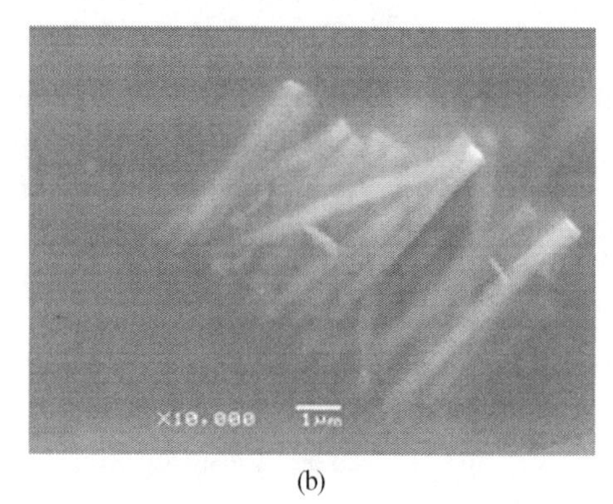

(b)

图 7.27 Ge 纳米线和 Si 纳米线的 SEM 图

Cao 等人用模板辅助湿化学法合成了长度为 100 ~ 200 nm 的高密度聚乙烯(HDPE)纳米线阵列。他们改进了 Steinhart 提出的方法,用孔径为 100 ~ 200 nm 的多孔氧化铝(PAA)为模板,并依次用乙醇、丙酮、氯仿和己烷处理。再把购买的 HDPE 膜置于 PAA 模板上放入制备室中。当温度升高到 160 ℃ HDPE 膜的熔点时,HDPE 就会熔化渗透到 PAA 的纳米孔道中。他们的改进之处在于在 HDPE 膜渗入到 PAA 孔道的过程中,通过电压传感器施加了频率为 10 kHz 的扰动信号,这样得到的纳米线比原来湿化学法得到的纳米线长几倍。这说明纳米线的渗透作用主要受振动水动力学控制。振动剪切力的存在,使聚乙烯纳米线的生长更加一致,1 h 就可以制备长度为 50 μm 的聚乙烯纳米线。最后冷却至室温,在 NaOH 水溶液中除掉 PAA 模板,并依次浸入到去离子水和乙醇溶液中,真空干燥 30 min 就得到了 HDPE 纳米线阵列,如图 7.28 所示。

Kanno 等人报道了用介孔 Si 为模板,在 ITO 玻璃上电沉积制备出 Au 多晶纳米线。他们用三嵌段共聚物 $EO_{20}PO_{70}EO_2$(P123)作为介孔 Si 形成介孔的模板。将 TEOS、乙醇和 HCl 溶液混合在一起,室温下搅拌 20 min,加入 P123 的乙醇溶液,继续搅拌 3.5 h 制备前驱体溶液。将 ITO 玻璃表面覆盖一层胶带用来固定 Si 膜,将前驱体溶液旋涂在 ITO 上,室温下干燥 1 d。最后,高温燃烧除掉有机物,就得到了介孔 Si 薄膜,如图 7.29 所示。以四氯金酸为电解液,在介孔 Si 薄膜上沉积 Au 纳米线。

介孔 Si 薄膜上会形成横向排列的孔道和垂直于基板纵向排列的孔道。电沉积的 Au 纳米线会形成平行于基板方向的纳米线和垂直于基板方向的纳米线。如果在介孔 Si 薄膜上出现裂痕,那么也会在裂痕中形成平行于基板方向的纳米线。而在垂直基板方向的孔道上不会出现裂痕,有两个原因:一是离子或原子在介孔中的传递速度比在微孔中的传递速度快,Au 在基板上的孔道内成核并穿过孔道形成纳米线不会形成内部应力;二是 Au 原子能够扩散到纳米线边缘的晶面上,导致纳米线半径的增粗。在第一个过程中,纳米线的轴向生长占优势,而在第二个过程中主要是纳米线半径的增长。

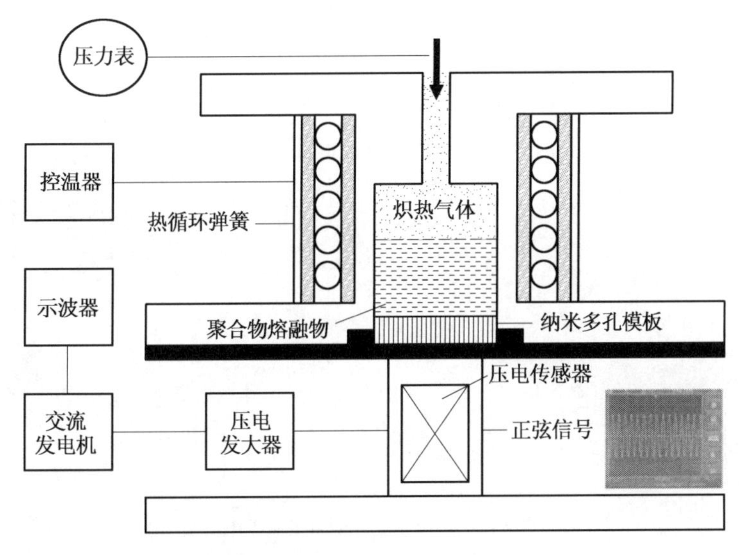

图7.28　施加高频扰动信号的模板辅助湿化学法制备HDPE纳米线阵列示意图

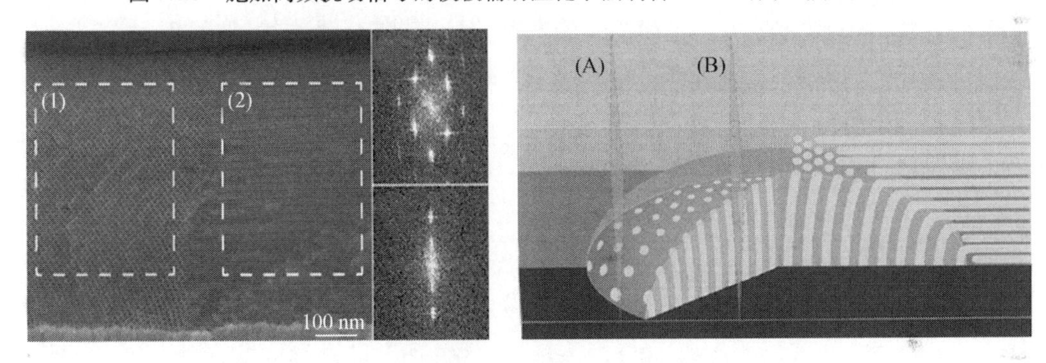

图7.29　介孔Si薄膜横截面的HR-SEM和介孔结构示意图

7.2.4　溶胶-凝胶法

Su等人用溶胶-凝胶法修饰AAO模板制备出Cu_2ZnSnS_4(CZTS)纳米线和纳米管。他们首先在60 ℃把醋酸铜、醋酸锌和氯化锡溶解在乙二醇甲醚中制备前驱体。溶胶-凝胶溶液含大量的Zn和少量的Cu,为了增加前驱体中S的含量,减少氧化物的含量,在前驱体溶液中添加0.05 $mol \cdot L^{-1}$硫脲,在负压下,AAO模板浸入CZTS前驱体溶液中,以保证CZTS前驱体溶液能够进入AAO模板的孔道中,然后用玻璃片将AAO模板捞出,于550 ℃退火1 h,并在1 $mol \cdot L^{-1}$氢氧化钠溶液中刻蚀除掉模板,即得到CZTS纳米线。如果要得到CZTS纳米管,在从前驱体溶液中拿出AAO模板后,在AAO模板两侧放两张滤纸,吸附孔道内的前驱体溶液。因为粒子带正电,孔壁带负电,因此孔道内部的溶液被滤纸吸走,在孔壁上就留下了薄薄一层溶胶。其制备工艺流程图如图7.30所示。

Manashi Nath等人用溶胶-凝胶法合成了超导MgB_2纳米线。他们取一定量的$MgBr_2 \cdot 6H_2O$和$NaBH_4$溶解在乙醇溶液中,并加入一定量的溴化十六烷基三甲基铵(CTAB)。在$MgBr_2$溶液中逐滴加入硼氢化钠溶液,将溶液变浑浊后把溶液超声数分钟,暴露在空气中形成凝

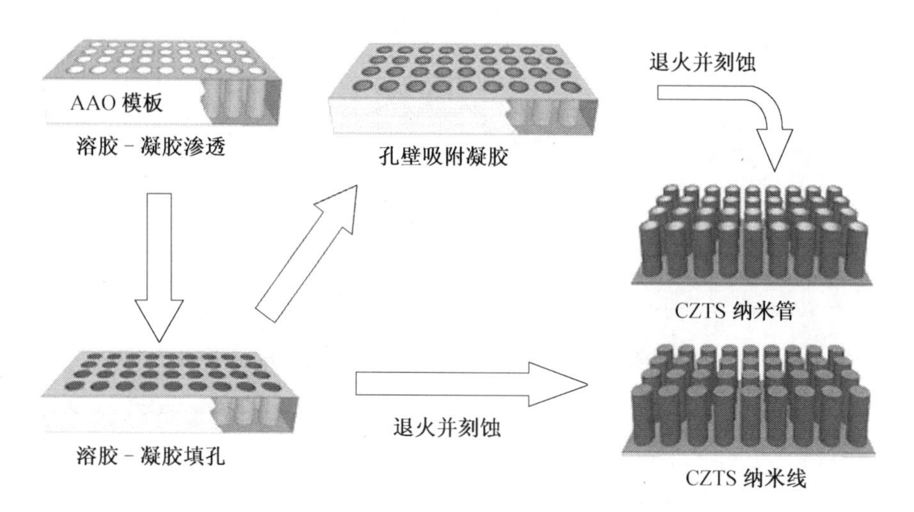

图 7.30　CZTS 纳米线和纳米管的制备工艺流程图

胶。把凝胶放入管式炉中，温度升至 800 ℃，在乙硼烷和 N_2 气氛中分解 5 min，冷却至室温，产物用去离子水冲洗，并用乙醇除去副产物，即得到 MgB_2 纳米线，如图 7.31 所示。

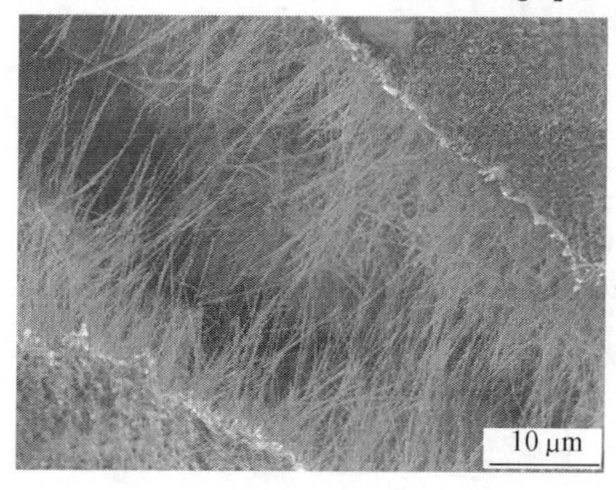

图 7.31　MgB_2 纳米线的 SEM 图

其中溶胶溶液前驱体 $MgBr_2$ 可以用 $MgCl_2$ 或者 MgI_2 代替，但是得到产物的量比较少，因为它们发生如下反应：

$$MgBr_2+2NaHB_4 \xrightarrow{B_2H_6} MgB_2+2NaBr+H_2$$

前期凝胶溶液的制备，是形成纳米线结构的关键。前驱体的预处理和 CTAB 的加入，是形成一维纳米线构筑的模板。因为 $MgBr_2$ 的熔点是 650 ℃，前驱体的混合和乙硼烷蒸气的扩散只有在熔融盐状态下才能进行。采用 VLS 生长机制，使用 B_2H_6 气体十分重要，因为它含有丰富的 B，避免反应物与氧气的接触。

K. J. Chen 用溶胶–凝胶法在 ZnO 颗粒表面制备了 ZnO 纳米线。他用醋酸锌溶液与二乙醇胺在甲醇溶液中反应，制备溶胶体系，再将溶胶涂在硅玻璃基板上，200 ℃下干燥 10 min 来蒸发溶液和有机残留物，最后所得样品在氧气气氛中 650 ℃和 700 ℃结晶，得到了 ZnO 纳米线，如图 7.32 所示。当结晶温度升高到 700 ℃时，ZnO 纳米线的平均长度增加，但平均直径减小，表明提高热能有助于纳米线的生长。当结晶温度降低时，结晶的 ZnO 很稳定，因为热能没有达到纳米线的增长要求；当结晶温度升高时，ZnO 分解成 Zn^{2+}

和 O^{2+}。Zn^{2+}通过晶界扩散到 ZnO 薄膜的表面上。当通入 O_2时,扩散到 ZnO 表面的 Zn^{2+}会与 O_2反应,在 ZnO 表面上或 ZnO 晶界上形成新的 ZnO 晶核。当结晶继续增加,新的 ZnO 晶核就会生长成(002)取向的 ZnO 纳米线,因此高热能会促进 ZnO 纳米线的生长,符合冶金定律。

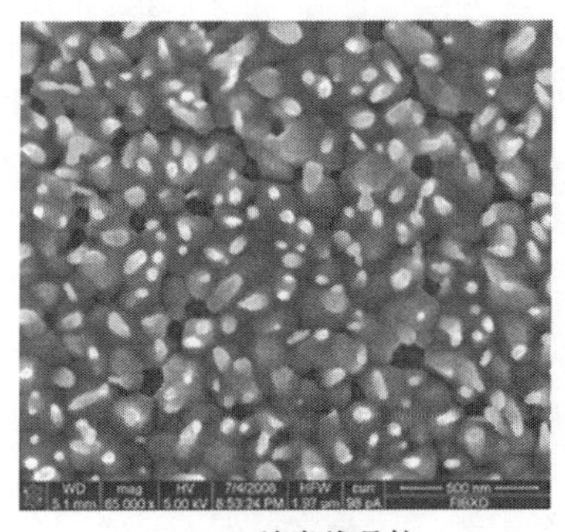

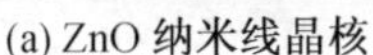

(a) ZnO 纳米线晶核

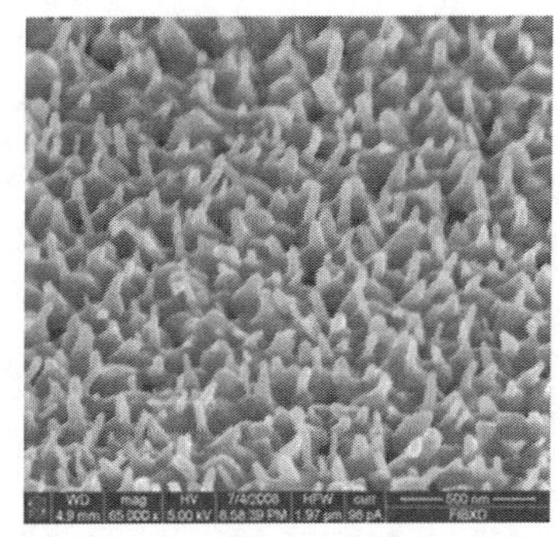

(b) ZnO 纳米线

图 7.32　ZnO 纳米线晶核及 ZnO 纳米线

7.2.5　激光烧蚀法

激光烧蚀法是用一束高能激光辐射靶材表面,使其表面迅速加热熔化蒸发,随后冷却结晶生长的一种制备材料的方法。这种方法已被用来制备纳米粉体和薄膜。制备准一维纳米材料时,先将混有一定比例催化剂的靶材粉体压制成块,放入高温石英管真空炉中烘烤去气,预处理后将靶材加热到 1 200 ℃左右,用一束激光烧蚀靶材,同时吹入流量为 50～300 mL · min^{-1}的惰性保护气,保持 5.332×10^4～9.331×10^4 Pa 的气压,最后在出气口附近由水冷收集器收集所制得的纳米材料。激光作为一种干净的高能束,能很方便地导入到高温、高压及真空等特殊环境中与物质相互作用,不带入其他的杂质。用来制备材料时,相对于化学法制备,这一优势明显。而与制备碳纳米管常用的电弧放电法相比,大多数材料自身并不导电,不能将其作为一个电极,所以以电弧放电法制备的准一维纳米材料极少,而激光烧蚀法就不存在这个问题。

事实上,以电弧放电法所能制备的准一维纳米材料大多已经由激光烧蚀法制备成功,同时用激光烧蚀法还能获得一些新的纳米结构。另外激光烧蚀法制备的一维纳米材料的各种参数(半径、长度等)与制备的工艺参数有关,所用激光的波长、脉冲能量、脉冲宽度、脉冲频率、加热温度、气压和气流等参数都影响制备的结果,因此,相对于电弧放电法和化学气相反应法,激光烧蚀法更容易对准一维纳米材料的制备实现控制, 特别是对碳纳米管。通过控制其直径和螺旋角,可以达到控制其导电性的目的。激光烧蚀法最大的缺点在于其效率低,以至其产量低、设备复杂昂贵,不便于工业化生产。

当然,激光烧蚀法还有许多有待深入研究的问题。目前,对于准一维纳米结构的形成机理还不甚明确,而这对制备和发现新的一维纳米材料至关重要。将激光烧蚀法和电弧放电法、化学气相沉积法等综合起来研究考虑,找到其共同点,才能真正发现其生成的机理。而对目前已经能制备的材料,研究激光工艺参数与制备结果的关系,发挥激光烧蚀法相对可控性强的特点，控制纳米材料的直径、长度、螺旋方向及成分结构等，这些都将影响到纳米材料的导电、发光和场发射等特性。同时为了适应场发射平板显示需要，可进行定向的一维纳米材料阵列的激光烧蚀法制备研究，并在此基础上找到能大量生产的制备工艺，以便能用于工业化生产。

Charles M Lieber 等人用激光烧蚀法根据 VLS 原理合成出长度 1 ~ 30 μm，直径为 6 ~ 20 nm 的单晶硅和直径为 3 ~ 9 nm 的锗单晶纳米线，他们采用不同的条件和催化剂来研究激光烧蚀制备纳米线的生长机制。确定了这种方法制备纳米线是气相-液相-固相(V-L-S)生长机制。以 Si 纳米线的形成为例，认为 Si 纳米线增长分为以下几个过程：

①激光烧蚀 $Si_{1-x}Fe_x$靶材形成 Si 和 Fe 的浓度较高的炽热蒸气。

②Si 和 Fe 的炽热蒸气通过与缓冲气体的碰撞形成小团簇，调节炉体的温度使 Si-Fe 纳米团簇维持在液态。

③只要反应物 Si 的量足够，Si-Fe 纳米团簇维持在液态，在 Si 达到饱和的情况下，纳米线开始析出增长。

④在冷端温度下降时，纳米线停止增长，Si-Fe 纳米团簇变成固态。

2001 年，美国斯坦福大学杨培东科研小组采用激光烧蚀和化学气相沉积相结合(PLA-CVD)的方法合成了 Si/SiGe 超晶格纳米线异质结构，并研究了半导体纳米线超晶格结构的生长机理。激光烧蚀过程产生程序脉冲蒸气源，使纳米线以一块一块的方式轴向增长。Si/SiGe 超晶格纳米线异质结构的生长机制示意图如图 7.33 所示。

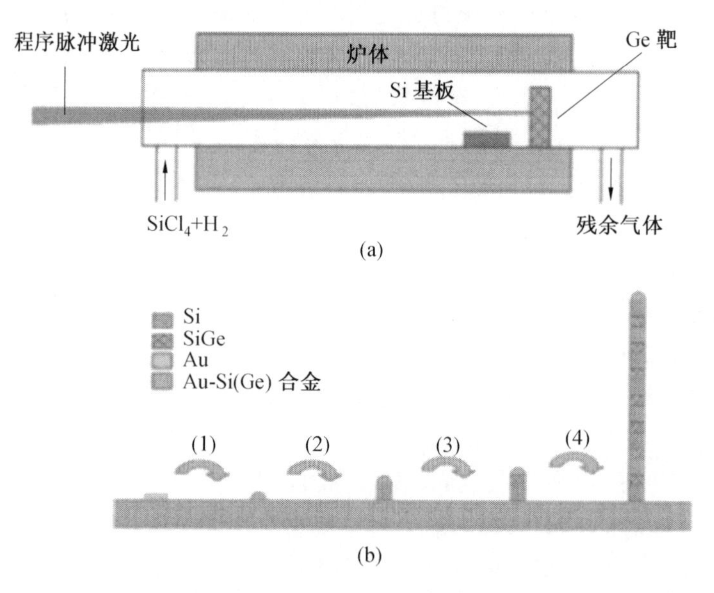

图 7.33 Si/SiGe 超晶格纳米线异质结构的生长机制示意图

Santanu Manna 等人报道了用脉冲激光烧蚀法在 p 型 Si 纳米线上沉积 CdS，制备 Si/CdS异质结构纳米线。他们把 p 型 Si 圆片在丙酮中超声 15 min，并用去离子水、H_2SO_4 和 H_2O_2溶液清洗，再用 HF 处理得到氢终止的 Si。用 $AgNO_3$和 HF 的混合溶液处理 Si 表面，得到 Ag 涂层的 Si 表面。用去离子水冲洗掉过剩的 Ag^+，然后将 Si 片浸入刻蚀溶液中，刻蚀30 min并用去离子水清洗，得到p型Si纳米线结构。以CdS为靶材，在450 ℃进行激光烧蚀，从而得到Si/CdS异质结构纳米线。

7.2.6 静电纺丝法

静电纺丝是一种利用高静电力制备纤维的简单技术。静电纺丝设备主要由四部分组成，即高压发生装置、金属针头、储液器及信号接收器。虽然静电纺丝设备比较简单，但纤维纺制过程中涉及很多参数，如聚合物浓度、液体流速、溶液黏度、聚合物相对分子质量及分布、电场强度、接收器和针头间的距离、空气湿度等。静电纺丝主要分为水平式和垂直式两种。前者通过注射器控制电纺溶液的流速，后者则通过液体本身的重力补充针尖处的液体。首先将聚合物溶液转移至注射器内，通过注射器控制聚合物溶液的流速。由于表面张力的作用，聚合物溶液在喷丝头处会形成液滴。同时在喷丝头处施加的直流高压会使整个溶液带电，这样喷丝头液滴会受到与表面张力相反的电场力作用。当施加的高压增大，液滴逐渐变为锥形，即泰勒锥；而当电场强度进一步加大，并超过表面张力时，溶液从泰勒锥喷出，并迅速进入饶动稳定状态。在这个不稳定区域，溶剂迅速挥发，溶质被迅速拉伸，形成纤维形貌，最后在信号接收器上收集。

2015年Xiu Li等人以Mo和聚乙烯吡咯烷酮（PVP）为前驱体，用静电纺丝法制得MoO_3@C纳米纤维。具体过程如下：将0.3 g$C_{10}H_{14}MoO_6$首先溶解在3 g DMF中，将0.5 g PVP-10溶解在以上溶液中搅拌10 h，加入1 mL乙醇溶液中，得到较黏的凝胶溶液。在纺丝头内径为0.6 mm和纺丝头与检测器相距20 cm和电压为20 kV下得到PVP基的纳米纤维后，在温度从室温到220 ℃的空气中氧化（升温速度为0.9 ℃·min^{-1}），并在220 ℃下加热3 h。最后，将得到的前驱体从室温加热到550 ℃（升温速度为3 ℃·min^{-1}），再在氩气气氛中550 ℃下加热2 h得到长为几十微米、直径为20~100 nm的MoO_3@C纳米纤维，如图7.34所示。

图7.34　MoO_3@C纳米纤维的SEM和TEM图

Wang 等人用建立在传统溶胶-凝胶法基础上的静电纺丝技术制备了 Fe-C 纳米纤维。具体步骤如下:将 0.11 g 混有 1 mL 无水乙醇的聚乙烯吡咯烷酮(PVP)和 0.4 mL 去离子水装进小瓶中,磁力搅拌使 PVP 溶解。然后将 0.25 g 硝酸铁加入溶液中搅拌 1 h,得到前驱体溶液。前驱体溶液被流速为 0.5 ml · h^{-1}的注射泵转移到针头中,针头连接高压电。铝制收集器和针头间的距离为 15 cm,电压为 15 kV。将产物在氩气氛围中 150 ℃下干燥 2 h,然后在氩气氛围中 750 ℃下燃烧 90 min(升温速度为 2 ℃ · min^{-1})即得到较高质量的结晶铁纳米线纤维,如图 7.35 所示。

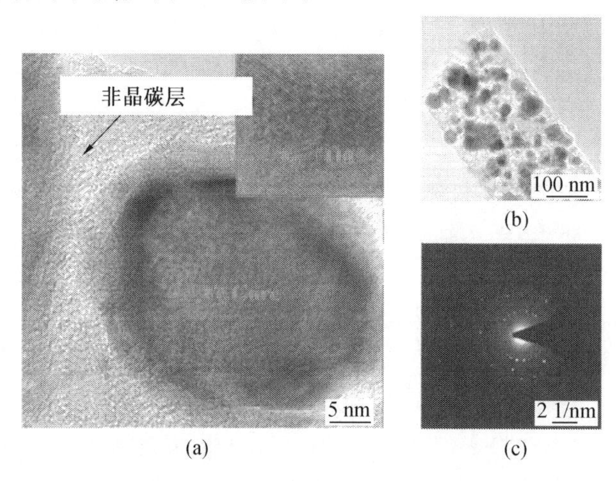

图 7.35 Fe-C 纳米纤维的 TEM 图

7.3 纳米棒和纳米带的制备工艺

7.3.1 化学气相沉积法

Desheng Wang 等人用 PE-CVD 法在铜基板上合成了 Si-Ni 核壳结构纳米棒。他们首先用电沉积法以 $NiCl_2$为电解液、H_3BO_3为缓冲剂、EDA 为改性剂在铜基板上合成 Ni 纳米圆锥。在 250 ℃下,用 PE-CVD 法在 Ni 纳米圆锥上沉积 Si 层,就得到了 Si-Ni 核壳结构纳米棒,如图 7.36 所示。通过调节沉积时间,得到了平均高度为 600 nm、平均直径为 200 ~ 300 nm 的 Si-Ni 核壳结构纳米棒。

Daniela Bekermann 等人用等离子体增强化学气相沉积法(PECVD)在 Si(100)基板上合成了 *c* 轴取向的 ZnO 纳米棒阵列。实验在两电极系统的 PECVD 装置中进行,氩气和氧气作为等离子体源,前驱体在油浴中加热。为了避免浓缩现象发生,连接前驱体容器和反应室的气体应加热到 160 ℃。沉积时间为 1 h,两电极之间的距离为 6 cm,基板的温度从 100 ℃增加到 400 ℃,厚度就会从 60 nm 增加到 150 nm。一般来说一维 ZnO 纳米结构的生长,与纤维锌矿的不对称六边形结构和表面能的扩散有关,这些因素严重影响纳米棒的生长速度和晶向不同。

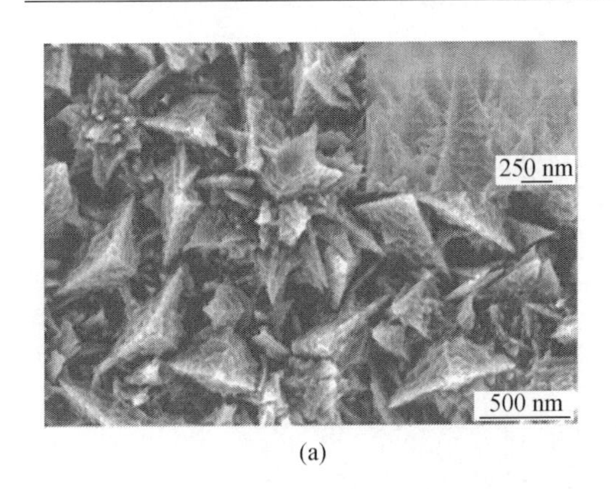

(a)

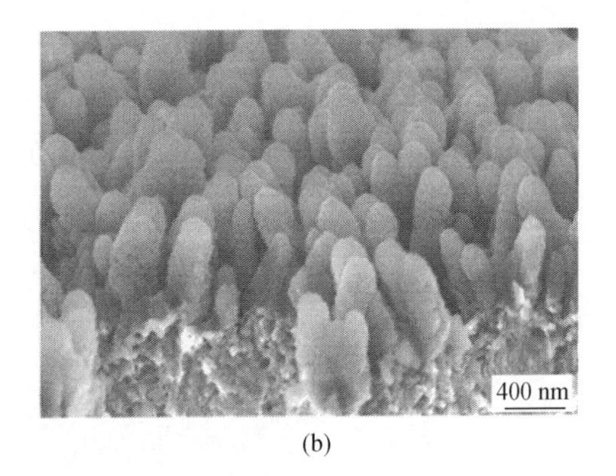

(b)

图 7.36　Ni 纳米圆锥和 Si-Ni 核壳结构纳米棒

Mingji Li 等人用直流电弧等离子体喷焰化学气相沉积法合成了单晶 MgO 纳米带。他们以 $Mg(NO_3)_2$ 为前驱体，只用 15 min 合成出宽度和厚度比为 1 ∶ 2 的 MgO 纳米带。这种快速的合成方法有利于 MgO 纳米带的构筑，而且这种方法不需要模板、催化剂和表面活性剂。首先将 Mo 基板在蒸馏水和丙酮中处理干净，让 $Mg(NO_3)_2 \cdot 6H_2O$ 前驱体溶解在丙酮中形成 1 $mol \cdot L^{-1}$ 的 $Mg(NO_3)_2$ 溶液。将此溶液涂在基板上，并晾干放在等离子体喷焰化学气相沉积样品台上。样品台加热到 950 ℃，$Mg(NO_3)_2$ 在 400 ℃下分解成 MgO，MgO 在 Mo 基板表面成核并生长成单晶 MgO 纳米带，如图 7.37 所示。

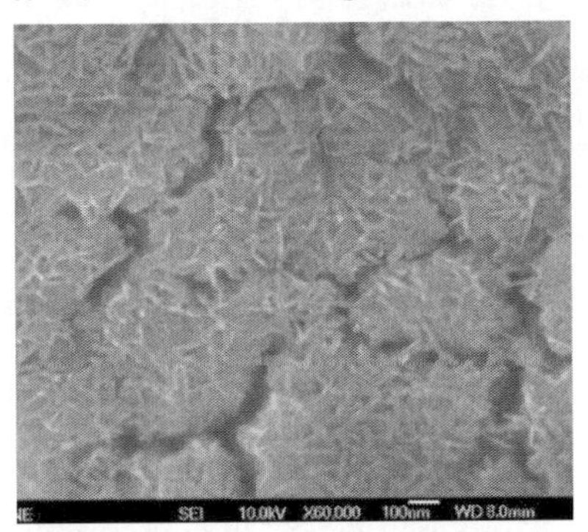

图 7.37　MgO 纳米带的 SEM 照片

其中所制备的 MgO 纳米带的形貌与反应时间有关。以 $Mg(NO_3)_2$ 为前驱体，制备的 MgO 纳米带条件可控，无需催化剂的参与。反应过程分成 4 个阶段：$Mg(NO_3)_2$ 前驱体的分解；MgO 的成核；MgO 的聚合作用；MgO 的表面扩散和迁移。MgO 分子团簇在低温时迁移到基板上，并在基板上浓缩，同时保持着电荷平衡和结构的对称，成为成核中心。MgO 纳米团簇被载气携带继续吸附和聚集在成核中心上，直到纳米团簇变成固体纳米尺度的颗粒为止。这个过程降低了表面自由能，使自由能低的面向能量高或者缺陷浓度高的表面扩散，并合并在晶格中。生长纳米结构一般有两种机制：V-L-S 生长机制和 V-S 生长机制。V-L-S 生长机制的主要特征是催化剂在所制备纳米结构的顶端，催化剂一般为其他金属材料；而 V-S 生长则不需要催化剂，纳米结构直接生长在固体颗粒上。MgO 纳米带的制备则属于 V-S 生长机制。

Hejun Li 等人使用简单又经济的化学气相沉积法制备了 SiC 纳米带。3C-SiC 沿着[111]方向生长，宽度为 0.5 ~ 3 μm，厚度为 50 ~ 200 nm，长度达几百微米。这里要强调的是纳米带的生长受二茂铁催化剂的控制。具体制备工艺如下：将一定量的 SiO_2，Si，石墨和二茂铁粉体混合并球磨 2 ~ 4 h，将混合粉体放入带有石墨盖的石墨坩埚中。SiC 基板悬于粉体上方，垂直放入石墨炉中。升温到 1 600 ~ 1 800 ℃，并保温 2 ~ 4 h，冷却至室温，即得到晶体 SiC 纳米带，如图 7.38 所示。

图 7.38　SiC 纳米带的低分辨和高分辨 SEM 图

他们对 SiC 纳米带的生长机理进行了研究，用这种方法在没有二茂铁催化剂的存在下制备 SiC 纳米结构，但是并没有得到 SiC 纳米带，而是得到了 SiC 纳米线和纳米颗粒。这说明催化剂二茂铁在制备 SiC 纳米带的过程中起到了决定性的作用。二茂铁把产生的 CO 转化成 CO_2，气体反应物形成湍流，合成了 SiC 纳米带。因此 SiC 纳米带与 AlC 和 SiC 一样是遵从催化剂辅助 V-S 生长机制的。

7.3.2　溶剂热法和水热法

Shih-Wei Chen 等人用水热法在 ZnO/Si 基板上，以 ZnO 为晶核制备出不同角度的 ZnO 纳米棒和垂直生长在基板上的 ZnO 纳米棒阵列。首先他们以 ZnO 为靶材，用射频中子溅射技术，在 Si 基板上溅射一层 ZnO 薄膜。ZnO 薄膜在不同温度下退火，得到不同尺寸的晶粒和粗糙表面。ZnO · $6H_2O$ 和环六亚甲基四胺分别添加到去离子水中形成前驱体溶液，将两种溶液混合在一起放入反应釜中，并将带有 ZnO 晶核的基板放入反应釜中（晶核面朝下），在 75 ℃条件下反应 3 ~ 10 h，并用蒸馏水冲洗，室温下干燥，便得到 ZnO

纳米棒。ZnO 晶核的尺寸和粗糙度对 ZnO 纳米棒的浓度和形态有影响。实验证明当 ZnO 晶核的特征从小颗粒和低表面粗糙度向大颗粒和高表面粗糙度转变时,ZnO 纳米棒的生长机制由晶界成核变为表面成核。其中晶界成核机制是形成高浓度而又杂乱的纳米棒;而表面成核生长机制则会形成低浓度的纳米棒阵列,ZnO 纳米棒的生长机制示意图如图 7.39 所示。

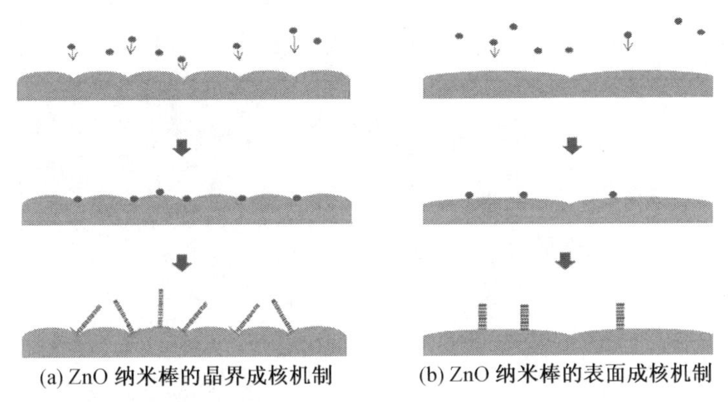

图 7.39　ZnO 纳米棒的生长机制示意图

Yi Cui 等人用溶剂热法在石墨烯(RGO)薄片上两步合成了 $LiMn_{1-x}Fe_xPO_4$ 纳米棒。首先用水解方法在氧化石墨烯表面合成 Fe 掺杂 Mn_3O_4 纳米粒子。然后用溶剂热法使氧化物纳米粒子前驱体在 RGO 表面与 Li^+ 和磷酸盐离子反应,产物转变成 $LiMn_{1-x}Fe_xPO_4$ 纳米棒。在第一步中,氧化物纳米颗粒于 80 ℃下,在氧化石墨烯的悬浮液中选择性生长,通过调节 N,N-二甲基甲酰胺(DMF)的浓度和反应温度控制 $Mn(OAc)_2$ 和 $Fe(NO_3)_3$ 的水解速率;在第二步中,Fe 掺杂 Mn_3O_4 纳米粒子与 LiOH 和 H_3PO_4 在 180 ℃下进行溶剂热反应,加入抗坏血酸把 Fe^{3+} 还原成 Fe^{2+},并把氧化石墨烯还原成石墨烯,同时形成 $LiMn_{1-x}Fe_xPO_4$ 纳米棒,其制备工艺流程图如图 7.40 所示。

Zuoli He 等人以非晶 Ti 微球为前驱体,用溶剂热法合成了 N-F 掺杂 TiO_2 纳米带,合成的纳米带表面有大量虫洞状的介孔。TiO_2 纳米带的制备主要分两步完成:第一步将 2.2 mL $Ti(OBu)_4$ 加入乙醇和 NaCl 混合液中磁力搅拌,得到的悬浮液静置 24 h,粉体状固体在反应容器底部沉淀,将沉淀取出,80 ℃下在空气中干燥,得到样品 S1,作为第二步反应的前驱体;第二步将 0.8 g S1 和 0.37 g NH_4F 分散到氢氧化钠溶液中磁力搅拌 30 min,将得到的混合物转移到特氟龙不锈钢反应釜中,180 ℃反应 72 h,冷却至室温得到白色固体粉体,将此产物用乙醇和去离子水清洗数遍,在 80 ℃的空气下干燥,即得到 N-F 掺杂 TiO_2 纳米带,其制备工艺流程图如图 7.41 所示。

Anukorn Phuruangrat 等人用水热法合成了 α-MoO_3 纳米带锂离子电池正极材料。首先合成前驱体溶液,将 9 g MoO_3 溶解在 50 mL H_2O_2 溶液中,冰浴 1 h 后放在冰箱中冷藏一周。将前驱体溶液在 80 ℃下加热 1 h,直到 H_2O_2 分解。而后用去离子水将前驱体溶液定容至 250 mL。最后将用 HCl 酸化的前驱体溶液加入特氟龙衬底的不锈钢反应釜中,密封 180 ℃下加热 20 h,水洗、干燥后得到 α-MoO_3 纳米带。

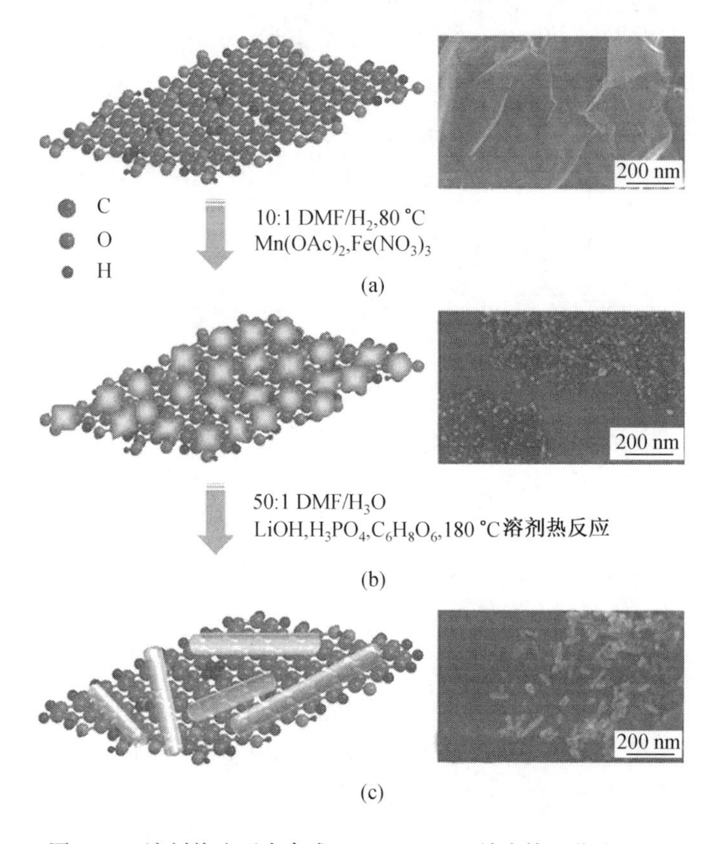

图 7.40 溶剂热法两步合成 $LiMn_{1-x}Fe_xPO_4$ 纳米棒工艺流程图

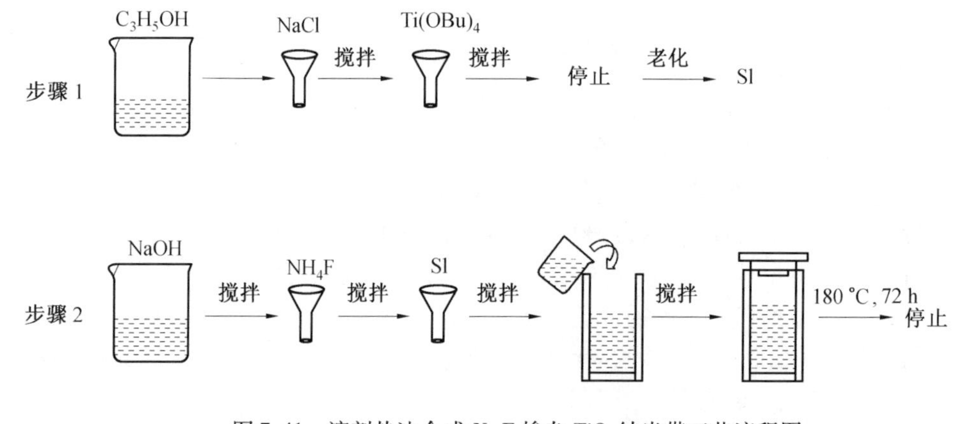

图 7.41 溶剂热法合成 N-F 掺杂 TiO_2 纳米带工艺流程图

7.3.3 溶胶-凝胶法

N. Huang 等人用溶胶-凝胶法在碱石灰基板上合成了单晶纤维锌矿结构[0001]取向的 ZnO 纳米棒阵列。首先将无水醋酸锌溶解在 2-甲氧基乙醇、MEA 和 $AlCl_3 \cdot 6H_2O$ 的混合液中,65 ℃下搅拌 30 min,得到前驱体溶液,并采用浸涂法将前驱体溶液涂在碱石灰基板上。将基板在空气条件下恒温加热,再次浸涂,如此循环处理 5 次。然后在 450 ~ 550 ℃下退火,即得到 ZnO 纳米棒阵列,如图 7.42 所示。

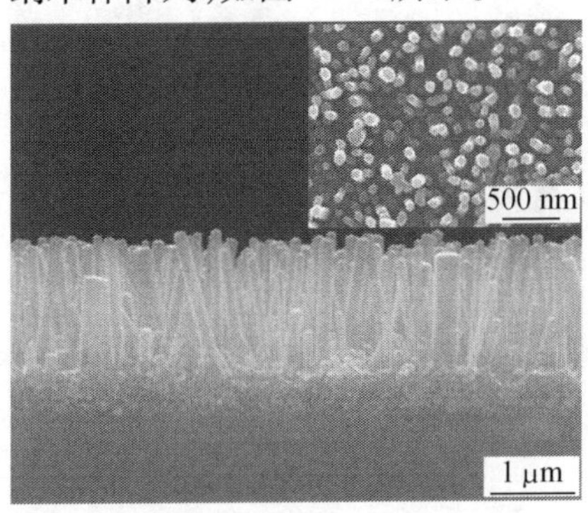

图 7.42　ZnO 纳米棒阵列的 SEM 照片

热处理开始时,在玻璃基板上形成一层膜,而不是不同取向的纳米棒。在 200 ℃时,结晶没有形成。当加热到 240 ℃时,一些(002)生长取向的结晶开始形成。当温度升高到 300 ℃时,薄膜沿着 c 轴高度结晶,并沉积在玻璃基板上,在 200 ℃时没有结晶的薄膜也开始在玻璃基板上沉积。最后在退火过程中 200 ℃时形成的薄膜会成为任意取向的 ZnO 纳米棒,240 ℃形成的薄膜成为 ZnO 纳米棒阵列;而在 300 ℃下预热,550 ℃下退火只有少数纳米棒从纳米晶层成核,因为纳米棒生长和成核需要较高的表面自由能,其来自于结晶层而不来自于非晶层,其生长机理示意图如图 7.43 所示。

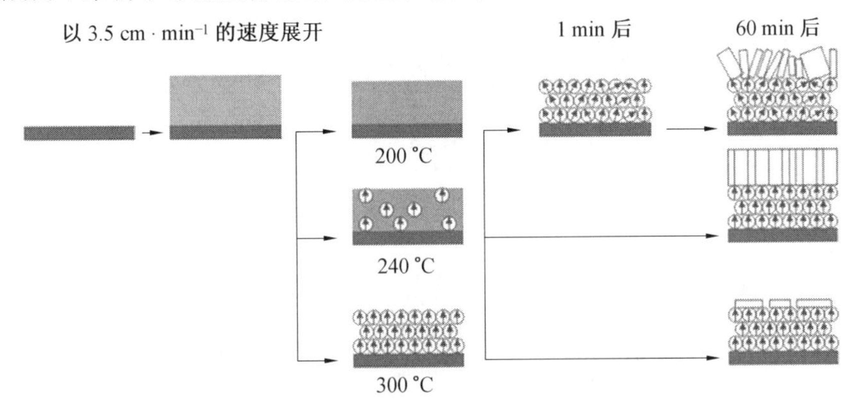

图 7.43　ZnO 纳米棒阵列的生长机理示意图

Bing Zhang 等人报道了以 WO_3为催化剂,溶胶-凝胶法制备单晶多铝红柱石纳米带,纳米带的宽度为 200 nm,长为 3 ~4 μm。$AlCl_3$和 TEOS 用来制备溶胶前驱体,水合钨酸铵盐用来产生 WO_3催化剂。将这些材料和催化剂在 60 ℃下混合搅拌 4 h,就会形成乳状绿白色凝胶。将凝胶转移到铝舟中,在 200 ℃下烘烤 10 h,然后在 1 200 ℃加热 5 h,冷却至室温即得到白色的单晶多铝红柱石纳米带。如图 7.44 所示,单晶多铝红柱石纳米带为斜方晶系结构,沿着[001]取向生长。催化剂 WO_3对单晶多铝红柱石纳米带起着重要的作用。因为多铝红柱石具有良好的机械性能、热性能和化学性能,它被应用于陶瓷、金属、聚合物复合材料的基体。单晶多铝红柱石纳米带具有光滑的表面,可应用于纳米电子材料。

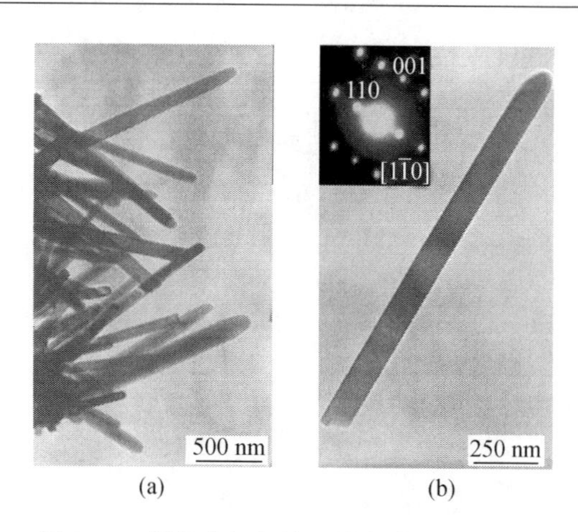

图7.44 单晶多铝红柱石纳米带的TEM照片

Lu Shao等人报道了溶胶-凝胶法合成TiO_2纳米棒/石墨烯(RGO)复合材料。TiO_2纳米棒长为150 nm,直径为30 nm。以三乙醇胺(TEOA)为形态控制剂,在pH=12的特定条件下制备出TiO_2纳米棒/石墨烯(RGO)复合材料。实验表明,pH越高,越有利于质子化的TEOA吸附在晶态核的表面上。通过控制前驱体的水解,在110 ℃时会形成浓缩的黏性凝胶。凝胶起到阻止凝固和促进粒子生长、金属储存、氢氧化物可控释放基体的作用。在150 ℃凝胶构筑过程中,根据产生棒状结构TiO_2的特定亲和力,TEOA包含的氨基基团作为形状控制剂,限制了平行于四方晶系TiO_2的c轴平面的生长速度。当GO复合到TiO_2纳米棒中,在190 ℃和400 ℃时能够促进GO、RGO和TiO_2成键,并起到调控TiO_2纳米棒的晶体结构的作用,如图7.45所示。

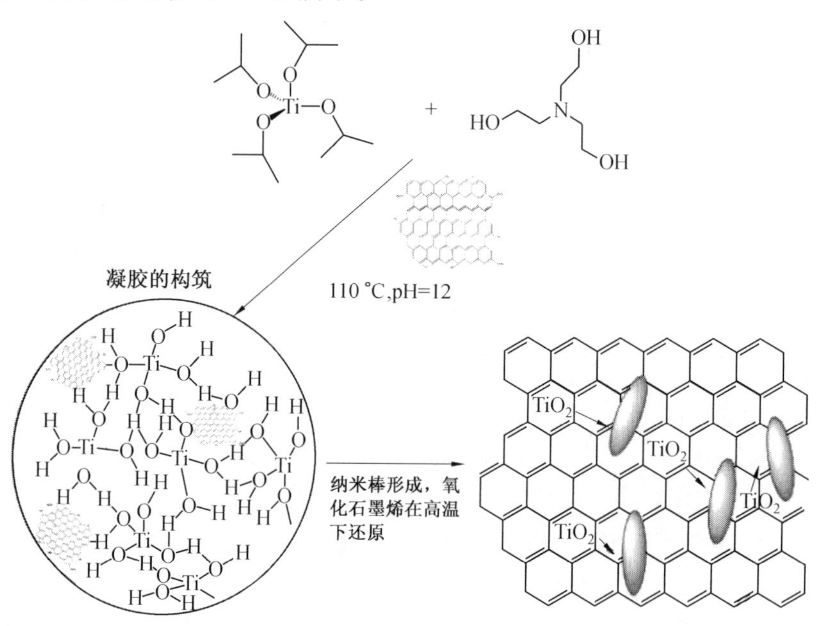

图7.45 TiO_2纳米棒/石墨烯(RGO)复合材料的形成机制示意图

7.3.4　热蒸发法

用于热蒸发的反应装置包括一个用来提供气流的水平管式炉和一个压力表。管式炉有 1 ~ 3 个受热区，这些受热区分为温度较高的前驱体生成区和温度较低的生长区。实验一般在低压条件下进行（用机械泵完成低压操作），这样可以根据催化剂选择反应类型。低压操作还可以防止还原的样品被氧化带来的污染。操作压力一般在 0.1 ~ 100 kPa。由于坩埚的材料具有较高的熔点、良好的化学稳定性和韧性，能耐高温和化学腐蚀，所以反应原料一般放在铝坩埚中。管式炉通过传导、对流和辐射来加热原料。

D. Calestani 等人用热蒸发法合成了 ZnO 纳米棒，并提出了 ZnO 纳米棒的生长机理，包括金属纳米团簇的构筑、ZnO 极化表面的出现和判断整齐纳米晶体的形成。他们将 Zn 粉作为原材料放入管式炉中，用 HNO_3 蚀刻 1 min，除去本底氧化物，形成大量 Zn 蒸气。用脉冲电子沉积（PED）的方法沉积一层低粗糙度、高透明度、沿着 c 轴并垂直于基板的 ZnO 和 Al 掺杂 ZnO（AZO）薄膜。原材料在基板上的覆盖面积和气流都在 ZnO 特定的生长阶段，促进了 Zn 纳米团簇的生长。ZnO 纳米棒的生长过程可分为三步：第一步是氧气和氩气的混合气体在原料 Zn 容器的上方，当 Zn 蒸气从容器蒸发出来时，被氧化并累积直到达到 Zn 蒸气在此温度下的压力平衡值，阻止了 Zn 蒸气扩散到基板上提前生长。第二步是当使用 Ar 代替氧气和氩气的混合气体时，Zn 纳米团簇开始形成。当氧气含量减少时，Zn 蒸气从原料容器中溢出与较冷的氩气接触。惰性气体氩之所以温度低是因为使用量很大，在短时间内无法实现完全加热。Zn 纳米团簇被惰性气体氩运载到基板上，这个过程只有 1 min。第三步是 Zn 纳米团簇在基板上氧化、成核并生长成 ZnO 纳米棒。ZnO 纳米棒通过消耗大量的 Zn 蒸气和氧气，生长速度较快。ZnO 纳米棒的生长机制示意图如图 7.46 所示。

C. Y. Zang 等人用热蒸发法在 Si(001) 基板上合成 P 掺杂的 ZnO 纳米带（NBs）。首先将 Zn 粉和 P_2O_5 原料放入石英舟内，用电子束蒸发法在 Si 基板上蒸镀上一层 ZnO 薄膜。将温度迅速升至 580 ℃，在高纯 N_2 中保持 2 h。当冷却至室温时，在 Si 基板上会形成一层灰色 NBs 沉淀。图 7.47 的 HRTEM 和 XRD 说明 NBs 为（002）晶面取向，沿着 c 轴方向生长。

NBs 的生长过程为自组装 V-S 生长机制，这是一种不需要催化剂的制备氧化物纳米结构的简单有效方法。有很多因素决定了 NBs 的形态和结构，如生长温度、环境温度、基板、气体流速和压力。其中 V-S 生长机制可用下述过程描述：

$$Zn(s) \longleftrightarrow Zn(g) \tag{1}$$

$$Zn(g) + 1/2O_2(g) \longleftrightarrow ZnO(g) \tag{2}$$

$$ZnO(s) \longleftrightarrow ZnO(g) \tag{3}$$

低维 ZnO 纳米结构在 ZnO 涂层的 Si 基板上的生长是均相外延生长。ZnO 涂层减少了 ZnO 晶核和 Si 基板之间的表面自由能，降低了成核能垒。它还增加了有效表面积，降低了晶体成核的自由能。

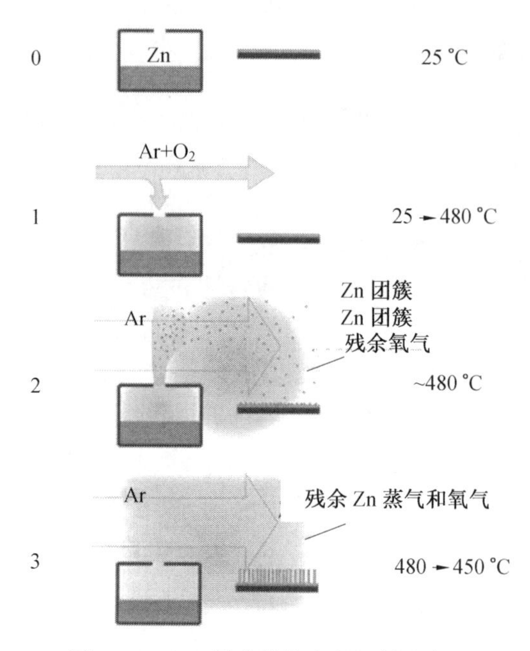

图 7.46 ZnO 纳米棒的生长机制示意图

Jingwen Qian 等人用高温热蒸发法在 Si 基板上合成了 $FeWO_4/FeS$ 核壳结构纳米棒。首先把 WO_3和 S 粉体分别放置于石英舟中,将石英舟置于管式炉的中央。Si 圆片溅射5 nm的薄膜,并一同放入管式炉中将炉体加热到 1 000 ℃并保持 2 min。冷却至室温后,蓝绿色的薄膜在 Si 基板表面形成,如图 7.48 所示,所得 $FeWO_4/FeS$ 核壳结构纳米棒的直径为(175±60)nm,长度为(1.4±0.5)μm。

当温度升高时,WO_3和 S 开始在石英舟内升华。WO_3与 FeO 反应形成 $FeWO_4$。此外S 蒸气与金属 Fe 反应生成 FeS。一般解释纳米棒的生长有两个公认的生长机制:V-L-S生长机制和 V-S 生长机制。V-L-S 生长机制一般会形成液滴。然而 $FeWO_4/FeS$ 核壳结构纳米棒并未在顶端发现其他粒子,因而属于 V-S 生长机制。在生长开始时,金属薄膜断裂成小颗粒,吸附 WO_3和剩下的氧气与 $FeWO_4$晶核。由于 $FeWO_4$晶核的(010)晶面具有较低的表面自由能,因此这个晶面作为晶种沿(010)取向生长,进而形成纳米棒结构。由于 $FeWO_4$晶核具有较高的表面活性,有利于吸附 FeS 颗粒。按照 V-S 生长机制,在 $FeWO_4$纳米棒表面生长[100]取向的 FeS,进而形成 $FeWO_4/FeS$ 核壳结构纳米棒。

Lijun Li 用简单的无催化剂热蒸发浓缩法,于 850 ℃下在 Si 基板上合成了 SnO_2纳米带。首先把 SnO_2和石墨粉体放入石英舟中,上面覆盖一层不锈钢网,用来在反应过程中限制蒸气。基板放在不锈钢网上,炉体加热到 850 ℃并保持 50 min。冷却至室温后,在 Si 基板上出现亮白色产物即 SnO_2纳米带。如图 7.49 所示,Z 字形 SnO_2纳米带为四方金红石结构,并沿着[101]取向生长。

在四方金红石 SnO_2纳米结构中,[101]的生长取向是在 SnO_2纳米带生长过程中优先生长的取向。在这个实验中,Sn 蒸气通过不锈钢网格释放到基板上,不锈钢网格可以起

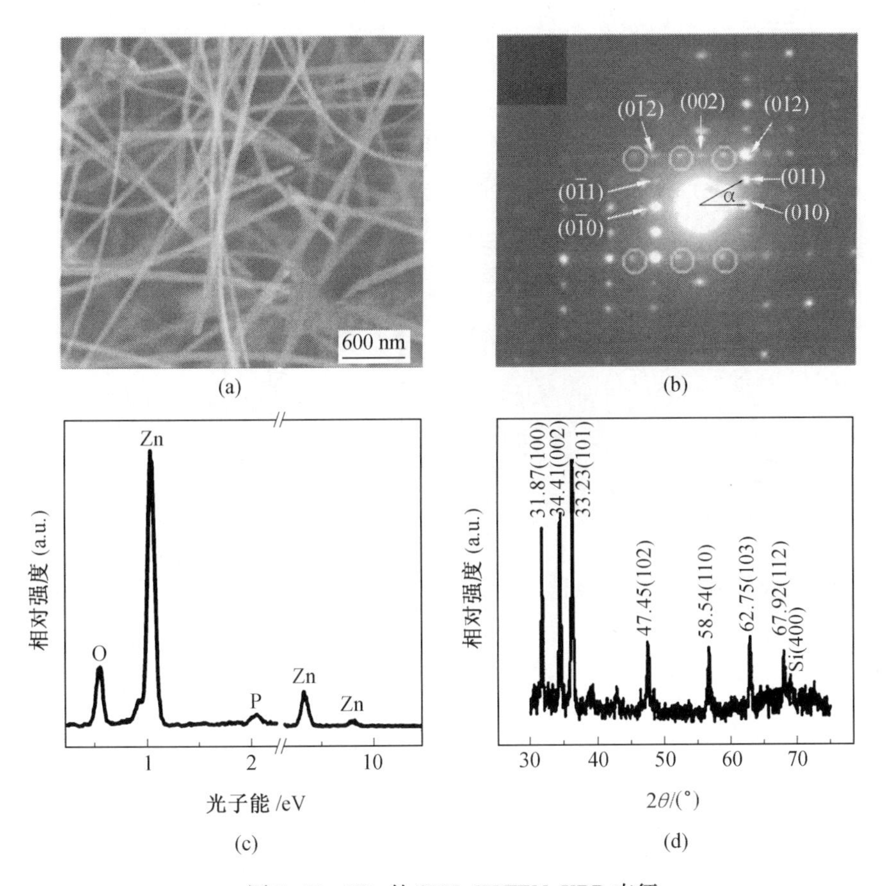

图 7.47　NBs 的 SEM，HRTEM，XRD 表征

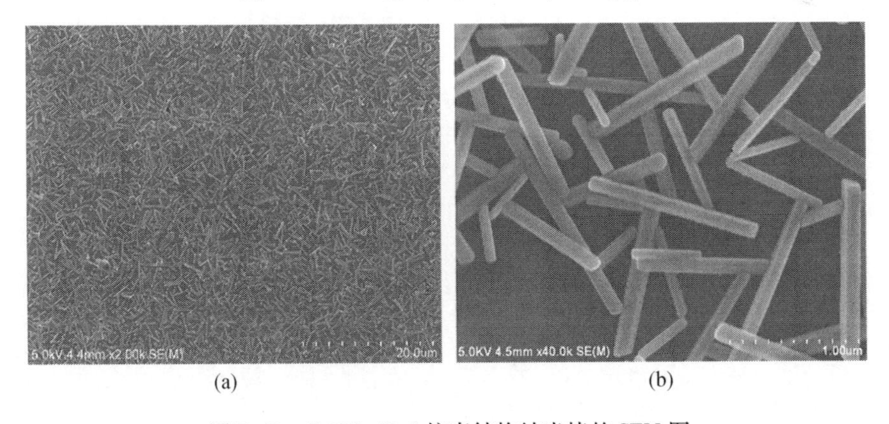

图 7.48　$FeWO_4$/FeS 核壳结构纳米棒的 SEM 图

到增加 Sn 蒸气浓度的作用。生长动力的轻微波动是四方金红石 SnO_2 纳米带从[101]生长取向转变为[10$\bar{1}$]生长取向的源动力。

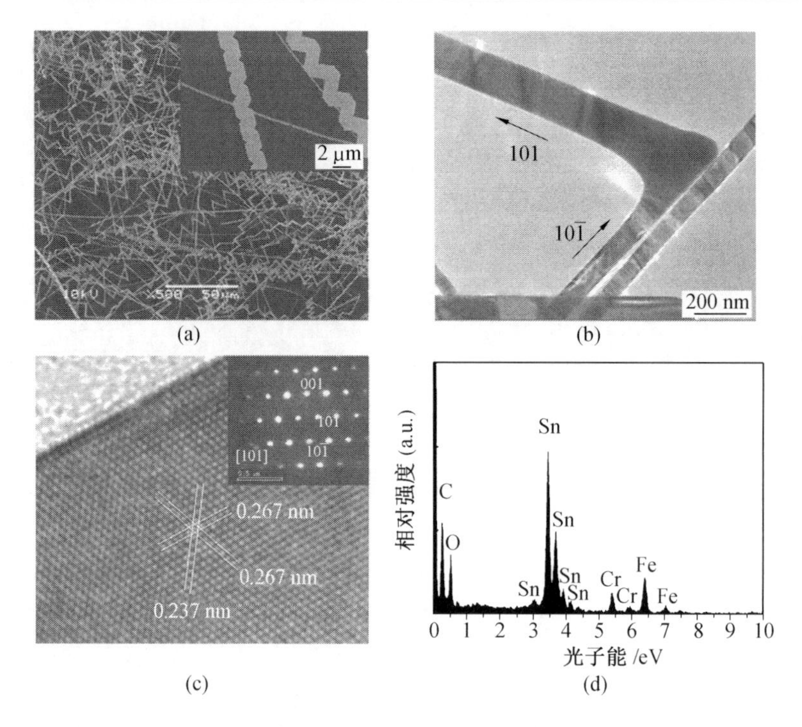

图 7.49 SnO_2纳米带的 SEM, TEM 和 EDS 表征

第8章　多孔材料制备原理与工艺

8.1　多孔材料概述

根据孔径的大小，可以把多孔材料分为三类，即微孔材料（孔径小于2 nm）、介孔材料（孔径在2～50 nm）和大孔材料（孔径大于50 nm）。多孔材料典型结构示意图如图8.1所示。根据其孔的结构特征，多孔材料又可分为无序孔结构材料和有序介孔结构材料。

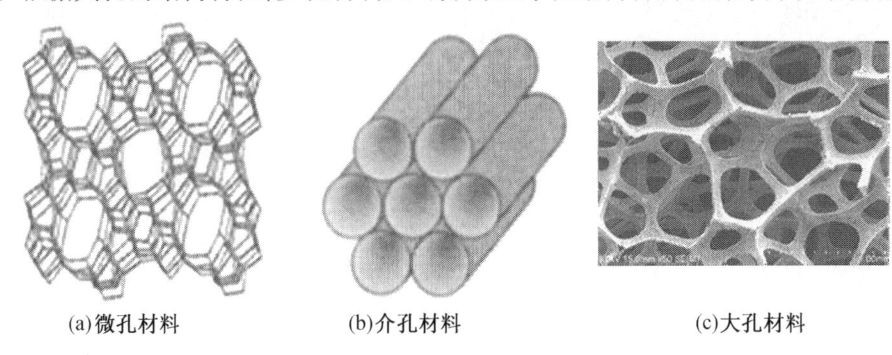

(a)微孔材料　　(b)介孔材料　　(c)大孔材料

图8.1　多孔材料典型结构示意图

8.2　有序介孔材料概述

有序介孔材料是20世纪90年代迅速兴起的新型纳米结构材料，它一诞生就得到国际物理学、化学与材料学界的高度重视，并迅速成为研究热点。由于有序介孔材料具有孔道大小均匀、排列有序、孔径可在2～50 nm范围内连续调节等优点，因而在分离、吸附、生物医药和催化环境能源等领域有着广泛的应用前景。此外，由于有序介孔材料具有较大的比表面积、相对大的孔径及规整的孔道结构，在催化反应中适用于活化较大的分子或基团，显示出优于沸石分子筛的催化性能。有序介孔材料直接作为酸碱催化剂使用时，能够减少固体酸催化剂上的结炭，提高产物的扩散速度。还可在有序介孔材料骨架中引入具有氧化还原能力的金属离子及氧化物来改变材料的性能，以适用于不同类型的催化反应。近年来，在介孔材料中引入各种有机金属配合物制成无机-有机杂化材料也是催化和材料领域比较活跃的研究方向之一。由于有序介孔材料孔径尺寸大，还可应用于高分子合成领域，特别是聚合反应的纳米反应器。有序介孔材料还可作为光催化剂，用于环境污染物的处理。例如介孔 TiO_2 比纳米 TiO_2（P25）具有更高的光催化活性，同时在有序介孔材料中进行选择性的掺杂亦可改善其光活性，增加可见光催化降解有机废弃物的效率。氧化硅介孔材料(例如 MCM-41,SBA-15 等),由于具有大的比表面积、规则的孔道结构、孔径连续可调和很好的热稳定性,在催化、吸附、分离、药物运输及缓释等领域显示出重要的应用前景,受到研究者的广泛关注。有序介孔材料的功能化控制(例如形貌、孔结构、孔径、介孔孔道方向、主客体组装及表面修饰等)和基于功能化控制基础上的应用探索研究,已经成为介孔材料领域重要的研究方向之一。

8.2.1 介孔材料的形成机理

介孔分子筛具有有序的液晶结构、超大的比表面积及尺寸可调的纳米孔道,受到人们的广泛关注。然而这种结构是如何形成的,表面活性剂的作用等问题一直困扰相关的研究者们。随着科技的发展和多种表征技术的出现,提出了多种合成机理。1992 年,美国美孚石油公司的科学家报道了以长链阳离子表面活性剂为模板经超分子组装合成高度有序的介孔材料(即 M41S 介孔二氧硅材料),研究人员总结合成现象以及条件,提出了介孔材料合成的液晶模板机理(liquid crystal template, LCT)。

液晶模板机理认为表面活性剂形成的液晶是形成 MCM-41 介孔材料结构的模板剂,以此提出了两条合成途径:

①表面活性剂化学性质的各向异性导致在水溶液中先形成胶束,进一步形成胶棒(也称棒状胶束),胶棒再组装形成六方结构的液晶相,如图 8.2 所示。无机氧化硅物种在这种表面活性剂液晶相周围水解、交联,从而形成具有六方液晶相结构的氧化硅-表面活性剂组成的有机-无机复合材料,焙烧除去表面活性剂后,就得到了介孔氧化硅分子筛材料。

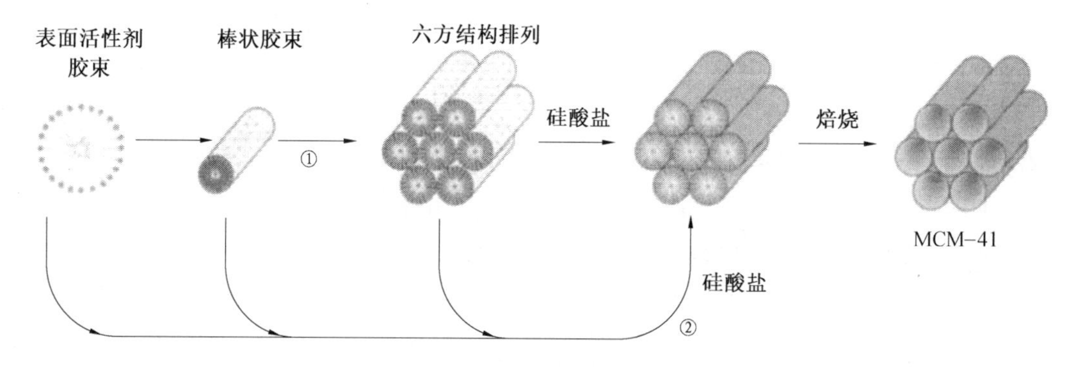

图 8.2 液晶模板机理示意图

②表面活性剂可以与无机氧化硅物种相互作用,形成有机-无机的胶束结构。在溶剂的作用下进一步促成氧化硅-表面活性剂复合胶棒,从而组装成具有六方结构的氧化硅-表面活性剂复合的胶棒。这些胶棒在水热条件下,通过组装、晶化最终形成六方结构的氧化硅-表面活性剂介观结构。

在介孔材料研究的初期,液晶模板理论理论不仅解决了无机-有机介观结构的来源问题,而且第一次提出模板概念,为以后研究介孔材料提供了理论指导。随着研究的深入,液晶模板机理也存在不足,例如途径①,表面活性剂的浓度一般远低于表面活性剂形成液晶相的浓度,例如十六烷基三甲基溴化铵(CTAB)在质量分数为 28% 时才能形成六方相,然而在实际合成过程中,CTAB 在质量分数很低(如 2%)的情况下就能制备出 MCM-41 型介孔氧化硅分子筛;机理中的途径②也无法解释表面活性剂和无机硅源之间的不同比例对介孔微观结构的影响。

对于加入无机反应物后形成的液晶相具体过程描述,Davis 和 Stucky 分别提出了两个具有代表性的机理。Davis 提出了棒状胶束组装机理。该机理认为硅酸根离子的引入对液晶结构的形成至关重要,硅源物质与随机分布的有机棒状胶束通过库仑力相互作用,在其表面包裹 2 ~3 层氧化硅,然后这些无机-有机的棒状胶束复合物通过自组装作用形成长程有序的六方排列结构。随着反应时间延长和温度升高,硅羟基能够进一步缩合,使棒状胶束自发组装并进行结构调整,从而获得与表面活性剂液晶结构相同的、长程有序度良好的 MCM-41 介孔材料。但是,Davis 提出的理论不具有普遍性,不能很好解释立方相 MCM-48 和层状氧化硅结构的生成。

由于液晶模板机理与实际操作不符,Stucky 等人在总结大量实验和改进其模型的基础上,提出较为全面的生长合成机理,即协同作用机理(cooperative formation mechanism, CFM)。该机理的核心是有机物种和无机物种间的协同共组生成有序结构,它们之间动力学相互作用在介孔分子筛形成过程中是关键性的,而预先形成有序的胶束模板则不是必需的。该机理认为介孔分子筛的介观结构是无机物和有机表面活性剂分子的协同合作、共同组装的结果。在介孔氧化硅形成过程中,如图 8.3 中 A 过程相似寡聚的硅酸盐阴离子与阳离子表面活性剂通过静电库仑力发生相互作用,在界面区域的硅酸盐物种可以发生聚合交联,改变了无机层的电荷密度,使得表面活性剂的长链相互接近,无机物种和有机物种之间的电荷匹配控制了表面活性剂的排列方式,最终结果如图 8.3 中 B 和 C 两个过程。反应的进行将改变无机层的电荷密度,整个无机-有机的固相组成也随之而改变。最终物相则由反应进行的程度(无机部分的聚合程度)和表面活性剂电荷匹配的组装程度决定,最后得到能量最低、紧密堆积、有序排列的三维介孔结构,如图 8.3 中 D 过程。CFM 机理有助于解释介孔材料合成中的诸多实验现象,具有一定的普遍性,可以比较完美地解释许多实验现象,在一定程度上对介孔材料的合成具有指导作用。

Monnier 等人采用 X 射线衍射技术观察到在形成 MCM-41 六角相之前,溶液中已经形成了层状中间相,然后再发生相转变而生成六角介孔材料这个实验现象,提出了电荷密度匹配机理(charge density matching mechanism)。该模型机理认为,层状中间相的形成有利于高电荷硅酸盐阴离子物和同阳离子表面活性剂之间的电荷匹配。在形成表面活性剂-硅酸盐介孔结构的过程中,硅酸盐阴离子物种在表面活性剂与硅酸盐之间的界面发生聚合,一旦硅酸盐发生聚合,负电荷密度就降低,使得表面活性剂内亲水基团表面积增加,因而为保持电荷中性,需要增加二氧化硅的比例,于是引起无机物种和表面活性剂之间的界面起皱以增加界面面积来维持电荷平衡,导致介孔材料发生从层状相到六角相的转变,这种电荷密度匹配理论可以用来解释介孔材料在合成中的相转变,如图 8.4 所示。

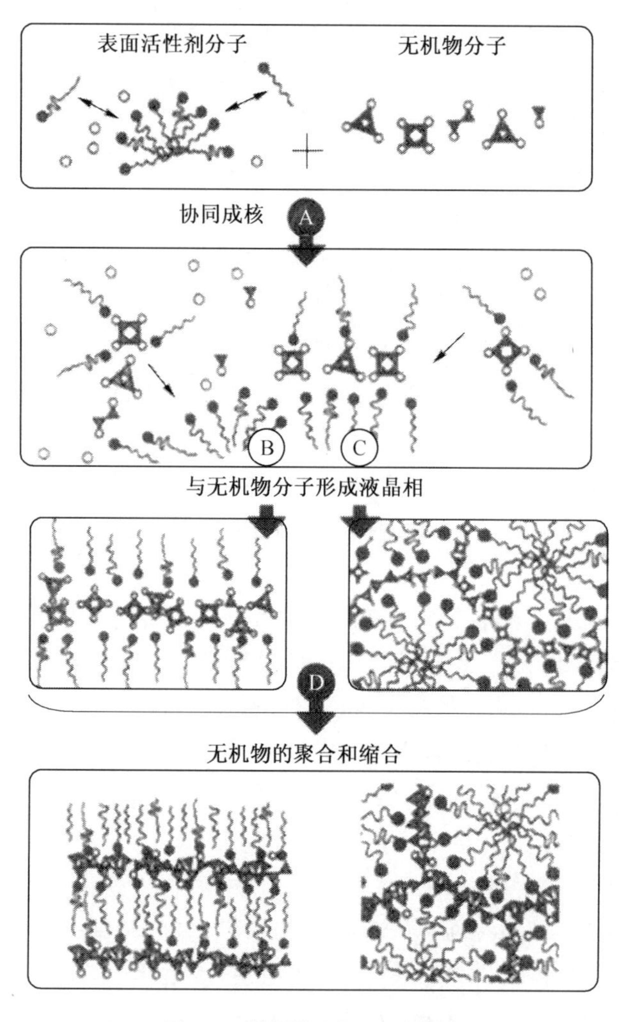

图 8.3 协同作用机理示意图

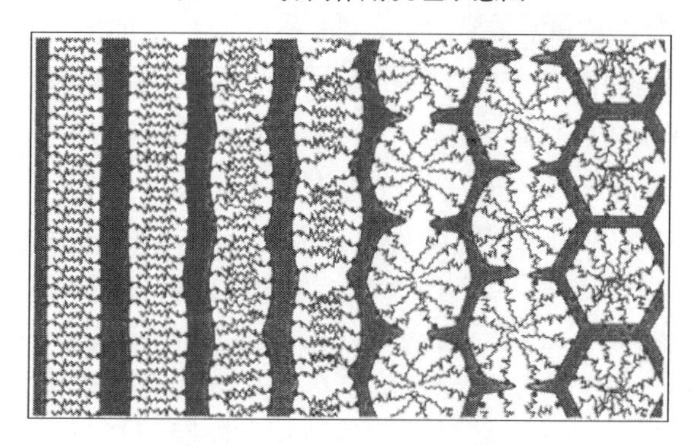

图 8.4 电荷密度匹配机理示意图

8.2.2　介孔材料的分类

按照化学组成分类,介孔材料一般可以分为硅基介孔材料和非硅基介孔材料两大类。

8.2.2.1　硅基介孔材料

在已报道的介孔材料中,关于介孔氧化硅材料的研究最多,目前已经能够实现对介孔氧化硅材料的设计合成,得到了一系列具有不同空间对称性、孔道结构和表面性质的介孔氧化硅材料。介孔氧化硅材料没有统一的命名,研究者们通常以研究所的名字或者所用的模板剂来命名其合成的介孔材料。硅基介孔材料可分为纯硅介孔材料和掺杂其他元素的介孔材料两大类。1992 年,美国 Mobil 公司的研究者使用长链阳离子表面活性剂作为结构的导向剂,合成了 M41S 系列有序介孔氧化硅(铝)材料,发现了这一系列的新介孔材料具有与表面活性剂液晶相同的结构。

(1)MCM(mobil company of matter,MCM)系列介孔材料。

MCM 系列介孔材料被认为是新一代介孔材料诞生的标志,是用各种不同烷基链长度的烷基三甲基卤化铵表面活性剂做模板合成的,主要包括六方相 MCM-41、立方相 MCM-48 和层状 MCM-50,如图 8.5 所示。其中具有代表性的 MCM-41 氧化硅分子筛,其合成相对简单,条件比较宽松。首先孔径可调,如可以通过表面活性剂链的长短调节孔径,输水链越长,孔径越大;其次是生成速率比较快,一般几分钟即可形成介孔结构,而且经过水热处理,有序度显著提高;再次就是原料中所用的碱源选择范围广,可以用氢氧化钠、氢氧化钾、氨水、四甲基氢氧化铵等。

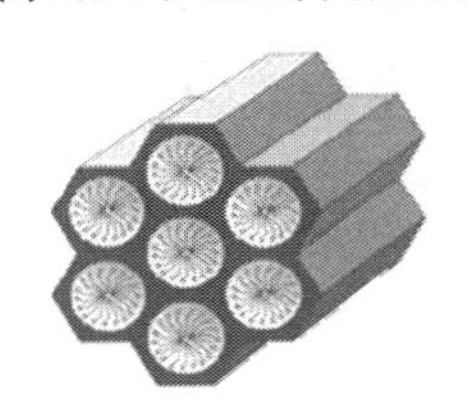

(a) MCM-41(2D 六方,空间群 P6 mm)

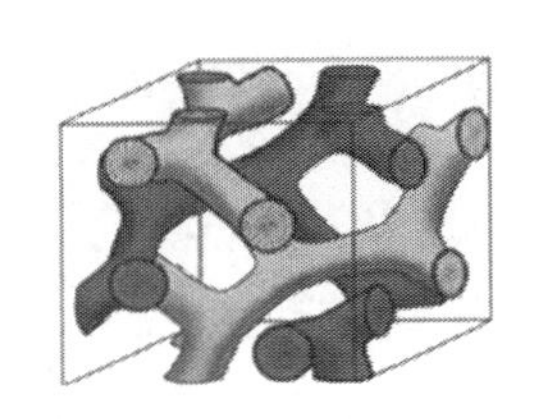

(b) MCM-48(立方,空间群 P3 d)

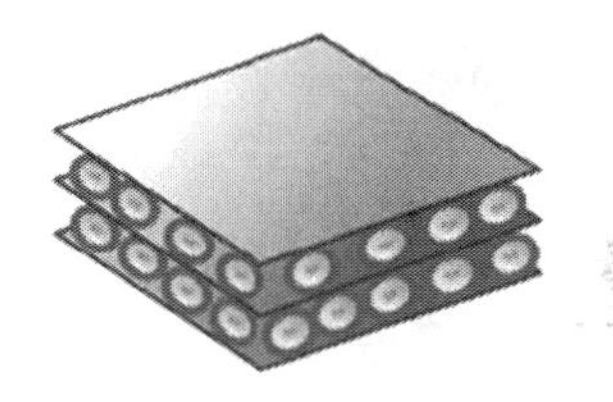

(c) MCM-50(层状,空间群 P2)

图 8.5　MCM 系列介孔材料的结构

例如,Faghihian 等人将 2.4 g 阳离子表面活性剂 CTAB 加入 120 g 去离子水中,室温下混合搅拌均匀后,加 8 mL 氨水,搅拌 5 min,加入 10 mL 正硅酸乙酯(TEOS),室温搅拌 2 h,将混合溶液转移至聚四氟水热反应釜中,置于烘箱中 100 ℃反应 48 h。样品经过滤、去离子水洗涤和室温干燥,然后在 550 ℃下焙烧 6 h,去除表面活性剂即所得 MCM-41 产品。该产品孔径约为 3.8 nm,比表面积约为 900 $m^2 \cdot g^{-1}$,孔容约为 0.8 $cm^3 \cdot g^{-1}$,孔壁厚度为 1 nm。

Anbia 等人将 2.4 g CTAB 溶于 120 g 去离子水中直至澄清透明,然后加入 8 ml 氢氧化铵,混合溶液搅拌 5 min。以 1 mL/min 的速度滴加 20 mL TEOS,混合溶液物质的量比是 $n(TEOS) : n(NH_4OH) : n(CTAB) : n(H_2O) = 1 : 1.64 : 0.15 : 126$,搅拌、过滤,用去离子水和乙醇分别洗涤、干燥,置于马弗炉空气气氛中 823 ℃下焙烧 5 h,去除模板剂,即可得到白色的 MCM-41 介孔分子筛粉体,其扫描电镜和透射电镜照片如图 8.6 所示。

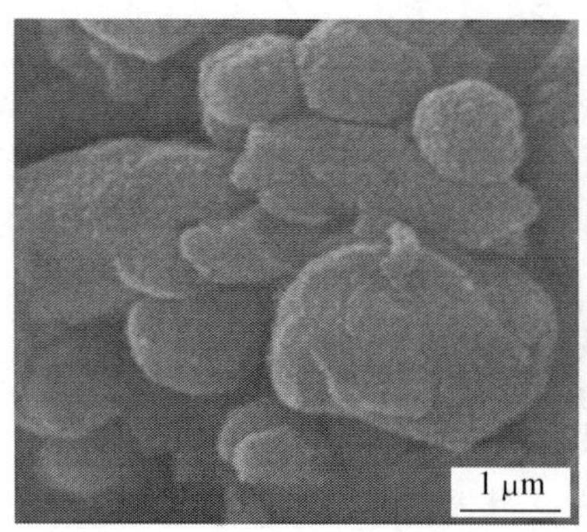

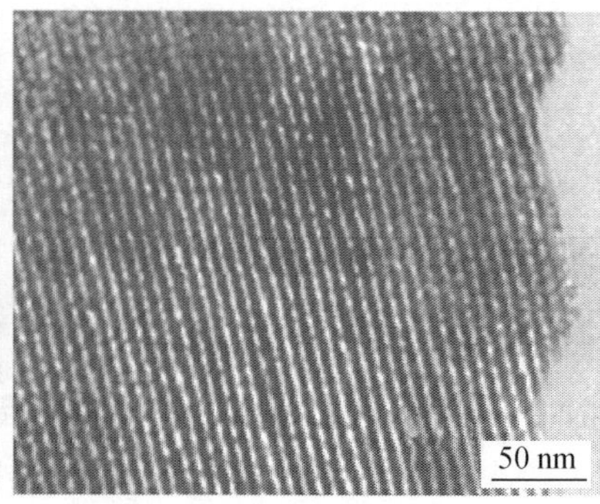

图 8.6 MCM-41 的扫描电镜和透射电镜照片

(2)SBA(santa barbara airport,SBA)系列介孔材料

SBA 系列介孔材料主要包括 SBA-1,SBA-2,SBA-3,SBA-6,SBA-11,SBA-12,SBA-14,SBA-15 和 SBA-16 等。SBA-15 是继 MCM-41 后重要的二维六方相介孔分子筛。

Wang 等人将 1.6 g 三嵌段共聚物 P123 溶于 15 g 去离子水中和 50 mL HCl 中,搅拌成均匀溶液,加热至 40 ℃,然后在搅拌的条件下,滴加 3.66 g TEOS,40 ℃下搅拌 4 h,100 ℃下在烘箱中晶化 2 d。冷却后,样品经过滤、100 ℃干燥,然后置于马弗炉中,在空气气氛下以 1 ℃ · min^{-1} 的速率升温到 550 ℃,焙烧 5 h 脱除表面活性剂,即得 SBA-15 产品。该产品孔径约为 8.95 nm,表面积约为 650 $m^2 \cdot g^{-1}$,孔容约为 1.16 $cm^3 \cdot g^{-1}$,孔壁厚度为 2.44 nm。

(3)FSM(followed sheets mechanism,FSM)介孔材料。

FSM 系列介孔材料的合成可以追溯到 1990 年 Yanagisawa 等人的工作。他们在用阳离子表面活性剂柱撑 δ-Na_2SiO_5 层状黏土时发现,当碱度较高时,δ-Na_2SiO_5 结构被破坏,生成了一种孔径分布狭窄的二维六角结构的氧化硅材料,也就是后来被称为 FSM-16 的介孔氧化硅。其制备工艺的典型过程是:将 30 g δ-$Na_2Si_2O_5$溶于 300 g 去离子水中,室温下搅拌 3 h,然后过滤除去悬浮物。将所得 δ-Na_2SiO_5 溶胶分散在 480 mL 的十六烷基三甲基氯化铵 C_{16}TMACl(0.125 mol · L^{-1})水溶液中,70 ℃搅拌 3 h。随后将悬浮液用 2 mol · L^{-1} HCl 精确调节 pH=8.5,在 70 ℃下继续搅拌 3 h,并保持 pH 为 8 ~9。样品经过滤、水洗、干燥,空气气氛中 550 ℃下焙烧 6 h,除去表面活性剂,最后得到白色粉末状的 FSM-16。

Wu 等人将 $NaSiO_3 \cdot 9H_2O$ 在 700 ℃下焙烧 6 h,然后分散在 50 mL 去离子水中,室温搅拌 3 h,过滤,然后分散在 20 mL 0.1 mol · L^{-1}模板剂 $C_{16}H_{33}(CH_3)_3N^+Br^-$溶液中,70 ℃加热 3 h,之后用 2 mol · L^{-1}的 HCl 溶液调节溶液 pH 为 8 ~9,继续反应 3 h,冷却至室温,过滤后沉淀用去离子水洗涤 4 ~5 次,80 ℃干燥。将样品置于马弗炉中,在空气气氛中 550 ℃下煅烧 6 h 去除有机模板,得到 FSM-16 氧化硅分子筛。

(4) FDU(fudan university,FDU)。

FDU 系列介孔材料是复旦大学赵东元院士最早报道的介孔硅分子筛,主要包括 FDU-1,FDU-2,FDU-7 和 FDU-12。典型的 FDU-1 合成方法是:将 0.50 g 嵌段高分子 B50-6600 溶于 30 g(2 mol · L^{-1})HCl,加入 2.08 g(0.01 mol)TEOS,在室温下搅拌 24 h。

反应物中各组分的物质的量比是 n(TEOS)∶n(B50-6600)∶n(HCl)∶$n(H_2)O$=1∶0.007 4∶6∶166。溶液在100 ℃下静置24 h，所得固体产物经过滤、洗涤和室温真空干燥，最后在空气气氛中缓慢升温至550 ℃焙烧4 d，即得FDU-1介孔分子筛。

Sarvi等人将5.0 g KCl溶于120 mL(2 mol·L^{-1})HCl溶液中，2.0 g聚氧乙烯-聚氧丙烯-聚氧乙烯(F127)溶于上述混合溶液中，38 ℃搅拌12 h，滴加5.5 g 3,3,5,5-四甲基联苯胺(TMB)，在剧烈搅拌下保温24 h，滴加8.2 g TEOS反应24 h。将混合液转移至水热反应釜100 ℃下热处理72 h，将所得固体过滤、洗涤，以1.5 ℃·min^{-1}速度升温至550 ℃，保温6 h，去除有机模板，得到FDU-12介孔硅分子筛。

(5)AMS(anionic surfactant templated mesoporous silica, AMS)

AMS系列介孔材料主要包括AMS-1,AMS-2,AMS-3,AMS-6和AMS-8。此系列介孔分子筛具有与MCM-41相同的二维六方相结构。采用阴离子表面活性剂为结构导向剂，以含氨基或者季铵端基的有机硅烷作为助结构导向剂，在碱性或酸性条件下制备得到一系列新型介孔材料。

比较有代表性的AMS-3合成方法是：将4.16 g TEOS和1.03 g质量分数为50%的三甲氧基硅基丙基氯化铵(TMAPS)甲醇溶液分别加入0.56 g棕榈酸钠盐C16AS($C_{16}H_{33}COONa$)和56 g去离子水溶液中，然后将上述混合溶液在60 ℃下搅拌24 h。所得固体产品在100 ℃下老化1～3 d，然后过滤并在60 ℃下干燥，即得AMS-3介孔分子筛。模板剂可以通过体积分数为15%的水/乙醇混合溶剂中沸腾温度下萃取除去，这样同时可以使氨基保留。也可以通过在650 ℃的空气气氛中焙烧6 h除去模板剂。

(6) HMS(hexagonal mesoporous silica, HMS)

AMS介孔材料是利用硅源和表面活性剂之间的氢键作用，形成的海绵状介孔分子筛。常见的制备工艺是：将TEOS加入经过超声处理的0.02 mol·L^{-1}烷基醇聚氧乙烯(15)醚(Tergitol 15-S-12)的水溶液，使得TEOS与表面活性剂的物质的量比为8∶1，继续超声处理一段时间，使溶液变成乳白色的胶体溶液。熟化时间12 h得到无色透明的溶液，此时还没有介孔结构形成。然后将0.24 mol·L^{-1}的NaF溶液在搅拌下不断滴入上述溶液，NaF与TEOS的物质的量比为0.025。将溶液置于振荡池中，设置温度25～65 ℃，保持振荡48 h。白色固态产物经离心分离，70 ℃下空气干燥，以5 ℃·min^{-1}的速度升温至200 ℃，继续干燥6 h，最后在600 ℃下焙烧6 h，去除表面活性剂，得到HMS介孔材料，其孔径范围在2～4.5 nm。

(7)MSU(michigan state university, MSU)。

以聚氧乙烯醚(PEO)非离子表面活性剂为模板，通过氢键作用合成的孔道为无序排列的介孔材料。MSU-1常见的制备工艺是：将5.758 g Brij35(十二烷基聚乙二醇醚)溶于水，在剧烈搅拌情况下，滴加10 g TEOS，所得透明混合溶液搅拌30 min，然后加入0.081 g NaF，使各组分的物质的量比为 $n(SiO_2)$∶n(Brij35)∶n(NaF)∶$n(H_2O)$=1.0∶0.1∶0.04∶100，溶胶陈化24 h，所得固体经过滤、水洗、室温干燥，550 ℃焙烧5 h除去表面活性剂，即得MSU-1分子筛，孔径为3.2 nm。

(8)KIT(korea advanced institute of science and technology, KIT)。

KIT系列介孔材料是一种结构无序的介孔氧化硅材料。与MCM-41材料相比，这种材料具有高的比表面积、均一的孔道结构及三维相互交错的孔道结构。

其典型的制备工艺是:将 5.0 g 嵌段共聚物 P123 溶于 185 mL(0.5 mol · L^{-1})HCl 溶液中,保持 35 ℃,加入 5.0 g 正丁醇,搅拌 60 min,加入 10.6 g TEOS,将混合液继续搅拌 18 h,保温 35 ℃。将混合液转移水热釜中,98 ℃下处理 48 h。产物经过滤、洗涤后,于 100 ℃干燥,然后在 550 ℃的空气气氛中焙烧 5 h,去除模板剂,得到孔径为 6.1 nm 的 KIT-6 型分子筛。

8.2.2.2 非硅基介孔材料

非硅基介孔材料主要包括碳、过渡金属氧化物、磷酸盐及硫化物。相对于硅基材料,非硅基介孔材料由于热稳定性较差,焙烧后孔道容易坍塌,而且比表面积低,孔体积较小,合成机制还不够完善,因此目前对非硅基介孔材料的研究尚不如对硅基介孔材料研究活跃。但是由于其组成上的多样性所产生的特性,如电磁、光电及催化等,在固体催化、光催化、分离、光致变色材料、电极材料、信息储存等应用领域存在广阔的前景,因此日益受到人们的关注。

(1)金属氧化物介孔材料。

早期的研究主要是以硅基介孔材料的合成思路为基础。1994 年 Huo 等人报道了以阳离子或阴离子表面活性剂做模板剂,通过静电作用的电荷匹配模板来合成金属氧化物介孔材料。然而这些材料热稳定性较差,因而得不到完全脱去模板的有序介孔材料。利用改进的溶胶-凝胶工艺,Ying 等人首次合成了具有六方相稳定结构的介孔 TiO_2。此后他们又利用配位体辅助模板机理合成了 Nb_2O_5和 Ta_2O_5。Yang 等人报道了非水体系下合成一系列金属氧化物的方法。其合成步骤相当简单,一般使用无水金属卤化物(如 $NbCl_5$,$TiCl_4$和 $AlCl_3$等)将这些无机盐溶于乙醇溶液后,加入嵌段高分子表面活性剂,在 40～50 ℃加热蒸干溶剂,在 400～450 ℃焙烧除去表面活性剂后,即得金属氧化物介孔材料。Tian 等人提出了一种“酸碱对”的合成概念,这是人们首次明确考虑无机-有机物种间的相互作用,通过不同无机源之间“酸碱对”的不同,利用一对有效的“酸碱对”作为合成介孔材料的无机前驱体。例如选择 $Ti(OEt)_4$作为碱,PCl_3为酸,得到有序度类似介孔氧化硅材料的介孔 Ti-PO_4。通过这种方式来对无机源进行选择配对,并由此合成了一系列金属氧化物、金属磷酸盐、混合金属氧化物、混合金属磷酸盐和金属硼酸盐介孔材料。这种方法特别适合于多种组分的介孔材料合成,得到的产物分布均匀、热稳定性高、有序性好、孔径分布也较窄。

(2)碳介孔材料。

碳介孔材料具有高的比表面积、高的孔体积及很好的化学和机械稳定性。在气体及水的净化、气体分离、催化、色谱分离和储能材料等方面有广阔的应用,还可以作为燃料电池的电极材料。介孔碳的合成方法主要包括硬模板和软模板合成法,而主要是利用介孔硅作为“硬模板”来合成的。Ryoo 等人首先报道了利用 MCM-48 介孔硅合成介孔碳 CMK-1。他们首先将 MCM-48 浸渍在含有硫酸的蔗糖溶液中,使得蔗糖灌注到 MCM-48 的三维孔道内,然后在 100 ℃和 160 ℃下干燥,随后重复浸渍/干燥步骤一次。在 900 ℃的真空中碳化,最后用 NaOH 或 HF 处理除去硅骨架,所得的碳介孔材料具有很好的小角 X 射线衍射峰,说明该材料具有有序的空间排列结构。葡萄糖、木糖、糠醇和酚醛树脂等也可以作为碳前驱体来合成 CMK-1。在随后的研究中又利用立方笼状结构的 SBA-1 为硬模板合成了 CMK-2。而当以 SBA-15 为模板时可以得到两种不同结构的介孔碳材料：一种是碳前驱体充满了整个管道，形成具有二维六方排列的碳纳米棒阵列，命名为 CMK-3，以 MCM-48 作为模板，利用 CVD 法得到二维六方排列的介孔碳材料，命名为 CMK-4；另外一种只是在孔道壁附着一定厚度的碳，得到具有二维六方排列的碳空心管阵列，称为 CMK-5。"软模板"合成法就是用两性分子（例如活性剂、块状的聚合物等）作为模板，一般通过自组装方式得到碳介孔材料。Kosonen 等人通过酚醛树脂和聚苯乙烯-4-乙烯基吡啶嵌段共聚物（PS-b-P4VP）自组装和高温分解的方法合成了层次结构分明的介孔碳材料，氢键是自组装过程的驱动力。

（3）磷酸盐介孔材料。

磷酸盐介孔材料已广泛应用于吸附、催化剂负载、酸催化、氧化催化等领域，但由于其孔径不超过 2 nm，使得其在大分子筛、高效选择性等方面的应用受到限制。自从 M41S 介孔材料问世以来，人们就期望将超分子模板合成的方法应用于介孔磷酸铝分子筛的合成。大多数具有介孔结构的磷酸铝，尤其是具有热稳定性的介孔磷酸铝是以长链季铵盐类阳离子表面活性剂为模板合成的，而且这些合成大部分是在水相下进行的。Feng 等人在室温下成功合成出六方介孔磷酸铝分子筛，研究了将其转变成层状介孔磷酸铝分子筛的条件，并以 $H_2N(CH_2)_nNH_2$ 为模板剂在碱性非水介质中合成出层状介孔磷酸铝分子。Tian 等人首次以非离子嵌段共聚物为模板在酸性非水体系下合成出介孔磷酸铝。他们在合成中用 $AlCl_3/H_3PO_4$ 分别作为 Al 和 P 的前驱体，产物为高度有序的二维六方结构。

8.2.3　介孔材料的应用

8.2.3.1　非均相催化

催化反应，特别是非均相催化在当今世界的经济和化工方面都发挥着重大作用。目前 90% 商业生产的化工产品都是由非均相催化反应合成的。非均相催化剂之所以被广泛研究是由于其高反应活性和可重复利用性。固体表面的非均相催化发生在活性位点上，这一位点通过降低反应活化能来催化化学反应。反应途径决定了反应速率和产物的产率，而这些都是由催化剂的活性和选择性来决定的。催化剂表面的化学性质决定了催化剂的活性和选择性。调节催化剂载体表面的性质和结构就是一个设计高活性催化剂的有效方法。孔道决定了传质的效果，而且也是控制反应物和产物扩散的关键，如图 8.7 所示功能基团的介孔二氧化硅用于酸碱催化反应。大部分商业催化剂都是由高表面积的载体构成的，而且活性位点都很分散，这样就使得催化位点数量最大化。

介孔 SiO_2 是一种新型的催化剂载体。研究结果表明 SiO_2 的支撑可以增强催化剂的稳定性、反应活性和选择性。一直以来，能够使催化剂均匀分布在 SiO_2 表面是一个很大挑战。最初 SiO_2 纳米粒子首先被置入金属盐溶液中，这些金属盐作为前驱体通过物理相互作用吸附在 SiO_2 表面，之后通过还原反应合成金属纳米粒子。早期合成的金属纳米粒子倾向于沉积在相同的 SiO_2 纳米粒子上，从而导致金属聚集体的形成。为解决这个问题，需要增强 SiO_2 载体和金属前驱体之间的相互作用，这一作用可以通过共价键和氢键

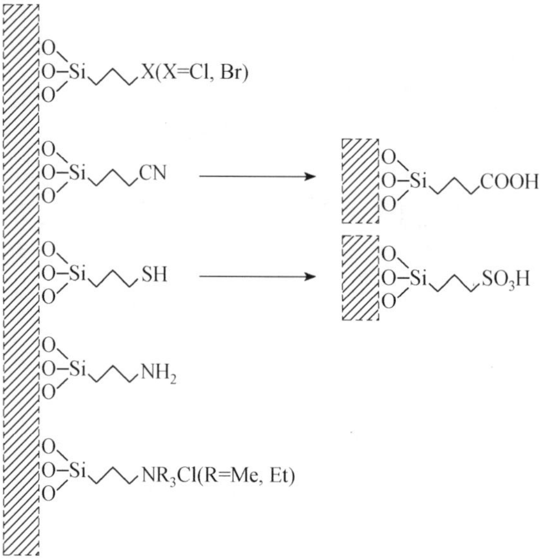

图 8.7 介孔硅带有的功能烷基化基团

来完成。金属模板剂/金属交换的方法就是基于 Mn(Ⅱ)和 SiO_2之间的共价键发展而形成的。这样得到的催化剂表现出了更高的反应活性和选择性。通常含有磺酸根基团的金属有机化合物可以通过磺酸根和端基硅羟基之间的氢键相互作用直接连接在 SiO_2载体表面。最后单层催化剂在二氧化硅载体上形成,如图 8.8 所示。此外还可以通过超声或超临界二氧化碳的作用,把金属纳米晶包覆在介孔 SiO_2载体中。催化剂的负载可以通过调节溶剂和二氧化碳之间的作用力来完成。

8.2.3.2 药物缓释载体

介孔 SiO_2纳米粒子特殊的结构和化学性质使其成为良好的药物载体。细胞膜对纳米粒子包覆以及内吞的现象使得无细胞毒性的介孔 SiO_2纳米粒子成为理想的药物和基因缓释载体。为了使用介孔 SiO_2纳米粒子作为细胞内药物缓释载体,需要使药物分子在靶向位释放。通常情况下,有毒性的抗癌药物在到达目标细胞或者是目标组织之前都是要“零释放”。但是,很多以生物可降解聚合物为载体的药物缓释系统的机理都是水解诱导的结构侵蚀。当置于水中时,被包覆药物的缓释立即发生。而且这一体系在药物担载时需要有机溶剂,会引发结构上或者是功能上的修饰,具体过程示意图如图 8.9 所示。相比而言,表面修饰的介孔 SiO_2纳米粒子具有独特优点,例如稳定的介孔结构、大比表面积、可调的孔道大小和体积以及良好的表面性质。欧洲科学家把布洛芬担载到不同孔道大小的 MCM-41 材料中,并且研究其在模拟体液中的药物缓释。结果证明,MCM-41 介孔材料可以用于大量的药物担载和可控的药物缓释。研究结果表明,可控大小和形貌的介孔 SiO_2纳米粒子也可用于控制药物缓释。

8.2.3.3 光催化载体

介孔 TiO_2材料具有光催化活性强、催化剂载容量高的特点,其应用研究主要集中在光催化剂、太阳能电池电极等方面。TiO_2作为光催化剂,尤其用于环境污染物的处理是近

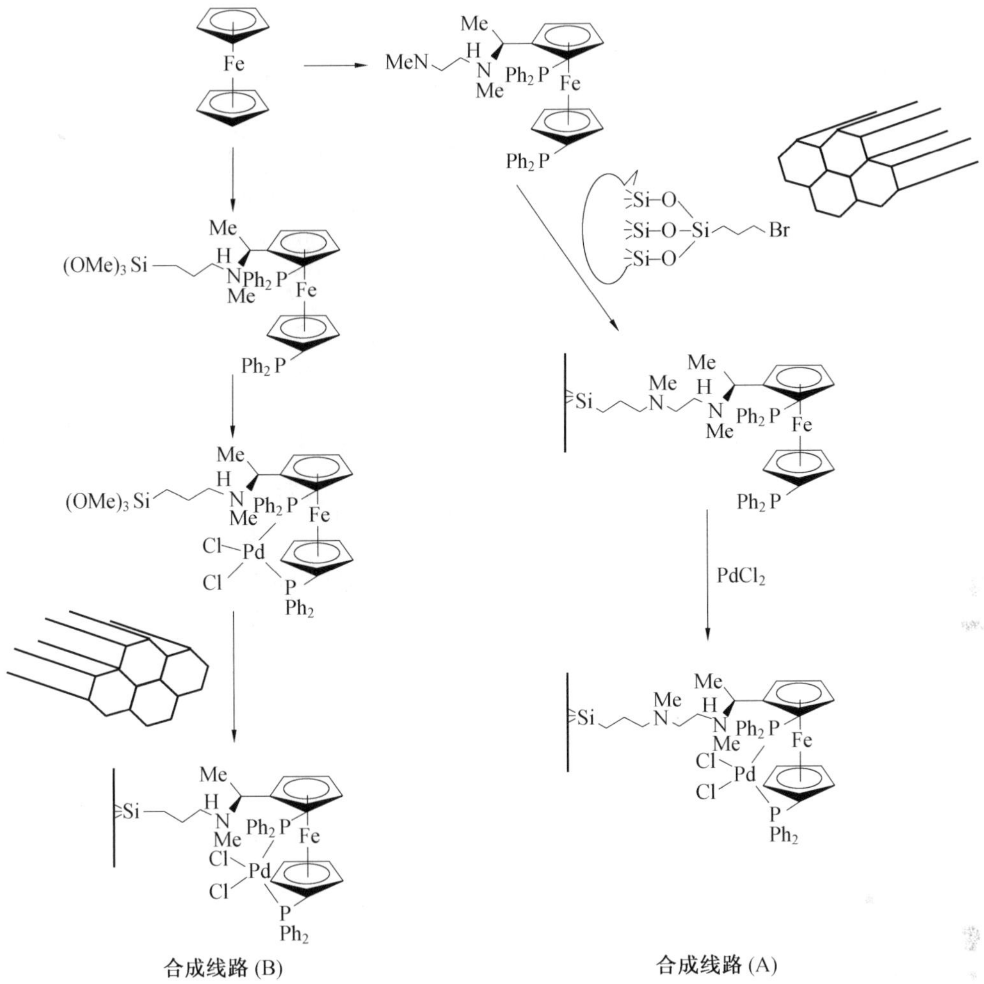

合成线路 (B)　　合成线路 (A)

图 8.8　介孔硅复合催化剂示意图

年研究的热点之一。介孔 TiO_2 比纳米 TiO_2(P25)具有更高的光催化活性,这是因为介孔结构的高比表面积增加了表面吸附的水和羟基,水和羟基可与催化剂表面光激发的空穴反应产生羟基自由基,而羟基自由基是降解有机物的强氧化剂。此外,介孔结构更有利于反应物和产物的扩散。Aversatile 等人利用溶胶-凝胶方法制成了 TiO_2/SiO_2 复合介孔膜,其中 TiO_2 以颗粒的形式分布在 SiO_2 基体中,这种透明的介孔膜可以牢固附着在玻璃上,并在光照条件下对空气中的有机污染物有自清洁作用。

由于 TiO_2 稳定、无毒、易成膜,成为选择最多的半导体电极膜材料,染料敏化的介孔 TiO_2 太阳能电池比传统的固态电池更经济、高效。在染料增感电池中,TiO_2 的介孔结构对吸收太阳光起重要作用,可有效增大电极感光度。吸附的染料经光激发引发染料和电解液(一般为碘化物/三碘化物)的连续氧化还原反应,将光能转化为电能。选择染料可使太阳能电池转换效率达到普通电池的几百万倍。Zukalova 等人的实验表明,负载 Ru 的介孔 TiO_2 制成的染料敏化电池其太阳能转化率比非介孔材料高 50% 左右。介孔 TiO_2 除了

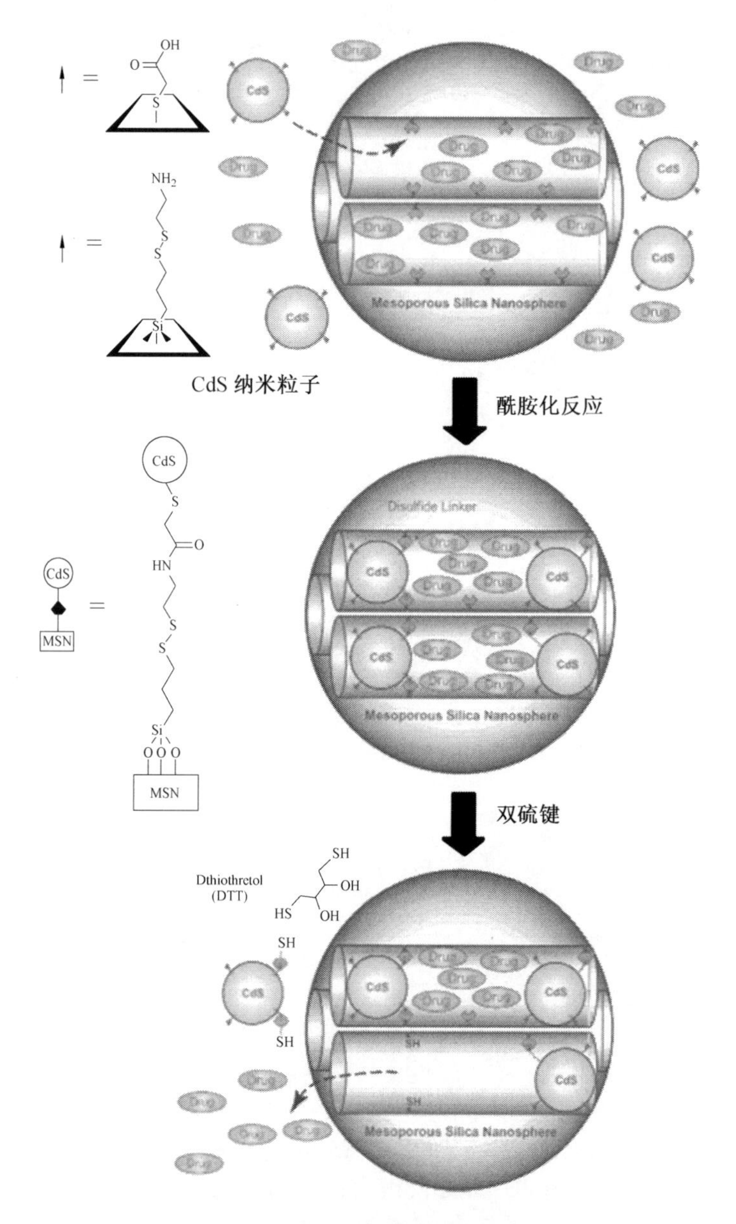

图 8.9 环糊精药物缓释示意图

用于光催化剂、电极膜材料外，表面用介孔 TiO_2 膜修饰的石英晶微量天平可测量黏度和未知液体的密度，误差为±0.02 g · cm^{-3}。Frindell 合成了掺杂 Eu 的立方介孔 TiO_2 薄膜，这是一种发光材料，其结构为锐钛型 TiO_2 纳米晶嵌入无定性点阵中，Eu 嵌入无定性区，独特的两相结构可负载较多的 Eu 离子而不会减弱其发光性。此外介孔 TiO_2 在催化剂载体、化学传感器等方面也有巨大的应用前景。

8.3　金属有机骨架

8.3.1　MOFs 材料概述

1964 年 Bailar 等人首次报道了有机物配体与无机金属离子配位能够形成有机–无机杂化的配位材料，开创了配位化学领域。随着测试手段的发展与完善，人们发现在金属与有机配体配位材料中存在大量孔道。1999 年，Omar Yaghi 等人合成了 MOF–5（Zn_4O(benzene–1,4–dicarboxylate)$_3$），并首次命名为金属有机骨架（MOF）。这个结构主要是由 Zn_4O 作为金属离子的供体，与对苯二甲酸进行反应得到无限延伸的标准的立方框架。该结构合成方法简单，具有很好的热稳定性。MOF–5 的出现，令科学家们对 MOFs 的兴趣更为浓厚，开启了 MOFs 的研究热潮。MOFs 是由含氧、氮等的多齿有机配体（大多是芳香多酸和多碱）与过渡金属离子自组装而形成的配合物，具有多孔特性，因此又被称为 MOFs 多孔复合材料。MOFs 材料具有新颖多变的结构和优良性能，尤其是近年来，MOFs 材料因其多孔的性质在存储、分离和催化等方面引起了人们的广泛关注。

8.3.2　MOFs 材料的分类

根据官能团的，不同可以将 MOFs 的配体大致分为三类：含 N 杂环化合物、羧基化合物和含 N 及羧基的化合物；按照在合成 MOFs 材料方面具有突出代表性的研究组进行 MOFs 材料的分类，可分为 IRMOFs，MILs，ZIFs，PCP 和 PCN 等几大系列，下面就这几个系列进行简要介绍。

8.3.2.1　IRMOFs 系列

IRMOFs 系列是以 IRMOF–1（即 MOF–5）为代表的一类 MOFs 材料。Yaghi 课题组自 2002 年开始，利用水热、溶剂热等手段陆续合成出以 $Zn_4O(CO_2)_6$为原型的 IRMOF–n（n 为 1 ~ 16）系列材料，该系列材料是通过改变配体长度以及含有不同取代基的苯环与金属离子锌络合而成（图 8.10）的。采用相同的合成方法，可以得到具有相同拓扑结构、良好的热稳定性和化学稳定性的骨架，它们的孔径范围为 0.38 ~ 2.88 nm，孔隙率从 55.8% 扩大到 91.1 %，这些特点是很多传统的无机多孔材料所不具备的。

2014 年，Pham 等人在 IRMOF–n 基础上，又合成了新结构，并利用电子结构计算等方式与之前合成的 IRMOF–n 进行了比较，还对其结构进行了分析。IRMOF 结构示意图如图 8.11 所示。

8.3.2.2　MILs 系列

法国凡尔赛大学 Ferey 教授课题组用三价金属（如铝、铁、钒、铬等）与对苯二甲酸等羧酸配体合成出结构性能优异的 MOFs 材料，其中以 MIL–53，MIL–101 最具代表性，MIL –53 是用铬、铝、铁分别和对苯二甲酸在水热条件下合成的，这三种 MOFs 具有相同的晶体结构，能可逆地吸附水，出现“呼吸”现象（图 8.12）。

8.3.2.3　ZIFs 系列

沸石咪唑酯骨架（zeolitic imidazolate frameworks，ZIFs）系列材料也是由 Yaghi 课题组

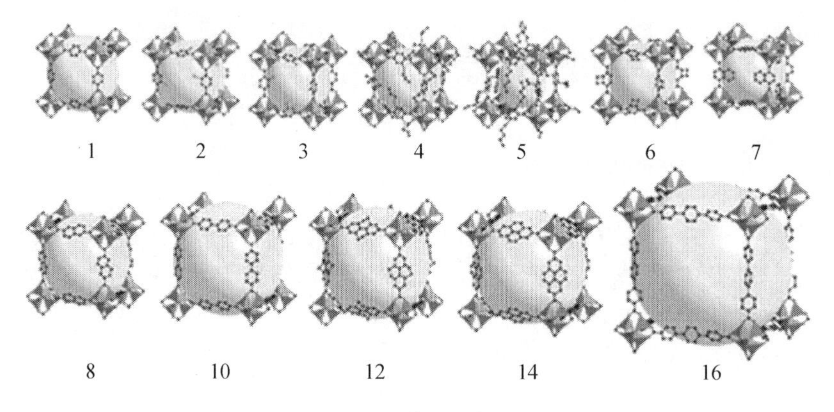

图 8.10 IRMOF-n 单晶 X 射线结构示意图

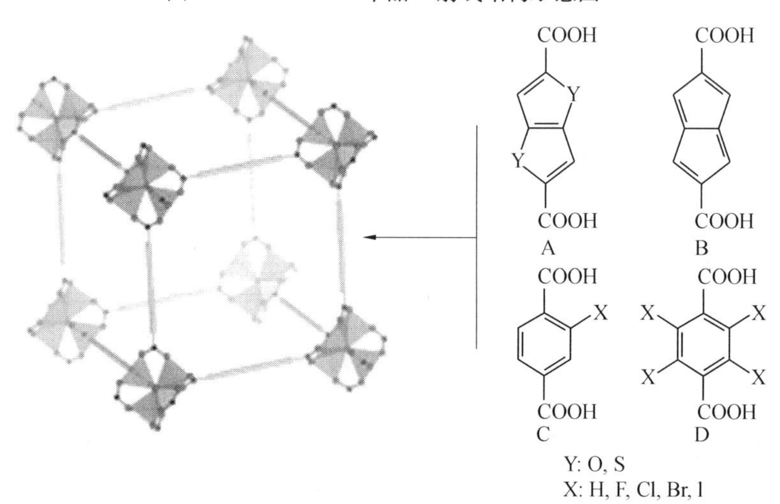

图 8.11 IRMOF 结构示意图

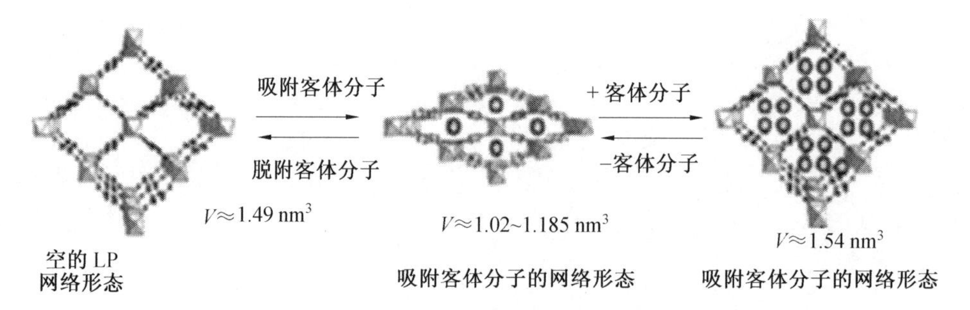

图 8.12 MIL-53(Cr)的“呼吸”结构示意图

合成的一系列 MOF 材料，它是由金属离子与咪唑或咪唑衍生物络合成的类分子筛咪唑配位聚合物(图 8.13)。与传统分子筛相比，它具有产率较高、微孔尺寸和形状可调、结构和功能多种多样等优点。

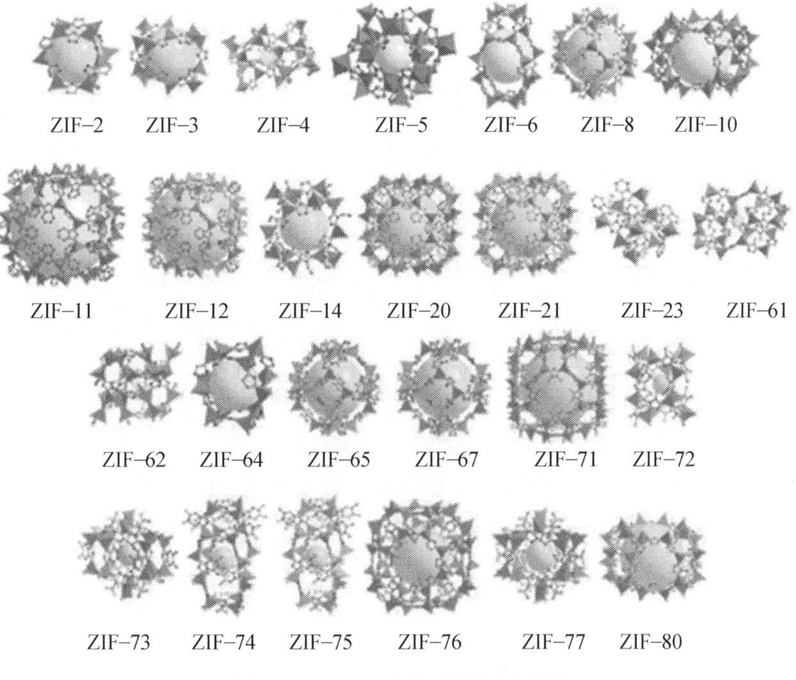

图 8.13　ZIFs 系列的结构示意图

8.3.2.4　PCP 系列

多孔配位聚合物(porous coordination polymers,PCP)系列材料是由日本 Kitagawa 教授合成的一系列 MOF 材料。PCP 系列材料的一个重要特征是:材料在吸附不同客体分子的过程中会可逆地改变其骨架的结构和性质,出现“优先透过窗口(gate-opening)”现象。

8.3.2.5　PCN 系列

多孔配位网络(porous coordination network,PCN)系列材料是由美国迈阿密大学 Zhou 教授研究组合成的。他们 2006 年和 2008 年分别报道了 PCN-9 和 PCN-14 两种新型 MOF 材料的成功合成,其结构示意图如图 8.14 所示。其中 PCN-14 的 Langmuir 比表面积和孔体积分别是 2 176 $m^2 \cdot g^{-1}$和 0.87 $cm^3 \cdot g^{-1}$。该材料在 290 K 和 3.5 MPa 下能吸附甲烷的体积分数为 230%,远远超过了美国能源部的标准。

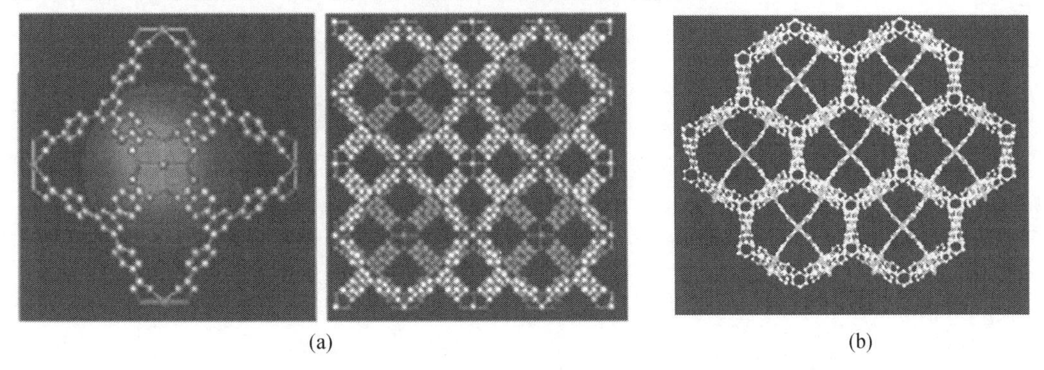

(a)　(b)

图 8.14　PCN-9 和 PCN-14 的结构示意图

8.3.3 MOFs的合成法

MOFs材料多采用一步法合成，通过金属盐、有机配体和溶剂的选择在中低温下合成所需要的MOF。主要合成法有常温搅拌法、溶剂热法、液相扩散法、微波法、超声法和机械搅拌法等。

8.3.3.1 常温搅拌法

常温搅拌法是在水或有机溶剂存在下，使用蒸馏烧瓶作为反应容器，将原料按照一定比例混合，反应一定时间后，采用溶剂扩散法或挥发等方法得到高质量单晶的化学合成技术。

2014年，Gokhan Barin等人利用苯六羧酸作为配体，得到几个新的立体结构配合物，命名为NU-138，NU-139和NU-140，其晶体结构示意图如图8.15所示。他们还对该类MOFs气体吸附功能进行了详细研究，发现NU-140对甲烷气体的吸附性能优异，此外还可以吸附CO_2和H_2，证明了其良好的气体吸附功能。

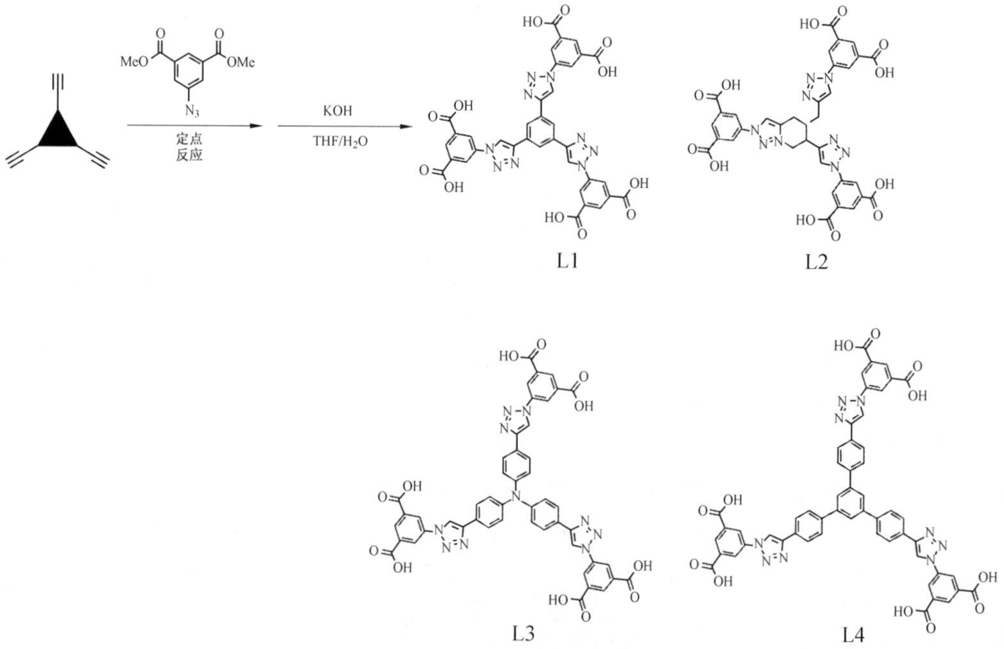

L1 L2

L3 L4

(a)

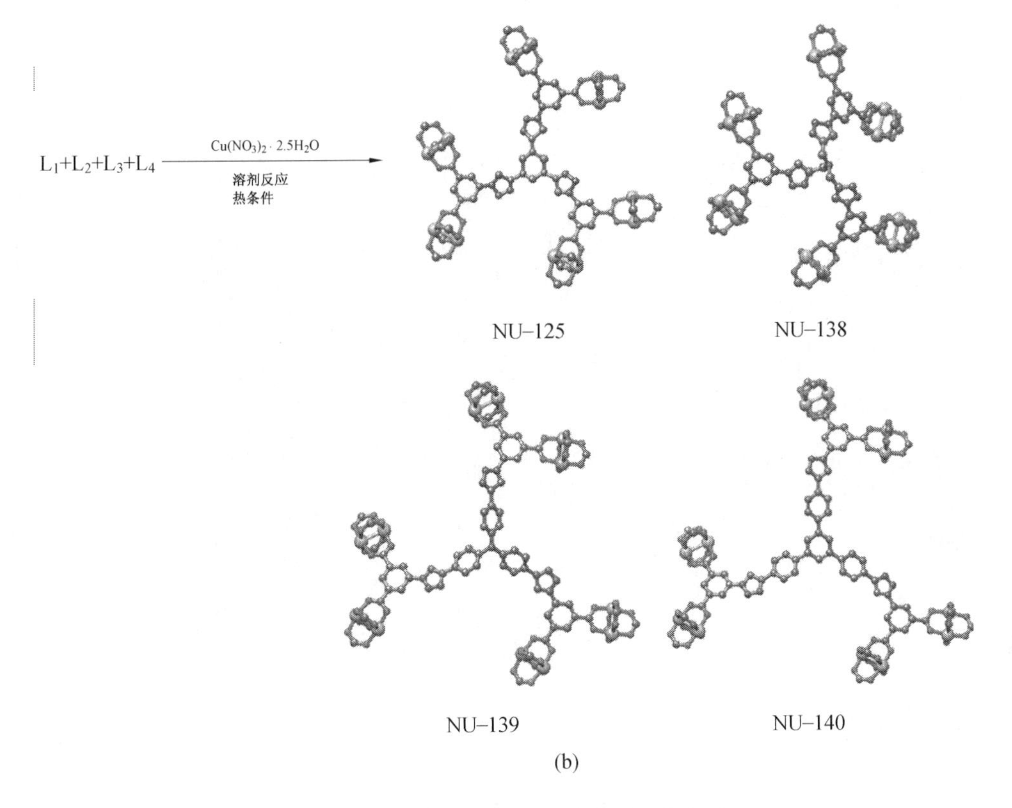

图 8.15　配合物的晶体结构示意图

Robert D. Kennedy 等人将溴化镁逐滴缓慢加入三甲基乙炔基硅的四氢呋喃溶液中，控制反应温度为-78 ℃，滴加时间超过 5 min。滴加完毕后，缓慢将温度恢复到室温，在室温条件下搅拌 30 min 后，升温至 45 ℃搅拌 3 h，即合成 MOFs 原料。将需要合成 MOFs 的原料按照一定比例加到圆底烧瓶中，65 ℃条件下搅拌 16 h，进行最后的处理，所得 MOF 产物为 NU-150 和 NU-151，其结构如图 8.16 所示。

José Sánchez 等人将合成好的配体 bpp 与 H_2L（图 8.17）共同溶于丙酮中，在搅拌的条件下，逐滴加入 $Fe(ClO_4)_2 \cdot 6H_2O$ 和抗坏血酸的丙酮溶液。室温条件下搅拌 45 ~ 60 min。反应结束后过滤，沉淀剂为乙醚，得到产物$[Fe(bpp)(H_2L)](ClO_4)_2 \cdot 1.5 \cdot C_3H_6O$。利用相同的方法改变反应条件和反应时间，可得到结构不同的产物$[Fe(bpp)(H_2L)](ClO_4)_2 \cdot C_3H_6O$和$[Fe(bpp)(H_2L)](ClO_4)_2 \cdot 1.25CH_4O \cdot 0.5H_2O$，如图 8.18 所示 。

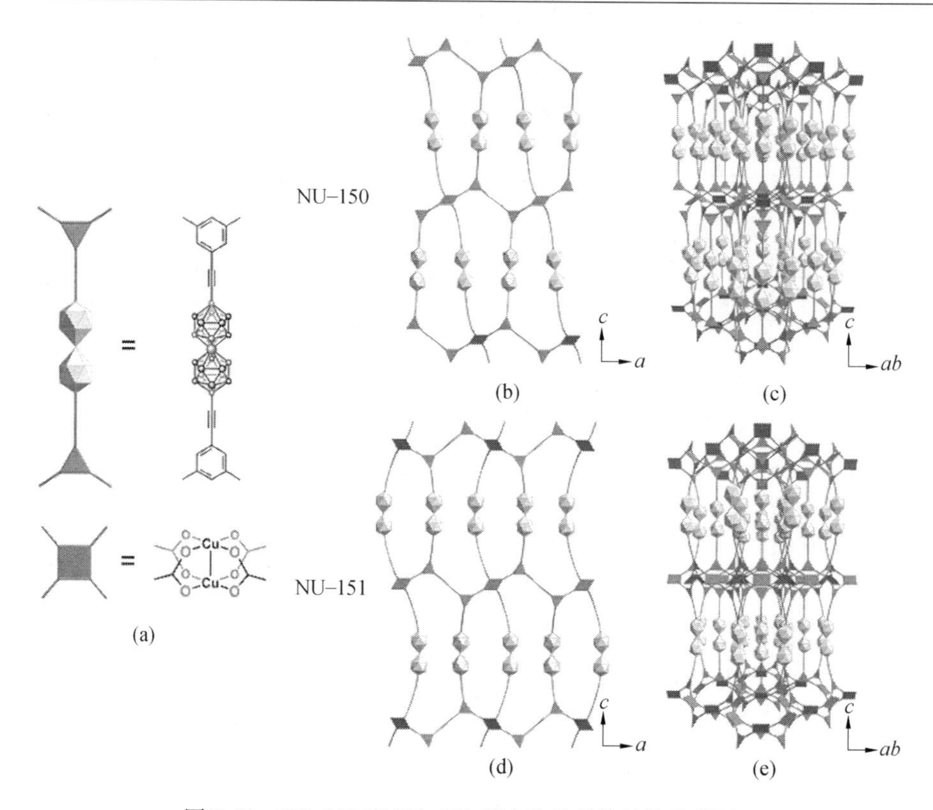

图 8.16 NU-150 和 NU-151 配合物的晶体结构示意图

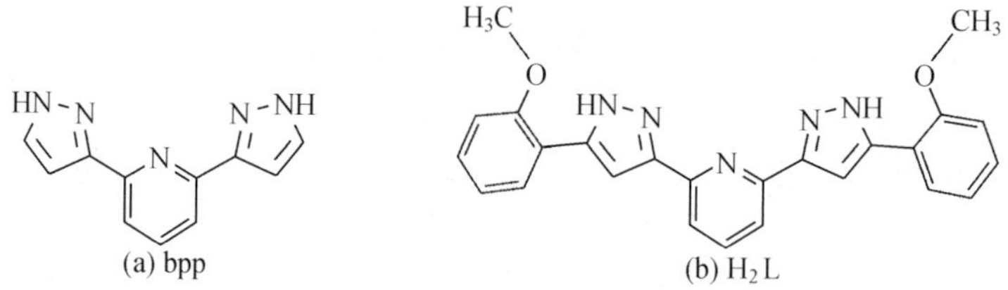

HN-N N-NH N

(a) bpp

H_3C CH_3 O O HN-N N N-NH

(b) H_2L

图 8.17 配体 bpp 和 H_2L 的结构

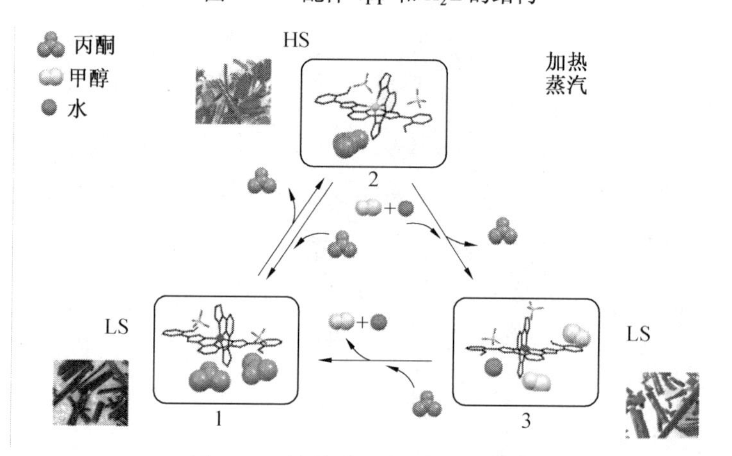

图 8.18 铁羧酸配合物结构示意图

8.3.3.2　溶剂热法

溶剂热法是在水或者有机溶剂存在下,使用带有聚四氟乙烯内衬的不锈钢高压反应釜或玻璃试管加热原料混合物,使容器里面自生压力,从而得到高质量的单晶。此法反应时间较短,解决了在室温下反应物不能溶解的问题。而且在此条件下合成 MOFs 比在室温下合成更能促进生成高维数的 MOFs 结构。

2002 年起 Férey 等人合成了一系列的 MOFs 材料,如 MIL-47,MIL-53 和 MIL-88,其采用的合成方法都为溶剂热法。Seki 等人发现一种二维铜的羧基配合物,他们利用不同的双羧酸根离子,与铜盐进行反应,以三亚乙基二胺作为配体,采用水热和合成方法得到形状不同的配合物。这些都是同双核的配合物。该类配合物孔径均匀、孔隙率高、气体吸附能力强。这些优良的性能主要取决于双羧酸根离子,如果改变了双羧酸根离子的位置,配合物的孔径也会发生改变,说明该类配合物的孔径在一定条件下可控,其结构如图 8.19 所示。

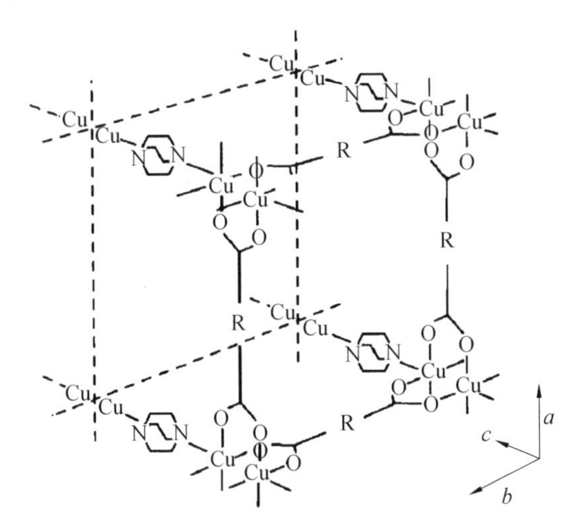

图 8.19　铜羧基配合物的结构

Zhang 等人发表了一篇关于碱基合成金属有机骨架配合物 TMOP-1 的文章。主要的合成方法是将配体 5-羟甲基-二乙基间苯二酸酯与 1,3,5-三甲基苯甲酸盐和 $NaBH_4$ 在氮气保护下,以 THF 为溶剂,搅拌回流 1 h,经过后续处理之后得到白色粉末状的 TMOP-1。目前,合成出的 TMOP-1 是首个具有晶体结构并表征出来的 MOFs,其晶体结构如图 8.20 所示。

2006 年,Jia 等人利用水热法合成了三种金属有机配合物 MOFs,包括[$Ni_3(OH)(L)_3$]1 和[$Fe_3(O)(L)_3$]2,[LH_2 = pyridine-3,5-bis(phenyl-4-carboxylic acid)],如图 8.21 所示。这两种 MOFs 是将原料按照一定的比例关系混合溶于溶剂中,置于聚四氟乙烯的高温真空水热釜中,在 130 ℃下反应 2 ~ 3 d,最终产物即为所得。

2014 年,Li 等人利用常见的有机物合成出一种新型配体,命为 H_4CCTA(2,4-bis(4-carboxyphenylamino)-6-bis(carboxymethyl)amino-1,3,5-triazine),具体合成过程如图 8.22 所示。

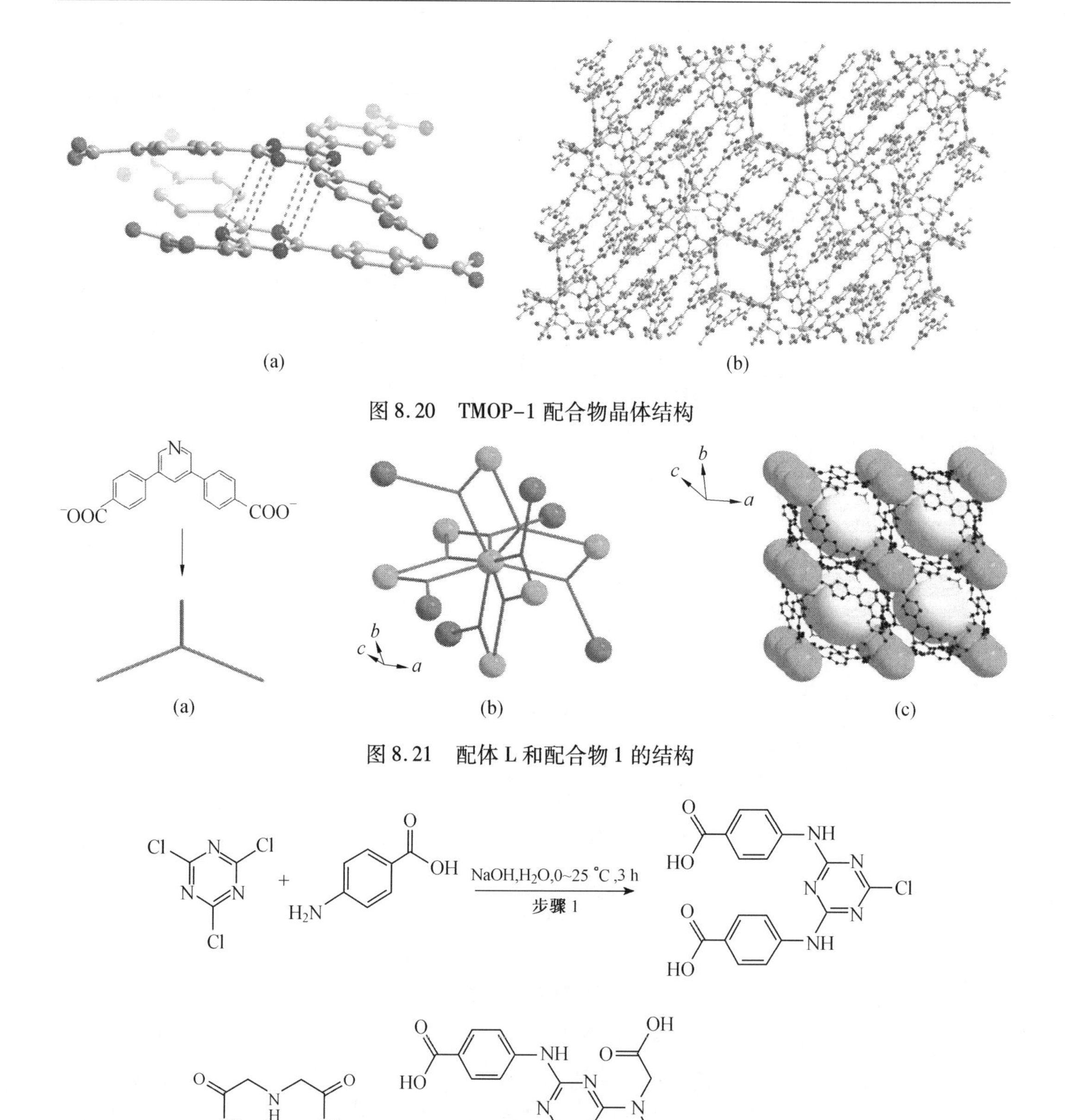

图 8.20 TMOP-1 配合物晶体结构

图 8.21 配体 L 和配合物 1 的结构

图 8.22 H_4CCTA 配体的合成路线

然后采用溶剂热法将配体 H_4CCTA 与 $Zn(NO_3)_2 \cdot 6H_2O$ 按照一定比例关系，以 DMF/H_2O 作为溶剂混合后，转移至聚四氟乙烯内胆的合成釜内，控制温度为 80 ℃，反应时间 3 d，后缓慢降温至室温，开釜，得到最终产物 $Zn_2(CCTA)(H_2O)_3] \cdot (NMP)_2 \cdot (H_2O)_3$。加热温度不同，得到的产物结构也有所不同。如果改变反应温度为 120 ℃后可以得到不同的结构，如图 8.23 所示。

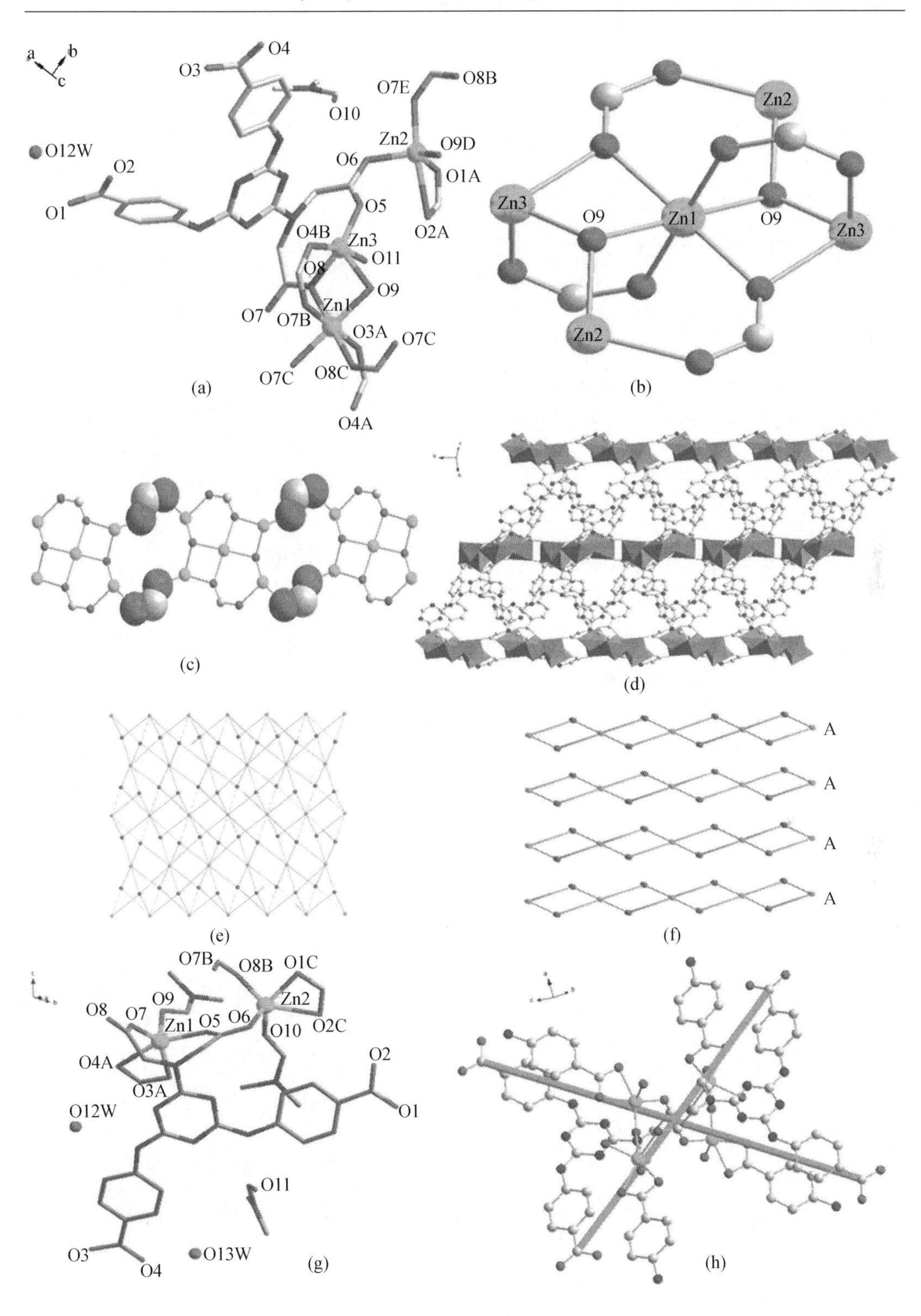
O4
O3
O10
O7E
O8B
O12W
Zn2
O9D
O2
O6
O1A
O5
O1
O4B
Zn3
O2A
O11
O8
O9
Zn1
O7
O7B
O3A
O7C
O7C
O8C
O4A
Zn2
Zn3
O9
Zn1
O9
Zn3
Zn2
A
A
A
A
O7B
O8B
O1C
Zn2
O9
O8
O7
Zn1
O5
O6
O2C
O10
O4A
O2
O3A
O1
O12W
O11
O3
O4
O13W

(a)　(b)　(c)　(d)　(e)　(f)　(g)　(h)

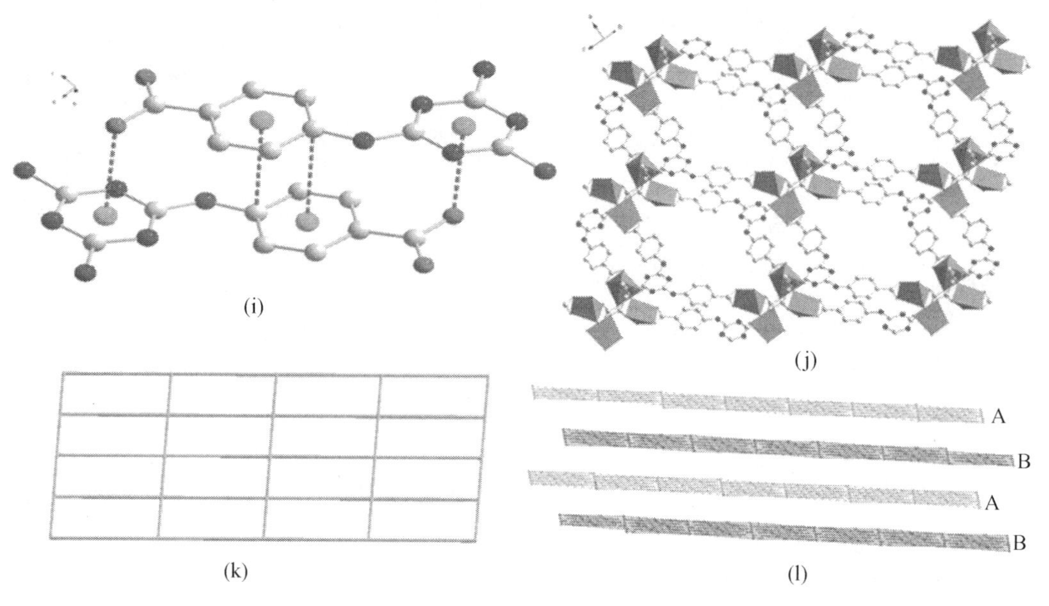

图 8.23 $[Zn_2(CCTA)(H_2O)_3]\cdot(NMP)_2\cdot(H_2O)_3$晶体结构(a)～(f)和 $Cd_4(CCTA)_2(DMF)_4(H_2O)_6]\cdot(H_2O)_6$晶体结构(g)～(l)

2014 年,Ryan Luebke 等人报道了一种新型的 rht-MOF-9 分子结构。这种 MOFs 材料需要预先合成聚杂环的有机配体,三个间苯三酸分子作为该配体的分子构建模块,然后将原料按照一定比例加入聚四氟乙烯内衬的水热合成釜中,温度调节为 230 ℃,恒温反应 24 h,而后得到产物,其晶体结构如图 8.24 所示。这种配位拥有三个共面间苯二甲酸根与金属中心(Fe,Cu,Ni,Co)进行配位反应,铜离子在配位时能得到一种新型的配位环境,

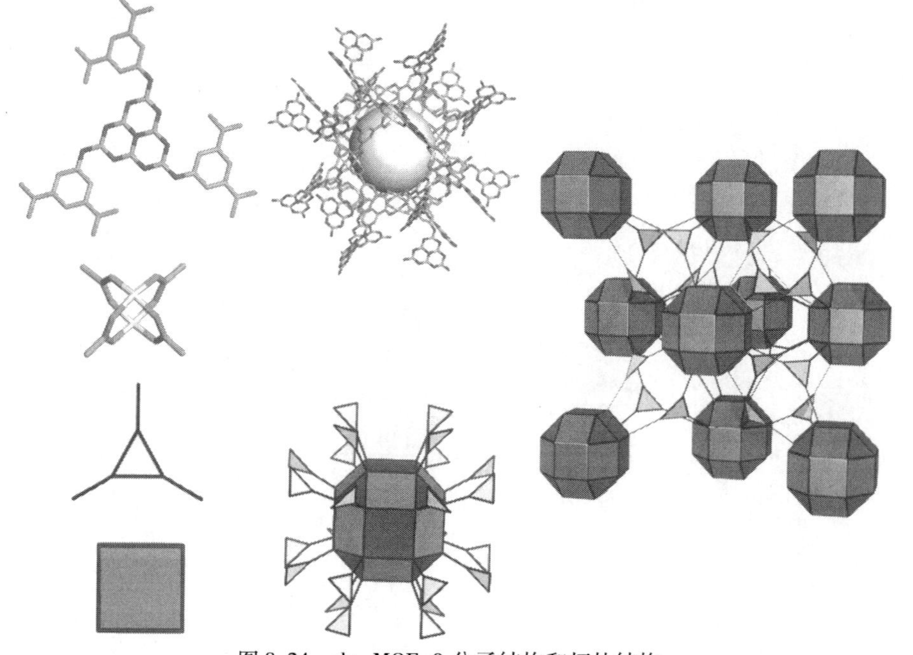

图 8.24 rht-MOF-9 分子结构和拓扑结构

使得配合物具有超分子构建模块。这种新的构建方式成为一种拓扑结构，此种 MOF 对 H_2 和 CO_2 的吸附能力更强。

8.3.3.3　混合法

混合法常温搅拌合成工艺和溶剂热合成工艺混合使用的方法。具体做法是：首先将合成过程中先需要溶解的部分进行溶解，待反应进行得较为彻底时，转移至带有聚四氟乙烯内衬的不锈钢高压反应釜或玻璃试管中，进行高温高压反应。反应结束即可得到目标产物。

2002 年，Tian 等人通过实验得到了一个形状类似硅酸盐结构的金属有机配合物骨架，在当时的分子筛化学领域未见报道。主要是采用醋酸钴、咪唑和哌嗪按照一定的配比，以异戊醇作为溶剂，室温条件下搅拌约 12 h，反应得到沉淀后，将该悬浊液转移至聚四氟乙烯内衬的水热合成釜中，140 ℃下反应 24 h 后，即得产物。

2014 年，Flavien L. Morel 等人以 PPh_2-bdc 与对苯二甲酸和硝酸锌按照一定配比混合溶于二甲基甲酰胺（DMF）溶剂中，50 ℃下搅拌 10 min，然后分成约 10 份分别置于聚四氟乙烯的高温水热合成釜内，95 ℃反应 48 h 后，所得到的悬浮在 DMF 上面的晶体冷却 3 d，然后用丙酮清洗 3 次，最后在 150 ℃下烘干 24 h，即得到最终产物 $Zn(PPh_2\text{-}bdc)_2$，其合成路线如图 8.25 所示。

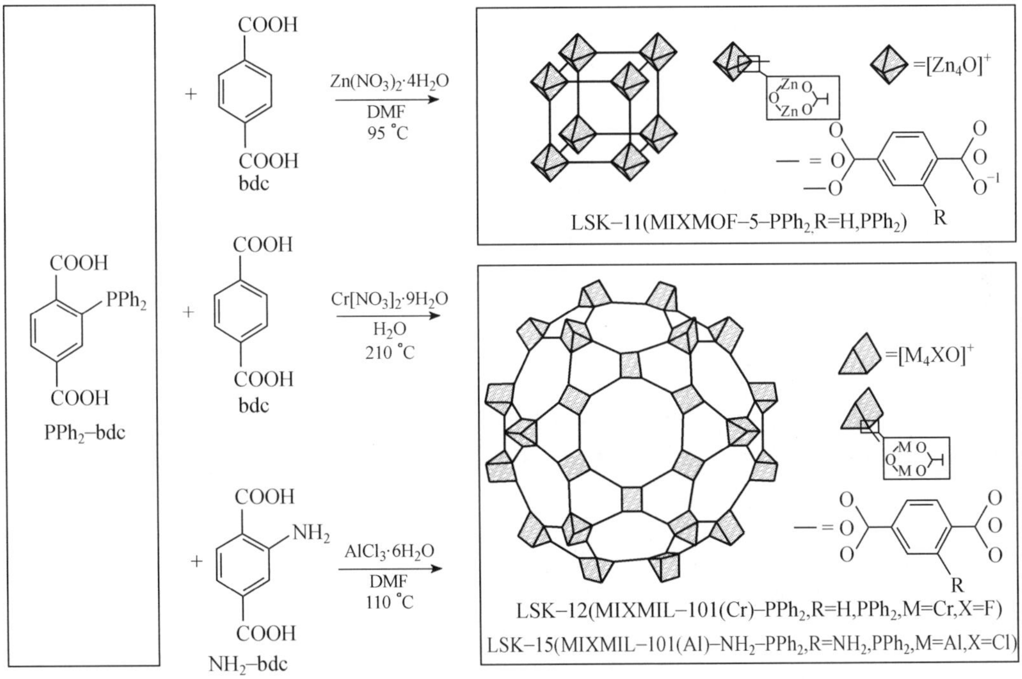

图 8.25　$Zn(PPh_2\text{-}bdc)_2$ 配合物的合成路线

2014 年，Ju 等人将配体与硝酸铜以和 TPOM 按一定配比溶于水和 DMF 的混合溶液中，然后采用溶剂热法在 120 ℃下反应 3 d，即得到纯净晶体 $Cu(TPOM)_2$，其晶体结构如图 8.26 所示。

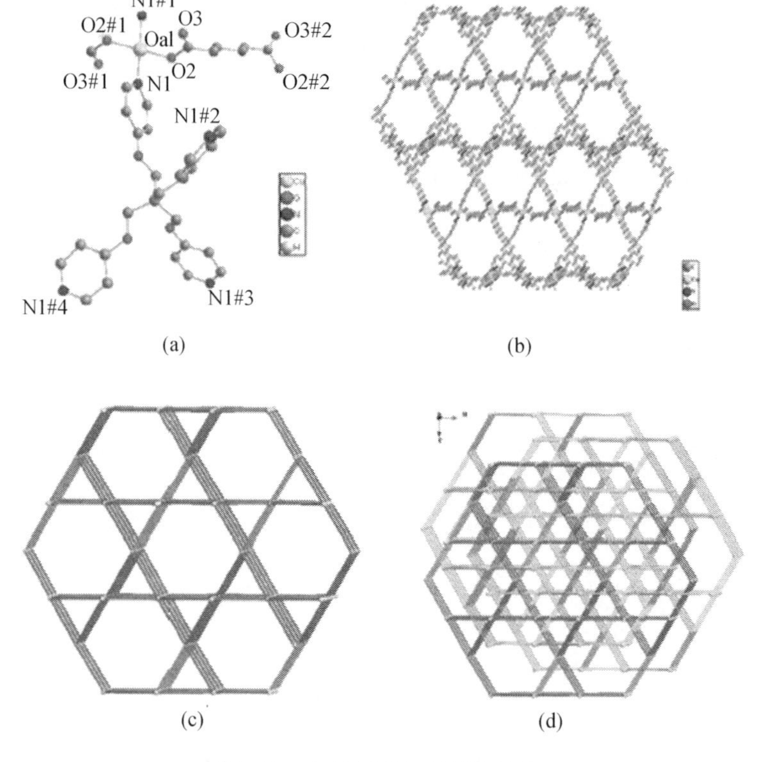

图 8.26 Cu(TPOM)$_2$的晶体结构

2014 年,Mithun Paul 等人合成了一种新型纳米金属有机配合物,并命名为 $[\{Cu_{12}(TMBTA)_8(DMA)_4(H_2O)_8\}\cdot 8H_2O\cdot X]$(在该结构中,X 表示 48 个水分子),简写为 MOP-TO。该结构中包含一个对称的 C3 结构,具体是将 2,4,6-三甲基均苯三酸(TMBTA)与 $Cu(NO_3)_2$在二乙基乙酰胺(DMA)和乙醇作为溶剂的条件下,采用溶剂热法得到的,其晶体结构如图 8.27 所示。

8.3.3.4 液相扩散法

液相扩散法是将金属盐、有机配体和溶剂按一定比例混合后放入一个小玻璃瓶中,然后将此小瓶置于一个内有去质子化溶剂的大瓶中,封住大瓶瓶口,静置一段时间后即有晶体生成。此法条件比较温和,获得的晶体较纯,且质量较高,但比较耗时,且要求反应物的溶解性较好(在常温下即能溶解)。

8.3.3.5 离子液体热法

除了传统的扩散法和水热(溶剂热)法外,近年来又发展了离子液体热、微波和超声波等方法。利用微波辐射法合成 MOFs 材料可大大节省反应时间。Bux 和 Wiebcke 首次利用微波法合成了 IRMOF-1,IRMOF-2 和 IRMOF-3,反应时间由几天缩短为 25 s,且得到的晶体与溶剂热法合成的晶体形状和性质都相同。

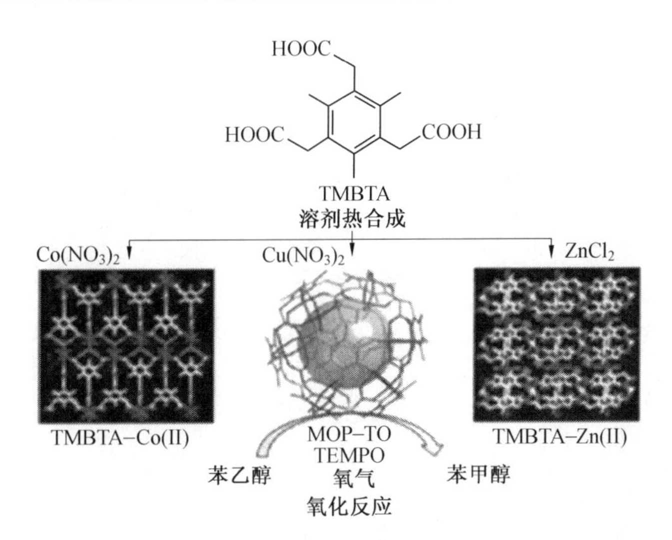

图 8.27　$\{Cu_{12}(TMBTA)_8(DMA)_4(H_2O)_8\}\cdot 8H_2O\cdot X$ 配合物的晶体结构及合成路线

8.4　三维有序大孔材料及半导体三维有序大孔材料的制备工艺

由于大孔材料具有较大的孔径,能够有效地提高物质在其中传质的扩散系数,已经在催化剂载体、色谱载体和分离材料等方面得到广泛应用,但传统制备工艺制得的大孔材料孔径分布宽,且不规则。有序大孔材料比无序大孔材料具有更优良的特性,其中最受关注的是,当孔径在光波范围内(几百纳米)时,材料会有独特的光学性质和其他性质,有可能作为光子带隙材料在信息产业中发挥重要作用。

20 世纪 90 年代末,Vevel 等用胶体晶体模板法成功地制备出三维有序大孔(three-dimensionally ordered macroporous,3DOM)材料,引起了国内外研究者的广泛兴趣。该种材料不但具有孔径尺寸单一、孔结构在三维空间内有序排列的特点,而且其孔径尺寸都在 50 nm 以上(最大可达几个微米),可用于大分子的催化、过滤和分离,弥补了以往小孔结构分子筛及介孔材料难以让大分子进入空腔的缺点,可广泛应用在催化剂载体、过滤及分离材料、电池和热阻材料等方面。另外,当材料孔径与可见光波长相当时,3DOM 材料还具有光子带隙(photonic band gap, PBG)特性,是光子晶体的潜在材料,在光电子和光通讯领域有着十分诱人的应用前景。

8.4.1　三维有序大孔材料制备工艺

迄今为止,在诸多的三维有序大孔材料的合成方法中,胶晶模板法是主要方法之一,此法简便、经济,所制得的大孔材料不仅孔径分布窄,而且孔隙率高。此法的步骤是:首先以聚苯乙烯等高分子微球或二氧化硅微球自组装得到胶体晶体(其具体制备工艺详见第九章)。胶体晶体一般有约 26% 的空隙,以其作为模板,通过各种填充方法(例如纳米晶填充法、溶胶-凝胶法、电化学沉积法、化学气相沉积法等)将所需材料填充到模板空隙中。然后去除模板得到有序大孔材料。其制备工艺流程示意图如图 8.28 所示。复制后的三维有序大孔材料的形貌示意图如图 8.29 所示。此法理论上只要能合成出单分散的胶体粒子,并且其粒径可以任意调控,因此就可以制备出孔径可随意调节的大孔材料。下面针对胶体晶体模板的各种填充法进行介绍。

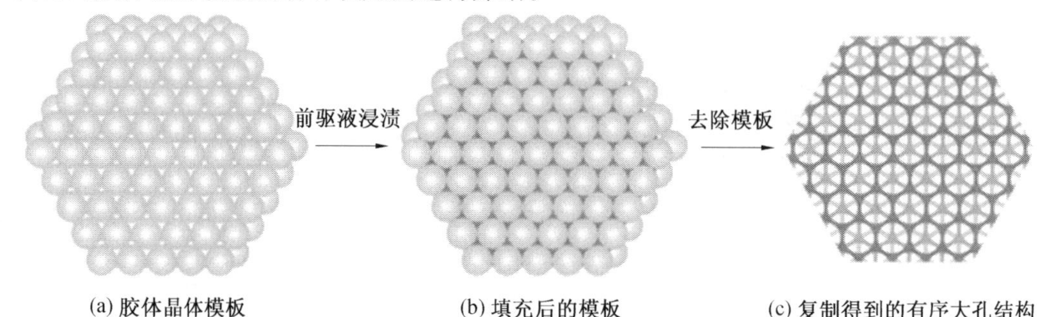

(a) 胶体晶体模板　(b) 填充后的模板　(c) 复制得到的有序大孔结构

图 8.28　以胶体晶体为模板制备的有序大孔材料的流程示意图

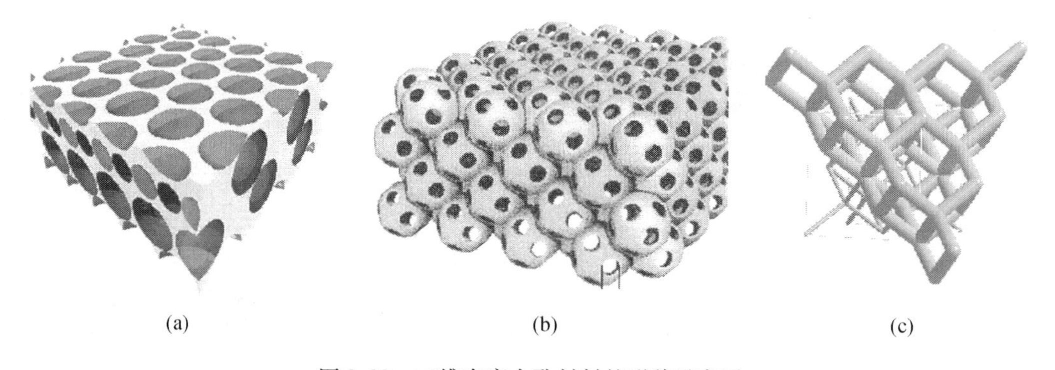

(a)　(b)　(c)

图 8.29　三维有序大孔材料的形貌示意图

由于胶体晶体模板的间隙狭小,其尺寸仅为纳米量级,因此几乎所有关于填充法的研究都是围绕如何提高填充率来进行的。填充率决定了 3DOM 结构的机械强度和光学等其他性质。填充率的高低在很大程度上是判定填充方法好坏的标准。使材料前驱体填入模板的最基本要求是前驱体必须润湿模板微球,否则前驱体就不能进入到模板的空隙中去,这就需对模板进行表面改性。一般欲填充的前驱体还需要进行溶剂稀释,以利于进入模板,而稀释过的前驱体和模板之间的强烈相互作用会在微球周围形成一层膜。为了提高填充率,往往需要多次填充。以下介绍几种有代表性的填充法。

8.4.1.1　模板填充法

(1)原位化学转化填充法。

原位化学转化填充法是在将前驱体填充于模板空隙的基础上,利用化学反应将前驱体转化成所需要的材料。此法主要包括原位溶胶-凝胶法、盐沉积法、氧化还原法和高温溶液填充法等。此法可用于制备金属氧化物、金属、盐类以及聚合物的 3DOM。

原位溶胶-凝胶法是制备金属氧化物的 3DOM 的一种主要方法。此法以相应的金属醇盐制备前驱体,然后将前驱体在毛细作用力下填充到胶体晶体的空隙中,随后将其原位水解、缩合,并经过高温煅烧,醇盐进一步缩合,分解转化为相应的金属氧化物或复合金属氧化物,从而实现模板空隙的填充。此法条件温和、设备简单,所用的醇盐无须预处理。但此法的填充率较低,一般仅为40% ~60%,通常需要进行多次填充,以提高填充率。后续过程中的热处理会引起醇和水的大量蒸发,使得在去除模板的过程中结构急剧收缩,收缩率一般为25% ~30%。收缩往往会破坏周期结构和产生大量的微裂纹,会出现一些结构缺陷,例如晶化不完整、纳米孔洞等,这不仅限制了大尺寸样品的制备,而且会明显降低3DOM 结构的光学等性能。

(2)纳米晶填充法。

纳米晶填充法包括纳米晶直接填充法和共沉积法。纳米晶直接填充法是将尺寸远小于模板空隙尺寸的纳米晶粒分散于一定的溶剂中,通过蒸发溶剂等方法将其引入模板的空隙中的填充方法。与溶胶-凝胶法相似,在填充阶段模板表层微球之间的孔隙容易先被堵塞,限制了样品的厚度,这种方法的填充率一般难以超过50%。

为了提高填充率,发展了将欲填充纳米晶与构成模板的胶体微球共沉淀法——纳米晶共沉积法。具体是将单分散的胶体微球与纳米晶粒先制成混合悬浮液,再通过缓慢蒸发溶剂来组装成紧密排列的固体,在组装胶粒模板的同时纳米晶粒已存在于模板的空隙中,随后在适当的温度下煅烧,其结构收缩率只有5%。其沉淀在室温下就可进行,无须复杂的化学反应,目前已经用这种方法合成了银和金的3DOM 结构。此法虽简单,但能提高填充率,且和溶胶-凝胶法相比,收缩率较小,可得到大尺寸(几毫米)的多孔材料,但是得到的大孔材料的有序度并不高,通常是有序和无序区域的混合,且合成的材料范围有限,只限于那些可以获得纳米颗粒的材料。

(3)电泳填充法。

电泳填充法首先是将胶体晶体模板组装在一个电极表面,然后将欲填充材料的纳米晶粒分散于水介质中,在外加电场的作用下,带电晶粒向异性电极一侧迁移,最终填入电极表面的模板空隙。由于电场对纳米粒子的压紧作用,此法的填充率较高,结构的收缩率仅为3%。

(4)电化学沉积法。

电化学沉积法是将胶体晶体模板生长于导电基底的表面,然后在恒电压或恒电流的作用下,通过电化学反应在模板空隙中生成所需填充的物质,并沿模板空隙由下至上逐步将其填满。电化学沉积是相对既容易操作又能获得高填充率的方法,因为此法不同于传统的溶胶-凝胶法,它不是物质沿空隙的壁局部填充,而是由下向上对模板空隙的一种体相填充,所以空隙填充率高,样品收缩率低。此法最初主要用于制备金属材料的多孔结构,现在也广泛应用于合金、半导体和导电聚合物等3DOM 材料的制备。例如,Braun 等人用此法合成了 CdSe 半导体大孔材料;Bartlett 等人以聚苯乙烯微球为胶体晶体模板,用电化学沉积法制备了3DOM 聚吡啶和聚苯胺等导电高分子材料,不但提高了导电聚合物的导电性,而且还克服了在氧化还原反应过程中的离子流动性,从而进一步提高了导电聚合物的应用价值。此外,用电化学沉积法制得的金属大孔材料,结构紧密有序,模板去除后没有收缩,Wijnhoven 等人用此法合成了金3DOM 材料。

(5)化学气相沉积法。

化学气相沉积(CVD)法是通过挥发性前驱体的气相反应来填充模板空隙的一种方

法,通常在较高的温度和负压条件下以缓慢的速度进行。该法的突出优点是填充均匀、填充量可控、填充率较高,最高可达100%,也可用于制备半导体材料。但该法在成本、设备及操作上的要求较高。

8.4.1.2 模板的去除

为了复制一个结构完整和高度有序的3DOM结构,去除模板是填充过程之外的又一关键步骤。它要求在复制的结构上,既不能留下任何模板材料的残余,也不能对填充结构产生任何“伤害”。实际上这一要求还决定了为复制某种3DOM的最初模板材质的选择。必须选择与3DOM材质性质反差大的材料作为模板,才有利于模板最终的去除。模板的去除使用最为普遍方法的是溶剂法和煅烧法,而二氧化硅等无机氧化物胶体晶体模板因为其煅烧去除很困难,通常用HF等溶液溶解去除。对聚苯乙烯、聚甲基丙烯酸甲酯等聚合物胶体晶体模板的去除依赖于前驱体固化所得到的固化物的性能。如果固化物在能溶解模板的溶剂中稳定存在,则可用甲苯或四氢呋喃等适当的有机溶剂抽提去除模板。若固化物在适当的高温条件下稳定,则模板可用高温煅烧法去除。除此之外,还可以用光降解法去除聚合物模板。

若选用高温煅烧法去除模板,在去除模板的煅烧过程中,模板空隙中的凝胶将失去大量的水分和有机物,转变成纳米晶,提高了反蛋白石骨架的折射率。但过快的升温速率将导致反蛋白石骨架收缩迅速,由此产生大的热应力将导致样品出现大量裂纹。另外,由于聚苯乙烯的软化温度在93~108 ℃,较慢的升温速率将导致液相的产生,液体的黏性流动将严重破坏反蛋白石骨架的结构,从而有序性和完整性急剧下降。因此煅烧过程的温度控制和保温方式的选择是很重要的。

8.4.2 半导体3DOM的制备工艺

8.4.2.1 3DOM Si的制备工艺

有序大孔硅被认为是非常重要的结构材料,主要是由于其能够在通信波段(1.5 μm)产生完全禁带,因而研究较为广泛。下面介绍近年采用较多的制备有序大孔Si的方法。2001年,Zhao等人利用脉冲激光沉积(pulse lasers deposition,PLD)法制备了有序大孔Si。采用的激光频率为10 Hz、波长为532 nm、脉冲能量为35 mJ。在聚苯乙烯模板内沉积时得到的直接产物是SiO_2,此产物在500 ℃条件下于氮气气氛中处理后转变为Si,去除模板后得到目标产物,结果如图8.30所示。产物厚度约200 nm,表面有一层连续致密的薄膜。这种模板间隙被部分填充、表面单独成膜的形貌在PLD作用于胶体晶体模板的其他研究中也有体现。Zhao等人认为这是由于PLD产生的SiO_2团簇会与聚苯乙烯微球快速交联,使得后生成产物无法填充至模板空隙中,因而填充深度较浅。因此若使用二维模板和PLD法结合,则可以得到二维有序大孔Si,此法无法得到三维产物。

2004年,Asoh等人利用阳极氧化法来制备Si的有序大孔结构。研究者首先在Si基底上组装有机物模板,然后采用阳极法氧化刻蚀微球间隙的Si基底,得到孔径与微球直径相同、深度为5 mm的孔洞。但得到的产物在形貌上并不理想。2009年,Asoh等人在此基础上提出了利用金属辅助化学刻蚀法来制备有序大孔Si。制备过程的示意图如图8.31所示,首先在Si基底上组装SiO_2(3 μm)和聚苯乙烯(200 nm)胶体微球;而后除去

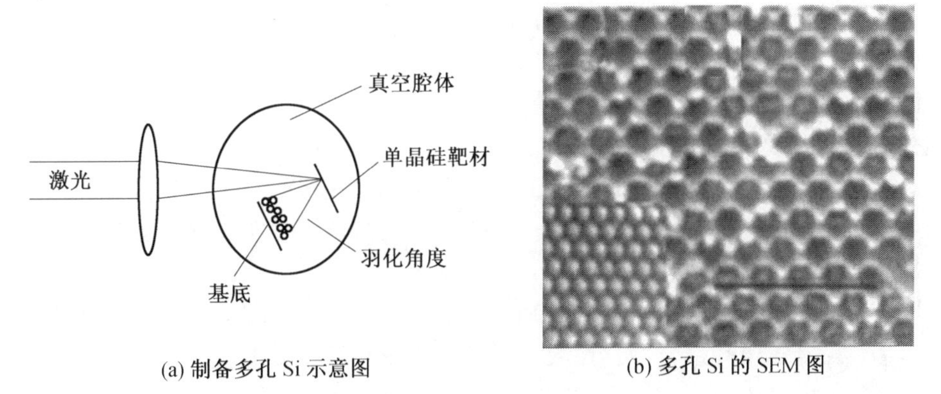

(a) 制备多孔 Si 示意图　　(b) 多孔 Si 的 SEM 图

图 8.30　制备多孔 Si 示意图及多孔 Si 的 SEM 图

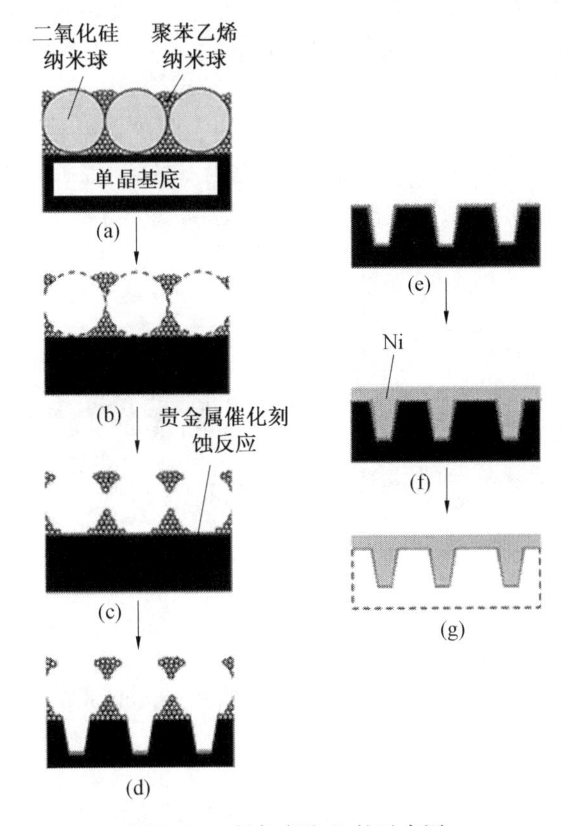

图 8.31　制备多孔 Si 的示意图

SiO_2微球,得到组装在 Si 片上的聚苯乙烯蜂窝结构;向蜂窝结构内部电沉积一层贵金属(Pt/Pd 或 Au),然后在贵金属的催化作用下刻蚀 Si 基底;除去 PS 即得 Si 有序大孔结构。出于研究孔深度等目的,Asoh 等人采用向硅的大孔内部填充 Ni、然后除去 Si 的方式来进行观察。通过对比两种催化剂,发现使用 Pt/Pd 时的催化速度更快,但孔上部的尺寸较下部大,而使用 Au 催化得到孔的尺寸则不随刻蚀深度变化。2012 年,关于这种制备手段的研究更进了一步,研究者把刻蚀得到的大孔(图 8.31(e))浸入四甲基氢氧化铵(TMAH)中,并通过调整浸泡时间和 TMAH 的浓度获得不同形貌的孔结构。经 Asoh 课题组的研究,催化刻蚀法已经成为一个很完整的体系,但此法仅能用于制备二维有序大孔 Si。

化学气相沉积法是目前最成熟的制备有序大孔 Si 的手段。实验以 Si_2H_6 为前驱体,实验温度从 250 ℃升至 350 ℃,得到的产物在 600 ℃加热以增大晶粒尺寸。除去模板后得到有序大孔 Si,产物填充率为 60% ~80%。理论计算显示 870 nm 的反蛋白石 Si 产物产生的完全禁带位于 1.5 μm 处。除乙硅烷外,硅烷也是 CVD 法常用的前驱体。由于气体需要填充至模板间隙而后反应,此法比较适用于三维有序大孔 Si 的构筑。但此法存在着无法完全填充模板的问题。

Esmanski 和 Ozin 研究了 CVD 法制备的有序大孔 Si 做锂离子电池负极材料的情况。最初由于非晶硅的电导率较低且在脱嵌锂的过程中体积变化高达 300%,导致循环次数很不理想(图 8.32)。研究人员提出并探讨了三种解决方案:第一种是将产物在惰性气氛中退火,使之转变为纳米晶硅提高其电导率(~10^{-3} S·cm^{-1});第二种是在产物上喷 C 提高电导率(这两种方式都解决了导电性差的问题,但由于在脱嵌锂的过程中 Si 的体积变化过大,周期性结构会被破坏,对电池寿命的延长没有帮助);第三种是以有序大孔 C 为骨架,在上面制备 Si 膜作为负极材料。这个方案不但降低了电导率(~10^{-1} S·cm$)^{-1}$,也提高了电极的稳定性。以上的复杂情况可能是由于 CVD 制备的 Si 属于非晶态。在晶态有序大孔 Si 作为负极材料的研究中得到的结果非常理想,当以 0.2 C 放电时,100 次循环后容量可以保持 99%,而当以 1 C 放电时,100 次循环后容量可以保持 90%。这也说明有序大孔 Si 在电极材料领域的应用还有很大的研究空间。

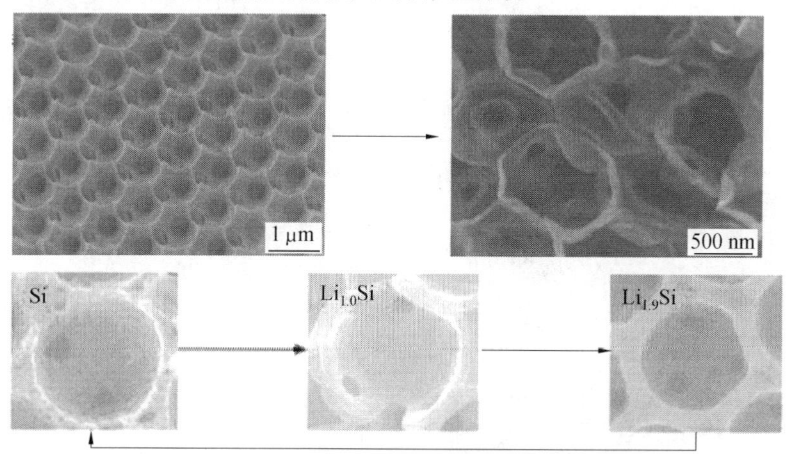

图 8.32 Si 电极材料经过 5 次循环后失活的 SEM 图

溶胶-凝胶法也是探索较多的一种方法,主要有两种实现方式:第一种是将 Si 溶胶与胶体微球(SiO_2)按照一定比例混合后在高温下共组装,然后除去微球获得大孔材料,但此法得到产物有序度不高;另一种是由 Hatton 等学者发展的 I-SiO_2(有机官能团化的 SiO_2)溶胶、聚合物微球(PMMA)共组装的方式,但这种方法的后处理步骤较为复杂,除去有机物模板后得到 I-SiO_2的反蛋白石结构需在密封、加热条件下与 Mg 和 Fe 反应,先转化为 Si/MgO,然后再转化为 Si。Hatton 等人还比较了溶胶、微球共组装与组装模板后填充溶胶这两种操作得到的产物形貌,发现共沉积过程制备的产物结构完整性好、尺寸大。两种溶胶-凝胶的操作过程均较为复杂，第一种用到钠萘盐，而第二种涉及 Mg 蒸气等的操作，较为危险。

2012 年，哈尔滨工业大学徐洪波课题组以聚苯乙烯为模板，以 $SiCl_4$ 为硅源，依靠离子液体电沉积的方式获得了非晶态的 Si 有序大孔材料。研究者发现，Si 还原电位的选择受到工作电极性质的影响，但得到的 Si 产物性质不随之改变。且由于产物为非晶态，表面会有一定的氧化。XPS 分析显示，随 Ar^+ 刻蚀深度的增加，Si 的价态降低直至单质态。同时有序大孔产物的形貌受组成模板的微球尺寸影响，反蛋白石 Si 的有序度随微球直径的增加有所提高。

8.4.2.2　3DOM Ge 的制备工艺

以胶体晶体为模板制备 Ge 有序大孔材料主要有五种方法。

第一种方法是前驱体化学还原法。在这个方法中由于包含高温（高于 500 ℃）还原过程，因此需要使用 SiO_2 做模板。这个方法主要有以下几个步骤：首先将前驱体溶液填充至模板内，而后通过水解将前驱体转化得到 GeO_2，将产物在 550 ℃ 的高温下还原得到 Ge。此法得到的一次填充物往往填充率不高，可通过多次填充前驱体并反复水解、还原的方式来提高填充的效果。此法的不足之处在于因 GeO_2 和 Ge 微晶的生长可能会对模板的有序性造成破坏。Míguez 等人在 2000 年首次采用此法制备了 Ge 有序大孔产物，得到的产物如图 8.33 所示。实验中采用的锗前驱体溶液为 $Ge(OCH_3)_4$ 和 TMOG 的混合物，这种前驱体对 SiO_2 模板的填充效果较好。同时在水解过程中使用的是 N_2 和 H_2O 的混合气体，以减缓水解反应的速率。研究者发现制备的 Ge 产物呈现非常规的 shell 形貌，并分析了其各个面的形貌，说明 Ge 有序大孔材料很好地复制了原始模板的 FCC 结构。

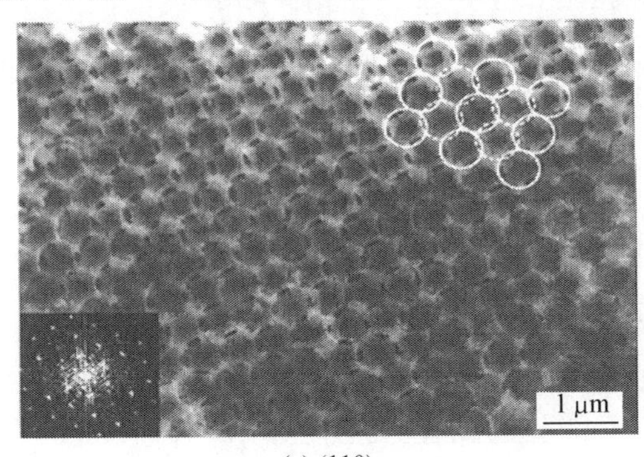

(a)(110)

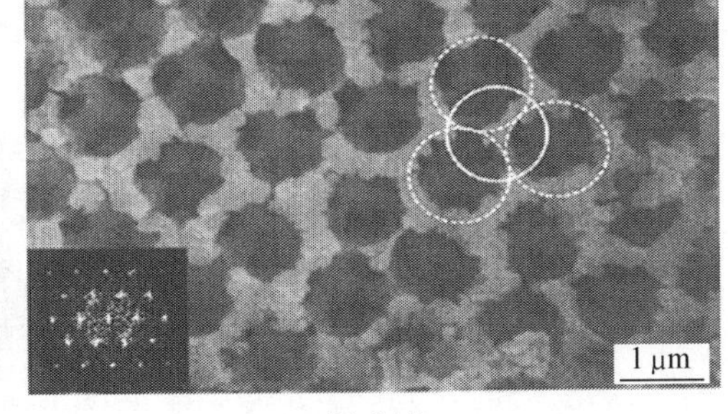

(b)(111)

图 8.33　Ge 有序大孔材料的（110）面和（111）面

第二方法是利用 CVD 法。Ozin 等人率先以 Ge_2H_6 为前驱体并采用 CVD 法制备了有序大孔结构的锗。制备过程如下：

①将胶体晶体模板置于高真空（6.67×10^{-4} Pa）条件下，并引入 Ge_2H_6 气体填充模板间隙。

②使用液氮降低样品室的温度，使前驱体在模板内固化，此时反应室内的压力为 $3.99\times10^4 \sim 1.33\times10^5$ Pa，具体情况视固化的 Ge_2H_6 量而定。

③加热反应室至温度高于 373 K 并保温 21 h。直至 Ge_2H_6 全部分解为 Ge 和 H_2，得到

的产物为 Ge/SiO_2 复合结构，其 SEM 图如图 8.34 所示。

④使用 HF 刻蚀 SiO_2 微球后得到目标产物。

此法制备的 Ge 是以层状生长方式附着在 SiO_2 微球上的，且 Ge 层的厚度和填充率可通过调节 Ge_2H_6 气体的压力和分解温度来控制，高压得到的 Ge 层厚度较大。CVD 法是目前比较成熟的制备锗有序大孔材料的手段，但无法实现完全填充。在此法中，除乙锗烷外，锗烷也是常用的前驱体。

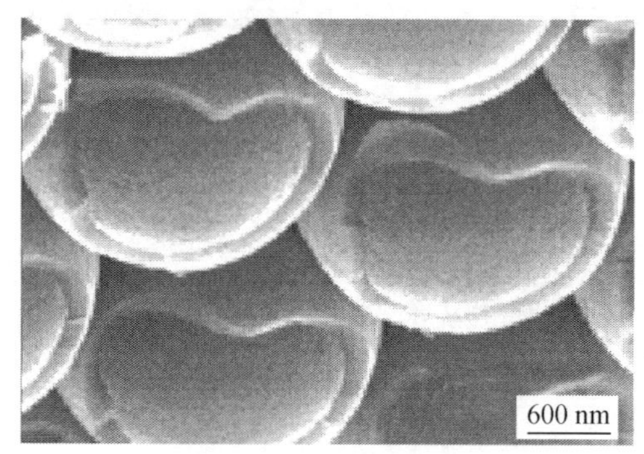

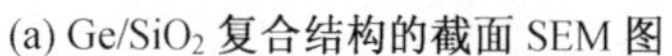

(a) Ge/SiO_2 复合结构的截面 SEM 图

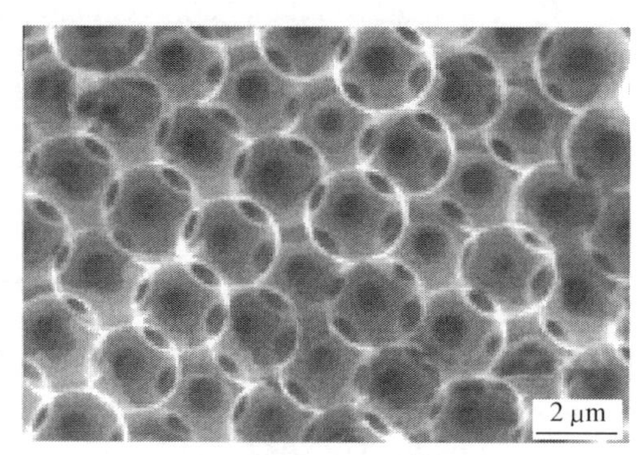

(b) Ge 有序大孔结构的 SEM 图

图 8.34　CVD 法制备有序大孔 Ge 的 SEM 图

西班牙科学家研究了利用 CVD 法制备 Si/Ge 多层壳状有序大孔材料。López 等人分别以硅烷（SiH_4）和锗烷（GeH_4）为前驱体，并通过反应时间来控制沉积层厚度。研究发现，当将 Si 填充至模板间隙内时，最大填充率为 53%，而填充 Ge 时则不受此控制。通过不断改变通入的前驱体，最终在 SiO_2 微球表面得到 Si-Ge-Si 壳。把产物放入王水中浸泡除去 Ge 层和 SiO_2 微球，得到中空的两层同心 Si 壳。采用选择除去的方式，可以得到很多同心球壳类产物，如图 8.35（a）所示。

第三种方法是纳米晶填充法。Braun 等人采用此法也成功制得了含 Ge 的有序大孔结构。纳米晶填充是指直接将尺寸非常小的纳米颗粒用溶剂分散，将胶体晶体模板浸入并利用溶剂的蒸发将这些小颗粒带入模板间隙中。此法的填充率一般较低，因而如何提高填充率至关重要。Braun 等人首先采用惰性气体法制备了 Ge 纳米晶，而后对纳米晶填充的设备用石蜡膜进行了半密封处理，以增加反应设备内部溶剂的蒸气压，减缓蒸发、确保模板被更好地填充。但由于纳米晶间的结合力较弱，研究人员加入了黏合剂 NOA-63 增加结合力。实验中改进的填充设备和得到的含 Ge 的有序大孔结构如图 8.35（b）所示。此法的缺点有两点：一是在产物中引入了部分杂质黏合剂，使得到的多孔材料的有效折射率降低；二是填充纳米晶的厚度不易控制，若填充料过多，有可能得到图 8.35（b）中所示的顶部非孔结构。

第四种方法是室温离子液体电沉积法。哈尔滨工业大学李垚课题组和德国克劳斯塔尔工业大学的 Endres Frank 合作，以离子液体（[HMIm]FAP）和（[EMIm]Tf_2N）以 $GeCl_4$ 为锗源，PS 胶体晶体为模板制备了结构高度有序的 3DOM Ge，使溶剂电沉积法的应用范围进一步扩大。图 8.36 给出了在[HMIm]FAP 离子液体中沉积 3 h，得到的厚度为 1.5 μm的 3DOM Ge 薄膜的 SEM 照片（沉积电位为-1.9 V，银作为参比电极），可以看出

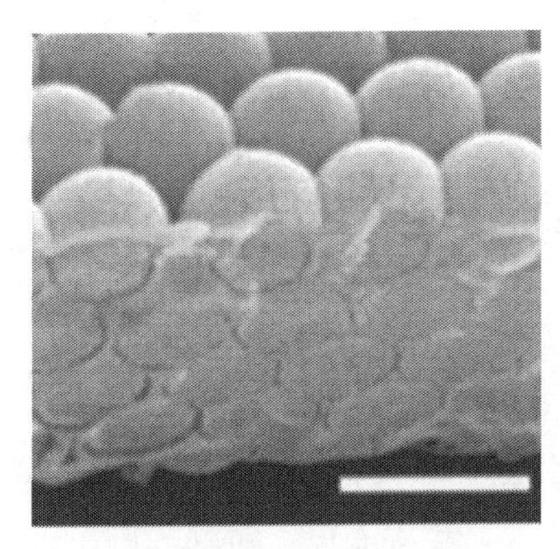
(a) CVD 法制备的同心 Si 壳

(b) 纳米晶填充制备的 Ge 有序大孔结构

图 8.35 CVD 法制备的同心 Si 壳及纳米晶填充制备的 Ge 有序大孔结构

3DOMGe 完全反复制了聚苯乙烯胶体晶体的结构,孔结构高度有序。离子液体[EMIm]Tf_2N 具有较低的黏度,因此和离子液体[HMIm]FAP 相比,可以在较短的沉积时间内获得相同厚度的 3DOM Ge 的薄膜。但由于制备的物质是纳米晶粒,也存在着表面氧化等问题。轻度刻蚀表面层后对产物进行 XPS 分析,结果表明内部确实由单质态 Ge 组成。

第五种方法是溶胶-凝胶法。Park 等人首先制备了 ethyl-Ge 溶胶,然后将溶胶与 SiO_2 微球混合共组装,并通过调节两者的质量比获得了有序大孔 Ge 材料。实验中使用的 SiO_2 微球直径为 200 nm,其中当 SiO_2 与溶胶的质量比为 7∶3 时,得到的是完全无序产物,而当两者比为 3∶7 时,去除模板后得到的是三维有序 Ge 大孔材料。当两者的质量比向 3∶7 接近的过程中,产物的有序度逐渐增大。

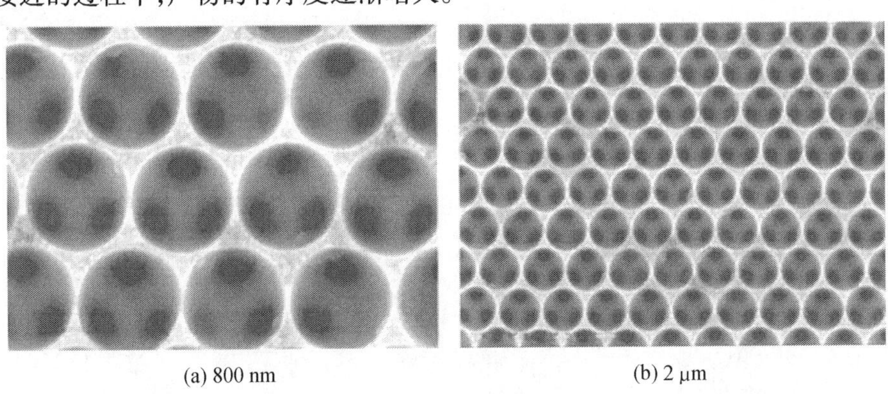
(a) 800 nm　　(b) 2 μm

图 8.36 离子液体电沉积法制备的 3DOM Ge 薄膜的 SEM 照片

第9章　光子晶体的制备原理与工艺

以光子代替电子作为信息的载体是长期以来人们的一个共识，因为光子技术具有高传输速度、高密度及高容错性等优点。1987 年，美国贝尔通信研究所的 E. Yablonovitch 和普林斯顿大学的 S. John 同时提出了一类在光的波长尺度具有周期介电结构的材料——光子晶体(photonic crystals, PCs)，并掀起了光子晶体的研究热潮。

光子晶体又称光子带隙(photonic band-gap，PBG)材料，是介电常数或折射率不同的两种材料在空间按一定的周期排列所形成的一种人造晶体结构。光子晶体能够调制具有相应波长的电磁波，即当电磁波在光子晶体中传播时，由于存在布拉格散射而受到调制，电磁波能量形成能带结构。能带与能带之间出现带隙，即光子带隙。所具能量处在光子带隙内的光子，不能进入该晶体。由于光子晶体具有可以控制和抑制光子运动的特性，使得它在光子晶体光纤、光子晶体波导、光子晶体激光器等诸多方面有着广阔的应用前景。迄今为止，已有多种基于光子晶体的全新光子学器件相继提出，例如无阈值的激光器、无损耗的反射镜和弯曲光路、高品质因子的光学微腔、低驱动能量的非线性开关和放大器、波长分辨率极高而体积极小的超棱镜等。光子晶体的出现将在未来引起信息技术的一次革命，其影响可能与当年的半导体技术相媲美。与光子晶体相关的研究两度被 *Science* 刊物列为当年世界上的“十大科学进展”之一，该刊物还将光子晶体列为未来自然科学的热点领域。

按照光子晶体的光子禁带在空间中所存在的维数，可以将其分为一维光子晶体、二维光子晶体和三维光子晶体，如图 9.1 所示。

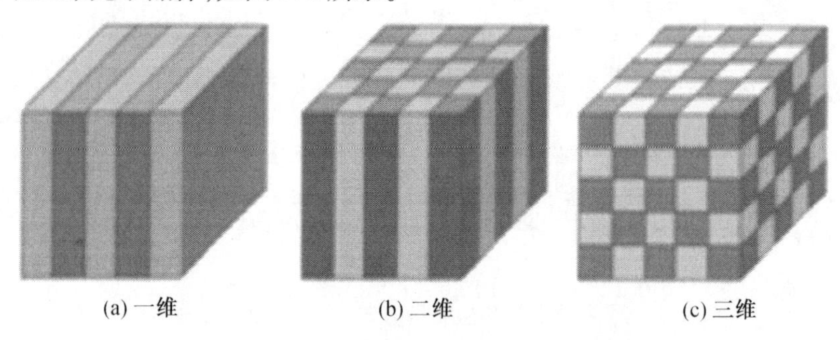

(a) 一维　　(b) 二维　　(c) 三维

图 9.1　不同维数的光子晶体结构示意图

要将光子晶体广泛应用于人们的日常生活中，高质量光子晶体的制备技术是关键，因而各国研究机构投入大量人力物力开展相关研究。目前其制备方法主要包括物理法和自组装法。

9.1 物理法

9.1.1 光刻技术

光刻技术是利用光学复制的方法把图样印到半导体薄片上或者介质层上来制作光子晶体的技术。显微光刻技术的主要步骤是,首先将支持物表面进行化学处理,使表面活性基团连接有光敏保护基团而受到保护,然后选择合适的光刻掩膜保护不需聚合的部位,而需要聚合的部位因没有掩膜,所以在激光点光源的照射下,除去该部位的光敏保护基团,使活性基团(例如 OH 等)游离出来,最终形成所需要的图案或结构。

利用光刻技术可以在半导体材料上获得三维光子晶体结构。1998 年,美国 Sandia 国家实验室的 Lin 等人利用多次淀积/刻蚀半导体技术成功地在硅衬底上实现了多晶硅棒组成的堆木结构,其禁带波长为 10 ~ 14.5 μm。此后日本京都大学的 Noda 等人在Ⅲ-Ⅴ族材料上将该结构改进,使得光子禁带波长达到 1.5 μm 的通信波段。另一种典型的三维光子晶体结构是层叠结构,它是 Kosaka 等人利用偏压溅射的方法在有图形的硅衬底上交替生长二氧化硅和多孔硅实现的。

目前,利用光刻技术制备二维光子晶体是研究的主流,因为利用光刻技术不但可以精确地制备出高度有序排列的阵列,更可确定光波导的行进方向。2000 年 *Science* 杂志中报道了利用光刻技术成功地制造出具有明显光子带隙的三维光子晶体,如图 9.2 所示。

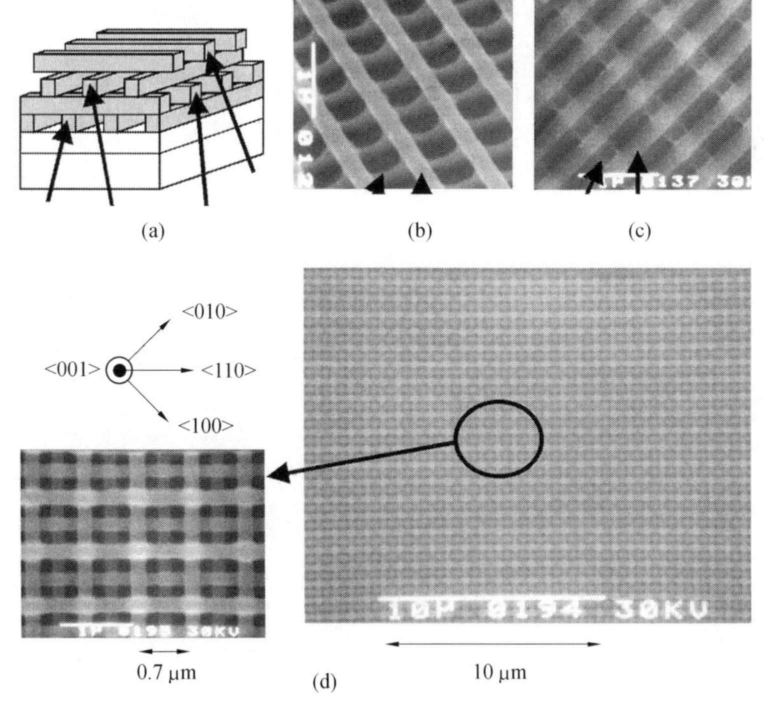

图 9.2 光刻技术制备的三维光子晶体

(a)—3D 木垛堆结构示意图;(b),(c),(d)—木垛堆结构的 SEM 照片

9.1.2 全息光刻法(激光全息干涉法)

全息干涉(holographic lithography)法的基本原理是让多束相干光相交汇,在交汇区就会形成空间周期变化的干涉图样。让感光树脂在全息干涉图案中曝光,使光与物质相互作用,然后显影,就可以形成介质折射率在空间周期变化的一到二维的周期有序微结构。改变光束波矢构形以及光束间的夹角,则干涉的空间图样也随之变化,从而将产生各种不同的对称结构。因为干涉图样的周期与所用波长同量级,而且高度有序,因此激光全息是很有潜力的一种微加工技术。近几年来引起了人们极大的研究兴趣,并已经在微纳光子学和集成光学领域展现出巨大潜力。利用多光束干涉光刻技术已经成功制备出多种结构的 2D 和 3D 规则光子晶体,可用于制备高性能反射镜、超棱镜等。

通过利用三束或者四束非共面光干涉,可以形成周期与所使用干涉光波长在一个数量级的二维或三维亮暗相间的干涉图样。将这种干涉图样投影到一种介质材料上记录下来,就可以得到二维或者三维的光子晶体结构。这种方法可以一次成形、制备较大范围无缺陷的结构,具有较高的分辨率,并且制备程序简单、成本低廉、具有很多的优点。

光学全息法基于具有良好相干性的多光束干涉和衍射效应。当具有良好相干性的多束光波在相干长度内重叠于一立体空间时,将产生稳定的光场分布。改变其中任何一束光的振幅、偏振、相位、波矢都能改变空间光场的分布。如果能够精确控制以上变量,当光束足够多的时候,便能够产生我们期望的三维光学图像分布。已有理论和实验证明,当光束的数量继续增加,利用伞状排列的四束光便可以产生所有 14 种类似布拉菲晶格排列光场分布。

在多光束干涉立体光刻技术中,如若能合理安排各束光的强度、偏振、夹角和相位,则更加复杂的三维光学图像便可以产生,并且不需要过多的光束,就可以制备功能性缺陷的光子器件。如何设计多光束的光强、相位、偏振和波矢等参数,得到期望的光强分布是一个关键的问题。利用遗传算法,此问题已经得到很好的解决。通过遗传算法设计带功能性缺陷的一维、二维以及三维光子晶体结构,其实验装置图如图 9.3 所示,使用光刻胶 SU8 制作了具有线缺陷的一维布拉格结构、二维三角格子光子晶体中的波导结构。

通过使用较多光束及改变光束的偏振态和强度,三维光子晶体中的缺陷也可使用此法实现,如图 9.4 所示。图 9.4(a)为理论结果,图 9.4(b)为理论上具有代表性的截面,图 9.4(c)为显示电荷耦合元件(charge-coupled device,CCD)对应截面的干涉图样。

利用此法通过一次光刻便可以引入一维、二维或三维的功能性缺陷,比利用电子束或离子束刻蚀、二次加工引入缺陷的方法成本低,速度快,控制准确,为功能性光子晶体器件制备和光学集成带来了新的希望。

在用计算全息法合成三维光场的过程中,使用高效、快速的三维 Gerchberg-Saxton 算法(简称 GS 算法),生成位相型傅里叶计算全息图,并加载在位相型液晶空间光调制器上,重构出了三维光场,图像清晰连贯,对比度高,噪声少。采用波长为 632.8 nm 的平行光以小倾角入射到硅基液晶(liquid crystal on silicon, LCOS)上,用焦距为 $f_1=250$ mm,$f_2=120$ mm 的透镜构成 4f 系统,全息图缩小成像到最后一个焦平面,即焦距较小的凸透镜

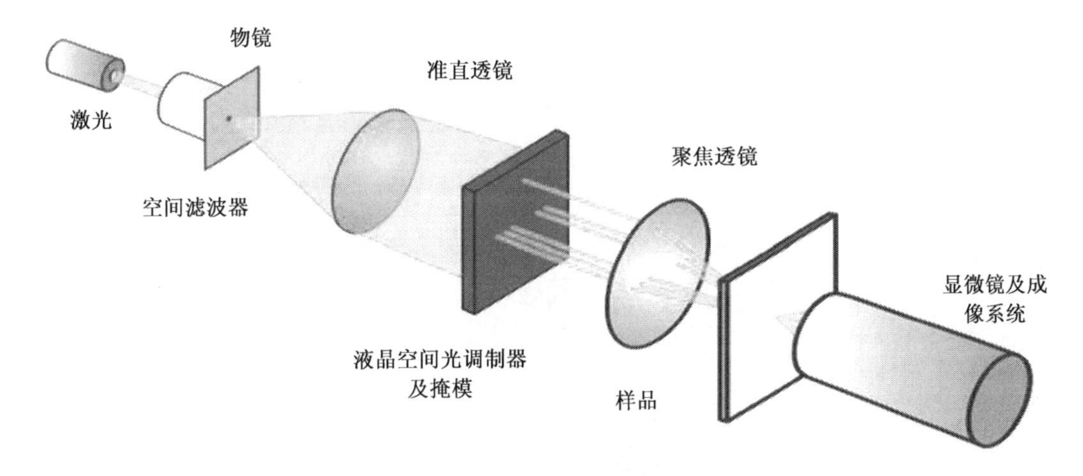

图 9.3　多光束相位可控全息光刻技术实验装置图

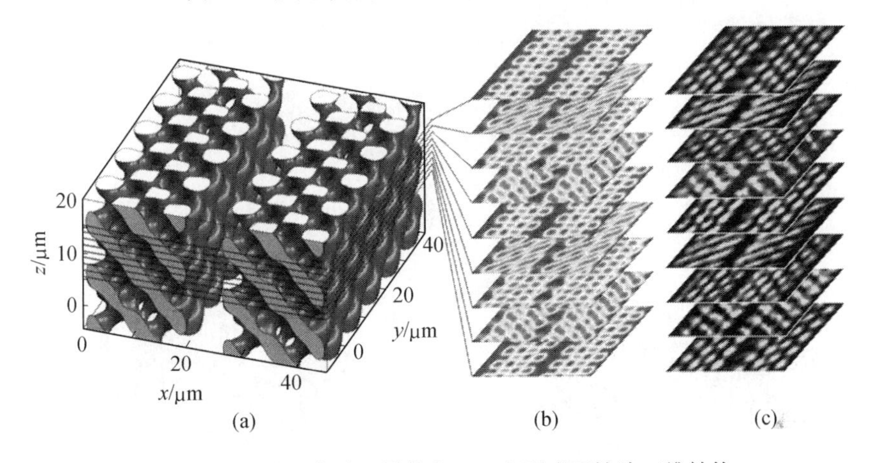

图 9.4　理论和实验上最终在 SU8 上形成面缺陷三维结构

f_3 = 38.1 mm 的前焦面，在其后方得到再现像，如图 9.5 和 9.6 所示。由于空间光调制器的位相分布可实时改变，此法在实现三维显示、生成全息光镊和制备三维光子器件等光学领域，具有很高的应用价值。

2000 年 3 月，*Nature* 杂志报道了牛津大学的研究者用非共面多光束全息干涉技术制备聚合物型光子晶体的新方法。此法用三倍频 Nd:YAG（钇铝石榴石）激光作为光源，让四束非共面的平行光相互干涉，在光致抗蚀剂中产生三维周期性微结构潜影，经适当显影处理后，得到了厚度达 60 μm（相当于 80 个密堆积层）的光子晶体，如图 9.7 所示。与其他方法相比，这一方法具有以下明显优点：

①空间分辨率高，可以制作可见光波段的光子晶体，也可产生空气/介质网络结构，得到所需的光子禁带。

②过程迅速，可以一次成形，成本较低。

③通过改变光束配置可以很方便地改变晶体结构。

④便于较大较厚晶体的制作和批量生产。

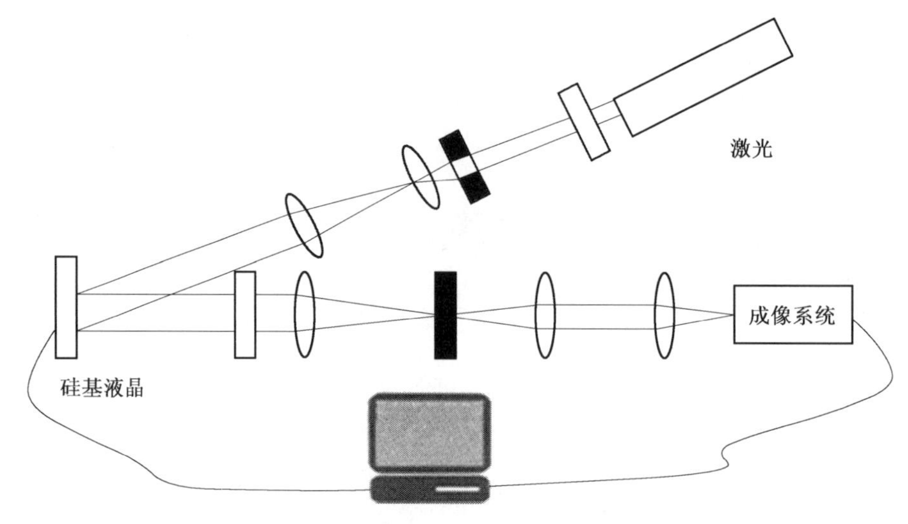

图 9.5 光学再现的光路

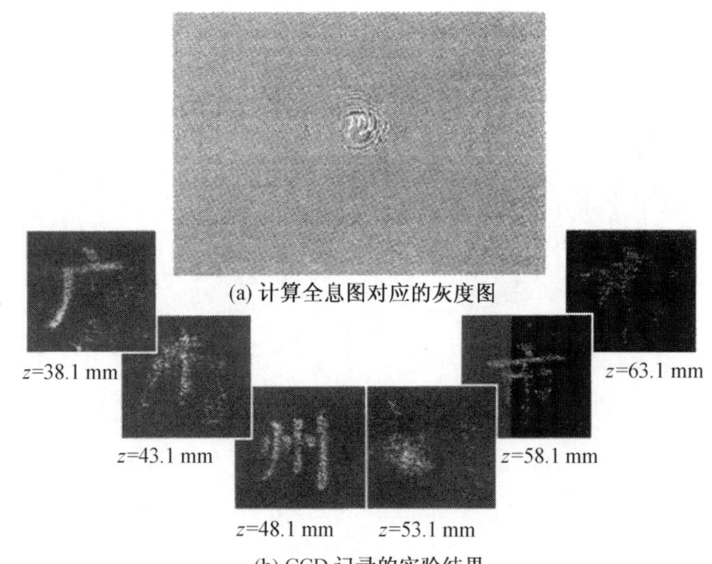

(a) 计算全息图对应的灰度图

(b) CCD 记录的实验结果

图 9.6 实验结果

⑤所得聚合物三维结构可作为模板翻制其他高折射率的光子晶体。

⑥由于该技术充分利用了聚合物的多样性,可对影响微结构光子禁带效应的诸要素进行调节,例如介电常数、周期结构、填充比等。

激光全息法实现制作光子晶体的基本原理是,当几束相干光叠加时相干区域会形成类似晶格结构的干涉图案。理论上已经证明,14 种三维布拉菲格子,甚至具有最大光子禁带的金刚石结构制备都可以通过四束光的全息干涉实现。“伞形”制作光路和“两平面正交型”制作光路是最简单可行的两种一步曝光法的制作光路,如图 9.8 所示。“伞形”制作光路指一束光作为中间光束垂直入射到记录介质,其他 3 束光与中间光束以相同的

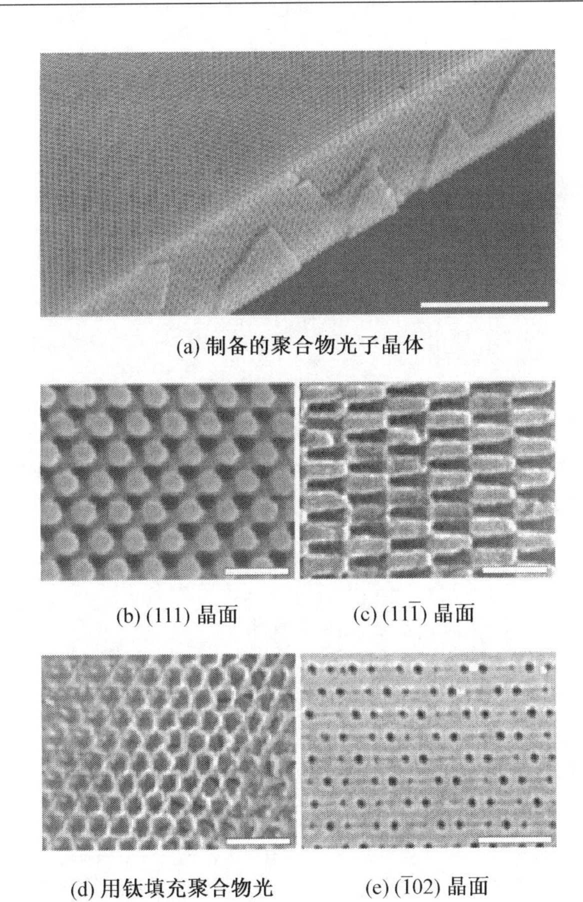

(a) 制备的聚合物光子晶体

(b) (111) 晶面　(c) $(11\bar{1})$ 晶面

(d) 用钛填充聚合物光子晶体制备的反相结构　(e) $(\bar{1}02)$ 晶面

图9.7　全息干涉聚合技术制备的光子晶体

入射角 φ 从3个方向对称入射(图9.8(a))。通过改变 φ 得到不同晶格结构的光子晶体,Cai L. Z. 等人讨论了“伞形”制作光路可以制备的晶格类型以及不同晶格类型的最佳化偏振。“两平面正交型”制作光路是指两组相干光(光束间夹角均为 φ)分别从记录介质的正反两面入射,入射面正交(图9.8(b))。表9.1和表9.2分别列出了两种制作光路所需参数及产生的光子晶体晶格常数。相比之下“两平面正交型”光路制作的光子晶体的相对带隙较“伞形”光路的大。例如,“伞形”制作光路制备的FCC晶格只在二、三能带之间存在一条5.8%的带隙,而“两平面正交型”光路制作FCC晶格在 $0.71\omega\alpha/2\pi c$ 和 $0.55\omega\alpha/2\pi c$ 处存在4.9%和12.5%两条带隙。并且,由于其为4束光同时从记录介质的一个面入射,不必考虑基底对入射光的吸收等问题,更容易将光子晶体结构置于器件当中,因此更加简单实用。

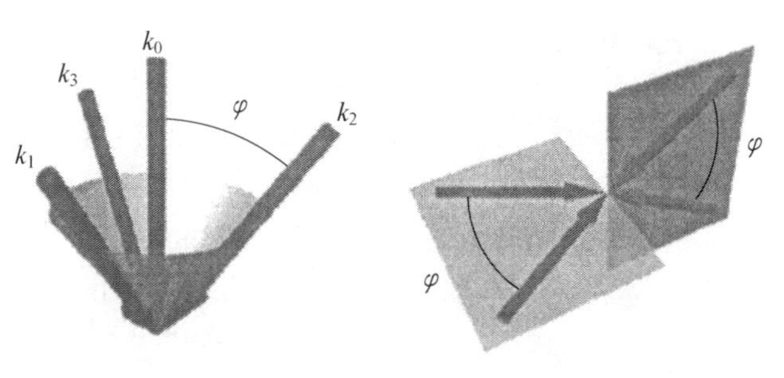

(a)“伞形”制作光路　　(b)“两平面正交型”制作光路

图 9.8　两种制作光路

表 9.1　“伞形”光路制作三种基本晶格参数

晶体类型	k_i与k_α间夹角	晶格常数
简单立方(SC)	$\varphi_{sc}=\arccos(1/3)\approx70.53°$	$\alpha=\sqrt{3}\lambda/2$
体心立方(BCC)	$\varphi_{bcc}=\arccos(-1/3)\approx109.47°$	$\alpha=3\sqrt{3}\lambda/2$
面心立方(FCC)	$\varphi_{fcc}=\arccos(7/9)\approx38.94°$	$\alpha=\sqrt{3}\lambda/2$

表 9.2　“两平面正交型”光路制作参数

晶体类型	两束光夹角 φ	晶格常数
体心立方(BCC)	$\varphi_{bcc}=\arccos(-1/3)\approx109.47°$	$\alpha=3\sqrt{3}\lambda/2$
面心立方(FCC)	$\varphi_{fcc}=\arccos(-3/5)\approx126.87°$	$\alpha=\sqrt{5}\lambda/2$

利用激光全息法制备三维光子晶体的另一种方法是多次曝光法。多次曝光法不仅可以用来制备面心立方结构(face-centered cubic, FCC)和体心立方结构(body-centered cubic, BCC)等简单结构的光子晶体,还可以用来制备结构比较复杂的光子晶体,如金刚石结构和“Yablonovite”结构等。由于金刚石结构是由 2 个在 x,y,z 方向相差 1/4 晶格常数的面心立方晶格嵌套而成,因而可以通过“两次曝光”实现,第二次曝光的 4 束光(k_0, k_1,k_2,k_3)的位相较第一次曝光 4 束光的位相变化分别为($3\pi/2,\pi,\pi/2,0$)。“Yablonovite”结构是最早实现具有完全光子禁带的光子晶体结构。美国 G. J. Shneider 等人提出一种利用衍射光栅进行 3 次曝光制作“Yablonovite”结构光子晶体的方法。

厦门大学的研究小组提出了双光束 3 次干涉法。在光子晶体的制作中,两束相干光叠加,其中一束光垂直入射到记录介质上,另一束光倾斜入射,两束记录光波夹角固定且位置保持不变,旋转记录板 2 次,每次 120°,相干区域会形成类似晶格结构的干涉图案,该图案被记录介质记录下来,形成三维光子晶体。

9.1.3　电子束扫描法

纳米技术的发展带动了光子晶体的研究。近年来各国积极发展的电子束扫描(E-beam photolithography)法,也是非常重要的纳米制造技术。E-beam writer(电子束直写仪)是电子束扫描的基本设备。先在样品上涂布对电子束感光的光阻层,再使用 E-beam writer 对欲曝光的区域用电子束照射,完成后再将样品浸入显影液中,便可达到微影目的。一般电子束扫描法适合用来制作红外光与可见光的光子晶体结构。待光阻层曝光之后,再以刻蚀的方式将 E-beam writer 上的图形转移至样品中,最后再将光阻层除去,这就是电子束扫描制作的全过程,实验结果如图 9.9 所示。

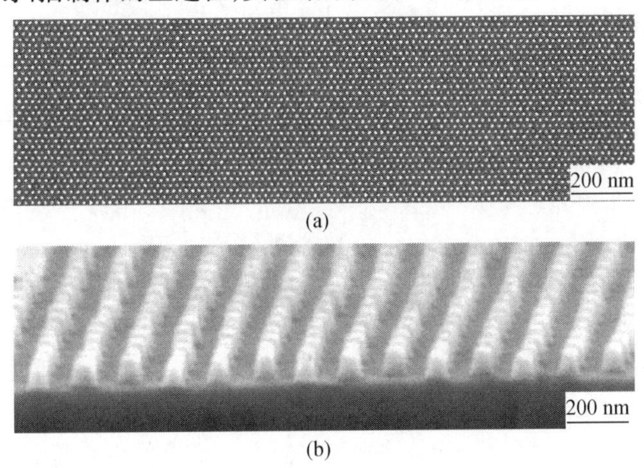

图 9.9　电子束扫描法制备三维光子晶体

9.1.4　飞秒激光双光子聚合法

飞秒激光双光子聚合法是将超短脉冲激光经高倍显微物镜聚焦到可见光聚合预聚物材料里,利用双光子激发光聚合形成固化,通过控制聚焦光束的空间移动生成三维立体微结构,未曝光的材料用溶剂溶解掉,则得到所需的固化三维有序结构。这是一种可控制晶格常数和晶格对称性,实现近红外和可见光波段光子晶体的简便方法。近年来,很多科研小组在双光子聚合制备光子晶体方面取得了很大的进步。

科研工作者借助激光辅助技术和化学材料的单光子或双光子聚合进行了一至三维光子晶体的制作。H. B. Sun 等人利用 Ti : Al_2O_3(掺钛蓝宝石)飞秒激光器产生的二倍频激光,进行光聚合,然后机械控制三维移动样品,最后清洗除去未聚合的物质,制作了三维光子晶体结构,周期常数为 1.4 μm。Brian. H 小组在 *Nature* 上报道了利用飞秒激光的双光子引发聚合,制作三维有序光子晶体结构,其周期常数大于 3 μm。此种制备方法比较精细,但在制作过程中要精确定位扫描样品,比较费时,且造价比较昂贵,适用于对位置要求比较精确的结构,不适于大规模生产。

将强激光束聚焦到透明材料内部,可以在焦点附近形成超高温高压等离子体,从而引起体内微爆炸,在焦点处形成极小的空洞,微腔周围的材料因压缩而致密。哈佛大学的 Mazur 小组研究了光学玻璃、熔融石英和蓝宝石晶体等透明材料中的微爆炸形成过程和微腔的尺度大小。当波长为 780 nm,100 fs 的脉冲经孔径为 0.65 μm 的显微物镜聚焦到玻璃内部时,微爆炸形成的微腔直径约为 300 nm,小于光学衍射极限。

透明材料内部的微爆炸不仅可以用于研究透明材料光学击穿和损伤的物理过程,也可以应用于三维结构的制备。由于体内微爆炸形成的空洞非常小,所以可以实现高密度三维存储,存储器由许多存储页组成,每页包含大量存储点即微腔,存储密度可达

10^{12} bits · cm^{-2}。将微腔按照一定的方式周期性排列,可以制作三维光子晶体。Sun 等人在掺锗的石英玻璃中,得到了横向宽度为 40 μm×40 μm,由 7 层面心立方 FCC(111)点阵构成的光子晶体。实验中发现,使用中等数值孔径的显微物镜聚焦时,由于纵向深度远大于横向尺度以及光束的非线性传输造成的影响,得到类似于棒状的空腔。

9.1.5 纳米压印技术

纳米压印(nanoimprint)技术是 1995 年华裔科学家 Stephen Y. Chou 提出的。该技术的基本原理是:先通过电子束光刻和干法刻蚀等常规微电子工艺制作出一个具有纳米图形结构的模板。压印时首先在基片(例如硅、石英玻璃等)表面涂一层有机物(光刻胶),当有机物具备合适的流动性时,模板与基片表面物理接触,使有机物充满模板的凹凸图形(即压印),然后通过紫外曝光或加热固化光刻胶,脱模后模板上的图形就被复制到有机物上,最后通过刻蚀工艺,将有机物的图形转移到基片上,在基片上形成所需要的纳米图形结构。

纳米压印技术目前多用于光子晶体发光二极管(LED)的制作,例如,Hyun K. C. 等人采用热压印技术制作出蓝光的 GaN 基光子晶体 LED,发光效率比无光子晶体结构的 LED 提高 25%;韩国的 LG 电子技术研究所和光州科学技术学院采用热压印技术,在 P-GaN 表面制作了周期为 295 nm、孔径为 180 nm、刻蚀深度为 100 nm 的二维正方光子晶体结构绿光 LED,其发光增强 9 倍;美国加州大学在 P-GaN 表面二氧化钛薄膜上制备光子晶体结构,使光效提高 1.8 倍。

9.2 自组装法

胶体晶体(colloidal crystal)是由单分散的、直径在微米或亚微米级别的无机或有机颗粒(也称胶体粒子)在重力、静电力或毛细管力等作用下组装成的二维或三维有序阵列结构。胶体晶体也是一种光子晶体,其具有不完全的光子带隙。早在 20 世纪 70 年代,人们就发现自然界存在的一种宝石——蛋白石(Opal,俗称猫眼石)有着与胶体晶体同样的性质。人们在扫描电镜下观察得知,蛋白石是由一些直径在 150 ~ 400 nm 的 SiO_2 微球按照一定的周期性排列方式堆积而成的,如图 9.10 所示。由于对可见光的布拉格衍射,其具有绚丽夺目的结构色。这就启发人们如果能够人为的控制合成和组装这类微球,使其直径在光学波长的量级变化,就可以得到在特定波长范围内出现光子带隙的光子晶体。目前人们又把非天然的胶体晶体称为合成蛋白石(synthetic opals)。

一般来说,单分散的胶体粒子稀分散溶液在弱的离子强度情况下,会自发沉积组装形成面心立方密排堆积 FCC 结构,也就是形成类蛋白石结构的排列。与前面介绍的物理方法相比,自组装法制备胶体晶体具有诸多优势:一是方法简单易行,操作方便;二是费时少,成本和设备要求低;三是尺寸大小可以根据需要选择,大到宏观尺寸,小到微观纳米尺寸的颗粒都可以用自组装法制作胶体晶体。这些胶体晶体还可用于模板,制作反蛋白石结构的三维光子晶体,或用于半导体量子点的生长基底。本节将重点介绍常用的胶体晶体自组装法。

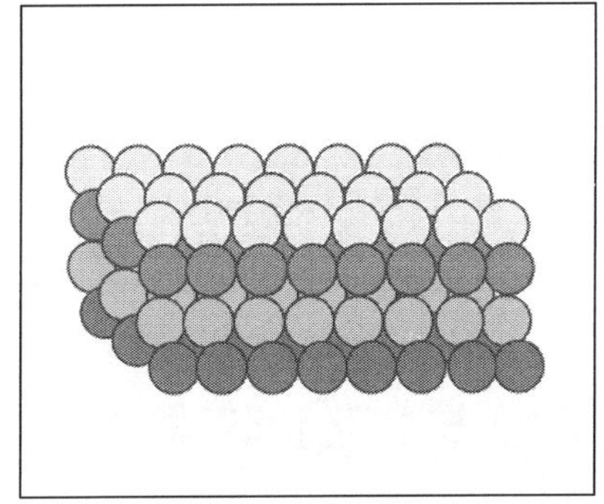

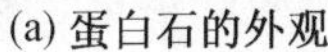
(a) 蛋白石的外观　　(b) 蛋白石的结构示意图

图9.10　蛋白石的外观和结构示意图

9.2.1　重力沉降自组装法

重力沉降自组装是利用单分散胶体微球在重力场作用下自发组装的方法，被认为是目前组装胶体晶体最简单的方法之一。首先将一定体积分数的等径胶体微球分散在溶剂中，静置，待溶液完全挥发后即可得到组装好的胶体晶体，如图9.11所示。沉降自组装包含重力场下的沉淀、扩散运动（布朗运动）和结晶（成核和核生长）等过程。此法控制胶体晶体形成的关键是控制胶体微球的尺寸、密度以及沉降速率等因素。当微球的大小合适（一般在0.5 μm以下），乳液密度与分散介质接近，且当沉降速度足够慢时，才可使微球在容器下部逐渐浓集，通过相转移经历从无序到有序的过程，从而形成三维有序堆积结构。这种结构一般是FCC结构，微球占总体积的74%、空隙占26%。此法是模仿地壳中蛋白石的自然形成过程，也是目前胶体晶体研究领域广泛采用的方法，其优点是：制备工艺简单，对实验装置无特殊要求，样品厚度可控，组装结构长程有序；缺点是：耗时较长，有时需要数周或数月，晶体的堆积层数取决于胶体微球乳液量的多少以及组装容器的规格等多重因素，表面形貌难以控制，沿重力方向会出现不同的有序性，得到的多为多晶结构。

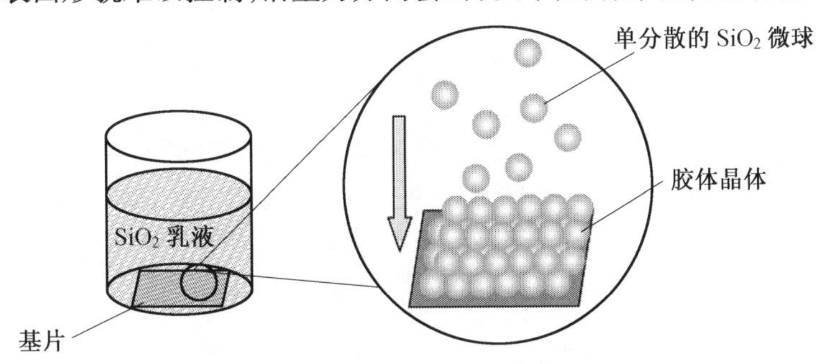

图9.11　重力沉降自组装示意图

夏幼南的研究小组通过实验发现，在重力场下悬浮液中的颗粒沉降包括许多复杂的过程，例如重力沉降、扩散和晶化过程，其中重力沉降和扩散平衡非常重要。研究发现，组装过程中胶体微球粒径、沉降速度等对形成胶体晶体的质量影响很大。例如，SiO_2胶体颗粒进行重力沉降自组装的过程中，会随着微球粒径的不同，悬浮液中介质的黏度、密度等性质的不同而有所不同。对于粒径大于550 nm的SiO_2微球来说,用重力沉降法很难在水中得到有序的胶体晶体阵列。Meseguer等研究者以水/丙酮/丙三醇/乙二醇作为共溶剂来制备SiO_2微球乳液,通过改变共溶剂的黏度来控制SiO_2微球的沉降速度,并用重力沉降自组装法得到粒径大于600 nm的SiO_2微球有序排列的胶体晶体。对于粒径较小,尤其是粒径小于150 nm的SiO_2微球,它们通常所受重力影响较小,可被胶体粒子的布朗运动抵消,因此很长时间内也不会沉降形成有序结构。

9.2.2 离心和过滤沉降自组装法

离心法和过滤沉降自组装法可认为是对重力沉降自组装法的一种简单改进。离心法是通过离心力的作用使一定浓度的胶体微球沉积在离心管底部,去除上层清液后,剩余溶液较少,其挥发速度远超过重力沉降过程,从而极大地缩短胶体微球的组装时间。胶体晶体的结构主要与离心力的大小、离心速度及离心时间等因素有关。通过引入离心力可以显著地提高胶体晶体的沉降速度,因此使用这种方法只需数小时就可以得到比较有序的密堆积结构胶体晶体。例如,对于粒径较小的SiO_2胶体微球,可以引入离心力场加速其沉降。在这种方法中,离心力的大小是决定胶体晶体质量的关键,如果离心力场过大,会导致SiO_2胶体粒子的无序堆积;而离心力过小,又会导致沉降时间太长。Wu等人利用不能混溶的三相介质,通过离心自组装法快速制备了自支撑的胶体晶体薄膜,并通过单独控制离心力以及介质之间的静电斥力,控制薄膜的结构。Polarz用两种粒径的二氧化硅微球作为模型,研究了在不同动力学参数条件下,二元体系的不同结构类型,得到了不同周期的结构。

过滤法是另一种加速沉降过程的方法,此法采用真空抽滤去除胶体乳液中的部分溶液,从而加速了微球的自组装过程。这种加速沉降的方法比较易于控制组装的速度及胶体晶体的厚度。对于尺寸较大的微球,可以采用过滤的方法提高沉降速度。Velev等人使用孔尺寸为50 nm的聚碳酸酯膜作为过滤基质来进行SiO_2微球的自组装,这种基质可以使溶剂或分散剂通过,而不让胶体粒子通过。Vickreva等人指出,在过滤沉降自组装的过程中,如果对胶体粒子的堆积体施加振动剪切力,还能够提高胶体晶体密堆积结构的有序性。

通过离心和过滤来加速胶体粒子的沉降过程,由于外力的作用,使得胶体粒子被强制快速堆积,每个颗粒所在位置不一定是位能最小,因此获得的胶体晶体结构缺陷较多,有序程度相对于重力沉降法获得的胶体晶体有一定程度上的降低。但是由于上述方法操作简单易行,节省时间,仍是非常重要和常用的胶体晶体自组装法之一。

9.2.3 电泳沉积自组装法

电泳沉积自组装法是将带电的胶体微球在直流电场的作用下,使其发生定向移动,并在与电荷相反的电极上发生沉积,胶体粒子间产生横向吸引力,从而形成三维有序周期结构的方法,其装置示意图如图9.12所示。微球粒子在沉积时发生“气-液-晶”相转变。利用外加电场的大小和方向可以为带电的胶体粒子加速(小颗粒)和减速(大颗粒),并可通过调节电流的大小来控制胶体粒子的沉积速度。为了防止水电解产生的气泡影响胶体粒子的有序结构,可以采用水-醇混合溶液作为溶剂,用氢氧化钠调节 pH,以增加溶液的导电能力。Holgado M 等人利用带电的 SiO_2 胶体微球在溶液中的电泳来控制其沉降速率。他们通过实验发现,当颗粒的沉降速度为 0.4 $mm \cdot h^{-1}$ 左右时,可分别得到粒径小于 300 nm 和粒径大于 550 nm 的 SiO_2 有序结构的胶体晶体。这种自组装法可以使胶体粒子的有序堆积时间缩短至几分钟。

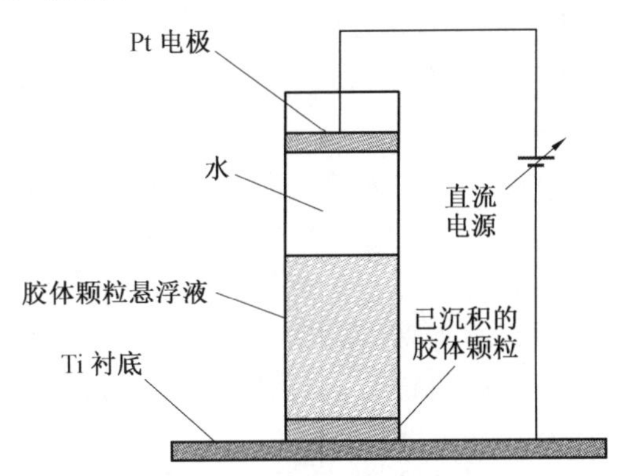

图 9.12　电泳沉积自组装法装置示意图

电泳沉积自组装法的优点是组装时间短,且可以通过调节外加电场的强度与方向来控制胶体微球的沉降速度。从而克服了重力沉降自组装中因胶体粒子的粒径过小而导致沉降速度极慢(甚至不发生)的缺点,以及因胶体粒子的粒径过大而导致沉降速度太快无法得到有序结构的缺点。但是此法要求的实验条件较为苛刻,例如温度要适当、胶体粒子表面的电荷密度要相同、胶体粒子在分散介质中的体积分数以及分散介质中反离子的浓度等均要严格控制。

9.2.4　静电力自组装法

静电力自组装法是一种利用胶体粒子表面的带电特性,通过静电作用力而组装得到有序结构的方法。例如,SiO_2 胶体粒子在水溶液中其表面通常带有负电荷,因此粒子之间存在静电斥力,从而使得其组装后胶体粒子之间彼此并非直接接触。Masuda 等人在自组装单层膜的基础上,对基底和 SiO_2 胶体粒子的表面进行修饰,使它们的表面分别带有硅烷醇基、羧基或者氨基,通过精确控制基底与胶体粒子间的作用力进行逐层组装,从而提高了胶体晶体三维有序排列的精度。尽管这种方法还不能实现胶体粒子在大范围内的周期性排列,但此技术对于未来电子和光子器件的组装有着非常好的应用前景。

9.2.5　模板定向自组装法

如果仅仅依靠胶体粒子的简单自组装,得到的胶体晶体缺陷通常较多,且不易控制其结构,通过在有物体限制的条件下,单分散胶体微球通常会自发形成高度有序的三维密排结构,这种方法可以称为模板定向自组装法或物理限制法。Xia 等人采用这种方法制备了高质量大面积的胶体晶体。其具体做法是:在超声条件下胶体粒子的液相分散体系被注入一个堆积池中,该堆积池是由两个相互平行的玻璃片和在一个基底上用光刻胶制得的模板框架构成。玻璃片的边缘用感光材料黏合，留下小的矩形孔道，孔道的高度小于胶体粒子的直径，因此胶体粒子被留在池中并在 N_2 流的作用和超声的连续震荡作用下使胶体粒子形成(111)面平行于玻璃基质表面的 FCC 密堆积结构，如图 9.13 所示。其中，连续的超声振荡非常关键，因为这样的振荡有利于使胶体粒子到达自由能最小的晶格位上。此法的优点在于：组装速度相对较快；可以严格控制胶体晶体的表面形貌和层数，且组装得到的胶体晶体规整、有序性好；不论胶体粒子的化学构成和表面性质如何，都可以采用此法进行组装，胶体粒子粒径的范围可以比较宽(10 nm ~ 10 μm)。但是此法成本相对较高，且涉及精度要求较高的光刻技术。Miguez 等人还利用对流、毛细管力和重力的共同作用，使乙醇悬浮液中的 SiO_2 胶体微颗粒在矩形的微孔道中成核，并生长成为面心立方的三维有序结构。

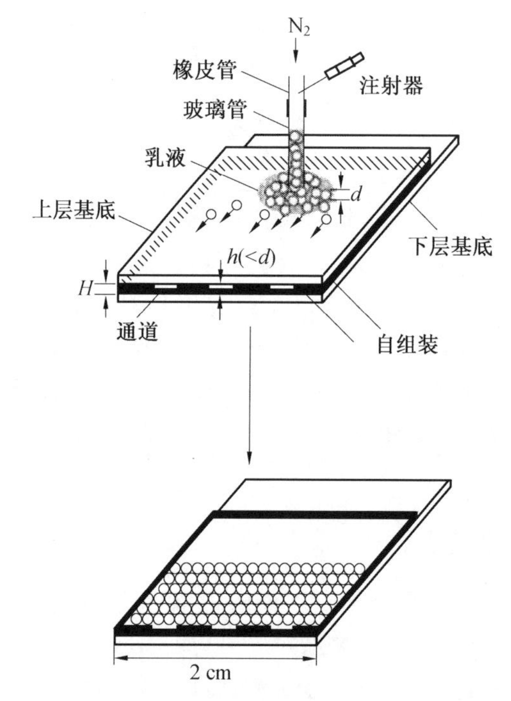

图 9.13 物理限制法组装胶体晶体示意图

通过模板的引导作用，还可以得到有序结构更为复杂的胶体晶体。因此这种方法近年来已经成为复杂结构胶体晶体构筑最为有效的方法。Xia 等人利用具有特定凹槽结构的平面基底作为图案化模板，通过胶体分散液流动沉积，制备出具有复杂结构的胶体晶体。当直径为 0.9 μm 的 PS 微球在直径为 2 μm、深度为 1 μm 的圆柱状孔洞中沉积时，得到三角状排列的胶体粒子聚集体，如图 9.14(b)所示；当直径为 0.7 μm 的 PS 微球在同一孔洞中沉积时，则得到五角状排列的胶体粒子聚集体。通过调整胶体分散液的浓度，还可以得到图案更为复杂的胶体晶体，如图 9.14(d)所示。

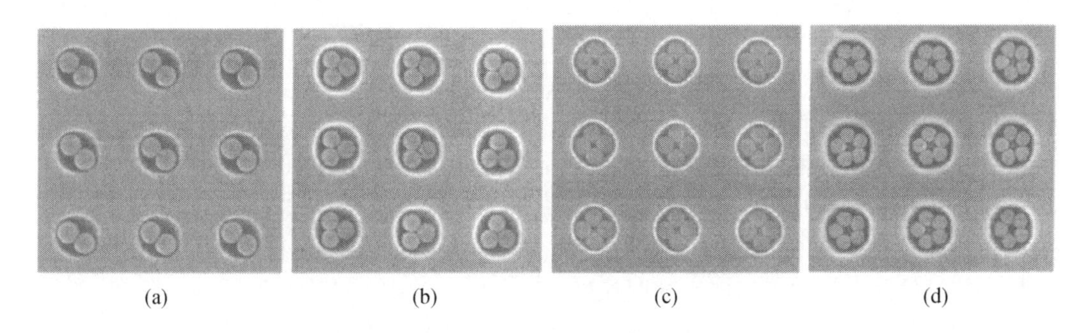

图9.14　模板引导自组装胶体晶体SEM照片

9.2.6　垂直沉积自组装法

垂直沉积自组装法又称为连续对流自组装法，其原理是利用毛细管力和表面张力，以及垂直浸入单分散胶体乳液的基片上胶体粒子间弯月面的作用来组装得到胶体晶体。此法通常将基片垂直浸入一定浓度的单分散胶体微球悬浮液中，液体表面处基片附近的液面便会由于溶剂的浸润作用而发生弯曲，形成一个弯月面，在毛细管作用力和表面张力的共同作用下，由于弯月面表面溶剂的蒸发，产生一个向上的作用力驱动胶体粒子向弯月面聚集，新到达的胶粒在胶粒间的相互作用下进入晶格。在一定温度下，液面处的溶剂不断挥发，同时液面周围的溶液连续地流入，不断带动胶体粒子进入晶体生长区，在相互作用的毛细管力的驱使下，粒子在基底-空气-溶剂界面处形成致密排列的晶体结构。溶液不断蒸发，液面不断下降，直至溶液被蒸干，胶体晶体就能不断长大，其过程如图9.15所示。

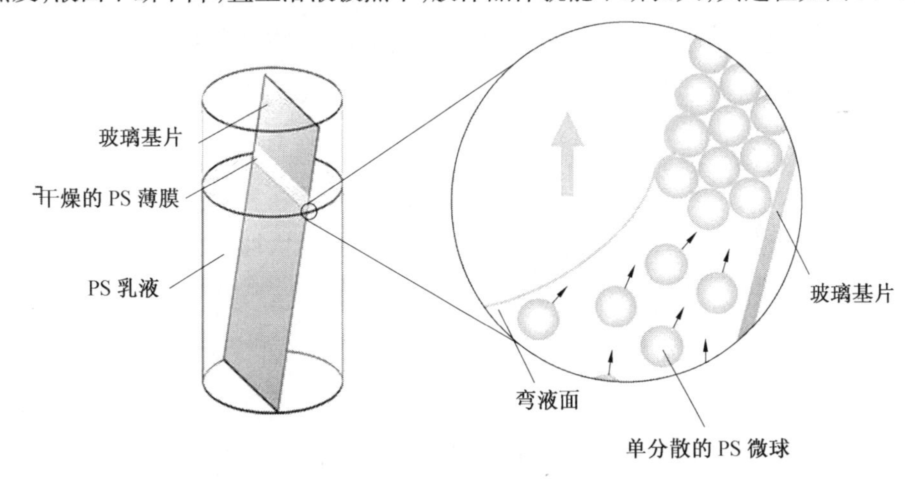

图9.15　垂直沉积自组装法制备光子晶体的示意图

整个组装过程大致可分为三个阶段：

①对流输运。当溶剂蒸发时，液体表面慢慢从基片下降，由于单分散微球乳液对基片的润湿性，在基片、溶液和空气三者结合处将会形成一个弯月牙形的液面，在表面张力的作用下，微球向该处输运。

②结晶成核。随着基片上溶剂的蒸发，当液膜厚度达到微球直径大小时，微球之间开始形成凹液面，在毛细管力的作用下，形成紧密排列的晶核。

③晶体生长。随着溶剂蒸发，液面下降，微球继续向成核区域对流输运，并在表面张力的作用下，围绕成核区域生长，逐步形成大面积的胶体晶体。

垂直沉积法制备胶体晶体的条件是：

①溶剂与基底有很好的浸润性，基底上可形成厚度略小于胶体微球粒径的润湿液膜。

②胶体微球与基底静电相斥，可保证晶格形成过程中胶体微球在基底表面灵活移动。

③胶体微球乳液均匀稳定，无胶粒沉降。

④溶剂的蒸发只限于基底浸润湿膜处。

此法中，控制胶体微球乳液中胶体粒子沉降速度与弯月面蒸发速度之间的平衡是垂直沉积法获得高质量胶体晶体的关键所在。过快的沉积或过快的溶剂蒸发都可能破坏组装过程的平衡性，造成体系浓度涨落的出现，微观上导致沉积不均匀甚至微球堆积方式不同。因此在组装过程中应该通过合适的实验方法和条件来控制胶体粒子在分散液中的沉积和溶剂蒸发的竞争平衡。

垂直沉积法具有如下优点：可以避免多晶区域产生；通过调节胶体微球的粒径和胶体分散液的浓度等参数，可精确控制胶体晶体的层厚；组装速度较快，得到的胶体晶体的有序面积较大，可以达到 1 cm^2，甚至更大面积，有序度高；样品经控制干燥速度和加温处理后，可以克服胶体晶体干燥后易碎、在水等溶剂中容易再分散等缺点。因此垂直沉积法被认为是一种较为理想的组装胶体晶体的方法，图 9.16 为采用垂直沉积方法组装的 SiO_2胶体晶体的 SEM 照片。

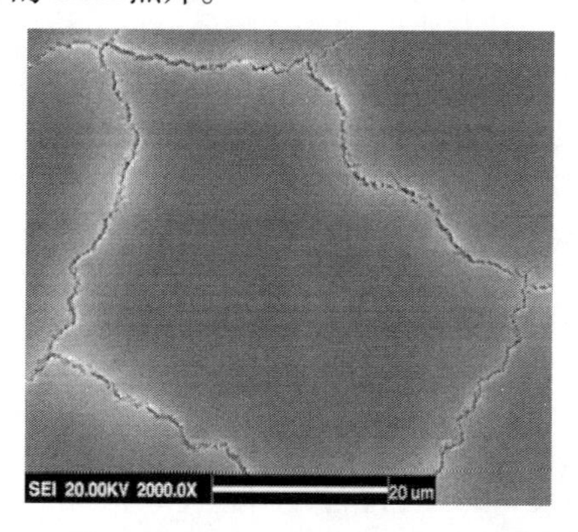

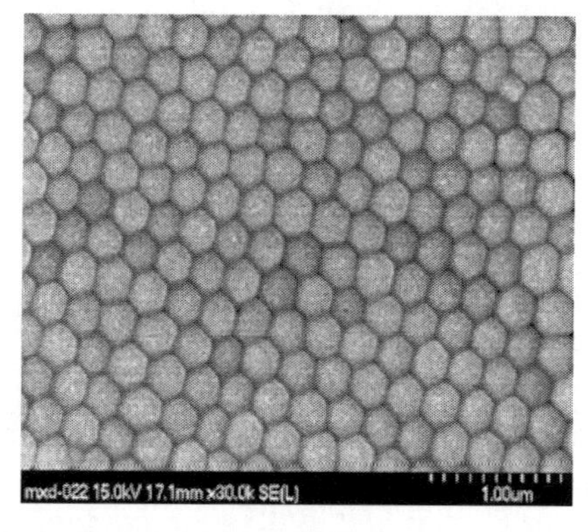

图 9.16 采用垂直沉积法自组装的 SiO_2胶体晶体的 SEM 照片

前面提到，采用垂直沉积法组装胶体晶体，可通过胶体微球乳液的浓度来调控胶体晶体的厚度。以聚苯乙烯（PS）胶体微球为例，不同体积分数的胶体微球乳液在 45 ℃的恒定温度下垂直沉积制备胶体晶体，薄膜的厚度可以用如下方程描述，即

$$H(t)=\frac{\varphi v_e}{1-\varepsilon}\left[\frac{\beta L}{(1-\varphi)\nu_{g,t\to\infty}}+t\left(1-\frac{v_s}{v_e}\right)\right] \tag{9.1}$$

式中，v_s为沉积速率；t 为所用时间；$v_{g,t}\to\infty$ 是达到稳态晶体生长的速率，当蒸发速度超出沉积速度时，粒子将会在溶剂-空气界面上聚集，胶体晶体的厚度会随时间线性增加；v_e为溶液沉降速率。

然而，短程内厚度的非正常波动在样品中被观测到，不同的样品有不同周期和数量的波动,随着胶体微球乳液体积分数的降低,温度的增加,短程阶梯状波动比渐进式波动更多。已观测到的短程波动,或渐进式或阶梯式,都不能用方程(9.1)完美解释。前面的理论描述,是为解释在水平固体表面沉积的薄膜结构而建立的,这种沉积是胶体微球乳液中的小液滴蒸发的结果。对于传输自组装过程,随着液体的蒸发,胶粒在三相接触线附近堆积形成薄膜。为完善胶体晶体薄膜的生长模型,以说明这些厚度波动的产生机理,采用 H. Míguez 新的模型,重要的假设是:阵列的生长边缘是直线,以由弯月面和基片接触线位置的改变速度决定的沉积速度,给出运动方程。

$$\rho^* \frac{d^2R}{dt^2}=\gamma_1\cos\theta-\gamma_f-\sigma(t) \tag{9.2}$$

式中,ρ^* 为接触线的有效质量;R 为垂直基片上放置的绝对坐标原点相关参数,θ 为弯月面有效夹角;γ_f 为阻止弯月面下降的表面张力;γ_1 为使弯月面下降的表面张力。

经过运算,可得胶体生长速度的表达式

$$v_g(t)=\frac{dR(t)}{dt}=v_s\left\{1+e^{-\lambda t}\left[\frac{\lambda}{\mu}\sin\mu t-\cos\mu t\right]\right\} \tag{9.3}$$

式中,v_s为参数,是极限晶体生长速度 $t\to\infty$(在稳定状态时达到);μ 为周期;λ 为与时间相关的周期波动的消失参数,它通过因数 $e^{-\lambda t}$作用。

公式(9.3)解释了胶体晶体生长由时间决定的关系。

把式(9.3)带入到式(9.1)中,可获得胶体晶体的厚度 $H(t)$ 的表达式,$H(t)=H_s(t)+H_L(t)$作用力分离成 H_s短程作用力和 H_L长程作用力,即

$$H_s(t)=\frac{\varphi v_e\beta L}{(1-\varepsilon)(1-\varphi)v_s}\left[1+e^{-\lambda t}\left(\frac{\lambda}{\mu}\sin\mu t-\cos\mu t\right)\right]^{-1} \tag{9.4}$$

$$H_{L(t)}=\frac{\varphi}{(1-\varepsilon)}(v_e-v_s)t \tag{9.5}$$

通过与实验数据的比较,进一步简化生长速率和膜厚函数如下:

$$v_g=v_s[1-e^{-\lambda t}\cos\mu t] \tag{9.6}$$

$$H_s(t)=\frac{\phi v_e\beta L}{(1-\varepsilon)(1-\phi)v_s}\frac{1}{1-e^{-\lambda t}\cos\mu t} \tag{9.7}$$

这些表达式很容易确定已观测到的短程特征。波动的消失与蒸发速率流成正比,与湿薄膜的厚度成反比。因此,在垂直沉积过程中的温度越高,蒸发流量越大可以减少波动起伏的厚度。同时,较厚的胶体晶体薄膜可以通过使用较高浓度的乳液得到。这意味着在固定温度下,随着浓度增加,波动的振幅更大。在式(9.4)和式(9.5)中可以看到长程和短程竞争具有内在联系:如果提高蒸发流量(如通过温度),可以消除短程厚度波动,但将增加长程中的线性侧面的斜坡。通过理论分析,可以通过调整温度和浓度等实验参数来获得大面积、高有序度、表面平整的多层面心立方和四方密排的 PS 胶体晶体。

控制胶体晶体的层数对于胶体晶体的应用来说非常重要,研究表明胶体晶体的光学性质跟胶体晶体的层数密切相关。在一定的层数范围内胶体晶体带隙的深度随着层数的增加而增加,由于胶体晶体内部球与球之间,以及层与层之间过多的散射和折射作用,当层数达到一定的厚度后,使得带隙的深度变浅。Park 等人通过垂直沉积法固定溶液的浓

度、湿度等参数,改变基片与液面的夹角来制备层数可控的胶体晶体。其制备示意图如图9.17所示。然而这种改变基片与水平面夹角的方法,使得基片与液面的夹角不能够非常精确地测量,因此制备的胶体晶体层数不能够非常精准地控制。前面已经从理论上分析了层数可控的胶体晶体的制备,以及在制备过程中影响层数的一些参数。作者所在研究组采用垂直沉积方法,控制温度65 ℃,湿度45%,溶液的总体积为5 mL,通过严格控制蒸发速度为10^{-3} $cm^3 \cdot min^{-1}$和胶体微球乳液的浓度,胶体晶体的层数可以控制为1~20层。图9.18为胶体晶体的层数与胶体微球乳液浓度的关系。从图中可以明显看出,当严格控制温度、湿度和乳液的蒸发速率时,所制备的胶体晶体的层数与胶体乳液的浓度总体来说呈正比关系。当胶体微球乳液的浓度增加时,胶体晶体的层数也随之增加。图9.19为垂直沉积法制备的不同层数聚苯乙烯胶体晶体的SEM照片。

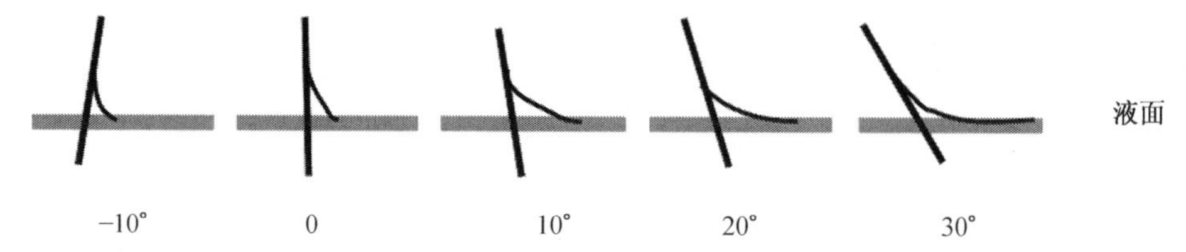

图9.17 垂直沉积法通过改变基片与液体的夹角来制备层数可控的胶体晶体

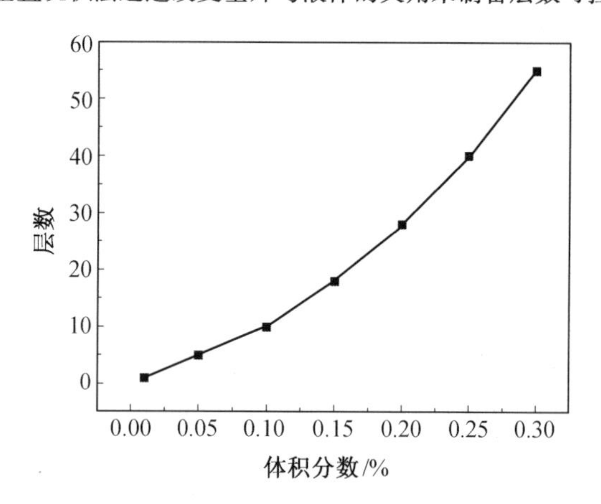

图9.18 胶体晶体的层数与及胶体微球乳液浓度的关系(d=(530±10)nm)

9.2.7 恒温减压垂直沉积自组装法

垂直沉积法中通过提高环境温度,可以提高溶剂的挥发速度,从而提高胶体晶体的组装效率。但是由于一些常用的高分子微球,例如聚苯乙烯在温度超过80 ℃后容易出现热变形,因此在这种情况下,垂直沉积法的组装温度不能超过80 ℃。通过减压的方法也可以在低温下提高溶剂的挥发速率,同时使溶剂达到近沸腾状态形成体循环对流,从而有效地克服大粒径胶体晶体微球的重力沉降,使组装过程不受胶体微球粒径大小的限制。

以水为例,水的饱和蒸气压与温度的关系如图9.20(a)所示,因此可以根据该曲线选取适合的温度和气压实现胶体晶体的快速组装。使用的恒温减压装置示意图如图9.20(b)所示,主要由恒温装置和压力控制装置构成。基片依次使用丙酮、甲醇、超纯水超声

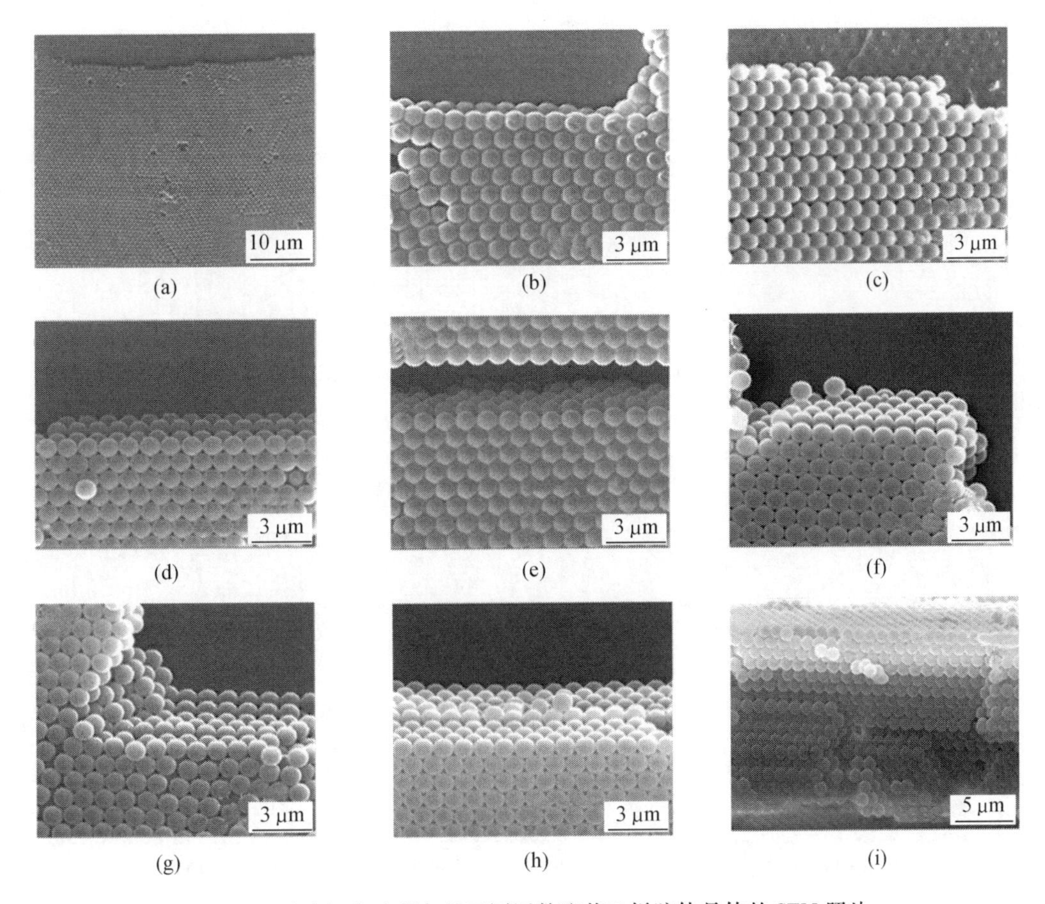

(a) (b) (c)

(d) (e) (f)

(g) (h) (i)

图9.19 垂直沉积法制备的不同层数聚苯乙烯胶体晶体的SEM照片

清洗20 min后干燥,聚苯乙烯单分散微球乳液超声处理20 min。将单分散微球乳液及基片分别置于恒温减压装置中。选用40 ℃,50 ℃和60 ℃三个温度点作为组装温度,气压选取的依据为高于该温度下的水的饱和蒸气压并确保溶液不沸腾,三个温度下选取的气压分别是9 kPa,14 kPa和21 kPa,设定压力控制表上下限,使压力波动在0.2 kPa内。使表明恒温减压装置能够有效地提高胶体晶体的组装速度。在相同液面高度(约3 cm)情况下,常规垂直沉积法需要24~48 h才能组装完成,而通过恒温减压的方法在8~12 h就能完成。

图9.21给出了不同温度下恒温减压垂直沉积法自组装的聚苯乙烯胶体晶体SEM照片。40 ℃下组装的胶体晶体中,在各个有序区域之间无序排列的微球较多,大多数微球呈六方排列,但是有少数微球成四方排列,球与球之间的空隙比较大,排布比较松散。当组装温度为50 ℃时,微球均为六方排列,但是缺陷较多。60 ℃组装的胶体晶体,其微球均为六方排列,缺陷数量较少,仅有少量的点缺陷和线缺陷,有序区域面积较大。

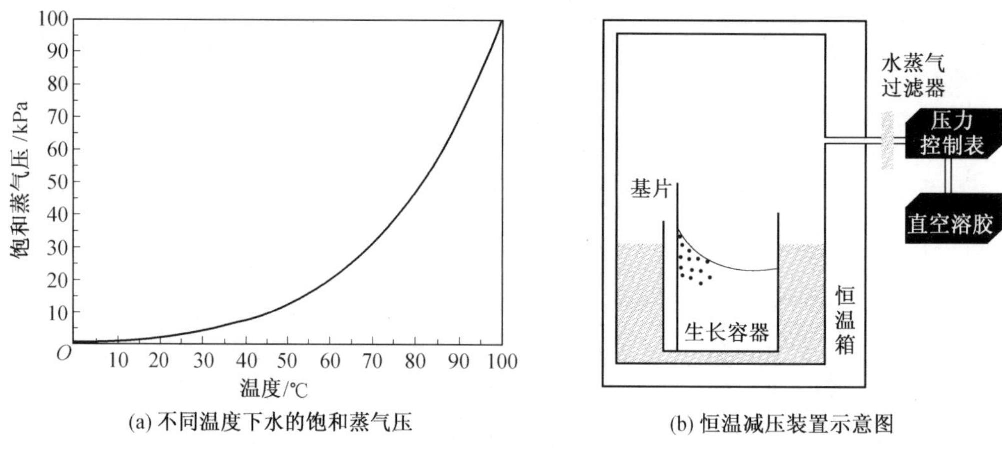

(a) 不同温度下水的饱和蒸气压　　(b) 恒温减压装置示意图

图 9.20　水的饱和蒸气压与温度的关系及恒温减压装置示意图

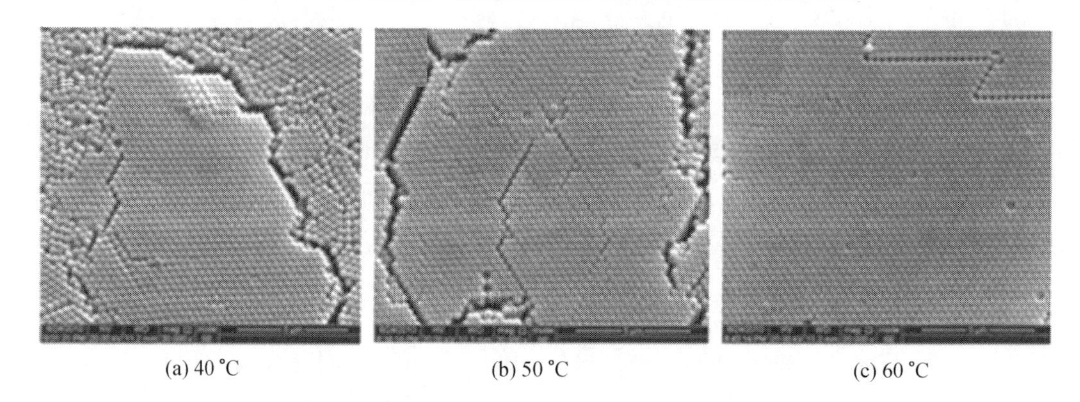

(a) 40 ℃　　(b) 50 ℃　　(c) 60 ℃

图 9.21　不同温度下恒温减压垂直沉积法自组装的聚苯乙烯胶体晶体 SEM 照片

9.2.8　环形垂直沉积自组装法

垂直沉积自组装法往往采用载玻片等光学玻璃或者硅片作为基底材料，获得的胶体晶体非柔性、不可弯折，且由于硬质基片尺寸的限制，无法组装大面积的胶体晶体。应用于某些特殊领域时，有时需要晶体面积较大并具有良好的柔韧性。对此，哈尔滨工业大学赵九蓬课题组提出了一种适合柔性聚合物薄膜基底上组装胶体晶体的方法，此法是对现有垂直沉积自组装法的改进。

此法可以称为环形垂直沉积自组装法，其示意图如图 9.22 所示。将柔性聚合物基底紧贴在环形生长容器的内壁上，并在容器内添加具有一定浓度的胶体微球乳液，保持恒温，胶体微球在薄膜基底上自组装成三维有序的胶体晶体。此法能够提高胶体微球的利用率，形成大面积的胶体晶体薄膜。

9.2.9　提拉自组装法

使用垂直沉积法组装胶体晶体的时间较长，通常制备数平方厘米的胶体晶体薄膜需要几天时间，而较长的组装时间可能会导致胶体微球明显的重力沉降，同时由于垂直沉积需要将胶体微球乳液中的溶剂全部蒸发，蒸发过程中溶剂挥发速度往往高于微球的沉积

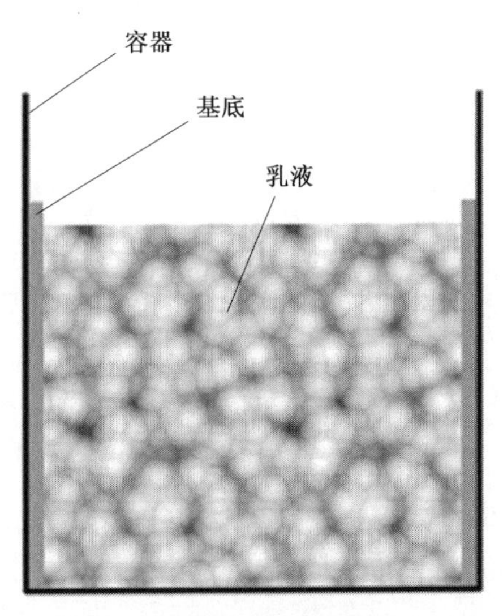

图 9.22　环形垂直沉积自组装法示意图

速度,导致乳液逐渐浓缩,整个胶体晶体薄膜上下厚度可能不同。为解决这个问题,在制备厚度较薄的胶体晶体薄膜时,可以采用提拉自组装法来加快组装的速度。通过控制提拉速度和乳液浓度,增加胶体晶体在垂直方向上的均匀程度,并可在一定范围内控制膜厚。若制备较厚的胶体晶体薄膜,则可以通过多次重复提拉法获得。

提拉法是基于气-液界面的自组装,此法最大的优势就是组装时间短,且能组装出较大面积且高度有序的二维和三维胶体晶体。

采用该法,首先要进行基片的亲水处理,即用丙酮、甲醇、超纯水超声清洗约 20 min。清洗干净后的基片放在过氧化氢和浓硫酸的混合溶液(体积比为 1∶3)中浸泡 24 h,再用大量的去离子水冲洗基片,备用。经过亲水性处理的基片,润湿性较好,当基片浸入分散有一定浓度的胶体微球乳液中时,一定高度的弯月面会在基片、乳液、气体三相交界处形成。图 9.23 为提拉法制备胶体晶体的过程示意图,其中 v 为基片向上提拉的速度。溶剂在气-液界面上蒸发时,由于毛细作用力,使得在基片的气-液界面处形成一个弯月面。在溶剂蒸发的过程中,由于溶液的补偿作用,产生的推动力 f 使微球向弯月面移动,此时,处于液面以下的微球受到重力 G 和液面下微弱的推动力 f 的共同作用,如图 9.23(a)所示。当粒子运动到弯月面的液面处,粒子的粒径与液膜厚度相当时,毛细管力起主要作用,由于微球上边缘液膜的曲率半径相比于下边缘的曲率半径小,向上的毛细管力 f_a 大于向下的毛细管力 f_b,如图 9.23(b)所示。在毛细管力 f_a 的牵引下,微球向上运动,在气-液界面处干燥,形成二维胶体晶体。图 9.23(c)为微球在毛细管力的作用下,在干燥的过程中,胶体微球在基片上组装成密排的二维胶体晶体。

提拉法组装胶体晶体时,胶体微球乳液的浓度、提拉速度和温度对于胶体晶体的质量有很大影响。图 9.24 为采用不同浓度聚苯乙烯微球乳液提拉组装的胶体晶体 SEM 照片,图 9.24(a)为质量分数为 0.2% 时提拉法制备的胶体晶体,其为多层结构;当质量分数为 0.1% 时,如图 9.24(b)所示,组装的胶体晶体为单层结构;当质量分数为 0.05% 时,由于浓度太小,胶体微球的数量太少,不能在基板上完全覆盖有聚苯乙烯胶体微球。

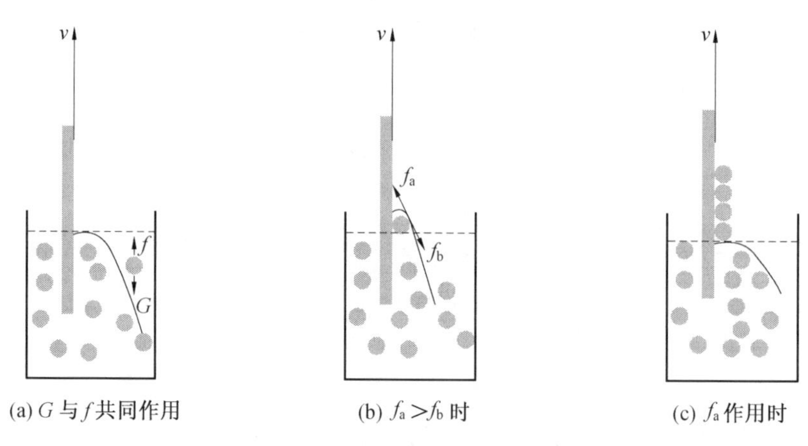

(a) G与f共同作用 (b) $f_a>f_b$时 (c) f_a作用时

图9.23 弯月面附近形成胶体晶体示意图

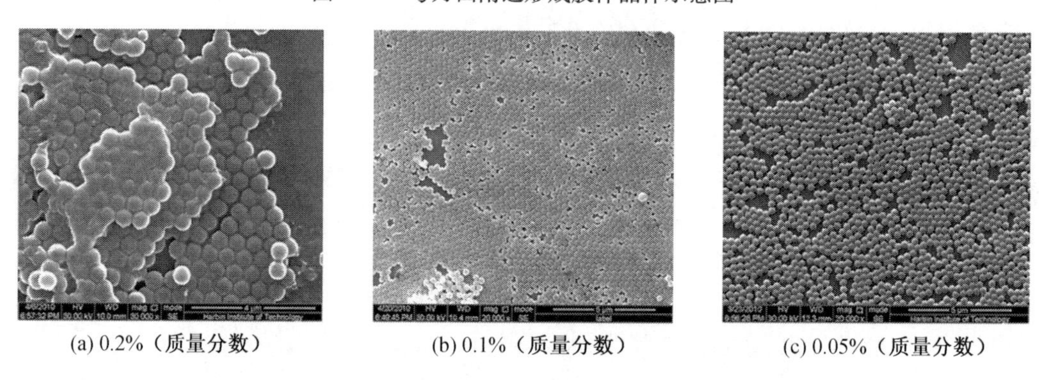

(a) 0.2%（质量分数） (b) 0.1%（质量分数） (c) 0.05%（质量分数）

图9.24 不同浓度聚苯乙烯微球乳液提拉组装的胶体晶体SEM照片

图9.25为不同提拉速度下组装的聚苯乙烯胶体晶体的SEM照片。当提拉速度为20 μm·s^{-1}时,胶体晶体出现较多的缺陷,薄膜表面出现较多的堆垛结构,如图9.25(a)所示;当提拉速度为45 μm·s^{-1}时,胶体晶体形成较致密且高度有序的单层膜,如图9.25(b)所示;当提拉速度增加到72 μm·s^{-1}时,由于提拉速度太快,在基片浸入胶体微球乳液到提拉离开乳液这段时间内,粒子未能在基板上生长成单层膜,球与球之间的空隙较大,形成的单层膜缺陷较多,如图9.25(c)所示。

图9.26为不同提拉速度下制备的胶体晶体的示意图。当提拉速度为20 μm·s^{-1}时,基片在溶液中浸渍的时间相对较长,在这段时间内聚集到基片上胶粒的数量多于排列成紧密单层模板的数量,因此多余的胶粒就会在已形成的胶体晶体上面形成不规则的堆垛;当提拉速度为45 μm·s^{-1}时,单位时间内到达基板的胶粒刚好能形成密排的单层结构,从上图也可以看出一些小缺陷,这些缺陷可能是在提拉沉积生长的过程中,由于基片的一些微小震动引起的;当提拉速度增加为72 μm·s^{-1}时,由于基板浸渍在胶体溶液中的时间太短,单位时间内聚集到基板上胶粒的数量不足以形成密排的单层结构,而导致微球间距太大,从而形成亚单层的结构。

胶体晶体的形成来自于胶体粒子进入弯月面的干燥过程中,溶剂的蒸发速度主要取决于提拉过程中环境的温度。图9.27为在不同温度下提拉组装法制备的胶体晶体的SEM照片。可以明显看出在温度为60 ℃时,胶体晶体的缺陷较多(图9.27(a))。由于

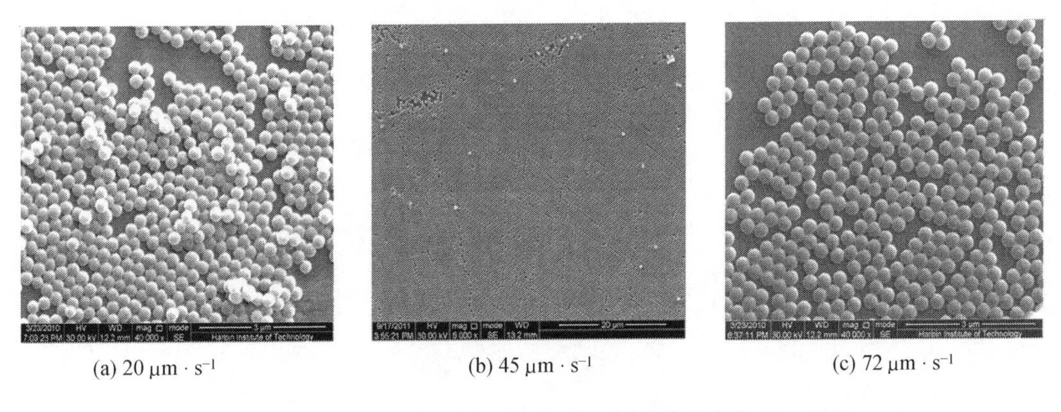

(a) 20 μm · s⁻¹　(b) 45 μm · s⁻¹　(c) 72 μm · s⁻¹

图9.25　不同提拉速度下组装的聚苯乙烯胶体晶体的SEM照片

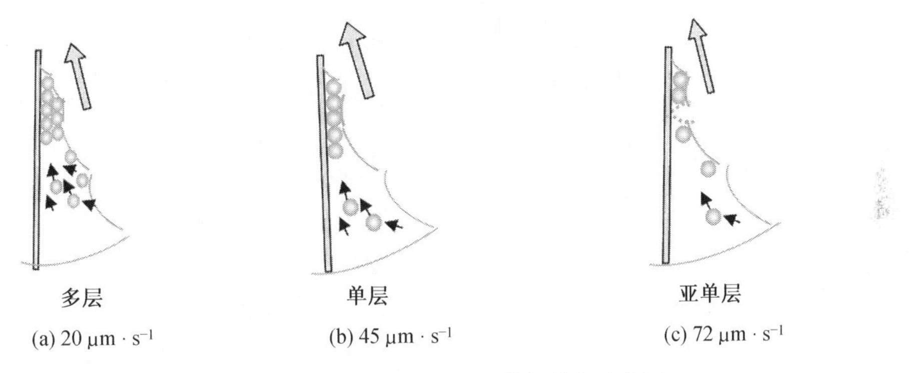

(a) 20 μm · s⁻¹　(b) 45 μm · s⁻¹　(c) 72 μm · s⁻¹

图9.26　不同提拉速度下制备的胶体晶体的示意图

温度越高，胶粒在乳液中热振动频率相对较快，从而导致微球之间的排列不够致密。当温度为50 ℃时，胶粒热振动的频率适中，单位时间内移动到基片的胶粒数量也刚好够排列成紧密的二维胶体晶体，同时，球与球之间的作用力，弯月面的毛细作用力以及球的重力达到平衡，这些作用力相互作用，使得小球在基片上组装得到二维胶体晶体（图9.27（b）和（c））。

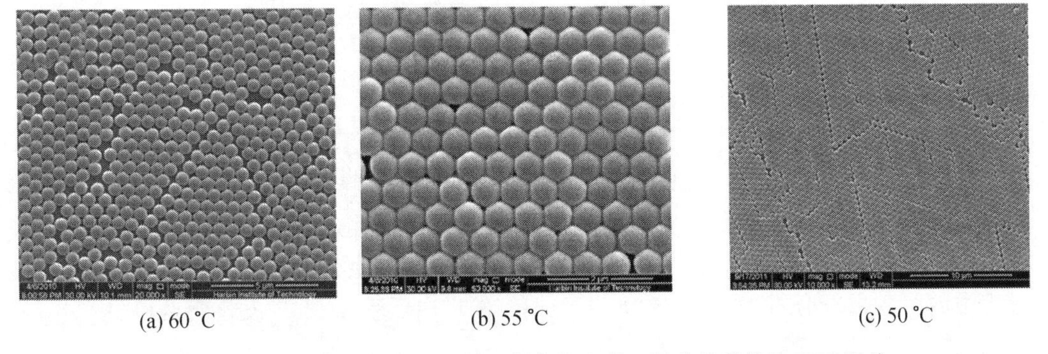

(a) 60 ℃　(b) 55 ℃　(c) 50 ℃

图9.27　不同温度下提拉自组装法制备的聚苯乙烯胶体晶体的SEM照片

表9.3给出了提拉法自组装胶体晶体的工艺参数及所对应的膜厚。

表 9.3 提拉法自组装胶体晶体的工艺参数

胶体晶体层数	质量分数/%	提拉速度/($\mu m \cdot s^{-1}$)	湿度/%	温度/℃
1	1.0×10^{-2}	45	45	65
2	2.0×10^{-2}	45	45	65
3	3.0×10^{-2}	45	45	65
4	4.0×10^{-2}	50	45	65
5	5.0×10^{-2}	50	45	65
6	6.0×10^{-2}	50	45	65
7	7.0×10^{-2}	60	45	65
8	9.0×10^{-2}	80	45	65
9	1.2×10^{-1}	100	45	65

9.2.10 旋涂和喷涂自组装法

旋涂(spin-coating)法、喷涂(spray-coating)法和喷墨打印(inkjet printing)法目前也已经发展成为组装胶体晶体的重要方法。

旋涂法使用的流体黏度较大,呈胶体状,所以也被称为匀胶。旋涂法是将胶体微球分散在一定的溶剂中,利用匀胶机将其旋涂在基片上,通过调节旋涂机的转速和胶体悬浮液的浓度等参数得到不同层数的胶体晶体(图 9.28)。一个典型的旋涂过程主要分为滴胶、高速旋转和干燥(溶剂挥发)三个步骤。首先是将旋涂液滴注到基片表面,经高速旋转将其铺展到基片上形成均匀薄膜,再通过干燥除去剩余的溶剂得到性能稳定的薄膜。对于黏度、润湿性不同的旋涂液,通常使用的滴胶方法有两种,即静态滴胶和动态滴胶。旋涂法中的高速旋转和干燥是控制薄膜厚度、结构等性能的关键步骤,因此这两个阶段中工艺参数的影响成为研究的重点。

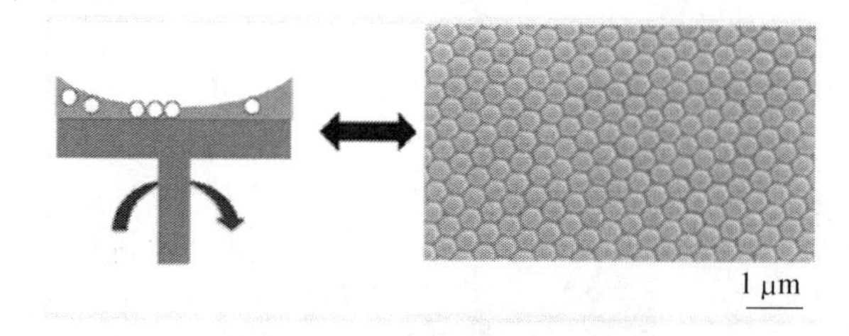

图 9.28 旋涂法制备胶体晶体薄膜示意图

Shamshiri 等人,采用单分散纳米聚合物微球在 2 750 $r \cdot min^{-1}$ 的条件下进行旋涂,制备了聚合物胶体晶体,如图 9.29 所示,并对制备的胶体晶体进行了表征。

Howse 等人利用频闪显微技术,直接观测 SiO_2 微球在旋涂过程中结构的变化,并对此过程中的机理进行分析,如图 9.30 所示。他们发现在低浓度、低挥发性溶剂中,影响有序度的主要因素是毛细管力。

喷涂法的基本原理是通过喷枪或碟式雾化器,借助压力或离心力,将乳液分散成均匀而细微的雾滴,喷涂于基底表面的自组装方法。通过控制工艺参数,用这种方法可以自组装出单层或多层的光子晶体。喷涂法制备胶体晶体具有成本低、工艺简单、节省时间和能大面积应用等优点。

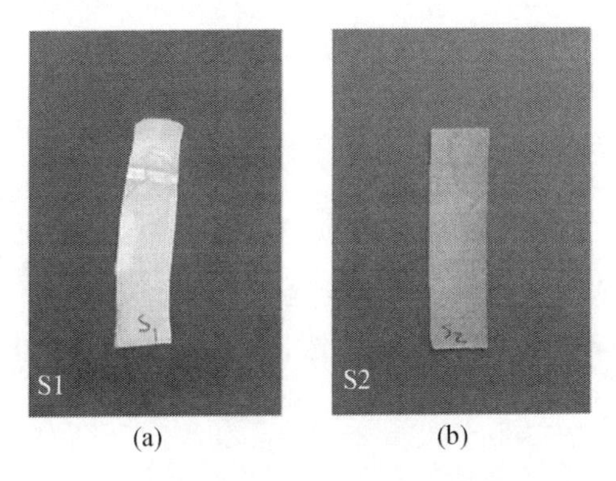

图9.29　核壳结构微球组装的聚合物胶体晶体

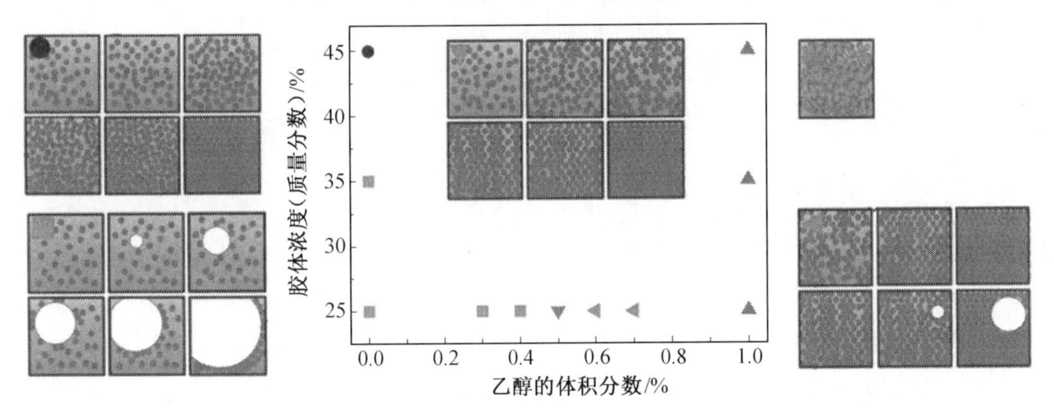

图9.30　SiO_2 微球旋涂机理研究示意图

Song 等人在不同基底上用喷涂法制备出大面积光子晶体薄膜,通过控制具有核壳结构微球间的氢键连接,提高了喷涂过程中微球结构的有序度。在较短的时间内,例如 1 min之内就可以制备出面积为 7 cm×12 cm 的胶体晶体薄膜,其喷涂自组装过程示意图如图 9.31 所示。

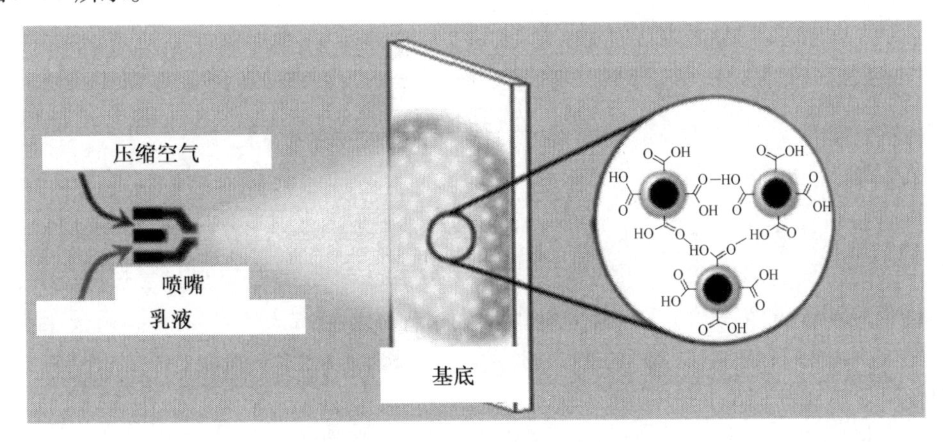

图9.31　喷涂自组装过程示意图

Yang 等采用喷涂,用粒径为 100 ~ 340 nm 的单分散 SiO_2 微球制备出全色系与角度无关胶体晶体薄膜,如图 9.32 所示。同时指出,这种准晶结构具有结构色的原因是 470 nm

以下无定形结构的瑞利散射以及可见光区短程有序结构的散射或者干涉共同作用的结果。

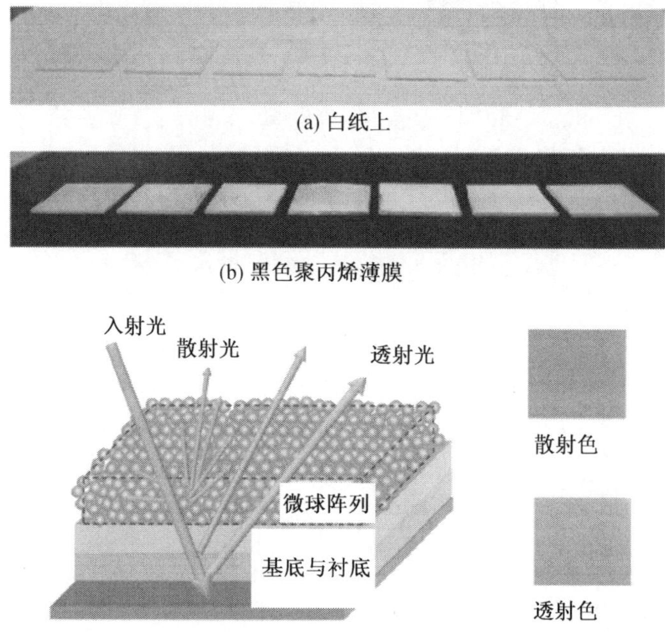

(a) 白纸上

(b) 黑色聚丙烯薄膜

(c) 不同背景对散射光的影响示意图

图 9.32 不同粒径 SiO_2 微球喷涂后所得胶体晶体的光学照片

喷墨打印方法是由打印设备将一定浓度的微球乳液打印在基底上，并自组装形成胶体晶体。目前此类技术已经被广泛应用于各类功能器件的制备中。其中高精度图案的喷墨打印技术可以实现墨滴的准确定位，对于提高所得微图案的分辨率、改进微器件的功能至关重要。然而由于喷孔直径的限制，使用现有普通喷墨打印机所打印图案的最小点直径或最窄线宽为 20 ~ 30 μm，同时由于墨滴蒸发过程中的"咖啡环"效应，功能溶质在墨滴的中心和边缘的沉积密度不同，从而降低了所制备图案的均匀性和有序程度。

中科院化学所宋延林课题组在喷墨打印技术制备光子晶体方面做了大量的研究工作。他们在微球表面包覆不同的功能性聚合物，实现了光子晶体对于不同化学环境(如水、重金属离子)的传感。通过墨滴对基底的浸润性不同，探讨了浸润性对于喷墨打印形成的足迹线的影响，通过选择合适的荧光物质，探讨了光子晶体对于荧光的增强作用等。

9.2.11 水平自组装法

水平自组装法的原理是利用液体表面张力及溶剂挥发力的共同作用，使胶体微球分散液中的微球随着溶剂挥发自发地组装成有序结构。水平自组装法制备过程为：使用微孔径针管抽取少量微球乳液，利用微球乳液与基片间的附着力将微球液滴滴在基片表面的预定位置，使其温度在可控的条件下干燥，在干燥过程中受到弯月面处的作用，微球自发地向弯月面聚拢，组装形成胶体晶体。

水平自组装法一般分为两类：最普遍一类的是将胶体微球分散液直接滴在固体基片上使其干燥组装，如图 9.33 所示。Park 等人将带负电荷的聚苯乙烯微球乳液喷涂在具有疏水性的基片表面，精确控制聚苯乙烯微球乳液的成分，在溶液全部挥发后得到有序度高的胶体晶体。另一类是把胶体乳液作为生长模板，将胶体乳液滴加到氟化油脂的溶液中，干燥后，胶体颗粒缓慢聚集形成胶体晶体。

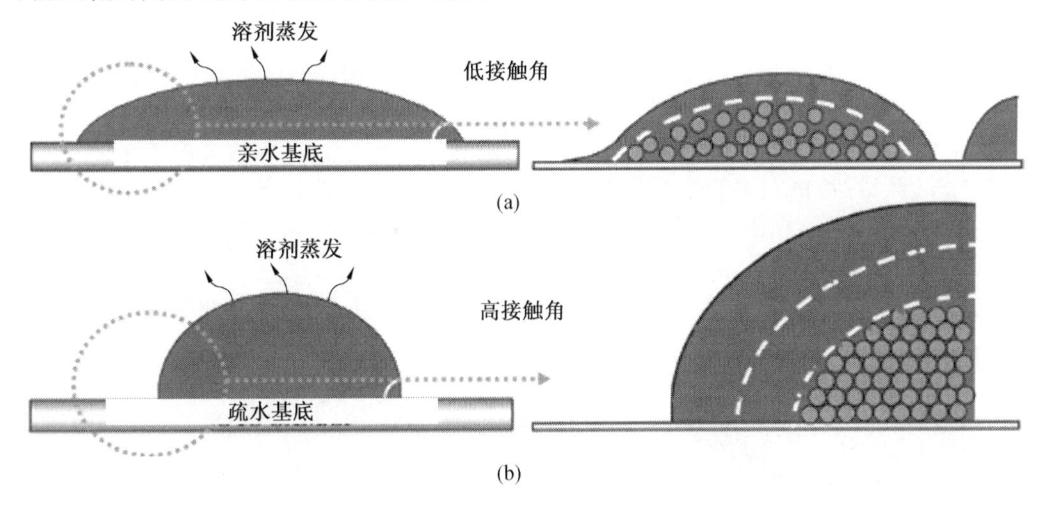

图9.33　不同表面状态的水平自组装法原理示意图

Peter Kingshott 等人利用水平自组装法将两种不同粒径的聚苯乙烯小球混合乳液滴到带有橡胶圈的亲水基板上，待溶剂完全蒸干后，基板上便会组装上聚苯乙烯胶体晶体。其中大粒径的聚苯乙烯微球以六方的形式排列，小粒径的聚苯乙烯微球则占据大粒径微球的间隙。根据小球与大球的粒径比不同，可以得到不同组装形式的聚苯乙烯胶体晶体，如图9.34所示。

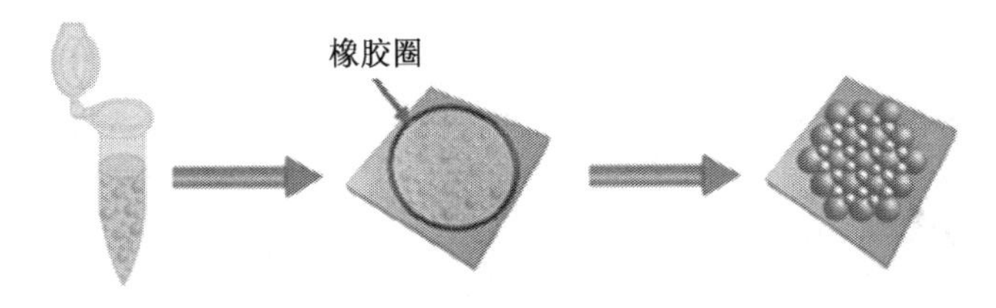

(a) 水平自组装流程示意图

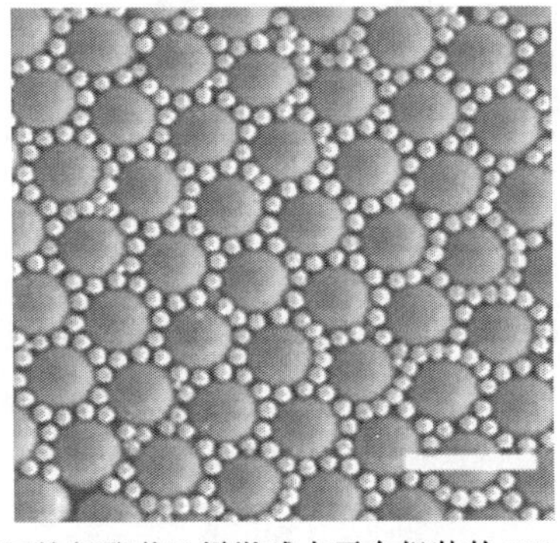

(b) 不同粒径聚苯乙烯微球水平自组装的 SEM 照片

图9.34　水平自组装示意图及不同粒径聚苯乙烯微球水平自组装的 SEM 照片

相对于其他胶体晶体的组装方法，水平自组装法可快速高效地制备高度有序的胶体晶体，并且制备工艺简单、成本低廉，但其组装效果与垂直沉积法相比，还存在一定的差距。

参考文献

[1] 徐如人,庞文琴,霍启升. 无机合成与制备化学[M]. 北京:高等教育出版社,2009.

[2] 王零森. 特种陶瓷 [M]. 2 版. 中南工业大学出版社,2005.

[3] LI Y, ZHAO J, HAN J. Self-propagating high temperature synthesis of $Ni_{0.35}Zn_{0.65}Fe_2O_4$ ferrite powders[J]. Materials Research Bulletin, 2002, 37(3): 583-592.

[4] 张颖,任耘,刘民生. 无机非金属材料研究方法[M]. 北京:冶金工业出版社,2011.

[5] CAO G. Nanostructures & nanomaterials: synthesis, properties & applications [M]. London: Imperial College Press, 2004.

[6] 李凤生. 超细粉体技术[M]. 北京:国防工业出版社,2000.

[7] RAO C N R, MÜLLER A, CHEETHAM A. The chemistry of nanomaterials: synthesis, properties and applications[M]. Hong Kong: John Wiley & Sons, 2006.

[8] KONG X, ISHIKAWA Y, SHINAGAWA K, et al. Preparation of crystal-axis-oriented barium calcium titanate plate-like particles and its application to oriented ceramic[J]. Journal of the American Ceramic Society, 2011, 94(11): 3716-3721.

[9] ZHANG X, WANG X, FU P, et al. Microwave dielectric properties of YAG ceramics prepared by sintering pyrolysised nano-sized powders[J]. Ceramics International, 2015, 41(6): 7783-7789.

[10] HUAN Y, WANG X, GUO L, et al. Low temperature sintering and enhanced piezoelectricity of lead-free ($Na_{0.52}K_{0.4425}Li_{0.0375}$)($Nb_{0.86}Ta_{0.06}Sb_{0.08}$)$O_3$ ceramics prepared from nano-powders[J]. Journal of the American Ceramic Society, 2013, 96(11): 3470-3475.

[11] 傅正义. 先进陶瓷及无机非金属材料[M]. 北京:科学出版社, 2007.

[12] BANSAL N P, SINGH J P, KO S, et al. Processing and properties of advanced ceramics and composites V: ceramic transactions[M]. Hong Kong: John Wiley & Sons, 2013.

[13] SOMIYA S. Handbook of advanced ceramics: materials, applications, processing, and properties[M]. USA:Academic Press, 2013.

[14] LIU R, XU T, WANG C. A review of fabrication strategies and applications of porous ceramics prepared by freeze-casting method[J]. Ceramics International, 2016, 42(2): 2907-2925.

[15] SHI F, WANG J, SUN H. Influence of annealing time on microstructure and dielectric properties of ($Ba_{0.3}Sr_{0.7}$)($Zn_{1/3}Nb_{2/3}$)O_3 ceramic thin films prepared by sol - gel method[J]. Journal of Materials Science: Materials in Electronics, 2016, 27(5): 4607-4612.

[16] GUO L, YANG J, FENG Y,et al. Preparation and properties of AlN ceramic suspension for non-aqueous gel casting[J]. Ceramics International, 2016, 42(7): 8066-8071.

[17] EIRAS J A, GERBASI R B Z, ROSSO J M, et al. Compositional design of dielectric, ferroelectric and piezoelectric properties of (K, Na)NbO_3 and (Ba, Na)(Ti, Nb)O_3

based ceramics prepared by different sintering routes[J]. Materials, 2016, 9(3): 179.

[18] YANG Y, LIU K, LIU X, et al. Electrical properties and microstructures of (Zn and Nb) Co-doped $BaTiO_3$ ceramics prepared by microwave sintering [J]. Ceramics International, 2016, 42(6): 7877-7882.

[19] DRYGAS M, JANIK J F, GOSK J, et al. Structural and magnetic properties of ceramics prepared by high-pressure high-temperature sintering of manganese-doped gallium nitride nanopowders[J]. Journal of the European Ceramic Society, 2016, 36(4): 1033-1044.

[20] SUN Y, LI Y, SU D, et al. Preparation and characterization of high temperature SiCN/ZrB_2 ceramic composite[J]. Ceramics International, 2015, 41(3): 3947-3951.

[21] ŠALKUS T, ŠATAS L, KEŽIONIS A, et al. Preparation and investigation of Bi_2WO_6, Bi_2MoO_6 and $ZnWO_4$ ceramics[J]. Solid State Ionics, 2015, 271: 73-78.

[22] LI D, YANG Z, JIA D, et al. Preparation, microstructures, mechanical properties and oxidation resistance of SiBCN/ZrB_2 - ZrN ceramics by reactive hot pressing[J]. Journal of the European Ceramic Society, 2015, 35(16): 4399-4410.

[23] YANG H, LIU M, LIN Y, et al. Enhanced remanence and (BH) max of $BaFe_{12}O_{19}$/$CoFe_2O_4$ composite ceramics prepared by the microwave sintering method[J]. Materials Chemistry and Physics, 2015, 160: 5-11.

[24] YUN H S, KIM H H, JEONG D Y, et al. Effects of initial powder size on the densification of barium titanate ceramics prepared by microwave-assisted sintering[J]. Journal of the American Ceramic Society, 2015, 98(4): 1087-1094.

[25] YANG W, XIU H, XIONG Y, et al. The structure and optical properties of lead-free transparent KNLTN-$La_{0.01}$ ceramics prepared by conventional sintering technique[J]. Materials Science-Poland, 2014, 32(4): 597-603.

[26] 宁兆元, 江美福, 辛煜. 固体薄膜材料与制备技术[M]. 北京:科学出版社, 2008.

[27] SORIAGA M P, STICKNEY J, BOTTOMLEY L A, et al. Thin films: preparation, characterization, applications[M]. New York: Springer US, 2002.

[28] KWON H B, HAN J H, LEE H Y, et al. Properties of Li-doped NiO thin films prepared by RF-magnetron sputtering[J]. Journal of Nanoscience and Nanotechnology, 2016, 16(2): 1517-1520.

[29] SINGH B K, TRIPATHI S. Influence of Bi concentration on structural and optical properties of Bi doped p-type ZnO thin films prepared by sol - gel method[J]. Journal of Materials Science Materials in Electronics, 2015, 27(3):1-7.

[30] MURAOKA Y, FUJIMOTO Y, KAMEOKA M, et al. Preparation of TaO_2 thin films using NbO_2 template layers by a pulsed laser deposition technique[J]. Thin Solid Films, 2016, 599: 125-132.

[31] CHI Q G, CUI Y, CHEN Y, et al. Low temperature preparation and electric properties of highly (100)-oriented $(Na_{0.85}K_{0.15})_{0.5}Bi_{0.5}TiO_3$ thin films prepared by a sol - gel route[J]. Ceramics International, 2016, 42(2): 2497-2501.

[32] ANITHAV S, LEKSHMY S S, Joy K. Effect of Mn doping on the structural, magnetic,

optical and electrical properties of ZrO_2 - SnO_2 thin films prepared by sol - gel method [J]. Journal of Alloys and Compounds, 2016, 675: 331-340.

[33] LI Y, FAN P, ZHENG Z, et al. The influence of heat treatments on the thermoelectric properties of copper selenide thin films prepared by ion beam sputtering deposition[J]. Journal of Alloys and Compounds, 2016, 658: 880-884.

[34] LI Y, FAN P, ZHENG Z, et al. The influence of heat treatments on the thermoelectric properties of copper selenide thin films prepared by ion beam sputtering deposition[J]. Journal of Alloys and Compounds, 2016, 658: 880-884.

[35] CAI X, LIANG H, XIA X, et al. Influence of Cu dopant on the structure and optical properties of ZnO thin films prepared by MOCVD[J]. Journal of Materials Science: Materials in Electronics, 2015, 26(3): 1591-1596.

[36] LUOQ W. Preparation of YBCO thin films by metal organic deposition method[C]// Materials Science Forum. Chapter 7: Thin Film and Coating Materials. Switzerland. Trans. Tech. Publications, 2015, 809: 631-634.

[37] SHARIFFUDIN S S, KHALID S S, SAHAT N M, et al. Preparation and characterization of nanostructured CuO thin films using sol-gel dip coating[C]//IOP Conference Series: Materials Science and Engineering. IOP Publishing, 2015, 99(1): 012007.

[38] YANG D, ZHU X, SUN H, et al. Effects of substrate temperature on structural, optical and morphological properties of hydrogenated nanocrystalline silicon thin films prepared by inductively coupled plasma chemical vapor deposition[J]. Journal of Materials Science: Materials in Electronics, 2015, 26(10): 7790-7796.

[39] LI P, HANG L, LI L, et al. Research of the relations between monolayer SiN_x optical thin film processing techniques and laser-induced damage properties prepared by PECVD technology [C]//The International Conference on Photonics and Optical Engineering and the Annual West China Photonics Conference (icPOE 2014). International Society for Optics and Photonics, 2015: 9449.

[40] KAYANI Z N, NAZIR F, RIAZ S, et al. Structural, optical and magnetic properties of manganese zinc oxide thin films prepared by sol - gel dip coating method [J]. Superlattices and Microstructures, 2015, 82: 472-482.

[41] LI L, XU D, YU S, et al. Effect of substrate on the dielectric properties of bismuth magnesium niobate thin films prepared by RF magnetron sputtering [J]. Vacuum, 2014, 109: 21-25.

[42] BALAKRISHNAN G, SAIRAM T N, REDDY V R, et al. Microstructure and optical properties of Al_2O_3/ZrO_2 nano multilayer thin films prepared by pulsed laser deposition [J]. Materials Chemistry and Physics, 2013, 140(1): 60-65.

[43] RAO W, WANG Y B, WANG Y A, et al. Surface morphology and magnetic properties of $CoFe_2O_4$ thin films prepared via sol - gel method[C]. Advanced Materials Research, 2013, 750: 1024-1028.

[44] HEREDIA E, BOJORGE C, CASANOVA J, et al. Nanostructured ZnO thin films prepared by sol - gel spin-coating[J]. Applied Surface Science, 2014, 317: 19-25.

[45] LEE D Y, KIM J T, PARK J H, et al. Effect of Er doping on optical band gap energy of

TiO_2 thin films prepared by spin coating[J]. Current Applied Physics, 2013, 13(7): 1301-1305.

[46] XU Y, MA P H, LIU M N. Study on bilayer-type ZTO thin films prepared by MOCVD [J]. Advanced Materials Research, 2013, 652-654:673-676.

[47] KROTO H W, HEATH J R, OBRIEN S C, et al. C_{60} buckminsterfullerene[J]. Nature, 1985,318 (6042): 162-163.

[48] KRATSCHMER W, LAMB L, FOSTIROPOULOS K, et al. Solid C_{60} a new form of carbon[J]. Nature,1990, 347(6291): 354-358.

[49] IIJIMA S. Helical microtubules of graphitic carbon[J]. Nature, 1991, 354(6348): 56-58.

[50] IIJIMA S. Growth of carbon nanotubes[J]. Materials Science and Engineering: B, 1993, 19(1): 172-180.

[51] IIJIMA S, ICHIHASHI T. Single-shell carbon nanotubes of 1-nm diameter[J]. Nature, 1993, 363(6430): 603-605.

[52] ANDO Y, IIJIMA S. Preparation of carbon nanotubes by arc-discharge evaporation[J]. Japanese Journal of Applied Physics Part 2-Letters, 1993, 32(1A-B): L107-L109.

[53] IIJIMA S, AJAYAN PM, ICHIHASHI T. Growth-model for carbon nanotubes[J]. Physical Review Letters, 1992, 69(21): 3100-3103.

[54] IIJIMA S, BRABEC C, MAITI A, et al. Structural flexibility of carbon nanotubes[J]. Journal of Chemical Physics, 1996, 104(5): 2089-2092.

[55] BETHUNE D S, KIANG C H,DEVRIES M S, et al. Cobalt-catalyzed growth of carbon nanotubes with single-atomic-layerwalls[J]. Nature, 1993, 363(6430): 605-607.

[56] THESS A, LEE R, NIKOLAEV P, et al. Crystalline ropes of metallic carbon nanotubes [J]. Science-AAAS-Weekly Paper Edition, 1996, 273(5274): 483-487.

[57] TANG D S, SUN L F, ZHOU J J, et al. Two possible emission mechanisms involved in the arc discharge method of carbon nanotube preparation[J]. Carbon, 2005, 43(13): 2812-2816.

[58] ZHAO Z B, QIU J S, WANG T H, et al. Fabrication of single-walled carbon nanotube ropes from coal by an arc discharge method[J]. New Carbon Materials, 2006, 21(1): 19-23.

[59] HSU W K, HARE J P, TERRONES M, et al. Condensed-phase nanotubes[J]. Nature, 1995, 377(6551): 687-687.

[60] EKLUND P C, PRADHAN B K, KIM U J, et al. Large-scale production of single-walled carbon nanotubes using ultrafast pulses from a free electron laser[J]. Nano Letters, 2002, 2(6): 561-566.

[61] MA J, WANG J N, WANG X X, et al. Large-diameter and water-dispersible single-walled carbon nanotubes: synthesis, characterization and applications[J]. Journal of Materials Chemistry, 2009, 19(19): 3033-3041.

[62] LU C G, LIU J. Controlling the diameter of carbon nanotubes in chemical vapor deposition method by carbon feeding[J]. Journal of Physical Chemistry B, 2006, 110 (41): 20254-20257.

[63] AGO H, OHSHIMA S, UCHIDA K, et al. Gas-phase synthesis of single-wall carbon nanotubes from colloidal solution of metal nanoparticles [J]. Journal of Physical Chemistry B, 2001, 105(43): 10453-10456.

[64] MATVEEV A T, GOLBERG D, NOVIKOV V P, et al. Synthesis of carbon nanotubes below room temperature[J]. Carbon, 2001, 39(1): 155-158.

[65] JOURNET C, MASER W K, BERNIER P, et al. Large-scale production of single-walled carbon nanotubes by the electric-arc technique[J]. Nature, 1997, 388(6644): 756-758.

[66] EBBESEN T W, AJAYAN P M. Large-scale synthesis of carbon nanotubes[J]. Nature, 1992, 358(6383): 220-222.

[67] SERAPHIN S, ZHOUD. Single-walled carbon nanotubes produced at high-yield by mixed catalysts[J]. Applied Physics Letters, 1994, 64(16): 2087-2089.

[68] HUTCHISON J L, KISELEV N A, KRINICHNAYA E P, et al. Double-walled carbon nanotubes fabricated by a hydrogen arc discharge method[J]. Carbon, 2001, 39(5): 761-770.

[69] EBBESEN T W, HIURA H, FUJITA J, et al. Patterns in the Bulk Growth of Carbon Nanotubes[J]. Chemical Physics Letters, 1993, 209(1-2): 83-90.

[70] SERAPHIN S, ZHOU D, JIAO J, et al. Catalytic role of nickel, palladium, and platinum in the formation of carbon nanoclusters[J]. Chemical Physics Letters, 1994, 217(3): 191-198.

[71] GUO T, NIKOLAEV P, RINZLER A G, et al. Self-assembly of tubular fullerenes[J]. Journal of Physical Chemistry, 1995, 99(27): 10694-10697.

[72] HATTA N, MURATA K. Very long graphitic nano-tubules synthesized by plasma-decomposition of benzene[J]. Chemical Physics Letters, 1994, 217(4): 398-402.

[73] YUDASAKA M, KOMATSU T, ICHIHASHI T, et al. Single-wall carbon nanotube formation by laser ablation using double-targets of carbon and metal [J]. Chemical Physics Letters, 1997, 278(1-3): 102-106.

[74] SHEN C, BROZENA A H, WANGY H. Double-walled carbon nanotubes: challenges and opportunities[J]. Nanoscale, 2011, 3(2): 503-518.

[75] DAIH J. Carbon nanotubes: opportunities and challenges[J]. Surface Science, 2002, 500(1-3): 218-241.

[76] LIU C, FAN Y Y, LIU M, et al. Hydrogen storage in single-walled carbon nanotubes at room temperature[J]. Science, 1999, 286(5442): 1127-1129.

[77] LYU S C, LIU B C, LEE C J, et al. High-quality double-walled carbon nanotubes produced by catalytic decomposition of benzene[J]. Chemistry of Materials, 2003, 15(20): 3951-3954.

[78] WEI J Q, JIANG B, WU D H, et al. Large-scale synthesis of long double-walled carbon nanotubes[J]. Journal of Physical Chemistry B, 2004, 108(26): 8844-8847.

[79] GWALTNEY S R, HEAD-GORDON M A. Second-order correction to singles and doubles coupled-cluster methods based on a perturbative expansion of a similarity-transformed hamiltonian[J]. Chemical Physics Letters, 2000, 323(1-2): 21-28.

[80] KUMAR M, ANDO Y. Chemical vapor deposition of carbon nanotubes: areview on growth mechanism and mass production [J]. Journal of Nanoscience and Nanotechnology, 2010, 10(6): 3739-3758.

[81] NODA S, SUGIME H, OSAWA T, et al. A simple combinatorial method to discover Co-Mo binary catalysts that grow vertically aligned single-walled carbon nanotubes[J]. Carbon, 2006, 44(8): 1414-1419.

[82] PEIGNEY A, LAURENT C, DOBIGEON F, et al. Carbon nanotubes grown in situ by a novel catalytic method[J]. Journal of Materials Research, 1997, 12(3): 613-615.

[83] HART A J, SLOCUM A H, ROYER L. Growth of conformal single-walled carbon nanotube films from Mo/Fe/Al_2O_3 deposited by electron beam evaporation[J]. Carbon, 2006, 44(2): 348-359.

[84] KOBAYASHI K, KITAURA R, KUMAI Y, et al. Synthesis of single-wall carbon nanotubes grown from size-controlled Rh/Pd nanoparticles by catalyst-supported chemical vapor deposition[J]. Chemical Physics Letters, 2008, 458(4-6): 346-350.

[85] LIU B C, LYU S C, JUNG S I, et al. Single-walled carbon nanotubes produced by catalytic chemical vapor deposition of acetylene over Fe-Mo/MgO catalyst[J]. Chemical Physics Letters, 2004, 383(1-2): 104-108.

[86] GORBUNOV A, JOST O, POMPE W, et al. Solid-liquid-solid growth mechanism of single-wall carbon nanotubes[J]. Carbon, 2002, 40(1): 113-118.

[87] IWASAKI T, ZHONG G F, AIKAWA T, et al. Direct evidence for root growth of vertically aligned single-walled carbon nanotubes by microwave plasma chemical vapor deposition[J]. Journal of Physical Chemistry B, 2005, 109(42): 19556-19559.

[88] LIN M,TAN J P Y, BOOTHROYD C, et al. Direct observation of single-walled carbon nanotube growth at the atomistic scale[J]. Nano Letters, 2006, 6(3): 449-452.

[89] WANG Y H, KIM M J, SHAN H W, et al. Continued growth of single-walled carbon nanotubes[J]. Nano Letters, 2005, 5(6): 997-1002.

[90] CHARLIER J C, AMARA H, LAMBIN P. Catalytically assisted tip growth mechanism for single-wall carbon nanotubes[J]. ACS Nano, 2007, 1(3): 202-207.

[91] HUANG S M, CAI Q R, CHEN J Y, et al. Metal-catalyst-free growth of single-walled carbon nanotubes on substrates[J]. Journal of the American Chemical Society, 2009, 131(6): 2094-2095.

[92] LIU B L, REN W C, GAO L B, et al. Metal-catalyst-free growth of single-walled carbon nanotubes[J]. Journal of the American Chemical Society, 2009, 131(6): 2082-2083.

[93] HIRSCHA. Growth of single-walled carbon nanotubes without a metal catalyst-asurprising discovery[J]. Angewandte Chemie-International Edition, 2009, 48(30): 5403-5404.

[94] TAKAGI D, KOBAYASHI Y, HOMMAM Y. Carbon nanotube growth from diamond [J]. Journal of the American Chemical Society, 2009, 131(20): 6922-6923.

[95] LI Y, CUI R L, DING L, et al. How catalysts affect the growth of single-walled carbon nanotubes on substrates[J]. Advanced Materials, 2010, 22(13): 1508-1515.

[96] MIN Y S, BAE E J, OH B S, et al. Low-temperature growth of single-walled carbon nanotubes by water plasma chemical vapor deposition[J]. Journal of the American

Chemical Society, 2005, 127(36): 12498-12499.

[97] HOFMANN S, DUCATI C, ROBERTSON J, et al. Low-temperature growth of carbon nanotubes by plasma-enhanced chemical vapor deposition[J]. Applied Physics Letters, 2003, 83(1): 135-137.

[98] MEYYAPPAN M, DELZEIT L, CASSELL A, et al. Carbon nanotube growth by PECVD: a review[J]. Plasma Sources Science & Technology, 2003, 12(2): 205-216.

[99] MEYYAPPAN M. A review of plasma enhanced chemical vapour deposition of carbon nanotubes[J]. Journal of Physics D-Applied Physics, 2009, 42(21).

[100] CHIASHI S, KOHNO M, TAKATA Y, et al. Localized synthesis of single-walled carbon nanotubes on silicon substrates by a laser heating catalytic CVD[C]//Journal of Physics: Conference Series. London:IOP Publishing, 2007, 59(1): 155.

[101] FUJIWARA Y, MAEHASHI K, OHNO Y, et al. Position-controlled growth of single-walled carbon nanotubes by laser-irradiated chemical vapor deposition[J]. Japanese Journal of Applied Physics ,2005, 44(4R): 1581-1584.

[102] BONDI S N, LACKEY W J, JOHNSON R W, et al. Laser assisted chemical vapor deposition synthesis of carbon nanotubes and their characterization[J]. Carbon, 2006, 44(8):1393-1403.

[103] JOURNET C, PICHER M, JOURDAIN V. Carbon nanotube synthesis: from large-scale production to atom-by-atom growth[J]. Nanotechnology, 2012, 23(14).

[104] JIANG Y, WU Y, ZHANG S Y, et al. A catalytic-assembly solvothermal route to multiwall carbon nanotubes at a moderate temperature[J]. Journal of the American Chemical Society, 2000, 122(49): 12383-12384.

[105] VANDER WAL R L, TICICH T M, CURTIS V E. Flame synthesis of metal-catalyzed single-wall carbon nanotubes[J]. Journal of Physical Chemistry A, 2000, 104(31): 7209-7217.

[106] WAL R L V, TICICH T M. Flame and furnace synthesis of single-walled and multi-walled carbon nanotubes and nanofibers[J]. Journal of Physical Chemistry B, 2001, 105(42): 10249-10256.

[107] O'LOUGHLIN J L, KIANG C H, WALLACE C H, et al. Rapid synthesis of carbon nanotubes by solid-state metathesis reactions[J]. Journal of Physical Chemistry B, 2001, 105(10): 1921-1924.

[108] MOTIEI M, HACOHEN Y R, CALDERON-MORENO J, et al. Preparing carbon nanotubes and nested fullerenes from supercritical CO_2 by a chemical reaction[J]. Journal of the American Chemical Society, 2001, 123(35): 8624-8625.

[109] HSIN Y L, HWANG K C, CHEN F R, et al. Production and in-situ metal filling of carbon nanotubes in water[J]. Advanced Materials, 2001, 13(11): 830-845

[110] SATISHKUMAR B C, GOVINDARAJ A, RAO C N R. Bundles of aligned carbon nanotubes obtained by the pyrolysis of ferrocene-hydrocarbon mixtures: role of the metal nanoparticles produced in situ[J]. Chemical Physics Letters, 1999, 307(3-4): 158-162.

[111] HUANG H J, KAJIURA H, YAMADA A, et al. Purification and alignment of arc-synthesis single-walled carbon nanotube bundles[J]. Chemical Physics Letters, 2002, 356(5-6):567-572.

[112] KYOTANI T, TSAI L F, TOMITA A. Preparation of ultrafine carbon tubes in nanochannels of an anodic aluminum oxide film[J]. Chemistry of Materials, 1996, 8(8): 2109-2113.

[113] KIM M J, CHOI J H, PARK J B, et al. Growth characteristics of carbon nanotubes via aluminum nanopore template on Si substrate using PECVD[J]. Thin Solid Films, 2003, 435(1-2): 312-317.

[114] SUI Y C, CUI B Z, GUARDIAN R, et al. Growth of carbon nanotubes and nanofibres in porous anodic alumina film[J]. Carbon, 2002, 40(7): 1011-1016.

[115] PAN Z W, XIE S S, CHANG B H, et al. Direct growth of aligned open carbon nanotubes by chemical vapor deposition[J]. Chemical Physics Letters, 1999, 299(1): 97-102.

[116] FAN S S, CHAPLINE M G, FRANKLIN N R, et al. Self-oriented regular arrays of carbon nanotubes and their field emission properties[J]. Science, 1999, 283(5401): 512-514.

[117] ZHENG F, LIANG L, GAO Y, et al. Carbon nanotube synthesis using mesoporous silica templates[J]. Nano Letters, 2002, 2(7):729-732.

[118] CRADDOCK J D, WEISENBERGERM C. Harvesting of large, substrate-free sheets of vertically aligned multiwall carbon nanotube arrays[J]. Carbon, 2015, 81: 839-841.

[119] DEHEER W A,BACSA W S, CHATELAIN A, et al. Aligned carbon nanotube films-production and optical and electronic-properties[J]. Science, 1995, 268(5212): 845-847.

[120] TSAI T Y, TAI N H, CHEN K C, et al. Growth of vertically aligned carbon nanotubes on glass substrate at 450 degrees C through the thermal chemical vapor deposition method[J]. Diamond and Related Materials, 2009, 18(2-3): 307-311.

[121] BOWER C, SHALOM D, ZHU W, et al. A micromachined vacuum triode using a carbon nanotube cold cathode[J]. Ieee Transactions on Electron Devices, 2002, 49(8): 1478-1483.

[122] EMMENEGGER C, BONARD J M, MAURON P, et al. Synthesis of carbon nanotubes over Fe catalyst on aluminium and suggested growth mechanism[J]. Carbon, 2003, 41(3): 539-547.

[123] LI X K, LEI Z X, REN R C, et al. Characterization of carbon nanohorn encapsulated Fe particles[J]. Carbon, 2003, 41(15):3068-3072.

[124] VIGOLO B, PENICAUD A, COULON C, et al. Macroscopic fibers and ribbons of oriented carbon nanotubes[J]. Science, 2000, 290(5495): 1331-1334.

[125] ZHU H W, XU C L, WU D H, et al. Direct synthesis of long single-walled carbon nanotube strands[J]. Science, 2002, 296(5569): 884-886.

[126] JIANG K L, Li Q Q, Fan S S. Nanotechnology: spinning continuous carbon nanotube yarns - carbon nanotubes weave their way into a range of imaginative macroscopic

applications[J]. Nature, 2002, 419(6909): 801-801.

[127] ZHONG X H, LI Y L, LIU Y K, et al. Continuous multilayered carbon nanotube yarns [J]. Advanced Materials, 2010, 22(6): 692-696.

[128] ZHANG S J, KOZIOL K K K, Kinloch I A, et al. Macroscopic fibers of well-aligned carbon nanotubes by wet spinning[J]. Small, 2008, 4(8): 1217-1222.

[129] ZHANG M, FANG S L, ZAKHIDOV A A, et al. Strong, transparent, multifunctional, carbon nanotube sheets[J]. Science, 2005, 309(5738): 1215-1219.

[130] JIA Y,WEI J Q,SHU Q K, et al. Spread of double-walled carbon nanotube membrane [J]. Chinese Science Bulletin, 2007, 52(7): 997-1000.

[131] LIU K,SUN Y H,CHEN L, et al. Controlled growth of super-aligned carbon nanotube arrays for spinning continuous unidirectional sheets with tunable physical properties [J]. Nano Letters, 2008, 8(2): 700-705.

[132] SMALL W R,PANHUIS M I H. Inkjet printing of transparent, electrically conducting single-waited carbon-nanotube composites[J]. Small, 2007, 3(9): 1500-1503.

[133] ZHOU Y X,HU L B,GRUNER G. A method of printing carbon nanotube thin films [J]. Applied Physics Letters, 2006, 88(12), 123109.

[134] DUGGAL R, HUSSAIN F, PASQUALIM. Self-assembly of single-walled carbon nanotubes into a sheet by drop drying[J]. Advanced Materials, 2006, 18(1): 29-34.

[135] LI Z, JIA Y, WEI J Q, et al. Large area, highly transparent carbon nanotube spiderwebs for energy harvesting[J]. Journal of Materials Chemistry, 2010, 20(34): 7236-7240.

[136] ZHU H W, WEI B Q. Direct fabrication of single-walled carbon nanotube macro-films on flexible substrates[J]. Chemical Communications, 2007, (29): 3042-3044.

[137] WU Z C,CHEN Z H,DU X, et al. Transparent, conductive carbon nanotube films[J]. Science, 2004, 305(5688): 1273-1276.

[138] ENDO M,MURAMATSU H,HAYASHI T, et al. Buckypaper from coaxial nanotubes [J]. Nature, 2005, 433(7025): 476-476.

[139] WANG D,SONG P C,LIU C H, et al. Highly oriented carbon nanotube papers made of aligned carbon nanotubes[J]. Nanotechnology, 2008, 19(7):369-381.

[140] ZHENG L X,ZHANG X F,LI Q W, et al. Carbon-nanotube cotton for large-scale fibers [J]. Advanced Materials, 2007, 19(18): 2567-2573.

[141] HATA K,FUTABA D N,MIZUNO K, et al. Water-assisted highly efficient synthesis of impurity-free single-walled carbon nanotubes[J]. Abstracts of Papers of the American Chemical Society, 2005, 229:1362-1364.

[142] TALAPATRA S,KAR S,PAL S K, et al. Direct growth of aligned carbon nanotubes on bulk metals[J]. Nature Nanotechnology, 2006, 1(2): 112-116.

[143] LIU Q F,REN W C,WANG D W, et al. In situ assembly of multi-sheeted buckybooks from single-walled carbon nanotubes[J]. ACS Nano, 2009, 3(3): 707-713.

[144] THONGPRACHAN N,NAKAGAWA K,SANO N, et al. Preparation of macroporous solid foam from multi-walled carbon nanotubes by freeze-drying technique [J]. Materials Chemistry and Physics, 2008, 112(1): 262-269.

[145] BRYNING M B, MILKIE D E, ISLAM M F, et al. Carbon nanotube aerogels[J]. Advanced Materials, 2007, 19(5): 661.

[146] ZHANG X, CHEN L, YUANT, et al. Dendrimer-linked, renewable and magnetic carbon nanotube aerogels[J]. Materials Horizons, 2014, 1(2): 232-236.

[147] DUNLAP B I. Connecting carbon tubules[J]. Physical Review B, 1992, 46(3): 1933-1936.

[148] IHARA S, ITOH S. Helically coiled and toroidal cage forms of graphitic carbon[J]. Carbon, 1995, 33(7): 931-939.

[149] ZHANG X B, ZHANG X F, BERNAERTS D, et al. The texture of catalytically grown coil-shaped carbon n anotubules[J]. Europhysics Letters, 1994, 27(2): 141-146.

[150] QINL C, IIJIMA S. Structure and formation of raft-like bundles of single-walled helical carbon nanotubes produced by laser evaporation[J]. Chemical Physics Letters, 1997, 269(1-2): 65-71.

[151] WENY K, SHEN Z M. Synthesis of regular coiled carbon nanotubes by Ni-catalyzed pyrolysis of acetylene and a growth mechanism analysis[J]. Carbon, 2001, 39(15): 2369-2374.

[152] PAN L, HAYASHIDA T, HARADA A, et al. Effects of iron and indium tin oxide on the growth of carbon tubule nanocoils[J]. Physica B-Condensed Matter, 2002, 323(1-4): 350-351.

[153] LU M, LIU W M, GUO X Y, et al. Coiled carbon nanotubes growth via reduced-pressure catalytic chemical vapor deposition[J]. Carbon, 2004, 42(4): 805-811.

[154] TANG N J, WEN J F, ZHANG Y, et al. Helical carbon nanotubes: catalytic particle size-dependent growth and magnetic properties[J]. ACS Nano, 2010, 4(1): 241-250.

[155] WEN J F, ZHANG Y, TANG N J, et al. Synthesis, photoluminescence, and magnetic properties of nitrogen-doping helical carbon nanotubes [J]. Journal of Physical Chemistry C, 2011, 115(25): 12329-12334.

[156] HOU H Q, JUN Z, WELLER F, et al. Large-scale synthesis and characterization of helically coiled carbon nanotubes by use of Fe(CO)(5) as floating catalyst precursor [J]. Chemistry of Materials, 2003, 15(16): 3170-3175.

[157] BAJPAI V, DAI L M, OHASHI T. Large-scale synthesis of perpendicularly aligned helical carbon nanotubes[J]. Journal of the American Chemical Society, 2004, 126(16): 5070-5071.

[158] ZHANG X X, LI Z Q, WEN G H, et al. Microstructure and growth of bamboo-shaped carbon nanotubes[J]. Chemical Physics Letters, 2001, 333(6): 509-514.

[159] LEE C J, PARK J. Growth model of bamboo-shaped carbon nanotubes by thermal chemical vapor deposition[J]. Applied Physics Letters, 2000, 77(21): 3397-3399.

[160] MZ X, WANG E G, TILLEY R D, et al. Size-controlled short nanobells: growth and formation mechanism[J]. Applied Physics Letters, 2000, 77(25): 4136-4138.

[161] KONG L B. Synthesis of Y-junction carbon nanotubes within porous anodic aluminum oxide template[J]. Solid State Communications, 2005, 133(8): 527-529.

[162] LI W Z, PANDEY B, LIU Y Q. Growth and structure of carbon nanotube Y-junctions [J]. Journal of Physical Chemistry B, 2006, 110(47): 23694-23700.

[163] HUANG J, KIM D H, Seelaboyina R, et al. Catalysts effect on single-walled carbon nanotube branching[J]. Diamond and Related Materials, 2007, 16(8): 1524-1529.

[164] LUO C X, LIU L, JIANG K L, et al. Growth mechanism of Y-Junctions and related carbon nanotube junctions synthesized by Au-catalyzed chemical vapor deposition[J]. Carbon, 2008, 46(3): 440-444.

[165] DURBACH S H, KRAUSE R W, WITCOMB M J, et al. Synthesis of branched carbon nanotubes using copper catalysts in a hydrogen-filled DC arc-discharger[J]. Carbon, 2009, 47(3): 635-644.

[166] YAO Z Y, ZHU X, LI X X, et al. Synthesis of novel Y-junction hollow carbon nanotrees [J]. Carbon, 2007, 45(7): 1566-1570.

[167] LOU Z S, CHEN C L, HUANG H Y, et al. Fabrication of Y-junction carbon nanotubes by reduction of carbon dioxide with sodium borohydride[J]. Diamond and Related Materials, 2006, 15(10): 1540-1543.

[168] DROPPA R, HAMMER P, CARVALHO A C M, et al. Incorporation of nitrogen in carbon nanotubes[J]. Journal of Non-Crystalline Solids, 2002, 299: 874-879.

[169] GLERUP M, STEINMETZ J, SAMAILLE D, et al. Synthesis of N-doped SWNT using the arc-discharge procedure[J]. Chemical Physics Letters, 2004, 387(1-3): 193-197.

[170] LIN H, LAGOUTE J, CHACON C, et al. Combined STM/STS, TEM/EELS investigation of CN_x-SWNTs[J]. Physica Status Solidi, 2008, 245(10): 1986-1989.

[171] GLERUP M, CASTIGNOLLES M, HOLZINGER M, et al. Synthesis of highly nitrogen-doped multi-walled carbon nanotubes[J]. Chemical Communications, 2003, (20): 2542-2543.

[172] TANG C C, BANDO Y, GOLBERG D, et al. Structure and nitrogen incorporation of carbon nanotubes synthesized by catalytic pyrolysis of dimethylformamide[J]. Carbon, 2004, 42(12-13): 2625-2633.

[173] WU X C, TAO Y R, MAO C J, et al. Synthesis of nitrogen-doped horn-shaped carbon nanotubes by reduction of pentachloropyridine with metallic sodium[J]. Carbon, 2007, 45(11): 2253-2259.

[174] LIN H, ARENAL R, ENOUZ-VEDRENNE S, et al. Nitrogen configuration in individual CN_x-SWNTs synthesized by laser vaporization technique[J]. Journal of Physical Chemistry C, 2009, 113(22): 9509-9511.

[175] KOTAKOSKI J, KRASHENINNIKOV A V, MA Y C, et al. B and N ion implantation into carbon nanotubes: insight from atomistic simulations[J]. Physical Review B, 2005, 71(20).

[176] CHEN C L, LIANG B, LU D, et al. Amino group introduction onto multiwall carbon nanotubes by NH_3/Ar plasma treatment[J]. Carbon, 2010, 48(4): 939-948.

[177] KIM J B, KONG S J, LEE S Y, et al. Characteristics of nitrogen-doped carbon

nanotubes synthesized by using PECVD and thermal CVD[J]. Journal of the Korean Physical Society, 2012, 60(7): 1124-1128.

[178] STEPHAN O, AJAYAN P M, COLLIEX C, et al. Doping graphitic and carbonnanotube structures with boron and nitrogen[J]. Science, 1994, 266(5191): 1683-1685.

[179] HSU W K, FIRTH S, REDLICH P, et al. Boron-doping effects in carbon nanotubes [J]. Journal of Materials Chemistry, 2000, 10(6): 1425-1429.

[180] TERRONES M, BENITO A M, MANTECADIEGO C, et al. Pyrolytically grown $B_xC_yN_z$ nanomaterials: nanofibres and nanotubes[J]. Chemical Physics Letters, 1996, 257(5-6): 576-582.

[181] KIM M J, CHATTERJEE S, KIM S M, et al. Double-walled boron nitride nanotubes grown by floating catalyst chemical vapor deposition[J]. Nano Letters, 2008, 8(10): 3298-3302.

[182] CHEN C F, TSAI C L, LIN C L. The characterization of boron-doped carbon nanotube arrays[J]. Diamond and Related Materials, 2003, 12(9): 1500-1504.

[183] AYALA P, PLANK W, GRUNEIS A, et al. A one step approach to B-doped single-walled carbon nanotubes[J]. Journal of Materials Chemistry, 2008, 18(46): 5676-5681.

[184] LYU S C, HAN J H, SHIN K W, et al. Synthesis of boron-doped double-walled carbon nanotubes by the catalytic decomposition of tetrahydrofuran and triisopropyl borate[J]. Carbon, 2011, 49(5): 1532-1541.

[185] CHATTERJEE S, KIM M J, ZAKHAROV D N, et al. Syntheses of boron nitride nanotubes from borazine and decaborane molecular precursors by catalytic chemical vapor deposition with a floating nickel catalyst[J]. Chemistry of Materials, 2012, 24 (15): 2872-2879.

[186] MONDAL K C, STRYDOM A M, ERASMUS R M, et al. Physical properties of CVD boron-doped multiwalled carbon nanotubes [J]. Materials Chemistry and Physics, 2008, 111(2-3): 386-390.

[187] KOOS A A, DILLON F, OBRAZTSOVA E A, et al. Comparison of structural changes in nitrogen and boron-doped multi-walled carbon nanotubes[J]. Carbon, 2010, 48 (11): 3033-3041.

[188] ZHANG T, XU M, HE L, et al. Synthesis, characterization and cytotoxicity of phosphoryl choline-grafted water-soluble carbon nanotubes [J]. Carbon, 2008, 46 (13): 1782-1791.

[189] JOURDAIN V, STEPHAN O, CASTIGNOLLES M, et al. Controlling the morphology of multiwalled carbon nanotubes by sequential catalytic growth induced by phosphorus [J]. Advanced Materials, 2004, 16(5):447-459.

[190] JOURDAIN V, PAILLET M, ALMAIRAC R, et al. Relevant synthesis parameters for the sequential catalytic growth of carbon nanotubes[J]. Journal of Physical Chemistry B, 2005, 109(4): 1380-1386.

[191] CRUZ-SILVA E, CULLEN D A, GU L, et al. Heterodoped nanotubes: theory, synthesis, and characterization of phosphorus-nitrogen doped multiwalled carbon

nanotubes[J]. ACS Nano, 2008, 2(3): 441-448.
[192] CAMPOS-DELGADO J, MACIEL I O, CULLEN D A, et al. Chemical vapor deposition synthesis of N-, P-, and Si-doped single-walled carbon nanotubes[J]. ACS Nano, 2010, 4(3): 1696-1702.
[193] MACIEL I O, CAMPOS-DELGADO J, CRUZ-SILVA E, et al. Synthesis, electronic structure, and raman scattering of phosphorus-doped single-wall carbon nanotubes[J]. Nano Letters, 2009, 9(6): 2267-2272.
[194] MACIEL I O, CAMPOS-DELGADO J, PIMENTA M A, et al. Boron, nitrogen and phosphorous substitutionally doped single-wall carbon nanotubes studied by resonance Raman spectroscopy[J]. Physica Status Solidi B-Basic Solid State Physics, 2009, 246 (11-12): 2432-2435.
[195] NOVOSELOV K S, FAL'KO V I, COLOMBO L, et al. A roadmap for graphene[J]. Nature, 2012, 490(7419): 192-200.
[196] SINGH V, JOUNG D, ZHAI L, et al. Graphene based materials: past, present and future[J]. Progress in Materials Science, 2011, 56(8): 1178-1271.
[197] GEIMA K. Graphene: status and prospects[J]. Science, 2009, 324(5934): 1530-1534.
[198] BALANDIN A A. Thermal properties of graphene and nanostructured carbon materials [J]. Nature Materials, 2011, 10(8): 569-581.
[199] ALLEN M J, TUNG V C, KANERR B. Honeycomb carbon: a review of graphene[J]. Chemical Reviews, 2009, 110(1): 132-145.
[200] PUMERA M. Graphene-based nanomaterials and their electrochemistry[J]. Chemical Society Reviews, 2010, 39(11): 4146-4157.
[201] BUZAGLO M, SHTEIN M, KOBERS, et al. Critical parameters in exfoliating graphite into graphene[J]. Physical Chemistry Chemical Physics, 2013, 15(12): 4428-4435.
[202] STANKOVICH S, DIKIND A, DOMMETT G H B, et al. Graphene-based composite materials[J]. Nature, 2006, 442(7100): 282-286.
[203] ANTISARI M V, MONTONE A, JOVICN, et al. Low energy pure shear milling: a method for the preparation of graphite nano-sheets[J]. Scripta Materialia, 2006, 55 (11): 1047-1050.
[204] ZANDSTRA P W, BAUWENS C, YIN T, et al. Scalable production of embryonic stem cell-derived cardiomyocytes[J]. Tissue Engineering, 2003, 9(4): 767-778.
[205] SHEN T D, GE W Q, WANG K Y, et al. Structural disorder and phase transformation in graphite produced by ball milling[J]. Nanostructured Materials, 1996, 7(4): 393-399.
[206] CAI M, THORPE D, ADAMSON D H, et al. Methods of graphite exfoliation[J]. Journal of Materials Chemistry, 2012, 22(48): 24992-25002.
[207] CIESIELSKI A, SAMORÌ P. Graphene via sonication assisted liquid-phase exfoliation [J]. Chemical Society Reviews, 2014, 43(1): 381-398.
[208] LIANG Y T, HERSAM M C. Highly concentrated graphene solutions via polymer enhanced solvent exfoliation and iterative solvent exchange[J]. Journal of the American

Chemical Society, 2010, 132(50): 17661-17663.

[209] LOTYA M, HERNANDEZ Y, KING P J, et al. Liquid phase production of graphene by exfoliation of graphite in surfactant/water solutions [J]. Journal of the American Chemical Society, 2009, 131(10): 3611-3620.

[210] ZU S Z, HAN B H. Aqueous dispersion of graphene sheets stabilized by pluronic copolymers: formation of supramolecular hydrogel [J]. The Journal of Physical Chemistry C, 2009, 113(31): 13651-13657.

[211] CHEN I W P, HUANG C Y, SAINT JHOU S H, et al. Exfoliation and performance properties of non-oxidized graphene in water[J]. Scientific Reports, 2014, 4: 3928.

[212] WANG X, FULVIO P F, BAKERG A, et al. Direct exfoliation of natural graphite into micrometre size few layers graphene sheets using ionic liquids[J]. Chem. Commun., 2010, 46(25): 4487-4489.

[213] SIDOROV A N, YAZDANPANAH M M, JALILIANR, et al. Electrostatic deposition of graphene[J]. Nanotechnology, 2007, 18(13): 135301.

[214] PU N W, WANG C A, SUNGY, et al. Production of few-layer graphene by supercritical CO_2 exfoliation of graphite[J]. Materials Letters, 2009, 63(23): 1987-1989.

[215] TANG Y B, LEE C S, CHENZ H, et al. High-quality graphenes via a facile quenching method for field-effect transistors[J]. Nano Letters, 2009, 9(4): 1374-1377.

[216] KALITA G, ADHIKARI S, ARYAL H R, et al. Cutting carbon nanotubes for solar cell application[J]. Applied Physics Letters, 2008, 92(12): 123508.

[217] CHEN J, NESTEROV M L, NIKITINA Y, et al. Strong plasmon reflection at nanometer-size gaps in monolayer graphene on SiC[J]. Nano Letters, 2013, 13(12): 6210-6215.

[218] KUZMENKO A B, CHEN J, NESTEROV M L, et al. Strong plasmon reflection at nanometer-size gaps in monolayer graphene on SiC [J]. Bulletin of the American Physical Society, 2014, 13(12): 6210-6215.

[219] MAEDA F, HIBINO H. Molecular beam epitaxial growth of graphene using cracked ethylene[J]. Journal of Crystal Growth, 2013, 378: 404-409.

[220] KIMURA K, SHOJI K, YAMAMOTOY, et al. High-quality graphene on SiC (0001) formed through an epitaxial TiC layer[J]. Physical Review B, 2013, 87(7): 075431.

[221] ZHANG X, WANG L, XIN J H, et al. The role of hydrogen in graphene chemical vapor deposition (CVD) drowth on copper surface [J]. Journal of the American Chemical Society, 2014, 136(8): 3040-3047.

[222] SINGH G, PILLAI S, ARPANAEI A, et al. Multicomponent colloidal crystals that are tunable over large areas[J]. Soft Matter, 2011, 7(7): 3290-3294.

[223] LI Y, LI M, GU T S, et al. An important atomic process in the CVD growth of graphene: Sinking and up-floating of carbon atom on copper surface [J]. Applied Surface Science, 2013, 284: 207-213.

[224] WU Y, HAO Y, JEONGH Y, et al. Crystal structure evolution of individual graphene islands during CVD growth on copper foil[J]. Advanced Materials, 2013, 25(46):

6744-6751.

[225] MUÑOZ R, GÓMEZ-ALEIXANDRE C. Review of CVD synthesis of graphene[J]. Chemical Vapor Deposition, 2013, 19(10-11-12): 297-322.

[226] YAN K, FU L, PENGH, et al. Designed CVD growth of graphene via process engineering[J]. Accounts of Chemical Research, 2013, 46(10): 2263-2274.

[227] SUN Z, YAN Z, YAO J, et al. Growth of graphene from solid carbon sources[J]. Nature, 2010, 468(7323): 549-552.

[228] CHUA C K, PUMERA M. Chemical reduction of graphene oxide: a synthetic chemistry viewpoint [J]. Chemical Society Reviews, 2014, 43(1): 291-312.

[229] PUMERA M. Electrochemistry of graphene, graphene oxide and other graphenoids: review[J]. Electrochemistry Communications, 2013, 36: 14-18.

[230] REINA A, JIA X, HO J, et al. Large area, few-layer graphene films on arbitrary substrates by chemical vapor deposition[J]. Nano Letters, 2008, 9(1): 30-35.

[231] JUANG Z Y, WU C Y, LU A Y, et al. Graphene synthesis by chemical vapor deposition and transfer by a roll-to-roll process[J]. Carbon, 2010, 48(11): 3169-3174.

[232] GAO L, REN W, XU H, et al. Repeated growth and bubbling transfer of graphene with millimetre-size single-crystal grains using platinum[J]. Nature Communications, 2012, 3: 699.

[233] LOCK E H, BARAKET M, LASKOSKI M, et al. High-quality uniform dry transfer of graphene to polymers[J]. Nano Letters, 2011, 12(1): 102-107.

[234] ROBINSON J T, BURGESS J S, JUNKERMEIERC E, et al. Properties of fluorinated graphene films[J]. Nano Letters, 2010, 10(8): 3001-3005.

[235] WHEELER V, GARCES N, NYAKITI L, et al. Fluorine functionalization of epitaxial graphene for uniform deposition of thin high-k dielectrics[J]. Carbon, 2012, 50(6): 2307-2314.

[236] WANG Z F, WANG J Q, LI Z P, et al. Cooperatively exfoliated fluorinated graphene with full-color emission[J]. RSC Adv, 2012, 2(31): 11681-11686.

[237] HUANG W X, PEI Q X, LIUZ S, et al. Thermal conductivity of fluorinated graphene: a non-equilibrium molecular dynamics study[J]. Chem. Phys. Lett., 2012, 552(12): 97-101.

[238] NOVOSELOV K S, GEIM A K, MOROZOVS V, et al. Electric field effect in atomically thin carbon films[J]. Science, 2004, (306): 666-669.

[239] HERNANDEZ Y, NICOLOSI V, LOTYA M, et al. High-yield production of graphene by liquid-phase exfoliation of graphite[J]. Nature Nanotechnology, 2008, 3(9): 563-568.

[240] WITHERS F, DUBOIS M, SAVCHENKO A K. Electron properties of fluorinated single-layer graphene transistors[J]. Phys Rev, 2010, 82(7): 73403-73406.

[241] GONG P, WANG Z, WANG J, et al. One-pot sonochemical preparation of fluorographene and selective tuning of its fluorine coverage[J]. Mater. Chem., 2012, 22(33): 16950-16956.

[242] ZHANG M, MA Y, ZHU Y, et al. Two-dimensional transparent hydrophobic coating based on liquid-phase exfoliated graphene fluoride[J]. Carbon, 2013, 63: 149-156.

[243] FEDOROV V E, GRAYFER E D, MAKOTCHENKOV G, et al. Highly exfoliated graphite fluoride as a precursor for graphene fluoride dispersions and films[J]. Croat Chem. Acta., 2012, 85(1): 107-112.

[244] ZBOŘIL R, KARLICKÝ F, BOURLINOS A B, et al. Graphene fluoride: a stable stoichiometric graphene derivative and its chemical conversion to graphene[J]. Small, 2010, 6 (24): 2885-2891.

[245] CHANG H, CHENG J, LIU X, et al. Facile synthesis of wide-bandgap fluorinated graphene semiconductors[J]. Chem. Eur. J, 2011, 17(32): 8896-8903.

[246] WANG Z, WANG J, LI Z, et al. Cooperatively exfoliated fluorinated graphene with full-color emission[J]. RSC Adv, 2012, 2(31): 11681-11686.

[247] CHOI B G, PARK H S, PARK T J, et al. Solution chemistry of self-assembled graphene nanohybrids for high-performance flexible biosensors[J]. ACS Nano, 2010, 4(5): 2910-2918.

[248] NAIR R R, REN W C, JALIL R, et al. Fluorographene: a two dimensional counter part of teflon[J]. Small, 2010, 6(24): 2877-2884.

[249] FEDOROV V E, GRAYFER E D, MAKOTCHENKO V G, et al. Highly exfoliated graphite fluoride as a grecursor for graphene fluoride dispersions and films[J]. Croat. Chem. Acta, 2012, 85(1): 107-112.

[250] BRUNA M, MASSESSI B, CASSIAGO C, et al. Synthesis and properties of monolayer grapheme oxyfluoride[J]. J. Mater. Chem., 2011, 21(46): 18730-18737.

[251] LEE W H, SUK J W, CHOU H, et al. Selective-area fluorination of graphene with fluoropolymer and laser irradiation[J]. Nano Lett, 2012, 12(5): 2374-2378.

[252] WHEELER V, GARCES N, NYAKITI L, et al. Fluorine functionalization of epitaxial graphene for uniform deposition of thin high-k dielectrics[J]. Carbon, 2012(50): 2307-2314.

[253] WANG X, DAI Y, GAO J, et al. High-yield production of highly fluorinated graphene by direct heating fluorination of graphene-oxide[J]. ACS Appl. Mater. Interfaces, 2013, 5(17): 8294-8299.

[254] WANG Z, WANG J, LIUX, et al. Synthesis of fluorinated graphene with tunable degree of fluorination[J]. Carbon, 2012, 50(15): 5403-5410.

[255] BULUSHEVA L G, FEDOSEEVA Y V, OKOTRUB A V, et al. Stability of fluorinated double-walled carbon nanotubes produced by different fluorination techniques[J]. Chem. Mat., 2010, 22(14): 4197-4203.

[256] LI C, SHI G. Three-dimensional graphene architectures[J]. Nanoscale, 2012, 4 (18): 5549-5563.

[257] LI D, KANER R B. Graphene-based materials[J]. Nat Nanotechnol, 2008, 3: 101.

[258] XU Y, SHI G. Assembly of chemically modified graphene: methods and applications [J]. Journal of Materials Chemistry, 2011, 21(10): 3311-3323.

[259] SAHU A, CHOI W I, TAE G. A stimuli-sensitive injectable graphene oxide composite

hydrogel[J]. Chemical Communications, 2012, 48(47): 5820-5822.
[260] TERFORT A, BOWDEN N, WHITESIDES G M. Three-dimensional self-assembly of millimetre-scale components[J]. Nature, 1997, 386(6621): 162-164.
[261] LIU F, SEOT S. A controllable self-assembly method for large-scale synthesis of graphene sponges and free-standing graphene films [J]. Advanced Functional Materials, 2010, 20(12): 1930-1936.
[262] CHEN W, LI S, CHEN C, et al. Self-assembly and embedding of nanoparticles by in situ reduced graphene for preparation of a 3D graphene/nanoparticle aerogel [J]. Advanced Materials, 2011, 23(47): 5679-5683.
[263] LEE S H, KIM H W, HWANGJ O, et al. Three-dimensional self-assembly of graphene oxide platelets into mechanically flexible macroporous carbon films[J]. Angewandte Chemie, 2010, 122(52): 10282-10286.
[264] KORKUT S, ROY-MAYHEW J D, DABBS D M, et al. High surface area tapes produced with functionalized graphene[J]. ACS Nano, 2011, 5(6): 5214-5222.
[265] CHEN Z, REN W, GAO L, et al. Three-dimensional flexible and conductive interconnected graphene networks grown by chemical vapour deposition[J]. Nature Materials, 2011, 10(6): 424-428.
[266] MECKLENBURG M, SCHUCHARDT A, MISHRAY K, et al. Aerographite: ultra lightweight, flexible nanowall, carbon microtube material with outstanding mechanical performance[J]. Advanced Materials, 2012, 24(26): 3486-3490.
[267] VICKERY J L, PATIL A J, MANN S. Fabrication of graphene-polymer nanocomposites with higher-order three-dimensional architectures[J]. Advanced Materials, 2009, 21(21): 2180-2184.
[268] SUN H, CAO L, LU L. Bacteria promoted hierarchical carbon materials for high-performance supercapacitor[J]. Energy & Environmental Science, 2012, 5(3): 6206-6213.
[269] ZHONG C, WANG J Z, WEXLER D, et al. Microwave autoclave synthesized multi-layer graphene/single-walled carbon nanotube composites for free-standing lithium-ion battery anodes[J]. Carbon, 2014, 66: 637-645.
[270] ZHAO M Q, PENG H J, ZHANG Q, et al. Controllable bulk growth of few-layer graphene/single-walled carbon nanotube hybrids containing Fe@C nanoparticles in a fluidized bed reactor[J]. Carbon, 2014, 67: 554-563.
[271] WANG W, RUIZ I, GUO S, et al. Hybrid carbon nanotube and graphene nanostructures for lithium ion battery anodes[J]. Nano Energy, 2014, 3: 113-118.
[272] CONG H P, REN X C, WANG P, et al. Wet-spinning assembly of continuous, neat, and macroscopic graphene fibers[J]. Scientific Reports, 2012, 2: 613.
[273] JALILI R, ABOUTALEBI S H, ESRAFILZADEH D, et al. Scalable one-step wetspinning of graphene fibers and yarns from liquid crystalline dispersions of graphene oxide: towards multifunctional textiles[J]. Advanced Functional Materials, 2013, 23(43): 5345-5354.
[274] MA Y W, LI P, SEDLOFF J W, et al. Conductive graphene fibers for wire-shaped

supercapacitors strengthened by unfunctionalized few-walled carbon nanotubes [J]. ACS Nano, 2015, 9(2): 1352-1359.
[275] CAI W, LAI T, YE J. A spinneret as the key component for surface-porous graphene fibers in high energy density micro-supercapacitors[J]. Journal of Materials Chemistry A, 2015, 3(9): 5060-5066.
[276] CHEN S H, MA W J, CHENG Y H, et al. Scalable non-liquid-crystal spinning of locally aligned graphene fibers for high-performance wearable supercapacitors [J]. Nano Energy, 2015, 15: 642-653.
[277] CAI W, LAI T, YE J. A spinneret as the key component for surface-porous graphene fibers in high energy density micro-supercapacitors[J]. Journal of Materials Chemistry A, 2015, 3(9): 5060-5066.
[278] WOLTORNISTS J, ALAMER F A, MCDANNALD A, et al. Preparation of conductive graphene/graphite infused fabrics using an interface trapping method [J]. Carbon, 2015, 81: 38-42.
[279] CHEN L, HE Y L, CHAI S G, et al. Toward high performance graphene fibers[J]. Nanoscale, 2013, 5(13): 5809-5815.
[280] XU Z, GAO C. Graphene fiber: a new trend in carbon fibers[J]. Materials Today, 2015, 18(9): 480-492.
[281] MENG F C, LU W B, LI Q W, et al. Graphene-based fibers: a review[J]. Advanced Materials, 2015, 27(35): 5113-5131.
[282] CARRETERO - GONZÁLEZ J, CASTILLO - MARTÍNEZ E, DIAS - LIMAM, et al. Oriented graphene nanoribbon yarn and sheet from aligned multiwalled carbon nanotube sheets[J]. Advanced Materials, 2012, 24(42): 5695-5701.
[283] XIANG C, BEHABTUN, LIU Y, et al. Graphene nanoribbons as anadvanced precursor for making carbon fiber[J]. ACS Nano, 2013, 7(2):1628-1637.
[284] JANG E Y, CARRETERO-GONZALEZ J, CHOI A, et al. Fibers of reduced graphene oxide nanoribbons[J]. Nanotechnology, 2012, 23(23): 235601.
[285] TIAN Z S, XU C X, LI J T, et al. Self- assembled free-standing graphene oxide fibers [J]. ACS Applied Materials and Interfaces, 2013,5(4): 1489-1493.
[286] FANG B, PENG L, XU Z, et al. Wet-spinning of continuous montmorilonite-graphene fibers for fire-resistant lightweight conductors [J]. ACS Nano, 2015, 9(5): 5214-5222.
[287] WANG C H, LI Y B, HE X D, et al. Cotton-derived bulk and fiber aerogels grafted with nitrogen-doped graphene[J]. Nanoscale, 2015, 7(17): 7550-7558.
[288] CHENG H H, HU Y, ZHAO F, et al. Moisture- activated torsional graphene- fiber motor[J]. Advanced Materials, 2014, 26(18): 2909- 2913.
[289] LIU H, LIU Y, ZHU D. Chemical doping of graphene [J]. Journal of Materials Chemistry, 2011, 21(10): 3335-3345.
[290] CASTRO NETO A H, GUINEA F, PERES N M R, et al. The electronic properties of graphene[J]. Reviews of Modern Physics, 2009, 81(1): 109.
[291] HU Y J, JIN J A, ZHANG H, et al. Graphene: synthesis, functionalization and

applications in chemistry[J]. Acta Physico-Chimica Sinica, 2010, 26(8): 2073-2086.

[292] RISTEIN J. Surface transfer doping of semiconductors[J]. Science, 2006, 313(5790): 1057-1058.

[293] YAVARI F, KRITZINGER C, GAIRE C, et al. Tunable bandgap in graphene by the controlled adsorption of water molecules[J]. Small, 2010, 6(22): 2535-2538.

[294] LEENAERTS O, PARTOENS B, PEETERS F M. Water on graphene: hydrophobicity and dipole moment using density functional theory[J]. Physical Review B, 2009, 79(23): 235440.

[295] DOCHERTY C J, LIN C T, JOYCE H J, et al. Extreme sensitivity of graphene photoconductivity to environmental gases[J]. Nature Communications, 2012, 3: 1228.

[296] GIOVANNETTI G, KHOMYAKOV P A, BROCKS G, et al. Doping graphene with metal contacts[J]. Physical Review Letters, 2008, 101(2): 026803.

[297] LEE W H, SUK J W, LEE J, et al. Simultaneous transfer and doping of CVD-grown graphene by fluoropolymer for transparent conductive films on plastic[J]. ACS Nano, 2012, 6(2): 1284-1290.

[298] SARLES S A, STILTNER L J, WILLIAMS C B, et al. Bilayer formation between lipid-encased hydrogels contained in solid substrates[J]. ACS Applied Materials & Interfaces, 2010, 2(12): 3654-3663.

[299] GIOVANNETTI G, KHOMYAKOV P A, BROCKS G, et al. Doping graphene with metal contacts[J]. Physical Review Letters, 2008, 101(2): 026803.

[300] LI X, FAN L L, LI Z, et al. Boron doping of graphene for graphene - silicon p - n junction solar cells[J]. Advanced Energy Materials, 2012, 2(4): 425-429.

[301] WANG H, ZHOU Y, WU D, et al. Synthesis of boron-doped graphene monolayers using the sole solid feedstock by chemical vapor deposition[J]. Small, 2013, 9(8): 1316-1320.

[302] WU J, XIE L M, LI Y G, et al. Controlled chlorine plasma reaction for noninvasive graphene doping[J]. Journal of the American Chemical Society, 2011, 133(49): 19668-19671.

[303] WEI P, LIU N, LEE H R, et al. Tuning the dirac point in CVD-grown graphene through solution processed n-type doping with 2-(2-Methoxyphenyl)-1, 3-dimethyl-2, 3-dihydro-1 H-benzoimidazole[J]. Nano Letters, 2013, 13(5): 1890-1897.

[304] JIN Z, YAO J, KITTRELL C, et al. Large-scale growth and characterizations of nitrogen-doped monolayer graphene sheets[J]. ACS Nano, 2011, 5(5): 4112-4117.

[305] ZHANG C H, FU L, LIU N, et al. Synthesis of nitrogen-doped graphene using embedded carbon and nitrogen sources[J]. Advanced Materials, 2011, 23(8): 1020-1024.

[306] REDDY A L M, SRIVASTAVA A, GOWDA S R, et al. Synthesis of nitrogen-doped graphene films for lithium battery application[J]. ACS Nano, 2010, 4(11): 6337-6342.

[307] SOME S, KIM J, LEE K, et al. Highly air-stable phosphorus-doped n-type graphene field-effect transistors[J]. Advanced Materials, 2012, 24(40): 5481-5486.

[308] SU Y Z, ZHANG Y, ZHUANG X D, et al. Low-temperature synthesis of nitrogen/sulfur co-doped three-dimensional graphene frameworks as efficient metal-free electrocatalyst for oxygen reduction reaction[J]. Carbon, 2013, 62: 296-301.

[309] OHTA T, BOSTWICK A, SEYLLER T, et al. Controlling the electronic structure of bilayer graphene[J]. Science, 2006, 313(5789): 951-954.

[310] CASTRO E V, NOVOSELOV K S, MOROZOV S V, et al. Biased bilayer graphene: semiconductor with a gap tunable by the electric field effect[J]. Physical Review Letters, 2007, 99(21): 216802.

[311] ZHANG Y B, TANG T T, GIRIT C, HAO Z et al. Direct observation of a widely tunable bandgap in bilayer graphene[J]. Nature, 2009, 459(7248): 820-823.

[312] KRATSCHMER W, LAMB L D, FOSTIROPOULOS K, et al. Solid C_{60}: a new form of carbon[J]. Nature, 1990,347:27.

[313] IIJIMA S. Helical microtubules of graphitic carbon[J]. Nature, 1991,354(6348):56-58.

[314] SHEN C, BROZENA A H, WANG Y. Double-walled carbon nanotubes: challenges and opportunities[J]. Nanoscale, 2011,3(2):503-518.

[315] KUMAR M, ANDO Y. Chemical vapor deposition of carbon nanotubes: a review on growth mechanism and mass production [J]. Journal of Nanoscience and Nanotechnology, 2010,10(6):3739-3758.

[316] NODA S, SUGIME H, OSAWA T, et al. A simple combinatorial method to discover Co - Mo binary catalysts that grow vertically aligned single-walled carbon nanotubes[J]. Carbon, 2006,44(8):1414-1419.

[317] FUJIWARA Y, MAEHASHI K, OHNO Y, et al. Position-controlled growth of single-walled carbon nanotubes by laser-irradiated chemical vapor deposition[J]. Japanese Journal of Applied Physics, 2005,44(4R):1581.

[318] BONDI S N, LACKEY W J, JOHNSON R W, et al. Laser assisted chemical vapor deposition synthesis of carbon nanotubes and their characterization[J]. Carbon, 2006, 44(8):1393-1403.

[319] JOURNET C, PICHER M, JOURDAIN V. Carbon nanotube synthesis: from large-scale production to atom-by-atom growth[J]. Nanotechnology, 2012,23(14):142001.

[320] JIANG Y, WU Y, ZHANG S, et al. A catalytic-assembly solvothermal route to multiwall carbon nanotubes at a moderate temperature[J]. Journal of the American Chemical Society, 2000,122(49):12383-12384.

[321] ZHANG X, CHEN L, YUAN T, et al. Dendrimer-linked, renewable and magnetic carbon nanotube aerogels[J]. Materials Horizons, 2014,1(2):232-236.

[322] TANG N, WEN J, ZHANGY, et al. Helical carbon nanotubes: catalytic particle size-dependent growth and magnetic properties[J]. ACS Nano, 2010,4(1):241-250.

[323] WEN J, ZHANG Y, TANG N, et al. Synthesis, photoluminescence, and magnetic properties of nitrogen-doping helical carbon nanotubes[J]. The Journal of Physical

Chemistry C, 2011,115(25):12329-12334.

[324] KIM J, KONG S, LEE S, et al. Characteristics of nitrogen-doped carbon nanotubes synthesized by using PECVD and thermal CVD[J]. Journal of the Korean Physical Society, 2012,60(7):1124-1128.

[325] LYU S C, HAN J H, SHIN K W, et al. Synthesis of boron-doped double-walled carbon nanotubes by the catalytic decomposition of tetrahydrofuran and triisopropyl borate[J]. Carbon, 2011,49(5):1532-1541.

[326] CHATTERJEE S, KIM M J, ZAKHAROV D N, et al. Syntheses of boron nitride nanotubes from borazine and decaborane molecular precursors by catalytic chemical vapor deposition with a floating nickel catalyst[J]. Chemistry of Materials, 2012,24(15):2872-2879.

[327] BALANDINA A. Thermal properties of graphene and nanostructured carbon materials[J]. Nature Materials, 2011,10(8):569-581.

[328] ALLEN M J, TUNG V C, KANERR B. Honeycomb carbon: a review of graphene[J]. Chemical Reviews, 2009,110(1):132-145.

[329] CHEN J, NESTEROV M L, NIKITIN A Y, et al. Strong plasmon reflection at nanometer-size gaps in monolayer graphene on SiC[J]. Nano Letters, 2013,13(12):6210-6215.

[330] JUANG Z, WU C, LU A, et al. Graphene synthesis by chemical vapor deposition and transfer by a roll-to-roll process[J]. Carbon, 2010,48(11):3169-3174.

[331] GAO L, REN W, XU H, et al. Repeated growth and bubbling transfer of graphene with millimetre-size single-crystal grains using platinum[J]. Nature Communications, 2012,3:699.

[332] LOCK E H, BARAKET M, LASKOSKI M, et al. High-quality uniform dry transfer of graphene to polymers[J]. Nano Letters, 2011,12(1):102-107.

[333] WHEELER V, GARCES N, NYAKITI L, et al. Fluorine functionalization of epitaxial graphene for uniform deposition of thin high-κ dielectrics[J]. Carbon, 2012,50(6):2307-2314.

[334] WANG Z, WANG J, LI Z, et al. Cooperatively exfoliated fluorinated graphene with full-color emission[J]. RSC Advances, 2012,2(31):11681-11686.

[335] HUANG W, PEI Q, LIU Z, et al. Thermal conductivity of fluorinated graphene: a non-equilibrium molecular dynamics study[J]. Chemical Physics Letters, 2012,552:97-101.

[336] HE D, CHENG K, PENG T, et al. Graphene/carbon nanospheres sandwich supported PEM fuel cell metal nanocatalysts with remarkably high activity and stability[J]. Journal of Materials Chemistry A, 2013,1(6):2126-2132.

[337] WANG X, DAI Y, GAO J, et al. High-yield production of highly fluorinated graphene by direct heating fluorination of graphene-oxide[J]. ACS Applied Materials &Interfaces, 2013,5(17):8294-8299.

[338] WANG Z, WANG J, LI Z, et al. Synthesis of fluorinated graphene with tunable degree of fluorination[J]. Carbon, 2012,50(15):5403-5410.

[339] GEIM A K. Graphene: status and prospects[J]. science, 2009,324(5934):1530-1534.

[340] SAHU A, CHOI W I, TAE G. A stimuli-sensitive injectable graphene oxide composite hydrogel[J]. Chemical Communications, 2012,48(47):5820-5822.

[341] CHEN Z, REN W, GAO L, et al. Three-dimensional flexible and conductive interconnected graphene networks grown by chemical vapour deposition[J]. Nature Materials, 2011,10(6):424-428.

[342] MECKLENBURG M, SCHUCHARDT A, MISHRAY K, et al. Aerographite: ultra lightweight, flexible nanowall, carbon microtube material with outstanding mechanical performance[J]. Advanced Materials, 2012,24(26):3486-3490.

[343] LI C, SHI G. Three-dimensional graphene architectures[J]. Nanoscale, 2012,4(18): 5549-5563.

[344] ZHAO M, PENG H, ZHANG Q, et al. Controllable bulk growth of few-layer graphene/single-walled carbon nanotube hybrids containing Fe@C nanoparticles in a fluidized bed reactor[J]. Carbon, 2014,67:554-563.

[345] WANG W, RUIZ I, GUO S, et al. Hybrid carbon nanotube and graphene nanostructures for lithium ion battery anodes[J]. Nano Energy, 2014,3:113-118.

[346] JALILI R, ABOUTALEBI S H, ESRAFILZADEH D, et al. Scalable one-step wet-spinning of graphene fibers and yarns from liquid crystalline dispersions of graphene oxide: towards multifunctional textiles[J]. Advanced Functional Materials, 2013,23(43):5345-5354.

[347] MA Y, LI P, SEDLOFF J W, et al. Conductive graphene fibers for wire-shapedsupercapacitors strengthened by unfunctionalized few-walled carbon nanotubes[J]. ACS Nano, 2015,9(2):1352-1359.

[348] CAI W, LAI T, YE J. A spinneret as the key component for surface-porous graphene fibers in high energy density micro-supercapacitors[J]. Journal of Materials Chemistry A, 2015,3(9):5060-5066.

[349] CHEN S, MA W, CHENG Y, et al. Scalable non-liquid-crystal spinning of locally aligned graphene fibers for high-performance wearable supercapacitors[J]. Nano Energy, 2015,15:642-653.

[350] WOLTORNIST S J, ALAMER F A, MCDANNALD A, et al. Preparation of conductive graphene/graphite infused fabrics using an interface trapping method[J]. Carbon, 2015,81:38-42.

[351] CHEN L, HE Y, CHAIS, et al. Toward high performance graphene fibers[J]. Nanoscale, 2013,5(13):5809-5815.

[352] XIANG C, BEHABTU N, LIU Y, et al. Graphene nanoribbons as an advanced precursor for making carbon fiber[J]. ACS Nano, 2013,7(2):1628-1637.

[353] JANG E Y, CARRETERO-GONZÁLEZ J, CHOI A, et al. Fibers of reduced graphene oxide nanoribbons[J]. Nanotechnology, 2012,23(23):235601.

[354] TIAN Z, XU C, LI J, et al. Self-assembled free-standing graphene oxide fibers[J]. ACS Applied Materials & Interfaces, 2013,5(4):1489-1493.

[355] FANG B, PENG L, XU Z, et al. Wet-spinning of continuous montmorillonite-graphene fibers for fire-resistant lightweight conductors[J]. ACS Nano, 2015,9(5):5214-5222.
[356] WANG C, LI Y, HE X, et al. Cotton-derived bulk and fiber aerogels grafted with nitrogen-doped graphene[J]. Nanoscale, 2015,7(17):7550-7558.
[357] CHENG H, HU Y, ZHAO F, et al. Moisture-activated torsional graphene-fiber motor [J]. Advanced Materials, 2014,26(18):2909-2913.
[358] YAVARI F, KRITZINGER C, GAIRE C, et al. Tunable bandgap in graphene by the controlled adsorption of water molecules[J]. Small, 2010,6(22):2535-2538.
[359] GIOVANNETTI G, KHOMYAKOV P A, BROCKSG, et al. Doping graphene with metal contacts[J]. Physical Review Letters, 2008,101(2):26803.
[360] LI X, FAN L, LI Z, et al. Boron doping of graphene for graphene - silicon p - n junction solar cells[J]. Advanced Energy Materials, 2012,2(4):425-429.
[361] WANG H, ZHOU Y, WU D, et al. Synthesis of boron-doped graphene monolayers using the sole solid feedstock by chemical vapor deposition[J]. Small, 2013,9(8): 1316-1320.
[362] WU J, XIE L, LI Y, et al. Controlled chlorine plasma reaction for noninvasive graphene doping[J]. Journal of the American Chemical Society, 2011,133(49): 19668-19671.
[363] WEI P, LIU N, LEEH R, et al. Tuning the Dirac point in CVD-grown graphene through solution processed n-type doping with 2-(2-methoxyphenyl)-1, 3-dimethyl-2, 3-dihydro-1 H-benzoimidazole[J]. Nano Letters, 2013,13(5):1890-1897.
[364] SOME S, KIM J, LEE K, et al. Highly air-stable phosphorus-doped n-type graphene field-effect transistors[J]. Advanced Materials, 2012,24(40):5481-5486.
[365] SU Y, ZHANG Y, ZHUANG X, et al. Low-temperature synthesis of nitrogen/sulfur Co-doped three-dimensional graphene frameworks as efficient metal-free electrocatalyst for oxygen reduction reaction[J]. Carbon, 2013,62:296-301.
[366] 董鹏. 由硅溶胶生长单分散颗粒的研究[J]. 物理化学学报,1998,14(2):109-113.
[367] 郭宇,吴红梅. 化学沉淀法制备纳米二氧化硅[J]. 辽宁化工,2005,34(2):56-57.
[368] 胡庆福,李国庭,王金阁. 沉淀法制取高补强白炭黑[J]. 非金属矿,2000,23(6): 23-24.
[369] LOPEZ-QUINTELA M A. Synthesis of nanomaterials in microemulsions: formation mechanisms and growth control[J]. Curr. Opin. Colloid Interface Sci., 2003, 8: 138-140.
[370] HWANG S T, HAHN Y B, NAHMK S, et al. Preparation and characterization of poly MSMA-CO-MMA) -TiO_2/SiO_2 nanocomposites using the colloidal TiO_2/SiO_2 particles via blending method[J]. Colloid Surf. A-Physicochem. Eng. Asp. ,2005, 259: 63-69.
[371] GAN L M, ZHANG K, CHEW C H. Preparation of silica nanoparticles from sodium orthosilicate in inverse microemulsions[J]. Colloid Surf. A-Physicochem. Eng. Asp. , 1996, 110: 199-200.
[372] KOLBE G. Gas komplex, komplexchemiische verhalten der kieselsaure [J].

Dissertation, Jena, 1956.

[373] STÖBER W, FINKA. Controlled growth of monodisperse silica spheres in the micron sizerange[J]. Colloid&Interface Sci. , 1968, 26: 626.

[374] HU S S, MEN Y F, ROTHS V, et al. Preparation of macroscopic soft colloidal crystals with fiber[J]. Langmuir, 2008, 24: 1620.

[375] WANG W, LIANG L Y, et al. Fabricationof two-and three-dimensional silica nanocolloidal particle arrays[J]. Phys. Chem. B. , 2003, 107: 3400 -3404.

[376] KOBAYASHI Y, SALGUEIRINO-MAEEIRA V. Deposition of sliver nanopartieles on silica spheres by Pretreatmentsteps in eleetroless plating[J]. Chem. Mater. , 2001, 13(5): 1630-1633.

[377] MASUDA Y, ITOH M, et al. Low-dimensional arrangement of SiO_2 particles[J]. Langmuir, 2002, 18(10): 4155-4159.

[378] 任琳. 悬浮聚合法制备磁性 PMMA 微球的研究[J]. 企业技术开发,2010,19:56-57.

[379] 滕领贞,成志秀,宋春桥,等. 悬浮聚合在制备 PMMA 微球中的应用[J]. 信息记录材料,2015,1:24-27.

[380] 杨景辉,张蔚,汪中进. 两步分散聚合法制备高交联 PMMA 微球[J]. 塑料工业,2014,42:21-24.

[381] 刘琨,杨景辉,陈雪梅. 单分散微米级 PMMA 微球的制备[J]. 塑料工业,2006,34:4-6.

[382] 伍绍贵,刘白玲. 分散聚合法制备微米级 PMMA 微球的研究[J]. 中国科学院研究生院学报,2006,23:323-329.

[383] 李玉彩,朱晓丽,孔祥正. 沉淀聚合制备交联 PMMA 微球[R]. 2011 全国高分子学术论文报告会,2011,9.

[384] FLEMING M S, MANDAL T K, WALT D R. Nanosphere-microsphere assembly: methods for core-shell materials preparation[J]. Chem. Mater. , 2001, 13: 2210-2216.

[385] SCHNEIDER J. Magnetic core/shell and quantum-confined semiconductor nanoparticles via chimie douce organometallic synthesis[J]. Magnetic. Adv. Mater. , 2001, 13: 529-533.

[386] GRAF C, BLAADEREN A. Metallodielectric colloidal core-shell particles for photonic applications[J]. Langmuir, 2002, 18(2): 524-534.

[387] ANTIPOV A A, SUKHORUKOV G B, FEDUTIK Y A, et al. Fabrication of a novel type of metallized colloids and hollow capsules[J]. Langmuir, 2002, 18(17): 6687-6693.

[388] 范牛奔,钱翼清,孟海兵. TDI 改性纳米 SiO_2表面[J]. 南京化工大学学报,2001,23(3):10-13.

[389] LEWIS L N. Chemical catalysis by colloids and clusters[J]. Chem. Rev. , 1993, 93: 2693-2730.

[390] SLOT J W. A new method of preparing gold probes formulti-ple-labelincytochemistry[J]. European Journal of Cell Biology,1985, 38: 87-93.

[391] FORNASIERO D, GRIESER F. The kinetics of electrolyte induced aggregation of carey

lea silver colloids[J]. J. Colloid Interface Sci., 1991, 141: 168-179.
[392] O'REGAN B, GRATZEL M. A low-cost, high-efficiency solar cell based on dye-sensitized colloidal TiO_2 films[J]. Nature, 1991, 353: 737-740.
[393] DABBOUSI B O, BAWENDI M G, ONITSUKA O, et al. Electroluminescence from CdSe quantum-dot/polymer composites[J]. Appl. Phys. Lett., 1995, 66: 1316-1318.
[394] MICHELETTO R, FUKUDA H, OHTSU M. A simplemethod for the production of a two-dimensiona, ordered array of small latex particles[J]. Langmuir, 1995, 11: 3333-3336.
[395] FREEMAN R G, GRABAR C K, NATAN M J, et al. Self-assembled metal colloid monolayers: an aproach to SERS substrate[J]. Science, 1995, 267: 1629-1632.
[396] CHAMY C, MAN S Q, LEE A, et al. Reduced symmetry metallodielectric nanopartieles: chemical synthesis and plasmonic properties[J]. J. Phys. Chem. B, 2003, 107: 7327-7333.
[397] XUE J G, WANG C G, MA Z F. A facile method to prepare a series of SiO_2@Au core/shell structured nanoparticles[J]. Mater. Chem. Phys, 2007, 105: 419-425.
[398] KOBAYASHI Y, SALGUEIRI O-MACEIRA V, LIZ-MARZáN L M. Deposition of silver nanoparticles on silica spheres by pretreatmentsteps in electroless plating[J]. Chem. Mater., 2001, 13: 1630.
[399] POL V G, SRIVASTAVA D N, PALCHIK O, et al. Sonochemical deposition of silver nanoparticles on silica spheres[J]. Langmuir, 2002, 18: 3352-3357.
[400] WANG W, ASHER S A. Photochemical incorporation of silver quantum dots inmonodisperse silica colloids for photonic crystal applications [J]. J. Am. Chem. Soc., 2001, 123: 12528-12535.
[401] DONG A G, WANG Y J, TANG Y, et al. Fabrication of compact silver nanoshells on polystyrene spheres through electrostatic attraction[J]. Chem. Commun, 2002, 350-351.
[402] ZHANG J H, BAI L T, ZHANG K, et al. A novelmethod for the layer-by-layer assembly ofmetal nanoparticles transported by polymermicro-spheres[J]. J. Mater. Chem., 2003, 13: 514-517.
[403] CHEN Z M, CHEN X, ZHENG L L, et al. A simple and controlled method of preparing uniform Ag midnanoparticles on tollens-soaked silica spheres[J]. J. Colloid Interface Sci., 2005, 285: 146-151.
[404] 陈渊,曹静. 在 SiO_2表面合成光滑纳米银壳的新方法:热裂解-熔流法[J]. 无机化学学报,2005,2(6):792-795.
[405] ZHANG D B, CHENG H M, et al. Synthesis of silver-coated silica nanoparticle in nonionic reverse micelles [J]. Mater. Sci. Lett., 2001, 20(5): 439-440.
[406] DENG Z W, CHEN M, WU L M. Novel method to fabricate SiO_2/Ag composite spheres and their catalytic, surface-enhanced raman scattering properties[J]. J. Phys. Chem. C, 2007, 111: 11692-11698.
[407] CARUSO F, CARUSOR A, MÖHWALD H. Nanoengineering of inorganic and hybrid

hollow spheres by colloidal templating[J]. Science, 1998, 282: 1111-1114.

[408] SUSHA A S, CARUSO F, ROGACH A L, et al. Formation of luminescent spherical core-shell particles by the consecutive adsorption of polyelectrolyte and CdTe(S) nanocrystals on latex colloids[J]. Colloids and Surfaces A, 2000, 163: 33-44.

[409] CARUSO F, SUSHA A S, GIERSIGM. Magnetic core-shell particles: preparation of magnetite multilayers on polymer latex microspheres[J]. Adv. Mater., 1999, 11: 950-953.

[410] LIANG Z J, SUSHA A, CARUSOF. Gold nanoparticle-based core-shell and hollow spheres and ordered assemblies thereof[J]. Chem. Mater., 2003, 15: 3176-3183.

[411] HU X L, YU J C. Continuous aspect-ratio tuning and fine shape control of monodisperse α-Fe_2O_3 nanocrystals by a programmed microwave-hydrothermal method [J]. Adv. Funct. Mater., 2008, 18: 880-887.

[412] ZHANG Y, WU L Z, ZENG Q H. Synthesis and characterization of rutile TiO_2 nano-ellipsoid by water-soluble peroxotitanium complex precursor[J]. Mater. Chem. Phys., 2010, 121: 235-240.

[413] DUAN J X, WANG H, HUANGX T. Synthesis and characterization of ZnO ellipsoid-like nanostructure[J]. J. Phys. Chem. C, 2007, 20: 613-618.

[414] LU Y, YIN Y D, LIZ Y. Colloidal crystals made of polystyrene spheroids: fabrication and structural/optical characterization[J]. Langmuir, 2002, 18: 7722-7727.

[415] DING T, LIU Z F, SONG K, TUNG C H. Synthesis of monodisperse ellipsoids with tunable aspect ratios[J]. Colloids and Surfaces A, 2009, 336: 29-34.

[416] DING T, LIU Z F, SONG K. Fabrication of 3D photonic crystals of ellipsoids: convective self-assembly in magnetic field[J]. Adv. Mater., 2009, 21: 1936-1940.

[417] DING T, LIU Z F, SONG K. Controlled directionality of ellipsoids in monolayer and multilayer colloidal crystals[J]. Langmuir, 2010, 26(13): 11544-11549.

[418] LI W, YANG J P, WUZ X. A versatile kinetics-controlled coating method to construct uniform porous TiO_2 shells for multifunctional core-shell structures[J]. Am. Chem. Soc., 2012, 134: 11864-11867.

[419] GE J P, HU Y X, ZHANGT R. Superparamagnetic composite colloids with anisotropic structures[J]. Am. Chem. Soc., 2007, 129: 8974-8975.

[420] DENDUKURI D, TSOI K, HATTON T A. Controlled synthesis of nonspherical microparticles using microfluidics[J]. Langmuir, 2005, 21: 2113-2116.

[421] HA J W, PARK I J, LEE S B, et al. Preparation and characterization of core-shell particles containing perfluoroalkyl acrylate in the shell[J]. Macromolecules, 2002, 35: 6811-6818.

[422] GUO C W, CAO Y, XIE S H, et al. Fabrication of mesoporous core-shell structured titania microspheres with hollow interiors[J]. Chem Commun, 2003, 6: 700-701.

[423] WANG W, KUMTA P N. Nanostructured hybrid silicon/carbon nanotube heterostructures: reversible high-capacity lithium-ion anodes[J]. ACS Nano, 2010, 4(4): 2233-2241.

[424] TIAN S, LI H, ZHANG Y, et al. Catalyst-assisted growth of single-crystalline hafnium

carbide nanotubes by chemical vapor deposition[J]. Journal of the American Ceramic Society, 2014, 97(1): 48-51.

[425] LI X, MENG G, XU Q, et al. Controlled synthesis of germanium nanowires and nanotubes with variable morphologies and sizes[J]. Nano Letters, 2011, 11(4): 1704-1709.

[426] WU W, XIAO X, ZHANG S, et al. Large-scale and controlled synthesis of iron oxide magnetic short nanotubes: shape evolution, growth mechanism, and magnetic properties[J]. The Journal of Physical Chemistry C, 2010, 114(39): 16092-16103.

[427] CHOI M G, LEE Y G, SONG S W, et al. Lithium-ion battery anode properties of TiO_2 nanotubes prepared by the hydrothermal synthesis of mixed (anatase and rutile) particles[J]. Electrochimica Acta, 2010, 55(20): 5975-5983.

[428] XIAO J, WAN L, YANG S, et al. Design hierarchical electrodes with highly conductive $NiCo_2S_4$ nanotube arrays grown on carbon fiber paper for high-performance pseudocapacitors[J]. Nano Letters, 2014, 14(2): 831-838.

[429] MORIN S A, BIERMAN M J, TONG J, et al. Mechanism and kinetics of spontaneous nanotube growth driven by screw dislocations[J]. Science, 2010, 328(5977): 476-480.

[430] ZHOU L, YAN S, LU T, et al. Indium telluride nanotubes: solvothermal synthesis, growth mechanism, and properties[J]. Journal of Solid State Chemistry, 2014, 211: 75-80.

[431] CHEN F, ZHU Y J, WANG K W, et al. Surfactant-free solvothermal synthesis of hydroxyapatite nanowire/nanotube ordered arrays with biomimetic structures [J]. CrystEngComm, 2011, 13(6): 1858-1863.

[432] XIE K, LI J, LAI Y, et al. Highly ordered iron oxide nanotube arrays as electrodes for electrochemical energy storage[J]. Electrochemistry Communications, 2011, 13(6): 657-660.

[433] FENG X, LATEMPA T J, BASHAMJ I, et al. Ta_3N_5 nanotube arrays for visible light water photoelectrolysis[J]. Nano Letters, 2010, 10(3): 948-952.

[434] EL-SAYED H A, BIRSS V I. Controlled interconversion of nanoarray of Ta dimples and high aspect ratio Ta oxide nanotubes[J]. Nano Letters, 2009, 9(4): 1350-1355.

[435] MAZZAROLO A, CURIONI M, VICENZO A, et al. Anodic growth of titanium oxide: electrochemical behaviour and morphological evolution [J]. Electrochimica Acta, 2012, 75: 288-295.

[436] VAN OVERMEERE Q, PROOST J. Stress-affected and stress-affecting instabilities during the growth of anodic oxide films [J]. Electrochimica Acta, 2011, 56(28): 10507-10515.

[437] BERRIGAN J D, MCLACHLAN T, DENEAULTJ R, et al. Conversion of porous anodic Al_2O_3 into freestanding, uniformly aligned, multi-wall TiO_2 nanotube arrays for electrode applications[J]. Journal of Materials Chemistry A, 2013, 1(1): 128-134.

[438] CHEN S, OSAKA A, HANAGATA N. Collagen-templated sol - gel fabrication, microstructure, in vitro apatite deposition, and osteoblastic cell MC3T3-E1

compatibility of novel silica nanotube compacts[J]. Journal of Materials Chemistry, 2011, 21(12): 4332-4338.

[439] 赵九蓬,刘旭松,李垚,等. 一种锗纳米管的制备方法: CN103290474A[P]. 2013-9-11.

[440] GROTE F, KÜHNEL R S, BALDUCCI A, et al. Template assisted fabrication of free-standing MnO_2 nanotube and nanowire arrays and their application in supercapacitors [J]. Applied Physics Letters, 2014, 104(5): 053904.

[441] CAO H, WANG L, QIU Y, et al. Generation and growth mechanism of metal (Fe, Co, Ni) nanotube arrays[J]. Chem. Phys. Chem., 2006, 7(7): 1500-1504.

[442] WANG A L, WAN H C, XU H, et al. Quinary PdNiCoCuFe alloy nanotube arrays as efficient electrocatalysts for methanol oxidation[J]. Electrochimica Acta, 2014, 127: 448-453.

[443] JEONG H, SONG H, PAKY, et al. Hybrid solar cells: enhanced light absorption of silicon nanotube arrays for organic/inorganic hybrid solar cells [J]. Advanced Materials, 2014, 26(21): 3567-3567.

[444] PARK M H, CHO Y H, KIM K, et al. Germanium nanotubes prepared by using the kirkendall effect as anodes for high-rate lithium batteries[J]. Angewandte Chemie, 2011, 123(41): 9821-9824.

[445] HSIEH Y T, LEONG T I, HUANGC C, et al. Direct template-free electrochemical growth of hexagonal CuSn tubes from an ionic liquid[J]. Chemical Communications, 2010, 46(3): 484-486.

[446] HSIEH Y T, TSAI R W, SU C J, et al. Electrodeposition of CuZn from chlorozincate ionic liquid: from hollow tubes to segmented nanowires[J]. The Journal of Physical Chemistry C, 2014, 118(38): 22347-22355.

[447] BANSEN R, SCHMIDTBAUER J, GURKE R, et al. Ge in-plane nanowires grown by MBE: influence of surface treatment[J]. CrystEngComm, 2013, 15(17): 3478-3483.

[448] LIU X, HAO J, LIU X, et al. Preparation of Ge nanotube arrays from an ionic liquid for lithium ion battery anodes with improved cycling stability[J]. Chem. Commun., 2015, 51(11): 2064-2067.

[449] YUE G H, LIN Y D, WEN X, et al. Synthesis and characterization of the SnS nanowires via chemical vapor deposition[J]. Applied Physics A, 2012, 106(1): 87-91.

[450] JOO J, CHOW B Y, PRAKASH M, et al. Face-selective electrostatic control of hydrothermal zinc oxide nanowire synthesis[J]. Nature Materials, 2011, 10(8): 596-601.

[451] QIN D D, TAO C L, IN S, et al. Facile solvothermal method for fabricating arrays of vertically oriented α-Fe_2O_3 nanowires and their application in photoelectrochemical water oxidation[J]. Energy & Fuels, 2011, 25(11): 5257-5263.

[452] WEI Z, LI R, HUANG T, et al. Fabrication of morphology controllable rutile TiO_2 nanowire arrays by solvothermal route for dye-sensitized solar cells[J]. Electrochimica

Acta, 2011, 56(22): 7696-7702.

[453] LIU B, HU B, DU Z. Hydrothermal synthesis and magnetic properties of single-crystalline $BiFeO_3$ nanowires[J]. Chemical Communications, 2011, 47(28): 8166-8168.

[454] CAO B Y, LI Y W, KONG J, et al. High thermal conductivity of polyethylene nanowire arrays fabricated by an improved nanoporous template wetting technique[J]. Polymer, 2011, 52(8): 1711-1715.

[455] KANNO Y, SUZUKI T, YAMAUCHI Y, et al. Preparation of Au nanowire films by electrodeposition using mesoporous silica films as a template: vital effect of vertically oriented mesopores on a substrate[J]. The Journal of Physical Chemistry C, 2012, 116(46): 24672-24680.

[456] SU Z, YAN C, TANG D, et al. Fabrication of Cu_2ZnSnS_4 nanowires and nanotubes based on AAO templates[J]. CrystEngComm, 2012, 14(3): 782-785.

[457] MANNA S, DAS S, MONDALS P, et al. High efficiency Si/CdS radial nanowire heterojunction photodetectors using etched Si nanowire templates[J]. The Journal of Physical Chemistry C, 2012, 116(12): 7126-7133.

[458] LI X, XU J, MEI L, et al. Electrospinning of crystalline MoO_3@ C nanofibers for high-rate lithium storage[J]. Journal of Materials Chemistry A, 2015, 3(7): 3257-3260.

[459] WANG D, YANG Z, LI F, et al. Performance of Si - Ni nanorod as anode for Li-ion batteries[J]. Materials Letters, 2011, 65(21): 3227-3229.

[460] BEKERMANN D, GASPAROTTO A, BARRECA D, et al. Highly oriented ZnO nanorod arrays by a novel plasma chemical vapor deposition process[J]. Crystal Growth & Design, 2010, 10(4): 2011-2018.

[461] LI M, WANG X, LI H, et al. Preparation of photoluminescent single crystalline MgO nanobelts by DC arc plasma jet CVD[J]. Applied Surface Science, 2013, 274: 188-194.

[462] LI H, HE Z, CHU Y, et al. Large-scale synthesis, growth mechanism, and photoluminescence of 3C-SiC nanobelts[J]. Materials Letters, 2013, 109: 275-278.

[463] ZHANG H F, DOHNALKOVA A C, WANG C M, et al. Lithium-assisted self-assembly of aluminum carbide nanowires and nanoribbons[J]. Nano Letters, 2002, 2(2): 105-108.

[464] CHEN S W, WU J M. Nucleation mechanisms and their influences on characteristics of ZnO nanorod arrays prepared by a hydrothermal method[J]. Acta Materialia, 2011, 59(2): 841-847.

[465] WANG H, YANG Y, LIANG Y, et al. $LiMn_{1-x}Fe_xPO_4$ nanorods grown on graphene sheets for ultrahigh-rate-performance lithium lon batteries[J]. Angewandte Chemie, 2011, 123(32): 7502-7506.

[466] HE Z, QUE W, CHEN J, et al. Photocatalytic degradation of methyl orange over nitrogen - fluorine codoped TiO_2 nanobelts prepared by solvothermal synthesis[J]. ACSApplied Materials &Interfaces, 2012, 4(12): 6816-6826.

[467] PHURUANGRAT A, CHEN J S, LOU X W, et al. Hydrothermal synthesis and electrochemical properties of α-MoO_3 nanobelts used as cathode materials for Li-ion batteries[J]. Applied Physics A, 2012, 107(1): 249-254.

[468] HUANG N, ZHU M W, GAOL J, et al. A template-free sol - gel technique for controlled growth of ZnO nanorod arrays[J]. Applied Surface Science, 2011, 257 (14): 6026-6033.

[469] SHAO L, QUAN S, LIU Y, et al. A novel "gel - sol" strategy to synthesize TiO_2 nanorod combining reduced graphene oxide composites[J]. Materials Letters, 2013, 107: 307-310.

[470] CALESTANI D, ZHA M Z, ZANOTTI L, et al. Low temperature thermal evaporation growth of aligned ZnO nanorods on ZnO film: a growth mechanism promoted by Zn nanoclusters on polar surfaces[J]. CrystEngComm, 2011, 13(5): 1707-1712.

[471] ZANG C Y, ZANG C H, WANG B, et al. Fabrication and photoluminescence of P doped ZnO nanobelts by thermal evaporation method[J]. Physica B: Condensed Matter, 2011, 406(18): 3479-3483.

[472] QIAN J, PENG Z, WU D, et al. $FeWO_4$/FeS core/shell nanorods fabricated by thermal evaporation[J]. Materials Letters, 2014, 122: 86-89.

[473] LAUHON L J, GUDIKSEN M S, WANGD, et al. Epitaxial core - shell and core - multishell nanowire heterostructures[J]. Nature, 2002, 420(6911): 57-61.

[474] LIL. Growth and photoluminescence properties of SnO_2 nanobelts[J]. Materials Letters, 2013, 98: 146-148.

[475] BECKJ S. A new family of nesoporous nolecular sieves prepared with liquid crystal templates[J]. J. Am. Chem. Soc., 1992, 114(27): 10834-10843.

[476] CHEN C Y, BURKETT S L, LI H X , et al. Studies on mesoporous materials. I. Synthesis and characterizationof MCM-41[J]. Micro Porous Mater, 1993, 2: 17 - 26

[477] MONNIER A, SCHÜTH F, HUO Q, et al. Cooperative formation of inorganic-organic interfaces in thesynthesis of silicate mesostructures[J]. 1999, 261(5216): 1299-1303

[478] FAGHIHIAN H, NAGHAVI M. Synthesis of amine-functionalized MCM-41 and MCM-48 for removal of heavy metal Ions from aqueous solutions[J]. Separation Science and Technology, 2014, 49: 214 - 220,

[479] ANBIA M, NEYZEHDAR M, GHAFFARINEJAD A. Humidity sensitive behavior of $Fe(NO_3)_3$-loaded mesoporoussilica MCM-41[J]. Sensors and Actuators B: Chemical, 2014, 193, 225-229.

[480] WANG Y, CHEN G H, ZHANG F M, et al. Effect of pH on the structural characteristics of in situ synthesized Ni-incorporated SBA-15 magnetic composites [J]. Res ChemIntermed, 2014, 40: 385 - 397.

[481] SARVI M N, BEE T B, GOOIC K, et al. Development of functionalized mesoporous silica for adsorption and separation of dairy proteins[J]. Chemical Engineering Journal, 2014, 235: 244-251.

[482] RAMANATHAN A, SUBRAMANIAM B, BADLOE D, et al . Direct incorporation of tungsten into ultra-large-pore three-dimensional mesoporous silicate framework: W-KIT-6

[J]. J. Porous Mater, 2012, 19: 961-968.

[483] HUO Q S, MARGOLESE D I, CIESLA U, et al. Organization of organic molecules with inorganic molecular-species intonanocomposite biphase arrays[J]. Chem. Mater. ,1994, 6(8),1176-1191

[484] GAO X, WACHS I E, WONG M S, et al. Structural and reactivity properties of Nb MCM-41: comparison with that of highly dispersed Nb_2O_5/SiO_2 catalysts[J]. Journal of Catalysis, 2001, 203(1): 18-24.

[485] HUANG H, WANG C, HUANG J, et al. Structure inherited synthesis of N-doped highly ordered mesoporous Nb_2O_5 as robust catalysts for improved visible light photoactivity[J]. Nanoscale, 2014, 6(13): 7274-7280.

[486] WANG L, TIAN B, FAN J, et al. Block copolymer templating syntheses of ordered large-pore stable mesoporous aluminophosphates and Fe-aluminophosphate based on an "acid - base pair" route[J]. Microporous and Mesoporous Materials, 2004, 67(2): 123-133.

[487] YAN S H, LI G B, YOU L P, et al. $Ti_2P_2O_{10}F$: anew oxyfluorinated titanium phosphate with an ionic conductive property[J]. Chemistry of Materials, 2007, 19(4): 942-947.

[488] JOO S H, JUN S, RYOO R. Synthesis of ordered mesoporous carbon molecular sieves CMK-1[J]. Microporous and Mesoporous Materials, 2001, 44: 153-158.

[489] YANG H, SHI Q, LIU X, et al. Synthesis of ordered mesoporous carbon monoliths with bicontinuous cubic pore structure of Ia3 dsymmetry[J]. Chemical Communications, 2002 (23): 2842-2843.

[490] SOLOVYOV L A, SHMAKOV A N, ZAIKOVSKII V I, et al. Detailed structure of the hexagonally packed mesostructured carbon material CMK-3[J]. Carbon, 2002, 40(13): 2477-2481.

[491] CHE S, LUND K, TATSUMI T, et al. Direct observation of 3D mesoporous structure by scanning electron microscopy (SEM): SBA-15 silica and CMK-5 Carbon[J]. Angewandte Chemie International Edition, 2003, 42(19): 2182-2185.

[492] SOININEN A, VALKAMA S, NYKÄNENA, et al. Functional carbon nanoflakes with high aspect ratio by pyrolysis of cured templates of block copolymer and phenolic resin[J]. Chemistry of Materials, 2007, 19(13): 3093-3095.

[493] JIAO F, FREI H. Nanostructured manganese oxide clusters supported on mesoporous silica as efficient oxygen-evolving catalysts[J]. Chemical Communications,2010, 46(17): 2920-2922.

[494] MASCHMEYER T, REY F, SANKARG, et al. Heterogeneous catalysts obtained by grafting metallocene complexes onto mesoporous silica[J]. Nature, 1995, 378(6553): 159-162.

[495] VALLET-REGI M, RAMILA A, DEL REAL R P, et al. A new property of MCM-41: drug delivery system[J]. Chemistry of Materials, 2001, 13(2): 308-311.

[496] AVERSATILE C, BARD A J. An improved photocatalyst of TiO_2/SiO_2 prepared by a sol-gel synthesis[J]. The Journal of Physical Chemistry, 1995, 99(24): 9882-9885.

[497] KUBO W, MURAKOSHI K, KITAMURAT, et al. Quasi-solid-state dye-sensitized TiO_2 solar cells: effective charge transport in mesoporous space filled with gel electrolytes containing iodide and iodine[J]. The Journal of Physical Chemistry B, 2001, 105 (51): 12809-12815.

[498] FRINDELL K L, BARTL M H, POPITSCH A, et al. Sensitized luminescence of trivalent europium by three-dimensionally arranged anatase nanocrystals in mesostructured titania thin films[J]. Angewandte Chemie, 2002, 114 (6): 1001-1004.

[499] LEE P H, KO C, ZHU N, et al. Metal coordination assisted near-infrared photochromic behavior: a large perturbation on abso rption wave length properties of N, N-donor ligands containing diarylethene derivatives by coordination to the rhenium (I) metal center[J]. J. Am. Chem. Soc., 2007, 129(19): 6058-6059.

[500] EDDAOUDI J M, KIM J, ROSI N L, et al. Systematic design of pore size and functionality in isoreticular MOFs and their application in methane storage[J]. Science, 2002, 295: 469-472.

[501] PHAM H Q, MAI T, PHAM-TRANN N, et al. Engineering of band gap in metal-organic frameworks by functionalizing organic linker: a systematic density functional theory investigation[J]. The Journal of Physical Chemistry C, 2014, 118(9): 4567-4577.

[502] LOISEAU T, FEREY C, HUGUENARD C, et al. Rationale for the large breathing of the porous aluminum terephthalate (MIL-53) upon hydration[J]. Chem. Eur. J., 2004, 10: 1373-1382.

[503] RAHUL B, ANH P, BO W, et al. High-throughput synthesis of zeolitic imidazolate frameworks and application to CO_2 capture[J]. Science, 2008, 939-943.

[504] KITAGAWA S, KITAURA R, NORO S. Functional porous coordination polymers[J]. Angewandte Chemie International Edition, 2004, 43(18): 2334-2375.

[505] MA S Q, ZHOU H C. A metal-organic framework with entatic metal centers exhibiting high gas adsorption affinity[J]. J. Am. Chem. Soc., 2006, 128, 11734-11735.

[506] GOKHAN B, VAIVA K, DIEGO A. Isoreticular series of (3,24)-connected metal-organic frameworks: facile synthesis and high methane uptake properties[J]. Chem. Mater., 2014, 26, 1912-1917.

[507] KARIN B JÉRÔME M, DIDIER R, et al. A breathing hybrid organic- inorganic solid with very large pores and high magnetic characteristics[J]. Angew. Chem. Int. Ed., 2002, 41, 281-284.

[508] CHRISTIAN S, FRANCK M, CHRISTELLE T, et al. Very large breathing effect in the first nanoporous chromium(III)-based solids: MIL-53 or CrIII (OH) · $\{O_2C-C_6H_4-CO_2\}$ · $\{HO_2C-C_6H_4-CO_2H\}_x$ · H_2O_y[J]. J. Am. Chem. Soc., 2002, 124, 13519-13526.

[509] SERRE C, MELLOT-DRAZNIEKS C, SURBLÉS, et al. Role of solvent-host interactions that lead to very large swelling of hybrid frameworks[J]. Science, 2007, 315(5820): 1828-1831.

[510] SEKI K, MORI W. Syntheses and Characterization of Microporous Coordination Polymers with Open Frameworks[J]. J. Phys. Chem. B, 2002, 106, 1380-1385
[511] ZHANG M W, LU W G, LI J R, et al. Design and synthesis of nucleobase-incorporated metal - organic materials[J]. Inorg. Chem. Front., 2014, 1, 159-162.
[512] WU L M, XIAO J, WU Y, et al. Acombined experimental/computational study on the adsorption of organosulfur compounds over metal-organic frameworks from fuels[J]. Langmuir, 2014, 30, 1080-1088.
[513] LI J, SHENG T L, BAI S Y, et, al. A series of metal - organic frameworks containing diverse secondary building units derived from a flexible triazine-based tetracarboxylic ligand[J]. CrystEngComm, 2014, 16, 2188-2195.
[514] FLAVIEN L, MARCO R. Synthesis and characterization of phosphine-functionalized metal-organic frameworks based on MOF-5 and MIL-101 topologies[J]. Ind. Eng. Chem. Res., 2014, 53(22): 9120-9127.
[515] JU Z M, CAO D P, QIN L, et al. Syntheses, characterizations, and properties of five coordination compounds based on ligand tetrakis (4-pyridyloxymethylene) methane[J]. CrystEngComm, 2014, 130, 1012-1016.
[516] PAUL M, ADARSH N N, DASTIDAR P. Secondary building unit (SBU) controlled formation of a catalytically active metal-organic polyhedron (MOP) derived from a flexible tripodal ligand[J]. Cryst. Growth Des., 2014, 14, 1331-1337.
[517] BUX H, LIANG F, LI Y, et al. Zeolitic imidazolate framework membrane with molecular sieving properties by microwave-assisted solvothermal synthesis[J]. J. Am. Chem. Soc., 2009, 131(44): 16000-16001.
[518] SHAH M, MCCARTHY M C, SACHDEVA S, et al. Current status of metal-organic framework membranes for gas separations: promises and challenges[J]. Ind. Eng. Chem. Res., 2012, 51(5): 2179-2199.
[519] 曹发. 金属-有机骨架材料膜的制备及其气体分离性能的研究[D]. 北京:北京化工大学,2012.
[520] 吴栋. 金属-有机骨架材料吸附分离和膜分离性能研究[D]. 北京:北京化工大学,2013.
[521] ZORNOZA B, SEOANE B, ZAMARO J M, et al. Combination of MOFs and zeolites for mixed-matrix membranes[J]. Chem. Phys. Chem., 2011, 12(15): 2781-2785.
[522] ZORNOZA B, MARTINEZ-JOARISTI A, SERRA-CRESPO P, et al. Functionalized flexible MOFs as fillers in mixed matrix membranes for highly selective separation of CO_2 from CH_4 at elevated pressures[J]. Chem. Commun., 2011, 47(33): 9522-9524.
[523] CAR A, STROPNIK C, PEINEMANN K V. Hybrid membrane materials with different metal-organic frameworks (MOFs) for gas separation[J]. Desalination, 2006, 200(1-3): 424-426.
[524] SORRIBAS S, ZORNOZA B, TÉLLEZ C, et al. Mixed matrix membranes comprising silica-(ZIF-8) core-shell spheres with ordered meso-microporosity for natural-and bio-gas upgrading[J]. J. Membr. Sci., 2014, 452: 184-192.
[525] PEREZ E V, BALKUS K J, FERRARIS J P, et al. Mixed-matrix membranes containing

MOF-5 for gas separations[J]. J. Membr. Sci. ,2009,328 (1-3):165-173.

[526] ORDONEZ M J C,BALKUS K J,FERRARIS J P, et al. Molecular sieving realized with ZIF-8/Matrimid mixed-matrix membranes[J]. J. Membr. Sci. ,2010,361(1-2):28-37.

[527] ZHANG Y,MUSSELMAN I H,FERRARIS J P,et al. Gas permeability properties of matrimid membranes ® containing the metal-organic framework Cu-BPY-HFS[J]. J. Membr. Sci. ,2008,313(1-2): 170-181.

[528] SHAHID S,NIJMEIJER K. High pressure gas separation performance of mixed-matrix polymer membranes containing mesoporous Fe(BTC)[J]. J. Membr. Sci. ,2014,459: 33-44.

[529] YANG T , XIAO Y , CHUNG T S. Poly-/metal-benzimidazole nano-composite membranes for hydrogen purification[J]. Energy Environ. Sci. ,2011,4(10):4171-4180.

[530] SONG Q,NATARAJ S K,ROUSSENOVA M V, et al. Zeolitic imidazolate framework (ZIF-8) based polymer nanocomposite membranes for gas separation[J]. Energy Environ. Sci. ,2012,5(8):8359-8369.

[531] GUO X,HUANG H, BAN Y,EASAN F, et al. Mixed matrix membranes incorporated with amine-functionalized titanium-based metal-organic framework for CO_2/CH_4 separation[J]. J. Membr. Sci. ,2015. 478:130-139.

[532] XIAO Y,GUO X,HUANG H,et al. Synthesis of MIL-88B (Fe)/matrimid mixed-matrix membranes with high hydrogen permselectivity[J]. RSC Adv. ,2015,5(10):7253-7259.

[533] MA J,YING Y,YANG Q,et al. Mixed-matrix membranes containing functionalized porous metal-organic polyhedrons for the effective separation of CO_2/CH_4 mixture[J]. Chem. Commun. ,2015,51(20):4249-4251.

[534] LU G,LI S Z,GUO Z,et al. Imparting functionality to a metal-organic framework by controlled nanoparticle encapsulation[J]. Nat. Chem. ,2012,4(4):310-316.

[535] LIN L,ZHANG T,ZHANG X F,et al. New Pd/SiO_2@ ZIF-8 core-shell catalyst with selective,antipoisoning, and antileaching properties for the hydrogenation of alkenes [J]. Ind. Eng. Chem. Res. ,2014,53(27):10906-10913.

[536] VELEV O D,JEDE T A,LOBO R F,et al. Porous silica via colloidal crystallization [J]. Nature, 1997, 389:447-448.

[537] BLANCO A, CHOMSKI E, GRABTCHAK S,et al. Large-scale synthesis of a silicon photonic crystal with a complete three-dimensional bandgap near 1.5 micrometres[J]. Nature, 2000, 405(25): 437-440.

[538] MENG X D, RIHAB A S, ZHAO J P, et al . Electrodeposition of 3D ordered macroporous germanium from ionic liquids: afeasible method to make photonic crystals with a high dielectric constant[J]. Angewandte Chemie-International Edition, 2009, 48(15): 2701-2707.

[539] PARK M H, KIM K, KIM J, et al . Flexible dimensional control of high-capacity Li-Ion-Batteryanodes: from 0D hollow to 3D porous germanium nanoparticle assemblies

[J]. Advanced Materials, 2010, 22: 415-418.

[540] KIM H, HAN B, CHOO J. Three-dimensional porous silicon particles for use in high-performance lithium secondary batteries[J]. Angewandte Chemie International Edition, 2008, 47: 10151-10154.

[541] SHIMMIN R G, VAJTAI R, SIEGEL R W, et al . Room-temperature assembly of germanium photonic crystals through colloidal crystal templating [J]. Chemistry of Materials, 2007, 19: 2102-2107.

[542] YABLONOVITCH E. Inhibited spontaneous emission in solid-state physics and electronics[J]. Phys. Rev. Lett. , 1987, 58(20): 2059.

[543] JOHN S. Strong localization of photons in certain disordered dielectric superlattices[J]. Phys. Rev. Lett. , 1987, 58(23): 2486.

[544] FLEMING J G, LIN S Y. Three-dimensional photonic crystal with a stop band from 1.35 to 1.95 microm. [J]. Opt. Lett. , 1999, 24(1):49-51.

[545] AKAHANE Y, ASANO T, SONG B S, et al. High-Q photonic nanocavity in a two-dimensional photonic crystal[J]. Nature, 2003, 425(6961): 944-947.

[546] KOSAKA H, KAWASHIMA T, TOMITA A, et al. Superprism phenomena in photonic crystals[J]. Phys. Rev. B, 1998, 58(16): R10096.

[547] NODA S, TOMODA K, YAMAMOTO N, et al. Full three-dimensional photonic bandgap crystals at near-infrared wavelengths [J]. Sci. , 2000, 289 (5479): 604-606.

[548] CAMPBELL M, SHARP D N, HARRISON M T, et al. Fabrication of photonic crystals for the visible spectrum by holographic lithography[J]. Nature, 2000, 404(6773): 53-56.

[549] WANG X, XU J F, SU H M, et al. Three-dimensional photonic crystals fabricated by visible light holographic lithography[J]. Appl. Phys. lett. , 2003, 82(14): 2212-2214.

[550] ULLAL C K, MALDOVAN M, THOMASE L, et al. Photonic crystals through holographic lithography: simple cubic, diamond-like, and gyroid-like structures[J]. Appl. Phys. Lett. , 2004, 84(26): 5434-5436.

[551] ANDERSON E H, HORWITZ C M, SMITHH I. Holographic lithography with thick photoresist[J]. Appl. Phys. Lett. , 1983, 43(9): 874-875.

[552] WU L, ZHONG Y, CHAN C T, et al. Fabrication of large area two-and three-dimensional polymer photonic crystals using single refracting prism holographic lithography[J]. Appl. Phys. Lett. , 2005, 86(24): 241102.

[553] CAI L Z, YANG X L, WANG Y R. All fourteen bravais lattices can be formed by interference of four noncoplanar beams[J]. Opt. Lett. , 2002, 27(11): 900-902.

[554] 陈辰. 激光干涉光刻法制备 SiO_2 光子晶体薄膜[D]. 厦门:厦门大学, 2014.

[555] 刘影. 大面积全息光子晶体模板的制作技术及其在 LED 中的应用[D]. 厦门:厦门大学, 2006.

[556] RUIZ R, KANG H, DETCHEVERRY F A, et al. Density multiplication and improved lithography by directed block copolymer assembly[J]. Sci. , 2008, 321(5891): 936-

939.
[557] MENDES P M, JACKE S, CRITCHLEY K, et al. Gold nanoparticle patterning of silicon wafers using chemical e-beam lithography[J]. Langmuir, 2004, 20(9): 3766-3768.
[558] MOORE R D, CACCOMA G A, PFEIFFER H C, et al. EL-3: a high throughput, high resolution e-beam lithography tool[J]. J. Vac. Sci. Technol. , 1981, 19(4): 950-952.
[559] MARRIAN C R K, PERKINS F K, BRANDOW S L, et al. Low voltage electron beam lithography in self-assembled ultrathin films with the scanning tunneling microscope [J]. Appl. Phys. Lett. , 1994, 64(3): 390-392.
[560] SMITH H I, HECTOR S D, SCHATTENBURG M L, et al. A new approach to high fidelity e-beam and ion-beam lithography based on an insitu global-fiducial grid[J]. J. Vac. Sci. Technol. , 1991, 9(6): 2992-2995.
[561] KAWATA S, SUN H B, TANAKA T, et al. Finer features for functional microdevices. [J]. Nature, 2001, 412(6848):697-8.
[562] CUMPSTON B H, ANANTHAVEL S P, BARLOW S, et al. Two-photon polymerization initiators for three-dimensional optical data storage and microfabrication[J]. Nature, 1999, 398(6722): 51-54.
[563] GLEZER E N, MILOSAVLJEVIC M, HUANG L, et al. Three-dimensional optical storage inside transparent materials[J]. Opt. Lett. , 1996, 21(24): 2023-2025.
[564] SUN H B, MATSUO S, MISAWA H. Three-dimensional photonic crystal structures achieved with two-photon-absorption photopolymerization of resin [J]. App. Phys. Lett. , 1999, 74(6): 786-788.
[565] CHOU S Y, KRAUSS P R, RENSTROMP J. Nanoimprint lithography[J]. J. Vac. Sci. Technol. , 1996, 14(6): 4129-4133.
[566] GUO L J. Nanoimprint lithography: methods and material requirements [J]. Adv. Mater. , 2007, 19(4): 495-513.
[567] GUOL J. Recent progress in nanoimprint technology and its applications[J]. J. Phys. D: Appl. Phys. , 2004, 37(11): R123.
[568] CHO H K, JANG J, CHOI J H, et al. Light extraction enhancement from nano-imprinted photonic crystal GaN-based blue light-emitting diodes. [J]. Opt. Express, 2006, 14(19):8654-60.
[569] KIM S H, LEE K D, KIM J Y, et al. Fabrication of photonic crystal structures on light emitting diodes by nanoimprint lithography [J]. Nanotechnology, 2007, 18 (5): 055306.
[570] TRUONG T A, CAMPOS L M, MATIOLI E, et al. Light extraction from GaN-based light emitting diode structures with a noninvasive two-dimensional photonic crystal[J]. Appl. Phys. Lett. , 2009, 94(2): 023101.
[571] XIA Y, GATES B, YIN Y, et al. Monodispersed colloidal spheres: old materials with new applications[J]. Adv. Mater. , 2000, 12(10): 693-713.
[572] MESEGUER F, BLANCO A, MIGUEZ H, et al. Synthesis of inverse opals [J].

Colloids Surf. A, 2002, 202(2): 281-290.
[573] FAN W, CHEN M, YANG S, et al. Centrifugation-assisted assembly of colloidal silica into crack-free and transferrable films with tunable crystalline structures. [J]. Sci. Rep., 2015, 5.
[574] CHEN M, COLFEN H, POLARZ S. Centrifugal field-induced colloidal assembly: from chaos to order[J]. ACS Nano., 2015, 9(7): 6944-6950.
[575] VELEV O D, JEDE T A, LOBO R F, et al. Porous silica via colloidal crystallization [J]. Nature, 1997, 389(6650):447-448.
[576] VICKREVA O, KALININA O, KUMACHEVA E. Colloid crystal growth under oscillatory shear[J]. Adv. Mater., 2000, 12(2): 110-112.
[577] HOLGADO M, GARCIA-SANTAMARIA F, BLANCO A, et al. Electrophoretic deposition to control artificial opal growth[J]. Langmuir, 1999, 15(14): 4701-4704.
[578] MASUDA Y, ITOH M, YONEZAWA T, et al. Low-dimensional arrangement of SiO_2 particles[J]. Langmuir, 2002, 18(10): 4155-4159.
[579] PARK S H, QIN D, XIA Y. Crystallization of mesoscale particles over large areas[J]. Adv. Mater., 1998, 10(13): 1028-1032.
[580] MIGUEZ H, YANG S M, TÉTREAULT N, et al. Oriented free-standing three-dimensional silicon inverted Colloidal Photonic Crystal Microfibers[J]. Adv. Mater., 2002, 14(24): 1805-1808.
[581] YIN Y, LU Y, GATES B, et al. Template-assisted self-assembly: a practical route to complex aggregates of monodispersed colloids with well-defined sizes, shapes, and structures[J]. J. Am. Chem. Soc., 2001, 123(36): 8718-8729.
[582] IM S H, KIM M H, PARKO O. Thickness control of colloidal crystals with a substrate dipped at a tilted angle into a colloidal suspension[J]. Chem. Mater., 2003, 15(9): 1797-1802.
[583] MIHI A, OCAÑA M, MÍGUEZ H. Oriented colloidal-crystal thin films by spin-coating microspheres dispersed in volatile media[J]. Adv. Mater., 2006, 18(17): 2244-2249.
[584] JIANG P, PRASAD T, MCFARLANDM J, et al. Two-dimensional nonclose-packed colloidal crystals formed by spincoating[J]. Appl. Phy. Lett., 2006, 89(1): 011908.
[585] OZIN G A, YANG S M. The race for the photonic chip: colloidal crystal assembly in silicon wafers[J]. Advanced Functional Materials, 2001, 11(2): 95-104.
[586] JIANG P, MCFARLAND M J. Large-scale fabrication of wafer-size colloidal crystals, macroporous polymers and nanocomposites by spin-coating[J]. J. Am. Chem. Soc., 2004, 126(42): 13778-13786.
[587] SHAMSHIRI M R, YOUSEFI A A, PISHVAEI M, et al. Artificial latex-based opals prepared by spin casting of monodispersed nano particles[J]. J. Polym. Res., 2012, 19(7): 1-6.
[588] TOOLAN D T W, FUJII S, EBBENS S J, et al. On the mechanisms of colloidal self-assembly during spin-coating[J]. Soft Matter, 2014, 10(44): 8804-8812.

[589] SPRAFKE A N, SCHNEEVOIGT D, SEIDEL S, et al. Automated spray coating process for the fabrication of large-area artificial opals on textured substrates[J]. Opt. Express, 2013, 21(103): A528-A538.

[590] GE D, YANG L, WU G, et al. Spray coating of superhydrophobic and angle-independent coloured films[J]. Chem. Commun., 2014, 50(19): 2469-2472.

[591] CUI L, ZHANG Y, WANG J, et al. Ultra-fast fabrication of colloidal photonic crystals by spray coating[J]. Macromol. Rapid comm., 2009, 30(8): 598-603.

[592] GE D, YANG L, WU G, et al. Angle-independent colours from spray coated quasi-amorphous arrays of nanoparticles: combination of constructive interference and rayleigh scattering[J]. J. Mater. Chem. C., 2014, 2(22): 4395-4400.

[593] WANG L, WANG J, HUANG Y, et al. Inkjet printed colloidal photonic crystal microdot with fast response induced by hydrophobic transition of poly (N-isopropyl acrylamide)[J]. J. Mater. Chem., 2012, 22(40): 21405-21411.

[594] WANG J, WANG L, SONG Y, et al. Patterned photonic crystals fabricated by inkjet printing[J]. J. Mater. Chem. C., 2013, 1(38): 6048-6058.

[595] LIU M, WANG J, HE M, et al. Inkjet printing controllable footprint lines by regulating the dynamic wettability of coalescing ink droplets. [J]. ACS Appl. Mater., 2014, 6(16):13344-13348.

[596] PARK J, MOON J, SHIN H, et al. Direct-write fabrication of colloidal photonic crystal microarrays by ink-jet printing[J]. J. Colloid Interface Sci., 2006, 298(2): 713-719.

名词索引

W

X

Y

Z